Professor Peter Abrahams

ATLAS DES MENSCHLICHEN KÖRPERS

Professor Peter Abrahams

ATLAS DES MENSCHLICHEN KÖRPERS

OTUS

Impressum

Genehmigte Lizenzausgabe für die
OTUS Verlag AG, Wiesenstrasse 37, 9011 St. Gallen, Schweiz
www.otus.ch

Übersetzung ins Deutsche:
Dr. phil. Axel Niebergall, Köln
Gerhard Stock, Enkirch/ Mosel
Dr. med. Sören Risse, Traben-Trarbach

Satz und Produktion: Petra Obermeier, München

Umschlaggestaltung: Simone Halfar, Renningen-Malmsheim

Diese Übersetzung des Titels „Atlas of the Human Body", erstmals erschienen im Jahre 2009, wurde nach Vereinbarung mit Amber Books Ltd produziert.

Produktionsleitung: Conor Kilgallon

ISBN 978-3-907200-67-4

INHALT

Einführung 6

Der Kopf 8

Der Hals 66

Der Brustkorb und Rücken 84

Die oberen Gliedmaßen 124

Der Bauch 154

Die Fortpflanzungsorgane 182

Das Becken 196

Die unteren Gliedmaßen 202

Verschiedene Systeme des Körpers 232

Register 248

Bildnachweis 256

Einführung

Die Medizin und unser Verständnis der menschlichen Anatomie haben sich über die letzten paar hundert Jahre enorm entwickelt, was oft grundlegenden Entdeckungen einiger weniger kühner Denker zu verdanken war.

Unsere Faszination mit unserem Körper und seinem Funktionieren ebenso wie mit den Gründen für das Nicht-Funktionieren und was man tun kann, um ihn zu heilen, ist grenzenlos. Im Verlauf der Geschichte haben alle möglichen Ärzte, Chirurgen, Quacksalber, Hexenmeister, Alchemisten, Wunderheiler, Astrologen und Scharlatane unzählige, meist irrige Theorien zur Anatomie und Physiologie erdacht. Zu ihrer Zeit waren sie alle respektierte und gutbezahlte Vertreter ihres Standes.

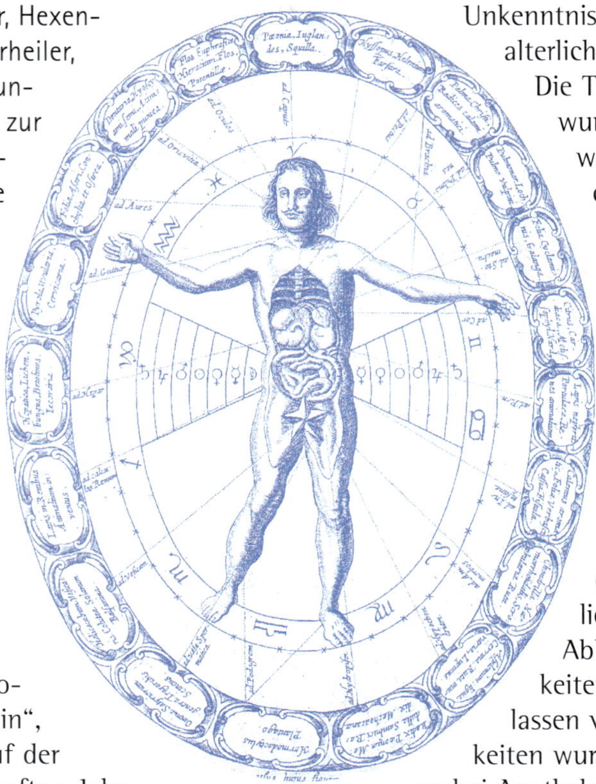

In diesem Schaubild von Anastasius Kircher aus dem 17. Jahrhundert wird der menschliche Körper als ein Kosmos im Kleinen gesehen und als lebender Organismus mit Stoffwechelprozessen dargestellt.

Trotz dieser Ansammlung von Pfuscherei ist die Geschichte der Medizin hin und wieder durchsetzt mit brillanten Entdeckungen und wahrhaft visionärem Denken, das uns gegen alle Widerstände schließlich ins Zeitalter der modernen Medizin gebracht hat. Hippocrates, „der Vater der Medizin", praktizierte die Heilkunst auf der griechischen Insel Kos im fünften Jahrhundert vor Christus, und er ist zweifelsfrei die berühmteste und hervorstechendste Figur von allen. Sein Verdienst bestand darin, einen auf Heilkunde spezialisierten Stand von Ärzten zu etablieren, der sich von strengen ethischen Regeln leiten ließ und wissenschaftliche Forschungsmethoden anwandte. Dies legte den Grundstein für modernes medizinisches Vorgehen.

Die vier „Humores"

Hippokrates Werk hatte tiefgreifenden Einfluss auf die Medizin, und seine Ideen wurden begeistert von Ärzten in die folgenden Jahrhunderte getragen. Unglücklicherweise waren seine Theorien über Anatomie und Krankheit sachlich ungenau. Er glaubte, dass vier „Humores" (Körpersäfte: schwarze und gelbe Gallenflüssigkeit, Schleim und Blut) die menschliche Gesundheit steuerten, und dass jede Krankheit eine Folge von Ungleichgewichten zwischen ihnen war. Mit Ausnahme von Mönchen, die Kräuter und Pflanzen mit wirklichen medizinischen Eigenschaften anbauten, war faktische Unkenntnis das Kennzeichen mittelalterlicher Medizin und Anatomie. Die Theorie über die Körpersäfte wurde immer noch weithin für wahr gehalten, und sowohl christlicher als auch islamicher Glaube übten großen Einfluss auf die Theorie der Medizin aus. Alle möglichen Praktiken wie Aderlass, Ablassen „schädlicher Flüssigkeiten" oder das Zirkulierenlassen von überschüssigen Flüssigkeiten wurden allgemein angewandt, wobei Apotheker manchmal Heilmittel mit so bizarren und üblen Zutaten wie Molchzungen und Wurmleber beisteuerten.

Mit der italienischen Renaissance im späten 14. Jahrhundert machte die Medizin wieder Fortschritte. Die Wiederentdeckung der klassischen Lehre ermutigte Ärzte, erneut die wissenschaftliche Methodik anzuwenden und Religion und Aberglauben hinter sich zu lassen. Große Namen aus dieser Zeit, wie etwa Leonardo da Vinci, propagierten neue Ideen. Er glaubte, dass zur Behandlung einer Krankheit fundamentales Wissen vom Körper und seinen Funktionen erforderlich sei, was man letztendlich nur durch das Sezieren von menschlichen Leichen in Erfahrung bringen konnte. Sektion war allerdings keine ganz neue Idee. Claudius Galen, ein einflussreicher Arzt des zweiten nachchristlichen Jahrhunderts, hatte

Chirurgen können heute Arbeiten ausführen, die noch vor 200 Jahren als Wunder galten, und das bei einer Überlebensrate der Patienten, die alle früheren Ärzte verblüfft hätte.

schon Tiere seziert und angenommen, dass die menschliche Anatomie den gleichen Mustern folgte, eine Vorstellung, die für 1500 Jahre Gültigkeit hatte. Aber im 16. Jahrhundert zeigte der Anatom Andreas Vasalius, dass Galen mit seinen Annahmen falsch lag und veröffentlichte 1543 bis dahin unbekannte anatomische Strukturen in seinem Buch *De Humani Corporis Fabrica* (Der Bau des menschlichen Körpers). Sich Leichen für eine Sektion zu beschaffen, war aber weder leicht noch angenehm. Die Kirche verbot das Sezieren menschlicher Leichen, so dass Anatomen in ganz Europa mit der Zeit dafür berüchtigt waren, Gräber auszurauben und Erhängte vom Galgen zu schneiden, um Material für ihre Forschungen zu erhalten. Andere Pionierarbeit bestand im Aufzeichnen der Entdeckungen durch Da Vinci und Vasalius, welche versuchten, anatomische Gewebe mithilfe von detaillierten Schaubildern und Illustrationen exakt darzustellen.

Blutkreislauf

Und dennoch waren diese Ideen und Methoden umstritten und wurden immer wieder als irrig abgetan. Im Jahr 1628 überraschte der englische Arzt William Harvey die medizinische Welt mit seiner *Anatomischen Abhandlung über die Bewegung von Herz und Blut*. In diesem Buch zeigte er, dass Blut im Körper zirkuliert und stellte die Vermutung an, dass das Herz Blut in die Arterien pumpt. Er erkannte auch die Bedeutung der Herzklappen für die Steuerung des Blutflusses. Obwohl seine Ideen als hanebüchen angesehen wurden, zeigten sie doch einmal mehr, dass die wissenschaftliche Methode den Weg nach vorn wies. Seine Entdeckungen wurden mit der Erfindung des Mikroskops am Ende des 17. Jahrhunderts bestätigt: Zum ersten Mal in der Geschichte konnten Wissenschaftler mehr als mit bloßem Auge sehen.

Bis zum Ende des 19. Jahrhunderts kamen immer mehr von den Praktiken und Verfahren, die wir heute als selbstverständlich ansehen, in den Vordergrund. Erste rudimentäre Betäubungsmittel wurden von James Young Simpson entwickelt, Antiseptika von Joseph Lister, und 1896 erstaunte Wilhelm Röntgen die Welt mit einer Erfindung, die es ermöglichte, körperinterne Untersuchungen ohne Chirurgie durchzuführen: Das Röntgengerät war geboren. Andere grundlegende Arbeiten von Leuten wie Louis Pasteur, der eine Verbindung von Bazillen und Krankheiten nachwies, und Karl Landsteiner, der die vier Haupt-Blutgruppen entdeckte, bereiteten den Weg für weitaus kompliziertere Chirurgie wie Organtransplantationen. Chirurgen können heute Arbeiten ausführen, die noch vor 200 Jahren als Wunder galten, und das bei einer Überlebensrate der Patienten, die alle früheren Ärzte verblüfft hätte.

Die Entdeckung der menschlichen Anatomie

Wie viel wissen wir denn heute über das Funktionieren der anatomischen Systeme, und wie können wir besser verstehen, was der Arzt oder Chirurg sieht und tut? *Der Atlas des menschlichen Körpers* wird Ihnen anhand eingehender Erläuterung der menschlichen Anatomie zeigen, aus was wir bestehen. Dieses Buch ist von Kopf bis Fuß gegliedert und unterteilt in die Themen Kopf, Hals, Brustkorb und Rücken, obere Gliedmaßen, Bauch, Fortpflanzungsorgane, Becken, untere Gliedmaßen und verschiedene Organsysteme des Körpers. Jede Sektion hiervon betrachtet die Knochen, Muskeln, Nerven, Weichteile und Organe genauer und beschreibt, wie sie arbeiten und zusammenwirken. Dieses Buch ist der Anfang einer faszinierenden Reise.

Conor Kilgallon, Amber Books Ltd

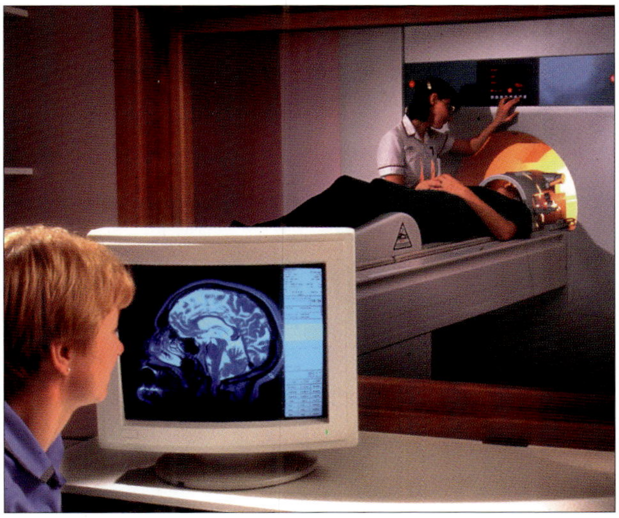

Verfahren wie die Magnet-Resonanz-Tomographie (MRT) erlauben Medizinern, „scheibenweise" Bilder vom Körper herzustellen. Das kann helfen, Tumore in Weichteilgewebe wie dem Gehirn zu untersuchen.

Vorderansicht des Schädels

Wie ein Schutzhelm umschließt der Schädel das Gehirn und die Sinnesorgane. Er besteht aus 28 Knochen und ist so der komplexeste Bestandteil des menschlichen Skeletts.

Der Schädel ist der Skelettanteil von Kopf und Gesicht. Seine Hauptaufgabe besteht im Schutz des Gehirns, der Sinnesorgane und der im Kopf gelegenen Anfangsteile des Atmungs- und Verdauungssystems. Der Schädel bietet aber auch Ansatzpunkte für viele der Hals- und Kopfmuskeln.

Anders als landläufig angenommen, besteht er nicht aus einem sondern aus 28 verschiedenen Knochen. Der Einfachheit halber unterscheidet man zwei Teile: den Schädel und den Unterkieferknochen. Der Grund dafür ist, dass die meisten Schädelknochen durch Knochennähte relativ fest miteinander verbunden sind, der Unterkiefer jedoch in den Kiefergelenken lose ist. Der Schädel wird in mehrere kleine Regionen unterteilt:

- Schädelkalotte (Gewölbebau des Schädeldachs)
- Schädelbasis
- Gesichtsschädel
- Oberkiefer
- Ohrhöhlen
- Schädelhöhlen

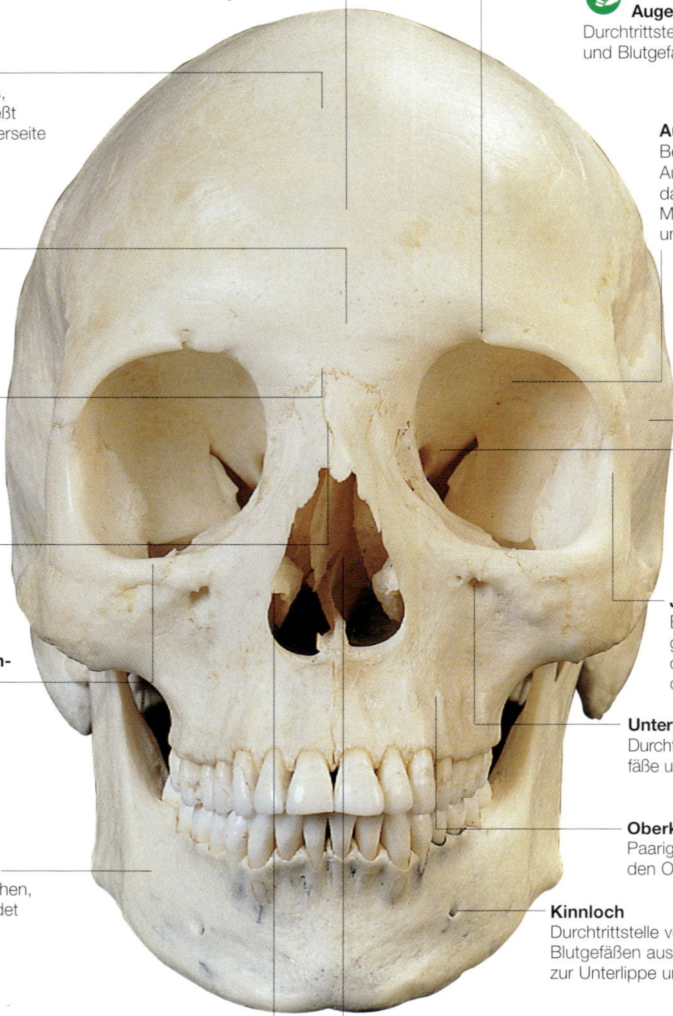

Schlüssel Diese Stelle kann leicht unter der Haut ertastet werden

Die Schädelhöhlen

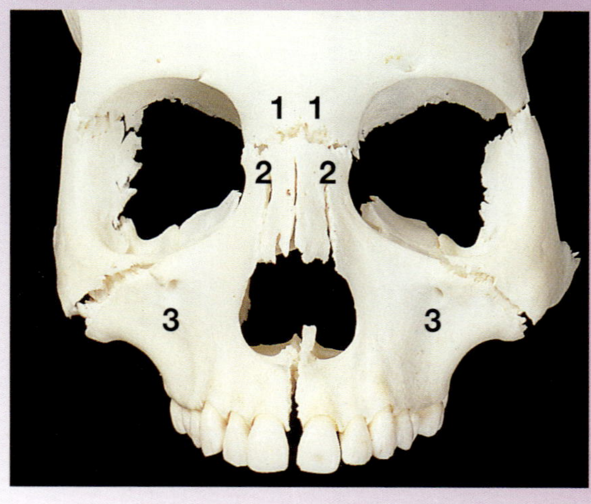

Im Schädel gibt es vier Höhlen, besser bezeichnet als Nasennebenhöhlen. Sie haben ihre Namen von dem Areal, in dem sie sich befinden:

- Stirn-
- Siebbein-
- Kiefer-
- Keilbeinhöhle

Auf diesem Teilschädel sind drei Nasennebenhöhlen zu sehen: Stirnhöhlen (1), Siebbeinhöhlen (2) und die Kieferhöhlen (3). Die vierten (Keilbeinhöhlen) lägen in dieser Ansicht im Schädel, hinter den Augen. Alle Nasennebenhöhlen sind mit der Nasenhöhle verbunden.

Die Verbindungsgänge zwischen den belüfteten Nasennebenhöhlen und dem Nasenraum sind eng und können daher leicht verstopfen. Ihre Nützlichkeit besteht nur im Resonanzraum für die Stimme und in der Gewichtsverringerung des Schädels. Ebenso wie die Nasenhöhlen sind sie mit Schleimhäuten ausgekleidet und können sich leicht entzünden (Sinusitis).

Am leichtesten entzündet sich die Kieferhöhle, d.h. deren Schleimhaut. Diese schwillt an, verstopft die Nase, beeinträchtigt den Geruchssinn und sondert Schleim und Eiter ab. Die Hauptbehandlung besteht in Ableitung mit oder ohne Antibiotika.

Erleuchteter Schädel

Die meisten Schädelknochen sind durch Nähte (Suturen) verbunden, unbeweglichen faserigen Gelenken. Am besten sind diese Nähte sowie die inneren Schädelknochen am beleuchteten Schädel zu erkennen.

Die Stellen, wo die Ränder der Schädelknochen ineinandergreifen, heißen Nähte. Die Kranznaht z.B. liegt zwischen Stirn- und Scheitelbein, die Pfeilnaht zwischen den beiden Schläfenbeinen. Es ist wichtig, die Verläufe dieser Gelenke zu kennen, da sie auf Röntgenbildern mit Brüchen verwechselt werden können.

Bei Babys sind die Zwischenräume noch relativ groß, um dem Kopf Flexibilität für die Geburt zu geben. Die Spalten sind durch Fasermembrane bedeckt, die Fontanellen. Bei Kopfgeburten können durch vaginale Untersuchung die Fontanellen palpiert (mit den Fingerspitzen ertastet) und so die Position des Kopfes ermittelt werden.

GESICHT IM WANDEL

Wegen der noch nicht voll ausgebildeten Zähne und Nasennebenhöhlen ist das Gesicht bei Kindern im Verhältnis kleiner als bei Erwachsenen. (Der Schädel eines Neugeborenen macht jedoch ein Viertel seiner Körpergröße aus.) Wenn wir älter werden, verringert sich die Gesichtsgröße, wenn wir Zähne verlieren und der Mundraum schrumpft.

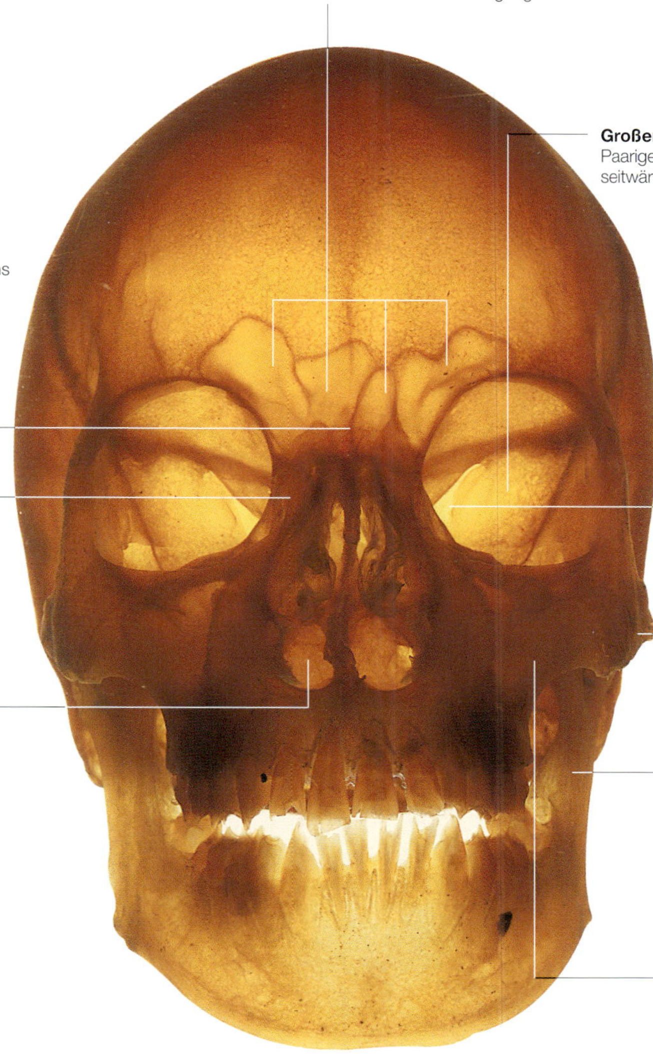

Farbig markierter Schädel

Auf dieser Vorderansicht des Schädels (rechts) sind neun der größeren Schädelknochen farbig gekennzeichnet:

1 Stirnbein
2 Scheitelbein
3 Schläfenbein
4 Nasenbein
5 Keilbein
6 Tränenbein
7 Jochbein
8 Oberkiefer
9 Unterkiefer

Auch zu sehen sind die Augenhöhlen, die Nasenhöhle und die Zähne.

Einige Schädelknochen, wie die um die Augenhöhlen, sind relativ dünn und können leicht brechen. Da sich jedoch auch viele dieser Knochen im Röntgenbild überlagern, sind Brüche für Ärzte schwer zu erkennen.

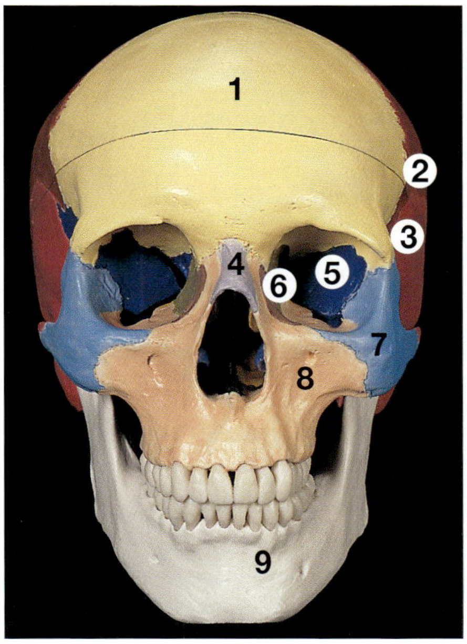

Farblich gekennzeichnet sind auf der Abbildung links die größeren Schädelknochen, die von vorn zu sehen sind. Nicht zu sehen sind z.B. Hinterhauptbein und Gaumenbein.

Röntgenaufnahmen des Kopfes lassen die Schädelnähte erkennen. Deren Darstellung erschwert jedoch die Diagnose von Brüchen. Um Bruchstellen zu erkennen, sucht der Arzt nach fünf schwarzen Linien in den weißen Knochen. Wenn ein weißer Fleck in einem Sinus gefunden wird, kann das auf Flüssigkeitsansammlung wie Eiter oder Blut hinweisen.

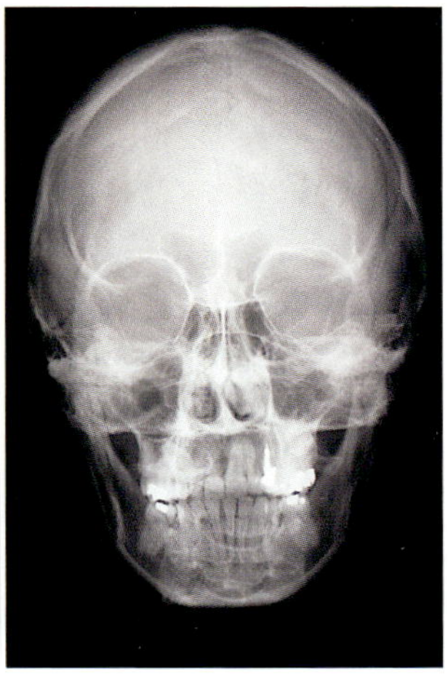

Seitenansicht des Schädels

Von der Seite erkennt man den komplizierten Aufbau des Schädels, und man sieht viele verschiedene Knochen mit ihren Verbindungen.

Einige der Schädelknochen liegen sich paarweise gegenüber, jeweils auf der anderen Seite der Schädelmitte. Die Nasen-, Joch- und Scheitelbein- sowie die Schläfenknochen unterliegen alle dieser Symmetrie. Andere, wie das Siebbein und das Keilbein kommen nur einzeln an der Mittellinie vor. Manche Knochen entstehen in getrennten Hälften und wachsen dann an der Verbindungslinie zusammen, nämlich das Stirnbein und der Unterkiefer.

Die Schädelknochen sind einem ständigen Wandel ausgesetzt: Neuer Knochen entsteht an der äußeren Oberfläche des Schädels, während der Überschuss an der Innenseite in den Blutstrom aufgenommen wird. Dieser Prozess wird ermöglicht durch zahlreiche Zellen und eine gute Blutversorgung.

Gelegentlich bringt eine Unterfunktion der Absorptionszellen den Knochen-Stoffwechsel durcheinander, und die Folge ist eine Verdickung der Schädeldecke – Osteopetrosis oder Pagetkrankheit – und Taubheit oder Erblinden können die Folge sein.

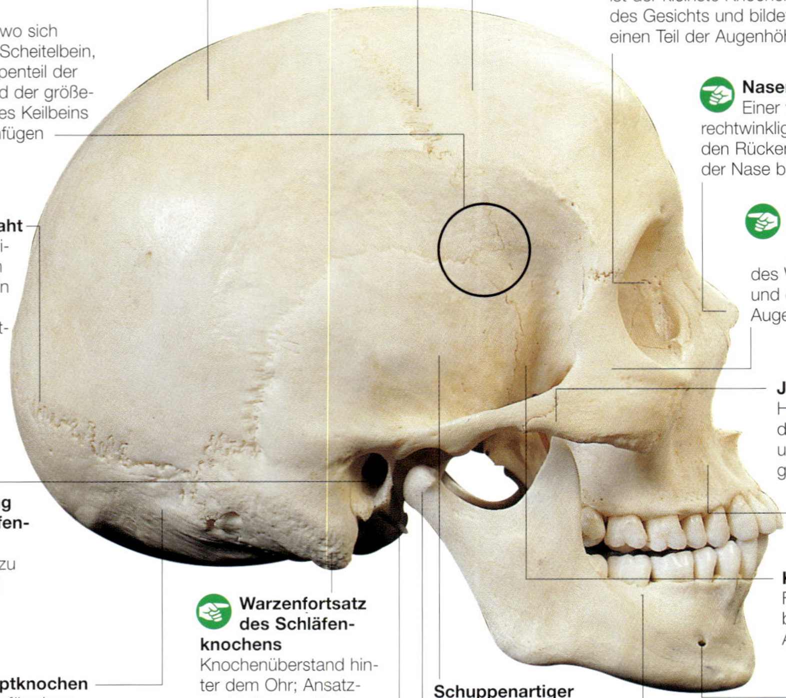

Gelenke des Schädels: Nähte

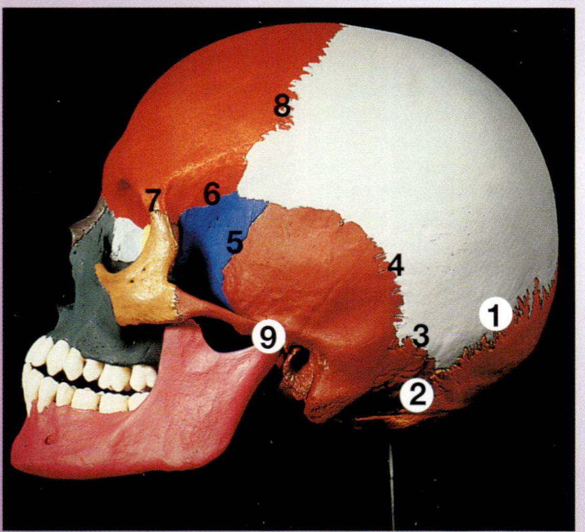

1 Lambdanaht
2 Occipitomastoid-Naht
3 Parietomastoid-Naht
4 Squamosal-Naht
5 Sphenosquamosal-Naht
6 Sphenofrontal-Naht
7 Stirn-Jochbein-Naht
8 Kranznaht
9 Kiefergelenk

Das einzige bewegliche Gelenk des Schädels ist das Kiefergelenk (wo der Unterkiefer am Schädel sein Scharnier findet), was sämtliche Bewegungen zum Kauen und Sprechen ermöglicht.

Alle anderen Knochen sind fest durch sogenannte Nähte verbunden, die es so nur im Schädel gibt. Beim Erwachsenen bestehen sie aus mineralfreier Fasermasse, die die unregelmäßigen, verzahnten Ränder der angrenzenden Knochen verbindet.

Der Zweck der Schädelnähte bei Kleinkindern in der Entwicklung ist es, Wachstum mit Anpassung der entsprechenden Winkel zu ermöglichen. So ermöglichen beispielsweise die Kranznähte das Längenwachstum und die Schuppennähte das Höhenwachstum des Schädels.

Während der Phase schnellen Schädelwachstums im Kleinkindalter drängt das sich ausbreitende Gehirn die Schädelknochen an den Nähten auseinander, und neuer Knochen bildet sich an den Nahträndern. So wird der Schädel in seiner jeweiligen Größe stabilisiert. Bis zum Alter von 7 Jahren verlangsamt sich das Wachstum an den Nähten, und der Schädel erweitert sich langsamer durch Knochen-Restrukturierung.

Die Farbflächen zeigen die Lage der 11 größeren Schädelknochen und ihre Verbindungsnähte.

Innenansicht des Schädels

Die Innenansicht der linken Schädelhälfte zeigt die große Schädelhöhle (Calvarium) und das Gesichtsskelett im Schnitt.

Wenn man dieses Bild mit dem des Außenschädels vergleicht, kann man viele derselben Knochen sehen, aber auch zusätzliche Strukturen. Der knochige Teil der Nasenscheidewand (die die Nasenhöhle trennt) besteht aus dem Vomer und der senkrechten Platte des Siebbeins.

In diesem Schädel sind die Keilbeinhöhlen groß. Die Pituitargrube, die die erbsengroße, hormon- produzierende Hirnanhangdrüse enthält, erstreckt sich bis in die Nasennebenhöhle. Der Kreis bezeichnet das Pterion und entspricht der Stelle auf der Außenansicht.

Die Schädeldecke bedeckt das Gehirn, und Schädelbrüche an dieser Stelle können zu lebensbedrohlichen Situationen führen. Wenn der Schädelknochen im Bereich der Schläfe bricht, kann die mittlere Hirnhautarterie verletzt werden (epidurale Blutung). Dieses Gefäß versorgt die Schädelknochen und die Hirnhäute (die äußere Hülle des Gehirns), und wenn es reißt, kann das ausströmende Blut auf lebenswichtige Hirnbereiche drücken. Ohne schnelle Abhilfe kann das den Tod bedeuten. Zu dieser Arterie erlangt der Chirurg in der Nähe des Pterions Zugang.

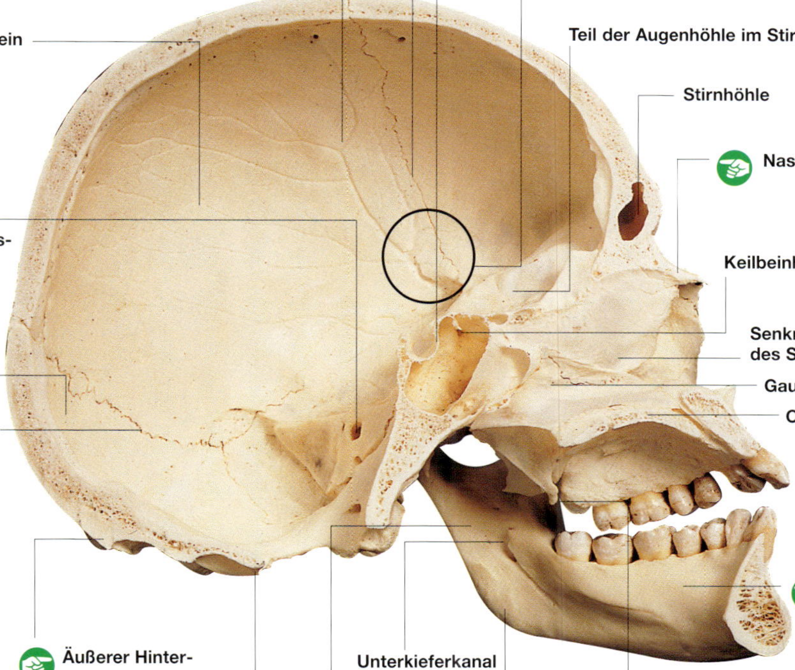

Knochenarten im Schädel

Knochen ist hartes, dichtes, mineralisiertes Bindegewebe, das sich aus drei Komponenten zusammensetzt:

- Organische Grundsubstanz (ca. 25 Gewichtsprozent), meistens das faserartige Protein Kollagen
- Mineralisierte Kristalle aus Calciumphosphat und Calciumkarbonat (65 Gewichtsprozent), bekannt als Hydroxylapatit
- ca. 10 % Wasser.

Die Kombination aus mineralischen und organischen Materialien ermöglicht Stärke und Festigkeit ebenso wie Flexibiliät, um Belastung abzufangen und nicht zu spröde zu sein.

Die Schädelknochen, d.h. das Stirn- und Scheitelbein, der Hinterhauptknochen und das Schläfenbein sind „flache“ Knochen. Sie bestehen aus zwei dünnen Schichten von kompakten Knochen, die einen lockeren Knochentyp umschließen, der Diploe heißt, oder Cancellusknochen. Er ist schwamm- bzw. gitterartig und enthält Knochenmark.

Im Knochenmark werden Blutzellen erzeugt, während der Knochen selbst – wie überall im Körper – eine Quelle von Calciumionen ist, die unabdingbar für das normale Funktionieren von Nerven und Muskeln sind.

Die Diploe kommt nur im Schädel vor und ermöglicht weite und dennoch leichte und starke Flächen von Knochen, die das Gehirn und wichtige Sinnesorgane schützen und versorgen.

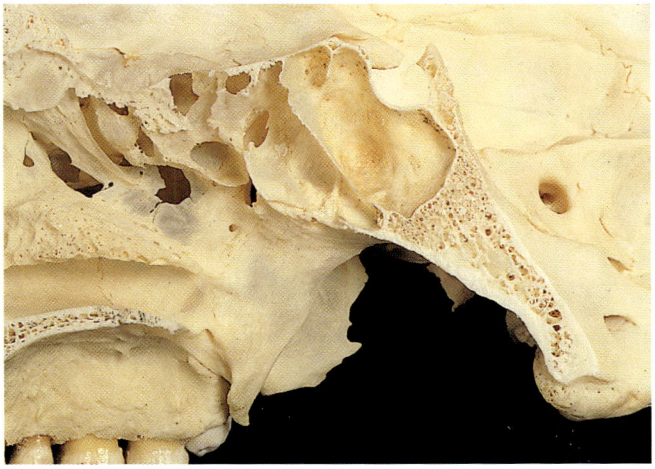

Der Schnitt durch den Oberkiefer verdeutlicht die Wabenstruktur der Nasen-Nebenhöhlen – dies macht sie leichter aber nicht weniger stabil.

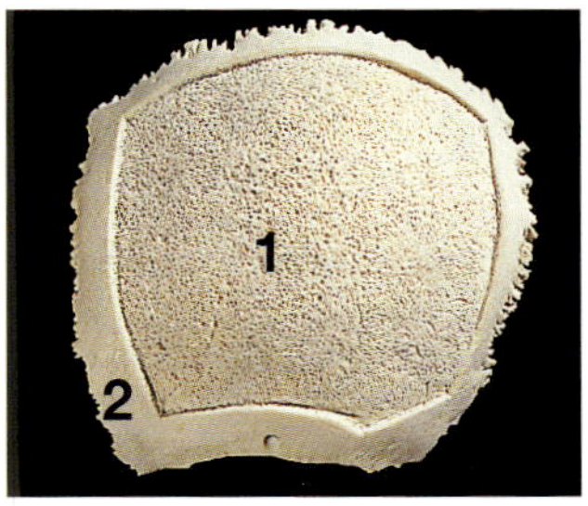

Das rechte Scheitelbein, geöffnet, um die Diploe (1) zu zeigen, unter der äußeren Schicht kompakten Knochens (2). Die wabenartige (schwammartige) Knochenstruktur wird sichtbar; darunter liegt noch einmal eine kompakte Knochenschicht.

Schädeldecke und Schädelbasis

Das Calvarium, oder Schädelhöhle, ist der obere Teil des Schädels, der das Gehirn umschließt und schützt.

Die vier Knochen der Schädelhöhle sind das Stirnbein, die zwei Scheitelbeine und ein Teil des Hinterhauptknochens.

Diese Knochen entstehen in einem Prozess, in dem sich die ursprüngliche, weiche, verbindende Gewebemembran zu Knochensubstanz aushärtet, ohne zwischendurch Knorpel zu werden wie manch andere Schädelknochen.

Interessant an der Schädelhöhle sind diese Punkte:

- Die Sagittalnaht, die längs von der Lambdanaht am Hinterkopf zur Kranznaht verläuft.
- Der Vertex, der höchste Punkt des Schädels. Die zentral gelegene, höchste Stelle, liegt an der Sagittalnaht.
- Der Abstand zwischen den beiden seitlichen Scheitelbein-Tubern ist der breiteste Teil des Schädels.
- Die komplexe, ineinandergreifende Art der Nähte, die beträchtliches Schädelwachstum in den Wachstumsjahren ermöglicht und Stärke und Festigkeit im Erwachsenenalter bewirkt.

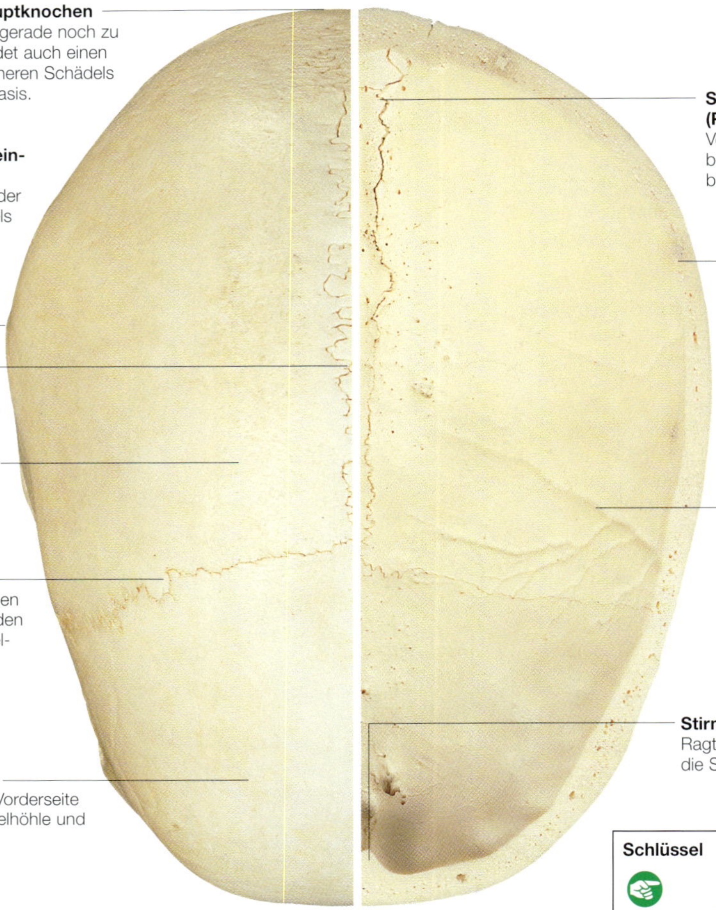

Schädelabnormitäten

Wegen der einzigartigen Weise, in der der Schädel sich entwickelt, und wobei das wachsende Gehirn die Schädelknochen an den Nähten auseinanderdrückt, kann jede Abnormität an den Knochen selbst oder an den Nähten zu drastischen Form- oder Aussehensveränderungen am Kopf des Babys oder Kindes führen. Isoliertes, verfrühtes Zusammenwachsen der Nähte (wo einzelne Verbindungen fest werden und sich schließen, bevor das Gehirn die volle Größe erreicht hat) heißt Craniostenose. Diese behindert in großem Maße die normalerweise von den Nähten ermöglichte Ausdehnung.

Das Gehirn breitet sich jedoch weiter in einer anderen möglichen Richtung aus, und führt so zu Verformungen, je nachdem welche Naht betroffen ist:

- **Scaphocephalie** ist ein verlängerter, bootförmiger Schädel und entsteht durch verfrühte Schließung der Sagittalnaht.
- **Brachycephalie** ergibt einen spitz zulaufenden, kurzen Schädel, verursacht durch beidseitige Aushärtung der Kranznaht.
- **Plagiocephalie,** bei der der Kopf eine „verdrehte" Erscheinung von asymmetrischer Verformung hat, wird durch die Stenose einer Hälfte der Kranznaht verursacht.
- **Oxycephalie** verursacht einen abnormal hohen, schrägen Schädel, üblicherweise durch zu frühes Zusammenwachsen der Sagittal- und der Kranznaht.

Unregelmäßigkeiten in der Knochenproduktion können ebenfalls zu Schädelverformungen führen. Bei Achondroplasie (Zwergwuchs des gesamten Körpers) sind die knorpelartigen Knochenanteile betroffen. Dies bedeutet, dass die Knochen an der Schädelbasis verkürzt sind, während die Schädelhöhle normal ist (die innerhalb der Membran liegenden Knochen sind nicht betroffen).

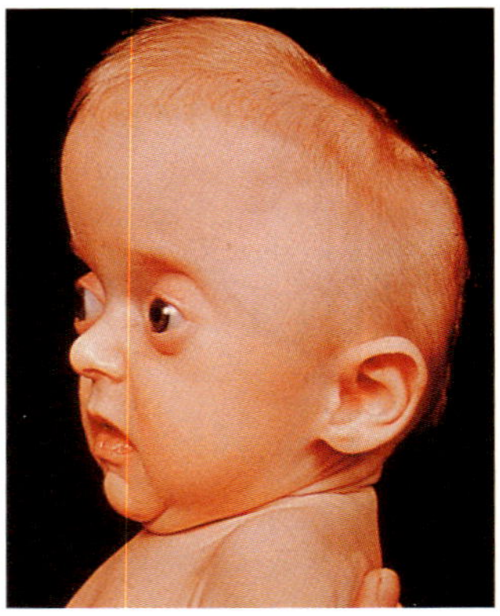

Ein Baby mit Oxycephalie zeigt einen erhöhten vorderen Schädel bei unterentwickelter Schädelhöhle. Dieser Zustand kann auch zu vermindertem Sehvermögen führen.

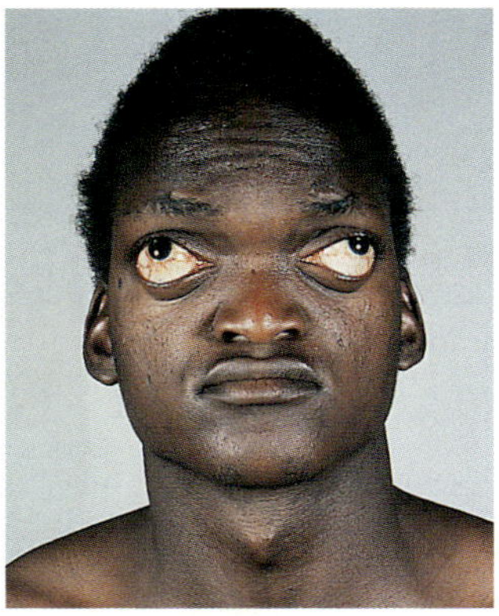

Bei diesem Mann sieht man die klassischen Zeichen von Brachycephalie – ein hoher, spitzer Kopf und hervorstehende Augen – verursacht durch eine zusammengewachsene Kranznaht.

Hydrocephalie („Wasser im Gehirn") ist eine schwere Beeinträchtigung, die durch vermehrten Anfall von Gehirnflüssigkeit entsteht. Dies vergrößert den Schädel und führt zu erhöhtem Druck aufs Gehirn.

Schädelbasis

Diese etwas ungewöhnliche Ansicht ist der Schädel von unten. Man sieht den Oberkiefer und die Öffnung, durch die das Rückenmark geht.

Die Knochen der mittleren Schädelbasis (Siebbein, Keilbein und Teil des Hinterhauptknochens) entwickeln sich anders als die des Schädeldaches. Sie entwickeln sich aus einer knorpeligen Vorstufe in einem Prozess, der endochondrale Verknöcherung heißt.

Die Kieferknochen sind die beiden Oberkieferteile mit Zähnen, jeder auf einer Seite. Die Gaumenfortsätze des Oberkiefers und die horizontalen Platten des Gaumenknochens bilden den harten Gaumen.

GAUMEN-DEFEKTE

Ein gespaltener Gaumen entsteht, wenn die Gaumenanlage sich nicht wie normal vor der Geburt schließt, wodurch ein Spalt in der Mundhöhle bleibt. Dieser verbindet dann die Mund- und Nasenhöhlen. Wenn der Spalt dann weiter durch den Oberkiefer verläuft, wird eine Hasenscharte bei der Oberlippe sichtbar. Chirurgisch kann dieser Fehler jedoch behoben werden.

Kinder mit zu engem Gaumen und daher zu engstehenden Zähnen können eine zahntechnische Apparatur angebracht bekommen, die die Mittellinie im Gaumen schrittweise erweitert.

Im Verlauf von Monaten werden die Ränder der Naht auseinandergedrückt, was neuen Knochenwuchs fördert und zusätzlichen Raum für die Zähne schafft.

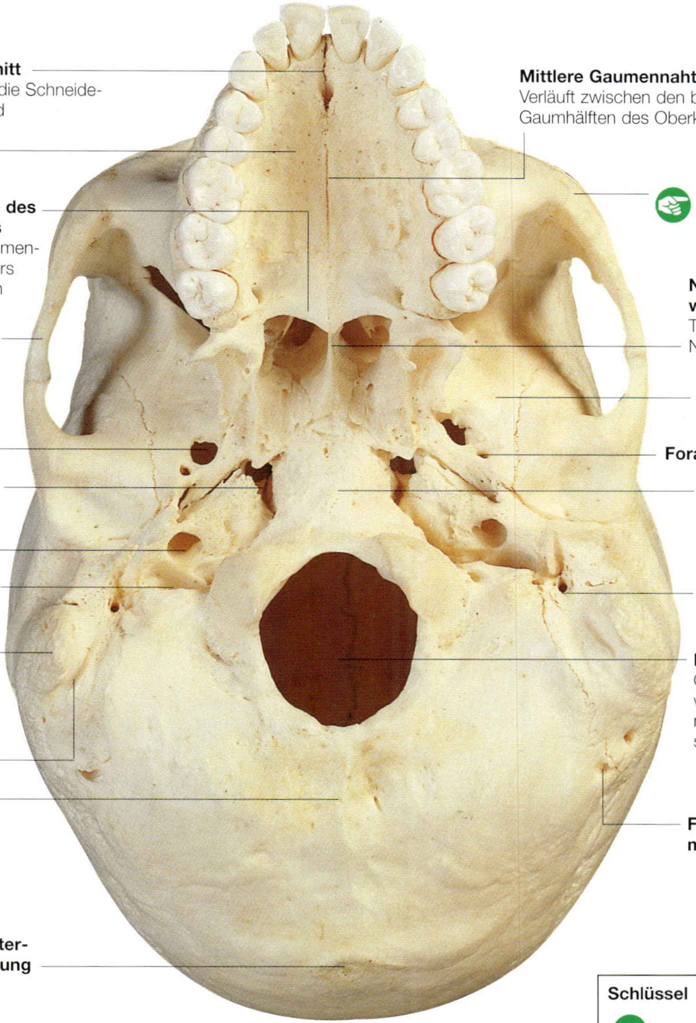

Schlüssel Diese Stelle kann leicht unter der Haut ertastet werden

Foramina – Durchlässe im Schädel

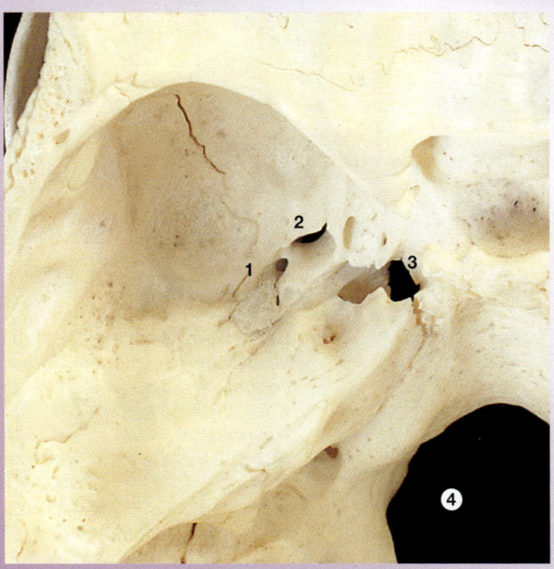

„Foramina" ist der Plural des lateinischen Wortes Foramen, das einfach nur Loch oder Öffnung bedeutet. Diese Öffnungen sind Durchtrittsstellen für Nerven und Blutgefäße durch den Schädelknochen in die Schädelhöhle.

Weitere kleine, weniger regelmäßige Kanäle verbinden die äußeren Venen des Schädels mit den inneren. Sie heißen Durchtrittsvenen und Durchtrittsstellen. Solche Pfade können äußere Infektionen nach innen leiten und so zu ernsthafteren Entzündungen im Gehirn führen.

Diese Großaufnahme zeigt die linke Hälfte des mittleren Schädelgrabens (eine von drei Vertiefungen im Boden der Schädelhöhle) von innen gesehen, und vier Durchlässe: (1) Foramen spinosum, (2) Foramen ovale, (3) Foramen lacerum, (4) Foramen magnum.

Die wichtigsten Foramina sind:

- **Foramen magnum,** wo das Rückenmark in den Hirnstamm übergeht
- **Foramen lacerum,** zwischen dem Felsenbeinanteil des Schläfenbeins und dem Keilbein
- **Foramen ovale** (eins auf jeder Seite), für den Unterkiefer-Ast der Trigeminusnerven
- **Foramen spinosum,** Durchtritt der mittleren Hirnhaut-Arterie ins Innere der Schädelhöhle
- **Foramen stylomastoideum,** Durchtritt des siebten Hirnnervs
- **Foramen jugulare,** Öffnung für Arteria sigmoidea und Sinus petrosus inferior und drei der Hirnnerven
- **Halsschlagader-Kanal,** für den Durchlass der Arteria carotis (Hauptarterie des Halses) und zugehörige Nervenfasern

Kopfhaut

Die Kopfhaut setzt sich aus fünf Gewebeschichten zusammen, die den Schädelknochen bedecken. Die Haut ist durch Bindegewebe, das auch eine große Zahl von Blutgefäßen enthält, fest mit den Kopfhautmuskeln verbunden.

Die Kopfhaut bedeckt den oberen Teil des Kopfes, der sich vom Haaransatz auf der Rückseite bis zu den Augenbrauen erstreckt. Sie ist eine dicke, bewegliche und schützende Bedeckung des Schädels mit fünf verschiedenen Schichten, von denen die ersten drei fest miteinander verbunden sind.

SCHUTZ

Die Kopfhaut ist die dickste und am meisten behaarte Haut des ganzen Körpers. Sie dient der Behaarung und dem Schutz des Schädels und der vordere Teil erfüllt eine wichtige Aufgabe in Bezug auf den Gesichtsausdruck. Der wird ermöglicht dadurch, dass viele Muskeln des Schädeldaches mit der Kopfhaut verbunden sind, so dass sie sich sowohl vor- als auch zurückbewegen kann.

DICHTES BINDEGEWEBE

Unter der Haut, und fest mit ihr verbunden, befindet sich eine Schicht dichten Gewebes, die zahlreiche Arterien und Venen trägt. Die Arterien sind Verzweigungen der äußeren und inneren Halsschlagadern, welche untereinander verbunden sind, um eine reichhaltige Blutversorgung für alle Teile des Schädels sicherzustellen.

Diese Bindegewebsschicht ist auch fest mit der darunterliegenden Muskelschicht verbunden. Das Bindegewebe hält die Haut derart am Muskel, dass, selbst wenn die Kopfhaut durch Unfall abgerissen wird, die drei Schichten zusammen bleiben.

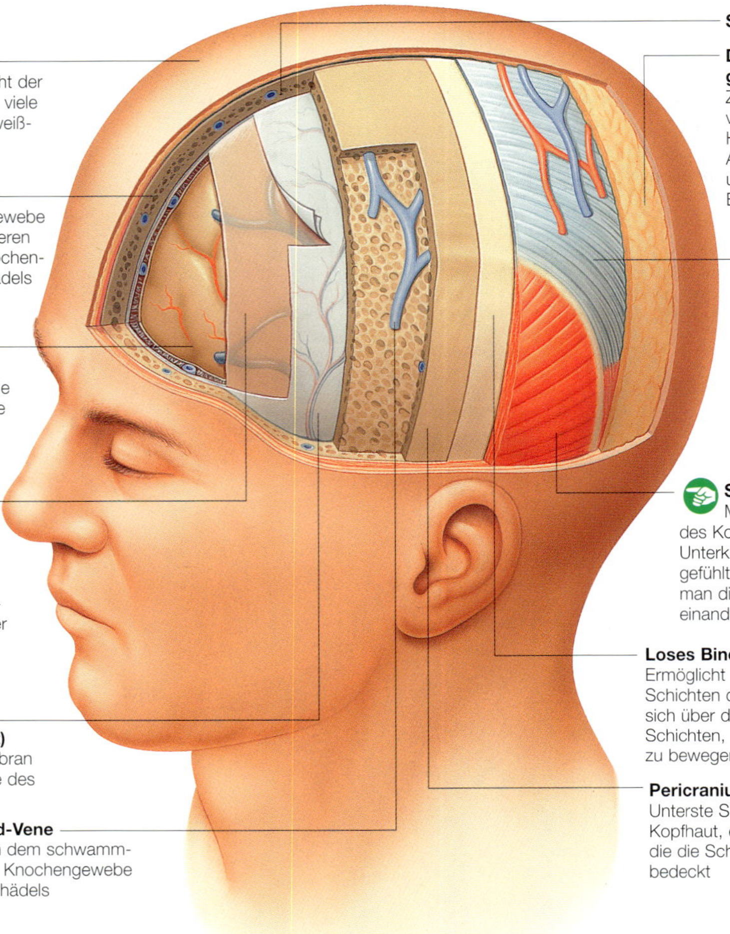

Die fünf Schichten der Kopfhaut sind hier getrennt dargestellt, um sie in Beziehung zu Blutgefäßen und den benachbarten Knochen zu zeigen.

Schlüssel Diese Stelle kann leicht unter der Haut ertastet werden

Haarfollikel der Kopfhaut

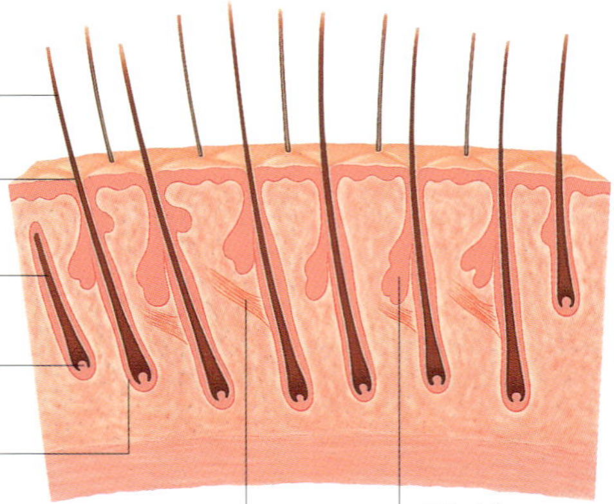

Ein Schnitt durch die Haut stellt die Haare in den Follikeln dar. Auch die Aufrichtmuskeln kann man sehen.

Der behaarte Teil der Kopfhaut ist der am meisten behaarte des ganzen Körpers. Das Kopfhaar gibt dem Kopf Schutz vor Kälte und vor Sonnenlicht und hilft auch in gewissem Grad, kleinere Verletzungen zu vermeiden.

Jedes Haar besteht aus einer in die Haut eingebetteten Wurzel und dem Haarschaft, der über die Kopfhaut hinausragt. In der Kopfhaut ist die Wurzel in einen Haarbalg eingeschlossen. Das Haar tritt aus dem Balg (Follikel) mit einem Winkel von etwas unter 90° aus und deckt so die Haut wirksam ab.

Die Haarbälge der Kopfhaut durchlaufen einen Kreislauf von Wachstums- und Ruhephasen.

Nach einem aktiven Wachstumsstadium ruhen der Balg und die Zwiebel für kurze Zeit. Während der Ruhephase fällt das Haar aus, aber weil Ruhe- und Wachstumsphasen gestaffelt sind, wird der Haarverlust nicht sichtbar.

Talgdrüsen, die öligen Talg absondern, finden sich ebenfalls in der Haut nahe den Haarbälgen. Talg ölt den Haarschaft und hilft auch, die Haut gegen Bakterien und Pilze zu schützen.

Am Haarbalg befestigt ist ein Muskel, der durch Kontraktion das Haar aufrichtet und so „Gänsehaut“ erzeugt. Die Kontraktion drückt auch auf die Talgdrüse, die dadurch Talg abgibt.

Muskeln der Kopfhaut

Die Muskeln der Kopfhaut liegen unter der Haut und einer Schicht Bindegewebe. Sie bewegen die Haut der Stirn und den Kiefer beim Kauen.

Der M. occipitofrontalis ist ein ausgedehnter Muskel, der durch zwei Abschnitte vorn und hinten an der Kopfhaut gebildet wird, die durch eine dünne, feste Faserschicht verbunden sind (Aponeurose). Der M. frontalis ist der Muskelteil über der Stirn, der aus der Haut über den Augenbrauen hervorgeht und nach hinten in die Aponeurose übergeht. Dieser Muskel hebt die Augenbrauen und legt die Stirn in Falten, oder er zieht die Kopfhaut wie beim Stirnrunzeln nach vorn.

Der M. occipitalis ist der Muskelteil, der hinten aus dem oberen Hals nach vorn zur Aponeurose verläuft. Er zieht die Kopfhaut nach hinten.

Der Schläfenmuskel liegt an der Seite der Kopfhaut, über den Ohren, und verläuft von der Kopfhaut zum Unterkiefer. Er ist an Kaubewegungen beteiligt.

LOSES BINDEGEWEBE

Die vierte Schicht, unter dem Muskel und der Aponeurose, ist eine Schicht von losem Bindegewebe, die den Schichten darüber ermöglicht, sich relativ frei über die Schicht darunter zu bewegen. An dieser Stelle kann die Kopfhaut bei Unfällen abgerissen werden, etwa wenn der Kopf nach vorn durch die Windschutzscheibe eines Autos schlägt.

Das Pericranium, die fünfte Schicht der Kopfhaut, ist eine feste Membran, die den Schädelknochen unmittelbar bedeckt.

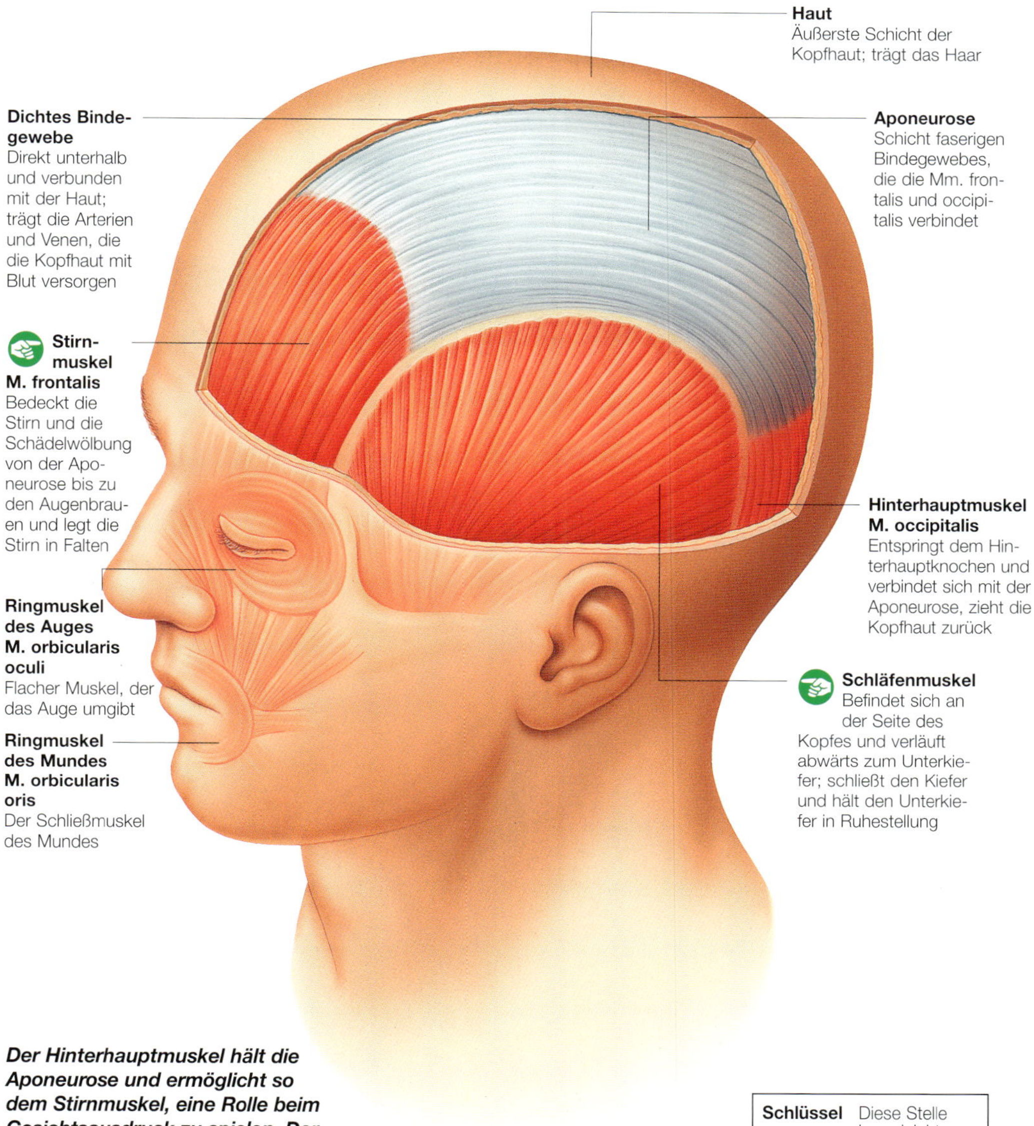

Der Hinterhauptmuskel hält die Aponeurose und ermöglicht so dem Stirnmuskel, eine Rolle beim Gesichtsausdruck zu spielen. Der Schläfenmuskel ist für das Schließen des Kiefers zuständig.

Schlüssel Diese Stelle kann leicht unter der Haut ertastet werden

Verletzungen der Kopfhaut

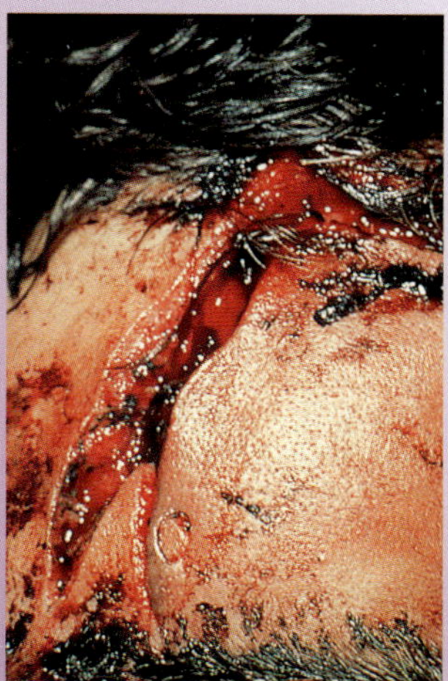

Größere Wunden der Kopfhaut bluten übermäßig, da die Arterien sich nach einer Verletzung nicht schließen. Das behindert die Blutgerinnung.

Schaden an der Kopfhaut führt zu starkem Bluten, selbst aus relativ kleinen Wunden. Zwei Faktoren erklären das heftige und langanhaltende Bluten.

Um die vielen Haarbälge zu versorgen, hat die Kopfhaut eine viel reichhaltigere Durchblutung als die restliche Haut des Körpers. Das Blut der Kopfhaut kommt aus verschiedenen Arterien, die innerhalb der dichten Bindegewebsschicht unter der Haut ein freies Netzwerk bilden. Diese untereinander verbundenen Blutgefäße ermöglichen eine optimale Blutversorgung für die gesamte Kopfhaut.

Das Fasergewebe innerhalb dieser dichten Schicht hält diese Blutgefäße offen, so dass sie sich im Fall einer Verletzung nicht zusammenziehen können, wie Arterien an anderen Stellen das tun würden. Wenn die Arterie auf eine Beschädigung nicht durch Zusammenziehen reagieren kann, ist die Blutgerinnung beeinträchtigt. Um die Blutung zu stoppen, sollte man Druck auf die Wunde bringen.

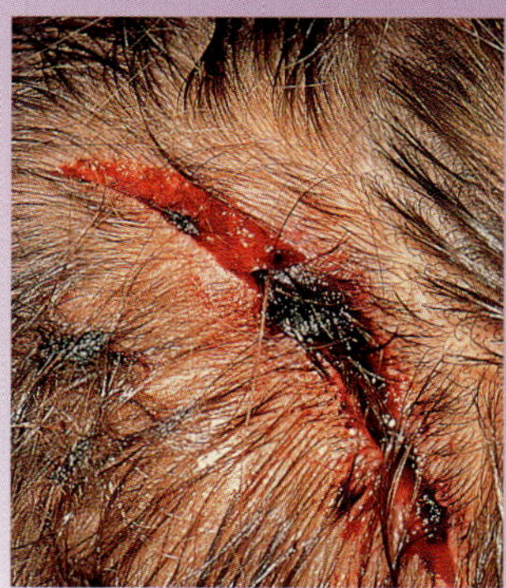

Das meiste Blut für die Kopfhaut fließt durch Gefäße, die auf den Muskeln liegen, direkt unterhalb der Kopfhaut.

Gehirn

Das Gehirn ist der Teil des zentralen Nervensystems, der seinen Sitz im Schädel hat. Es steuert viele Körperfunktionen, so den Herzschlag, die Fähigkeit zu gehen und zu laufen und die Bildung von Gedanken und Gefühlen.

Das Gehirn besteht aus drei Hauptteilen: Großhirn, Mittelhirn und Kleinhirn. Das Großhirn teilt sich in zwei Hälften und bildet so die linke und rechte Hirnhälfte.

HEMISPHÄREN

Die Hirnhälften bilden den größten Teil des Großhirns. Ihre äußere Oberfläche faltet sich in eine Reihe von (gyri) Wülsten und (sulci) Furchen, was die Oberfläche beträchtlich vergrößert. Der größte Teil der Oberfläche jeder Hemisphäre befindet sich verborgen in der Tiefe dieser Furchen.

Jede Hälfte wird unterteilt in Stirn-, Scheitel-, Hinterhaupt- und Schläfenlappen, benannt nach den nächstliegenden Schädelknochen. Der Corpus callosum (Balken) verbindet die beiden Hirnhälften, ein großes Faserbündel, das tief in der Längsspalte liegt.

GRAUE UND WEISSE SUBSTANZ

Die Hirnhälften bestehen aus einer äußeren Großhirnrinde aus grauer Substanz und einer inneren Masse aus weißer Substanz.

- Graue Substanz enthält Nervenzellkörper, die man in der Rinde der Großhirn- und der Kleinhirnhälften findet und in subcorticalen Zellkernen.
- Weiße Substanz umfasst Nervenfasern unterhalb der Großhirnrinde. Sie bilden das Kommunikationsnetzwerk des Gehirns und sie können sich bis in andere Felder der Großhirnrinde und das Rückenmark erstrecken.

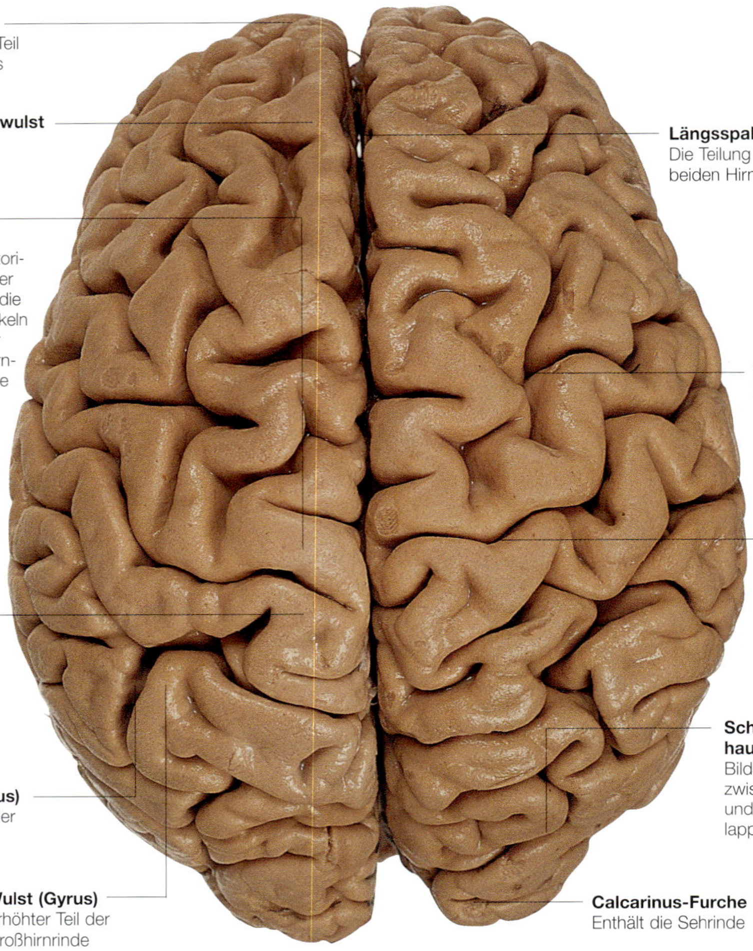

Wülste und Furchen

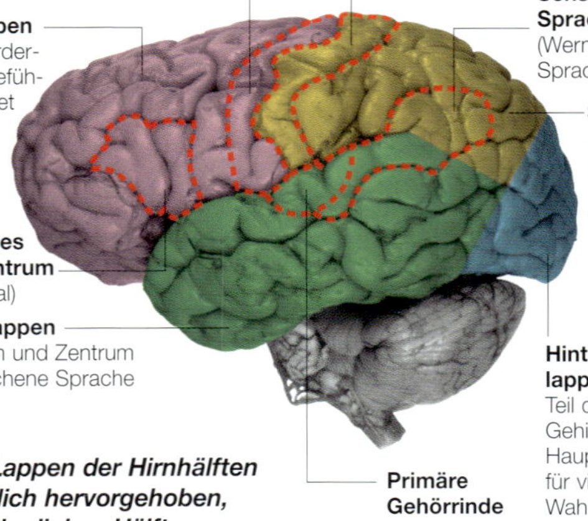

Die vier Lappen der Hirnhälften sind farblich hervorgehoben, hier auf der linken Hälfte.

Die Zentralfurche verläuft von der Längsspalte zur Lateralfurche und markiert die Grenze zwischen Vorder- und Scheitellappen. Die vordere Zentralwulst verläuft parallel zu und vor der Zentralfurche und enthält den primären motorischen Cortex, von wo aus bewusste Bewegung gesteuert wird. Die hintere Zentralwulst beinhaltet den primären Empfindungsbereich des Gehirns, der sensorische Reize aufnimmt. Die Scheitel-Hinterhaupt-Furche (auf der mittleren Oberfläche beider Hirnhälften) markiert die Grenze zwischen Scheitel- und Hinterhauptlappen.

Die Calcarinus-Furche ist der Ort der primären Sehrinde, wo visuelle Reize empfangen werden. Die primäre Hörrinde liegt am hinteren Ende der Lateralfurche.

Auf der mittleren Oberfläche des Schläfenlappens, am schnabelförmigen (vorderen) Ende der obersten Wulst, befindet sich der Cortex olfactorius, der mit dem Geruchssinn zu tun hat. Innerhalb des parahippocampalen Wulstes liegt der Hippocampus, welcher Teil des limbischen Systems ist; er hat mit Gedächtnisbildung zu tun. Die Gebiete, die für Sprache verantwortlich sind, liegen in der dominanten Hälfte (üblicherweise links). Das motorische Sprachzentrum (Broca-Zentrum) liegt in der unteren vorderen Wulst und ist essentiell für das Sprechvermögen.

Inneres des Gehirns

Ein Schnitt entlang der Mittellinie zwischen den beiden Hirnhälften zeigt die Hauptstrukturen, die eine unermessliche Zahl von Körperaktivitäten steuern. Während bestimmte Areale sensorische und motorische Informationen überwachen, steuern andere Sprache und den Schlaf.

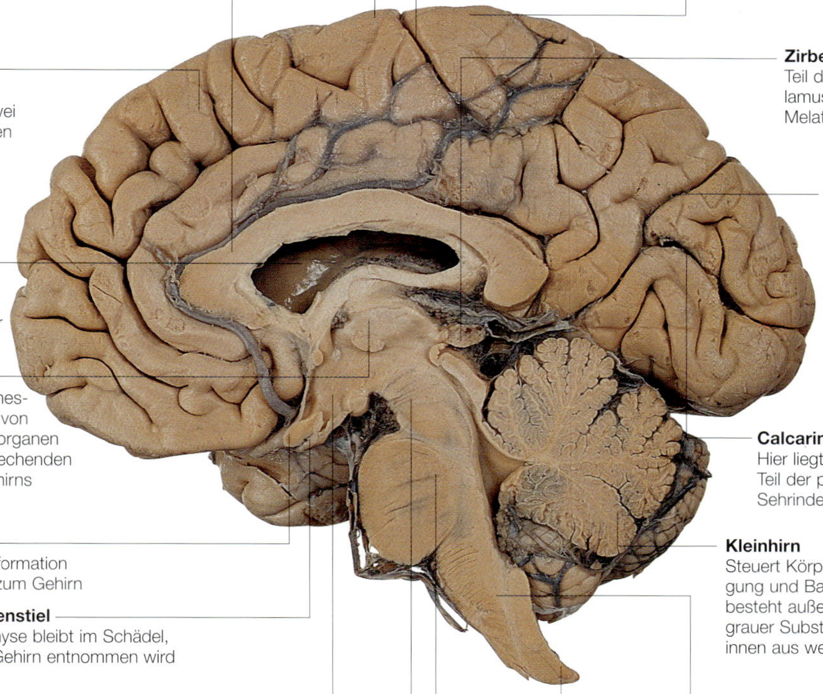

SPRACHE, DENKEN UND BEWEGUNG

Das rezeptive Sprachzentrum (Wernicke-Areal) liegt hinter dem primären Gehörzentrum und ist unerlässlich zum Sprachverständnis. Das vordere Frontalhirn hat übergeordnete Erkennungsfunktionen, einschließlich abstraktem Denken, Sozialverhalten und Entscheidungsfindung.

Innerhalb der weißen Substanz der Hirnhälften gibt es verschiedene Stellen mit grauer Substanz, bekannt als Basalganglien. Diese Strukturgruppe ist an verschiedenen Bewegungsfunktionen beteiligt, wie etwa Bewegungsprogrammierung und -planung sowie Programmauswahl und Bewegungs-Speicher-Verwaltung.

DIENCEPHALON (ZWISCHENHIRN)

Der mittlere Teil des Vorderhirns umfasst Strukturen im Bereich der dritten Kammer. Diese bilden das Diencephalon, welches den Thalamus, Hypothalamus, Epithalamus und den Subthalamus auf jeder Seite einschließen. Der Thalamus ist die letzte Schaltstation, bevor die Information vom Hirnstamm und Rückenmark die Großhirnrinde erreicht.

Der Hypothalamus liegt unter dem Thalamus auf dem Boden des Diencephalon. Er ist an einer Reihe von homöostatischen Mechanismen beteiligt und steuert die Hirnanhangdrüse, die aus deren Basis entspringt. Der Vorderlappen der Drüse sondert Substanzen ab, die die Schild-, Nebennieren- und Geschlechtsdrüsen beeinflussen, und er stellt Wachstumsfaktoren her. Der hintere Lappen produziert Hormone, die den Blutdruck erhöhen, Urinabsonderung mindern und Gebärmutterkontraktion verursachen. Der Hypothalamus beeinflusst auch das sympathische und parasympathische Nervensystem und steuert Körpertemperatur, Appetit und Wachsein. Der Epithalamus ist ein relativ kleiner Teil des dorso-caudalen Diencephalon und enthält die Zirbeldrüse, die Melatonin herstellt und den Schlaf-Wachrhythmus kontrolliert.

Der Subthalamus liegt unter dem Thalamus und neben dem Hypothalamus. Hierin liegt der subthalamische Kern, der Bewegungen steuert.

Hirnstamm und Kleinhirn

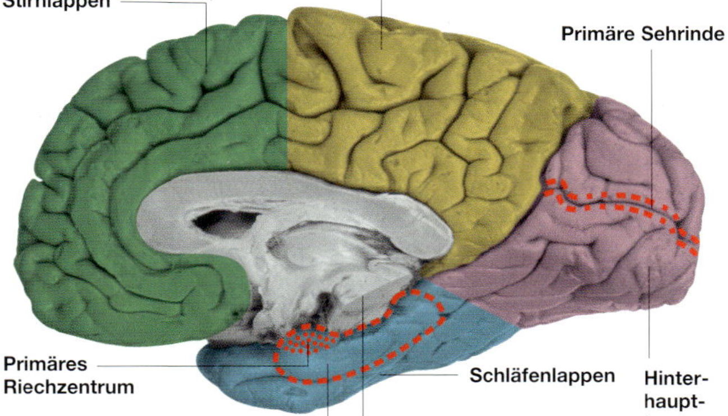

Der hintere Teil des Zwischenhirns ist mit dem Mittelhirn verbunden, diesem folgt die Brücke und das verlängerte Mark des Hinterhirns. Mittel- und Hinterhirn enthalten Nervenfasern, die die cerebralen Hemisphären mit den Hirnnervenkernen verbinden, und schließlich mit den tieferliegenden Zentren im Hirnstamm und dem Rückenmark. Diese enthalten auch die Hirnnervenkerne.

Ein Blick auf die mittlere Oberfläche der rechten Hirnhälfte. Der Hirnstamm wurde entfernt, so dass die untere Hemisphäre sichtbar wird.

Der größte Teil der Formatio reticularis, einem Netzwerk aus Nervenbahnen, liegt im Mittel- und Hinterhirn. Dieses System enthält die wichtigen Atem-, Herz- und Gefäßregulationszentren.

Das Kleinhirn liegt hinter dem Hinterhirn und ist durch drei Paare schmaler stielähnlicher Kleinhirnschenkel damit verbunden. Verbindungen zum Rest des Gehirns sowie zum Rückenmark werden über diese Kleinhirnschenkel hergestellt. Das Kleinhirn funktioniert auf einer unbewussten Ebene, um Bewegungen zu koordinieren, die in anderen Teilen des Gehirns initiiert wurden. Es steuert auch die Balance sowie Haltung und Muskelspannung.

Blutgefäße des Gehirns

Die Arterien versorgen das Gehirn mit sauerstoffangereichertem Blut.

Das Gehirn wiegt etwa 1,4 kg und macht damit ca. 2 % unseres gesamten Körpergewichts aus. Es beansprucht jedoch 15 - 20 % der Herzleistung, um angemessen zu arbeiten. Wenn der Blutzufluss zum Gehirn auch nur für 10 Sekunden unterbrochen wird, verlieren wir das Bewusstsein und, wenn die Blutversorgung nicht schnell wieder hergestellt wird, ist es nur eine Sache von Minuten, und der Schaden ist bleibend.

DIE ARTERIELLE VERNETZUNG

Das Blut gelangt durch zwei Paare von Arterien ins Gehirn. Die inneren Halsschlagadern stammen aus der gemeinsam Halsschlagader im Hals, treten durch den Halsschlagader-Kanal in den Schädel ein und verzweigen sich dann zur Versorgung des Großhirns. Die beiden Hauptzweige der inneren A. carotis sind die mittlere und vordere Hirnarterie.

Die Aa. vertebrales steigen aus den Aa. subcalviae auf und treten durch das Foramen magnum in den Schädel ein, um Hirnstamm und Kleinhirn zu versorgen. Sie verbinden sich und bilden die A. basilaris, welche sich wieder aufteilt und zu den beiden hinteren Hirnarterien wird, die unter anderem das Hinterhaupt- oder Sehzentrum des hinteren Hirns versorgen.

Diese beiden Blutströme sind mit anderen Arterien verbunden und bilden so einen Kreislauf an der Hirnbasis, der „Circulus Willisi" heißt.

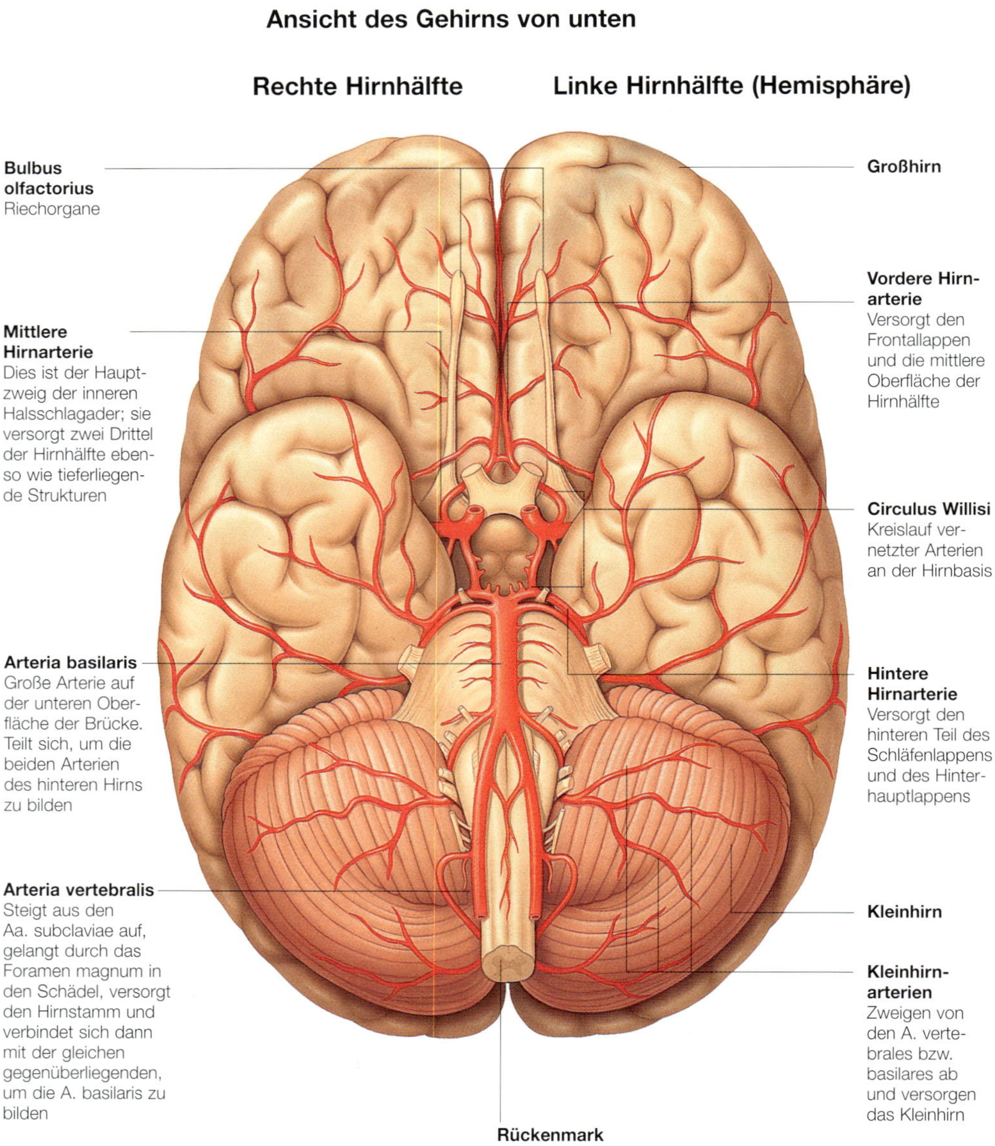

Was geschieht, wenn die Blutzufuhr stoppt

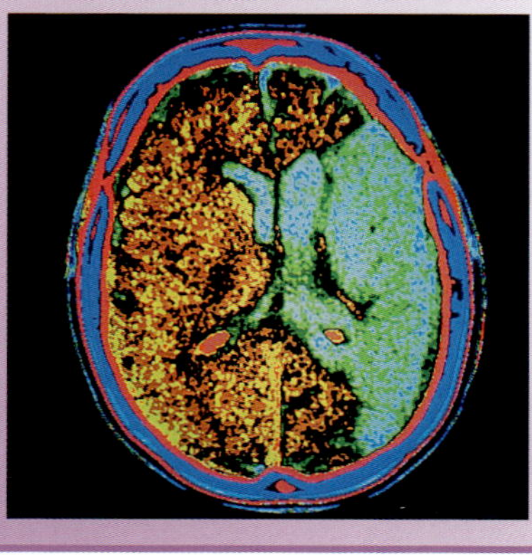

Die Bedeutung der Blutversorgung für das Gehirn zeigt sich, wenn sie unterbrochen wird, wie etwa beim Schlaganfall.

Schlaganfälle können von einer Blockade (ischaemischer Schlaganfall) oder durch Blutung (hämorrhagischer Schlaganfall) von Arterien herrühren. Das führt zum Absterben des Hirngewebes, das von der jeweiligen Arterie versorgt wurde.

Dieser Farb-CT-Scan zeigt ein Areal toten Gewebes (blau), das durch einen Verschluss in einer Hirnarterie entstand. So etwas kann durch ein Blutgerinsel entstehen.

Die spezifische Auswirkung für den Patienten hängt von dem betroffenen Gefäß ab. Im Fall eines „klassischen" Schlaganfalls ist in der Regel die mittlere Hirnarterie betroffen (siehe Scan), die dann die gegenüberliegende Seite im Körper lähmt. Das kommt daher, dass das Bewegungszentrum, das die bewusste Bewegung in der entsprechenden Seite steuert, geschädigt ist.

Weitere Symptome bei einer Schädigung dieser Arterie können sein:

- Verlust des Gefühls auf der anderen Seite des Körpers
- Sehstörungen
- Sprechprobleme (wenn der Schlaganfall die dominante linke Hälfte betrifft)

Das Ausmaß des Schadens sowie der Heilungsfortschritt hängen vom Ausmaß des Infarkts (totes Gewebe) ab. In manchen Fällen bleibt die Lähmung bestehen.

Gehirnvenen

Tiefe und oberflächliche Venen leiten das Blut in komplexen Gängen aus dem Gehirn zurück. Diese Wege nutzen die Schwerkraft, um das Blut zum Herzen zurückzuführen. Anders als die übrigen Venen besitzen sie keine Klappen.

Die Gehirnvenen werden unterteilt in tieferliegende und oberflächliche Gruppen. Diese Venen, die alle keine Klappen besitzen, leiten das Blut in die Venenbahnen des Schädels.

Die Venen sind in Schichten von Dura mater, der festen äußeren Membran, die das Gehirn umschließt, ausgebildet. Im Unterschied zu anderen Körpervenen haben sie kein Muskelgewebe in ihren Wandungen.

Die Oberflächenvenen sind unterschiedlich auf der Außenseite des Gehirns angeordnet, und viele von ihnen sind vielfältig verknüpft. Die meisten Oberflächenvenen führen in die obere Sagittalvene. Die tieferliegenden Venen hingegen, die zur inneren Hirnmasse gehören, leiten über die Großhirnvene in die Große Gehirnvene (Galen-Vene).

FUNKTION DER BLUTBAHNEN

Die große Gehirnvene und die obere Sagittalvene laufen zusammen. Blut fließt durch die transversalen und sigmoiden Blutbahnen und tritt durch die Drosselvene aus dem Schädel auf dem Weg zum Herzen.

Unterhalb des Gehirns sind auf jeder Seite am Keilbein die Sini cavernosi. Diese leiten das Blut aus den Augenhöhlen und tieferliegenden Teilen des Gesichts. Hierin besteht auch ein möglicher Infektionsweg in den Schädel.

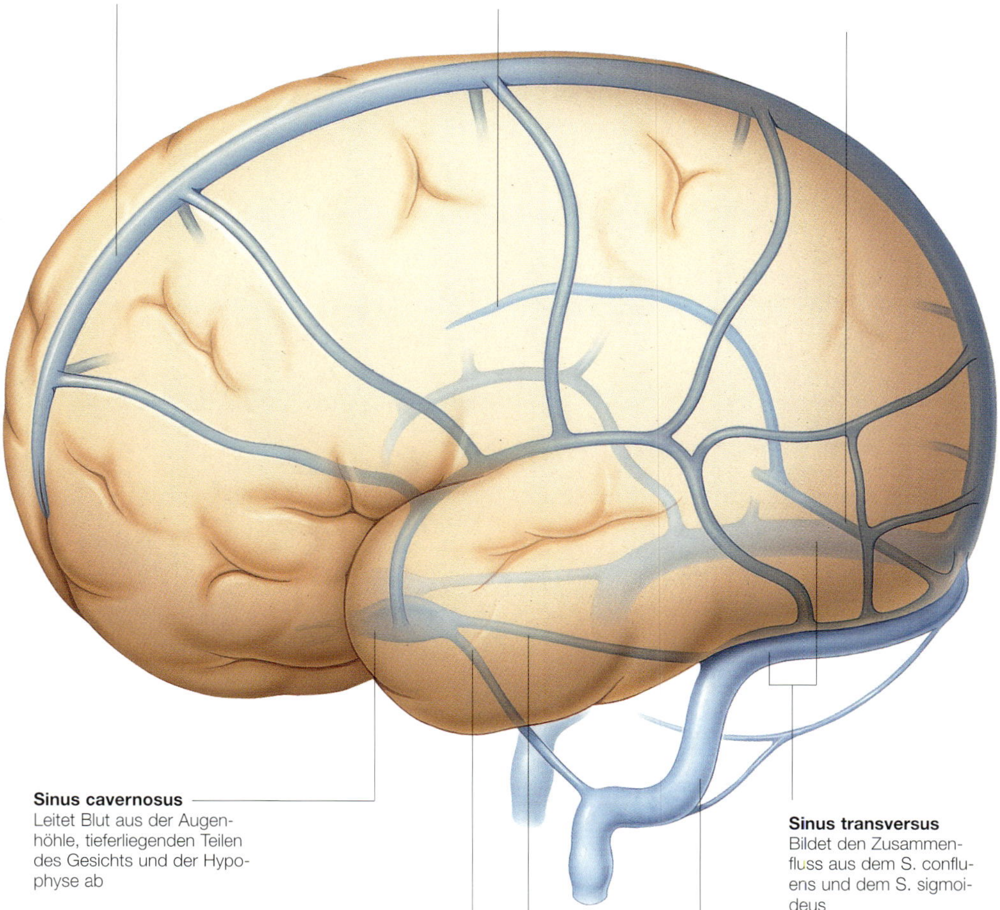

Darstellung der Gehirnvenen

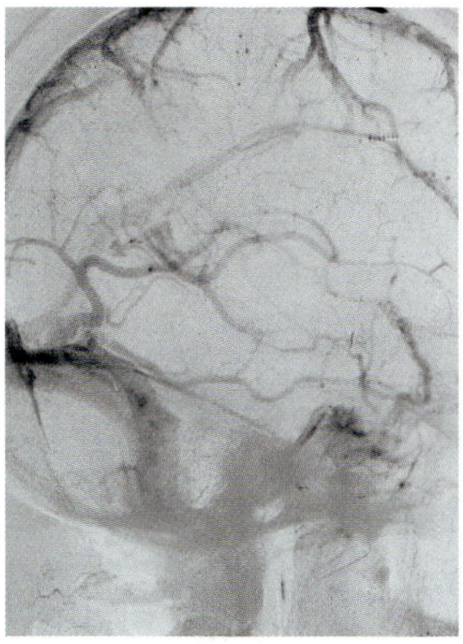

Die Gehirnvenen und die venösen Blutbahnen können mit der Angiographie-Technik gut dargestellt werden.

Das Verfahren umfasst das Injizieren von Kontrastmittel in die Halsschlagader. Nach etwa sieben Sekunden hat das Medium die Venen erreicht. Dann werden in kurzer Abfolge Röntgenaufnahmen gemacht, und Details von Abnormitäten oder Problemen mit der Blutabfuhr aus dem Gehirn können leicht sichtbar gemacht werden.

Mit dieser Technik kann man venöse Thrombosen (Blutgerinsel) und angeborene Fehler in den Verbindungen von Arterien und Venen erkennen.

Probleme mit den Hirnvenen sind jedoch viel seltener als solche mit den Arterien.

Die Venen des Großhirns sind auf diesem Halsschlagader-Arteriogramm sichtbar (venöse Phase). Das Kontrastmittel erscheint schwarz.

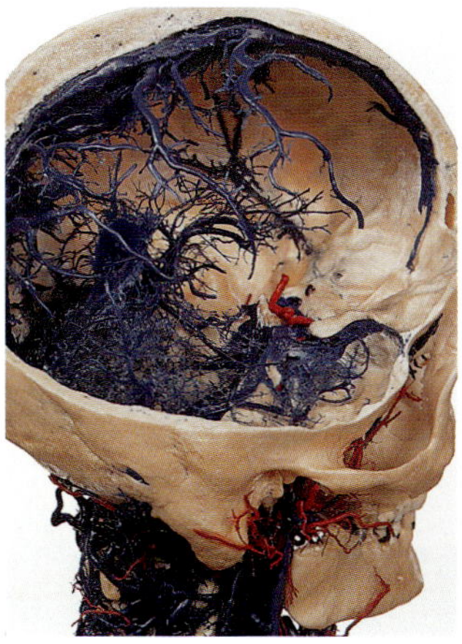

Diese Plastik zeigt die venösen Blutbahnen des Gehirns, die das sauerstoffarme Blut zurück zum Herzen transportieren.

Gehirnkammern

Das Gehirn „schwimmt“ in einer Schutzschicht aus Hirnflüssigkeit – einem wässrigen Fluid, das in einem Hohlraumsystem in Gehirn und Hirnstamm produziert wird.

Das Gehirn enthält ein System aus miteinander verbundenen Höhlungen, die man als Kammern bezeichnet. Es gibt vier Kammern im Gehirn und Hirnstamm, und jede von ihnen sondert Gehirnflüssigkeit ab, welche das Gehirn und Rückenmark umspült und durchdringt und sie so vor Verletzung und Entzündung schützt.

Drei der Kammern, nämlich die paarweise vorkommenden Seitenkammern, und die dritte Kammer liegen im Großhirn. Die Seitenkammern sind die größten und liegen jeweils innerhalb einer Hirnhälfte. Jede besteht aus einem „Körper“ und drei hornartigen Ausziehungen – dem vorderen (im Frontallappen), dem hinteren (im Hinterhauptlappen) und unteren (Schläfenlappen). Die dritte Kammer ist eine schmale Höhlung zwischen Thalamus und Hypothalamus.

HIRNSTAMMKAMMER

Die vierte Kammer liegt im Hirnstamm unterhalb des Kleinhirns. Von oben gesehen hat sie eine Diamantform, aber im Sagittal-Schnitt (s. rechts) ist sie dreieckig. Sie ist mit der dritten Kammer durch einen engen Kanal verbunden; er heißt Aquaeductus mesencephali. Das Dach der vierten Kammer ist unvollständig, so dass eine Verbindung zum Subarachnoidalraum besteht (s. nächste Seite).

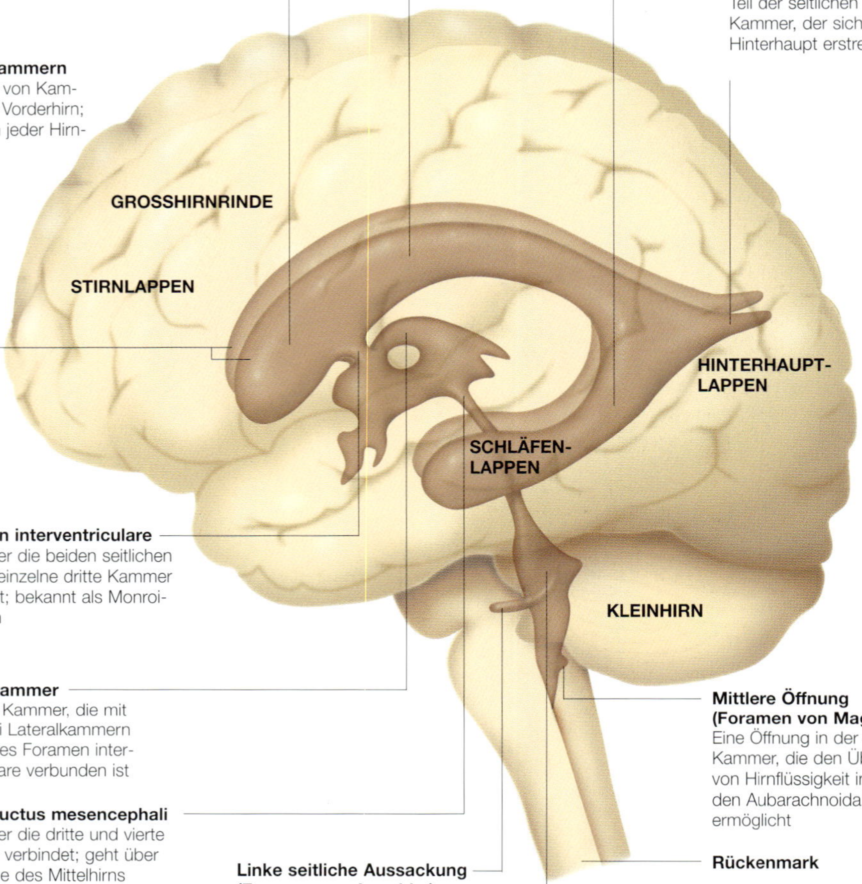

Dieser Sagittal-Schnitt von Gehirn und Hirnstamm zeigt die vier Gehirnkammern und die Öffnungen und Aquaeducte, die sie verbinden.

Gehirnwasser in den Kammern

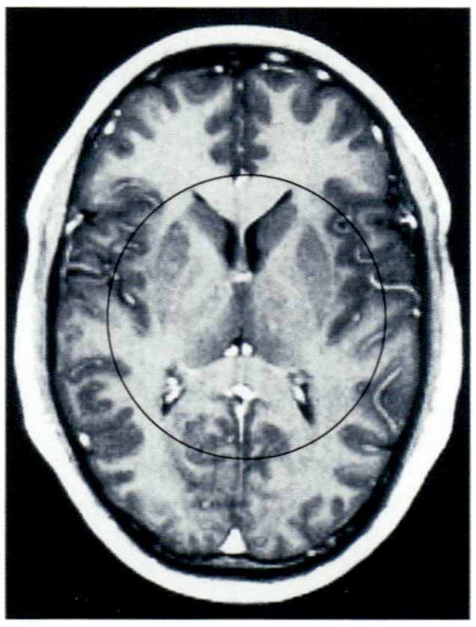

Auf diesem Magnet-Resonanz-Bild sieht man die symmetrische Anordnung der Kammern (eingekreist).

In jeder Kammer ist ein Netz aus Blutgefäßen, dem Plexus chorioideus. Darin wird das Gehirnwasser erzeugt. Gehirnwasser füllt die Gehirnkammern ebenso wie den Subarachnoidalraum um das Gehirn und das Rückenmark, wo es schützt und Stöße abfängt. Man nimmt auch an, dass durch die Flüssigkeit Abfallprodukte ins venöse System abgeleitet werden. Das Auftreten von Flüssigkeit kann Hinweise auf Infektionen geben.

Die Gehirnflüssigkeit kann an mehreren Orten entnommen werden, für gewöhnlich entlang dem Rückenmark in einem Vorgang, den man als Lumbalpunktion bezeichnet. Dazu macht man ein kleines Loch in den Dural-Sack (die äußerste Schicht, die Hirnhaut und Rückenmark umgibt) und in den Lumbal-Subarachnoidalraum, wo Flüssigkeit entnommen werden kann.

Da Hirnflüssigkeit normalerweise klar und farblos ist, kann jede Veränderung ein Hinweis auf Krankheit sein. Rote Verfärbung könnte z.B. auf eine Blutung hinweisen.

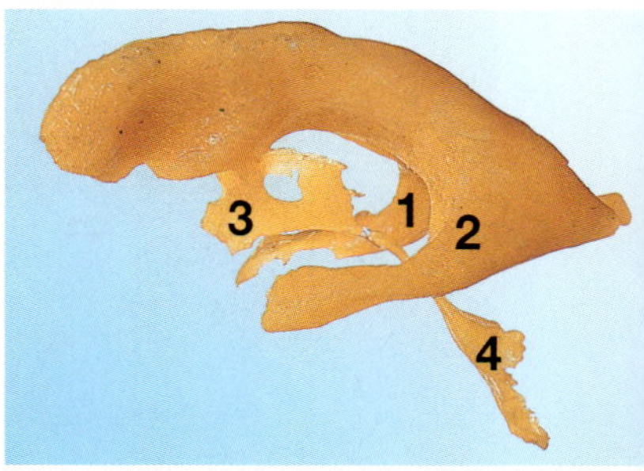

Das Kammersystem besteht aus vier miteinander verbundenen Höhlungen (hier ein Ausgussmodell).

Zirkulation von Gehirnwasser

Gehirnwasser wird im Plexus chorioideus der Seitenkammern sowie der III. und IV. Hirnkammer produziert.

Der Plexus chorioideus ist ein dichtes Geflecht aus Blutgefäßen, das aus der Pia mater hervorgeht, dem innersten Gewebe, das das Gehirn umgibt. Der Plexus enthält zahlreiche Falten (zottige Fortsätze), die in die Kammern hineinragen und Hirnflüssigkeit produzieren.

Aus dem Plexus chorioideus in den beiden seitlichen Kammern strömt die Flüssigkeit durch den Zwischenkammerkanal in die dritte Kammer. Zusammen mit zusätzlich erzeugter Flüssigkeit aus dem Plexus ch. der III. Kammer passiert die Flüssigkeit den Aquaeduct des Mittelhirns und gelangt in die IV. Kammer. Auch im Plexus ch. der vierten Kammer wird zusätzlich Flüssigkeit erzeugt.

SUBARACHNOIDALRAUM

Aus der vierten Kammer schließlich strömt die Gehirnflüssigkeit über in den Subarachnoidalraum, der das Gehirn umschließt. Dazu gibt es Öffnungen in der vierten Kammer – eine mittlere (Magendi-Kanal) und zwei seitliche (Luschka-Kanäle). Im Subarachnoidalraum umfließt die Gehirnflüssigkeit das zentrale Nervensystem.

Da Gehirnflüssigkeit fortwährend produziert wird, muss sie in gleichem Maße resorbiert werden, um das Entstehen eines Überdrucks zu verhinden. Dies geschieht durch Übertreten in venöse Blutbahnen, und zwar an Vorsprüngen, die man Arachnoidalzotten nennt. Diese sind in der Nähe der oberen Sagittalen Blutbahn besonders stark ausgebildet.

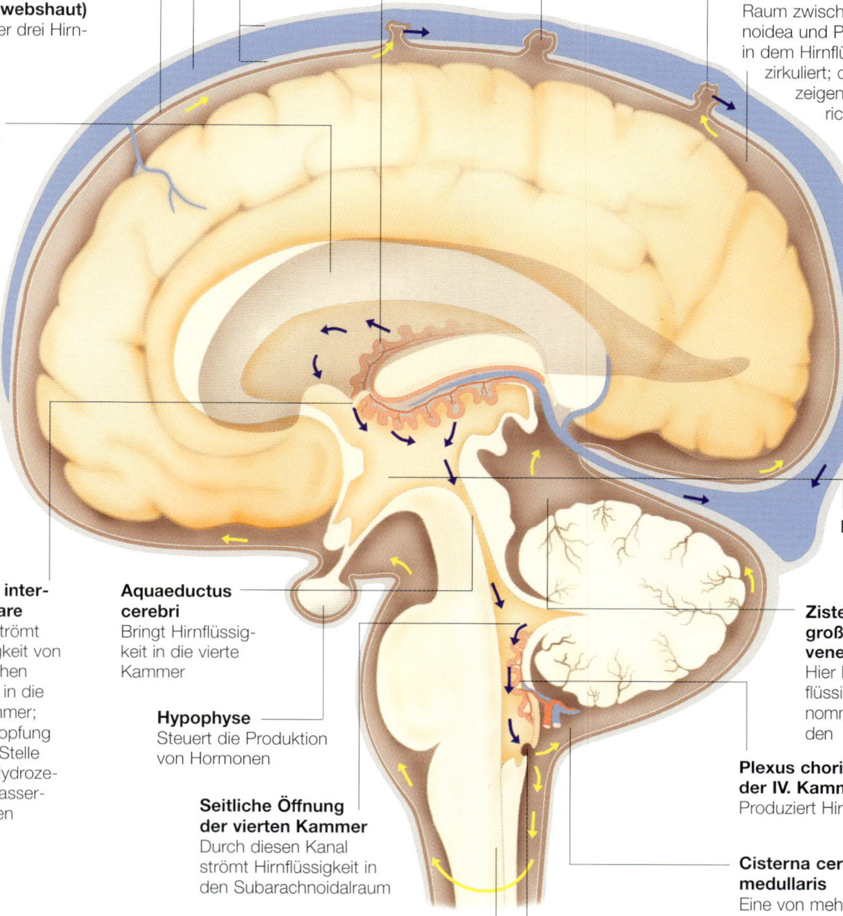

In diesem Schnitt durch Gehirn und Hirnstamm ist die Zirkulation der Hirnflüssigkeit dargestellt. Die Pfeile zeigen die Bewegung: Blau zeigt den Weg durch die Hirnkammern; gelb die Richtung durch den subarachnoiden Raum.

Hirnflüssigkeitsanalyse

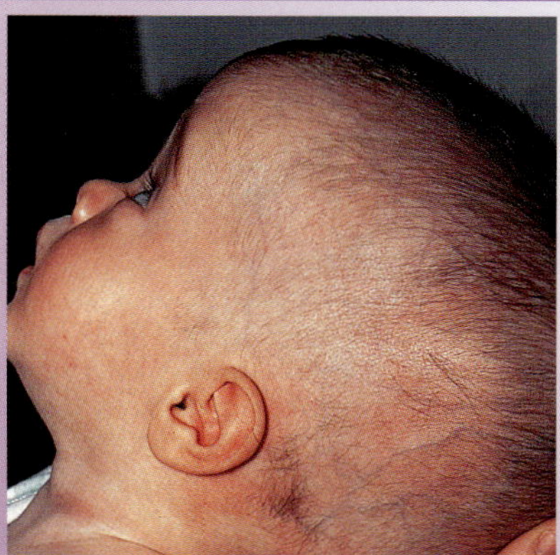

Da Hirnflüssigkeit fortwährend produziert wird, steigt sofort der Hirndruck, wenn die Zirkulation unterbrochen wird. Eine solche Situation entsteht, wenn das Foramen interventriculare blockiert ist, der Aquaeductus cerebri oder die Öffnungen im Dach der vierten Kammer. Alle diese Störungen verursachen Hydrocephalus (Wasser im Gehirn). Ein solcher Patient zeigt Symptome von Kopfschmerz, Schwindel und mentalen Störungen.

Bei Neugeborenen führt Hydrocephalus zu einer gespannten und erhöhten vorderen Fontanelle und vergrößertem Schädel. Dieser Zustand muss sofort behandelt werden, um den Druck zu mindern. Wenn man bei Erwachsenen eine Hirnflüssigkeitsprobe für eine Analyse braucht, kann man eine Lumbalpunktion machen. Bei diesem Verfahren führt man eine Nadel zwischen dem vierten und fünften Lendenwirbel in den Subarachnoidalraum ein. Dabei wird kein Nervengewebe geschädigt, da das Rückenmark normalerweise höher endet (zwischen dem ersten und zweiten Lendenwirbel).

Hydrocephalus ist ein Zustand, der durch eine Behinderung der Zirkulation von Gehirnflüssigkeit im Kammersystem oder dem Subarachnoidalraum entsteht. Eine Blockade im Kammersystem kann durch einen Tumor, ein Hindernis im Subarachnoidalraum nach einer Kopfverletzung oder nach Hirnhautentzündung entstehen.

Großhirnhälften

Die Großhirnhälften sind die größten Teile des Gehirns. Beim Menschen haben sie sich überproportional gegenüber den anderen Regionen entwickelt, wodurch sich unser Gehirn von dem anderer Lebewesen unterscheiden.

Die linke und rechte Hirnhälfte ist durch einen Längsspalt getrennt. Wenn man die Hemisphären von oben und von der Seite betrachtet, sieht man deutlich eine Furche, die etwa 1 cm hinter dem Mittelpunkt zwischen Vorder- und Hinterhirn zu beiden Seiten nach unten verläuft.

Dies ist die Zentralfurche oder Rolandofurche. Weiter unten an den Seiten befindet sich eine weitere große Furche, die Lateralfurche oder Sylvianfurche.

HIRNLAPPEN

Die Hirnhälften sind in Lappen unterteilt, benannt nach den Schädelknochen darüber:

- Der Stirnlappen liegt vor der Rolando- und über der Sylvianfurche.
- Der Scheitellappen liegt hinter der Rolandofurche und über dem hinteren Teil der Sylvianfurche; er erstreckt sich bis zur Scheitel-Hinterhaupt-Furche, eine Furche, die ihn vom Hinterhauptlappen trennt, welches der hinterste Teil des Gehirns ist.
- Der Schläfenlappen ist das Gebiet unter der Sylvianfurche und erstreckt sich nach hinten bis zum Hinterhauptlappen.

Lappen der Großhirnhälften

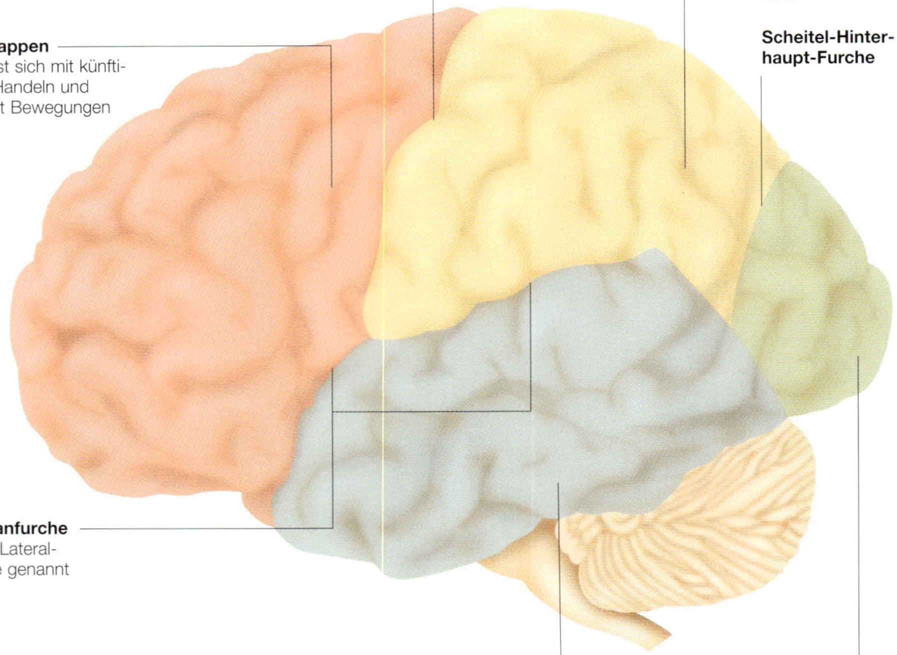

Beide Hirnhälften sind in vier Lappen unterteilt. Sie werden nach den benachbarten Schädelknochen benannt.

Wülste und Furchen

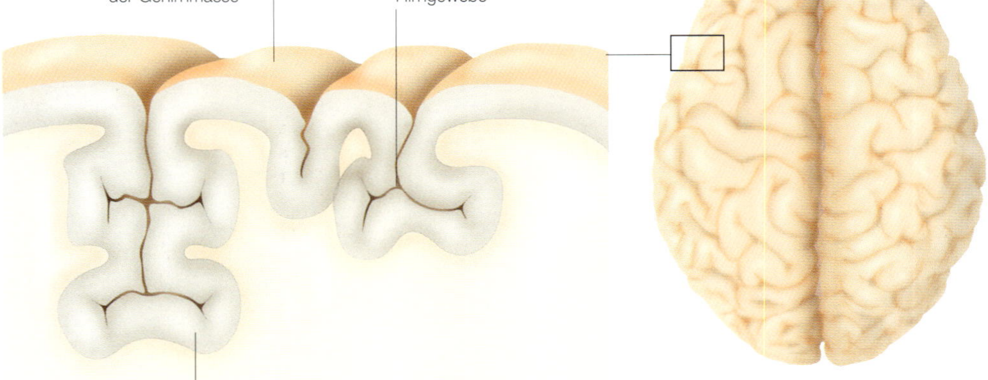

Das menschliche Gehirn ist stark gewunden und bildet an der Oberfläche Wülste (Gyri) und Furchen (Sulci).

Da das Gehirn vor der Geburt schnell wächst, faltet sich die Hirnhaut auf und erzeugt so das charakteristische Aussehen einer Walnuss. Die Auffaltungen (Wülste) nennt man Gyri und die Furchen dazwischen die Sulci.

Bestimmte Sulci sind bei allen Menschen gleich und werden daher als Orientierungspunkte zur Unterteilung der vier Lappen benutzt.

ENTWICKLUNG VON GYRI UND SULCI

Die Gyri und Sulci entstehen etwa drei bis vier Monate nach der Zeugung. Davor ist die Gehirnoberfläche glatt wie bei Vögeln und Reptilien. Diese komplizierte Auffaltung der Oberfläche ermöglicht eine Vergrößerung der Hirnfläche trotz des begrenzten Platzes im Schädel.

Funktionen der Großhirnhälften

Verschiedene Regionen des Großhirns haben unterschiedliche, hochspezialisierte Funktionen.

Das Großhirn ist aufgeteilt in:

■ Motorische Areale, die Bewegung einleiten und steuern. Das primäre Bewegungszentrum steuert bewusste Bewegung auf der jeweils anderen Seite des Körpers. Direkt vor dem motorischen Zentrum liegt das vormotorische Zentrum, und ein drittes Gebiet, das ergänzende motorische Zentrum, befindet sich auf der Oberfläche des Stirnlappens. All diese Areale arbeiten mit den Basalganglien und dem Kleinhirn zusammen, um uns komplexe Folgen fein abgestimmter Bewegungen ausführen zu lassen.

■ Sensorische Zentren, die Informationen von den Rezeptoren aufnehmen und verarbeiten. Das primäre somatosensorische Zentrum erhält Information über Berührung, Schmerz, Temperatur und die Lage von Gelenken und Muskeln von Rezeptoren auf der gegenüberliegenden Seite des Körpers (Proprioception).

■ Assoziationsareale, die mit der Verarbeitung von komplexen Gehirnfunktionen zu tun haben – den höheren geistigen Abläufen des Lernens, der Erinnerung, Sprache, Urteilsvermögen und Vernunft, Emotion und Persönlichkeit.

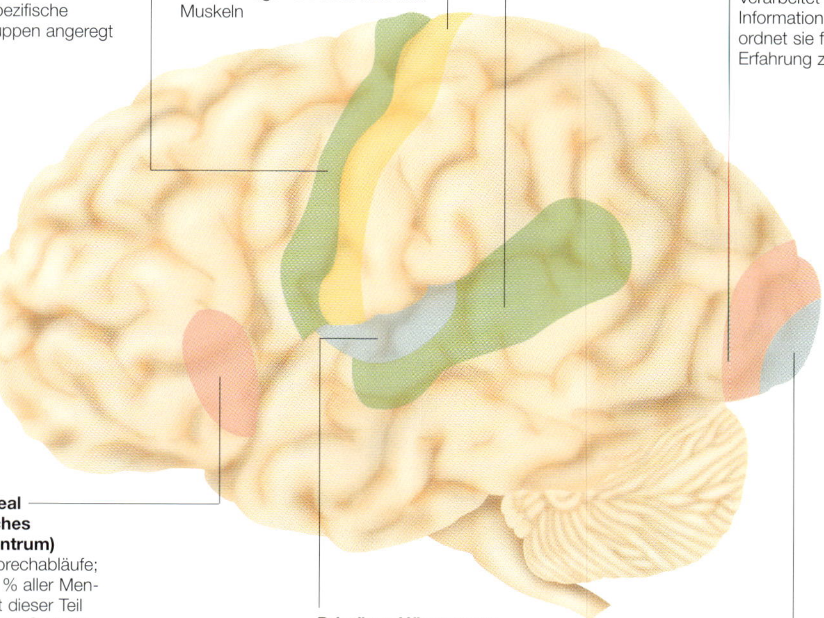

Einige der Hauptareale des Gehirns sind auf dieser Seitenansicht des menschlichen Gehirns dargestellt.

Motorische und sensorische Karte vom Körper

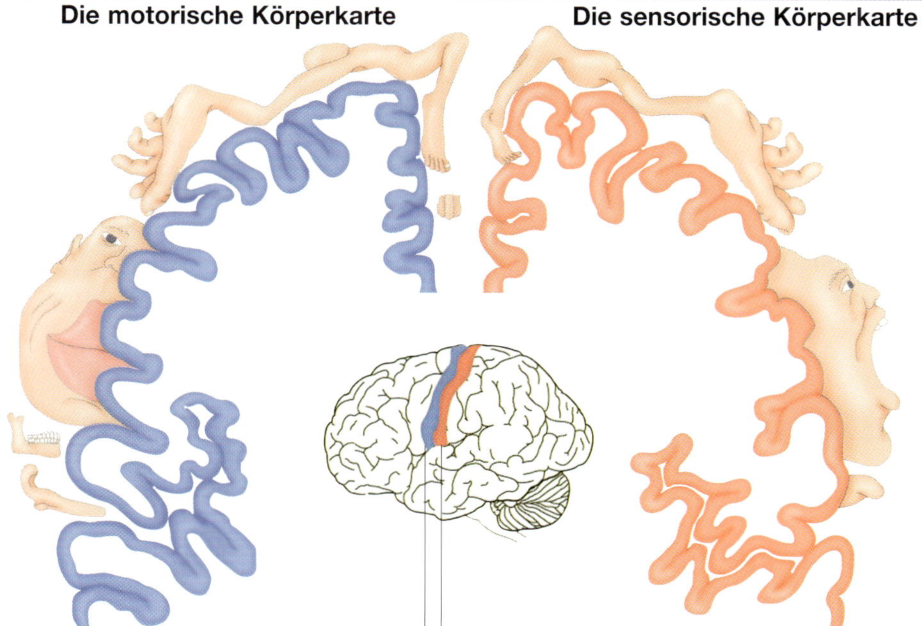

Die Körperoberfläche wird in den sensorischen und motorischen Arealen des Gehirn geordnet wiedergegeben.

Ein Kanadischer Neurochirurg, Wilder Penfield, der in den 50er Jahren arbeitete, hat die Regionen des Gefühlszentrums, das Daten von verschiedenen Körperregionen empfängt, kartographiert. Er erregte die Gehirnoberfläche von lokal betäubten Patienten und bat sie zu beschreiben, was sie fühlten.

Penfield entdeckte, dass die Stimulation von Regionen hinter der Zentralfurche Tastempfindungen auf der gegenüberliegenden Seite des Körpers hervorrief.

Andere Forschungen haben ergeben, dass das Volumen motorischer Hirnmasse für verschiedene Körperregionen mit dem Grad der Feinkontrolle und Komplexität von Bewegungen zu tun hat und nicht etwa mit der Muskelmasse.

Das Gehirn empfängt oder sendet nicht die gleiche Menge Information aus jedem Teil des Körpers.

Thalamus

Der Thalamus ist eine größere Schalt- und Modulationsstation im Gehirn und liegt tief in seinem Inneren. Er besteht aus zwei Hälften und empfängt alle Sinnesreize außer dem Geruchssinn.

Der Thalamus besteht aus paarweisen, eiförmigen Massen grauer Substanz (Zellkörper von Nervenzellen), ist 3 – 4 cm lang und 1,5 cm breit und liegt tief im Zentrum des Gehirn, dem Diencephalon oder Zwischenhirn.

Der Thalamus macht ca. 80% vom Zwischenhirn aus und liegt auf beiden Seiten der flüssigkeitsgefüllten dritten Kammer. Der rechte und linke Teil des Thalamus sind durch eine Brücke grauer Substanz – der Massa intermedia – verbunden.

NEUROANATOMIE

Der vordere Teil des Thalamus ist gerundet und schmaler als der hintere, der sich bis ins Pulvinar ausdehnt. Seine Oberfläche ist mit einer dünnen Schicht weißer Substanz bedeckt, dem Stratum zonale. Eine zweite Schicht weißer Substanz – die externe Faserschicht – bedeckt die seitliche Oberfläche.

Seine Struktur ist sehr komplex und enthält mehr als 25 Thalamuskerne (Ansammlung von Nervenzellen mit gemeinsamer Funktion).

Diese Thalamuskern-Gruppen sind durch senkrechte Y-förmige Folien aus weißer Substanz voneinander getrennt – den internen Faserschichten. Der vordere Nucleus (Kern) liegt in der Gabelung des Y, und der untere Teil des Y trennt die medialen und lateralen (mittleren und seitlichen) Kerne und teilt sich dann, um die intralaminaren Kerne zu umfassen.

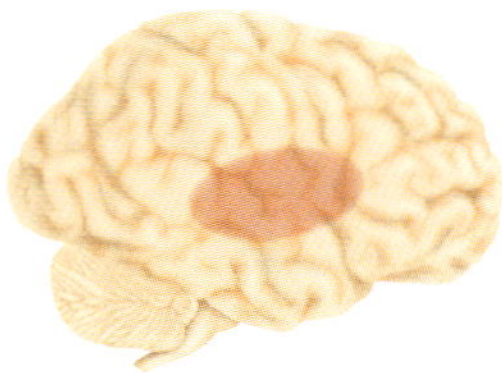

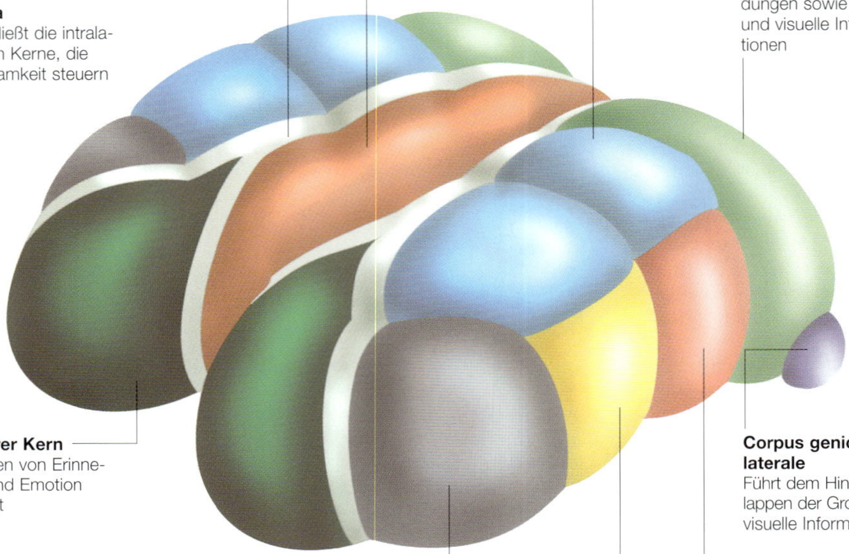

Der Thalamus besteht aus einer Anzahl verschiedener Kerne (Gebilde aus Nervenzellen). Jeder dieser Kerne empfängt sensorische Daten unterschiedlicher Quellen und gibt sie moduliert an spezifische Hirnregionen weiter.

Übergeordnete Steuerung

Seitenansicht des Gehirns

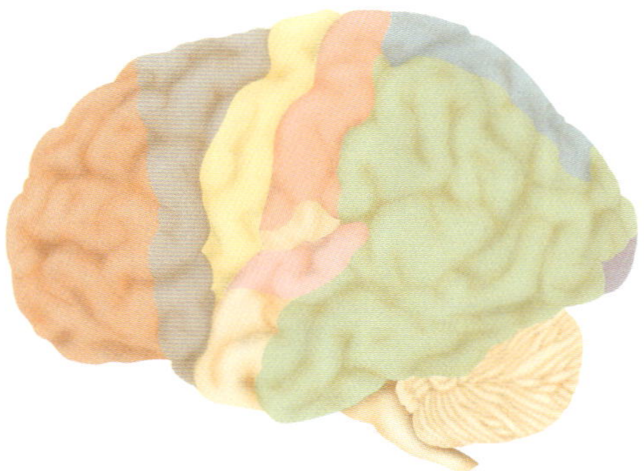

Innenansicht des Gehirns

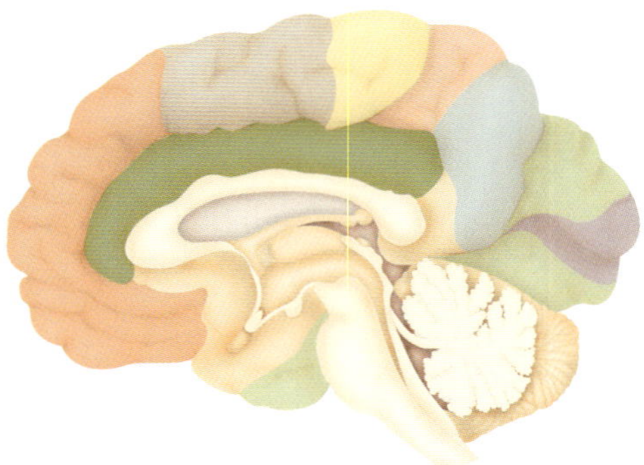

Jeder Thalamuskern ist mit einer bestimmten Region der Großhirnrinde verbunden (dem äußeren Gehirngewebe). Die beiden Illustrationen entsprechen farblich der Thalamuszeichnung weiter oben auf dieser Seite.

Jeder Thalamuskern ist mit einer bestimmten Region der Großhirnrinde verbunden. Diese Verbindungen bestehen aus Nervenfaserbündeln, der Capsula interna.

Manche Thalamuskerne modulieren Informationen für das somatosensorische Zentrum der Großhirnrinde, die sie aus verschiedenen sensorischen Bereichen einschl. somatischer (körperlicher) Empfindung, Sehen oder Hören erhalten.

Andere haben mit der Übermittlung von Information über Bewegung zu tun, die aus dem Kleinhirn und den Basalganglien stammen und zum Bewegungszentrum des Vorderhirns geleitet werden.

Der Thalamus hat jedoch auch mit unbewussten Funktionen zu schaffen, wie etwa der Aufrechterhaltung des Bewusstseins.

Hypothalamus

Der Hypothalamus ist ein komplexes Gebilde tief im Zentrum des Gehirns. Er steuert fundamentale Körperfunktionen und ist entscheidend für die Homöostase, die Aufrechterhaltung des körperinternen Gleichgewichts.

Der Hypothalamus ist ein kleiner Teil des Zwischenhirns, so groß wie ein Daumennagel und wiegt ungefähr vier Gramm. Er liegt unterhalb des Thalamus und ist durch einen flachen Graben, dem Hypothalamusgraben, davon getrennt. Der Hypothalamus liegt direkt hinter dem Chiasma opticum, der Stelle, wo sich die beiden Sehnerven auf ihrem Weg von den Augen zum Hinterhauptlappen kreuzen.

Verschiedene Strukturen an seiner Oberfläche fallen auf:

- Die Corpora mammilaria – zwei kleine, erbsengleiche Fortsätze, die mit dem Geruchssinn zu tun haben
- Das Infundibulum oder Hypophysenstiel – eine Hohlstruktur, die den Hypothalamus mit der darunter liegenden Hypophyse verbindet (Neurohypophyse)
- Der Tuber cinereum oder mittlere Erhebung – eine gräulich-blaue, erhöhte Region am Fuße des Hypophysenstiels

Kerne des Hypothalamus

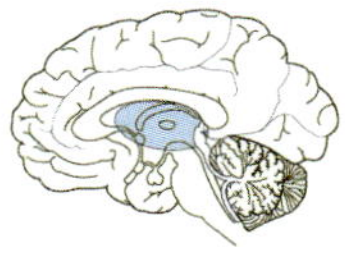

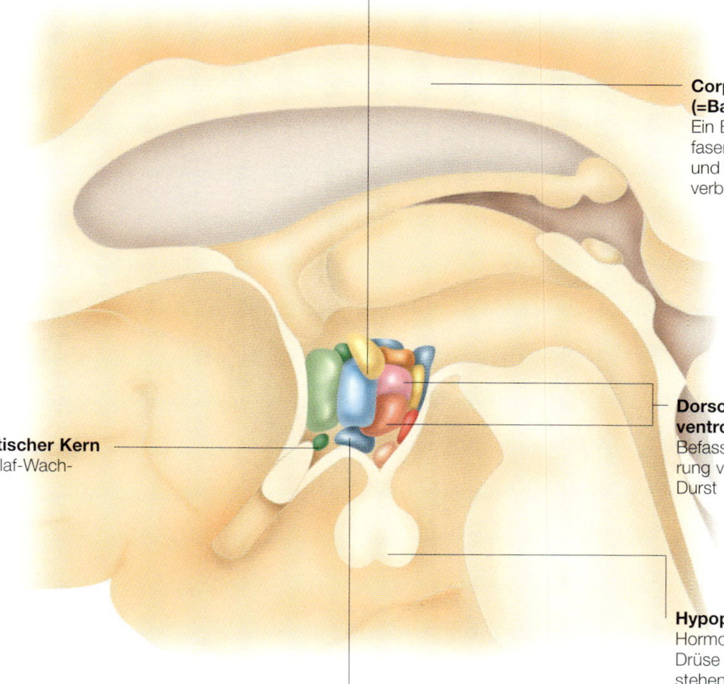

Paraventriculärer Kern
Stellt das Hormon Oxytocin her; das wiederum veranlasst im weiblichen Körper die Milchproduktion in den Brustdrüsen sowie die Kontraktion der Gebärmutter bei der Geburt

Corpus callosum (=Balken)
Ein Band von Nervenfasern, das die linke und rechte Hirnhälfte verbindet

Suprachiasmatischer Kern
Steuert den Schlaf-Wach-Rhythmus

Dorsomedialer und ventromedialer Kern
Befasst mit der Steuerung von Hunger und Durst

Hypophyse
Hormone, die in dieser Drüse erzeugt werden, stehen unter direkter Kontrolle des Hypothalamus

Supraoptischer Kern
Produziert Vasopressin (antidiuretisches Hormon), das die Wiederaufnahme von Wasser in den Nieren erhöht

Ebenso wie der Thalamus ist der Hypothalamus aus einer Zahl von Kernen zusammengesetzt. Diese Kerne überwachen vegetative (unbewusste) Funktionen.

Hypothalamus-Einfluss auf weitere Funktionen

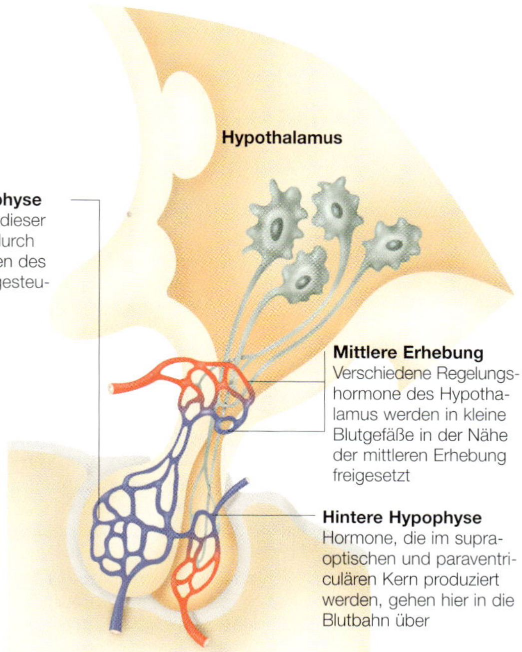

Hypothalamus

Vordere Hypophyse
Die Freisetzung dieser Hormone wird durch Stimulanzfaktoren des Hypothalamus gesteuert

Mittlere Erhebung
Verschiedene Regelungshormone des Hypothalamus werden in kleine Blutgefäße in der Nähe der mittleren Erhebung freigesetzt

Hintere Hypophyse
Hormone, die im supraoptischen und paraventriculären Kern produziert werden, gehen hier in die Blutbahn über

Der Hypothalamus steuert die Hypophyse über Nervenfasern an der hinteren Hypophyse; Blutcapillaren versorgen die vordere Hypophyse.

Der Hypothalamus reguliert einen weiten Bereich grundlegender Prozesse:

- **Die Hypophyse**
Der Hypothalamus ist die Hauptverbindung zwischen dem zentralen Nervensystem und dem endokrinen System, das die Hypophysenfunktionen steuert.
- **Das vegetative Nervensystem**
Nervenfasern erstrecken sich vom Hypothalamus zu vegetativen Kontrollzentren im Hirnstamm. Auf diesem Weg kann der Hypothalamus den Herzschlag und den Blutdruck steuern, die Kontraktion des Darms und der Blase, Schwitzen und Speichelfluss.
- **Ess- und Trinkverhalten**
Die Erregung des seitlichen Hypothalamus verstärkt Hunger und Durst. Im Gegensatz dazu vermindert die Aktivierung des ventromedialen Hypothalamus den Hunger und die Essensaufnahme.
- **Körpertemperatur**
Bestimmte Regionen des Hypothalamus überwachen die Temperatur des Blutes und verhalten sich wie ein Thermostat.
- **Steuerung des Emotionalverhaltens**
Der Hypothalamus ist zusammen mit anderen Hirnregionen am Ausdruck von Furcht und Aggression beteiligt, ebenso wie an der Kontrolle des Sexualverhaltens.
- **Überwachung von Schlafzyklen**
Der suprachiasmatische Kern trägt zu täglichen Schlaf-Wach-Abläufen bei.
- **Erinnerung**
Beschädigung der Corpora mammilaria wird mit Lern- und Informationsaufnahmebehinderung in Zusammenhang gebracht.

Limbisches System

Das Limbische System ist ein Ring miteinander verwobener Strukturen tief im Innern des Gehirns. Es schlägt Verbindungen zu anderen Gehirnregionen und hat mit Stimmungen und Erinnerung zu tun.

Das Limbische System ist ein Strukturgebilde tief im Gehirn, das mit der Wahrnehmung von Emotionen und der physischen Reaktion darauf in Verbindung gebracht wird.

Das Limbische System ist nicht ein einzelner, unterscheidbarer Teil des Gehirns. Vielmehr ist es ein Ring miteinander verwobener Strukturen, die den Hirnstamm im oberen Teil umschließen. Die Verbindungen dieser Strukturen sind sehr komplex und bilden oft Schleifen und Kreise; wie bei vielem am Gehirn sind sie weitgehend unerforscht.

STRUKTUR

Das Limbische System besteht ganz oder zum Teil aus folgenden Gehirnstrukturen:

- Amygdala – dieser mandelförmige Kern steht im Zusammenhang mit Gefühlen von Furcht und Aggression.
- Hippocampus – dieses Gebilde scheint eine Rolle beim Lernen und bei der Erinnerung zu spielen.
- Vordere Thalamuskerne – diese Ansammlung von Nervenzellen formt einen Teil des Thalamus. Eine ihrer Bedeutungen scheint im Steuern instinktiver Antriebe zu liegen.
- Gyrus cinguli – verbindet das Limbische System mit der Großhirnrinde, dem Teil, der bewusste Gedanken trägt.
- Hypothalamus – steuert körperinterne Systeme wie Blutdruck, Herzschlag und Hormonstände. Das Limbische System beeinflusst den Körper auf dem Weg über den Hypothalamus.

Mittlere Ansicht des Limbischen Systems im Gehirn

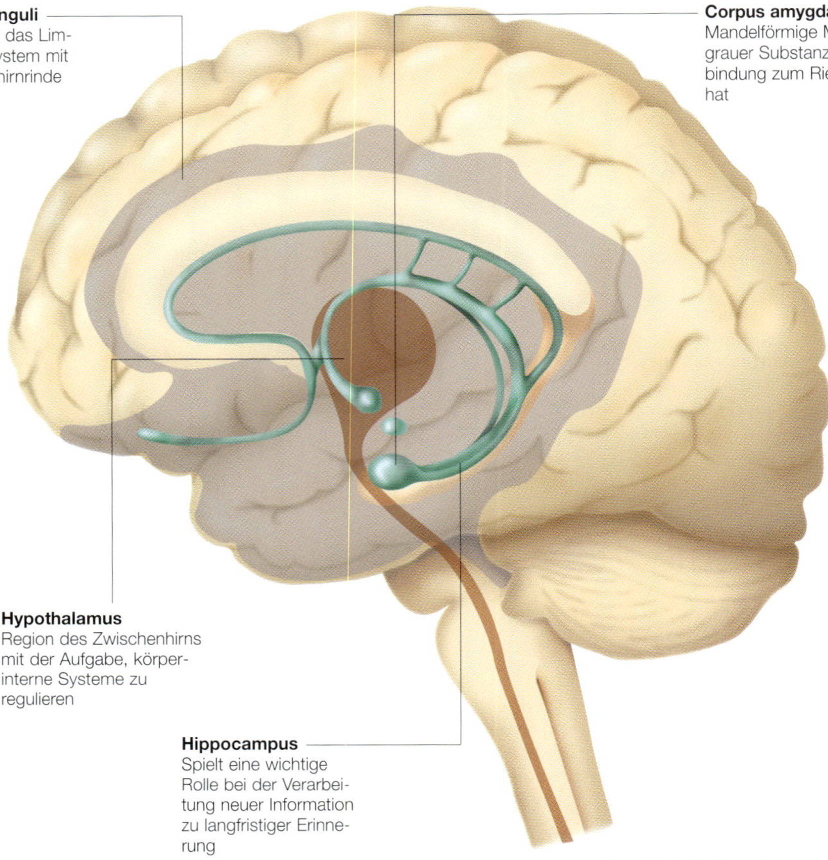

Die Limbischen-System-Verbindungen umrunden den oberen Teil des Hirnstamms. Sie verbinden sich mit anderen Teilen des Gehirns und werden mit Emotionen assoziiert.

Das Limbische System und der Geruchssinn

Unser Geruchssinn ist stark mit alten Erinnerungen verbunden. So kann beispielsweise der Geruch eines Babys mütterliche Zuneigung hervorrufen.

Die Geruchsverarbeitung hat mehrere Schnittstellen mit dem Limbischen System. Auf jeden Fall gibt es eine enge Verbindung zwischen den beiden.

EMOTIONEN

Nervenfasern, die Information von den sensorischen Rezeptoren in der Nase zum Gehirn bringen, verbinden sich mit Strukturen des Limbischen Systems, besonders den Amygdalae. Diese Verbindungen führen dazu, dass verschiedene Gerüche manchmal mit Emotionen und Gefühlen in Zusammenhang gebracht werden. Beispiele hierfür sind der Ekel, der den Geruch von Exkrementen begleitet, oder die mütterliche Zuneigung hervorgerufen durch den Geruch eines kleinen Kindes.

ERINNERUNGEN

Geruch hat auch Berührungspunkte mit Erinnerung; so ist es nicht ungewöhnlich, dass ein flüchtiger Duft Erinnerungen hervorruft, die lang vergessen schienen. Das könnte sich aus der Rolle erklären, die das Limbische System – und besonders der Hippocampus – beim Lernen und Erinnern spielt.

Verbindungen des Limbischen Systems

Das Limbische System unterhält Verbindungen mit übergeordneten Bereichen der Großhirnrinde ebenso wie mit dem eher einfacher organisierten Gehirnstamm. Es lässt nicht nur die Emotionen den Körper beeinflussen, sondern ermöglicht auch die Regulierung von emotionalen Reaktionen.

Man kann das menschliche Gehirn in drei Teile gliedern. Diese Teile haben sich über die Jahrtausende nacheinander entwickelt.

HIRNSTAMM

Der entwicklungsgeschichtlich „älteste" Teil des Gehirns ist der Hirnstamm, der größtenteils mit unbewusster Steuerung körperinterner Systeme zu tun hat. Den Hirnstamm könnte man als „lebenserhaltendes System" bezeichnen.

LIMBISCHES SYSTEM

Mit der Entwicklung der Säugetiere kam eine weitere Gehirn"komponente" hinzu, das Limbische System. Es ermöglichte die Entstehung von Gefühlen und Emotionen als Reaktion auf sensorische Information. Es wird auch mit entwicklungsgeschichtlich neuerem Verhalten wie emotionaler Nähe zu Nachkommen (mütterliche Bindung) in Verbindung gebracht.

GROSSHIRNRINDE

Die „neueste" Komponente des menschlichen Gehirns kann man bis zu einem gewissen Grad mit dem von Säugetieren vergleichen. Es ist die Großhirnrinde, der Teil des Gehirns, der es Menschen ermöglicht, zu denken und vernünftig zu urteilen. Mit diesem Teil des Gehirns nehmen Individuen die äußere Welt wahr und fällen bewusste Entscheidungen über ihr Verhalten und ihre Handlungen.

DIE ROLLE DES LIMBISCHEN SYSTEMS

Das Limbische System liegt zwischen dem Großhirn und dem Hirnstamm und schlägt zwischen beiden Verbindungen. Durch den Einfluss vom Hirnstamm ermöglicht das Limbische System einem Individuum, körperinterne Systeme vom jeweiligen emotionalen Zustand beeinflussen zu lassen. Dies kann den Körper eventuell auf Selbstschutzmaßnahmen vorbereiten, etwa um wegzulaufen, oder auf eine sexuelle Begegnung.

Die ausgedehnten Beziehungen zwischen dem Limbischen System und dem Großhirn erlaubt es Menschen, ihr Wissen um die äußere Welt zu nutzen, um ihre Reaktion auf Emotionen zu steuern. So kann die Großhirnrinde das etwas primitivere Limbische System nötigenfalls „überstimmen".

Das sich entwickelnde Gehirn

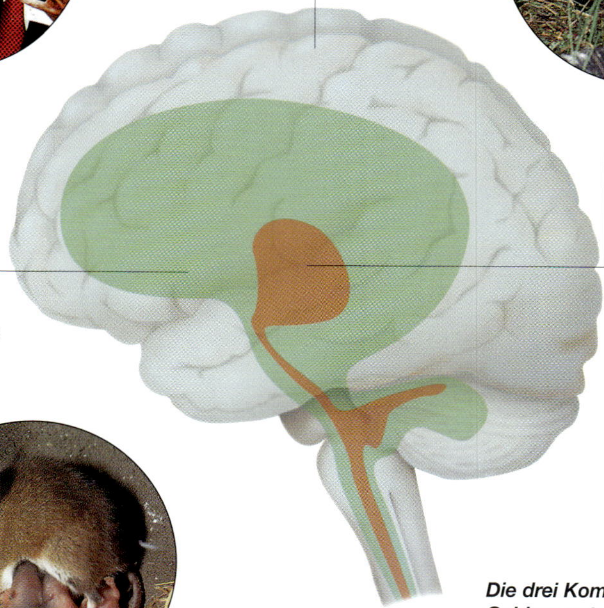

Die drei Komponenten des Gehirns entwickelten sich über tausende von Jahren. Jede ist zuständig für verschiedene körperliche und intellektuelle Funktionen.

Störungen des Limbischen Systems

Schläfenlappenepilepsie kann das Limbische System einschließen. Electroencephalographie zeigt jede ungewöhnliche elektrische Aktivität in einzelnen Bereichen des Gehirns.

Da das Limbische System mit Emotion, Stimmung und Erinnerung in Verbindung steht, können Schäden an seinen Strukturen Auswirkungen auf diese Gebiete haben.

WERNICKE'S ENCEPHALOPATHIE

Wernicke's Encephalopathie ist eine Hirnerkrankung, die durch Blutung aus kleinen Gefäßen im oberen Hirnstamm und im Limbischen System ausgelöst wird.

Das wird durch langfristigen Alkoholmissbrauch und schlechte Ernährung verursacht.; die Betroffenen leiden unter Verwirrung und fallen schließlich ins Koma. Selbst wenn jemand davon geheilt wird, bleibt gewöhnlich ein Erinnerungsverlust und die Unfähigkeit, neue Fakten aufzunehmen.

SCHLÄFENLAPPENEPILEPSIE

Bei Schläfenlappenepilepsie entstehen Anfälle im Schäfenlappen des Gehirns und zwar in der Nähe des Limbischen Systems. Wenn die Amygdala oder der Hippocampus daran beteiligt sind, berichten Patienten von verworrenen Erlebnissen mit Geruch, Stimmung oder Erinnerung während des Anfalls. Diese können so heftig sein, dass sie Schizophrenie ähneln.

Basalganglien

Die Basalganglien liegen tief in der weißen Substanz der Großhirnhälften. Sie sind Ansammlungen von Nervenzellkörpern, die mit Bewegungssteuerung zu tun haben.

Der allgemeine Ausdruck Basalganglien ist eigentlich eine falsche Bezeichnung, da der Ausdruck Ganglion sich auf Nervenzellmassen im peripheren Nervensystem und nicht auf solche im Zentralnervensystem, wie hier, bezieht. Der Ausdruck Basalkerne ist anatomisch richtiger.

KOMPONENTEN

Es gibt eine Anzahl von Bestandteilen in den Basalkernen, die alle in engen Beziehungen zu einander stehen. Die Bestandteile der Basalkerne beinhalten:

- Putamen. Zusammen mit dem Nucleus caudatus bezieht das Putamen Daten aus dem Großhirn.
- Nucleus caudatus. Der Name stammt von seiner Form, da es einen langen Schwanz hat; dieser Kern ist eine Verlängerung des Putamen an seiner Vorderseite.
- Globus pallidus. Dieser Kern verschaltet Information aus dem Putamen und gibt sie an pigmentierte Teile des Zentralhirns weiter, die als Substantia nigra bekannt sind, womit sie einige Ähnlichkeiten haben.

GRUPPIERUNG

Verschiedene Namen gehören zu unterschiedlichen Gruppen von Basalkernen. Der Ausdruck Corpus striatum (gestreifter Körper) bezieht sich auf die gesamte Gruppe der Basalkerne, wohingegen das Striatum nur das Putamen und den Nucleus caudatus umfasst. Ein weiterer Ausdruck, Nucleus lentiformis, bezieht sich auf Putamen und Globus pallidus, die zusammen eine linsenförmige Masse ergeben.

Dieser abgestufte Schnitt durch das Gehirn zeigt die Basalkerne an ihren Plätzen tief im Inneren der Gehirnhälften. Die Nervenzellkörper steuern Bewegung.

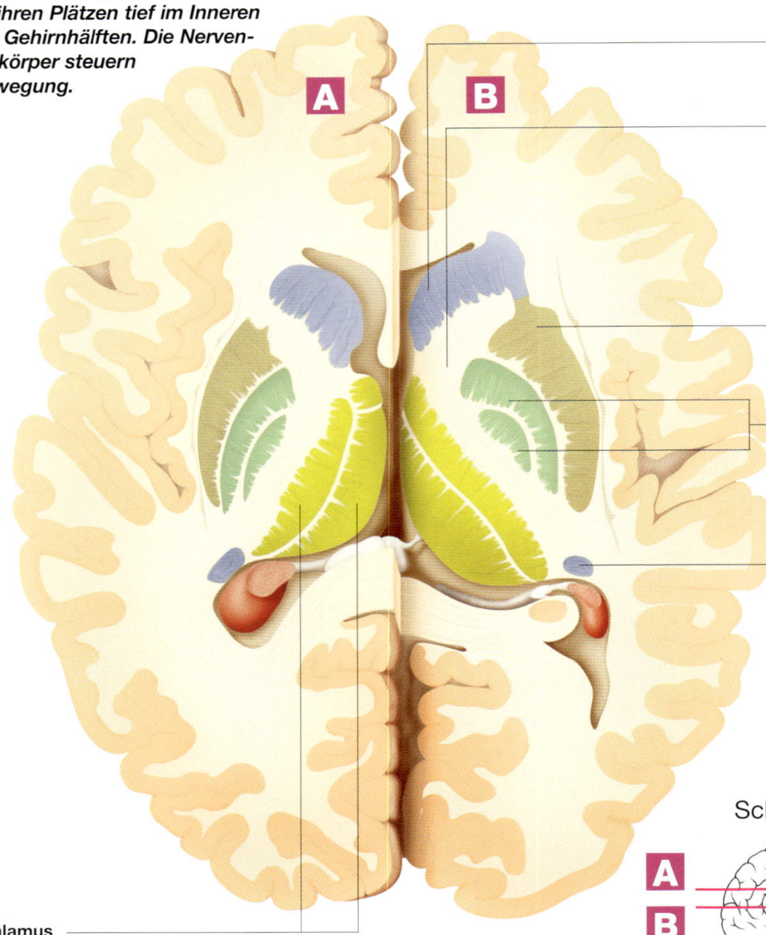

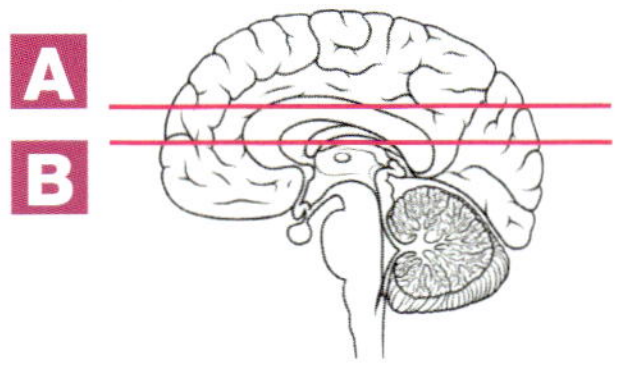

Coronarschnitt durch das Gehirn

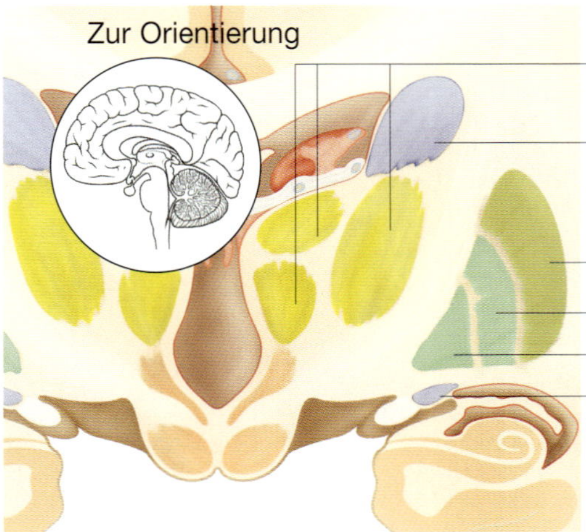

Ein Coronarschnitt durch das Gehirn beleuchtet zwei anatomische Tatsachen: Die Form und die Örtlichkeit der Basalganglien in Relation zu anderen Strukturen der Umgebung.

FORM DER GANGLIEN

Der Coronarschnitt zeigt, dass der Nucleus lentiformis die Gestalt einer Paranuss oder eines Apfelsinenstücks hat.

Das Putamen liegt auf der äußeren Seite des blasseren Globus pallidus, das in einem stumpfen Ende ausläuft. Direkt außerhalb des Putamens befindet sich ein Abschnitt grauer Substanz, dem Claustrum (nicht abgebildet), das manchmal unter dem Vorderende der Basalkerne liegt.

Dies ist ein Coronarschnitt durchs Gehirn. Er verdeutlicht die Lage der Basalganglien im Verhältnis zu anderen Hirnstrukturen.

KAPSEL

Die Basalkerne liegen in der Nähe des Thalamus, einem wichtigen Teil des Gehirns, mit dem sie viele Verbindungen haben. Vom Thalamus getrennt sind sie durch die interne Kapsel, ein Gebiet weißer Substanz aus Nervenfasern, die vom Großhirn bis zum Rückenmark verlaufen.

Aufbau und Bedeutung der Basalganglien

Die Gesamtform der Basalganglien ist sehr komplex und mit zweidimensionalen Bildern nur schwer darstellbar.

Auf einer dreidimensionalen Darstellung kann sowohl die Größe und Form als auch ihre Lage im Gehirn insgesamt besser erfasst werden.

Insbesondere kann man so erst die Form des Nucleus caudatus erkennen – am Anfang verbindet es sich mit dem Putamen, geht dann über den Thalamusbogen und von da wieder nach vorn. Die Schwanzspitze des Nucleus caudatus endet in einer Verschmelzung mit der Amygdala, einem Teil des Limbischen Systems (das mit unbewusster, vegetativer Steuerung zu tun hat).

DIE ROLLE DER BASALKERNE

Die Funktionen der Basalkerne sind schwer zu erforschen, weil sie schwer zugänglich tief innerhalb des Gehirns liegen. Vieles von dem, was bekannt ist, hat man aus Untersuchungen solcher Patienten abgeleitet, bei denen durch Störung der Basalkerne Behinderungen in Bewegung und Körperhaltung entstehen, wie etwa bei Parkinson-Patienten.

Eine Zusammenfassung dessen, was man über die Funktion der Basalkerne weiß, ist, dass sie helfen, angemessene Bewegung zu generieren und dass sie ungewollte und unangemessene Bewegung verhindern.

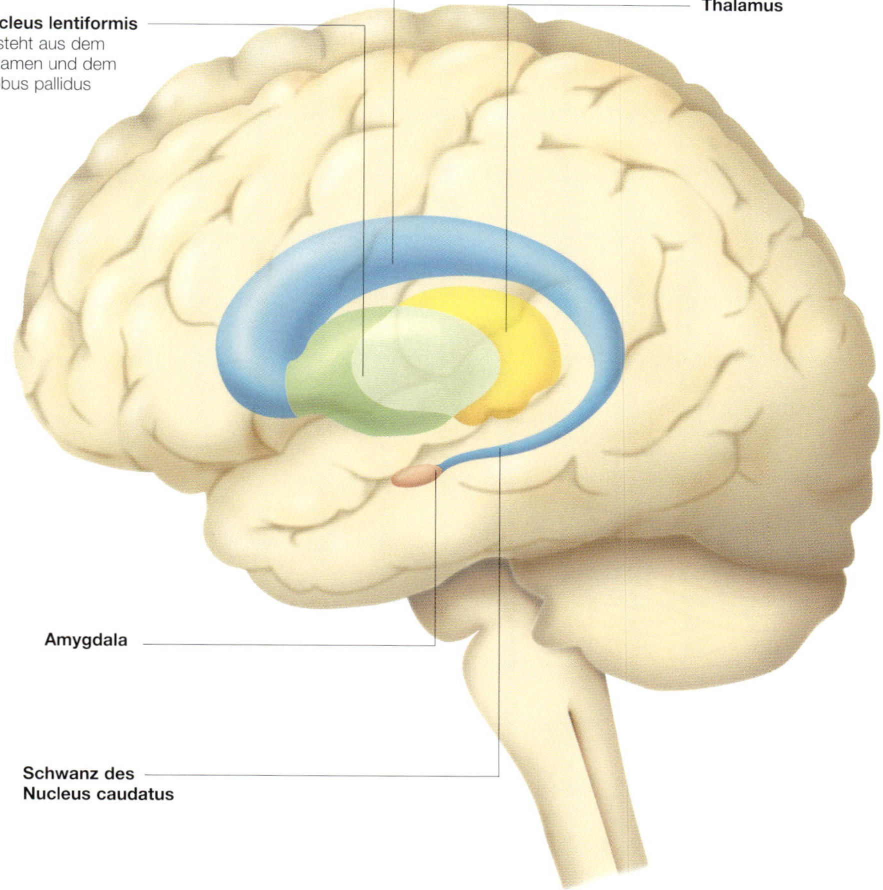

Dieses Diagramm zeigt das Gehirn dreidimensional. Größe und Form der Basalganglien erscheinen in Bezug auf andere Strukturen.

Störungen der Basalganglien

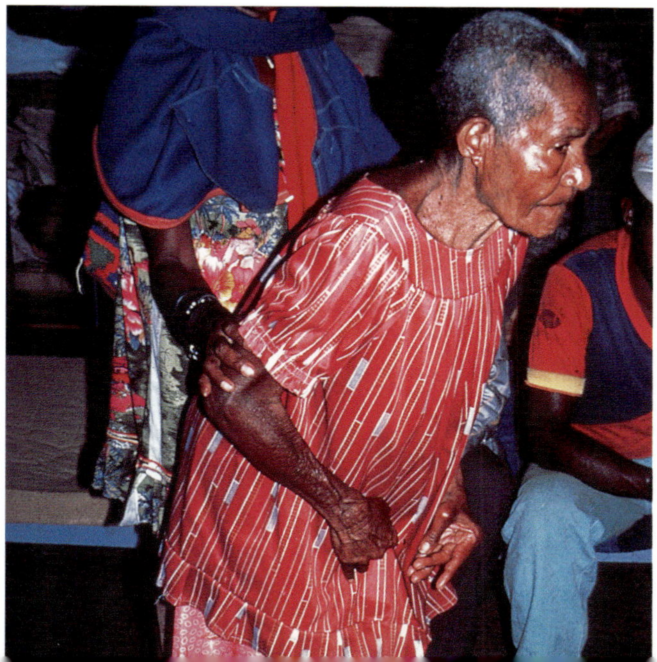

Eine Reihe von Bewegungsstörungen resultieren aus Schäden an den Basalganglien. Zu diesen Erkrankungen zählen Parkinson, Morbus Huntington und Morbus Wilson.

BEWEGUNGSSTÖRUNGEN

Parkinson ist eine Krankheit mit unbekannter Ursache, die hauptsächlich ältere Leute befällt. Sie zeigt sich in Kombinationen von verlangsamter Bewegung, erhöhter Muskelspannung, Zittern und einer gebeugten Körperhaltung. Die Patienten haben Schwierigkeiten beim Beginnen und Stoppen einer Bewegung und können auch einen maskenähnlichen Gesichtsausdruck zeigen.

Parkinson entsteht durch eine Schädigung der Basalkerne. Die Symptome dieser Erkrankung umfassen gebeugte Haltung, Zittern und einen schlurfenden Gang.

Untersuchungen der Basalkerne dieser Individuen ergaben einen Mangel an der Chemikalie Dopamin, einer Substanz, die Informationsübertragung zwischen Neuronen ermöglicht.

Huntington ist eine Erbkrankheit, die nicht vor der Mitte des Lebens auftritt. Sie führt zu progressivem Verfall von Teilen der Basalkerne und dem Großhirn, was abnorme Bewegungen und Demenz zur Folge hat.

Die Wilsonsche Krankheit ist eine Erbkrankheit mit Schädigung der Basalkerne und progressiver Demenz bei jungen Leuten.

Kleinhirn

Das Kleinhirn, oder Cerebellum, liegt unter den Hinterhauptlappen des Großhirns auf der Hinterseite des Gehirns. Es hat Bedeutung für die unbewusste Bewegungssteuerung.

Der Teil des Gehirns, den man Kleinhirn nennt, liegt unter den Hinterhauptlappen des Großhirns im Hinterkopf. Die lebenswichtigen Funktionen des Cerebellum umfassen Bewegungskoordination sowie Balance und Körperhaltung. Das Kleinhirn arbeitet im Unbewussten, so dass man sein Wirken nicht wahrnimmt.

AUFBAU

Das Kleinhirn besteht aus zwei Hemisphären, die in der Mitte die sogenannte Vermis, eine Brückenverbindung, haben. Die Hälften erstrecken sich seitlich und nach hinten von der Mittellinie und bilden so die Gestalt des Kleinhirns.

Seine Oberfläche hat eine ganz eigene Erscheinung. Im Gegensatz zu den großen Falten des Großhirns besteht die Oberfläche des Cerebellum aus einer Anzahl von feinen Falten (Folia).

LAPPEN

Zwischen diesen Folia auf der Oberfläche des Kleinhirns befinden sich tiefere Spalten, die es in drei Lappen unterteilen:

- Vorderer Lappen
- Hinterer Lappen
- Lobus flocculonodularis

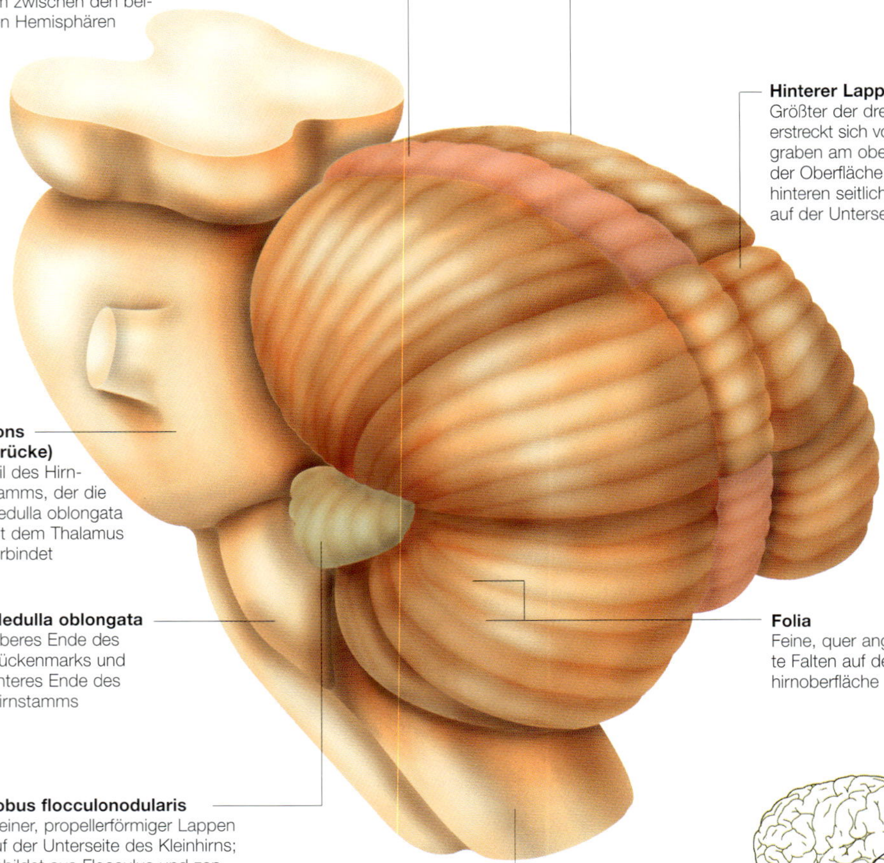

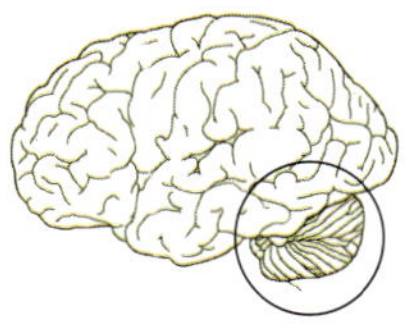

Das Cerebellum besteht aus zwei Hemisphären auf jeder Seite der wurmförmigen Vermis. Seine Oberfläche besteht aus kleinen Falten (Folia).

Kleinhirnstiele

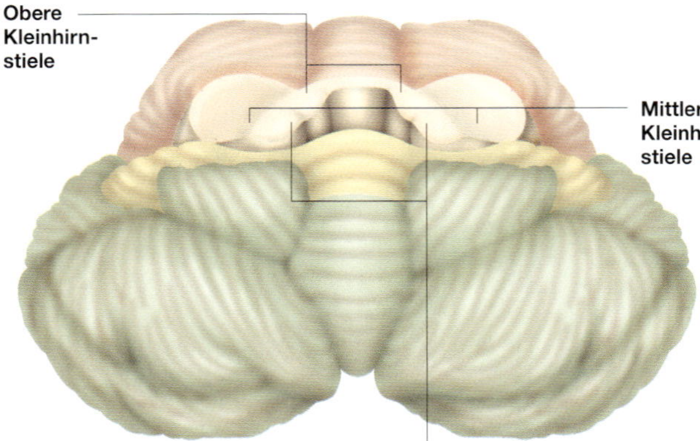

Das Cerebellum ist mit dem Hirnstamm, und dadurch mit dem Rest des Gehirns, durch drei paarige Nervenstränge verbunden, die die Kleinhirnstiele darstellen. Sie können auf der Unterseite des Kleinhirns gesehen werden, wo sie gemeinsam in Erscheinung treten. Die drei Stränge sind:

- Die oberen Kleinhirnstiele, die das Klein- mit dem Mittelhirn verbinden.
- Die mittleren Kleinhirnstiele verbinden Cerebellum und Pons.
- Die unteren Kleinhirnstiele verbinden Cerebullum und Medulla.

Es gibt keine unmittelbare Verbindung zwischen Klein- und Großhirn. Alle Daten vom und zum Kleinhirn gehen durch die Kleinhirnstiele.

Anders als in der Großhirnrinde, wo jede Seite die gegenüberliegende Körperseite kontrolliert (contralateral), steuert jede Seite des Kleinhirns dieselbe Körperseite (ipsilateral). Dadurch erscheinen Störungen im Kleinhirn auf derselben Körperseite.

Die drei Paare Kleinhirnstiele dienen zur Verankerung des Kleinhirns am Hirnstamm. Die Stiele bestehen aus Nervensträngen.

Innerer Aufbau des Kleinhirns

Das Kleinhirn hat eine äußere, graue Rinde und einen Kern aus Nervenfasern, oder weißer Substanz. Tief in dieser weißen Substanz liegen vier Paare Kleinhirnkerne: Nucleus fastigii (Dachkern), N. globosus (Kugelkern), N. emboliformis (Pfropfenkern) und N. dentatus (Zahnkern).

Das Cerebellum ist zusammengesetzt aus einer oberflächlichen Schicht Nervenzellkörper, oder grauer Substanz, die einen Kern von Nervenfasern (weißer Substanz) überdeckt. Tief in der weißen Substanz liegen die Kleinhirnkerne.

KLEINHIRNRINDE

Aufgrund der zahlreichen feinen Folia (Falten) auf der Kleinhirnoberfläche ist die Rinde sehr ausgedehnt. Sie besteht aus Zellkörpern und Dendriten (Zellfortsätzen) der Mehrzahl der Kleinhirnneuronen.

Die Zellen der Rinde erhalten Informationen auf dem Weg der Kleinhirnstiele und schlagen häufig Verbindungen untereinander in der Rinde.

SIGNALE

In den meisten Fällen werden die Signale vom Kleinhirn über die Fasern der weißen Substanz hinunter in die Kleinhirnkerne transportiert. Von hier aus werden die Informationen des Kleinhirns in den Rest des zentralen Nervensystems geleitet.

KLEINHIRNKERNE

Es gibt vier Paare Kleinhirnkerne, welche von der Mittellinie nach außen bekannt sind als:

- Nucleus fastigii
- Nucleus globosus
- Nucleus emboliformis
- Nucleus dentatus

Querschnitt durch das Kleinhirn

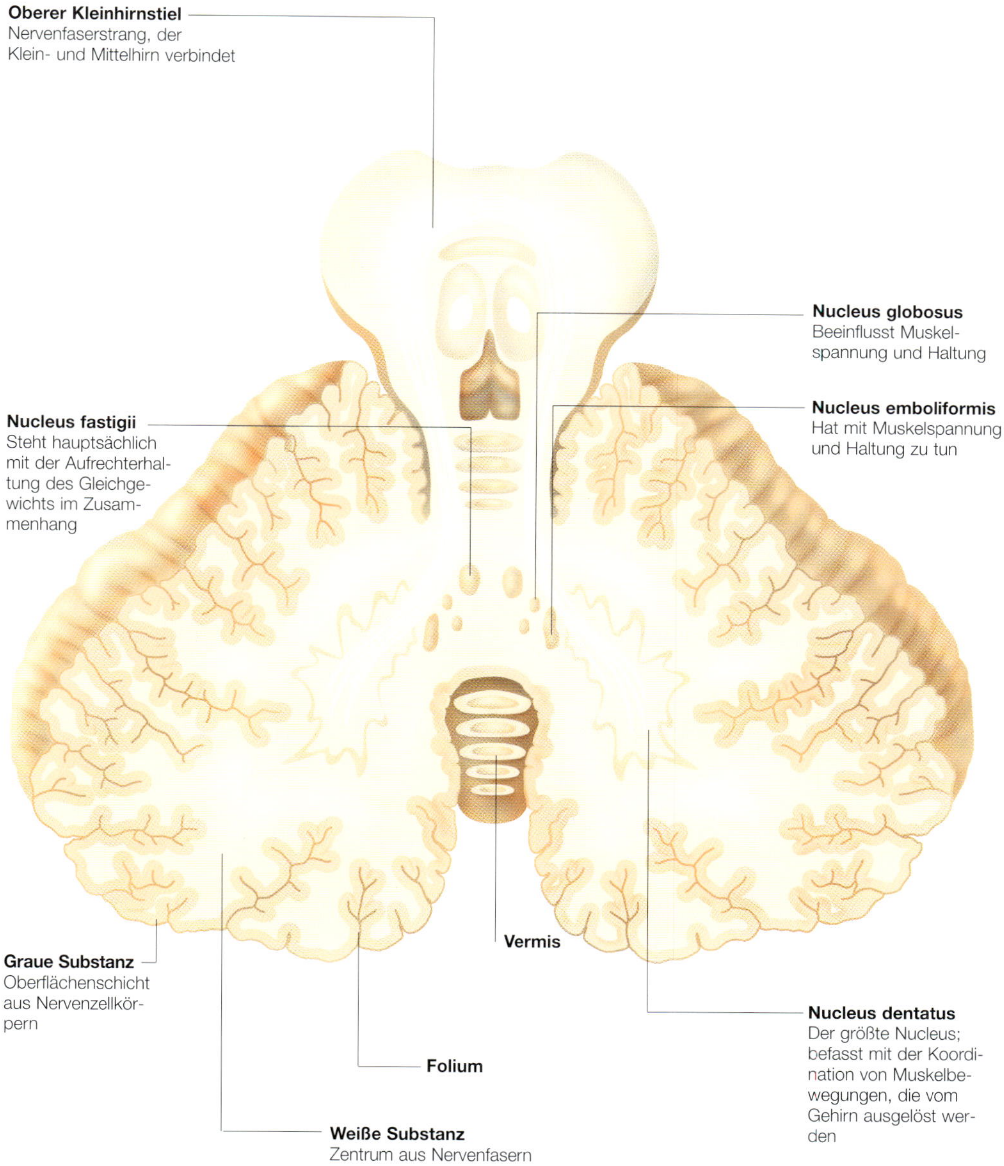

Schichten der Kleinhirnrinde

Wenn die Kleinhirnrinde eingefärbt und unter dem Mikroskop betrachtet wird, kann man sehen, dass die Schichten anders aufgebaut sind:

- Stratum moleculare (Molekularschicht) – enthält Nervenzellkörper und viele Nervenfasern aus tieferen Zellschichten.
- Stratum ganglionare (Purkinje-Zellen) – obwohl sie nur eine Zelle dick ist, kann sie aufgrund der Größe der Purkinje-Zellen relativ leicht dargestellt werden. Diese spezialisierten Neuronen sind für die Kleinhirnfunktionen sehr wichtig. Sie erhalten Daten durch die Dendriten, die hauptsächlich in der Schicht darüber liegen, und senden Informationen hinunter in die Kleinhirnkerne.
- Stratum granulare (Körnerschicht) – diese enthält Zellkörper aus einer Anzahl von Granularzellen. Diese Zellen erhalten Daten durch die Hirnstiele und senden selbst Daten durch ihre Axone hinauf in die Molekularschicht.

Eine mikroskopische Aufnahme einer eingefärbten Sektion der Kleinhirnrinde zeigt den komplexen Schichtaufbau. Jede Schicht hat verschiedene Zelltypen.

Hirnnerven

Es gibt 12 Paare Hirnnerven, die vom Gehirn hauptsächlich zu Organen des Kopfes und des Halses laufen, um diese zu versorgen. Die Hirnnerven tragen Information zum und vom Gehirn.

Nerven sind die Wege, auf denen Informationen zwischen Zentralem Nervensystem (ZNS) und dem Körper ausgetauscht werden. Vom Hals abwärts entspringen diese Nerven dem Rückenmark, wobei sie durch Öffnungen in den Wirbelknochen austreten. Die Hirnnerven hingegen treten direkt aus dem Gehirn aus.

Es gibt zwölf Paare Hirnnerven, die mit römischen Zahlen benannt und nummeriert sind. Die ersten zwei Paare kommen aus dem Vorderhirn und der Rest aus dem Hirnstamm. Die Hirnnerven versorgen Organe in Kopf und Hals. Um dahin zu gelangen, passieren sie eigene Öffnungen (Foramina) im Schädelknochen.

FASERN DER HIRNNERVEN

Hirnnerven bestehen aus sensorischen und motorischen Nervenfasern und tragen auf diese Weise Informationen zum und vom ZNS:

- Sensorische Nervenfasern übertragen Information wie Schmerz, Berührung und Temperaturempfindung aus dem Gesicht ebenso wie Geschmack, Sehen und Hören.
- Motorische Fasern senden Befehle an Kopf-, Hals- und Gesichtsmuskeln und ermöglichen so Gesichtsausdruck und Augenbewegungen.
- Vegetative Nervenfasern ermöglichen die unbewusste Steuerung interner Körpersysteme wie Speicheldrüsen, die Iris und einige der größeren Organe des Brustkorbs und des Bauchs.

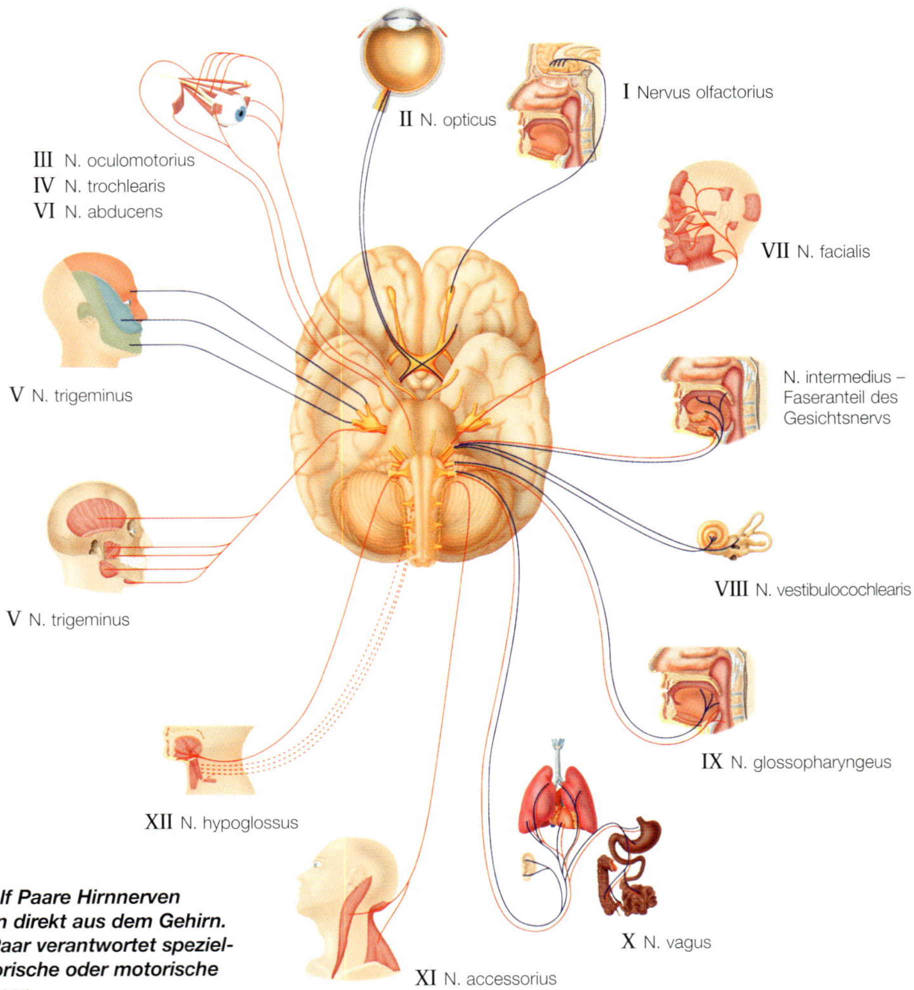

Die zwölf Paare Hirnnerven kommen direkt aus dem Gehirn. Jedes Paar verantwortet spezielle sensorische oder motorische Funktionen.

Funktionen der zwölf Hirnnerven

Nummer	Name	Bedeutung
I	Nervus olfactorius	Der sensorische Nerv für Geruch
II	N. opticus	Der sensorische Nerv für das Sehen
III	N. oculomotorius	Versorgt vier der sechs Muskeln am Augapfel
IV	N. trochlearis	Versorgt einen Muskel am Augapfel
V	N. trigeminus	Überträgt Gefühl aus dem Gesicht und bewegt die Kaumuskeln
VI	N. abducens	Versorgt einen Muskel am Augapfel
VII	N. facialis	Bewegt die Muskeln für den Gesichtsausdruck
VIII	N. vestibulocochlearis	Der sensorische Nerv für Hören und Gleichgewicht
IX	N. glossopharyngeus	Hilft, Zunge, Rachen und Speiseröhre mit Nerven zu versorgen
X	N. vagus	Versorgt viele Organe, auch im Thorax und Bauch
XI	N. accessorius	Versorgt Organe im Rachen und einige Halsmuskeln
XII	N. hypoglossus	Versorgt Zungenmuskeln

Riechnerven

Die Nervi olfactorii sind winzige sensorische Geruchsnerven. Sie verlaufen von der Nasenschleimhaut zu den Riechknollen.

Die Nervi olfactorii transportieren speziellen Geruchssinn von den Rezeptorzellen der Nasenhöhle in das Gehirn darüber.

RIECHSCHLEIMHAUT

Die Riechschleimhaut ist der Teil der Auskleidung in der Nasenhöhle, der spezielle Rezeptorzellen für den Geruchssinn trägt. Man findet sie im oberen Teil der Nasenhöhle und im Septum, der Trennung zwischen den beiden Seiten der Höhlung.

Die Olfaktorrezeptoren bestehen aus speziellen Neuronen (Nervenzellen), die in der Lage sind, Geruchssubstanzen zu erkennen, die in kleinster Tröpfchenform in der Luft vorkommen.

GERUCHSNERVEN

Information von den Nervenzellen der Geruchsrezeptoren wird durch ihre langen Fortsätze (Axone) ins Gehirn getragen; die Axone gruppieren sich zu etwa 20 Bündeln. Diese Stränge sind die eigentlichen Geruchsnerven. Sie verlaufen nach oben durch die dünne perforierte Knochenschicht, die Lamina cribrosa des Siebbeins, und erreichen so die Geschmacksknollen in der Schädelhöhle.

Die Fasern der Geruchsnerven schlagen Verbindungen (Synapsen) mit den Neuronen innerhalb der Geschmacksknolle.

Ausschnitt

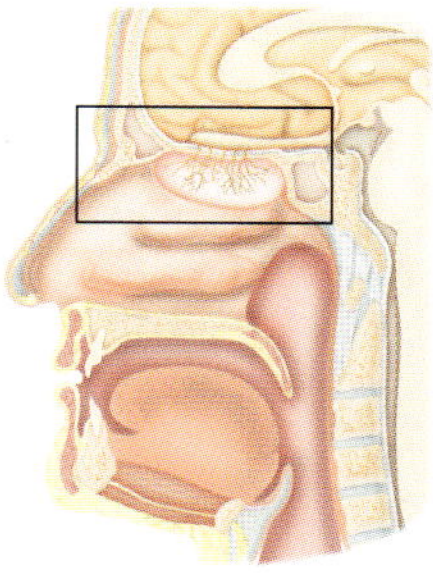

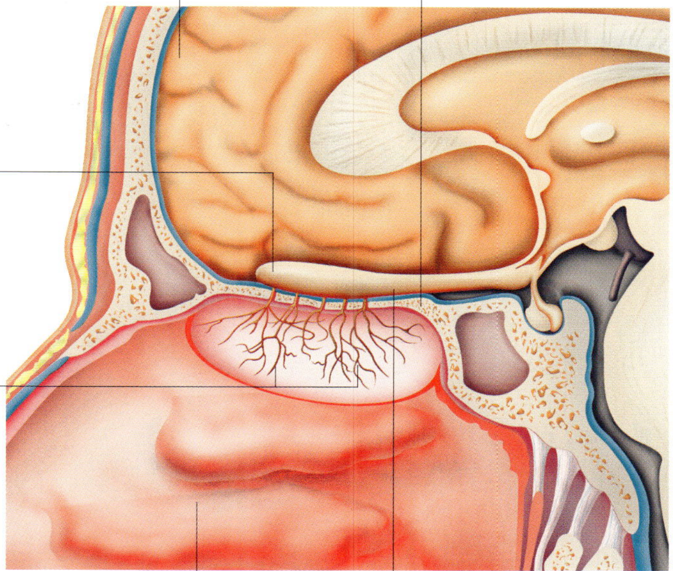

Die Geruchsnerven laufen von der Nasenschleimhaut zum Gehirn. Sie tragen Information, die im Riechzentrum verarbeitet wird, weiter.

GESCHMACKSKNOLLEN

Die paarweisen Geschmacksknollen sind Teil des Gehirns an verlängerten Stielen, den Geruchssträngen (Tracti olfactorii), die Fasern für die Verbindung zu den Hinhälften haben. Lange, spezialisierte Neuronen, bekannt als Mitralzellen, verschalten die Geruchsnerven innerhalb der Geschmacksknollen. Diese Verbindung gibt die Geruchsinformation von den Geruchsnerven weiter. Die Axone dieser Mitralzellen tragen die Information über die Geschmacksstränge zum Geschmackszentrum des Gehirns.

Verlust des Geruchssinns

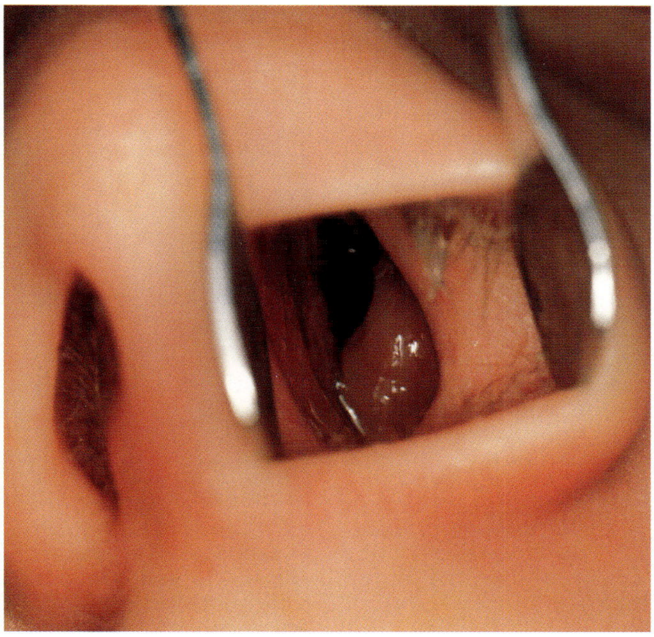

Verlust des Geruchssinns (Anosmie) kann eine oder beide Seiten der Nase betreffen und vorübergehend oder bleibend sein.

Die Hauptbeschwerden von Leuten mit Anosmie ist eher das Fehlen von Geschmack als von Geruch. Das hängt damit zusammen, dass das, was wir als Geschmack ansehen, in Wirklichkeit das Erkennen von Gerüchen im Essen ist. Ohne den Geruchssinn kann die Zunge nur vier Arten von Geschmack unterscheiden: Süß, Bitter, Sauer und Salzig.

AUSWIRKUNGEN DES ALTERNS

Mit dem Älterwerden des Körpers schreitet ein Verlust von Geruchsfasern voran. Ältere Leute klagen daher oft, dass ihr Essen keinen Geschmack hat, weil sie ihren Geruchssinn verlieren.

Rhinitis lässt den Turbinatus-Knochen in der Nasenhöhe anschwellen. Die resultierende Entzündung beeinträchtigt den Geruchsapparat.

KOPFVERLETZUNGEN

Kopfverletzungen können zum Zerreißen der Geschmacksknollen oder zu Frakturen der cribriformen Platte führen. Dies wiederum kann Anosmie verursachen, meist aber nur auf einer Nasenseite.

RHINITIS

Rhinitis oder Entzündung der Nasenschleimhaut kommt als Folge einer Virusinfektion wie beim normalen Schnupfen oder bei Allergien wie Heuschnupfen vor.
Das verursacht für gewöhnlich eine laufende Nase und Nießen.

Dadurch erleben wir einen vorübergehenden Geruchsverlust aufgrund der Beteiligung des Epithelium olfactorium (Riechschleimhaut).

Gesichtsmuskeln

Eine der Eigenschaften, die Menschen von Tieren unterscheiden, ist die Fähigkeit, über eine Unzahl von Gesichtsausdrücken zu kommunizieren. Die treibende Kraft dahinter ist ein verschachteltes System von Gesichtsmuskeln.

Direkt unterhalb der Haut des Kopfes und des Gesichts liegt eine Ansammlung sehr dünner Muskeln, die in ihrer Gesamtheit die mimischen Muskeln ausmachen. Zusätzlich zu ihrer physiologischen Funktion spielen diese Muskeln auf viele Arten eine entscheidende Rolle. Sie ändern den Gesichtsausdruck – ein Mittel zur nicht-verbalen Kommunikation von emotionaler Information – und sind ebenfalls ein Mittel der sprachlichen Übermittlung.

Davon abgesehen bilden die Gesichtsmuskeln auch Schließmuskeln zum Öffnen und Schließen der Gesichtsöffnungen – dem Mund und den Augen.

HAUT UND KNOCHEN

Die Mehrheit der Gesichtsmuskeln sind auf der einen Seite am Schädelknochen und auf der anderen Seite tief in der Haut (Dermis) verankert. Bei diesen Befestigungspunkten können die Änderungen im Gesichtsausdruck beobachtet werden und auch wie sie schließlich feine und gröbere Falten in der Haut verursachen.

Eine Anzahl kleiner Muskeln (Dilatatoren) öffnet den Mund. Sie gehen strahlenförmig von den Mundwinkeln und Lippen zu Befestigungspunkten am Knochen. Mund und Lippen können nach oben und unten sowie nach seitwärts bewegt werden.

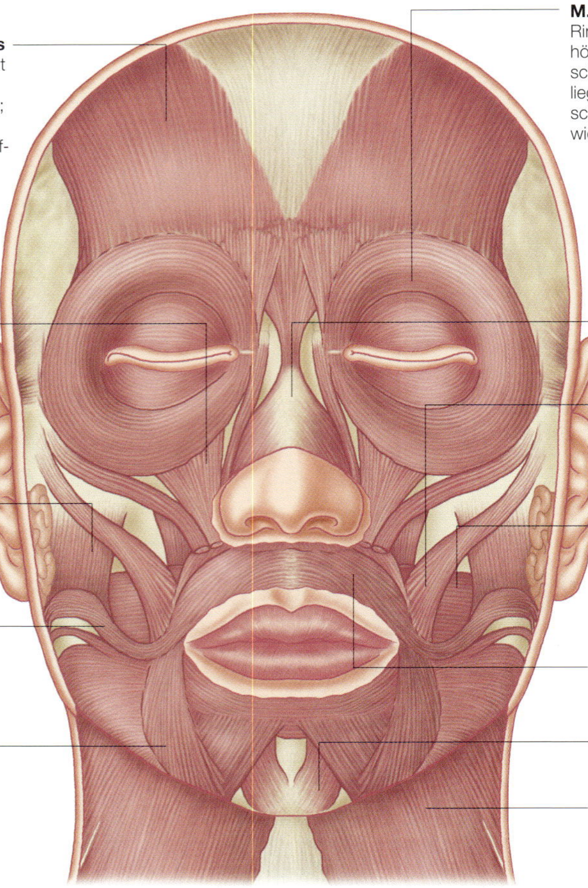

Das Platysma

Das weite, flache Platysma ist ein oberflächlicher Muskel (nah an der Oberfläche), der sich von unterhalb des Schlüsselbeins bis zur Haut und den Muskeln von Mund und Lippen erstreckt. Seine Hauptaufgabe ist das Runterziehen der Unterlippe und des Unterkinns, wie beim Zähnefletschen.

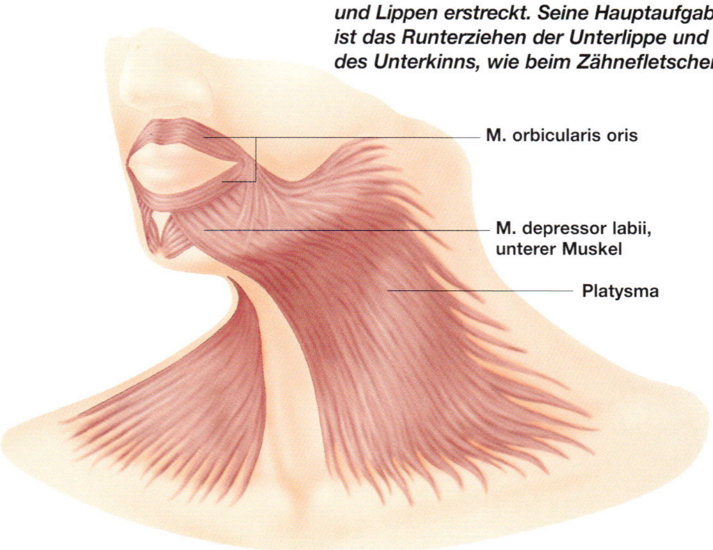

Obwohl das Platysma streng genommen kein Gesichtsmuskel ist, spielt es eine wichtige Rolle beim Gesichtsausdruck. Seine dünne Muskelschicht erstreckt sich von unterhalb des Schlüsselbeins bis hinauf zum Unterkiefer. Es bedeckt die gesamte Vorderseite des Halses, wo es die Haut zusammenzieht und verbindet sich dann mit Muskeln und Haut in den Mundwinkeln.

Die Rolle des Platysma beim Gesichtsausdruck ist es, die Halshaut auseinander- und die Kiefer nach unten zu ziehen. Das zieht den Mund nach unten, wie etwa beim Ausdruck von Abscheu. Es unterstützt auch Bewegungen der Unterlippe.

Davon abgesehen ist das Platysma auch der Muskel, der bei plastischer Chirurgie gekürzt und hinter dem Ohr befestigt wird, um ein Doppelkinn zu verkleinern. Dies ist sozusagen auch eine Art, wie das Platysma den Gesichtsausdruck verändern kann.

Das Platysma ist auch die weite Muskeldecke, die angespannt wird, wenn man sich unter dem Kinn rasiert. Diese Aktion streckt und spannt die Haut am Hals.

Öffnen und Schließen des Auges

Ob kesses Augenzwinkern oder zum Schutz fest geschlossen – die Augenlider vermitteln eine Unzahl nichtverbaler Signale. Die Lider sind auch zuständig für die Reinigung und Befeuchtung des Auges.

Der M. orbicularis oculi ist der für das Schließen des Auges zuständige Muskel. Dieser flache Schließmuskel verläuft am Rand der Augenhöhle, und seine verschiedenen Abschnitte können individuell bewegt werden.

Ein Teil des M. orbicularis oculi ist das Augenlid (Palpebra), dessen Muskel das Lid leicht schließt, etwa beim Schlafen oder beim routinemäßigen Zwinkern. Diese Bewegung unterstützt auch den Fluss der Tränenflüssigkeit, die den Augapfel umfließt. Die Membran umschließt das Auge, um es sauber, frei von Fremdkörpern und feucht zu halten.

DAS ÖFFNEN DER LIDER

Ein großer Teil des Orbicularis oculi besteht aus konzentrisch angeordneten Fasern, die die Vorderseite der Augenhöhle bedecken. Die Aufgabe dieses Muskelteils ist es, das Auge fest zu schließen, um es gegen einen Schlag oder grelles Licht zu schützen.

Der zweite Ringmuskel ist der Levator palpebrae superioris. Wie sein Name schon sagt, hebt dieser kleine Muskel das Lid, um das Auge zu öffnen. Anders als der größere Orbicularis liegt dieser Muskel innerhalb der Augenhöhle.

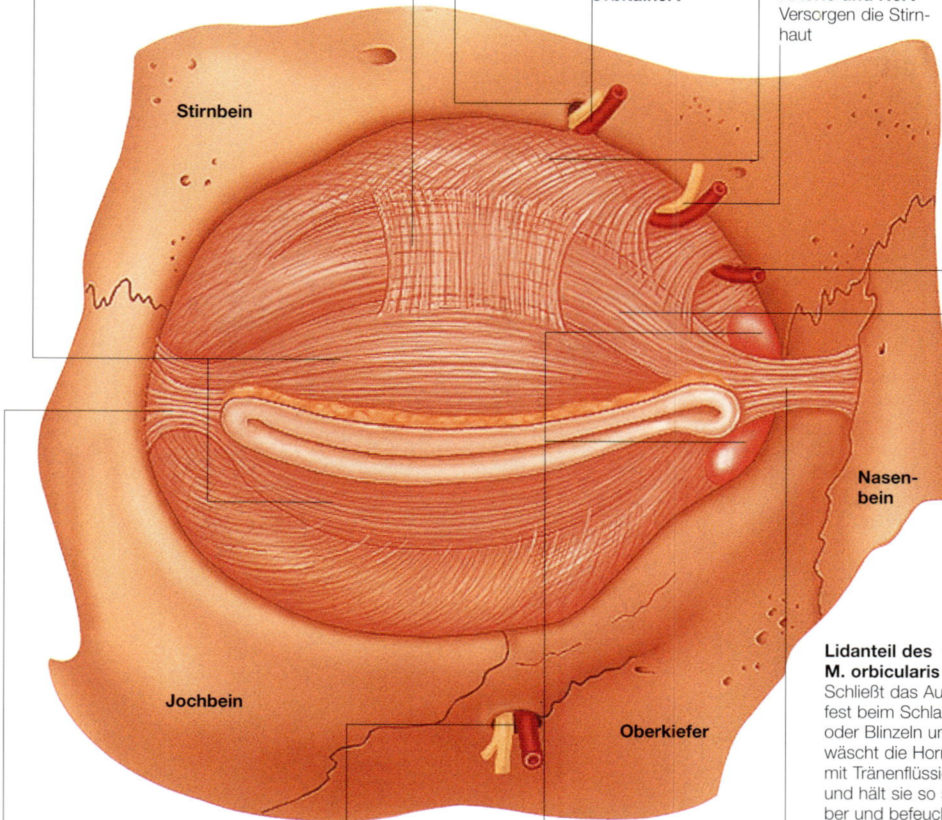

Wangen- und Lippenmuskeln

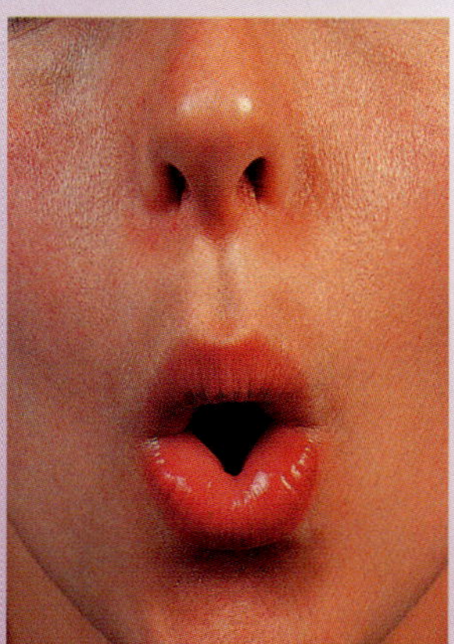

Der Orbicularis oris gibt dem Mund eine Schließmuskelfunktion. Wenn sich der Muskel zusammenzieht, schließt sich die Mundöffnung.

Der Buccinator-Muskel formt die Wange auf der Außenseite, also im Gesicht. Sein oberer Rand ist am Oberkieferknochen fest an einer Linie direkt oberhalb der oberen Zahnknochen, und sein unterer am Unterkieferknochen unterhalb der unteren Zahnknochen. Seine Haupbewegung tätigt er beim Essen.

Der Buccinator schiebt Nahrung, die sich in der Wangentasche angesammelt hat, zurück auf die Zunge und zwischen die Zähne und bereitet so den nächsten Happen vor. Der Buccinator ist auch beteiligt, wenn es darum geht, einen Ballon aufzublasen oder Musikinstrumente wie etwa Trompete zu spielen. Das Wort Buccinator hängt mit dem lateinischen Wort für Trompete zusammen.

Der Muskel innerhalb der Ober- und Unterlippe ist der Orbicularis oris. Er besteht aus konzentrischen Muskelfasern, die sich um die Mundwinkel spannen und sind auf der einen Seite an dem Knochen unterhalb der Nase und auf der anderen Seite an einem Punkt am Kinn befestigt.

Der Vorderrand des Buccinator enthält Muskelfasern, die sich an den Mundwinkeln überkreuzen und in die vom Orbicularis oris übergehen.

Der Orbicularis oris ist der Muskel, der den Mund schließt. Er ist ständig in Tätigkeit, um die Lippen zusammenzuhalten und so den Austritt von Speichelflüssigkeit, die fortlaufend erzeugt wird, zu vermeiden und auch, um das Essen beim Kauen im Mund zu behalten. Er wird auch gebraucht, um den Mund zu spitzen, zu pfeifen oder einen Kuss anzudeuten.

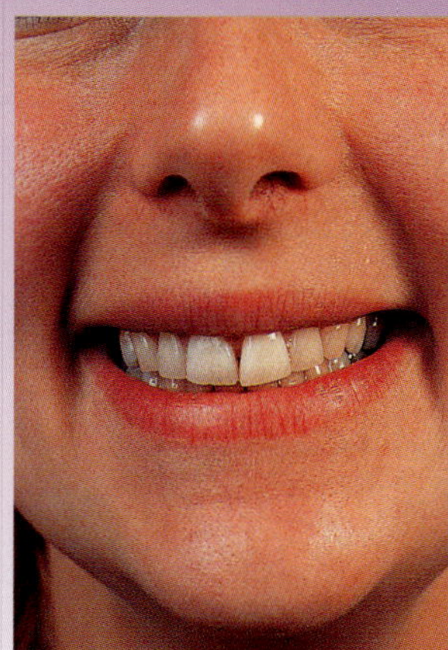

Die Vielseitigkeit der Fasern des Muskelrings um die Lippen hilft Menschen dabei, eine Fülle von Lauten zu artikulieren.

Gesichts- und Halsarterien

Der Puls, den man am Hals fühlt, ist das Blut, das durch die Halsschlagader zum Kopf fließt.

Kopf und Hals werden durch die beiden Halsschlagadern an jeder Seite des Halses mit Blut versorgt. Sie sind zusammen mit der inneren Drosselvene und dem Vagusnerv in einer Schutzhülle aus Bindegewebe eingeschlossen. Sie haben leicht unterschiedliche Ursprünge an der Halsbasis, wobei die linke Halsschlagader direkt aus dem Aortenbogen kommt, während die rechte aus dem brachiocephalischen Stamm aufsteigt.

ARTERIENÄSTE

Die Haupthalsschlagadern teilen sich auf Höhe des Adamsapfels und bilden so die innere und äußere Halsschlagader. Erstere tritt in den Schädel ein und versorgt das Gehirn und letztere verzweigt sich für die Versorgung von Gesicht und Kopfhaut.

Viele der Zweige der äußeren Halsschlagader beschreiben einen welligen oder gewundenen Verlauf. Diese Flexibilität stellt sicher, dass bei Bewegungen von Mund, Kehle oder Rachen – z.B. beim Schlucken – die Blutgefäße nicht überdehnt oder beschädigt werden.

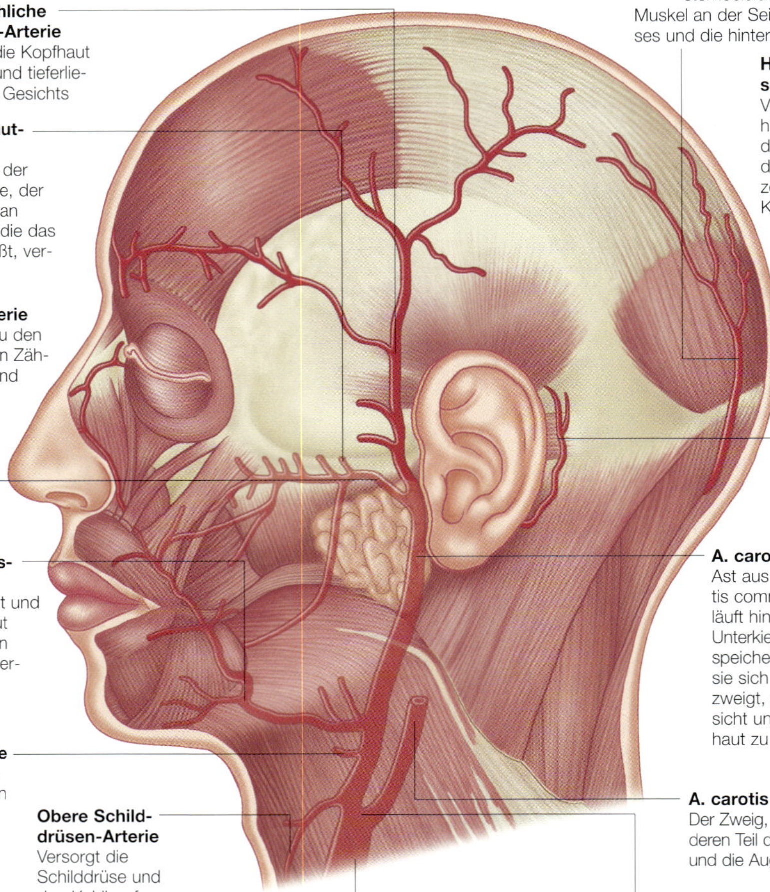

Carotis-Angiographie

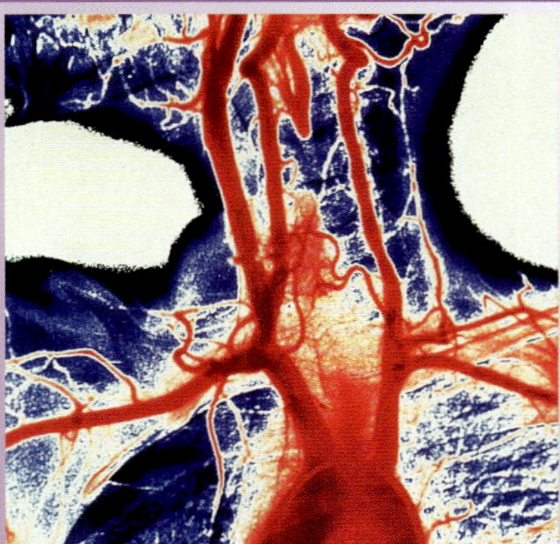

Eine Negativ-Farb-Angiographie der Arterien, die von der Aorta (dem großen Gefäß am Fuß der Aufnahme) zum Kopf verläuft.

Die Injektion von Kontrastmittel und kurz aufeinanderfolgende Röntgenaufnahmen können die Zweige der Haupt-Halsschlagader darstellen. Dieses Verfahren nennt man Angiographie.

Angiographie benutzt man, um Blutgefäße zu untersuchen und Veränderungen wie Verengungen der Arterien festzustellen. Eine Ansammlung von fett-ähnlichen Ablagerungen an der Arterienwand kann zusammen mit Arteriosklerose häufig an der Hauptverzweigung gefunden werden. Chirurgen können diese Ablagerungen entfernen, ohne die Gefäßwände zu beschädigen. Diese Behandlung, die man Karotis-Endarterektomie nennt, verbessert die Blutversorgung für Kopf und Hals beträchtlich und verringert das Risiko eines Schlaganfalls.

Eine weitere Abnormität, die durch Angiographie festgestellt werden kann, ist ein Aneurysma der Arterie, eine ballonähnliche Verbreiterung der Gefäßwand.

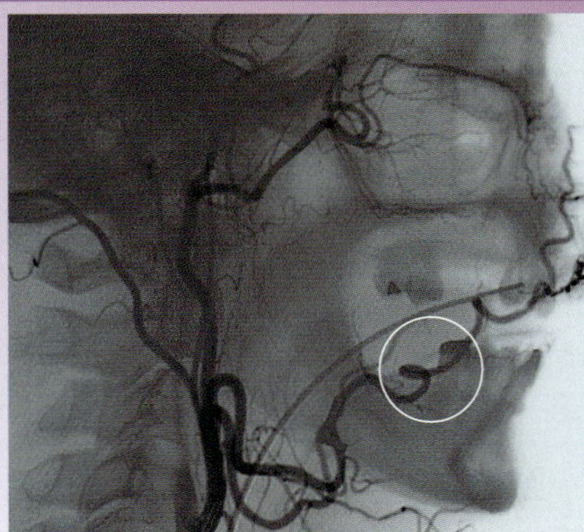

Diese digitale Subtraktionsangiographie (DAS) zeigt Abzweigungen der Halsschlagader. Die gewundene Gesichtsarterie ist eingekreist.

Gesichts- und Halsvenen

Die Venen sind ähnlich an Gesicht und Hals verteilt wie die Arterien. Viele haben sogar die gleichen Namen.

Das Blut fließt von Kopf und Hals über die innenliegenden Drosselvenen, die auf jeder Seite des Halses liegen, zurück zum Herzen. Ebenso wie die Carotis-Arterien werden die Venen von der Carotis-Hülle geschützt.

Anders als im Rest des Körpers haben die Venen in diesem Bereich im allgemeinen keine Klappen, und der Blutrückfluss zum Herzen wird durch Schwerkraft und Unterdruck im Brustraum sichergestellt.

Die oberflächlichen (nah an der Oberfläche liegenden) Venen sind bei körperlicher Anstrengung leicht zu sehen; bei Sängern kann man oft beobachten, wie sie hervortreten.

DIE DROSSELVENE

Es gibt nur wenig Abweichung in der Lage der innenliegenden Drosselvene. Aus diesem Grund nutzt man sie zur Überwachung des venösen Blutdrucks (Blutdruck in der rechten Vorkammer des Herzens). So wird eine Kanüle über die Vene ins Herz eingeführt. Am anderen Ende der Kanüle befindet sich ein Instrument, das den Druck aufzeichnet. Dann kann das Blutvolumen geschätzt werden.

Ebenso wie es Venen gibt, die das Blut vom Gesicht zurückleiten, gibt es Verbindungsvenen zwischen den venösen Blutbahnen des Gehirns und denen der Kopfhaut. Zusammen mit den diploiden Venen in den Schädelknochen stellen sie einen möglichen Infektionsweg von der Kopfhaut zum Gehirn dar.

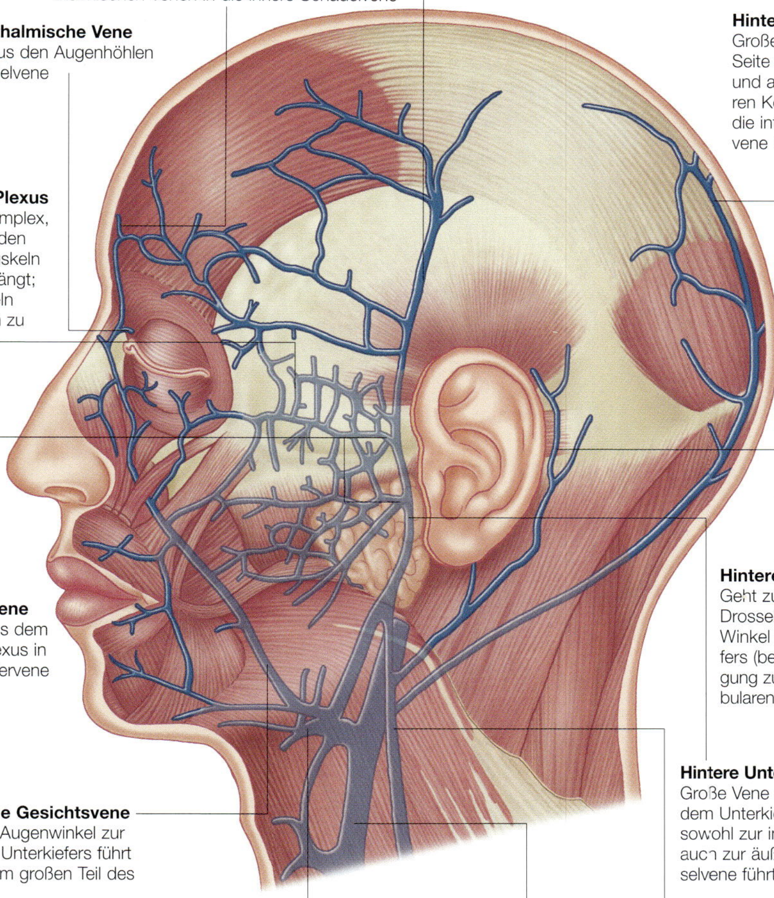

Das Blut fließt über drei Hauptvenenpaare vom Kopf zum Herzen: Die innere und äußere Drosselvene und die Vv. vertebrales (die durch die Wirbelkanäle des Halses laufen und in dieser Zeichnung nicht gesehen werden können).

Verflechtungen

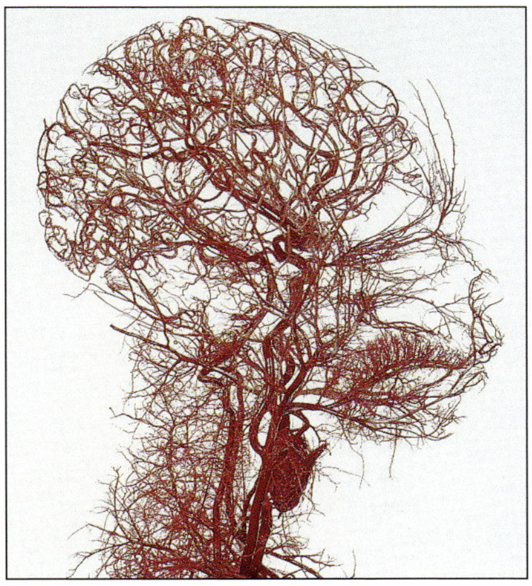

Es gibt eine große Zahl von Verflechtungen – Anastomosen genannt – zwischen Arterien der linken und rechten Gesichtshälfte und zwischen Zweigen der äußeren und inneren Halsschlagader. Dies hat beispielsweise Auswirkungen für die Behandlung einer offenen Lippe, wo man Druck auf beide Gesichtshälften ausüben muss, um die Blutung zu stoppen.

Die große Menge Blutgefäße in der Kopfhaut bedeutet auch, dass Verletzungen in diesem Bereich enorm bluten. Das liegt nicht nur an der massiven Blutversorgung sondern auch daran, dass die Blutgefäße durch das faserige Bindegewebe unter der Haut an einem schnellen Zusammenziehen gehindert werden.

Ein Harzmodell der Venen und Arterien für Gesicht und Hals zeigt deutlich die stark verzweigten Netze. Man beachte die besondere Dichte der Gefäße auf der Vorderseite des Halses (bei der Schilddrüse) und bei der Zunge.

Der hohe Verflechtungsgrad der Venen in Kopf und Hals bedeutet auch, dass sich hier mögliche Wege für die Ausbreitung von Infektionen bieten. Geschwüre und Pickel an der Seite der Nase können Thrombosen in der Gesichtsvene verursachen. Dies wiederum kann Klumpen über die ophthalmische Vene in den Schädelsinus (die paarweise Blutbahn im Keilbein des Schädels, wohin auch Blut aus dem Gehirn, den Augen und der Nase geleitet wird) gelangen lassen. Die daraus folgende Thrombose im Schädelsinus ist ohne Antibiotikabehandlung tödlich. Die Behandlung dieser Erkrankung war eine der ersten Anwendungen von Penicillin in den Vierzigerjahren.

Gesichtsnerven

Die Gesichtsmuskeln sowie die unbewussten Funktionen wie Tränenproduktion werden vom Gesichtsnerv bedient, der Signale zum und vom Gehirn überträgt.

Die mimischen Muskeln werden vom rechten und linken Gesichtsnerv versorgt, jeder auf seiner Seite. Jeder Nerv kommt durch ein Loch im Schädel (Foramen stylomastoideus) bei der unteren Hälfte des Ohrs und erreicht die Gesichtsmuskeln, nachdem er sich bei den Speicheldrüsen an der Seite des Gesichts geteilt hat.

Nerven sind Faserbündel, die Signale vom Gehirn oder dem Rückgrat zu den Muskeln übertragen, oder von Sinnesorganen zum Gehirn oder zum Rückgrat. Die meisten Nerven – auch die Gesichtsnerven – bestehen aus einer Mischung von zwei Arten, indem sie Daten vom und zum Gehirn senden bzw. empfangen.

NERVENSCHÄDEN

Es gibt 12 Paare Hirnnerven mit verschiedenen Aufgaben von Augenbewegung bis Gleichgewichtssinn. Die Gesichtsnerven sind das siebte Paar, und ihre Hauptaufgabe ist es, motorische Impulse für die mimischen Muskeln auszusenden. (Die Kaumuskeln werden vom fünften Hirnnerv, dem Trigeminus, versorgt.)

Ebenso wie Muskelsteuerung haben die Gesichtsnerven aber auch die Aufgabe, vegetative Funktionen wie Tränen- und Speichelproduktion zu kontrollieren. Außerdem übertragen sie sensorische Daten von den Geschmacksknospen.

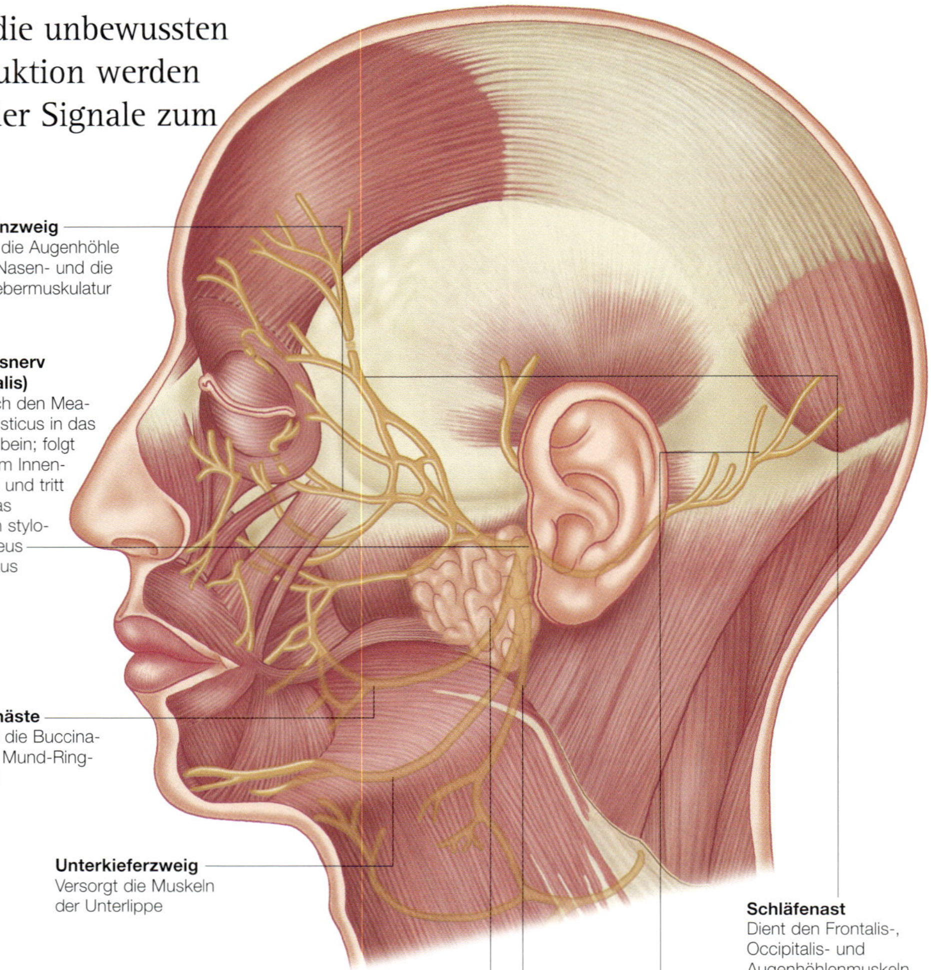

Die Gesichtsnerven teilen sich in fünf Hauptzweige auf: den Schläfen-, Jochbein-, Wangen-, Kiefer- und Halsast. Diese fünf Äste fächern sich über das Gesicht auf und teilen sich dann weiter, um die mimischen Muskeln zu versorgen.

Störungen der Gesichtsnerven

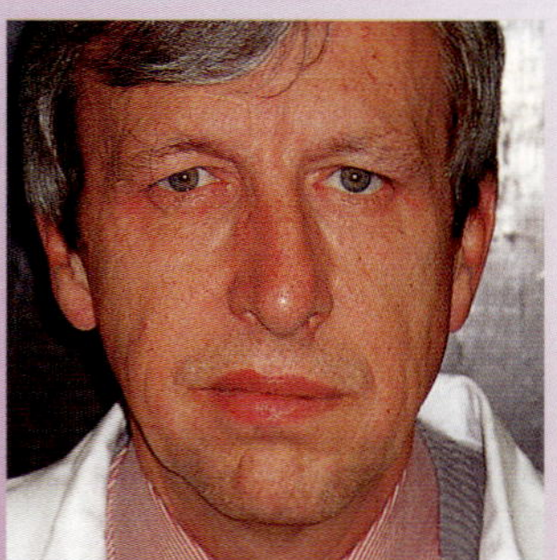

Bei einem entspannten Blick zeigt jemand, der an der Bell'schen Lähmung leidet, das typische schlaffe Gesicht (hier die linke Seite).

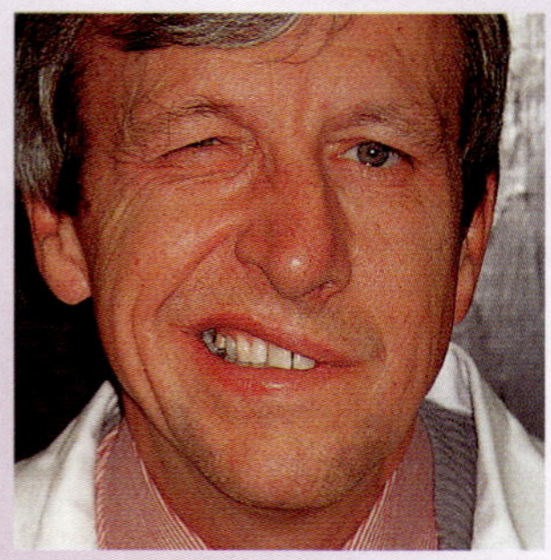

Wenn man ihn bittet zu grinsen oder die Augen zu verdrehen, kann der Patient wegen der Lähmung auf der linken Seite weder den Mund noch die Augen bewegen.

Die Gesichtsnerven können durch direkte Verletzung auf der Seite des Gesichts oder durch Entzündung, wobei der Nerv in seinem Kanal anschwillt, geschädigt werden. Dies kann zu einer Schwächung (Parese) oder einer Lähmung (Paralyse) der Gesichtsmuskeln führen, was die Gesichtsseite schlaff erscheinen lässt.

Bei einem Patienten mit Gesichtsnervschädigung ist das Auge ständig offen, was die Horn- und Bindehaut der Gefahr des Austrocknens aussetzt. Die Sprache wird undeutlich, da die Lippen sich der klaren Artikulierung und der Mund sich dem völligen Schließen verweigern. Speichel und Nahrung kann oft nicht mehr gehalten werden.

Die Bell'sche Lähmung kommt meist bei Gesichtsnerv-Schwellungen vor. Die Symptome sind vielfältig und beeinträchtigen das Hören, den Geschmack, das Sehen und die Muskelkraft.

Der Gesichtsnerv kann auch bei Neugeborenen nach einer Zangengeburt geschädigt sein. Der knochige Kieferfortsatz hinter dem Ohr ist bei Neugeborenen noch nicht entwickelt, so dass der Nerv ungeschützt ist. Ein solcher Schaden lähmt den Gesichtsmuskel und das Kind kann nicht saugen.

Kaumuskeln

Die Muskeln, die uns helfen, unsere Nahrung zu kauen, spielen auch eine Rolle beim Sprechen, Atmen und Gähnen.

Die Kaumuskeln bewegen den Unterkiefer auf und ab, vor und zurück und öffnen und schließen so den Mund.

Diese Bewegungen kommen auch beim Reden, bei der Mundatmung und beim Gähnen vor. Die Schließbewegung wird sehr kraftvoll beim Abbeißen und beim Kauen ausgeführt, wobei der Kiefer auch seitlich bewegt wird.

BEWEGEN DES KIEFERS

Alle Kieferbewegungen drehen sich um die Schläfen-Kiefer-Gelenke, die vor den Ohren liegen.

Die Knochen, die das Kiefergelenk bilden, sind der Kopf des Unterkiefers (der gerundete Teil oben auf dem Kieferknochen) und der Kiefergraben des Schläfenbeins (die Höhlung, in der die Rundung des Kieferknochens sitzt).

Die scharnier-ähnliche Drehung ermöglicht Auf- und Abbewegungen des Kiefers. Zudem ist auch der Kopf des Kieferknochens mit einer enganliegenden Knorpelscheibe versehen, was das Vor- und Rückschieben des Unterkiefers ermöglicht. Letztere Bewegung befähigt den Unterkiefer, beim Öffnen entlang des Oberkiefers zu drehen und die Seitwärtskraft für das Mahlen harter Nahrung beim Schließen und Kauen aufzubringen.

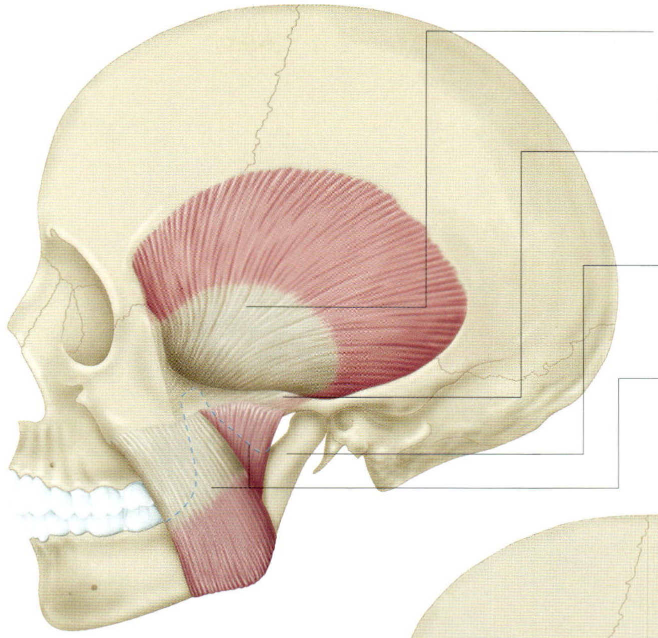

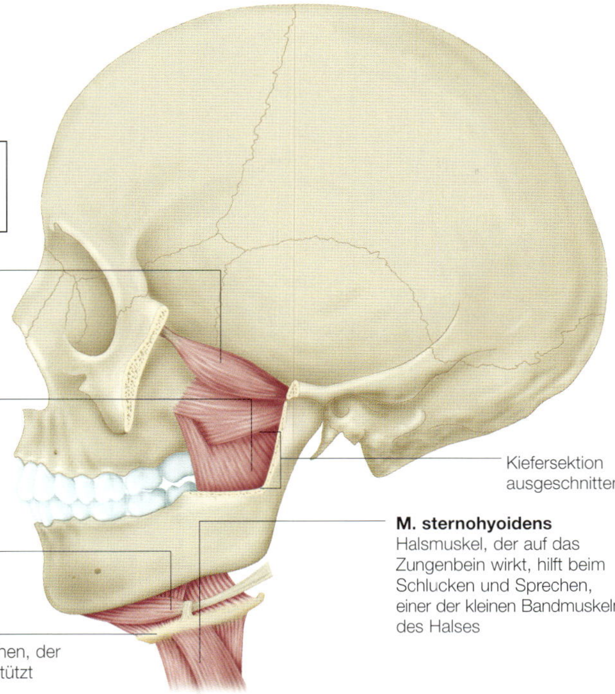

Ausgerenkter Kiefer

Wenn der Mund geöffnet wird, bewegt sich der Kieferkopf und die Knorpelscheibe vorwärts aus der Gelenkpfanne und auf einen Tuberkel (kleine Erhebung). Diese Vorwärtsbewegung kann an der Stelle vor dem Ohr leicht gesehen und gefühlt werden.

Wenn diese Bewegung zu weit geht, etwa bei einem weiten Gähnen oder heftigem Lachen, kann der Kiefer über das Tuberkel gleiten und unter dem Jochbein einrasten. Dies sperrt den Mund auf und bedarf medizinischer Behandlung. Dasselbe kann bei einem seitlichen Schlag an den Unterkiefer passieren. Das ist der Grund dafür, dass Boxer den Mund fest geschlossen und die Zähne fest auf einem Gummiring gebissen halten sollen.

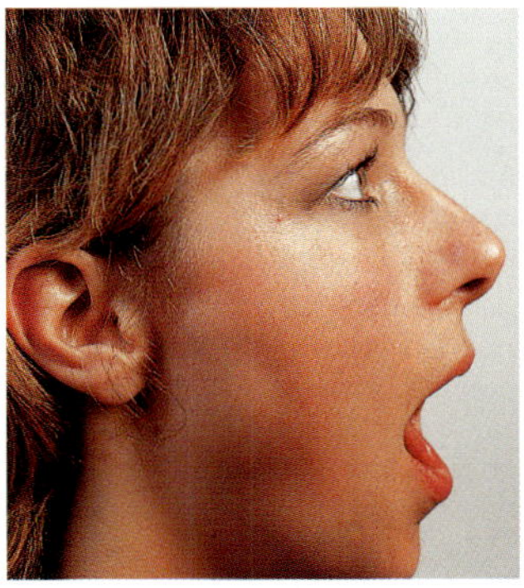

Wenn der Unterkiefer sich öffnet, wandert er nach vorn bis auf den Tuberkel, und kann als Schwellung vor dem Ohr getastet werden.

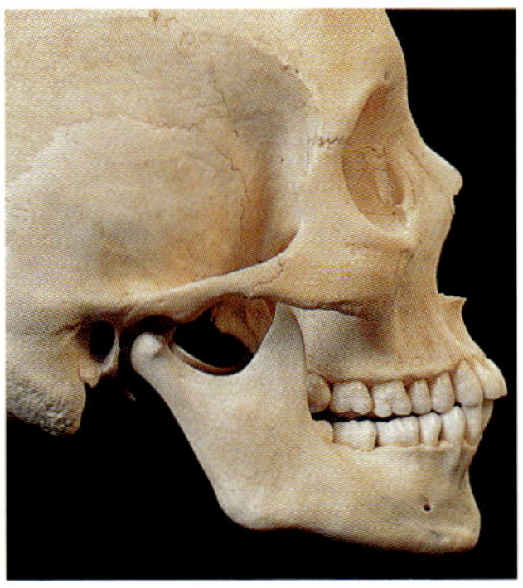

Wenn der Kiefer zu weit geöffnet oder aus dem Gelenk geschlagen wird, kann das zu einem Krampf im Schläfenmuskel führen und der Kiefer verriegelt sich in geöffneter Position.

Um den Unterkiefer zu entsperren, damit der Mund wieder geschlossen werden kann, muss der Unterkiefer gegen den Zug der Schläfen-, Masseter- und mittleren pterygoiden Muskeln nach unten gedrückt werden. Das zwingt den Kieferkopf zurück über den Tuberkel, und das Gelenk springt wieder an seinen Platz.

Wenn man diese Manipulation durchführt, ist es wichtig, nicht mit den Daumen auf die Zähne zu drücken. Stattdessen sollte der Druck unterhalb der Zahnlinie am Kiefer angesetzt werden. Das schützt den Arzt davor, mit den Fingern zwischen die Backenzähne zu geraten, wenn der Kiefer wieder einrastet.

Augapfel

Die Augen sind spezialisierte Sehorgane und reagieren auf Licht.

Unsere Augen ermöglichen uns, Informationen aus der Umgebung aufzunehmen, indem sie Lichtmuster erkennen. Diese Informationen werden im Gehirn so verarbeitet, dass wir sie als Bilder wahrnehmen.

Jeder Augapfel ist in schützendes fettartiges Gewebe innerhalb der Augenhöhle eingebettet. Die Höhlung hat eine große Öffnung nach vorn, um Licht einzulassen und kleinere an der Rückseite, durch die die Augennerven zum Gehirn und Blutgefäße und Nerven zum Auge laufen.

KAMMERN

Der Augapfel ist in drei innere Kammern unterteilt. Die zwei flüssigkeitsgefüllten auf der Vorderseite sind die vordere und hintere Augenkammer, getrennt durch die Iris. Diese Kammern enthalten eine klare, wässrige Flüssigkeit, die durch eine Zellschicht auf dem Ziliarkörper in die hintere Kammer abgesondert wird.

Das Kammerwasser geht durch die Pupille in die vordere Kammer, dann durch eine Anzahl kleiner Kanäle zwischen Iris-Basis und Hornhautrand in die Blutbahn.

Die größte der Kammern ist der Glaskörper, der hinter den wässrigen Kammern liegt und davon durch die Linse und die Stützbänder, die die Linse am Glaskörper befestigen, getrennt ist. Der Glaskörper ist mit einer klaren, geleeartigen, glasigen Masse gefüllt.

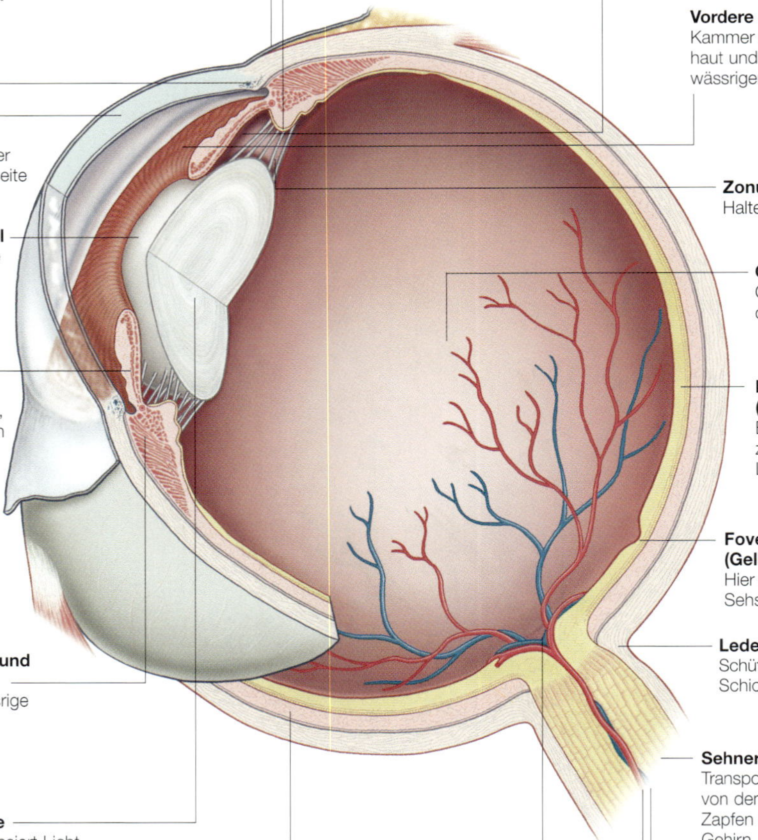

Augenschaden

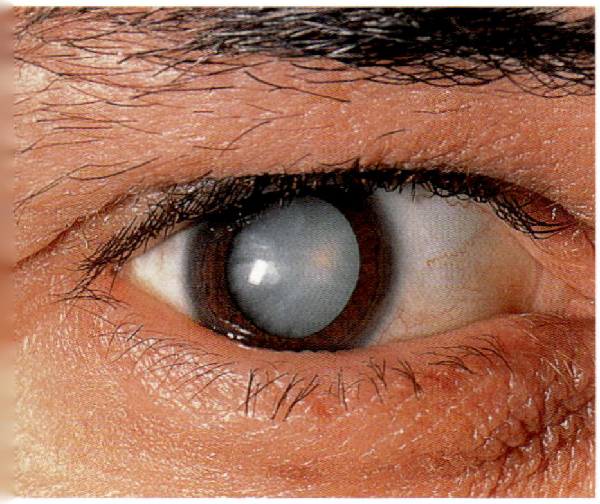

Krankheit oder Verletzung kann die transparenten Strukturen (Hornhaut oder Linse) verdunkeln. Verstärkte Trübung der Linse (Katarakt) ist eine verbreitete Krankheit insbesondere nach der Lebensmitte. Sie wird behandelt durch Entfernen der Linse und Implantat einer künstlichen.

Ein vollkommen ausgebildeter Katarakt. Er entstand durch schrittweise Veränderung der Proteine der Linse.

Krankheit und Verletzung können auch die Retina beeinträchtigen. Die Netzhaut kann sich lösen, und der gelöste Teil verkümmert.

Ein häufiger Grund für eine Netzhautschädigung ist ein Glaucom (grüner Star). Dies entsteht, wenn der Abfluss des Kammerwassers in der vorderen Kammer blockiert ist, so dass der Augeninnendruck sich erhöht. Dieser Druck schädigt die Nervenzellen der Netzhaut. Der Augeninnendruck wird bei Augenuntersuchungen routinemäßig gemessen, um Glaucome frühzeitig zu erkennen.

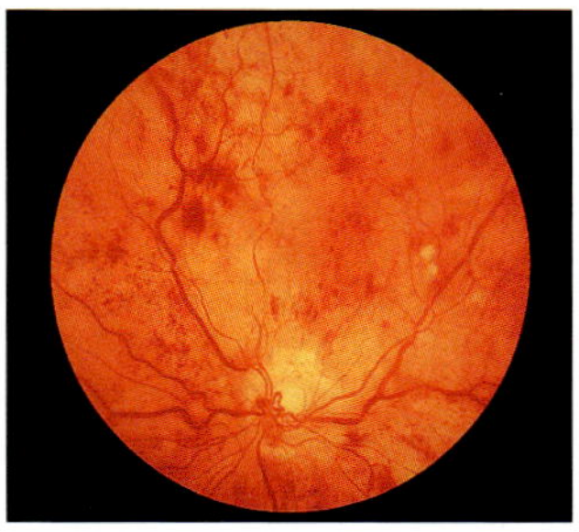

Man kann die Netzhaut auf Anzeichen von Krankheiten untersuchen. In diesem Fall deutet die Anordnung der Blutgefäße auf Diabetes hin.

Schichten des Auges

Der Augapfel ist von drei verschiedenen Schichten umschlossen, von denen jede eine andere Funktion hat.

Die äußerste Schicht des Augapfels nennt man die Lederhaut; sie ist eine feste, faserige Schutzschicht. Auf der Vorderseite des Auges ist die Lederhaut als das Weiße des Auges sichtbar. Hier ist sie durch die Bindehaut bedeckt, eine transparente Schicht aus Bindegewebe. Die ebenfalls transparente Hornhaut bedeckt die vorderste Stelle des Augapfels, wo das Licht eintritt.

GEFÄSSHAUT

Die Zwischenschicht, die Uvea oder Gefäßhaut, enthält viele Blutgefäße, Nerven und pigmentierte Zellen. Die Uvea ist in drei Hauptzonen unterteilt: die Aderhaut, den Ziliarkörper und die Iris. Die Aderhaut erstreckt sich vom Eintritt des Sehnervs bis zur Augenvorderseite, wo es den Ziliarkörper und die Iris bildet.

DIE NETZHAUT

Die innerste Schicht des Auges ist die Netzhaut oder Retina, eine Schicht Nervengewebe mit photosensitiven (lichtempfindlichen) Zellen, die man Photorezeptoren nennt. Sie bedeckt alles außer den vorderen Teil des Glaskörpers. Es gibt zwei Arten Photorezeptorzellen: Stäbchen und Zapfen. Die Stäbchen nehmen die Lichtstärke wahr und sind an der Peripherie der Retina aufgestellt. Die Zapfen erkennen Farbe und sind hauptsächlich an der Fovea am hintersten Teil des Augapfels konzentriert.

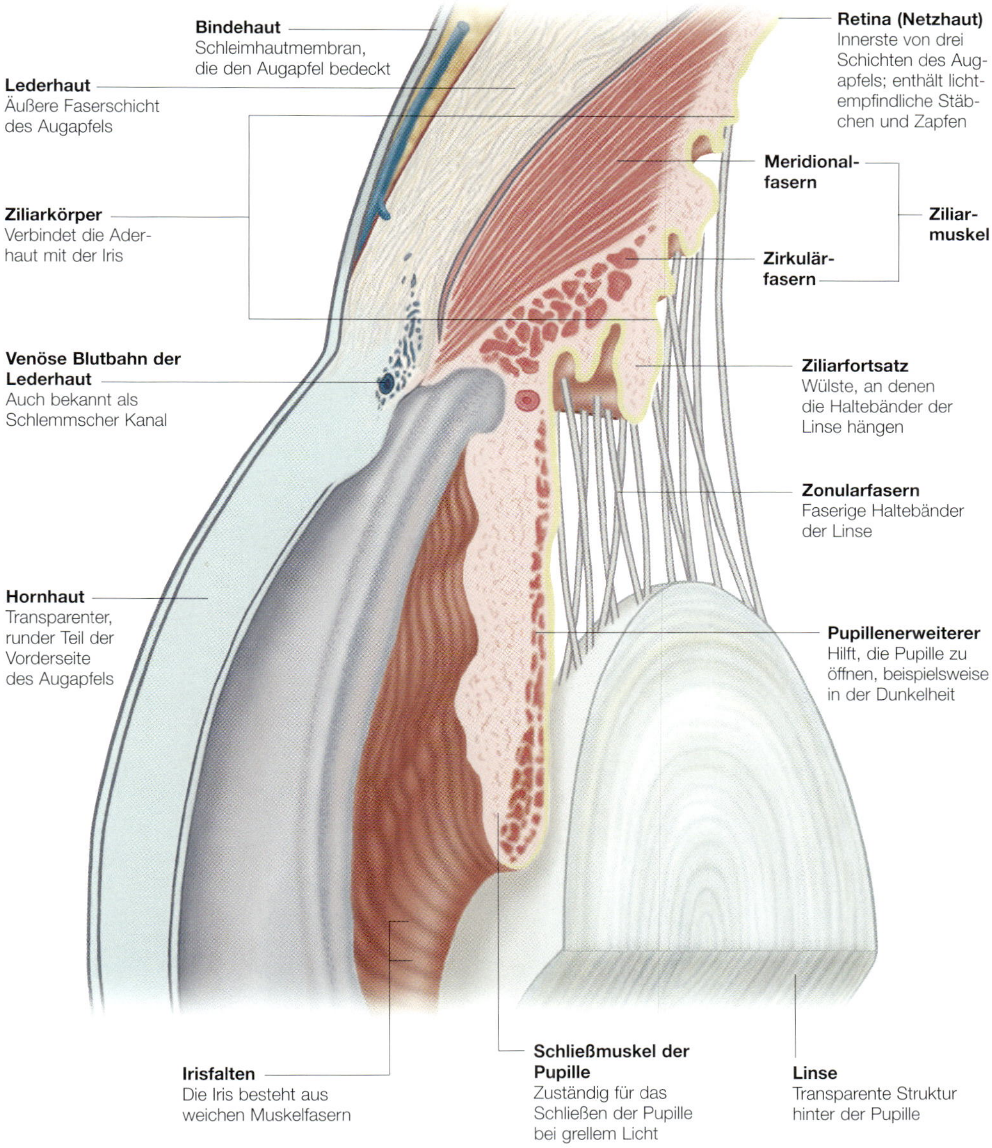

Verminderte Sehkraft

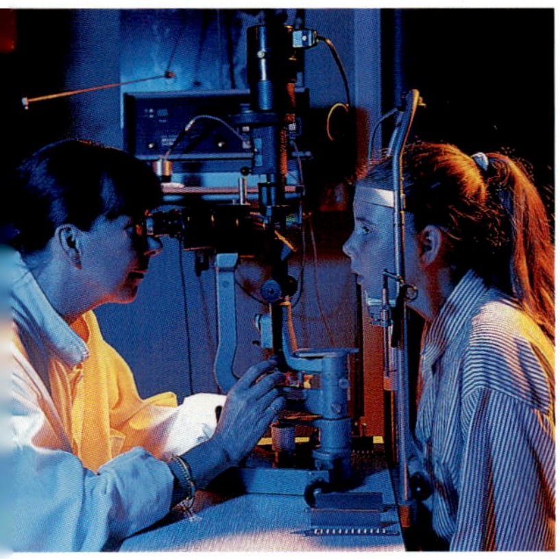

Ein Ophtalmoskop wird zur Untersuchung des Innenauges benutzt. Ernsthafte Krankheitsbilder wie Glaucom können mit dem Gerät im frühen, beschwerdefreien Stadium erkannt werden.

Das Augenlicht kann auf vielerlei Art beeinträchtigt sein. Die Häufigsten sind Brechungsfehler. In einem normalen Auge (Emmetropie) werden Lichtstrahlen von der Hornhaut und der Linse so gebrochen, dass sie auf der Netzhaut fokussieren. Bei der Fernsicht ist die Linse relativ flach, da sie vom Ziliarkörper über die Haltebänder gestreckt wird. Bei der Nahsicht ziehen sich die Ziliarmuskelfasern im Ziliarkörper zusammen. Das macht den Kreis des Ziliarkörpers kleiner und entspannt dadurch die Haltebänder. Dies wiederum lässt die Linse kugelförmiger werden, was die Brechung so verstärkt, dass auch ein naher Gegenstand auf der Netzhaut fokussiert wird, ein Vorgang der Akkommodation heißt.

Bei Kurzsichtigkeit (Myopie) liegt der Fokus vor der Netzhaut, weil das Auge zu lang ist oder die Linse den Lichtstrahl zu stark bricht, während bei der Weitsichtigkeit (Hypermetropie) das Gegenteil zutrifft. Beim Astigmatismus ist die Rundung des Auges nicht gleichmäßig; dies führt zu ungleichmäßigem Fokus, was nicht durch Linsenkorrektur ausgeglichen werden kann. Brechungsfehler des Auges korrigiert man durch eigens angefertigte Linsen (Brillen oder Kontaktlinsen) vor dem Auge.

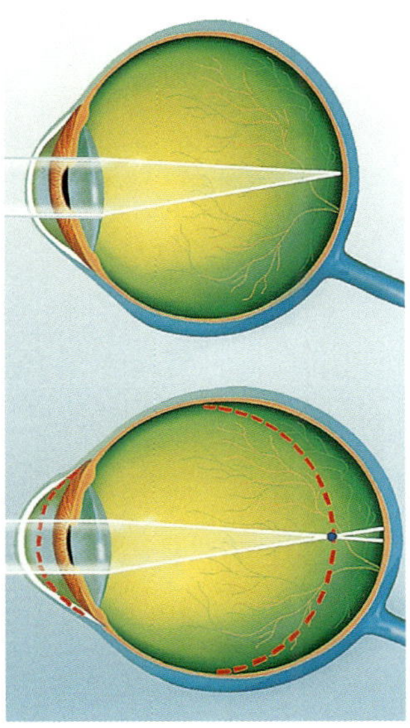

Bei einem normalen Auge (oben) treffen sich die Strahlen hinten auf der Netzhaut. Bei einem kurzsichtigen Auge (unten) ist der Augapfel zu lang, und die Lichtstrahlen treffen sich vor der Netzhaut, wodurch die Fernsicht verschwimmt.

Muskeln, Blutgefäße und Nerven des Auges

Die Rotationsbewegungen des Auges werden von sechs seilähnlichen Muskeln außerhalb des Auges gesteuert.

Die Augenmuskeln können in drei Gruppen unterteilt werden: die Muskeln im Augapfel, die Muskeln der Augenlider und die Muskeln außerhalb des Auges, die den Augapfel in seiner Höhlung drehen.

Die sechs außerhalb des Auges liegenden Muskeln sind seilähnlich und hängen direkt an der Lederhaut. Vier dieser Muskeln sind Rektusmuskeln (gerade) – superior, inferior, lateral (auf der Schläfenseite des Auges) und medial (auf der Nasenseite). Jeder Rektusmuskel kommt aus einem speziellen Bindegewebe, dem gemeinsamen Sehnenring (Annulus) an der Hinterwand der Augenhöhle, und verläuft nach vorn bis zur Nahtstelle zwischen Leder- und Hornhaut.

SCHRÄG VERLAUFENDE MUSKELN

Die anderen beiden Muskeln verlaufen schräg. Der obere Quermuskel entspringt aus Knochen hinten in der Augenhöhle und verläuft nach vorn. Dort schlauft sich seine Sehne durch die Trochlea, eine „Rolle" aus Fasern und Knorpel, und wendet sich zurück, um sich mit der Lederhaut zu verbinden.

Der untere schräge Muskel kommt aus dem Boden der Augenhöhle und verläuft seitlich nach hinten zur Hinterseite des Auges.

LINKES AUGE (SEITENANSICHT)

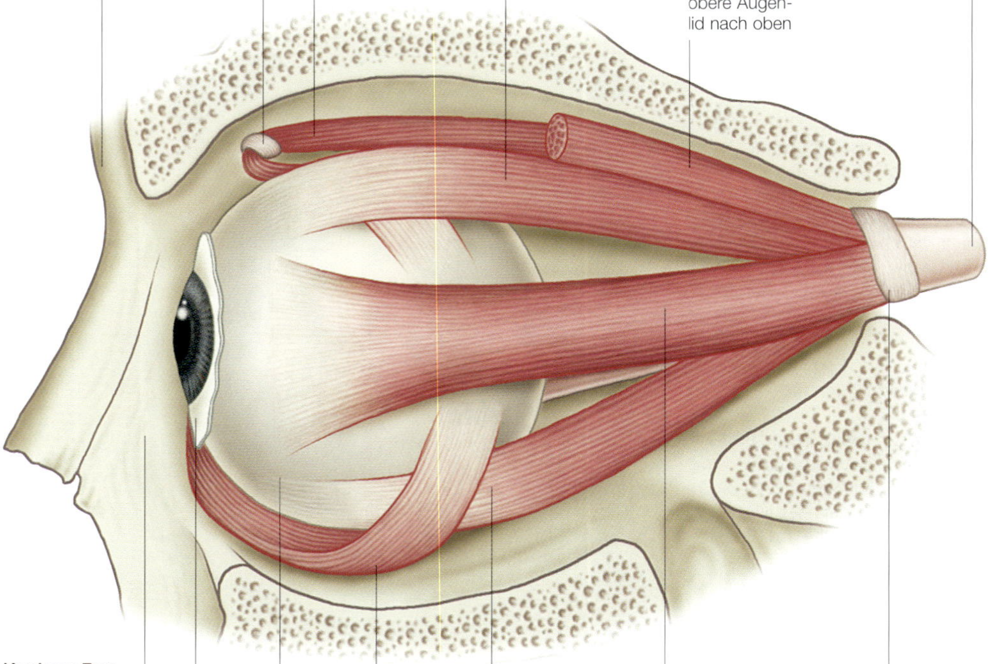

Augenschäden

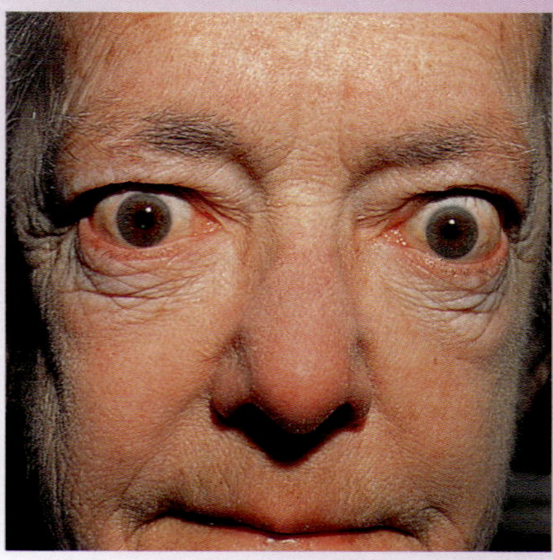

Exophthalmus (vorstehende Augen) kann durch Schwäche der äußeren Augenmuskeln verursacht werden. Bei diesem Patienten wurde die Schwäche durch Thyrotoxicose hervorgerufen, der Überproduktion eines Schilddrüsenhormons.

Schielen (Strabismus) ist die Folge von Störungen an den Augenmuskeln. Es behindert das Sehen und kann auch auf ernstere Krankheiten hinweisen.

Die beiden Hauptarten des Schielens sind nichtparalytischer und paralytischer Strabismus. Ersterer liegt vor, wenn die Muskelfunktionen intakt sind. Er tritt auf, wenn die Augen(bewegungs-)reflexe nicht richtig ausgebildet sind (kann durch Augenklappen und/oder Operation korrigiert werden) oder wenn ernsthafte Sehstörungen (extreme Kurz- oder Weitsichtigkeit, Katarakt oder Retinoblastoma) vorliegen.

Paralytischer Strabismus, wenn ein oder mehrere Muskeln nicht funktionieren, kann angeboren oder später entwickelt sein. Er kommt häufiger bei Erwachsenen vor und ist häufig Folge von Krankheit (wie Multiple Sklerose, Hirnhautentzündung oder Gehirntumor) oder Verletzung. Wenn man weiß, welche Augenbewegungen behindert sind, kann man schließen, welche Muskeln betroffen sind, und das gibt Anhaltspunkte auf mögliche Schäden am Auge oder im Gehirn.

Hervortretende Augen, die man bei Hyperthyroidismus-Patienten (Schilddrüsenüberfunktion) sieht, sind die Folge von Einwirkung auf die Augenmuskeln. In dem Zustand wird der obere Lidheber-Muskel, der das obere Augenlid hebt, überstimuliert, so dass er das Auge zu einem starrenden Blick öffnet.

Nerven und Blutgefäße des Auges

Die Augenmuskeln werden von einer Reihe Nerven und Blutgefäßen versorgt, die mithelfen, das Sehen zu unserem dominanten Sinn zu machen.

Die Sehnerven treten am hinteren Ende der Augenhöhe ein und aus. Der II. Hirnnerv, der Sehnerv, der optische Signale von der Netzhaut zum Gehirn trägt, verläuft von der Augenhöhle zur Schädelhöhle durch den Sehkanal. Die anderen Nerven, einschließlich Anteilen des Sehnervs, treten durch den Augenhöhlenspalt in die Augenhöhle ein.

Ein weiterer wichtiger Nerv für das Auge ist der N. facialis (VII. Hirnnerv). Dieser versorgt den Orbicularis oculi (ein mimischer Muskel), verursacht das Zwinkern und steuert auch die Sekretion der Tränendrüse, die das Auge feucht hält. Diese Drüsen sondern stetig Flüssigkeit (Tränen) ab, die durch das Zwinkern des Auges über die Oberfläche der Hornhaut verteilt wird. Eine Reizung der Hornhaut kann die Tränenproduktion erhöhen.

ARTERIEN DES AUGES

Die Hauptarterie des Auges ist die A. ophthalmica, die ein Ast der inneren Halsschlagader ist. Die A. o. tritt innerhalb der Hülle des Sehnervs in die Augenhöhle ein und verteilt sich dann zu den extraocularen Muskeln, dem Augapfel, der Tränendrüse und dem angrenzenden Gewebe.

Die Netzhautarterie bleibt im Sehnervstiel, bis sie die Papille erreicht, wo sie sich zur Versorgung der Retina verzweigt. Venen führen das Blut aus der Augenhöhle zu der inneren Schädelblutbahn und zur Gesichtsvene, wodurch eine Verbindung zwischen Gesichts- und Gehirnblutbahnen entsteht.

LINKES AUGE (VON OBEN)

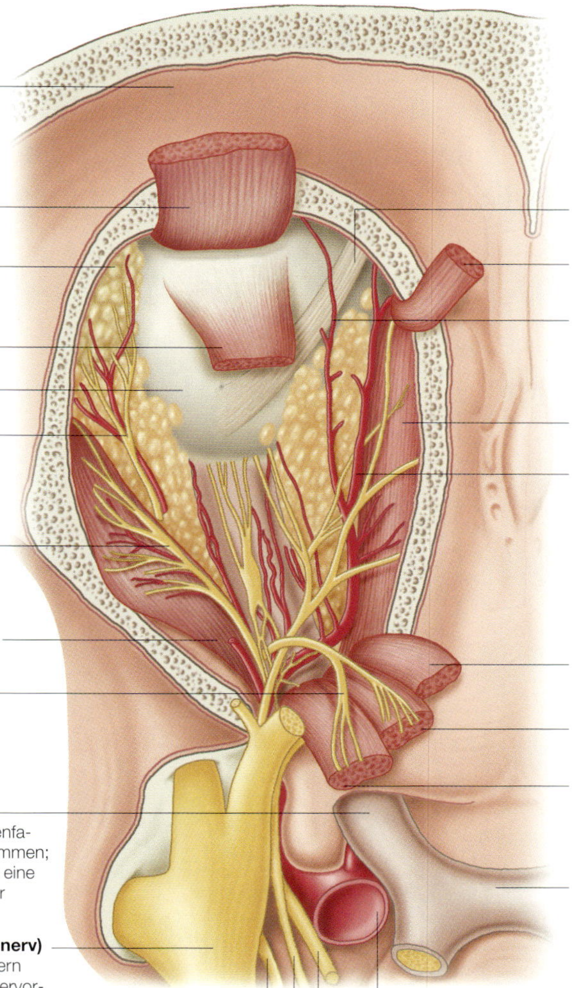

Bewegung des Auges

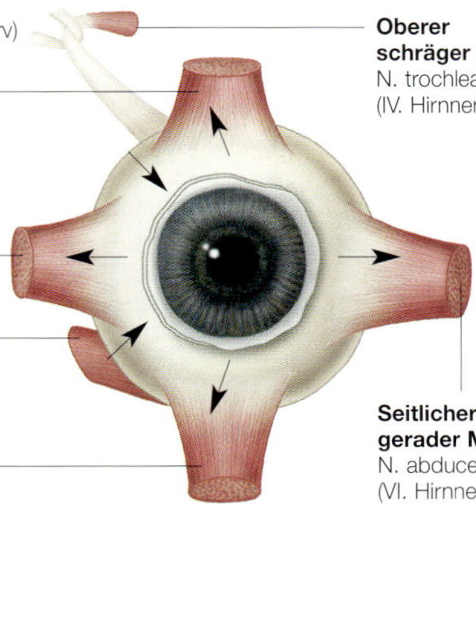

Die Kontraktion von extraokularen Muskeln wird von Hirnnerven gesteuert und zwar vom Trochlearis (IV. Hirnnerv), Oculomotorius (III. Hirnnerv) und Abducens (VI. Hirnnerv). Die Muskeln arbeiten individuell, um die Hornhaut zu drehen, obwohl man bemerken sollte, dass die Drehrichtung für bestimmte Muskeln verschieden für das rechte und linke Auge ist; so dreht beispielsweise im rechten Auge der seitliche gerade Muskel die Hornhaut nach rechts, während er sie im linken Auge nach links bewegt. Da Augenbewegungen normalerweise parallel verlaufen, agieren verschiedene Muskeln in den Augen gleichzeitig, um die Augen zu bewegen.

So dreht beispielsweise der seitliche gerade Muskel das linke Auge und der mittlere gerade Muskel das rechte Auge, um nach links zu sehen. Augenbewegungen eines einzelnen Auges sind üblicherweise das Ergebnis, wenn mehr als einer dieser Muskeln zusammen arbeiten.

Die extraokularen Muskeln werden von Hirnnerven gesteuert. Die Nerven und Muskeln bewegen das Auge jeweils in Pfeilrichtung.

Augenlider und Tränenapparat

Die Augenlider sind dünne Hautfalten, die sich über die Augen legen können, um sie vor Verletzung und übermäßigem Licht zu schützen. Der Tränenapparat ist für die Produktion und Abführung von Tränenflüssigkeit zuständig.

Jedes Lid wird von einem Band dichten, elastischen Bindegewebes verstärkt, der sogenannten Tarsalplatte. Diese gibt den Augenlidern eine Rundung, die zum Auge passt.

AUFBAU DES AUGENLIDS

Die Tarsalplatte des oberen Augenlids ist größer als die des unteren. Die inneren und äußeren Enden beider Tarsalplatten sind mit dem darunter liegenden Knochen mit winzigen Bändern befestigt. Zwischen der vorderen Oberfläche der Tarsaldrüsen und der darüber liegenden Haut befinden sich Fasern des Orbicularis-oculi-Muskels.

Die Wimpern stehen aus dem freien Rand des Augenlids hervor. Die Haarbälge der Wimpern, aus denen die Haare herausragen, haben Nervenenden, die jede Bewegung der Wimpern wahrnehmen.

Die Tarsalplatten enthalten Drüsen (Meibom'sche Drüsen), die eine ölige Flüssigkeit absondern, um das Zusammekleben der Lider zu verhindern. Weitere kleine Wimperndrüsen stehen mit den Haarbälgen der Wimpern im Zusammenhang.

BEWEGUNG DER AUGENLIDER

Das Auge schließt sich durch Bewegung des oberen Lids. Der Orbicularis oculi zieht sich zusammen, um das Auge ganz zu schließen, während der obere Lidhebermuskel das obere Lid öffnet.

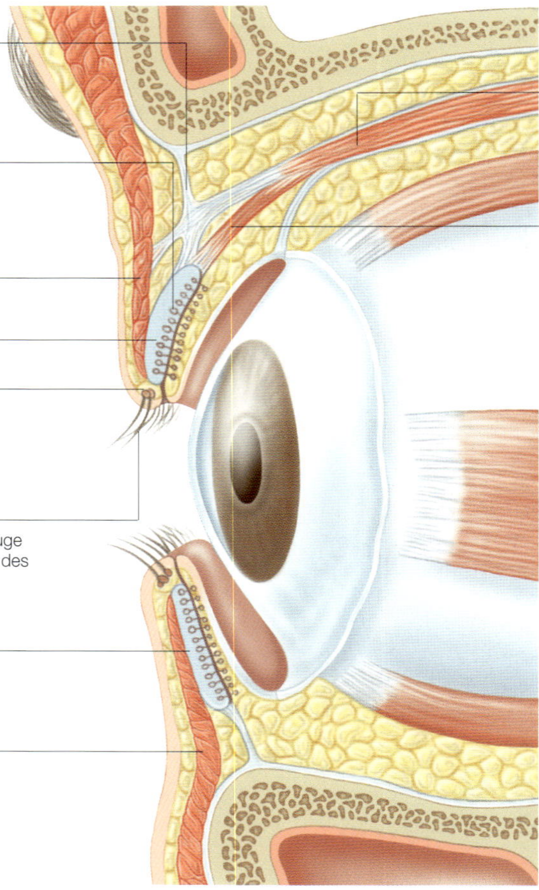

Bewegungen der Augenlider ermöglichen das Schließen zum Schutz der Augen. Das obere Lid ist größer und beweglicher als das untere.

Die Bindehaut

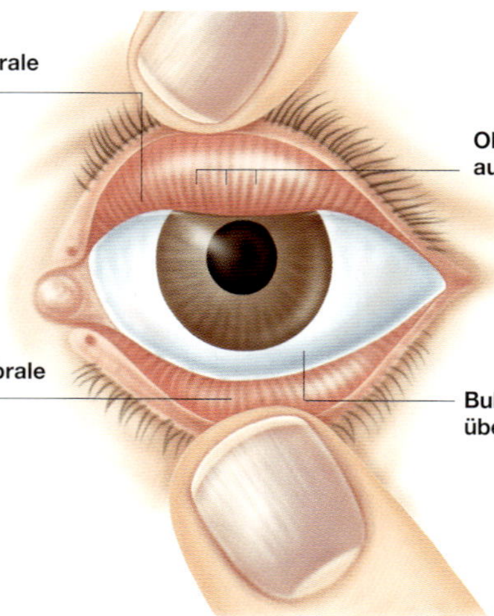

Die Bindehaut ist eine sehr dünne Membran, die sowohl die Oberfläche des Augapfels als auch die innere Oberfläche des Augenlids bedeckt und befeuchtet. Man kann sie sich als aus zwei Teilen bestehend vorstellen:

- Die bulbare Bindehaut – sie bedeckt das Weiße des Auges, die Lederhaut. Die Bindehaut ist an dieser Stelle dünn und transparent und von der Lederhaut durch loses Bindegewebe getrennt. Sie bedeckt nicht die Hornhaut, die über der Iris und Pupille liegt, aber sie liegt an der Peripherie an.
- Die Lidbindehaut – sie bedeckt die Innenseite der unteren und oberen Augenlider. Tiefe Ausbuchtungen, die Fornici conjuncturales sind an den Stellen ausgebildet, wo sich die bulbare und palpebrale Bindehaut treffen.

Die Bindehaut ist eine Membran, die das Weiße des Auges und die Innenseiten der Lider bedeckt. Die Bindehaut auf dem Augapfel ist transparent.

ENTZÜNDUNG/REIZUNG

Die bulbare Bindehaut, die auf dem Augapfel liegt, ist normalerweise farblos. Ihre winzigen Blutgefäße können sich jedoch aufgrund von Reizungen wie Rauch oder Staub erweitern und verstopfen. Die Bindehaut kann auch Schauplatz viraler oder bakterieller Infektionen sein, wo Rötung mit einem „sandigen" Gefühl und eventuell sogar Eiterbildung auftreten kann.

Tränenapparat

Die Augen werden mit Tränenflüssigkeit geschützt und befeuchtet. Das Tränenystem produziert diese Flüssigkeit und führt den Überschuss in die Nasenhöhle ab.

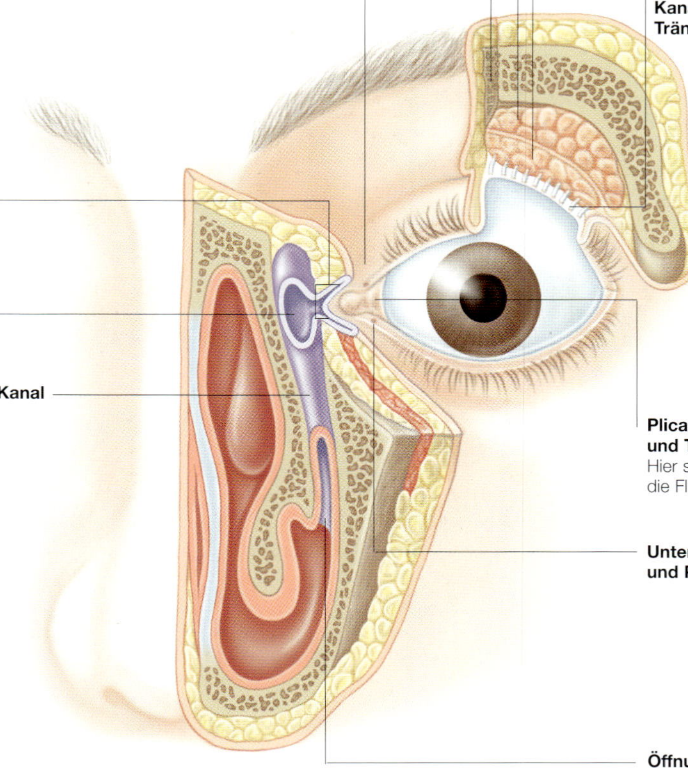

Die Augen werden durch die kontinuierliche Produktion von kleinen Mengen Tränenflüssigkeit durch die Tränendrüsen feucht gehalten. Diese Flüssigkeit enthält auch Lysozym, eine antibakterielle Substanz.

Die meiste Flüssigkeit, ca. 1 ml am Tag, geht durch Verdunstung verloren. Was übrigbleibt, wird durch den nasolacrimalen Kanal in den hinteren Teil der Nase geleitet.

TRÄNENDRÜSE

Die Tränendrüse, die die dünne, wässrige Tränenflüssigkeit produziert, liegt in einer Ausbuchtung im Knochen der Augenhöhle oben an der Seite des Auges. Sie ist ungefähr 2 cm lang und hat grob die Form einer Mandel.

Die Drüse besteht aus zwei Teilen; dem oberen orbitalen Teil und dem unteren palpebralen. Es gibt auch zusätzliche Tränendrüsen, die hauptsächlich im oberen Lid liegen.

TRÄNENKANÄLE

Jede Tränendrüse hat bis zu 12 Kanäle. Diese Tränenkanäle tragen die Sekrete von der Drüse und lassen sie durch Öffnungen in den Bindehautsack unter dem oberen Lid in der Fornix superior.

CANALICULI

Nachdem die Tränenflüssigkeit durchs Blinzeln über das Auge verteilt wurde, sammelt sie sich im Tränensee im inneren Augenwinkel.

Das obere und untere Augenlid haben beide eine erhöhte Papille am inneren Ende; diese hat eine winzige Öffnung, das Lacrimalpunctum.

Überschüssige Tränenflüssigkeit tritt durch diese Öffnungen, um auf diesem Wege, die Canaliculi, weggeleitet zu werden.

TRÄNENSACK UND NASOLACRIMALER KANAL

Tränenflüssigkeit wandert von den Canaliculi in eine Sammelstelle, den Tränensack.

Von dort geht die Tränenflüssigkeit durch den nasolacrimalen Kanal hinunter in die hintere Nasenhöhle. Die Flüssigkeit, die diesen Kanal verlässt, verdunstet normalerweise in der Nasenhöhle, wobei sie hilft, die Luft darin zu befeuchten.

Der Tränenapparat ist das System, das Flüssigkeit produziert und vom Auge ableitet. Die Tränendrüse sondert die Flüssigkeit ab, die durch die Puncta abfließt.

Störungen der Tränendrüsen

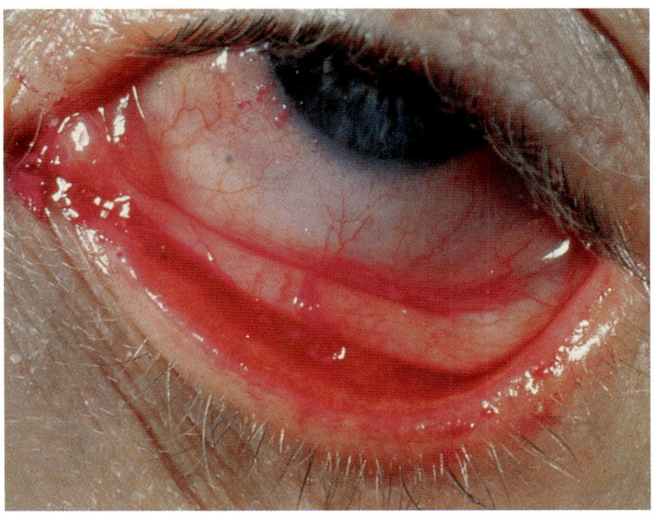

Sjögren-Syndrom befällt die Tränendrüsen. Dieses Leiden zeigt sich in Unterfunktion der Tränendrüsen und führt zu trockenen, roten Augen.

Unter normalen Umständen ist das Auge die meiste Zeit leicht feucht. Störungen des Tränensystems jedoch können dazu führen, dass das Auge zu feucht oder zu trocken ist.

WÄSSRIGES AUGE

Ein wässriges Auge kann Folge von zuviel Tränenflüssigkeit sein, beispielsweise bei physischer Reizung. Das ableitende System kann dann nicht schritthalten und Tränen fließen über das untere Augenlid. Ein wässriges Auge kann auch durch Blockierung der ausleitenden Kanäle entstehen, was bei einer Entzündung des Tränensacks oder des Tränen-Nasen-Gangs vorkommt. Die Infektionen kommen meist aus der Nasenhöhle und können chronisch werden.

TROCKENES AUGE

Wenn die Tränendrüsen nicht genug Flüssigkeit absondern, wird das Auge trocken. Dies kann zu Reizungen und in extremen Fällen zum Substanzdefekt in der Hornhaut führen.

Unterfunktion der Tränendrüsen kann auf Medikamente, Unterbrechung der Nervenstränge oder Verhärtung der Drüsen bei Krankheiten wie dem Sjögren-Syndrom zurückzuführen sein.

Nase und Nasenhöhle

„Nase“ beinhaltet landläufig nur die äußere Form, aber anatomisch gehört auch die Nasenhöhle dazu. Die Nase ist das Geruchsorgan, und als Öffnung zu den Atemwegen dient sie auch dazu, Luft zu erwärmen und zu filtern.

Die äußere Nase ist ein pyramidenförmiges Gebilde in der Mitte des Gesichts, wobei die Nasenspitze den Scheitelpunkt darstellt. Die darunterliegende Nasenhöhle ist ein relativ großer Raum und stellt den allerersten Teil des Atmungstraktes (Luftweg) dar.

Die Nasenhöhle liegt über der Mundhöhle (Mund). Sie ist durch eine horizontale Knochenplatte, den sogenannten harten Gaumen, davon getrennt. Beide Höhlen münden in den Rachen, eine muskulöse, röhrenförmige Durchleitung.

ÄUSSERER AUFBAU

Die äußere Nase besteht in ihrem oberen Teil aus Knochen sowie Knorpel und Fasergewebe im unteren. Der obere Teil des Nasenskeletts ist hauptsächlich aus einem Paar plattenähnlicher Knochen zusammengesetzt, die man das Nasenbein nennt. Diese verbinden sich an den oberen Kanten mit dem Stirnbein (Stirn). Mit dem jeweils äußeren Rand des Nasenbeins verbunden sind die Stirnfortsätze des Oberkiefers – eine Verlängerung des Wangenknochens zwischen dem Nasenbein und der Innenwand der Augenhöhle.

Der Nasenrücken besteht fast ausschließlich aus dem Nasenbein und geht zwischen den Augenhöhlen in die Stirn über. Wegen ihrer Lage und Zerbrechlichkeit sind die Nasenbeinknochen frakturgefährdet.

Die untere Hälfte der äußeren Nase besteht aus Knorpelplatten auf jeder Seite. Diese sind an der Nasenmittellinie miteinander und mit denen der jeweils anderen Seite verbunden.

Seitenansicht

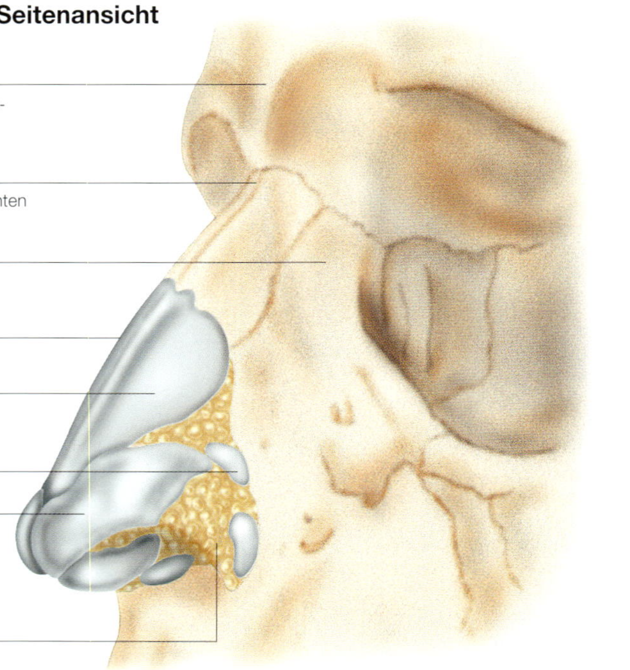

Ansicht von unten

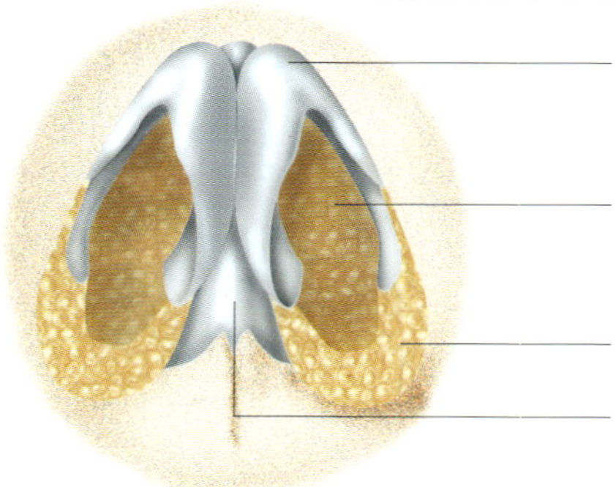

In den Nasenflügeln

Nasenbluten kommt besonders bei Kindern häufig vor. Das liegt daran, dass die blutreiche Schleimhautoberfläche der Nase leicht reißt.

Der Teil der Nasenhöhle direkt über den Nasenflügeln ist etwas ausgeweitet und heißt Vestibulum. Er ist mit behaarter Haut ausgekleidet. Im übrigen hat die Nasenhöhle meist eine empfindlichere Wandung – die Schleimhaut.

Die Nasenwandung wird dank eines dichten Netzes von Blutgefäßen großzügig mit Blut versorgt. Dies sorgt dafür, dass die eingeatmete Luft ausreichend erwärmt und befeuchtet wird, bevor sie die Lunge erreicht.

Die empfindliche Wandung der Nasenhöhle kann leicht beschädigt werden. Die häufigste Realisierung dieser Gefahr besteht in einer Blutung der Membran (Schleimhaut), landläufig Nasenbluten genannt (Epistaxis).

Die Wandungen enthalten auch eine Unzahl von Zellen, die bei Entzündung oder Infektion dazu neigen, einen Überschuss an klebriger Flüssigkeit abzusondern (z.B. bei einer Erkältung).

Das Dach der Nasenhöhle hat wiederum eine andere Auskleidung, das Geruchsepithel. Dies enthält spezielle Rezeptorzellen für den Geruchssinn.

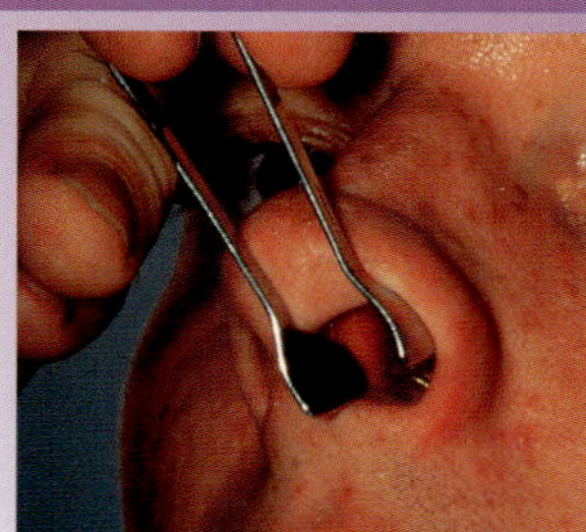

Das Vestibulum ist mit behaarter Haut ausgestattet. Diese Haare filtern Staub und andere Partikel aus der Luft, die durch die Nase eintritt.

Innenseite der Nasenhöhle

Die Nasenhöhle erstreckt sich von den Nasenflügeln bis zum Rachen und wird durch das Septum in zwei Teile geteilt. Ihr Dach bildet einen Teil des Bodens der Schädelhöhle.

Die Nasenhöhle teilt sich anhand einer vertikalen Platte, dem Nasenseptum, das teils aus Knochen und teils aus Knorpel besteht, in zwei Hälften. Jeder Teil dieser Nasenhöhle ist bei den Nasenflügeln offen; nach hinten geht sie durch eine Öffnung (Choana) in den Rachen über.

NASENHÖHLENDACH

Das Dach der Nasenhöhle erstreckt sich bogenförmig nach hinten. Der zentrale Teil dieses Daches ist die Lamina cribrosa des Siebbeins, ein Gebiet, das mit einer Reihe von Löchern durchsetzt ist. Dies bildet einen Teil des Schädelbodens; darüber liegt das Gehirn.

Durch die siebähnliche Lamina cribrosa verläuft der Geruchsnerv zum Gehirn und überträgt Geruchsdaten.

Diese anatomischen Fakten erklären, warum Frakturen am Dach der Nasenhöhle häufig zum Austritt von Gehirnflüssigkeit in die Nase führen. Wenn die Kopfverletzung bedeutenden Schaden am Geruchsnerv verursacht, kann der Verlust des Geruchssinns die Folge sein. Dieses Leiden nennt man Anosmie.

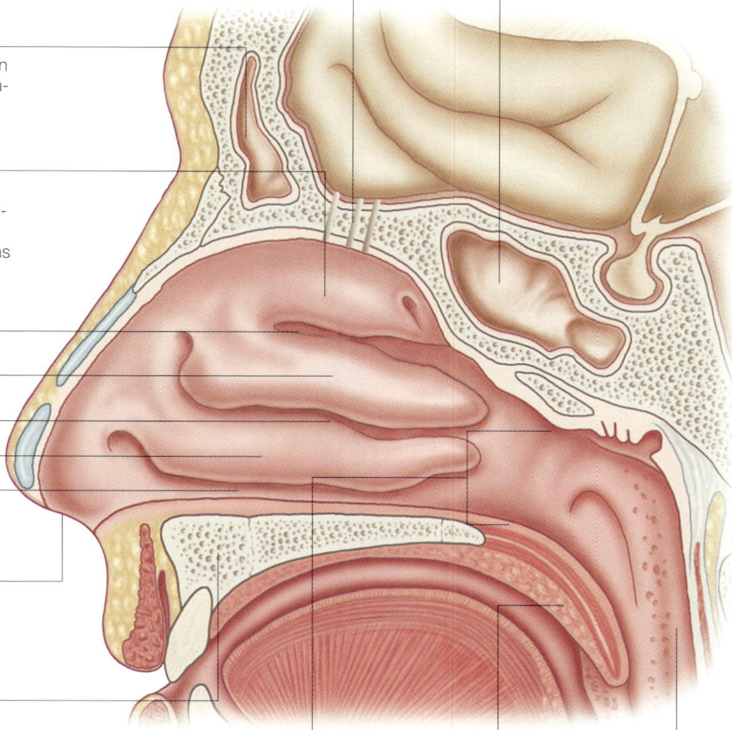

Seitenwände der Nasenhöhle

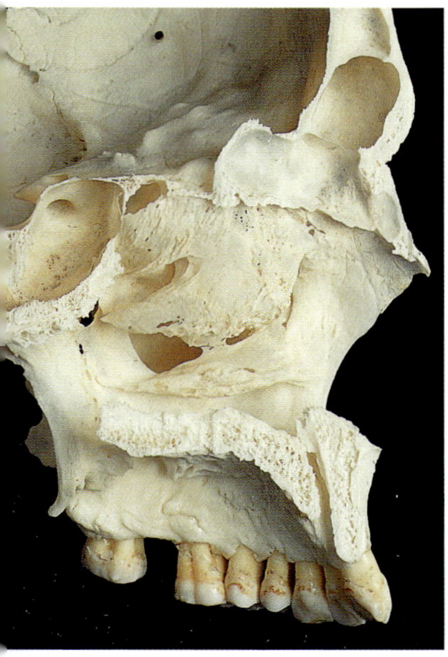

Die Seitenwand der Nasenhöhle besteht aus verschiedenen Knochen, von denen einige sich teilweise überlappen. Die Kompliziertheit der Knochenarchitektur der seitlichen Nasenwand ist nicht gleich ersichtlich, besonders, da sie noch durch die Schleimhaut der Nasenwand bedeckt ist.

Von innen gesehen zeigt die Seitenwand der Nasenhöhle drei waagerechte, nach innen hängende Fortsätze, einen oberen, einen mittleren, einen unteren. Die Fortsätze heißen Nasenmuscheln, und jede von ihnen entsteht durch eine darunterliegende, gewellte Knochenplatte.

Die Gesichtsknochen des Schädels, die die seitlichen Nasenwände bilden, sind mit luftgefüllten Kammern durchsetzt – den Nasennebenhöhlen.

Unter jeder Nasenmuschel befindet sich ein Raum, der Nasengang genannt wird. Auf diese Weise gibt es einen oberen, mittleren und unteren Nasengang, jeweils unter der dazugehörigen Nasenmuschel.

In den Knochen bei der Nasenhöhle sind luftgefüllte Höhlungen, die Nasennebenhöhlen. Diese stehen mit der Nasenhöhle durch winzige Öffnungen in der Nasenwand und dem einen oder anderen Nasengang in Verbindung. Die Schleimhaut der Nasenhöhle setzt sich durch die Öffnungen in die Nasennebenhöhlen fort.

Der Tränen-Nasen-Gang ist eine Öffnung im unteren Nasengang. Diese Röhre verläuft vom Tränensack (in der Augenhöhle) zur Nasenhöhle, um Tränenflüssigkeit abzuführen.

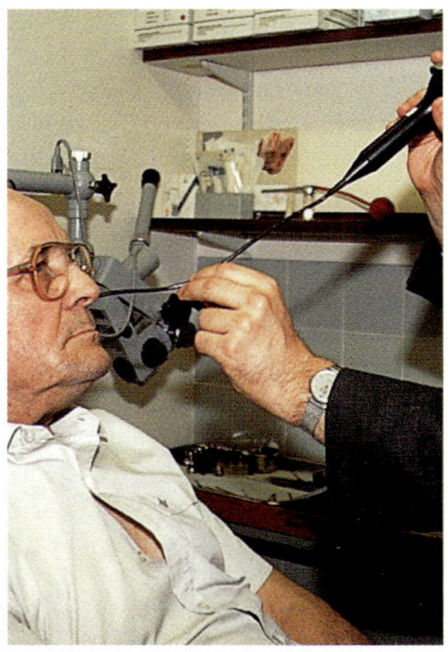

Unmittelbare Untersuchung der Nasenhöhle wird mit einem Glasfaser-Endoskop durchgeführt. Es wird durch den Nasenflügel in die Höhle eingeführt.

Nasennebenhöhlen

„Neben" bedeutet in diesem Fall „an der Seite" der Nase. Die Nasennebenhöhlen sind luftgefüllte Hohlräume in den Knochen rund um die Nasenhöhle.

Die Nasennebenhöhlen sind paarweise Strukturen, und die zwei Teile jeden Paares sind den gegenüberliegenden Seiten der Nasenhöhle zugeordnet.

Die vier Paare Nasennebenhöhlen sind nach den Knochen, in denen sie liegen, benannt. Die vier Paare sind:

- Kieferhöhle
- Siebbeinhöhle
- Stirnhöhle
- Keilbeinhöhle

Jeder Teil eines Paars von Nasennebenhöhlen öffnet sich zu seiner Hälfte der Nasenhöhle durch eine winzige Öffnung, die man Ostium nennt.

Die Nasennebenhöhlen sind bei der Geburt sehr klein oder gar nicht vorhanden. Danach entwickeln sie sich relativ schnell; diese Vergrößerung ist mitverantwortlich für den deutlichen Wandel in Größe und Form des Gesichts während des Heranwachsens.

STIRNHÖHLEN

Die Stirnhöhlen liegen im Stirnbein (Knochen der Stirn). Sie können in der Größe variieren und liegen im Areal über den Augenbrauen.

Die Stirnhöhlen befinden sich über den Öffnungen in die Nasenhöhle im mittleren Meatus. Der Abfluss von Schleimsekret ist unproblematisch und wird durch die Schwerkraft unterstützt.

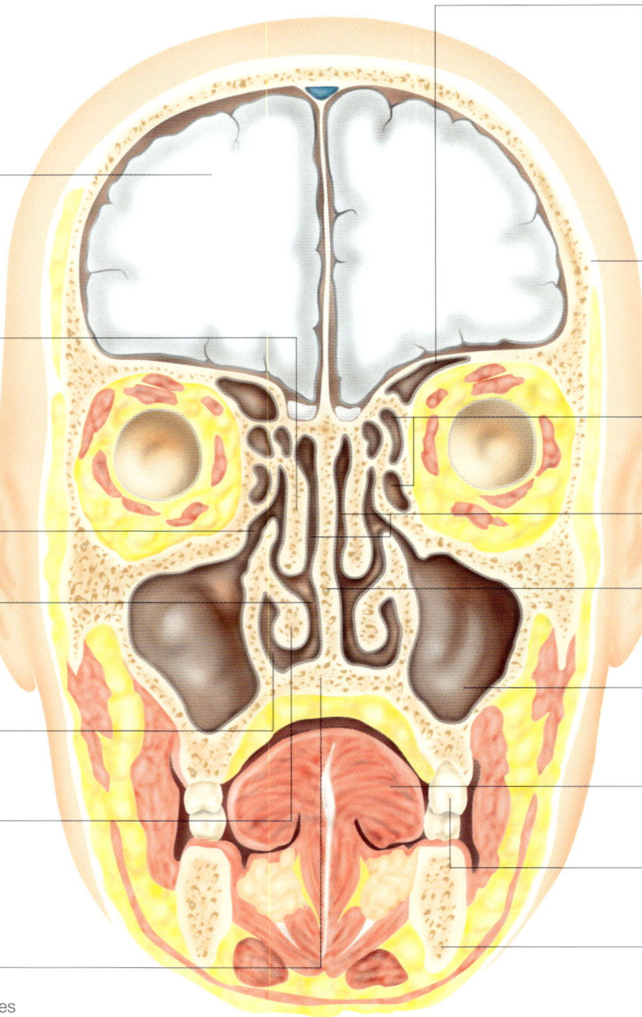

Funktionen der Nasennebenhöhlen

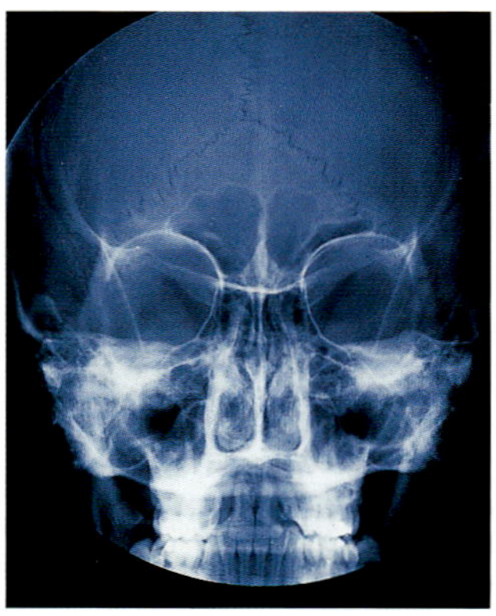

Eine wichtige Funktion der Nasennebenhöhlen ist es, der Stimme einen warmen, vollen Klang zu geben, da sie als Resonanzräume fungieren. Patienten mit chronischer Sinusitis haben oft einen deutlichen Mangel an Klang in der Stimme. Dadurch kann man schließen, dass gesunde Nebenhöhlen eine wichtige Rolle bei der Klangmodulation spielen.

Die Kieferhöhlen können auf dieser Röntgenaufnahme unter den Augenhöhlen dargestellt werden. Sie sind eins von vier Paaren Nasennebenhöhlen.

Man nimmt an, dass die Nasennebenhöhlen als Wärmeisolatoren agieren, indem sie verhindern, dass kalte eingeatmete Luft die umgebenden Strukturen abkühlt. Außerdem verringern die Hohlräume natürlich das Schädelgewicht. Zudem sind die Nasennebenhöhlen verantwortlich für die Produktion von Schleim, der in die Nasenhöhlen fließt.

Ein Tumor an der Hirnanhangdrüse (eingekreist) wird oft chirurgisch über den Zugang durch die Keilbeinhöhlen entfernt.

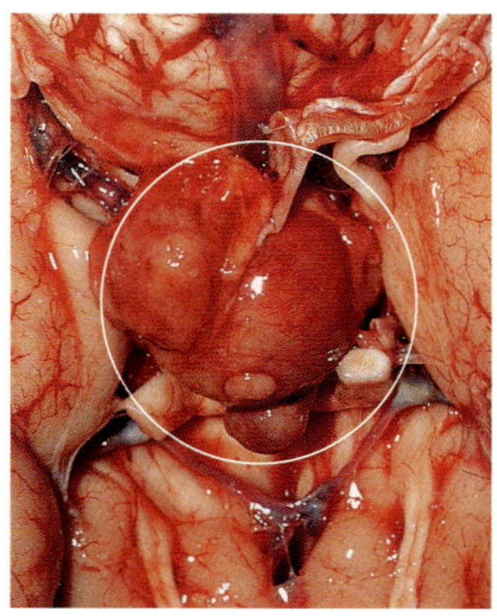

Inneres der Nebenhöhlen

Die effiziente Schleimableitung aus jedem der Sinuspaare hängt von der Lage ab. Eine gute Ableitung verringert das Infektionsrisiko der Nebenhöhlen.

KEILBEINHÖHLEN

Die Keilbeinhöhlen befinden sich im Keilbein hinter dem Dach der Nasenhöhle. Die beiden Keilbeinhöhlen liegen Seite an Seite, geteilt durch eine dünne, senkrechte Knochenschicht. Jede der beiden Keilbeinhöhlen öffnet sich in den obersten Teil der Nasenseitenwand (unmittelbar über der oberen Nasenmuschel) und entsorgt den Schleim ziemlich effizient in die Nasenhöhle.

SIEBBEINHÖHLE

Beide Siebbeinhöhlen liegen zwischen der dünnen, inneren Wand der Augenhöhle und der Seitenwand der Nasenhöhle. Anders als die übrigen Nasennebenhöhlen bestehen diese aus mehreren, miteinander verbundenen Höhlungen mit der Bezeichnung Siebbeinzellen. Diese Zellen werden unterteilt in vordere, mittlere und hintere Gruppen. Die vorderen und mittleren Gruppen öffnen sich zum mittleren Nasengang und die hintere zum oberen Nasengang. Die Schleimabfuhr zur Nasenhöhle ist einigermaßen effizient.

KIEFERHÖHLEN

Das größte der Sinus-Paare sind die Kieferhöhlen innerhalb der Maxilla (Wangenknochen). Infektionen und Entzündungen kommen hier öfter als in den übrigen Nebenhöhlen vor. Das liegt daran, dass die Schleimabfuhr in die Nasenhöhle nicht so effizient ist.

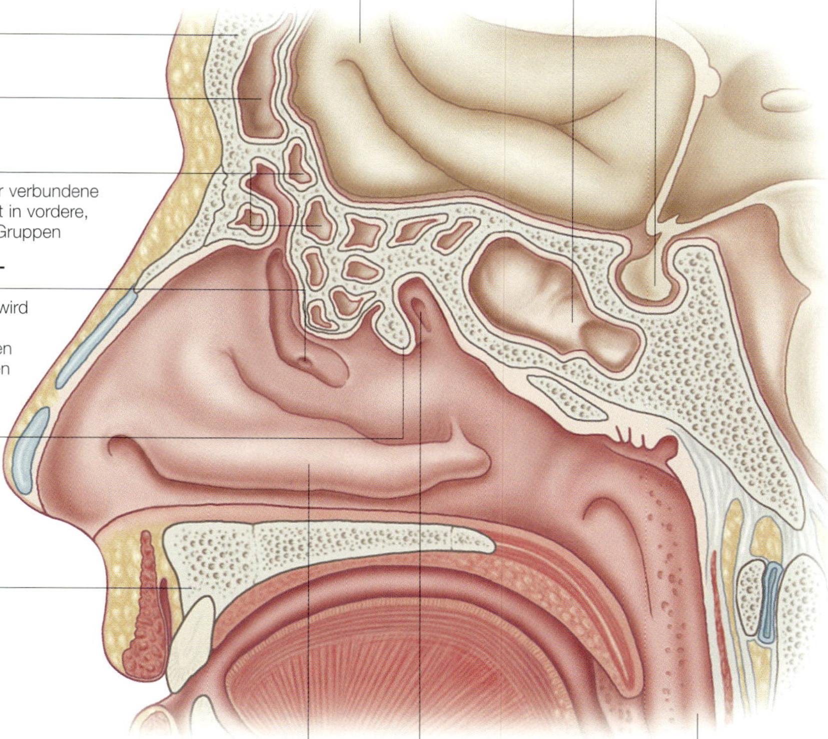

Probleme der Nebenhöhlen

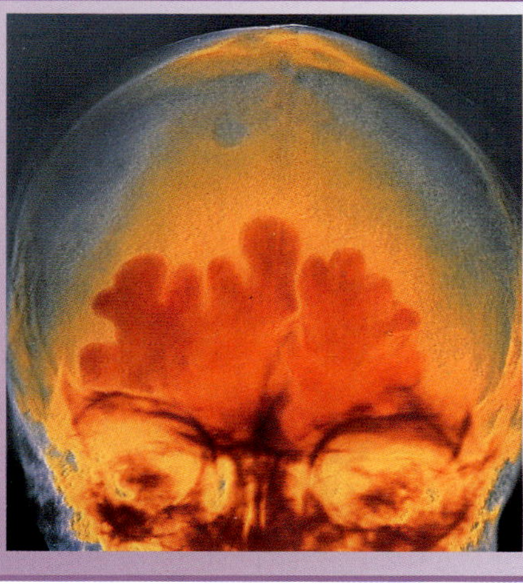

Die Nasennebenhöhlen sind innen mit einer Schleimhaut ausgestattet, die ähnlich der der Nasenhöhlenwandung ist. Wie auch in der Nasenhöhle enthält die Schleimhaut der Nasennebenhöhlen Zellen, die ständig Flüssigkeit absondern.

Andere Zellen in der Wandung besitzen haarähnliche Auswüchse (Cilia) auf ihrer Oberfläche. Diese Auswüchse helfen anhand ihrer steten Bewegung die Sekrete durch die Ostia (Öffnungen) in die Nasenhöhle zu befördern.

Ein Negativ-Farb-Röntgenbild eines Sinusitis-Patienten zeigt die schleimgefüllten Nasennebenhöhlen im Stirnbein. Die Räume, normalerweise mit Luft gefüllt, sind hier erweitert und entzündet.

Sinusentzündungen bringen die Schleimhäute zum Anschwellen, so dass die Ostia sich verstopfen. Das wiederum verhindert das normale Abfließen von Schleim in die Nasenhöhle.

Da sich die Wandungen der Nasenhöhle in die Nebenhöhlen fortsetzen, könnte man die Nasennebenhöhlen als Erweiterung der Nasenhöhle verstehen. Auf diesem Weg verbreiten sich aber auch Infektionen vom Nasen- in den Sinusbereich.

Einer Sinusitis – Entzündung der Nasennebenhöhlen – geht fast immer eine Entzündung der Nasenhöhle oder der Kehle voraus. Zu den Symptomen gehören Schmerz, eitriger Auswurf und zusitzende Nase. Die Infektion kann sich manchmal zur Hirnhaut ausbreiten (Hirnhautentzündung), wo sie lebensbedrohlich wird.

Mundhöhle

Der Mund bzw. die Mundhöhle erstreckt sich von den Lippen bis zum Rachen.

Das Munddach zeigt von unten gesehen zwei verschiedene Strukturen: den Dentalbogen und den Gaumen. Der Dentalbogen ist der runde Teil des Oberkieferknochens von und an den Seiten des Dachs und der Gaumen ist die waagerechts Gewebeplatte, die die Mund- von der Nasenhöhle trennt.

Die vorderen zwei Drittel des Gaumens sind knochig und hart und werden durch den Oberkieferknochen gebildet. Der harte Gaumen ist mit einer Schleimhaut bedeckt, unter der Arterien, Venen und Nerven verlaufen. Diese versorgen den Gaumen und die darüberliegenden Schleimdrüsen, die oft Faserkämme namens Rugae bilden, mit Nährstoffen und Rezeptoren. Der Schleim, der von diesen Drüsen abgesondert wird, befeuchtet die Nahrung und erleichtert so das Schlucken.

WEICHER GAUMEN

Das hintere Drittel des Gaumens besteht aus Schleimdrüsen, Muskeln und Sehnen. Einen großen Teil des weichen Gaumens machen die Tensor- und Levator-Palati-Muskeln aus. Diese Muskeln schließen die Nasenhöhle beim Schlucken zum Mund hin bzw. sie straffen und heben den weichen Gaumen. Sie wirken auch mit anderen Muskeln zusammen, um die Eustachische Röhre zu öffnen, die zu den Ohren hin einen Druckausgleich schafft.

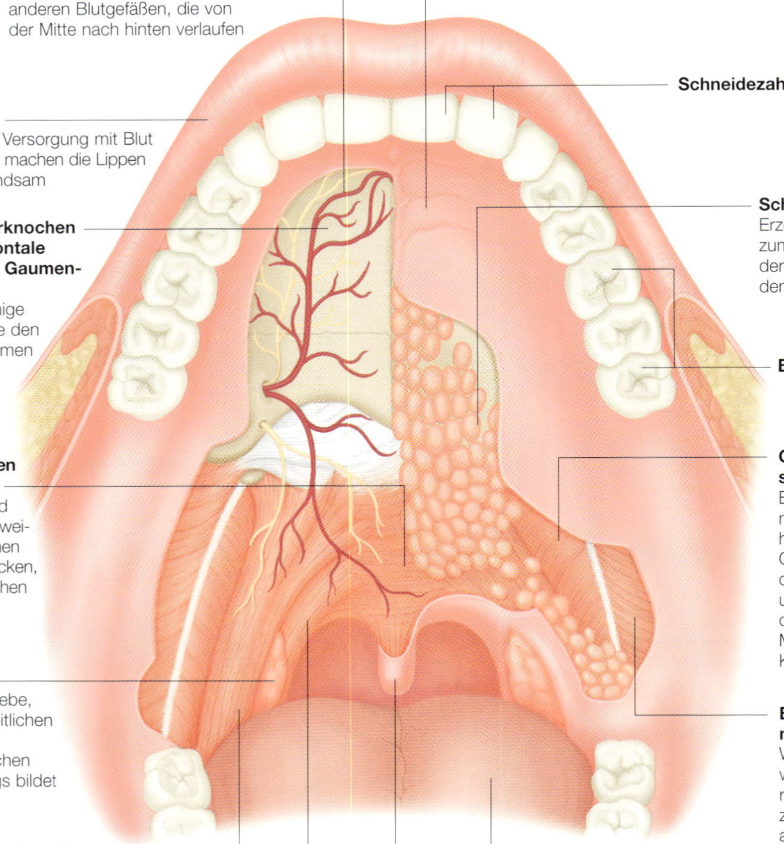

Diese Mundansicht zeigt einen Schnitt durch den Gaumen. Die rechte Seite ist frei bis zum Knochen und stellt Nerven und Arterien dar; auf der linken Seite ist die Mukosa vorn und an der Seite intakt aber mittig und seitlich entfernt, um die darunterliegenden Schleimdrüsen zu zeigen.

Gaumenspalte

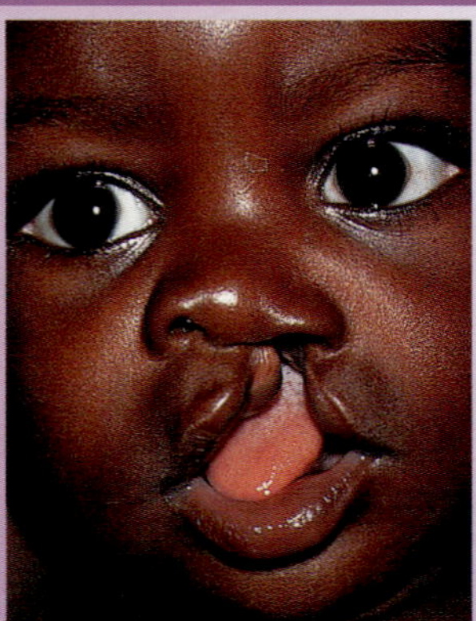

Der Terminus „Gaumenspalte“ bezeichnet den Zustand, in dem sich die Strukturen, die den Gaumen formen, nicht richtig zusammenfügen. Dadurch entsteht ein Spalt entlang der Mitte des Munddachs und bedeutet, dass es keine trennende Platte zwischen Mund- und Nasenraum gibt. Wenn dieser Defekt die Vorderseite des Mundes in Mitleidenschaft zieht, ist die Oberlippe geteilt, eine Missbildung, die sich Hasenscharte nennt.

Dieses Kind hat einen gespaltenen Gaumen und eine Hasenscharte. Diese angeborene Behinderung behindert das Kind bei der Nahrungsaufnahme.

Obwohl dies in Schwere und Ausmaß variieren kann, ist jede Fehlentwicklung am Gaumen geeignet, größere Probleme beim Sprechen und Schlucken zu bereiten. Ein Kleinkind mit einem gespaltenen Gaumen kann auch große Schwierigkeiten beim Saugen an der Mutterbrust haben.

Der Defekt kann größtenteils behoben werden, oft auch mit guten kosmetischen Ergebnissen.

Eine Operation kann beide Störungen beheben. Nachher ist nur eine kleine Narbe auf der Oberlippe sichtbar.

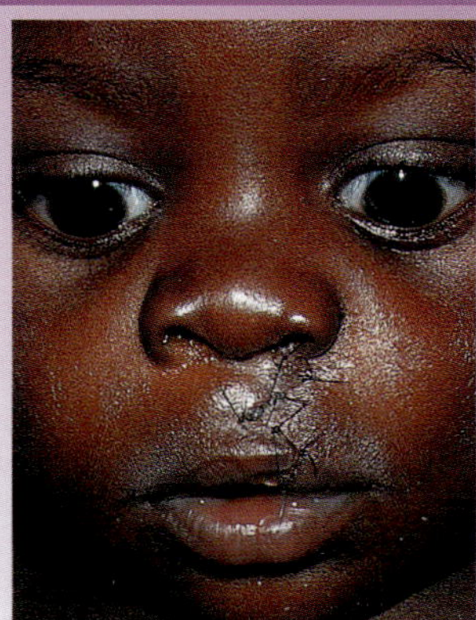

Mundboden

Der Mundboden bildet die Grundlage für ein Netzwerk aus Muskeln und Drüsen, die für seine Arbeit unerlässlich sind.

Die Zunge liegt über dem Mylohyoidmuskel, der den muskulösen Boden des Mundes bildet. Der Hyoglossusmuskel verankert die Zunge am Hyoidknochen und verleiht so erhöhte Kraft, während der Genioglossusmuskel die Zunge daran hindert, nach hinten in den Rachen zu wandern.

Die Schläfenmuskeln sind Kaumuskeln. Die Lingula ist ein kleiner, knochiger Fortsatz des Unterkiefers. Darunter verläuft der Unterkiefernerv, von da aus durch die Unterkieferöffnung und dann durch den Knochenkörper, um Unterkieferzähne und -lippen mit Gefühl zu versorgen.

SPEICHELDRÜSEN

Es gibt jeweils ein Paar Unterkiefer- und unter der Zunge liegende Speicheldrüsen auf jeder Seite des Mundbodens, und zusammen mit den Ohrspeicheldrüsen ergeben sich insgesamt sechs Speicheldrüsen. Speichel fließt entlang des Unterkiefer-Speichelkanals auf den Mylohoidmuskel und kommt bei den unteren Schneidezähnen auf jeder Seite der Zunge in den Mundraum.

Speichel aus den Drüsen unter der Zunge läuft entweder in den Unterkieferspeichelkanal oder durch Öffnungen in der Schleimhaut an die Seite der Zunge.

Der Zungennerv (N. lingualis) versorgt die vorderen zwei Drittel der Zunge mit Geschmack und Gefühl.

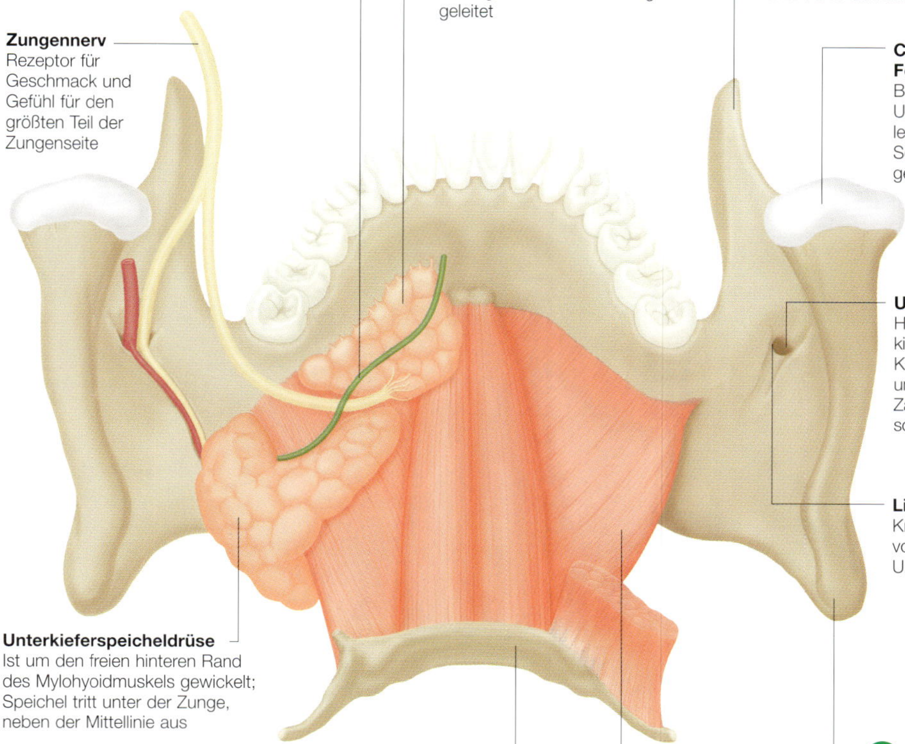

Diese Mundansicht zeigt das Muskel-Skelett-System des Mundbodens. Die Zunge selbst ist nicht abgebildet.

Lippen und Wangen

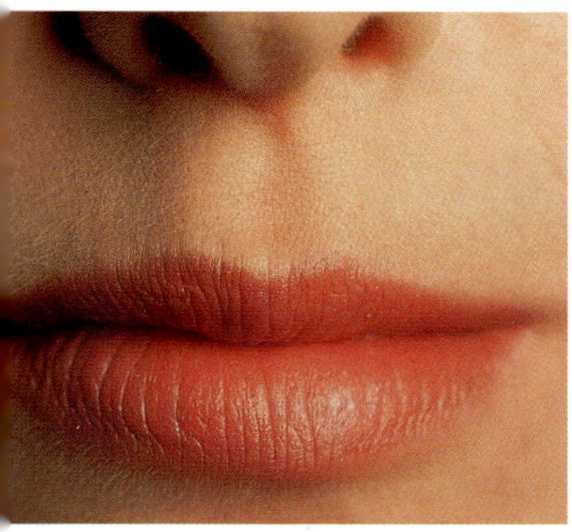

Der leicht rötliche Teil der Lippen wird „freier roter Rand" genannt. Die Lippen selbst erstrecken sich bis unter die Nase und über das Kinn.

Genau genommen bilden die Lippen und die Wangen einen Teil der Mundhöhle, der als Vestibulum bekannt ist. Jedenfalls arbeiten beide eng mit den Zahnbögen, der Zunge und dem Gaumen zusammen, wenn es um Sprechen und Essen geht.

Der Mund als Anfang des Verdauungstrakts wird von den Lippen umrandet. Sie sind extrem empfindsam und beweglich, haben eine Unzahl von Nerven, Blut- und Lymphgefäßen und bestehen hauptsächlich aus Muskelfasern und elastischem Bindegewebe. Diese Gewebe sind mit einer dünnen, durchscheinenden Schicht bedeckt, die die kleinen Kapillaren darunter erkennen lässt, wodurch die Lippen ihre typische rote Färbung erhalten.

Beide Lippen sowie die Wangen haben die Aufgabe, Nahrung so zu halten, dass die Zähne wirksam kauen können. Die Lippen enthalten auch spezielle Nerven, die es ermöglichen, verschiedene Nahrungsbeschaffenheit zu erkennen.

Die innere Oberfläche der Wangen ist mit einer Schleimhaut aus Epithelzellen bedeckt. Diese Oberflächenzellen werden durch Reibung mit den Zähnen schnell abgenutzt, aber durch sich schnell teilende Zellen darunter fortlaufend ersetzt.

Der Schleim aus der Schleimhaut der Wangen sorgt für Schmierung bei Berührung mit Zähnen und Nahrung und erleichtert das Schlucken.

Die äußere Oberfläche der Lippen besteht aus Haut, die Haarbälge und Schweißdrüsen enthält. Der rote Teil ist mit einer durchscheinenden Membran bedeckt.

Zähne

Zähne sind dafür gemacht, Nahrung abzubeißen und zu zerkleinern, und jeder hat eine eigene Funktion.

Die Zähne sind spezialisiertes, gehärtetes Zahnfleischgewebe, das teilweise in den Zahnknochen eingebettet ist. Sie zerkleinern feste Nahrung durch Abbeißen und Kauen.

Der sichtbare Teil des Zahns ist die Krone. Diese ist aus einer Schale harten, kalkhaltigen Dentins (ähnlich wie kompakter Knochen, nur ohne Blutgefäße) und der darüberliegenden dünnen Schicht noch härteren Zahnschmelzes zusammengesetzt.

Der verborgene Teil, die Wurzel, sitzt in einem Zahnbett im Kieferknochen (Alveolus). Sie besteht ebenfalls aus Dentin und ist mit einer Zementschicht bedeckt, die dichte, kollagenreiche periodontale Bänder hat, die die Wurzel im Knochen des Alveolar verankern.

DAS INNERE DER ZÄHNE

Im Inneren ist die Höhlung der Zahnpulpa mit weichem Bindegewebe, Blutbahnen und Nerven. Die Pulpa hat über die Wurzel Verbindung zum Kiefer.

Die Anordnung der Zähne beim Erwachsenen ist für Ober- und Unterkiefer gleich. Jede Seite (jeder Quadrant) besteht aus acht Zähnen: zwei Schneidezähnen, einem Eckzahn, zwei Prämolaren und drei Molaren (Backenzähne), insgesamt also 32. Kinder haben 20 Milchzähne mit nur einem Backenzahn in jedem Quadranten.

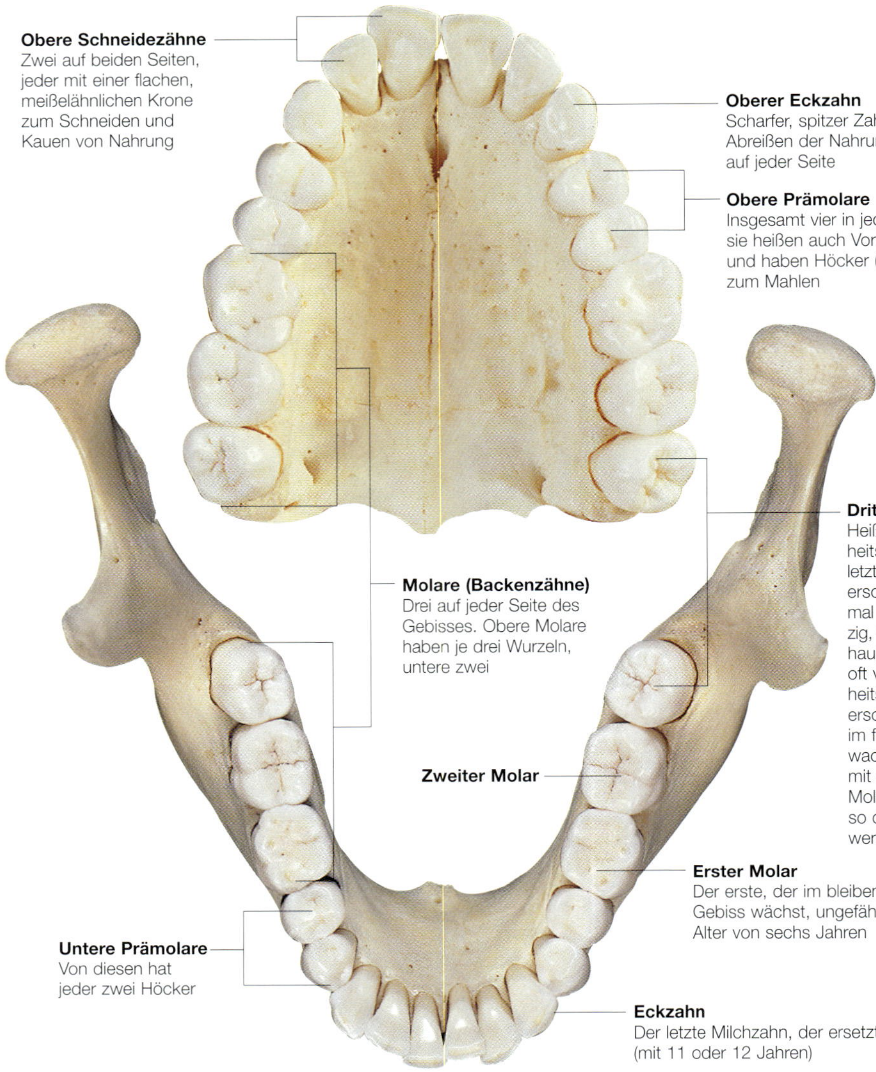

Zahnform und -funktion

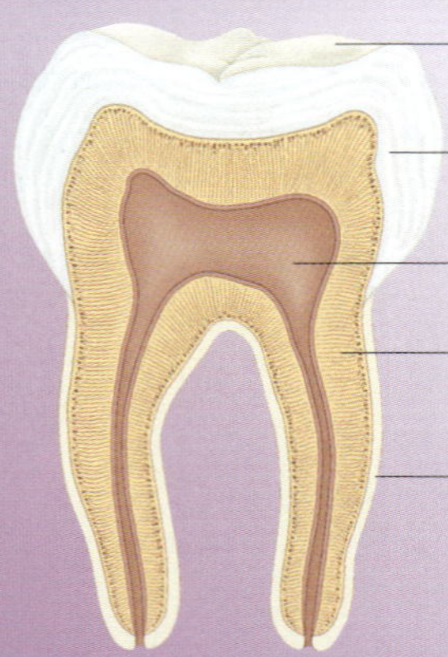

Dieser Querschnitt durch einen unteren Backenzahn zeigt die typische Zahnstruktur. Die beiden großen Wurzeln bauchen eine feste Unterstützung vom Zahnfleisch, um sicher im Zahnbett zu bleiben.

Zähne bestehen in einer Vielzahl von Formen, und jeder hat eine andere Funktion. Die Schneidezähne vorn im Mund haben eine flache, meißelähnliche Krone zum Schneiden. Die Eckzähne dahinter sind scharf und spitz und sind geeignet, feste Nahrung abzureißen.

Die Oberfläche der Molare und Prämolare ist breiter, mit Erhebungen zum Mahlen. Die Prämolare (auch Vormahlzähne) haben jeder zwei Höcker (Spitzen) und die Molare jeder vier oder fünf.

Die Anordnung der Zähne im Oberkiefer und Unterkiefer ist im wesentlichen identisch, obwohl es ein paar Abweichungen in Größe und Form gibt. So sind zum Beispiel die Oberkiefer-Schneidezähne typischerweise breiter als die des Unterkiefers.

Die Zahnwurzeln varriieren; Schneidezähne haben eine, untere Molare zwei und obere Molare haben drei Wurzeln. Man nimmt an, dass das menschliche Gebiss ebenso wie das anderer Primaten ursprünglich für eine Nahrung aus Früchten, Nüssen und Wurzeln angepasst war. Allerdings hat es sich als flexibel und für eine weitere Nahrungspalette geeignet erwiesen.

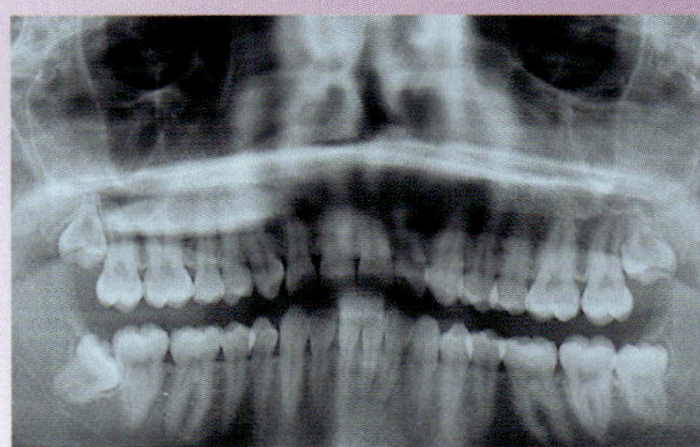

Dieses Röntgenbild ist ein Orthopantomogramm und zeigt alle Zähne beider Kiefer. Solche Aufnahmen werden mit einer speziellen Maschine gemacht, die sich horizontal um das Gesicht bewegt.

Entwicklung der Zähne

Im Kindesalter gibt es zwei Hauptphasen von Zahnentwicklung. Dies ermöglicht es dem Kopf zu wachsen und den bleibenden Zähnen, sich zu entwickeln.

Die Zähne im menschlichen Embryo beginnen sich mit der sechsten Schwangerschaftswoche zu entwickeln. Sechs bis acht Monate nach der Geburt lässt Wurzelwachstum die Zähne durch das Zahnfleisch treten, ein Vorgang, den man Zahnen nennt.

Dieses erste Gebiss sind die nichtbleibenden Zähne (Milchgebiss). Sie erscheinen in einer bestimmten Ordnung, nämlich die unteren mittleren Schneidezähne zuerst, dann die oberen mittleren Schneidezähne. Das Milchgebiss enthält keine Prämolaren.

ZAHNWUCHS IM ERWACHSENENALTER

Die Zahnknospen für die zweiten Zähne entwickeln sich alle zur selben Zeit. Diese bleibenden Zähne sind ruhend bis zum Alter von fünf bis sieben Jahren, wo sie anfangen zu wachsen und die Wurzeln der Milchzähne zur Auflösung bringen.

Dieser Verfall führt zusammen mit dem Druck der darunterliegenden bleibenden Zähne zum Ausfall der Milchzähne. Die neuen Zähne erscheinen und wachsen bis zum Alter von zehn bis zwölf Jahren.

Das Auftreten der bleibenden Zähne folgt einem ähnlichen Muster wie bei den ersten Zähnen (obwohl die Prämolare zwischen den Eck- und den Backenzähnen erscheinen). Das bleibende Gebiss hat noch zusätzliche, dritte Molare (Weisheitszähne) die zwischen dem Alter von 15 bis 25 Jahren kommen können.

Kiefer des Neugeborenen
Noch nicht hervorgetretene Milchzähne kann man hier in den Zahnfollikeln (zahnentwickelnde Kapseln) beider Kiefer sehen. Sie beginnen mit dem Alter von sechs Monaten, sich durchs Zahnfleisch zu schieben.

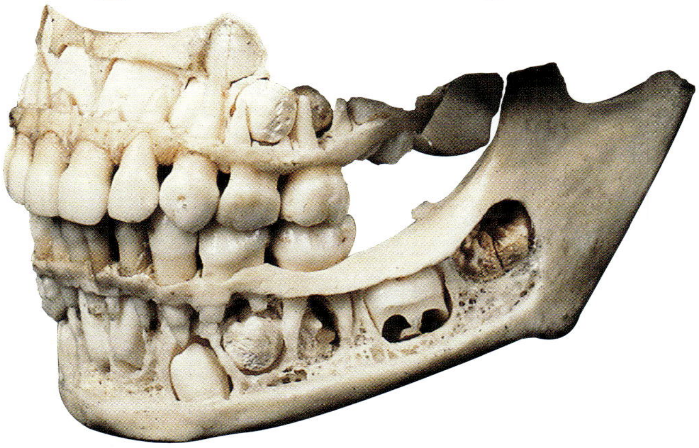

Kiefer eines Sechsjährigen
Die nichtbleibenden Zähne sind alle im Gebiss. Darunter in den Alveoli (Zahnfollikel) liegen die bleibenden Zähne, bereit hervorzutreten. Dieses Wachstum setzt sich bis ins mittlere Teenageralter fort.

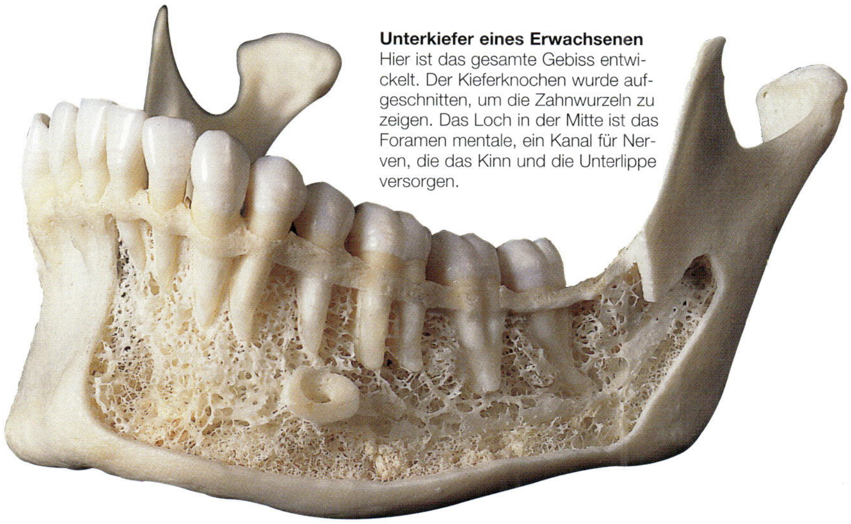

Unterkiefer eines Erwachsenen
Hier ist das gesamte Gebiss entwickelt. Der Kieferknochen wurde aufgeschnitten, um die Zahnwurzeln zu zeigen. Das Loch in der Mitte ist das Foramen mentale, ein Kanal für Nerven, die das Kinn und die Unterlippe versorgen.

Zahnfäule und andere Probleme

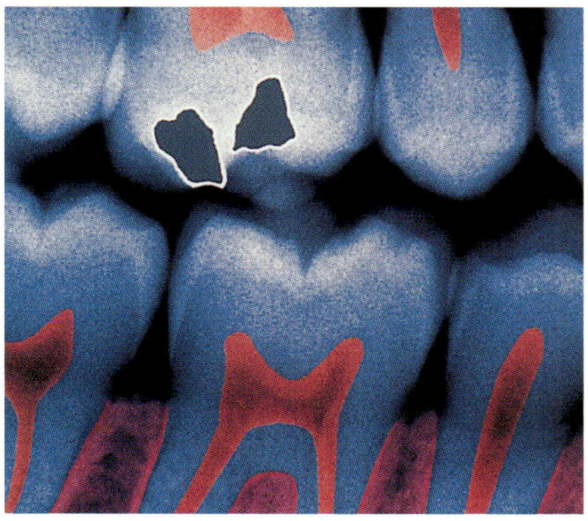

Dieses eingefärbte Röntgenbild zeigt zwei Metallfüllungen in einem der oberen Prämolare. Die rosa Flächen markieren die Pulpa in jedem Zahn.

Karies (Zahnfäule) entsteht durch die Bildung von Zahnbelag, einer Kombination von Speichel, Essensresten und säureproduzierenden Bakterien, die sich in Zahnschmelz und das Dentin fressen können. Wenn dieser Verfall entsprechend tief in den Zahn reicht, kann eine Entzündung der Pulpa entstehen. Die Pulpa ist lebendes Gewebe und sehr schmerzempfindlich. Wenn die Störung nicht behandelt wird, kann der Zahn absterben. Eine Infektion kann auch zu einem Zahngeschwür führen, wo das Zahnfleisch aufbricht.

Zahnärzte können Wurzelkanalbehandlungen durchführen, wobei die Pulpa einschließlich der Gefäße und Nerven entfernt, der Kanal ausgebohrt und geeignetes Material eingesetzt wird.

Zahnfleischerkrankungen sind ein größeres Problem. Zahnfleischentzündung kann zur Lockerung oder zum Verlust der Zähne führen; sogar Kieferknochen kann verlorengehen. Dies geschieht, wenn der Kieferknochen nicht mehr belastet wird. Zahnstein ist eine kalkige Absonderung aus Speichel. Wenn Zahnstein nicht regelmäßig entfernt wird, kann das Zahnfleisch in Mitleidenschaft gezogen und Karies begünstigt werden.

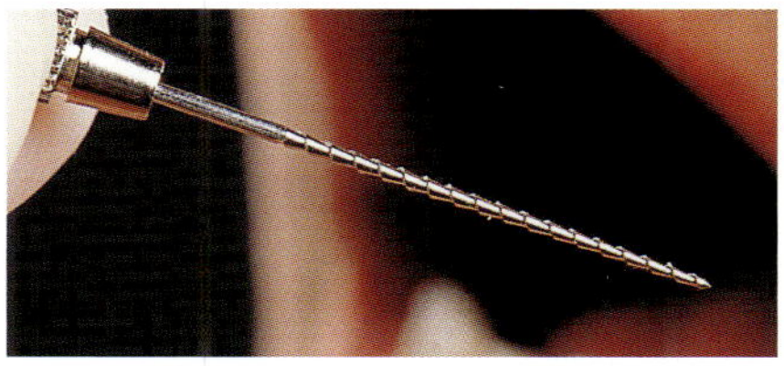

Wenn die innenliegende Pulpa infiziert ist, kann der Zahn gerettet werden, indem man den Wurzelkanal mit einem feinen Bohrer ausbohrt. Der Hohlraum wird dann gefüllt, um das Problem zu beiseitigen.

Zunge

Die Zunge ist im wesentlichen Muskelmasse, deren komplexe Bewegungen entscheidend für das Sprechen sowie für Kauen und Schlucken sind. Ihre Oberfläche ist mit einem besonderen Gewebe bedeckt, das Geschmacksknospen enthält.

Die hintere Oberfläche der Zunge ist mit einem speziellen Epithel für den Geschmackssinn ausgelegt. Die vorderen zwei Drittel der Zunge liegen im Ruhezustand in dem unteren Zahnbogen. Das hintere Drittel neigt sich nach hinten hinab und bildet so einen Teil der Vorderwand des Nasen-Rachen-Raums. Muskulatur und Bewegungen werden detaillierter auf der nächsten Seite beschrieben.

HINTERE OBERFLÄCHE

Die Zungenoberfläche ist gekennzeichnet durch kleinste Papillen, winzige Auswüchse, die sich leicht rauh anfühlen. Diese kleinen Papillen haben Kapillargefäßbündel aus Keratin, die, wenn sie verlängert werden, der Oberfläche ein „haariges" Gefühl geben. Diese „Haare" können durch Nahrung, Medizin oder Nicotin gefärbt werden. Eingestreut befinden sich dazwischen größere, pilzförmige Papillen. Noch größer als diese sind die 8 bis 12 warzenförmigen Papillen, die ein umgekehrtes V zwischen den ersten zwei und dem hinteren Drittel bilden. Hier liegen die meisten Geschmacksknospen. Sie kommen auch bei anderen Papillen vor und sind deshalb auch über die gesamte Zunge, die Wangenschleimhaut und im Rachen verstreut.

Die Oberfläche des hinteren Drittels hat aufgrund von ca. 40 - 100 Knoten von Lymphgewebe ein kopfsteinpflasterähnliches Aussehen; zusammen bilden sie die linguale Mandel.

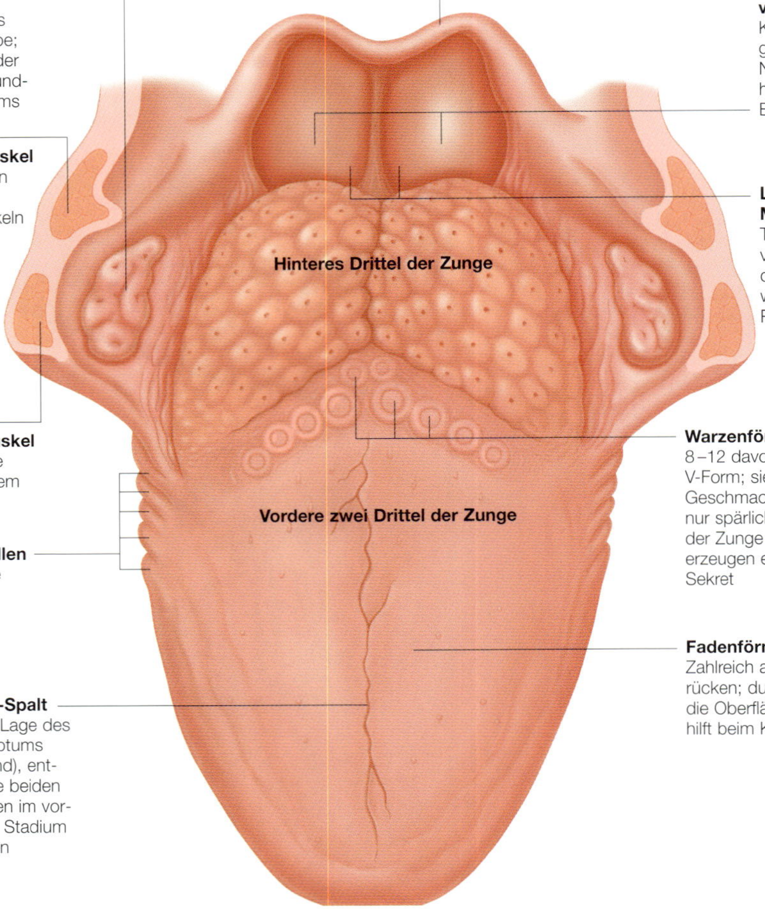

Oberfläche der Zunge

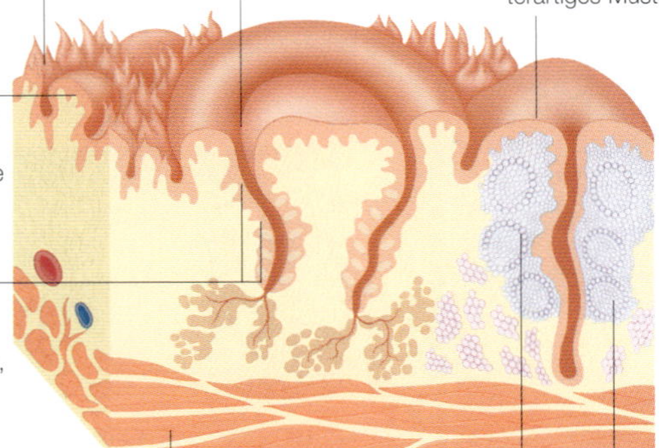

Die Geschmacksknospen sind Nester von Geschmackszellen, die geschmacksempfindlich in Bezug auf Geschmackslösungen sind. Landläufig beschreibt man die Geschmäcker als salzig, süß, bitter oder sauer, aber die Verarbeitung von Geschmacksdaten des Gehirns ist sehr komplex. Es scheint, dass, wenn eine Nervenfaser Geschmacksdaten weiterleitet, sie auf alle vier Grundgeschmacksmuster mit verschiedener Empfindlichkeit reagiert. Außerdem hängt der Geschmacks- eng mit dem Geruchssinn zusammen, so dass Essen bei einer starken Erkältung relativ geschmacklos wird.

Diese Zeichnung gibt im Querschnitt den Übergang vom hinteren Drittel zu den vorderen zwei Dritteln wider, wo die Geschmacksknospen in den Furchen der runden Papillen konzentriert sind.

Die Zunge hat auch Nervenenden für „allgemeine" Empfindungen wie Berührung, Druck oder Schmerz.

Seit den Anfängen der Medizin wurde die Zunge als Gradmesser für den Gesundheitszustand angesehen. Schon im fünften Jahrhundert vor Christus brachte Hippokrates die trockene, belegte und gerissene Zunge mit Fieber und Dehydration (Austrocknung) in Verbindung, und seine Prognose für Patienten mit roter, mit Geschwüren überzogener Zunge (aufgrund von Ruhr) war düster.

Muskeln der Zunge

Die Muskeln innerhalb der Zunge umfassen drei Gruppen von Faserbündeln, die über die Länge, Breite und Tiefe des Organs verlaufen.

Die der Zunge innewohnenden Muskeln ändern die Form der Zunge, um Sprechen, Kauen und Schlucken zu ermöglichen. Die anderen Muskeln außerhalb an der Zunge bewegen das Organ als ganzes. Die Namen der außerhalb liegenden Muskeln bezeichnen den Punkt, an dem sie fest sind, und ihre allgemeine Bewegungsrichtung.

Die Bewegung nach vorn (Herausstrecken der Zunge), Anhebung der Seiten und Herunterdrücken der Mitte sind Funktionen der inneren Muskeln. Sie sind es auch, die gemeinsam mit dem intakten Gaumen, den Lippen und den Zähnen bestimmte Laute beim Sprechen bilden.

SCHLUCKEN

Nachdem die Nahrung gekaut und mit Speichel gemischt ist, wird sie durch die Kontraktion des Styloglossus-Muskels nach oben und hinten zwischen den harten Gaumen und die Oberfläche der Zunge gedrückt. Der Muskel bewegt die Zunge nach oben und zurück. Dann ziehen sich die Palatoglossi zusammen und pressen die Portion in den Mundraum des Rachens. Nun heben die Gaumenheber-Muskeln den weichen Gaumen, um den Nasenkanal zu schließen, und gleichzeitig bewegen sich Larynx- und Laryngopharynxmuskeln nach oben und schließen die Luftröhre, während die Essensportion darübergleitet.

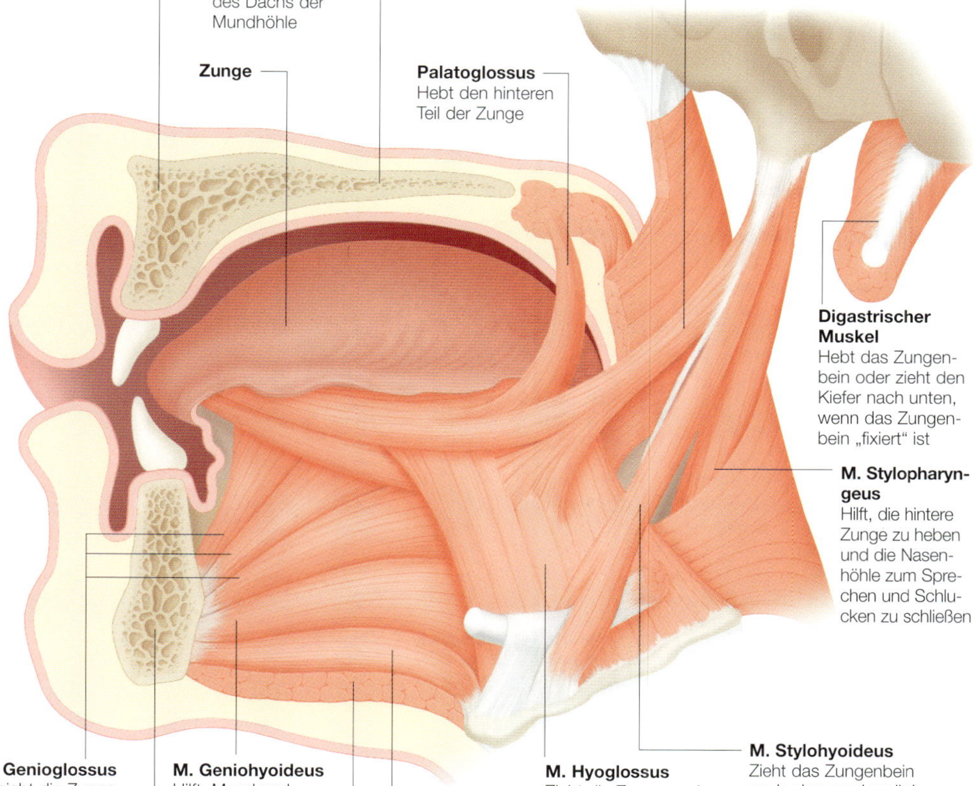

Krankhafte Veränderungen der Zunge

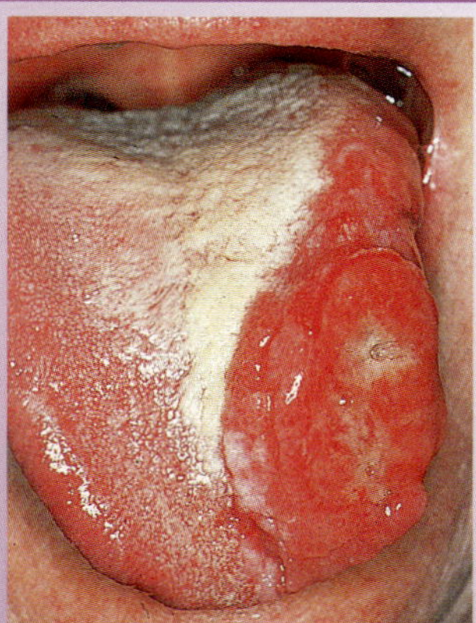

Diese Photographie zeigt ein fortgeschrittenes Carcinom auf dem größten Teil der vorderen linken Zunge des Patienten.

Die häufigsten Mundgeschwüre sind Apthen, die einzeln oder mehrfach vorkommen. Größere Apthen haben mehr als 1 cm im Durchmesser, dauern Wochen oder Monate und verheilen mit Narbenbildung. Kleinere Apthen messen weniger als 1 cm, dauern 10 bis 14 Tage und heilen ohne Narbe. Beide Arten sind schmerzhaft. Sie kommen auf den beweglichen Schleimhäuten von Zunge, Lippen und weichem Gaumen vor. Die Behandlung ist symptomatisch und beinhaltet Spülen des Mundes. Ihre Ätiologie (Entstehung) ist unklar, könnte aber mit Vitamin-B12-Mangel zu tun haben, ebenso wie mit dem Fehlen von Eisen und Folsäure sowie mit Verletzung und Stress.

Periodisch auftretende Herpes-Geschwüre neigen dazu, in Gruppen aufzutreten und werden verursacht von dem Virus, das auch Erkältungseinrisse auf den Lippen erzeugt. Anders als die Apthen entstehen sie im Mund auf festen, unbeweglichen Schleimhäuten wie dem harten Gaumen, dem Zahnfleisch und dem Kiefer. Sie sind sehr schmerzhaft, dauern aber meist nur 10 Tage. Sie können durch ein antivirales Medikament gemildert und verkürzt werden, aber es muss so früh wie möglich angewendet werden.

Zungenkrebs, die häufigste bösartige Erkrankung des Mundes, kann als Auswuchs oder als chronisches Geschwür beginnen. Wenn die Behandlung früh beginnt, sind die Aussichten günstig, aber im fortgeschrittenen Stadium ist auch mit Chirurgie oder Bestrahlung die ungünstige Prognose kaum zu bessern. Momentan wird viel getan, um den Leuten die Wichtigkeit von regelmäßigen Zahnuntersuchungen näherzubringen, damit Mundkrebs früher erkannt wird.

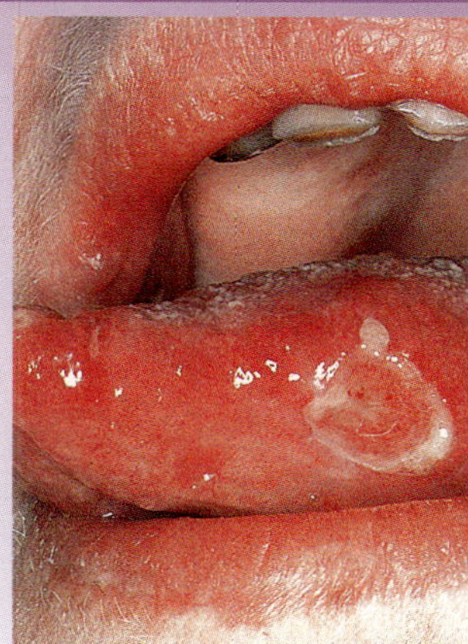

Hier sieht man deutlich ein größeres Apthen-Geschwür; mehrere kleine befinden sich auf der Unterseite der Zunge.

Speicheldrüsen

Die Speicheldrüsen produzieren etwa einen Dreiviertelliter Speichel pro Tag. Die Hauptrolle des Speichels besteht im Befeuchten und Schützen des Mundes und der Zähne sowie darin, beim Kauen und Schlucken behilflich zu sein.

Es gibt drei Paare größerer Speicheldrüsen, die zusammen etwa 90% des Speichels produzieren; die übrigen 10% kommen aus Drüsen in den Wangen, den Lippen, der Zunge und dem Gaumen. Die Hauptaufgabe des Speichels ist Befeuchtung, wodurch Kauen, Schlucken und das Sprechen ermöglicht werden. Er hat auch eine Schutzfunktion – dadurch, dass er Mund und Zahnfleisch feucht hält, werden bakterielle Aktivitäten begrenzt.

Die speichelerzeugenden Zellen liegen gebündelt am Ende einer Reihe sich verzweigender Kanäle. Dabei werden zwei verschiedene Arten Speichel durch zwei verschiedene Zelltypen erzeugt, Schleimzellen und seröse Zellen. Die Sekrete der Schleimzellen sind dickflüssig und mucushaltig; die serösen Zellen erzeugen eine wässrige Flüssigkeit, die das Enzym Amylase enthält.

DIE OHRSPEICHELDRÜSE

Die größten Speicheldrüsen sind die Ohrspeicheldrüsen mit ihren serösen Sekreten. Jede Ohrspeicheldrüse liegt an der Oberfläche, direkt unter der Haut, zwischen dem Unterkiefer und dem Ohr.

Verschiedene wichtige Strukturen laufen durch die Ohrspeicheldrüse. Am tiefsten von diesen liegt die Halsschlagader; am weitesten außen liegt der Gesichtsnerv, der die mimischen Muskeln versorgt.

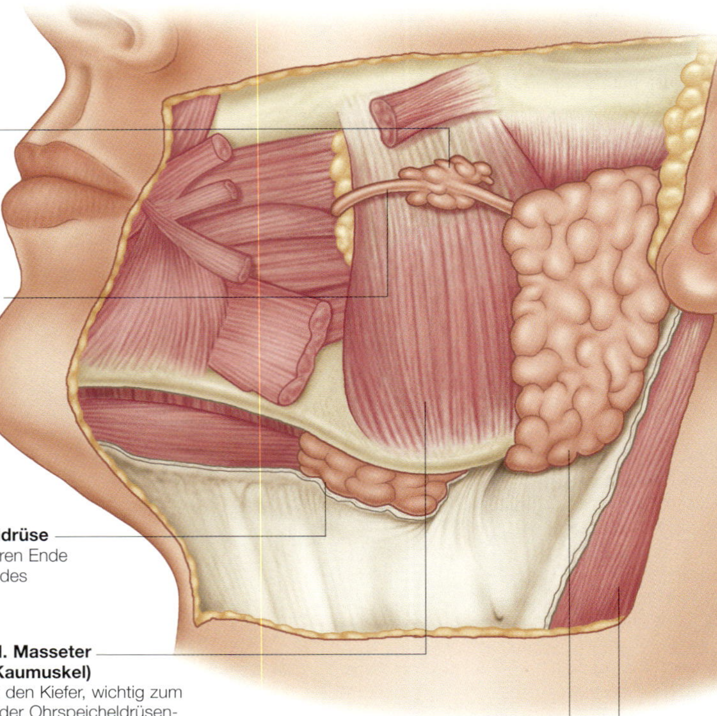

Die Ohrspeicheldrüse und die Unterkieferspeicheldrüse sind in diesem Schnitt des seitlichen Gesichts dargestellt. Die tieferliegende Fläche der Ohrspeicheldrüse befindet sich am Unterkiefer und dicht an der Rachenwand.

Vergrößerung der Ohrspeicheldrüse

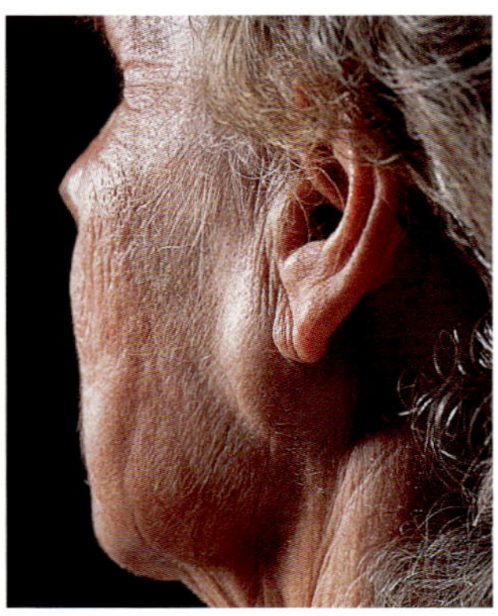

Der Klumpen neben dem Ohr dieser Frau beweist das Vorhandsein eines Ohrspeicheldrüsen-Tumors. Wenn er gutartig ist, bleibt dies das einzige Symptom.

Langsamwachsende, gutartige Tumore der Ohrspeicheldrüse mögen zwar keine Symptome außer einer Vergrößerung haben, aber schnellwachsende, bösartige Tumore können den durch die Drüse laufenden Gesichtsnerv schädigen und so zu einer Teillähmung des Gesichts führen, ähnlich der Bell'schen Lähmung.

Wenn die Mehrheit der Muskeln beteiligt ist, bleibt die betroffene Seite des Gesichts ausdruckslos. Der Patient hat dann Schwierigkeiten mit dem Sprechen und z.B. dem Pfeifen und kann oft nicht verhindern, dass Speise oder Speichel aus dem Mundwinkel fällt.

Wenn die Nerven betroffen sind, die den Augenringmuskel (Orbicularis oris) versorgen, verliert der Patient die Fähigkeit zu Zwinkern und die Hornhaut zu befeuchten. Dies kann zur Geschwürbildung auf der Hornhaut führen.

Das Sjögren'sche Syndrom ist eine Erkrankung, bei der sich die Ohrspeicheldrüsen als Folge des Eindringens von bestimmten Blutzellen (Lymphozyten) vergrößern, wobei die serösen Speichelzellen zerstört werden. Die Verringerung der Speichelproduktion führt zum Austrockenen des Mundes (Xerostomie). Das wiederum hat einen Verlust der Reinigungsfunktion des Speichels zur Folge und dadurch Entzündungen und Bluten des Zahnfleisches sowie Entzündung der zahnerhaltenden Strukturen und schließlich Zahnverlust.

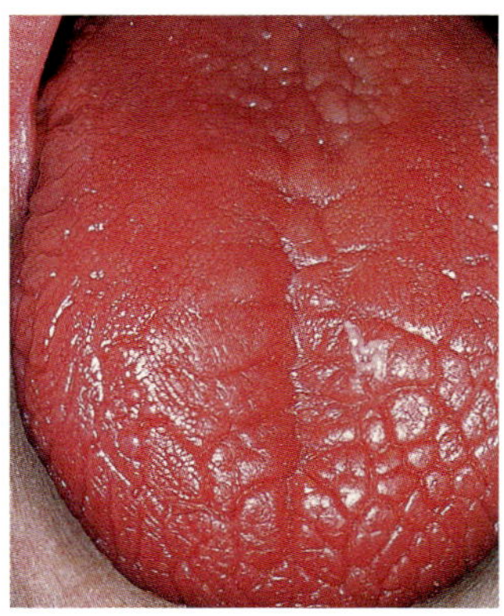

Das Sjögren'sche Syndrom bedingt eine Auszehrung der Speicheldrüsen. Xerostomie (trockener Mund) kann durch Mundspülungen gelindert werden.

Drüsen im Unterkiefer und unter der Zunge

Die beiden Paare kleinerer Speicheldrüsen sind die submandibulären und sublingualen Drüsen im Mundboden.

Die submandibuläre Drüse liegt unter dem unteren Rand des Kieferknochens beim Winkel der Kinnlinie. Die Drüse hat ca. 60 % seröse und 40 % muköse (Schleim-) Zellen. Sie hat ungefähr die Größe einer Walnuss und besteht aus zwei Teilen: einem großen Teil an der Oberfläche und einem kleineren, tief eingebetteten Teil hinter dem Mylohyoid-Muskel, der den Mundboden bildet. Der Speichel dieser Drüse wird durch den submandibulären Kanal geleitet, der sich zur sublingualen Papille, einem Vorsprung unter der Zunge öffnet.

SUBLINGUALE DRÜSEN

Die sublinguale Drüse ist die kleinste der drei größeren Speicheldrüsen und hat die Form einer Mandel. Sie besteht aus 60 % Schleim- und 40 % serösen Zellen und liegt unter der Zunge im sublingualen Graben (fossa). Die beiden sublingualen Drüsen liegen direkt an der Mittellinie und auf dem Mylohyoid-Muskel.

Nach hinten sitzt die sublinguale Drüse dicht am eingebetteten Teil der submandibulären Drüse. Anders als die anderen Drüsen hat die sublinguale keinen einzelnen großen Sammelkanal sondern viele kleinere, die sich einzeln zum Mundboden oder in den submandibulären Kanal öffnen.

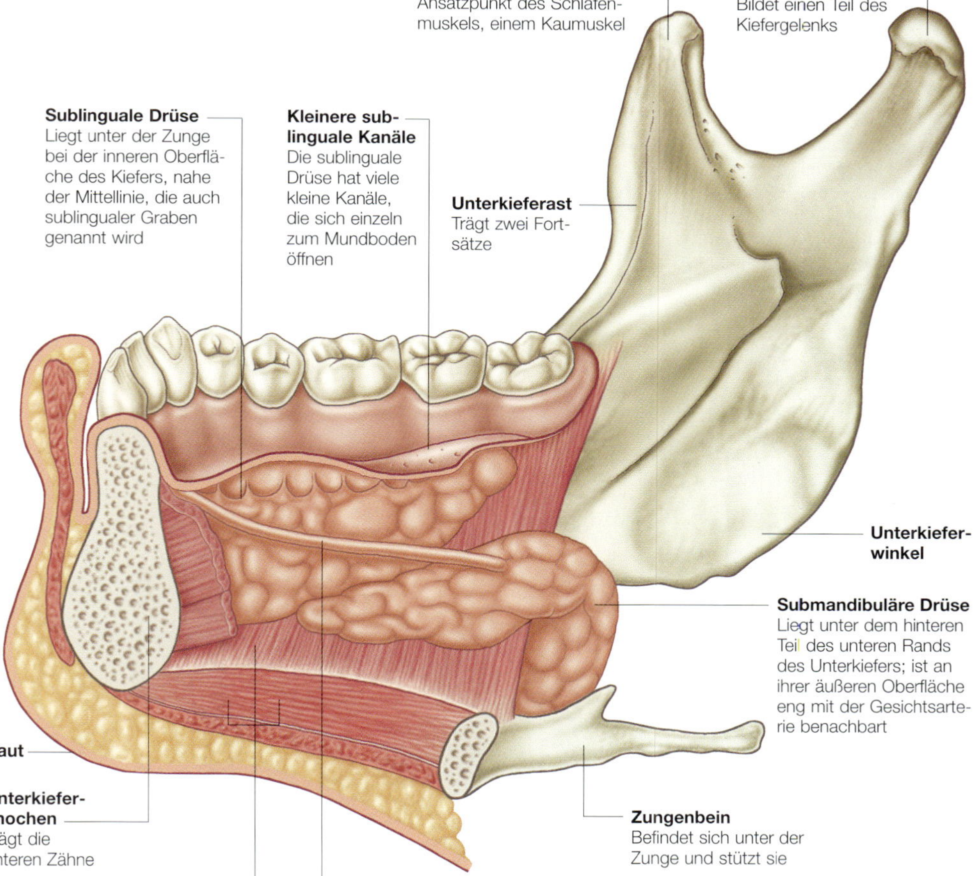

Dieser mittlere Sagittalschnitt des Mundes zeigt die Lage der submandibulären und sublingualen Speicheldrüsen innerhalb des Kiefers und auf dem Mundboden.

Verschluss der Speicheldrüsengänge

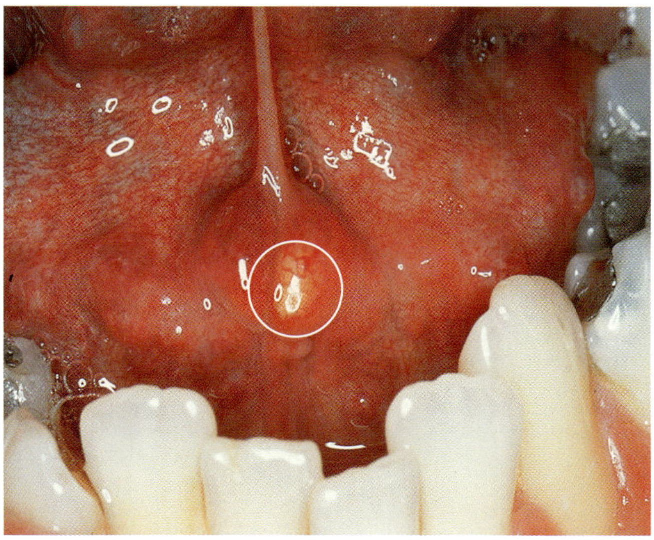

Der submandibuläre Kanal kann sich durch die Entstehung kleiner Verkalkungen (Speichelstein oder Sialolithe) leicht zusetzen. Dies geschieht zum Teil aufgrund folgender Faktoren:

- Speichel ist mit Kalk und Phosphationen aus mineralisiertem Calciumphosphat gesättigt.
- Der Kanal ist leicht verdreht und behindert den Durchfluss.
- Submandibulärer Speichel ist halb dickflüssig und sammelt sich hinter den unteren Schneidezähnen bei der Öffnung des Kanals.

Eine kleine steinige Verkalkung im Speichelkanal des Mundbodens ist hier als gelbliche Masse sichtbar (eingekreist).

Steine im Speichelkanal behindern den Speichelfluss, besonders den erhöhten bei Mahlzeiten. Ein Stein führt auch zu Infektionsneigung im Mund, kann aber leicht getastet werden und zeigt sich sofort in der Röntgenaufnahme. Die chirurgische Entfernung ist problemlos.

Die submandibuläre Drüse ist ebenso wie die Ohrspeicheldrüse der Tumorbildung ausgesetzt. Um sicherzugehen, dass alles bösartige Material entfernt wird, muss manchmal angrenzendes Nervengewebe, das befallen sein kann, mit entfernt werden. Das Entfernen des N. hypoglossus bedingt Lähmung einer Zungenhälfte und kann auf der Seite zu Atrophie (Verkümmerung) der Zunge führen.

Fossa infratemporalis

Die Fossa infratemporalis (Fossa ist eine Vertiefung oder Höhlung) ist ein Bereich an der Seite des Kopfes, der eine Anzahl wichtiger Nerven, Blutgefäße und Muskeln zum Kauen enthält.

Die Fossa infratemporalis liegt unter der Schädelbasis zwischen dem Rachen und der Seite des Unterkieferknochens. Die Stelle ist für Zahnchirurgen nicht nur wegen der vielen Bestandteile des Kaumechanismus von besonderer Bedeutung, sondern auch, weil viele Nerven und Blutgefäße für den Mund hindurchgeführt werden.

ANATOMIE DER FOSSA

Der Bereich wird weitestgehend durch die Begrenzung der Knochenstruktur der Fossa infratemporalis definiert. Die vordere Linie ist die hintere Oberfläche des Oberkieferknochens und die hintere ist der styloide Fortsatz des Schläfenbeins und die Hülle der Halsschlagader. Die Mittellinie bildet sich aus der seitlichen Pterygoidplatte des Keilbeins; die seitliche Grenze ist der Ramus des Unterkiefers, und das Dach ist die Basis des größeren Flügels des Keilbeins. Die Fossa infratemporalis hat keinen Boden; sie geht in den Hals über.

BESTANDTEILE DER FOSSA

Die Fossa enthält die Pterygoidmuskeln, Zweige der Unterkiefernerven, den Chorda-Tympani-Zweig der Gesichtsnerven, das Ganglion oticum (Teil des vegetativen Nervensystems), die Oberkieferarterie und den venösen Pterygoidplexus (Gefäße in der Umgebung des Pterygoidmuskels).

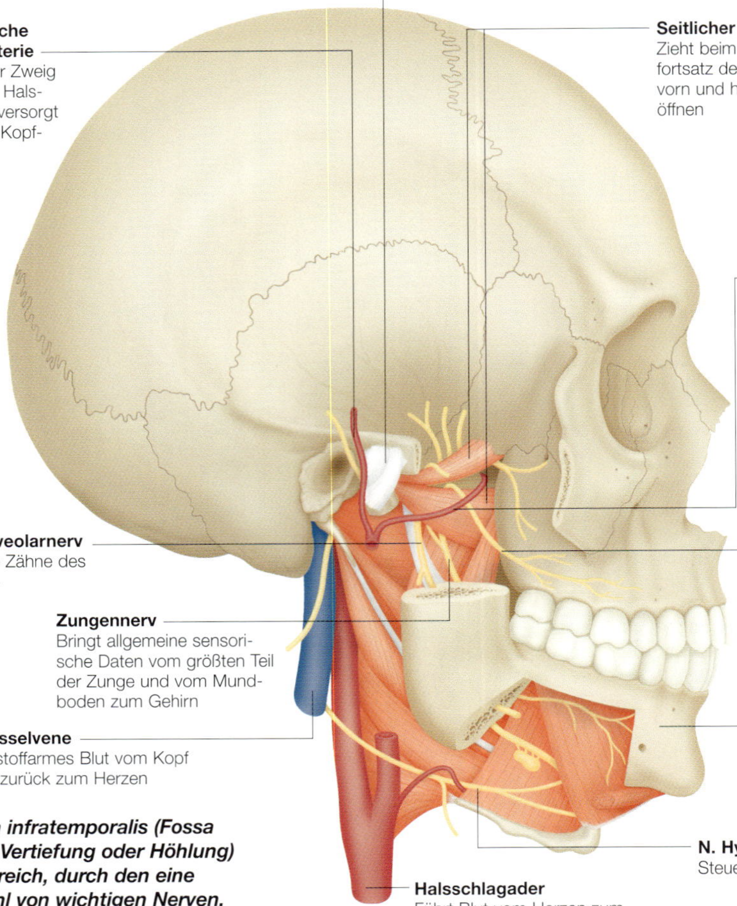

Die Fossa infratemporalis (Fossa bedeutet Vertiefung oder Höhlung) ist ein Bereich, durch den eine große Zahl von wichtigen Nerven, Blutgefäßen und Muskeln verläuft.

Chorda tympani

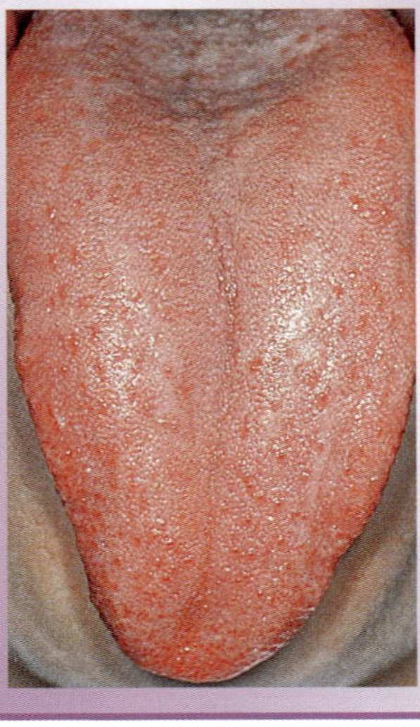

Die meisten Geschmacksknospen liegen auf der Zunge. Geschmack ist jedoch ein spezielles Gefühl, das nicht zum Repertoire des Trigeminus gehört.

Eine Abzweigung des Gesichtsnervs, die Chorda tympani, verbindet sich in der Fossa infratemporalis mit dem Zungennerv, um Geschmacksempfinden zu ermöglichen. Die Chorda tympani überträgt auch Informationen, die den submandibulären und sublingualen Speicheldrüsen mitteilt, wann Speichel abzusondern ist.

Die Chorda tympani ist ein Zweig des Gesichtsnervs, der Geschmacksinformation von der Zungenspitze überträgt.

Pterygoidmuskeln

Die Pterygoidmuskeln, die mit in der Fossa infratemporalis liegen, sind vier der Muskeln, die man in der Gesamtheit als Kaumuskeln bezeichnet. Alle diese Muskeln haben denselben Entwicklungsursprung und von daher dieselbe Nervenversorgung, nämlich den Unterkiefernerv – eine Abzweigung des Trigeminusnervs.

KAUEN

Kauen bedingt Bewegungen des Unterkiefers gegen den Schädel. Daher haben die Kaumuskeln ihren Ursprung im Cranialpart des Schädels und ihre Ansätze im Unterkiefer oder dem Gelenk dazwischen.

Da die Muskelfasern nach hinten verlaufen, resultiert eine Muskelkontraktion (Kürzung der Muskelfasern) auf beiden Seiten des Kopfes in einer Vorwärtsbewegung des Unterkiefers.

Wenn sie abwechselnd arbeiten, rufen die linken und rechten Muskeln Seitwärtsbewegungen des Unterkiefers hervor. Muskelfasern des medialen Pterygoidmuskels fädeln sich in die mittlere Oberfläche am Winkel des Unterkiefers ein. Da die Muskelfasern nach unten und hinten orientiert sind, bringt eine Kontraktion den Kiefer zum Heben und Schließen. Bei abwechselnder Bewegung erzeugen die rechten und linken Muskeln eine Mahlbewegung der Zähne.

Unterkiefernerv

Der Unterkiefernerv verlässt den Schädel durch das Foramen ovale und geht direkt zur Fossa infratemporalis, wo er sich vielfach verzweigt.

Der Unterkiefernerv hat motorische Bewegungsäste, die alle Kaumuskeln versorgen und die sich bei Erregung zusammenziehen. Der Nerv sorgt aber auch für sensorische Datenübertragung der Haut der Schläfe und rund um das Ohr (durch den auriculotemporalen Nerv) und der Außenhaut der Wange und des Gewebes darunter (durch den Wangennerv).

ÄSTE DES UNTERKIEFERNERVS

Der Ast, der unterer Alveolarnerv (oder unterer Zahnnerv) heißt, verläuft abwärts und dann nach vorn, um in den Unterkieferknochen einzutreten. Er versorgt alle unteren Zähne sensorisch, hat aber auch einen Ast, den Mentalnerv, der den Unterkiefer durch ein Foramen bei den unteren Prämolaren verlässt. Dieser versorgt die Unterlippe sensibel.

Der Ast des Lingualnervs versorgt den größten Teil der Zunge und des Mundbodens mit allgemeiner Empfindung (z.B. Berührung, Temperatur, Schmerz).

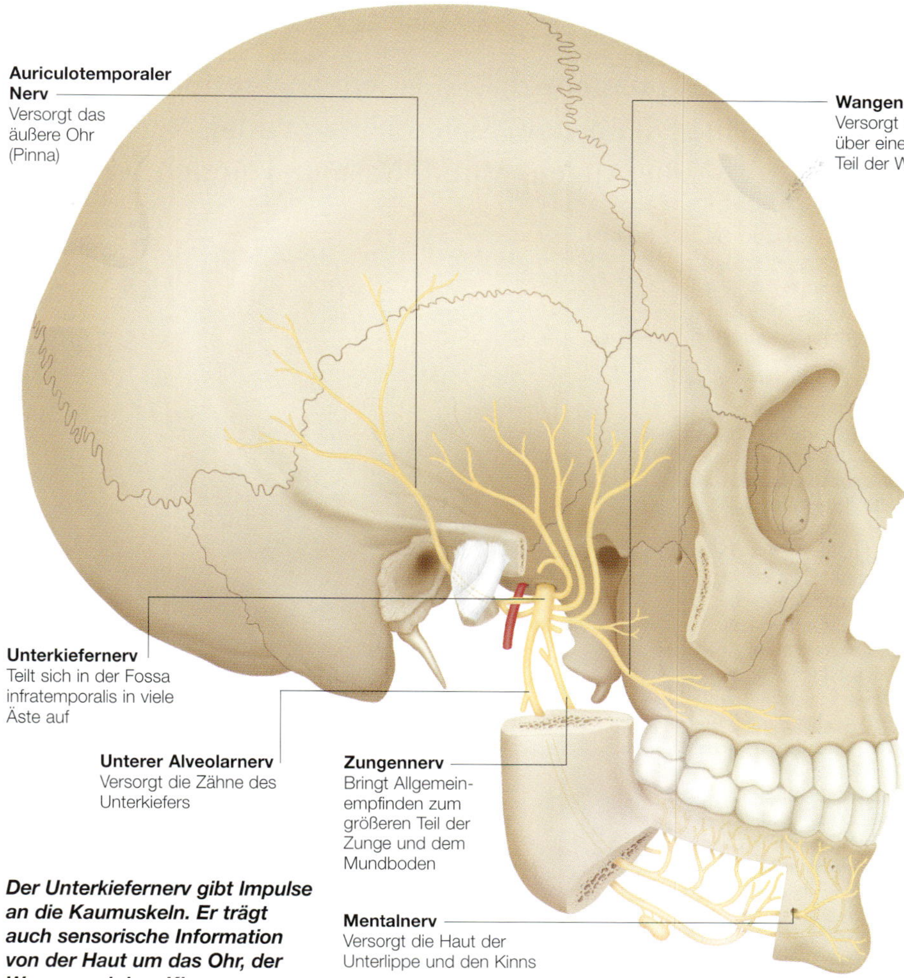

Der Unterkiefernerv gibt Impulse an die Kaumuskeln. Er trägt auch sensorische Information von der Haut um das Ohr, der Wange und dem Kinn.

Dentalanästhesie

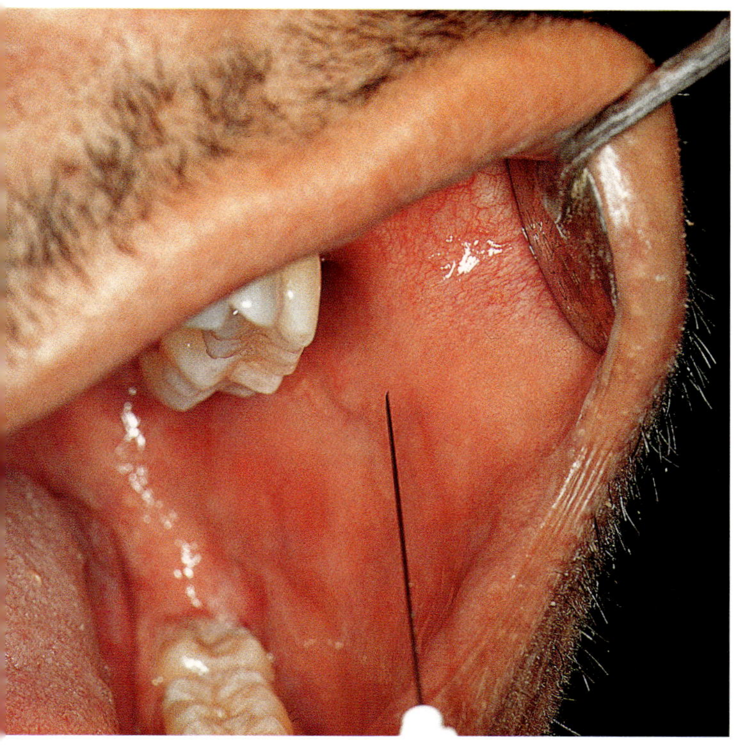

Wenn ein Zahnarzt an Zähnen oder Zahnfleisch des Unterkiefers arbeiten muss, ist es üblich, eine Nervenblockade am unteren Alveolarnerv anzusetzen. Bei diesem Verfahren injiziert man ein Lokalanästhetikum (LA) an der Stelle, wo der Nerv in den Unterkieferknochen an der fraglichen Seite eintritt. Das Anästhetikum desensibilisiert den Nerv einschließlich seines mentalen Astes; deswegen wird auch die Unterlippe taub – meist das erste Zeichen, dass die Anästhesie richtig wirkt.

Um die oberen Zähne zu desensibilisieren, wird LA auf jeder Seite des betreffenden Zahns injiziert, manchmal auch in den Gaumen; der Knochen des Oberkiefers ist dünn genug, dass das LA durchdringen kann.

Lokalanästhesie (LA) wird benutzt, um den Bereich des Mundes, in dem gearbeitet wird, taub zu machen. Um die unteren Zähne und das Zahnfleisch zu betäuben, wird der untere Alveolarnerv mit LA betäubt.

Tumore

Tumore an der Fossa infratemporalis sind üblicherweise gutartig. Die häufigsten sind pleomorphe Adenome der Ohrspeicheldrüse und Schwannome (Tumore an Nerven). Sie erscheinen oft als Völlegefühl im Hals oder als Schwellung hinter der Kehle.

Magnetresonanz- oder Computer-Tomographie zeigen die Ausdehnung des weichen Gewebes und sein Verhältnis zur inneren Halsschlagader. Die Bilder zeigen auch jeden Substanzdefekt an der Schädelbasis.

Die Behandlung besteht in operativer Entfernung des Materials. Kleine Tumore können vom Hals aus erreicht und von der Rückseite des Unterkiefers aus entfernt werden. Größere oder Tumore an Gefäßen erfordern möglicherweise Knochenausschnitte, um besseren Zugang zur inneren Halsschlagader zu bekommen. Ansonsten drohen lebensbedrohende Blutungen.

Fossa pterygopalatina

Die Fossa pterygopalatina ist ein trichterförmiger Raum zwischen den Schädelknochen. Sie enthält wichtige Nerven und Blutgefäße, die Augen, Mund, Nase und Gesicht versorgen.

Die Fossa pterygopalatina ist ein anatomischer Bereich, der schwer zu finden ist, solange der Schädel ganz ist, aber der auch verschwindet mit dem Trennen der Knochen. Am einfachsten kann man ihn durch den pterygomaxillären Spalt lokalisieren, einen dreieckigen, schmalen Graben zwischen den pterygoiden Platten des Keilbeins und dem hinteren Oberkiefer. Das führt zur Seite der Fossa.

LOKALISATION DER FOSSA

Die Fossa ist ein kleiner trichterförmiger Raum, der sich nach unten verjüngt und unter dem hinteren Teil der Augenhöhle liegt. Er befindet sich hinter dem Oberkiefer, und seine Rückwand wird durch die pterygoiden Platten und den größeren Flügel des Keilbeins gebildet. Der Gaumenknochen formt ihre Mittellinie und den Boden. Sie stellt ein wichtiges Verteilungszentrum dar, das mit allen Regionen des Kopfes in Verbindung steht, einschließlich Mund, Nase, Augen, Gesicht und mit dem Gehirn.

Die Hauptbestandteile der Fossa pterygopalatina sind Oberkieferarterie und -nerv (Ast des Trigeminusnervs) und das Ganglion pterygopalatinum. Diese betreten und verlassen den Bereich durch das Foramen sphenopalatinum.

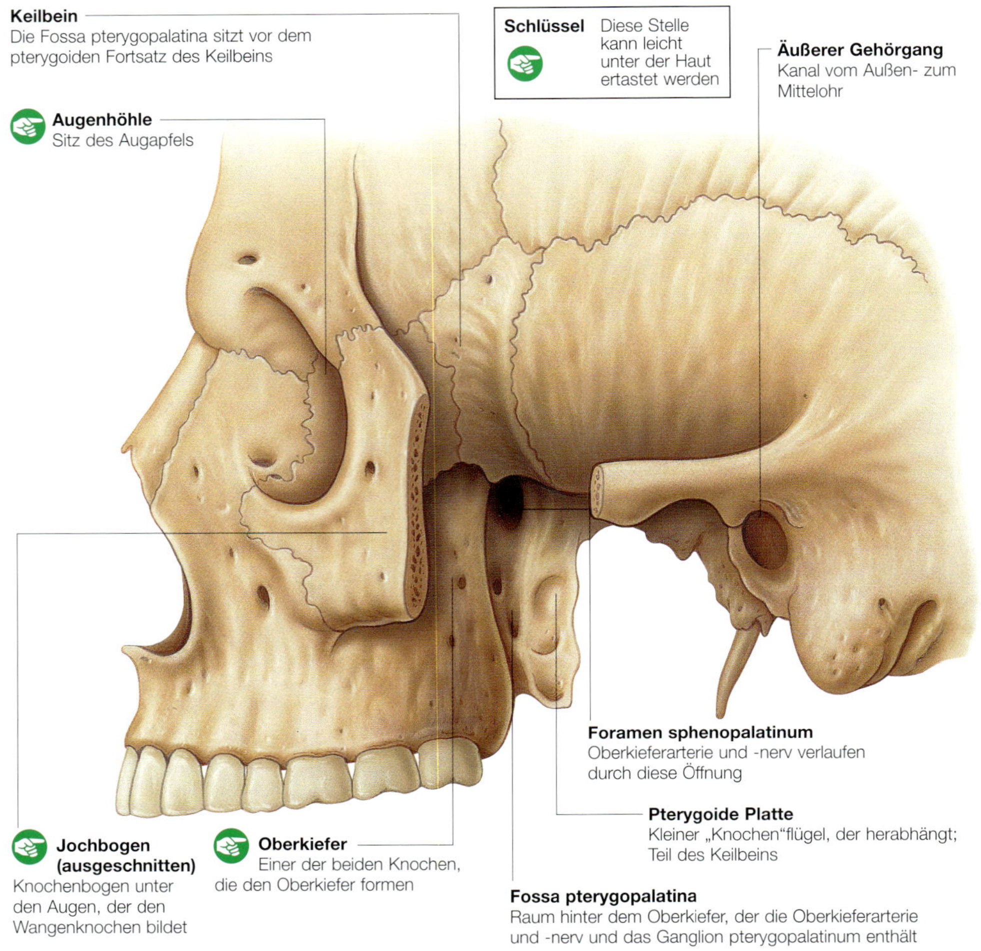

Oberkieferarterie

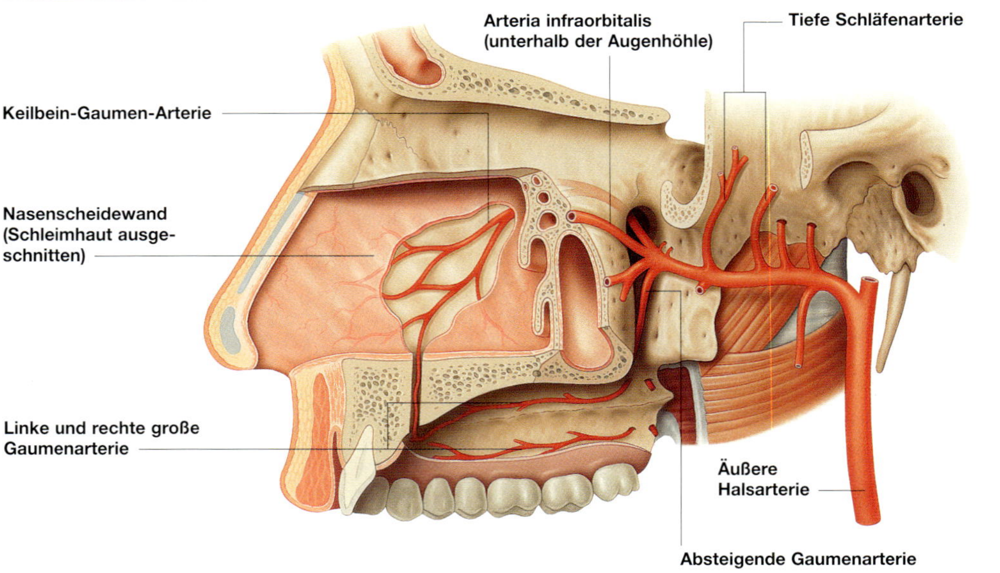

Die Oberkieferarterie ist eine der Endverzweigungen der großen äußeren Halsschlagader. Im Schläfengraben teilt sich die Arterie in drei Teile, und der pterygopalatine Abschnitt wird für gewöhnlich der dritte genannt.

VERZWEIGUNGEN DER OBERKIEFERARTERIE

Die Oberkieferarterie tritt über den pterygomaxillären Spalt in die Fossa pterygopalatina ein. In der Fossa teilt sich die Arterie in verschiedene Äste, die schließlich sauerstoffreiches Blut an alle Oberkieferzähne, den harten und weichen Gaumen, die Nasenhöhle, die Nasennebenhöhlen, die Haut des unteren Augenlids, die Nase und die Oberlippe liefern.

Oberkiefernerv

Der Oberkiefernerv geht durch die Fossa pterygopalatina, bevor er sich verzweigt, um große Bereiche des Gesichts zu versorgen.

Der Oberkiefernerv verlässt das Schädelinnere, um direkt durch das Foramen rotundum in die Fossa pterygopalatina einzutreten. Beim Eintritt in die Fossa enthält der Nerv nur Fasern für allgemeine Empfindungen wie Berührung, Schmerz und Temperatur. In der Fossa teilt er sich auf, um diese Sensorik zur Nase, zum Gaumen, den Nasenflügeln, dem Zahnfleisch, der Haut der Wangen, der Oberlippe und den oberen Backenzähnen zu bringen.

ÄSTE DES OBERKIEFERNERVS

Die Namen der Hauptäste sind zygomaticotemporaler und zygomaticofacialer sowie größerer und kleinerer Gaumennerv, nasaler Nerv und hinterer oberer Alveolarnerv. Der Hauptast des Oberkiefernervs verlässt die Fossa durch den unteren Orbitalspalt im Boden der Augenhöhle.

Beim Verlassen der Fossa pterygopalatina wird der Oberkiefernerv zum infraorbitalen Nerv. Er wandert im Boden der Augenhöhle zum Oberkieferforamen unter dem Auge.

Zweige des infraorbitalen Nervs umfassen den oberen vorderen Alveolar, der die vorderen oberen Zähne versorgt.

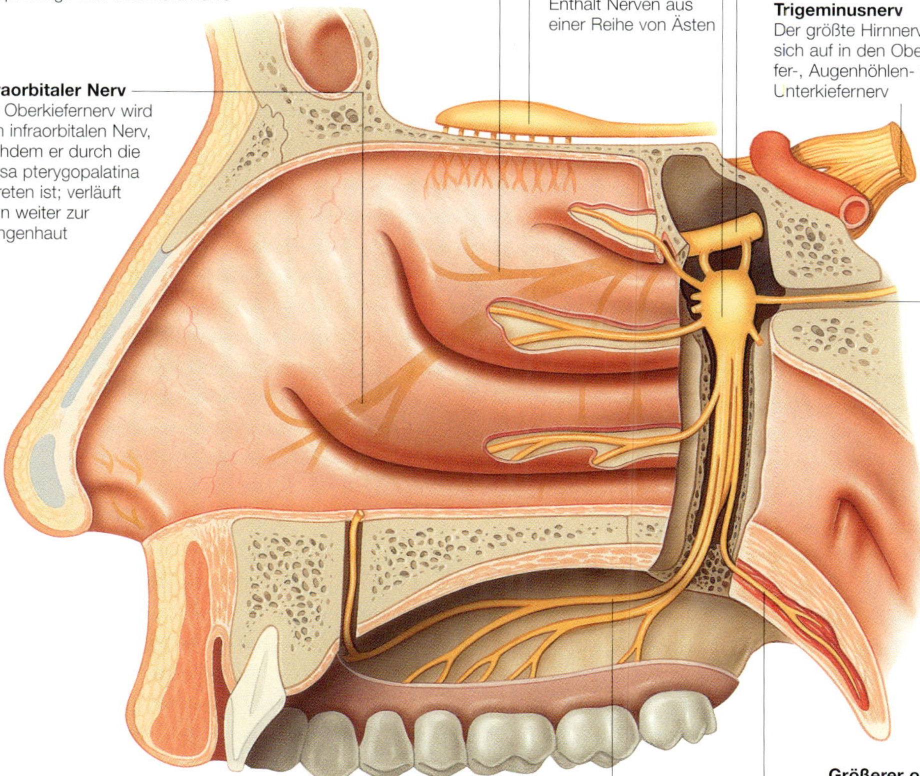

In dieser Schnittzeichnung von Nase und Oberkiefer sind der Oberkiefernerv mit seinen Verzweigungen sowie das Ganglion pterygopalatinum dargestellt.

„Heuschnupfen"-Ganglion

Das Ganglion pterygopalatinum ist ein Konvergenzpunkt für verschiedene Nerven, die sich in der Fossa pterygopalatina abstimmen und vereinen. Über allgemeine Empfindungen hinaus ist die Fossa auch eine Schaltstation für Nervenfasern, die Drüsensekretion steuern. Diese nennt man sekretomotorische Fasern; sie sind keine ursprünglichen Bausteine des Oberkiefernervs, da der Trigeminusnerv diese Funktionen nicht beherrscht.

SEKRETOMOTORISCHE FASERN

Die Hauptquelle sekretomotorischer Fasern ist der Gesichtsnerv.

Das pterygopalatine Ganglion enthält Nervenfasern, die Absonderung von Tränenflüssigkeit und Schleim steuern. Diese Fasern werden beim Heuschnupfen angeregt.

Der Hauptzweig des Gesichtsnervs, der Fasern in die Fossa pterygopalatina führt, heißt „größerer oberflächlicher Petrosalnerv". Kurz vorm Eintritt in die Fossa vereinigt er sich mit einem Nerv aus dem sympathischen Nervensystem mit dem Namen „tiefer Petrosalnerv". Fasern dieses Nervs kontrollieren und begrenzen die Blutzirkulation eines Gebiets.

Der kombinierte Nerv heißt Nerv des Pterygoidkanals. Innerhalb des Ganglions vereinigen sich sekretomotorische und vasokonstriktorische Fasern mit sensorischen Fasern des Oberkiefernervs. Auf diese Weise werden sekretomotorische Fasern den Tränendrüsen und den Schleimdrüsen der Nase, des Gaumens und der Nebenhöhlen zugeteilt. Aus diesen Gründen nennen Anatomen das Ganglion pterygopalatinum oft auch das Heuschnupfen-Ganglion.

Ohr

Die Ohren sind die entscheidenden Sinnesorgane für Hören und Gleichgewicht. Jedes Ohr besteht aus drei Teilen – Außen-, Mittel- und Innenohr – von denen jeder verschieden auf Geräusche und Bewegungen reagiert.

Das Ohr kann anatomisch in drei verschiedene Teile zerlegt werden: das äußere Ohr, das Mittelohr und das Innenohr. Das Außen- und Mittelohr sind wichtig für das Aufnehmen und Übertragen von Schallwellen. Das Innenohr ist das eigentliche Gehör und ist auch unerlässlich für das Aufrechterhalten des Gleichgewichts.

INFORMATIONSÜBERTRAGUNG

Das äußere Ohr besteht aus dem sichtbaren Aurikel oder Ohrmuschel und dem Kanal, der in den Kopf geht – dem äußeren Gehörgang. Am inneren Ende des Kanals befindet sich die Membrana tympani, oder das Trommelfell, das die Grenze zwischen Außen- und Mittelohr markiert.

Das Mittelohr ist über die Eustach'sche Röhre mit dem hinteren Teil des Rachens verbunden. Im Mittelohr sind drei winzige Gehörknochen, die Ossikel. Diese Knochen sind so verbunden, dass Bewegungen des Trommelfells über die Fußplatte des Steigbügels auf das ovale Fenster übertragen werden (Öffnung zwischen dem Mittel- und Innenohr).

Das Innenohr enthält das Haupt-Hörorgan, die Cochlea, und das Vestibularsystem, das das Gleichgewicht steuert. Information aus diesen beiden Teilen des Ohrs läuft über den vestibulocochlearen Nerv zu bestimmten Abteilungen des Gehirnstamms.

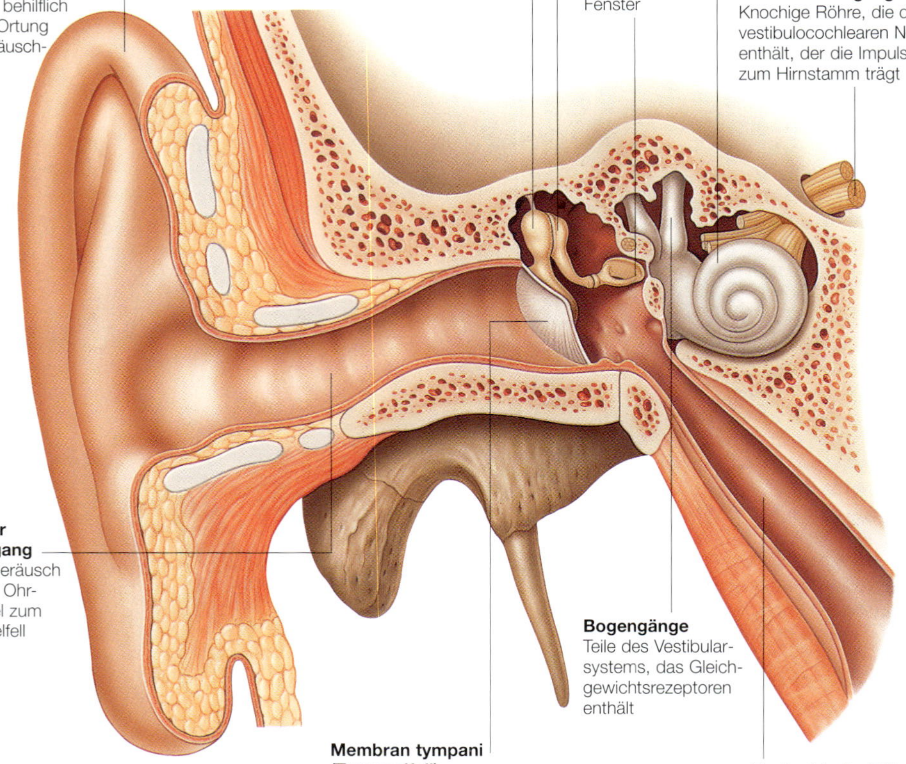

Betrachtung des Ohres durchs Otoskop

Das Trommelfell kann mit einem Instrument untersucht werden, das man Otoskop nennt und zu dem Zweck in den äußeren Gehörgang eingeführt wird. Das Otoskop beleuchtet das Trommelfell, das dadurch perlgrau erscheint. Im Zentrum reflektiert ein kleiner Lichtkegel an einer vertieften Stelle, die man Umbo nennt, und strahlt nach unten und vorn. Beim Umbo befindet sich auf der anderen Seite der Membran der Hammer.

Bevor man das Otoskop einführt, muss die Ohrmuschel nach oben und dann nach außen gezogen werden. Das ist nötig, weil der äußere Gehörgang nicht gerade verläuft.

Der größte Teil der Membran ist verdickt und stramm (Pars tensa), aber am oberen Rand ist eine kleine Stelle mit weniger Fasern, die man Pars flaccida nennt. Die Membran ist gut innerviert, daher sind Entzündungen sehr schmerzhaft.

Bild eines gesunden Trommelfells durch ein Otoskop. Das Trommelfell erscheint durchsichtig.

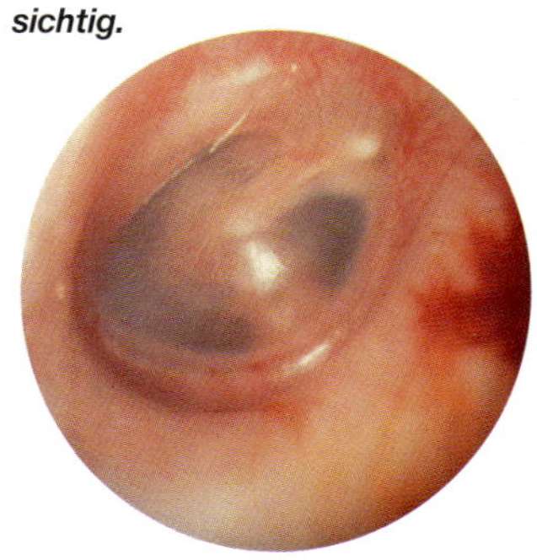

Äußeres Ohr

Die Pinna besteht aus Haut und Knorpel und bildet so das äußere Ohr. Es dient dazu, Geräusch zum Mittelohr zu leiten.

Die Pinna (Ohrmuschel), oder Aurikel, fängt Schall aus der Umgebung ein und leitet ihn zum äußeren Gehörgang. Sie besteht aus einer dünnen Schicht elastischen Knorpels und im unteren Abschnitt, dem Ohrläppchen, hauptsächlich aus Fettgewebe mit einer festen Hauthülle. Das Aurikel ist mit dem Kopf durch eine Serie von Bändern und Muskeln verbunden, und das Außenohr verfügt über ein komplexes sensorisches Nervensystem aus drei der Hirnnerven.

SCHUTZ DES OHRES

Der Gehörgang des Außenohres besteht aus einer Röhre zwischen Ohrläppchen und Trommelfell und ist bei Erwachsenen ca. 2,5 cm lang. Das äußere Drittel der Röhre ist aus ähnlichem Knorpel wie die Ohrmuschel, aber die inneren zwei Drittel sind knochig (Teil des Schläfenbeins).

In der Haut, die den knorpeligen Teil des Gangs bedeckt, sind grobe Haare und Cerumendrüsen, die Cerumen oder Ohrschmalz absondern. Normalerweise trocknet dieses Wachs und fällt aus dem Ohr, aber es kann sich auch ansammeln und das Gehör beeinträchtigen. Das Zusammenwirken von Haaren und Ohrenschmalz verhindert das Eindringen von Staub und Fremdpartikeln in das Ohr.

Die Grenzlinie zwischen Außen- und Mittelohr ist die Membrana tympani (Trommelfell). Dies ist eine transparente Membran, die durch ein Otoskop betrachtet werden kann. Das Trommelfell kann aufgrund einer Mittelohrentzündung, allerdings auch durch Hochdruck-Schallwellen reißen.

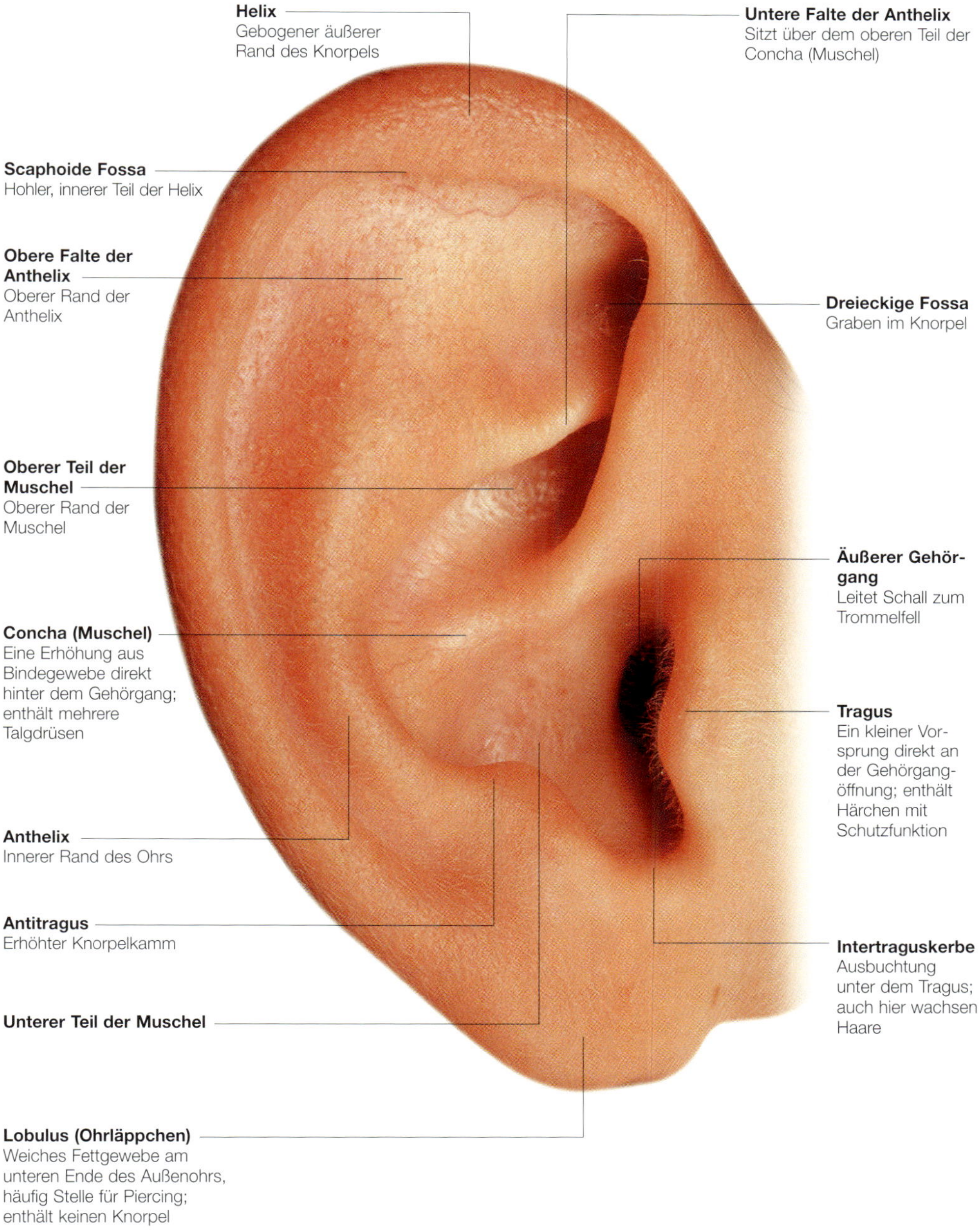

Ohrdeformationen

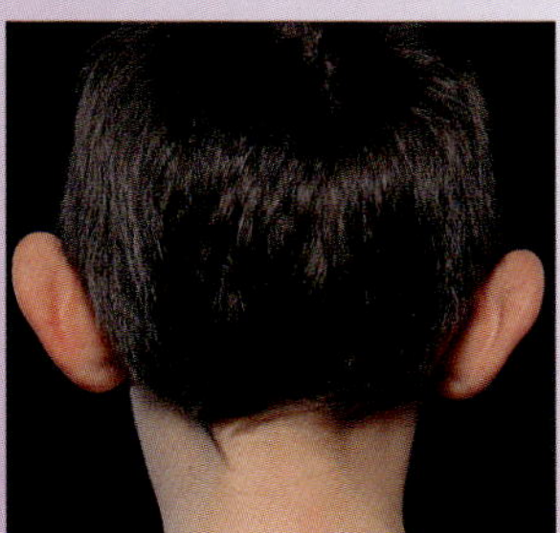

Abstehende Ohren sind eine häufige geringfüge kosmetische Abweichung. Das Ausmaß der Abweichung variiert.

Kinder mit abstehenden Ohren, oder „Segelfliegerohren", werden oft gehänselt und sind dadurch etwas gehemmt. Deswegen entscheiden sich manche für eine chirurgische Korrektur. Kinder müssen für eine solche Operation mindestens fünf Jahre alt sein, da vorher der Ohrknorpel nicht ausgehärtet ist.

In manchen Fällen haben abstehende Ohren ihre Ursache in überschüssiger Knorpelbildung am Ohrkanal, was die Ohrmuschel von der Seite des Kopfes wegschiebt. Um dies zu korrigieren, schneidet der Chirurg in die Rückseite des Ohrs eine Falz in den Knorpel. Das Ohr wird dann genäht und die Heilung abgewartet.

„Blumenkohlohren" sind die Folge von wiederholten Schlägen auf die Ohrmuschel. Sie verletzen den Knorpel darin. Das Problem entsteht, weil der Knorpel keine eigene Blutversorgung hat und von den Gefäßen in der umgebenden Haut abhängig ist. Bei einem Schlag kann sich der Knorpel in mehrere Schichten aufspalten. Aus den umgebenden verletzten Blutgefäßen strömt Blut zwischen die Schichten, und die folgende Vernarbung führt zu einer Verformung der Ohrmuschel.

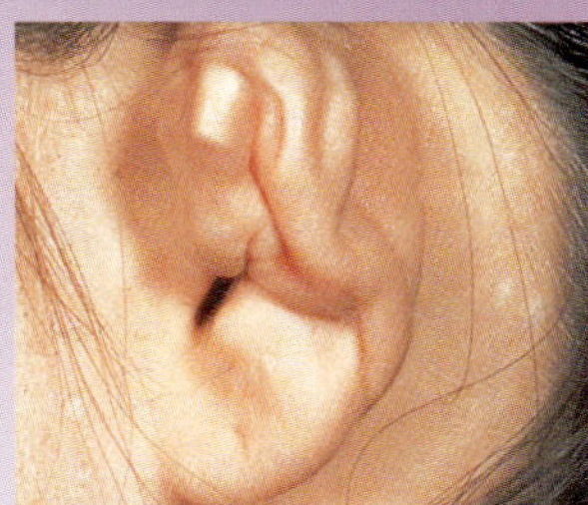

Wiederholte Verletzung der Pinna verursacht „Blumenkohlohren". Als Folge der Schädigung bildet sich Narbengewebe, das die Form verändert.

Inneres des Ohrs

Das Mittelohr ist ein luftgefüllter Hohlraum, der das Trommelfell und drei kleine Knochen enthält, die dazu dienen, Schall ins Innenohr zu transportieren. Durch die Eustach'sche Röhre ist es auch mit dem Rachen verbunden.

Das Mittelohr ist ein luftgefüllter, schachtelförmiger Raum im Schläfenbein des Schädels. Es enthält kleine Knochen, oder Ossikel (Malleus, Incus, Stapes), die sich zwischen dem Trommelfell und der mittleren Wand des Hohlraums ausdehnen.

Es gibt auch zwei kleine Muskeln: den M. tensor tympani am Stiel des Hammers (Malleus) und den M. stapedius am Steigbügel (Stapes). Beide helfen, die Bewegungen der Ossikel zu modulieren. Die mittlere Wand trennt das Innenohr vom Mittelohr und hat zwei membranbedeckte Öffnungen – das ovale und das runde Fenster.

EUSTACH'SCHE RÖHRE

Das Mittelohr ist durch die Eustach'sche Röhre mit dem Rachen verbunden. Sie ist ein möglicher Infektionsweg für das Mittelohr. Ohne Behandlung können sich Infektionen bis in die warzenförmigen Luftzellen direkt hinter dem Mittelohr ausbreiten, von da aus das Dach des Schläfenbeins durchbrechen und schließlich die Schutzmembran des Gehirns infizieren (Meningitis).

Direkt unter dem Boden des Mittelohrs liegt die Ausbuchtung der inneren Drosselvene und unmittelbar davor die innere Halsschlagader.

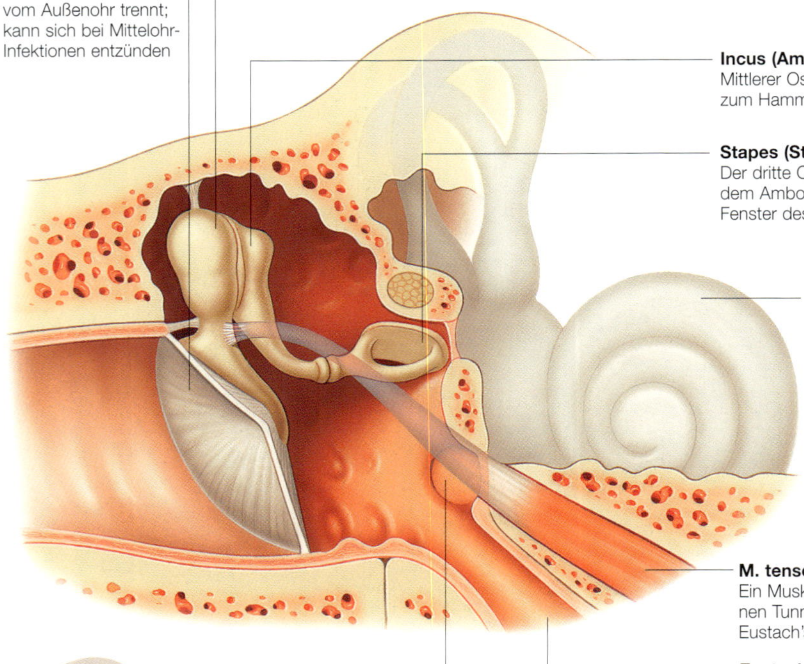

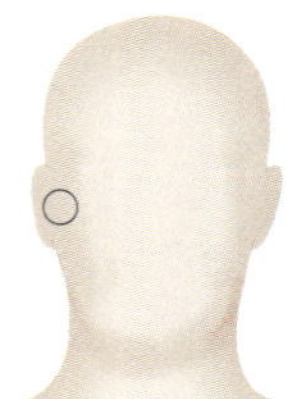

Das Mittelohr ist eine kleine Kammer, die 0,5 cm in der Breite und 1 cm in der Länge misst.

Die Ossikel

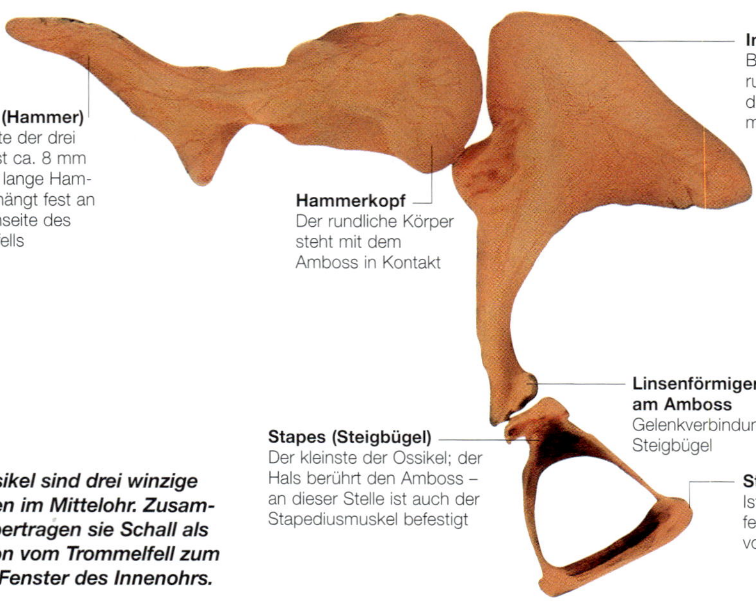

Die Ossikel sind drei winzige Knochen im Mittelohr. Zusammen übertragen sie Schall als Vibration vom Trommelfell zum ovalen Fenster des Innenohrs.

Die drei Ossikel sind so angeordnet, dass Vibrationen des Trommelfells über das Mittelohr an das ovale Fenster des Innenohrs übermittelt werden. Alle drei Knochen werden durch Bänder in ihrer Position gehalten; zudem sind da zwei Muskeln, die die Bewegungen dämpfen.

M. stapedius, der kleinste Skelettmuskel im Körper, kommt aus einem kleinen Knochenfortsatz, Pyramide genannt, und läuft zum Hals des Steigbügels. Kontraktion dieses Muskels hilft, laute Geräusche zu dämpfen.

Der andere Muskel, der Tensor tympani, hat einen ähnlichen dämpfenden Effekt, aber er hilft, die Spannung auf das Trommelfell zu erhöhen. Leute mit Schäden am Gesichtsnerv können an Hyperacusis, einer übermäßigen Schallempfindlichkeit, leiden.

Innenohr

Dieser Teil des Ohres enthält die Hör- und Gleichgewichtsorgane. Er umfasst das Labyrinth, das uns bei der Orientierung des Körpers hilft, und die Cochlea, das eigentliche Hörorgan.

Das Innenohr, wegen seiner verwundenen Form auch Labyrinth genannt, umfasst das Organ des Gleichgewichts (Vestibulum) und das des Gehörs (Cochlea). Es wird unterteilt in das äußere knochige und das innere membranartige Labyrinth. Das knochige Labyrinth ist mit Perilymphe und das membranartige mit einer Flüssigkeit namens Endolymphe gefüllt; Endolymphe hat eine andere chemische Zusammensetzung.

ORIENTIERUNG

Das membranartige Labyrinth enthält das Utriculum und das Sacculum, zwei verbundene, sackähnliche Strukturen innerhalb des knochigen Vestibulums. Sie helfen Menschen, sich in ihrer Umgebung zu orientieren. Im Zusammenhang mit diesen stehen die Bogengänge, die sich in den knochigen halbkreisförmigen Kanälen befinden. An der Stelle, wo sie eine Verbindung zum Utriculum haben, erweitern sich die halbkreisförmigen Kanäle und bilden die Ampullae, die sensorische Rezeptoren tragen. Änderungen in der Bewegung der Flüssigkeit liefern Informationen über Beschleunigung und Verlangsamung des Kopfes.

Die Cochlea ist ein knochiger, spiralförmiger Kanal, der sich um einen zentralen Pfeiler windet – den Modiolus. Im Inneren der Cochlea sind Haarzellen, die Gehörrezeptoren, die auf vom Steigbügel am ovalen Fenster erzeugten Bewegungen in der Endolymphe reagieren. Sie liegen im Cortischen Organ.

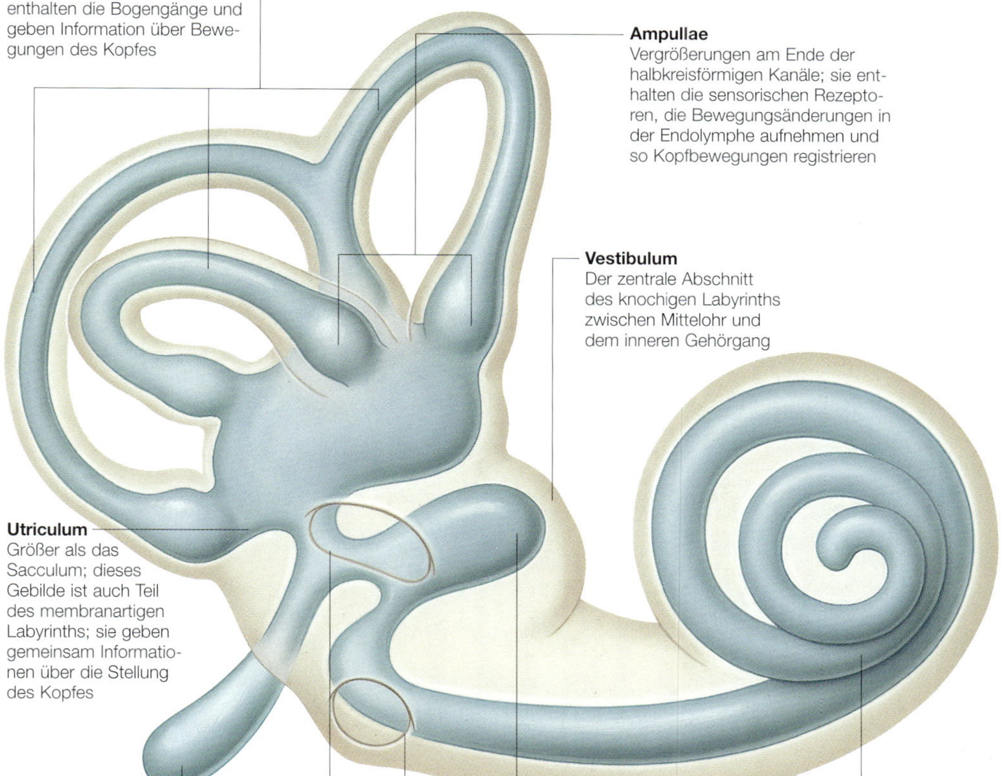

Die komplizierten Gebilde im Innenohr sind im knochigen Labyrinth eingeschlossen. Dies schützt die Hörrezeptoren und die empfindlichen Organe, die Kopfbewegungen erkennen.

Hörgeräte und Cochlea-Implantate

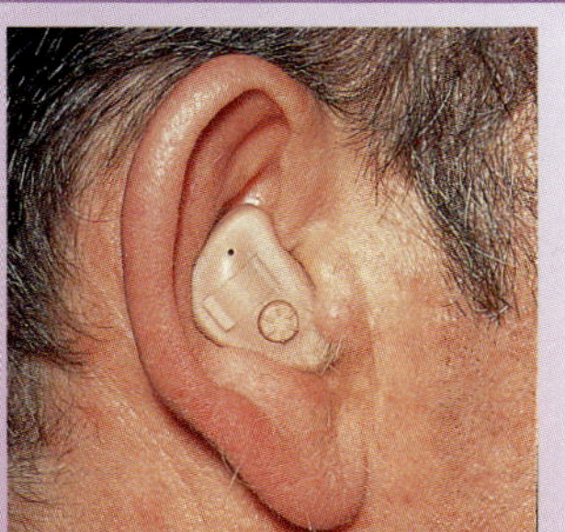

Dieses Hörgerät passt sich im Außenohr an. Es verbessert das Hören bei teilweise tauben Patienten, indem Schall verstärkt und ins Ohr übertragen wird.

Es gibt zwei Hauptarten von Taubheit. Bei conduktiver Taubheit – d.h. es besteht ein Problem mit der Weiterleitung des Schalls – liegt das Problem im Außen- oder Mittelohr. Sensoneurale Taubheit liegt vor, wenn der Defekt innerhalb der Cochlea oder im Gang zwischen Cochlea und Gehirn liegt.

Conduktiver Gehörverlust kann oft chirurgisch behoben werden oder durch die Zuhilfenahme von elektrischen Hörgeräten. Diese bestehen im Wesentlichen aus einem Verstärker, einem Mikrophon, einem Empfänger und einer Batterie und können entweder hinter dem Ohr oder bei kleiner Ausführung im Ohr getragen werden.

Bei den Patienten mit sensoneuralem Gehörverlust müssen die Hörhilfen komplexer sein. Ein Lösungsversuch ist das cochleare Implantat oder das künstliche Ohr. Dieses übersetzt Schall in elektrische Impulse, die dann über Elektroden in die Cochlea übertragen werden, wo sie Nervenimpulse im vestibulocochlearen Nerv auslösen. Diesen Weg geht man bei Patienten, bei denen die Härchen im Cortischen Organ zerstört sind. Das so erzeugte Hören ist relativ rudimentär, aber die Wahrnehmung von Rhythmus und Schallintensität kann vermittelt werden.

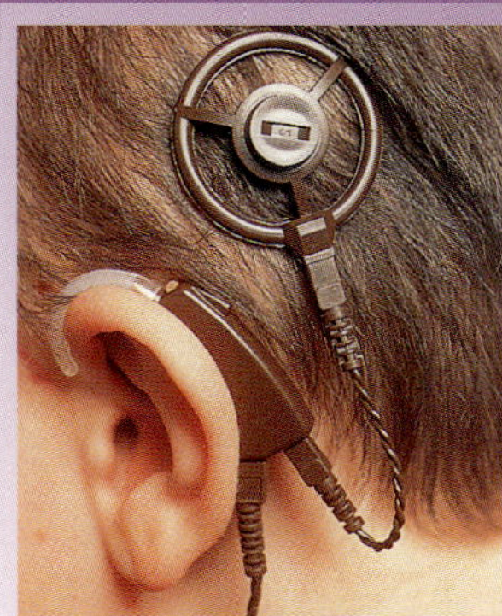

Der Sender des Cochlea-Implantats ist am Schädel fest, der Empfänger liegt darunter.

Inneres des Halses

Der Hals ist eine der anatomisch komplexesten Areale des Körpers. Viele lebenswichtige Strukturen, darunter das Rückenmark und die Schilddrüse, liegen dichtgedrängt mit Schichten von Bindegewebe und Muskeln beisammen.

Als Hals bezeichnet man den Teil zwischen Unterkiefer und Schlüsselbein. Innerhalb dieses relativ kleinen Gebiets liegen viele lebenswichtige Strukturen, die zusammen mit Bindegewebsschichten eng beieinanderliegen.

Die äußerste Schicht am Hals ist die Haut. Die Haut am Hals enthält sensorische Nervenenden des zweiten, dritten und vierten Zervikalnervs. Eine Reihe von natürlichen Hautfalten laufen horizontal rund um den Hals. Wenn die Haut bei Operationen durchtrennt wird, macht man die Schnitte eher parallel als quer zu diesen Linien, damit die Narbenbildung gering gehalten wird.

ÄUSSERE DROSSELVENE

Unmittelbar unter der Haut befindet sich die dünne Schicht subkutanen Fetts und das Bindegewebe (oberflächliche Faszie). In diese Schicht eingebettet liegen Blutgefäße wie die äußere Drosselvene und ihre Zuflüsse. Diese Venen leiten das Blut aus dem Gesicht, dem Schädel und dem Hals ab. In engem Zusammenhang mit der äußeren Drosselvene stehen die oberflächlichen Lymphknoten.

Eine weitere wichtige Struktur in dieser Schicht befindet sich vorn am Hals – der sehr dünne Platysma-Muskel, der hilft, den Unterkiefer nach unten zu ziehen.

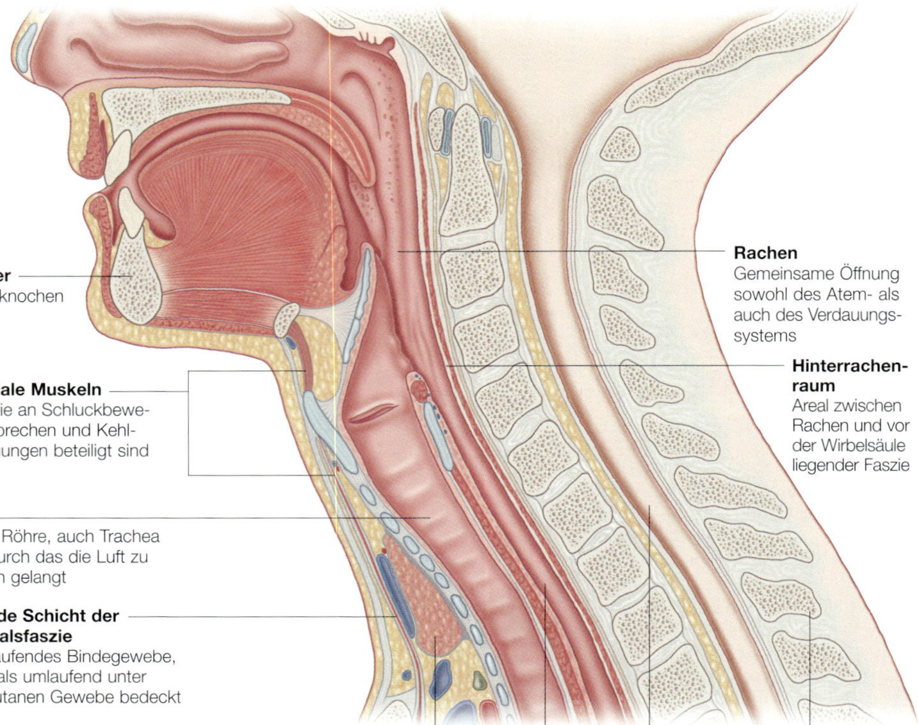

Lymphknoten

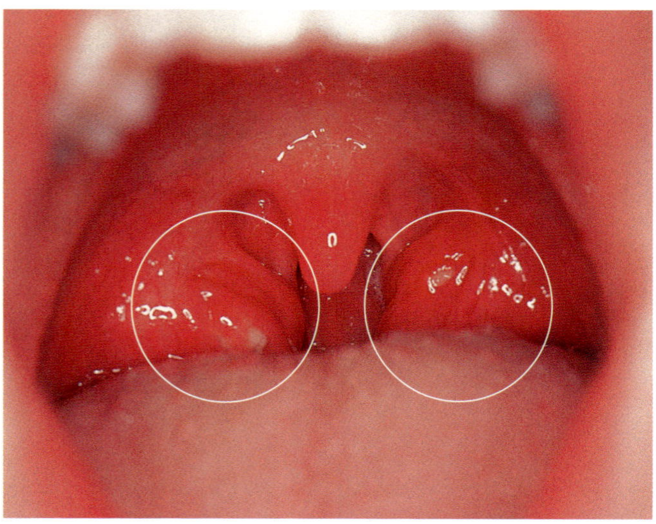

Im Hals befinden sich Lymphknoten, die wesentlich an der Bekämpfung von Infektionen beteiligt sind. Lymphknoten liegen im Bindegewebe an verschiedenen Stellen im Körper, insbesondere in der Gegend der Leiste, der Achselhöhlen und am Hals. Sie kommen auch in Lymphorganen wie der Milz oder den Mandeln vor.

Aufgabe der Lymphknoten ist es, Lymphflüssigkeit zu filtern, die spezialisierte weiße Blutkörperchen (Lymphozyten) durch den Körper trägt. Lymphozyten, die in den Lymphknoten sitzen, sind entscheidend für Abwehrfunktionen, da sie Antikörper produzieren, die eine wichtige Rolle in der Infektionsbekämpfung spielen.

Störungen des Lymphsystems sind immer ernsthafte Erkrankungen. Sie umfassen:

- Lymphoedeme – entstehen durch Störung der Lymphdrainage und verursachen Schwellungen. Sie können manchmal durch Parasiten hervorgerufen werden, durch Schaden am Lymphsystem selbst oder durch Erbkrankheiten wie die Milroy'sche Erkrankung.
- Lymphangitis – akute Entzündung der Lymphgefäße durch Infektion mit Streptococcen.

Die Mandeln (eingekreist) bestehen aus Lymphgewebe und haben mit Infektionsbekämpfung zu tun. Sie selbst sind anfällig gegen Infektion und Entzündung.

Querschnitt durch den Hals

Tiefere Schichten des Halses formen miteinander verbundene Gewebestrukturen. Diese fügen sich mit verschiedenen anderen Strukturen zusammen und schützen sie.

Tiefer im Hals wird das Bindegewebe der Hals-Faszie zu einer großen Zahl von faserigen Decken (Hüllen). Diese Häute umgeben verschiedene Gruppen von Muskeln, Blutgefäßen und Nerven und ermöglichen es, dass sich alle mit einem Minimum an Reibung gegeneinander bewegen können.

Die erste von ihnen ist die einhüllende Faszie. Sie umschließt den Hals und ist am Dornfortsatz der Halswirbel fixiert. Sie umhüllt den großen M. sternocleidomastoideus vorn und seitlich am Hals sowie den Trapezmuskel auf der Hinterseite; beide sind wichtig für Bewegungen von Kopf und Hals.

KEHLKOPF UND LUFTRÖHRE

Die dünnen prätrachealen Faszien halten die Schilddrüse an Kehlkopf und Luftröhre vorn am Hals fest. Sie sind am Ringknorpel verankert, was die Bewegung beim Schlucken ermöglicht.

Die prätracheale Faszie setzt sich in einer Gewebeschicht fort (der Halsschlagaderhülle), die Halsschlagader, die innere Drosselvene und den Vagusnerv schützend einschließt. Hinter der Trachea (Luftröhre) liegt der Oesophagus (Speiseröhre), und hinter dem Kehlkopf liegt der Rachen, die muskulöse Röhre, die Mund und Oesophagus verbindet.

Die letzte tiefliegende Bindegewebsschicht ist die Fascia praevertebralis, die die übrigen Muskeln des Halses einschließt, die Wirbelsäule und das Rückenmark. Das bewirkt maximalen Schutz.

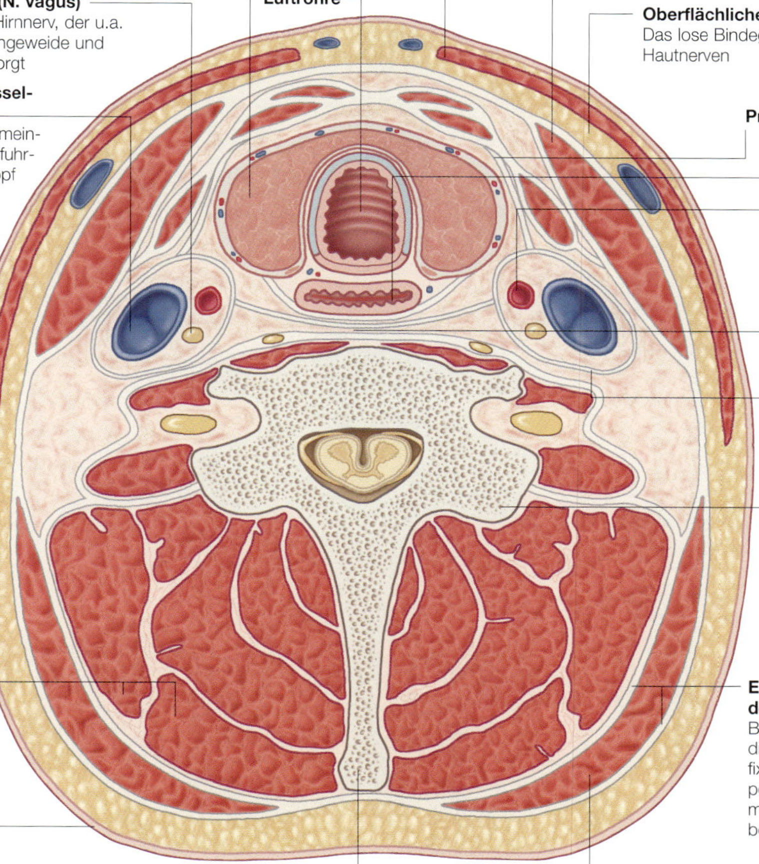

Ein Querschnitt durch den Hals zeigt die wichtigsten Muskeln für Bewegung und Mimik. Dazwischen sind Bindegewebe und Gefäße.

Hinterrachenraum

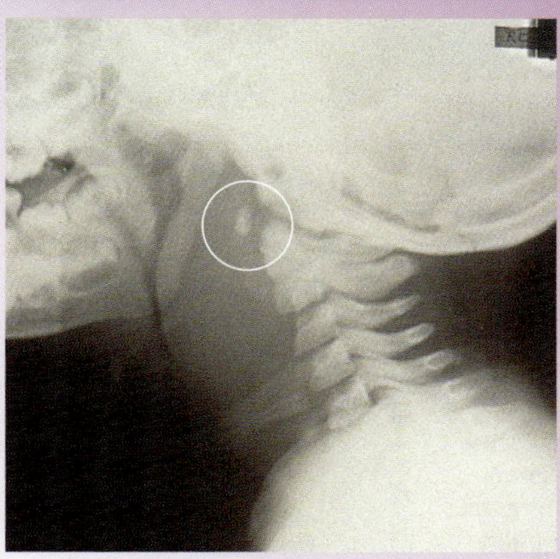

Der Hinterrachenraum kann sich entzünden. Dieses Röntgenbild zeigt einen Abszess (eingekreist) im Hinterrachenraum. Diese Infektion kann sich von den Mandeln her ausgebreitet haben.

Zwischen den verschiedenen Faszienschichten gibt es Areale mit viel lockerem Bindegewebe, so den Hinterrachenraum. Dieser Raum liegt zwischen dem Rachen und den Fascia der Wirbel und erstreckt sich von der Schädel-basis bis zum Brustraum.

Klinisch gesehen sind diese Stellen wichtig in Bezug auf die Ausbreitung von Infektionen. Eine Infektion des Mundes oder der Zähne kann in den Hinterrachenraum gelangen, und aufgrund der tuchähnlichen Struktur der Fascia kann die Infektion in seltenen Fällen bis in die Brust vordringen.

Hinterrachenabszesse entstehen anhand der Ausbreitung von Infektionen in Mund und Mandeln und kommen meist bei Kindern vor. Sie können auch aufgrund von Schädigungen der hinteren Rachenwand auftreten, was durch Gegenstände wie Stiele von Lutschern verursacht werden kann.

Die Patienten neigen zu Fieber und klagen über Schluckbeschwerden. Starke Schwellungen können das Atmen behindern. Die Abszesse können mit Weichteil-Röntgen auf der Halsseite dargestellt werden. Die Behandlung umfasst Sicherung der Atemwege, chirurgisches Ausräumen der Abszesse und Antibiotika.

Wirbelsäule

Die Wirbelsäule gibt unseren Körpern Beweglichkeit und hält uns aufrecht. Außerdem schützt sie das empfindliche Rückenmark.

Die Wirbelsäule ist auch bekannt als Rückgrat. Sie trägt den Schädel und schafft den Übergang zum Becken, das die unteren Gliedmaßen hält. Ebenso wie ihre offensichtliche Rolle bei der Körperhaltung und Fortbewegung ist sie essentiell wichtig für den Schutz des Rückenmarks. Wie bei allen Knochen ist auch hier das Mark ein Blutkörperchenproduzent und fungiert als Speicher für Calciumionen.

Das Rückgrat zeigt von der Seite gesehen vier Rundungen. Die Hals- und Lendenrundungen sind nach vorn konvex, die Thorax- und Kreuzbeinrundungen nach hinten. Der cervicale Bogen (Hals) entwickelt sich in der frühen Kindheit, wenn das Kind lernt, den Kopf hochzuhalten. Entsprechendes gilt für die Lendenwirbel, wenn das Kind beginnt zu laufen.

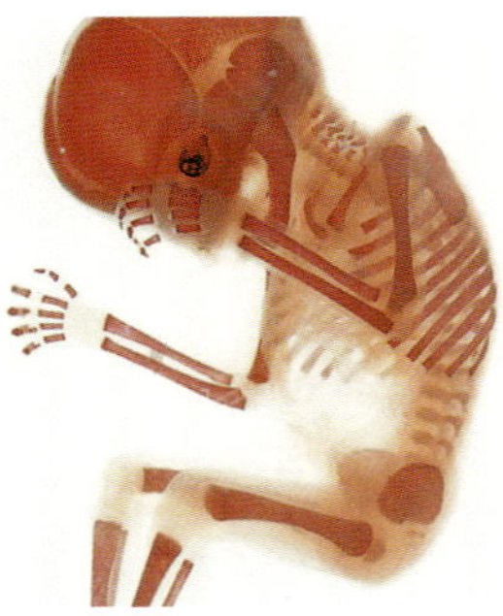

Beim Fötus hat das Rückgrat nur eine einzige Rundung in den Brust- bzw. Kreuzbeinregionen. Weitere entwickeln sich, wenn das Baby sitzt, steht und geht.

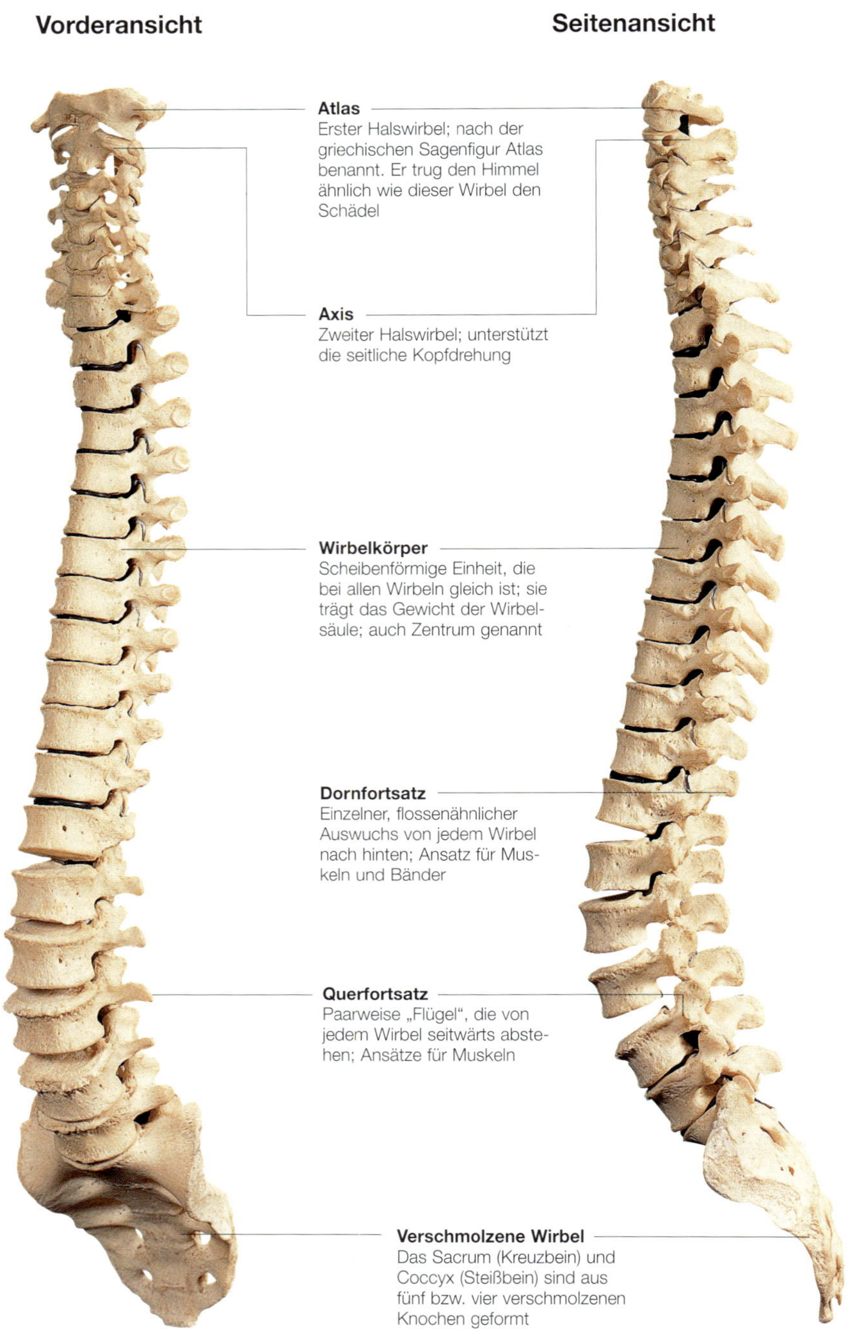

Die Bandscheiben

Zwischen den einzelnen Wirbeln liegen die Bandscheiben. Jede von ihnen besteht aus Bindegewebe mit einem weichen, zentralen Bestandteil (dem geleeähnlichen Nucleus pulposus) und dem festeren umschließenden Gewebe, dem Anulus fibrosus.

Die Bandscheiben machen zusammen ca. 25 % der Gesamtlänge der Wirbelsäule aus. Die Scheiben sind elastisch und werden im Verlauf des Tages zusammengepresst, d.h. wir sind beim Zubettgehen ein paar Zentimeter kleiner als beim Aufstehen. Die Scheiben ermöglichen auch eine große Zahl verschiedener Bewegungen, und als natürliche Stoßdämpfer sorgen sie auch für Schutz gegen zu großen Druck.

Eine Bandscheibe kann zurückrutschen und zu Reizungen der Spinalnerven führen, was die bekannten Schmerzen verursacht (Bandscheibenvorfall). Eine Ruhestellung reicht meist aus, um den Schmerz zu lindern, manchmal bedarf es aber auch einer Operation.

Mit dem Alter werden die Scheiben zunehmend dünner, was teilweise die Ursache für das Kleinerwerden älterer Leute ist.

Auf diesem Bild sieht man, wie sehr die Bandscheiben Kissen ähneln. Sie sind entscheidend für die Aufrechterhaltung der Rückgratbeweglichkeit.

Wirbelverbindungen

Die Wirbelsäule wird in fünf Sektionen unterteilt. Jeder Abschnitt hat eine eigene Funktion und gemeinsam erhalten sie die Stabilität des Skeletts als ganzem.

Das Rückgrat besteht aus 33 Knochen, den sogenannten Wirbeln. Es gibt sieben Halswirbel, 12 Brustwirbel, fünf Lenden-, fünf Kreuzbein- und vier Steißbeinwirbel. Während die Hals-, Brust- und Lendenwirbel aus einzelnen Knochen bestehen, sind die Kreuz- und Steißbeinwirbel verschmolzen und unbeweglich. Die Wirbel entlang des Rückgrats unterscheiden sich voneinander, was in anderen Kapiteln abgehandelt werden soll.

AUFBAU

Jeder Wirbel ist im Grunde gleich aufgebaut und besteht auf der Vorderseite aus einem Wirbelkörper und hinten aus einem Wirbelbogen, der das Rückenmark umschließt und schützt. Aus dem Wirbelbogen entspringen die seitlichen und hinteren Wirbelfortsätze, an denen Muskeln und Bänder verankert sind. Benachbarte Wirbel sind durch Gelenke verbunden, die Bewegung ermöglichen. Die Bewegungen der einzelnen Wirbel gegeneinander sind relativ gering, aber über ihre gesamte Länge machen sie den Rumpf ziemlich flexibel.

Die Nervenstränge vom und zum Rückenmark laufen durch Spalte zwischen angrenzenden Wirbeln, die intervertebralen Foramen.

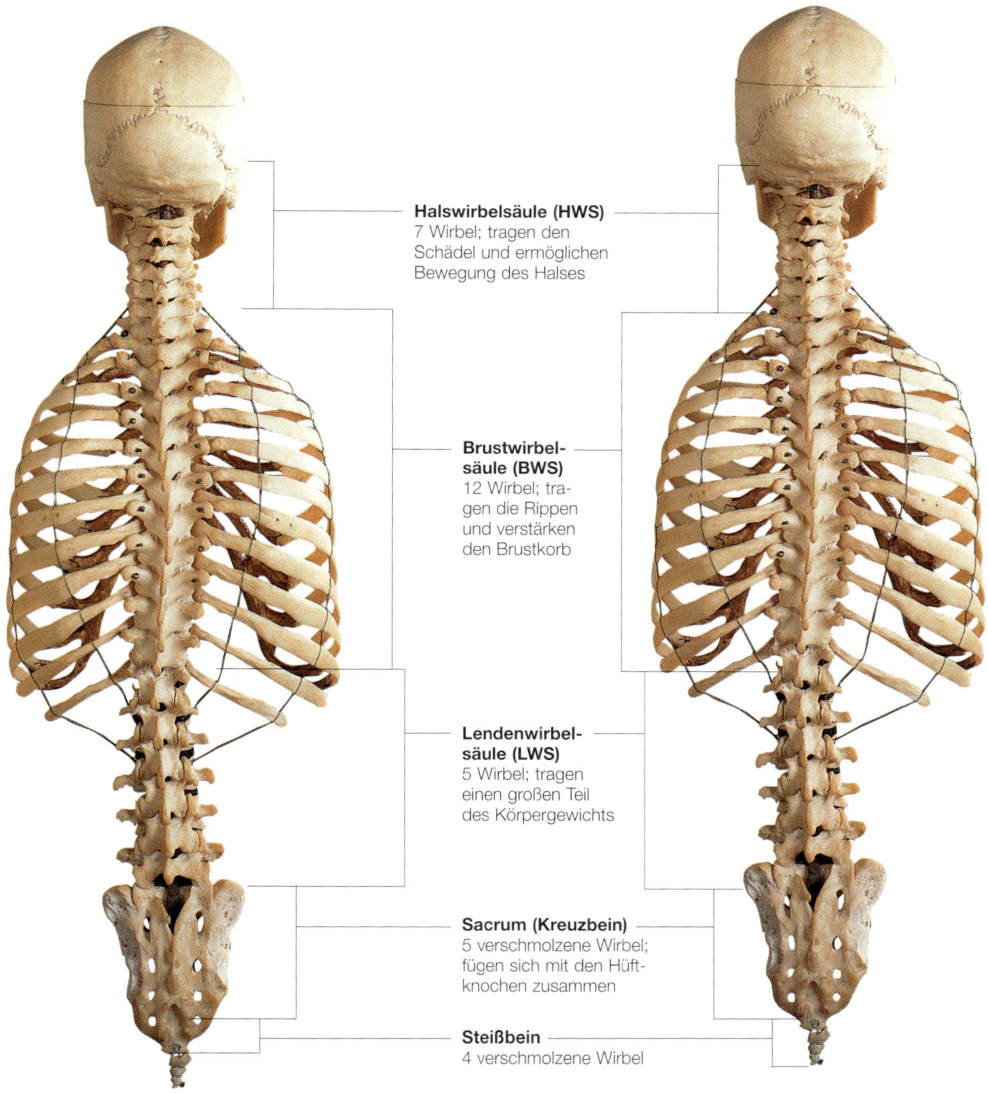

Erkrankungen der Wirbelsäule

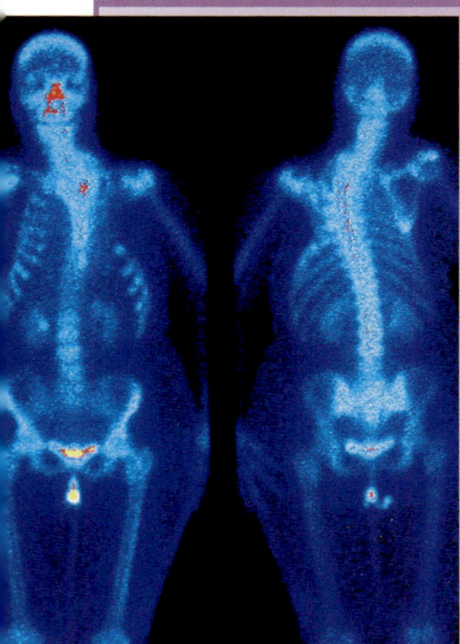

Die Wirbel und ihre Gelenke erkranken wie andere Knochen auch. Auch hier gibt es Osteoporose, Osteoarthritis und Rheumatoide Arthritis. So kann das Rückgrat auch brechen, was wegen der Anwesenheit des Rückenmarks sehr gefährlich ist.

Spida bifida (wörtlich: gespaltenes Rückgrat) ist eine angeborene Krankheit, bei der die Wirbelbögen offen sind und sich nicht in der Mitte treffen. Dadurch tritt das Rückenmark aus dem Rückgrat aus.

Diese Störung entsteht durch Fehlentwicklung während der Schwangerschaft und kann für gewöhnlich nach der 16. Woche auf dem Ultraschallbild erkannt werden. In leichten Fällen kann es übersehen werden. Befallen sind meist die Lenden- und die Kreuzbeinregion. In den schlimmsten Fällen ist das gesamte Rückgrat (und der Schädel) betroffen. Häufig kommt dabei auch ein Hydrozephalus vor.

Scoliose ist eine angeborene abnormale Krümmung der Brustwirbelsäule. Sie kann chirurgisch oder mit einem Stützband behandelt werden.

Bei der Spida bifida tritt Rückenmark und umgebendes Gewebe durch die Haut. Ein häufiges Symptom ist dabei die Lähmung der unteren Gliedmaßen.

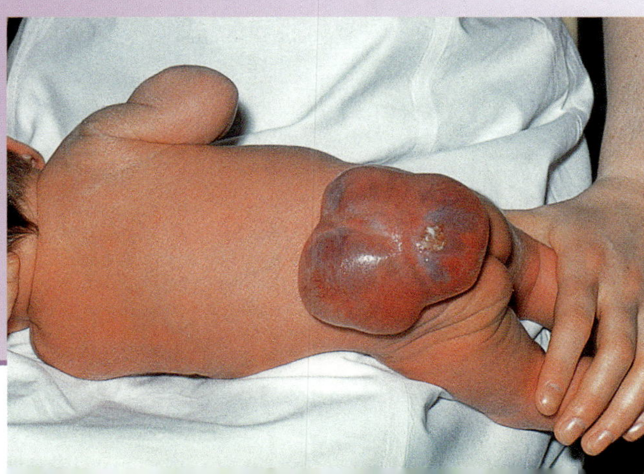

Halswirbel

Es gibt insgesamt sieben Halswirbel, die zusammen die Skelettstruktur des Halses bilden. Die Wirbel schützen das Rückenmark, tragen den Schädel und ermöglichen eine Reihe von Bewegungen.

Von den sieben Halswirbeln erscheinen die fünf unteren gleich, obwohl der siebte ein paar unterschiedliche Eigenschaften aufweist. Der erste (Atlas) und der zweite Halswirbel (Axis) zeigen Besonderheiten, die mit der Verbindung von der Halswirbelsäule zum Schädel zu tun haben.

TYPISCHE HALSWIRBEL

Die dritten bis sechsten Halswirbel bestehen aus zwei Hauptbestandteilen, einem Wirbelkörper vorn und einem Wirbelbogen hinten. Diese umschließen die Wirbelforamen (Öffnungen), die als Teil der Wirbelsäule den Wirbelkanal bilden. Der Wirbelkörper ist im Vergleich mit Wirbeln anderer Regionen klein und fast zylindrisch.

Der Wirbelbogen kann in zwei Hauptelemente unterteilt werden; die Pedikel (Stiele), durch die er am Körper befestigt ist, enthalten Kerbungen, durch welche Rückennerven laufen. Die Laminae sind dünne Knochenplatten, die nach hinten gerichtet sind und an der Mittellinie verschmelzen und einen zweigeteilten Dorn bilden.

An jedem Wirbelbogen ist ein Paar Querfortsätze angefügt. Hieran sind Muskeln fixiert die das Rückgrat bewegen und sie enthalten Durchlässe für Blutgefäße.

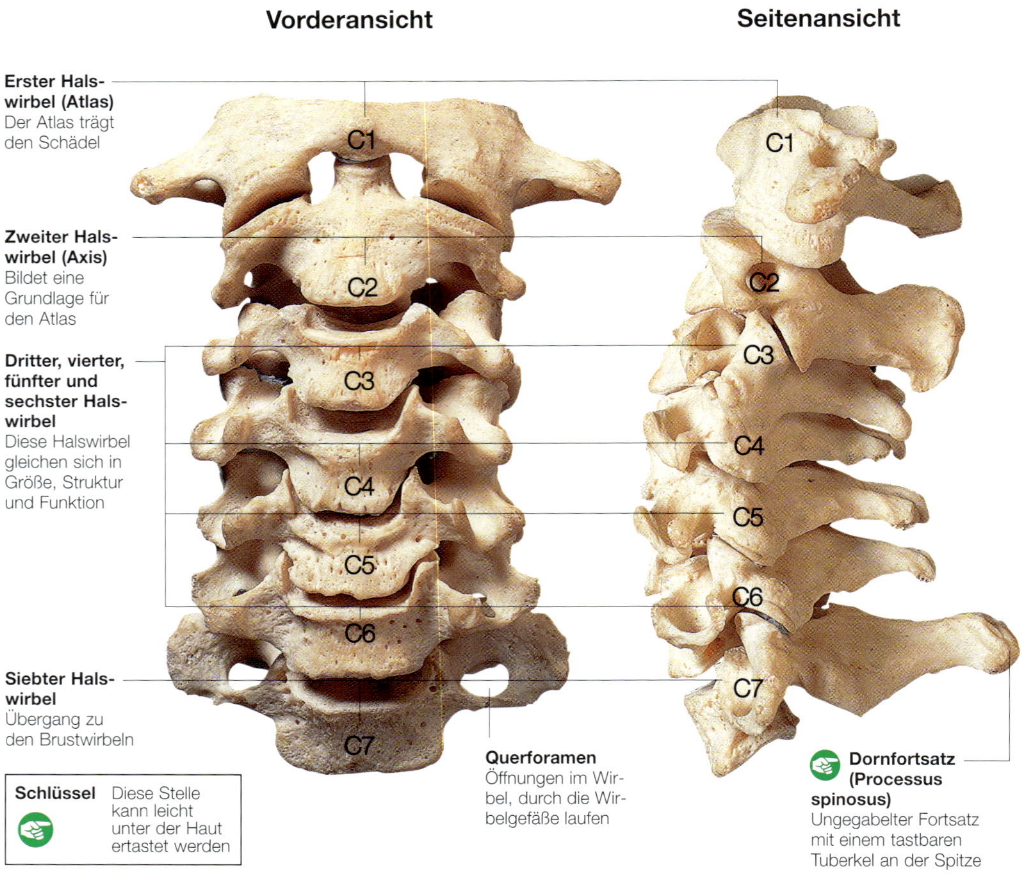

Schäden an der Halswirbelsäule

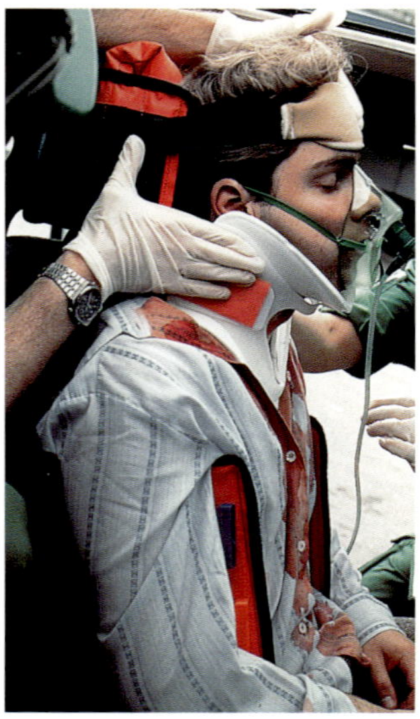

Verschiebungen an den Halswirbeln sind gefährliche Verletzungen, da jede Instabilität in dieser Region möglicherweise zu einer Durchtrennung des weichen Rückenmarks durch die scharfe Oberfläche der Halswirbel führen kann.

Die Muskeln des Zwerchfells, die wichtig für die Atmung sind, werden hauptsächlich durch die Nerven des vierten Halswirbels versorgt, und eine Durchtrennung oberhalb hiervon ist tödlich. Von daher bedeuten ein paar Millimeter Abweichung in der Trennstelle

Nach einer Verletzung kann die Halsbewegung durch einen Stützgurt oder Kragen beschränkt werden. Das verringert das Risiko einer Verletzung des Rückenmarks.

Leben oder Tod. Aus diesem Grund sollte ein Patient an der Unfallstelle nie bewegt werden, bis entsprechende Ausrüstung und Fachleute vor Ort sind, solange man nicht eine Verletzung der Halswirbelsäule ausschließen kann.

Die Basis des Dens (ein zahnähnlicher Vorsprung auf dem Axis-Wirbel, der den Atlas berührt) kann durch schwere Kopfverletzungen brechen. Dies muss durch Röntgenaufnahmen nachgeprüft werden, da ein Knochensplitter nicht sofort wegwandert. Wenn die Absprengung erfolgt, ist dies meist tödlich. Verrenkungen können auch zwischen dem vierten und fünften und dem fünften und sechsten Wirbel vorkommen, dort, wo der Hals am beweglichsten ist.

Die synovialen (Gelenkhaut auskleidend) Gelenke an den Halswirbeln sind wie ähnliche Gelenke an anderen Stellen im Körper anfällig gegen rheumatoide Arthritis. Dies ist eine Autoimmunkrankheit, die eine Entzündung der Oberfläche und der Auskleidung von Gelenken hervorruft und zu Knochenverfall und Deformierung der Gelenke führt.

So etwas ist extrem gefährlich, wenn das Gelenk zwischen Atlas und Axis betroffen ist, da eine Subluxation (Verschiebung bei fortgesetztem Kontakt) des Dens die Folge sein kann. Dadurch kann der Dens auf die darunterliegende Medulla oblongata des Hinterhirns mit lebenswichtigen Funktionen drücken, und das hätte desaströse Konsequenzen.

Betrachtung der Halswirbel

Der erste, zweite und siebte Halswirbel weichen aufgrund ihrer besonderen Funktionen in Gestalt und Aufbau von den anderen ab.

ERSTER HALSWIRBEL

Der erste Halswirbel, der Atlas, hat Verbindung zum Schädel. Anders als die anderen Wirbel besitzt er keinen Wirbelkörper, da dieser als der Dens in den zweiten integriert ist. Er hat auch keinen Dornfortsatz. Stattdessen nimmt der Atlas die Form eines dünnen Knochenrings mit hinterem und vorderen Bogen an; deren Oberflächen zeigen Aussparungen für die Wirbelarterien, die hier vor Eintritt in den Schädel durch das Foramen magnum verlaufen.

ZWEITER HALSWIRBEL

Der zweite Halswirbel, Axis, unterscheidet sich von den anderen Halswirbeln durch das Vorhandensein eines zahnähnlichen Fortsatzes, dem Dens. Der Dens ist eingefasst in den Boden des Atlas-Frontbogens. Die Drehung des Kopfes geht an diesem Gelenk vonstatten.

Der Wirbelkörper des Axis-Wirbels ähnelt denen der anderen Halswirbel.

SIEBTER HALSWIRBEL

Dieser Wirbel hat den längsten Dornfortsatz aller Halswirbel, und da man ihn am leichtesten tasten kann, heißt er „Vertebra prominens" (vorstehend).

Die Querfortsätze sind auch größer als die der anderen Halswirbel, und das ovale Foramen transvesarium lässt eine zusätzliche Wirbelvene durch.

Erster Halswirbel (Atlas)

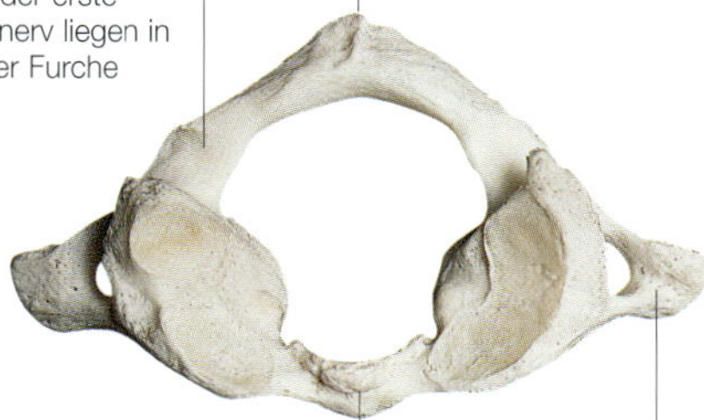

Zweiter Halswirbel (Axis)

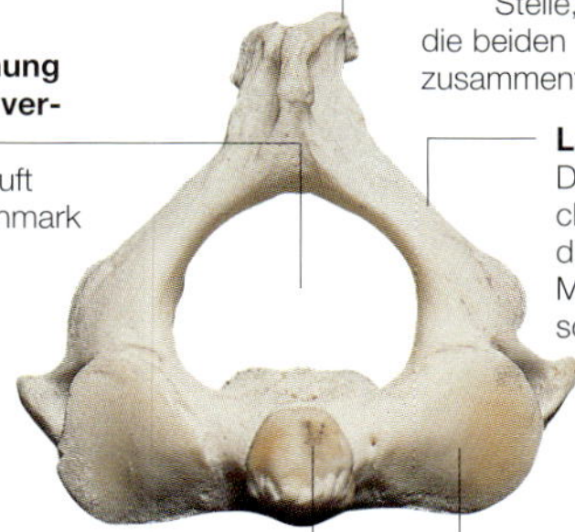

Schlüssel Diese Stelle kann leicht unter der Haut ertastet werden

Fünfter (typischer) Halswirbel

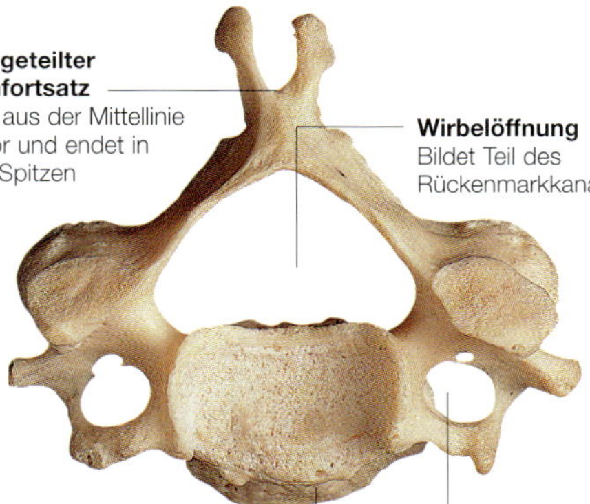

Siebter Halswirbel

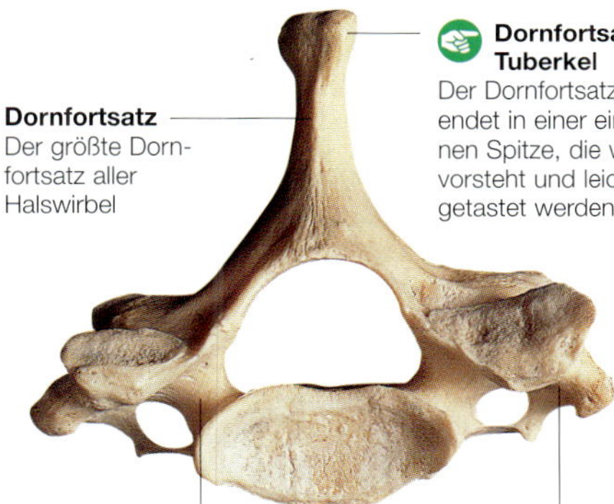

Abnormitäten im Hals

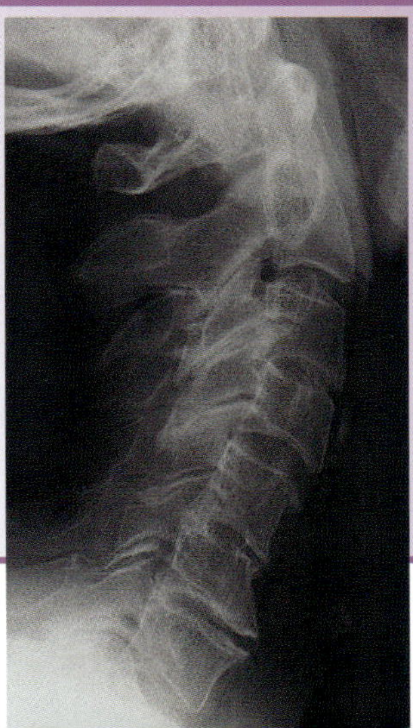

Knochige Auswüchse, oder Osteophyten, können zusammen mit den Wirbeln der Umgebung den Rückennerv einquetschen. Das kann dann Symptome wie Schmerz oder Taubheit in der Region verursachen, die von dem jeweiligen Nerv versorgt wird. Da die unteren Halsnerven zum Brachialplexus laufen, können hier Symptome in den Armen die Folge sein.

Osteophyten sind für gewöhnlich das Ergebnis von Osteoarthritis. Sie verursachen Schmerz und eingeschränkte Halsbeweglichkeit.

Bei etwa 0,5 % aller Menschen findet man kleine Halsrippen, die für gewöhnlich am siebten Halswirbel-Querfortsatz vorkommen. Obwohl sie normalerweise keine Beschwerden machen, mögen sie doch manchmal den Blutfluss in der Arteria subclavia beeinträchtigen. Diese Arterie versorgt den Arm, und so kann dieser Zustand zu Schmerzen im Arm als Folge unzureichender Blutzufuhr führen.

Halsrippen entstehen, wenn der Querfortsatz der Halswirbel weiter in Richtung Brustwirbel verknöchert.

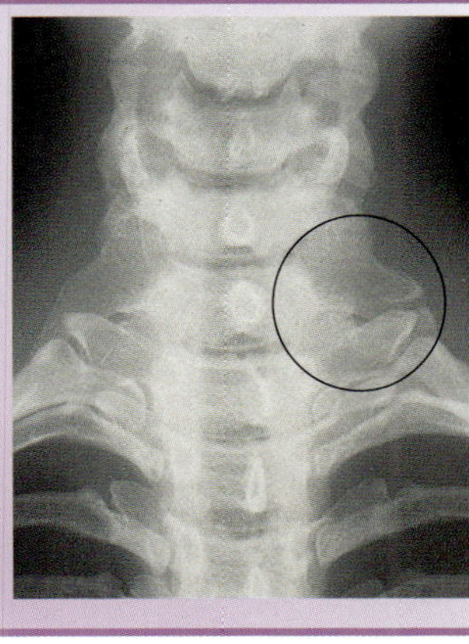

Halsmuskeln

Die Muskeln auf der Vorderseite des Halses sind aufgeteilt in die Gruppen über- und unterhalb des Zungenbeins. Sie sind am Zungenbein verankert und bewegen dieses und den Kehlkopf beim Schlucken auf und ab.

Zwei Gruppen Muskeln verlaufen der Länge nach auf der Halsvorderseite vom Unterkiefer zum Brustbein. Diese Muskeln haben mit der Bewegung des Unterkiefers, des Zungenbeins und des Kehlkopfs zu tun, insbesondere beim Schlucken. Das Zungenbein teilt diese Muskeln in die zwei Gruppen ober- und unterhalb des Zungenbeins.

MUSKELN OBERHALB DES ZUNGENBEINS

Hierbei handelt es sich um paarweise angeordnete Muskeln, die zwischen Unterkiefer und Zungenbein liegen. Der M. digastricus hat spindelförmige Bäuche, die in der Mitte durch eine Sehne verbunden sind. Der vordere Bauch ist bei der Mittellinie am Unterkiefer fixiert, während der hintere aus der Schädelbasis kommt. Die verbindende Sehne gleitet frei durch eine Faserschlinge, die am Zungenbein fest ist.

Der M. stylohyoideus ist ein kleiner Muskel, der vom Styloidfortsatz, einem knochigen Auswuchs an der Schädelbasis, nach vorn und unten zum Zungenbein läuft. Aus ihren Verankerungen jeweils auf der Hinterseite des Unterkiefers laufen die Mm. mylohyoidei zu einem Punkt auf der Mittellinie und bilden so den Mundboden. Später verbinden sie sich mit dem Zungenbein.

Der M. genohyoideus ist ein schmaler Muskel, der entlang des Mundbodens von der Unterkiefer-Rückseite zur Mittellinie beim Zungenbein verläuft.

Die Muskeln ober- und unterhalb des Zungenbeins

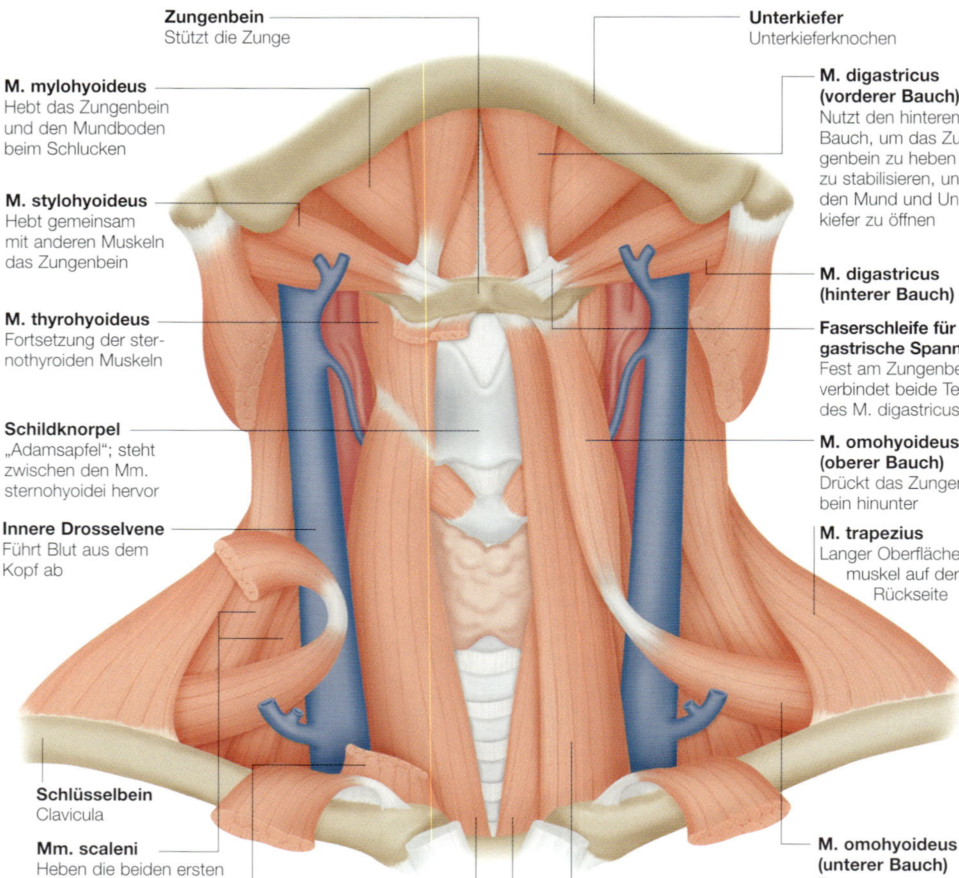

Muskeln unterhalb des Zungenbeins und Platysma

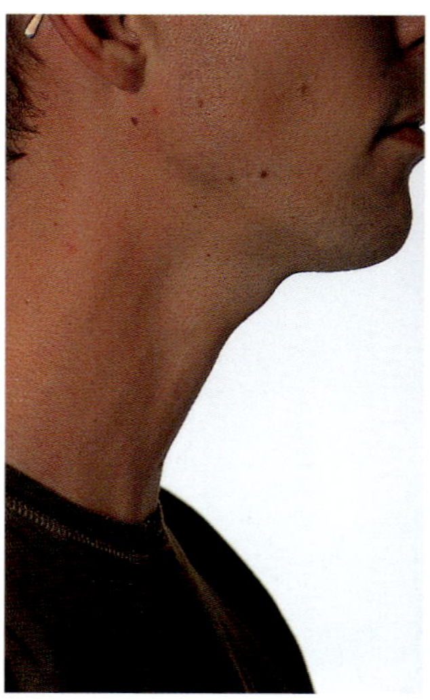

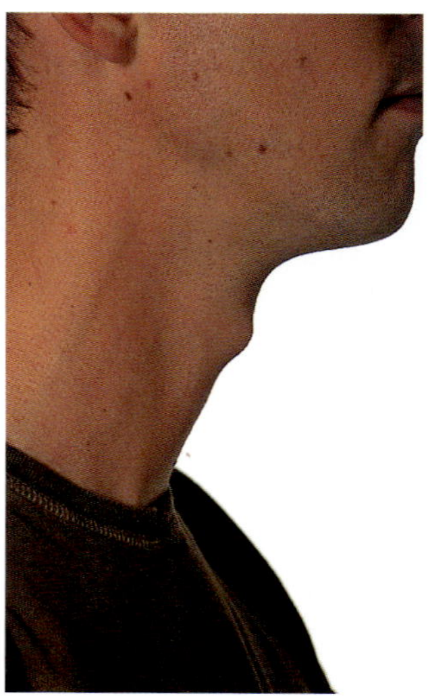

Die Muskelgruppe unterhalb des Zungenbeins befindet sich zwischen Zungenbein und Brustbein und umfasst die Mm. sternohyoidei und omohyoidei, die nebeneinander auf derselben Ebene liegen, und, etwas tiefer, die thyrohoiden und sternothyroiden Muskeln. Ihre flache Form erklärt den Namen Bandmuskeln. Nach dem Schlucken besorgen die unter dem Zungenbein liegenden Muskeln die Rückführung von Zungenbein und Kehlkopf in ihre ursprüngliche Position. Das Platysma ist ein flaches, dünnes Muskeltuch direkt unter der Haut, in der subkutanen Bindegewebsschicht auf der Vorderseite des Halses. Es erstreckt sich aus der tiefen Fascia-Schicht über den oberen Brustmuskeln bis zum Unterkiefer, wobei ein paar Fasern bis nach oberhalb des Mundes verlaufen. Am unteren Ende sind beide Seiten voneinander getrennt, aber sie gehen schrittweise ineinander über, bis sie sich unter dem Kinn überlappen.

Der Kehlkopf und das Zungenbein werden beim Schlucken durch die Muskeln oberhalb des Zungenbeins gehoben (ganz links). Die unterhalb liegenden bringen beide zurück in ihre ursprüngliche Lage (links).

Aufgrund seiner Einwirkung auf das Kinn und den Mund spielt das Platysma nur eine kleine Rolle für den mimischen Ausdruck. Es ist auch der Muskel, der uns ermöglicht, die Unterlippe so herunter zu ziehen, dass man die Zähne sieht.

Bewegungsabläufe der Halsmuskeln

Die Muskelgruppen über dem Zungenbein wirken gegenläufig auf Kehlkopf und Zungenbein. Das macht es uns möglich zu schlucken.

Der Mylohyoid-, Geniohyoid- und der vordere Bauch des digastrischen Muskels wirken gemeinsam, um den Kehlkopf zum Schlucken vor und nach oben zu ziehen. Sie machen es auch möglich, den Mund gegen Widerstand zu öffnen.

Der stylohyoide und der hintere Bauch des digastrischen Muskels ziehen das Zungenbein und den Kehlkopf hoch und zurück. Die Muskeln über dem Zungenbein können getestet werden, wenn man den Patienten bittet, seinen Mund gegen Widerstand weit zu öffnen.

GEGENLÄUFIGE BEWEGUNGEN

Die Gruppe der unter dem Zungenbein befindlichen Muskeln wirkt gemeinsam, um das Zungenbein und den Kehlkopf wieder nach unten in die Ursprungsposition zu ziehen, etwa nach dem Schlucken. Durch das Zusammenziehen senkt diese Muskelgruppe das Zungenbein und fixiert es, so dass die über dem Zungenbein liegenden Muskeln mit einem Zug den Mund öffnen können.

Die unter dem Zungenbein liegenden Muskeln können vom Arzt getestet werden, indem er den Patienten bittet, den Mund gegen Widerstand zu öffnen, während er leicht das Zungenbein (dagegen) hält. Es sollte sich dann durch Muskeltätigkeit nach unten bewegen und fixieren. Wenn die Muskelgruppe zu schwach ist, wird sich das Zungenbein aufgrund der fehlenden Gegenkraft nach oben bewegen.

Bewegungsrichtungen der Muskeln oberhalb und unterhalb des Zungenbeins

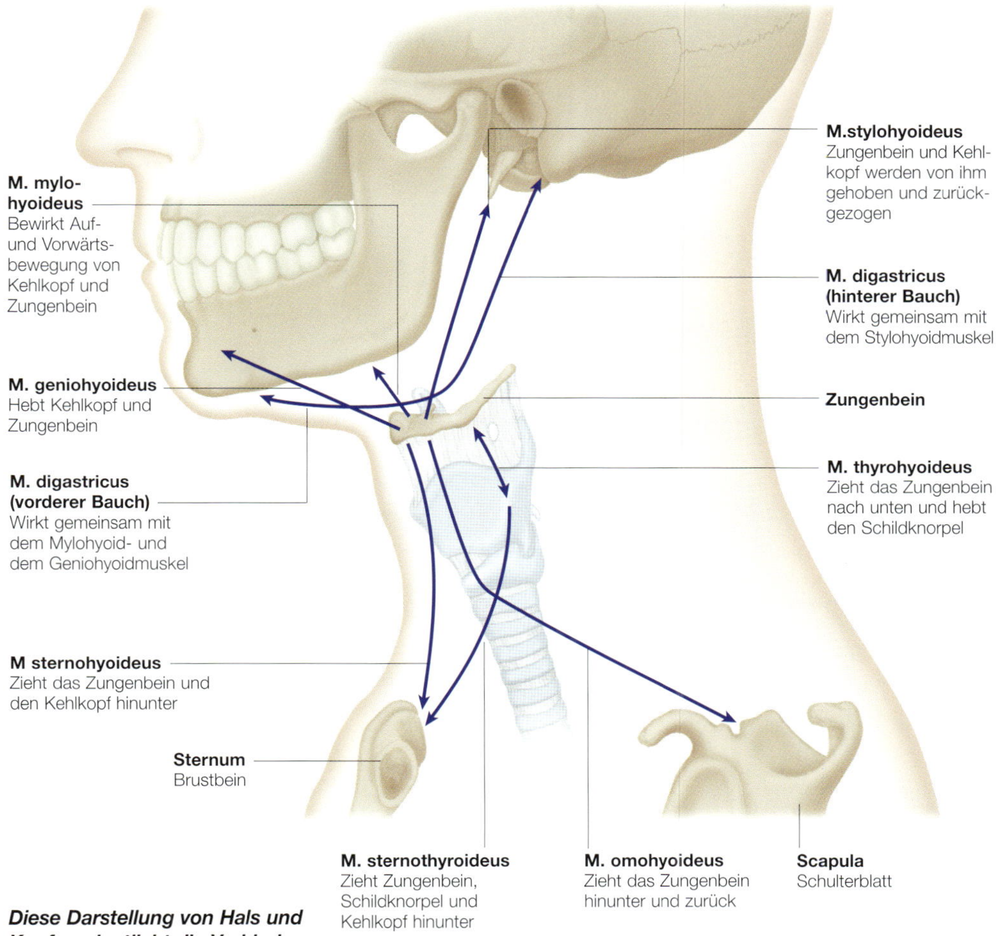

Diese Darstellung von Hals und Kopf verdeutlicht die Verbindungen zwischen Muskeln und Knochen. Die blauen Pfeile zeigen, wie die Muskeln im Verhältnis wirken.

Das Zungenbein

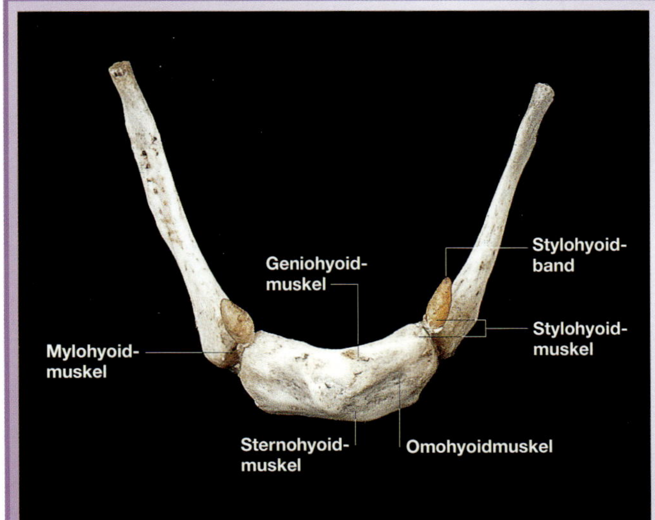

Das Zungenbein von oben. Die Ansatzpunkte für einige der Muskeln sind gekennzeichnet.

Vorn in der Halsmitte, direkt über dem Kehlkopf, liegt ein kleiner, U-förmiger Knochen, das Zungenbein. Es hält den Kehlkopf von oben und ist selbst durch Muskeln und Sehnen am Unterkiefer fixiert.

Das Zungenbein ist insofern einzigartig, als es der einzige Knochen im Körper ist, der keinen Kontakt zu einem anderen Knochen hat, nur zu Sehnen und Muskeln. Für Gerichtsmediziner ist dieser Knochen von besonderem Interesse, da er leicht bei Strangulieren (Erwürgen) bricht und so entscheidende Hinweise auf die Todesursache liefert. Schlucken verlangt eine schnelle Abfolge von Muskelbewegungen hinten im Mund, im Rachen und im Hals. In der Anfangsphase des Schluckens ziehen die Muskeln oberhalb des Zungenbeins dieses nach oben und vorn zum Unterkiefer.

Da das Zungenbein über Muskeln und Bänder mit dem Kehlkopf verbunden ist, wird dieser ebenfalls aufwärts und nach vorn gezogen. Das kann man leicht beobachten, wenn der sogenannte Adamsapfel vorn am Hals auf und ab wandert.

Diese Kehlkopfbewegung weitet den Rachen dahinter und ermöglicht der Speise das Vorbeigleiten. Dies hilft auch bei der wichtigen Aufgabe, den Atemweg zu schließen und so das Einatmen von Nahrung zu verhindern.

Hirnstamm

Der Hirnstamm liegt an der Schnittstelle von Gehirn und Rückenmark. Er hilft bei der Steuerung von Atmung und Blutzirkulation und hat auch Auswirkungen auf den Bewusstseinsgrad des Menschen.

Der Hirnstamm besteht aus drei verschiedenen Teilen: dem Mittelhirn, dem Pons und der Medulla oblongata. Das Mittelhirn stellt die Verbindung zum Großhirn darüber her; die Medulla ist die Verlängerung des Rückenmarks darunter.

DARSTELLUNG DES HIRNSTAMMS

Alle drei Teile des Hirnstamms können von unten dargestellt werden:

- Die Medulla oblongata – eine Verdickung am oberen Ende des Rückenmarks. Pyramiden, oder Säulen, liegen auf jeder Seite der Mittellinie. Die Nervenfasern in diesen Säulen tragen die Daten vom Großhirn zum Körper. Erhöhte Areale, die Oliven, befinden sich auf jeder Seite der Pyramiden.
- Der Pons, die Brücke – enthält ein System aus Nervenfasern, die ihren Anfang in Nervenzellkörpern tief im Inneren des Pons haben.
- Das Mittelhirn – erscheint als zwei große Säulen, die Gehirncrura; sie sind in der Mitte durch eine Senke getrennt.

HIRNNERVEN

Ebenso im Hirnstamm befinden sich einige der Hirnnerven, die einen Großteil des Kopfes versorgen. Diese Nerven enthalten Fasern, die mit den Kernen des Hirnnervs im Zusammenhang stehen, Ansammlungen grauer Substanz, die sich im Hirnstamm finden.

Der Hirnstamm verbindet die Hirnhälften mit dem Rückenmark. Er besteht aus drei Teilen: Pons, Medulla und Mittelhirn.

Unterseite des Hirnstamms

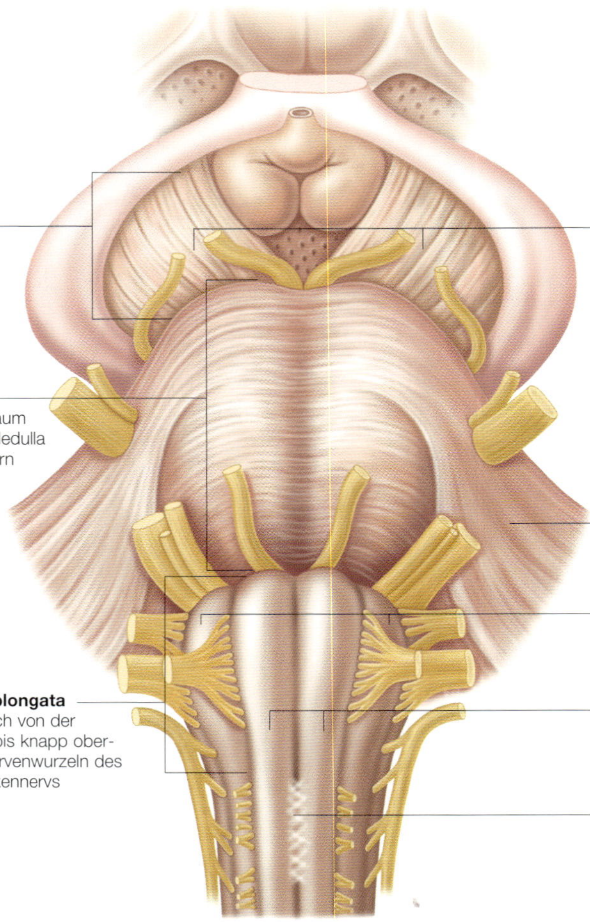

Vergrößerungsausschnitt

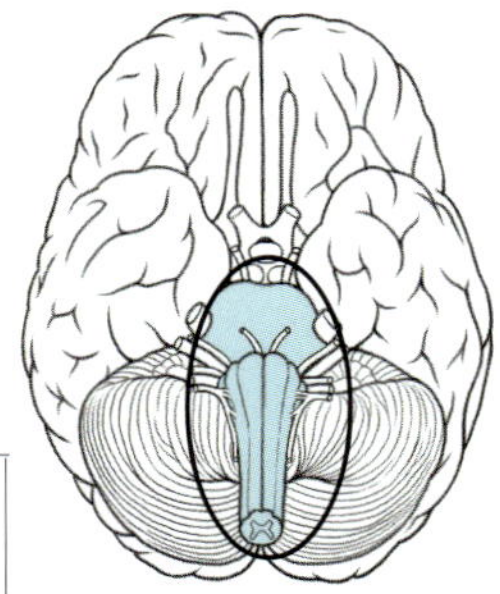

Beziehungen des Hirnstamms

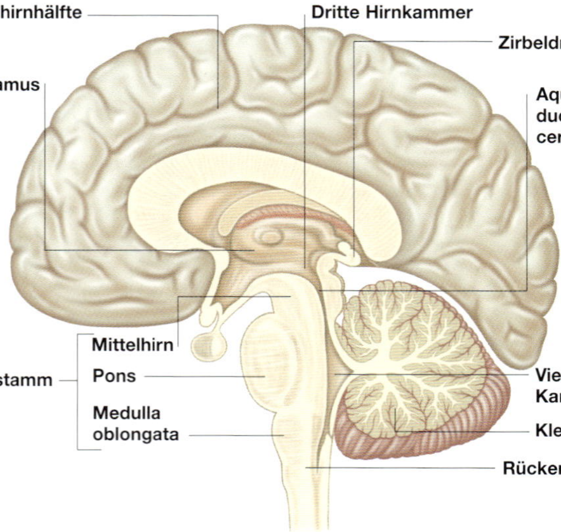

Ein Längsschnitt durchs Gehirn zeigt die Lage des Hirnstamms in Bezug auf andere Hirnbereiche und das Rückenmark:

- Die Medulla oblongata – erhebt sich als eine Verdickung über dem Rückenmark auf Höhe des Foramen magnum, der großen Öffnung in der Schädelbasis. Der zentrale Rückenmarkskanal weitet sich bis in die vierte Hirnkammer auf die Weise, dass Hirnflüssigkeit zwischen Gehirn und Rückenmark zirkulieren kann.

Ein Längsschnitt durch Gehirn und Rückenmark zeigt die Lage der verschiedenen Strukturen. Der Hirnstamm befindet sich vor dem Kleinhirn.

- Der Pons – liegt über der Medulla auf Höhe des Kleinhirns, mit dem er einige Verbindungen hat. Über dem Pons liegt das Mittelhirn, das den Aquaeductus cerebri umschließt, der die vierte mit der dritten Hirnkammer verbindet.
- Das Mittelhirn – ist der kürzeste Teil des Hirnstamms und liegt unter dem Thalamus, dem Zentrum des Gehirns zwischen den Großhirnhälften. Es liegt also unter dem Thalamus, dem Hypothalamus und der kleinen Zirbeldrüse.

Innerer Aufbau des Hirnstamms

Der Hirnstamm beherbergt viele Areale mit Nervengewebe, die eine Vielzahl von lebens- und gesundheitsentscheidenden Funktionen haben. Reaktionen auf visuelle und akustische Reize, die Kopfbewegungen steuern, werden ebenfalls hier ausgelöst.

Querschnitt durch den Hirnstamm

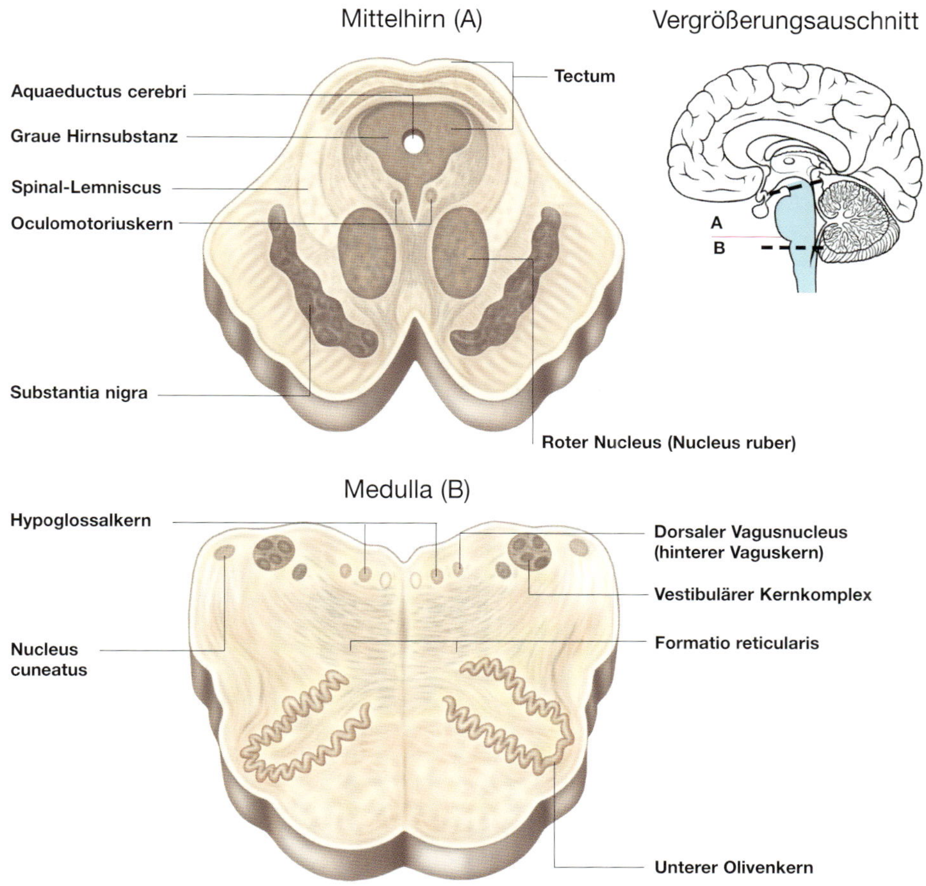

Die zahlreichen Kerne und Stränge des Hirnstamms werden auf diesen Querschnitten sichtbar. Sie sind an den meisten Hirnfunktionen beteiligt.

Querschnitte durch den Hirnstamm verdeutlichen seinen inneren Aufbau und die Verteilung von weißer und grauer Substanz, was sich je nach Querschnittsebene ändert.

MEDULLA

Ein Querschnitt durch die Medulla stellt folgende Merkmale heraus:

■ Der untere olivenförmige Nucleus – eine sackähnliche Ansammlung grauer Substanz direkt unter den Oliven. Weitere Nuclei innerhalb der Medulla schließen solche ein, die zu den Hirnnerven gehören wie der Hypoglossus- und der Vagusnerv.

■ Der vestibulare Kernkomplex – ein Areal, das Informationen vom Ohr erhält und mit dem Gleichgewichtssinn zu tun hat.

■ Die Formatio reticularis – ein komplexes Netzwerk aus Neuronen, das sowohl hier als auch im gesamten Hirnstamm vorkommt. Sie erfüllt eine Reihe von vitalen (lebenswichtigen) Funktionen wie Atmungs- und Blutkreislaufkontrolle. Die Formatio reticularis ist auch im Mittelhirn vorhanden, ebenso wie einige Hirnnervenkerne.

MITTELHIRN

Ein Schnitt durch das Mittelhirn zeigt das Vorhandensein von:

■ Der Aquaeductus cerebri – der Kanal, der die dritte und vierte Kammer verbindet. Über dem Aquaeduct liegt eine Stelle, die Tectum genannt wird, und darunter liegen die Hirnpedunkel.

■ Die Hirnpedunkel – innerhalb dieser sind zwei Bestandteile auf jeder Seite: der Nucleus ruber und die Substantia nigra. Der Nucleus ruber hat mit Bewegungssteuerung zu tun, und eine Schädigung der Substantia nigra wird mit Parkinson'scher Krankheit in Verbindung gebracht.

PONS

Der Pons (nicht abgebildet) wird in obere und untere Teile unterschieden:

■ Der untere Teil – überwiegend aus transversalen Nervenfasern, die von den Nuclei zum Kleinhirn laufen.

■ Der obere Teil – enthält eine große Zahl Hirnnervenkerne. Der Pons beherbergt auch einen Teil der Formatio reticularis.

Hirntod

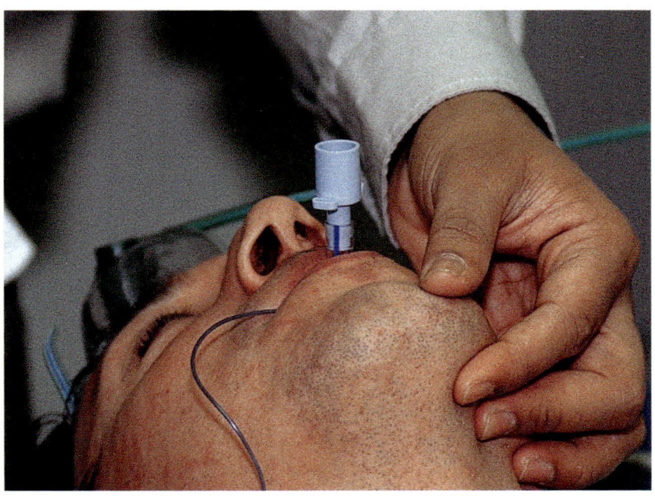

Strenge Kriterien gelten bei der Feststellung des Hirntods. Eine davon ist die Fähigkeit des Patienten, ohne Gerätehilfe zu atmen.

In manchen Fällen ist es möglich, mit lebenserhaltenden Geräten auf der Intensivstation das Atmen und den Blutkreislauf eines Patienten aufrechtzuerhalten, dessen Hirnstamm bereits tot ist.

TOTENSCHEIN

In solchen Fällen stellen Ärzte den Totenschein anhand gesetzlich vorgeschriebener Tests und Beobachtungen aus. Viele dieser Tests wurden entwickelt, um Hirntod feststellen zu können. Dies bezieht sich auf den Hirnstamm, der lebenswichtige Funktionen wie Bewusstsein, Atmen und Blutzirkulation steuert.

HIRNSTAMMUNTERSUCHUNG

Um die Funktion des Hirnstamms zu verifizieren, muss man nach folgenden Reaktionen forschen:

■ Die Fähigkeit, ohne Gerät zu atmen

■ Verengung der Pupillen durch Licht

■ Zucken des Auges bei Berührung der Hornhaut

■ Augenbewegung, wenn die Ohren mit Eiswasser gespült werden

■ Husten oder Würgen, wenn die Atemwege gereizt werden.

Die Reaktionen fehlen, wenn der Hirnstamm ohne Funktion ist.

Plexus brachialis

Der Plexus brachialis ist ein kompliziertes Nervengeflecht, aus dem die Hauptnerven für die oberen Gliedmaßen hervortreten. Er liegt in der Halswurzel und erstreckt sich bis in die Achsel.

Auf der Ebene eines jeden Wirbels der Wirbelsäule treten Spinalnerven aus, die sich in rückwärtige und vorderseitige Zweige aufteilen (Rami).

Der Plexus brachialis bildet sich beim Zusammenschluss der vorderen Rami vom fünften bis siebten Halswirbelsegment und den meisten der vorderen Rami aus der Ebene des ersten Brustwirbels. Die Ventralrami sind die sogenannten Wurzeln des Plexus brachialis.

AUFBAU

Die Wurzeln des Plexus brachialis vereinen sich, um drei Stämme zu bilden: oberer, mittlerer und unterer.

Die Komplexität des Plexus brachialis wird erhöht, indem sich jeder Stamm wiederum in einen vorderen und einen hinteren teilt. Im allgemeinen versorgen die Nervenfasern der vorderen Abteilungen die vorderen Strukturen der oberen Gliedmaßen, während die Fasern der hinteren Abteilungen die hinteren Strukturen der oberen Gliedmaßen versorgen.

Aus den sechs Abteilungen gehen drei Stränge hervor, die nach ihren Lagen in Bezug auf die Achselarterie benannt sind, an die sie anliegen: seitliche, mittlere, hintere.

Das Ende des Plexus brachialis besteht aus den Zweigen, die aus den drei Strängen entstehen, obwohl andere Zweige auch auf höheren Ebenen gebildet werden.

Ursprünge des Plexus brachialis

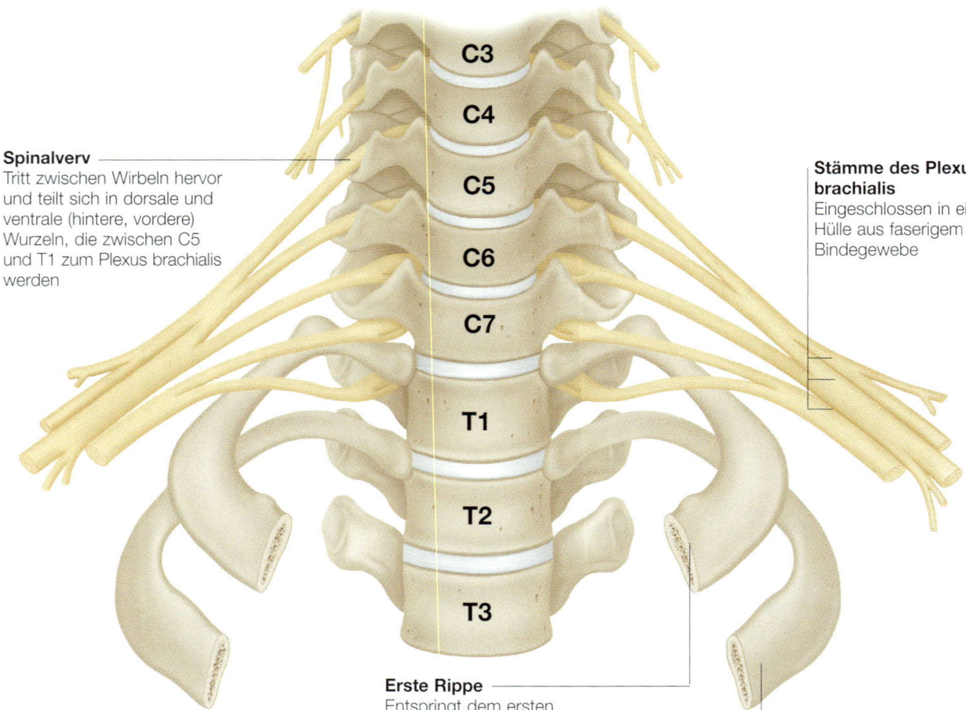

Der Plexus brachialis ist ein Nervenkomplex, der im Hals seinen Ursprung hat. Die Nerven verzweigen sich und kommen wieder zusammen, wenn sie die erste Rippe passieren und in die Achselhöhle eintreten.

Teile des Plexus brachialis

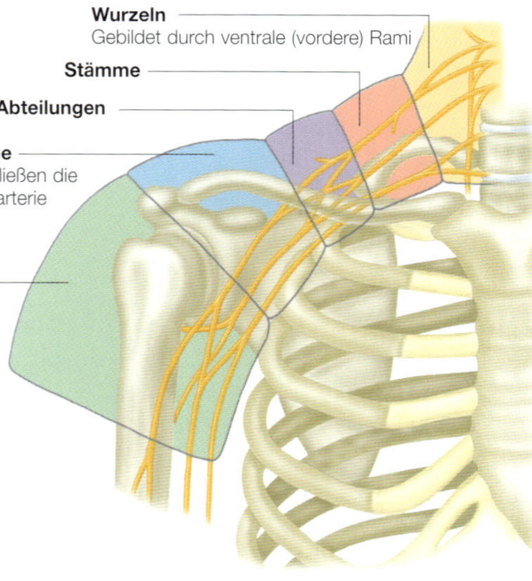

Die farbigen Blöcke auf dieser Zeichnung zeigen die anatomischen Ebenen jeder Sektion des Plexus brachialis.

Der Plexus brachialis teilt sich anatomisch in Abschnitte, die, ausgehend von der Wirbelsäule, Wurzeln, Stämme, Abteilungen, Stränge und Zweige heißen.

ORIENTIERUNG

- Wurzeln – die vorderen Rami von C5 bis T1; sie liegen im Hals auf jeder Seite der Wirbelsäule.
- Drei Stämme – liegen über dem Schlüsselbein.
- Abteilungen – erwachsen aus den Stämmen und laufen hinter dem Schlüsselbein in die Achselhöhle.
- Drei Stränge – liegen entlang des zweiten Teils der Achselarterie innerhalb der Achsel und in der Schutzhülle aus Bindegewebe.
- Die Endzweige des Plexus brachialis verlassen die Achsel und laufen in die oberen Gliedmaßen.

VERLETZUNGEN DES PLEXUS BRACHIALIS

Wenn der Plexus brachialis verletzt wird, ist die Auswirkung auf das obere Gliedmaß je nach der Ebene, auf der die Verletzung stattfindet, verschieden. Je näher die Verletzung am Rückgrat ist, umso weitreichender ist die Schädigung.

Dermatome

Ein Dermatom ist ein Hautareal, das von einem einzigen Spinalnerv (also einem einzelnen Segment des Rückenmarks) mit sensorischen Nerven versorgt wird; diese Nervenversorgung kann allerdings in zwei oder mehr Hautabschnitten erfolgen.

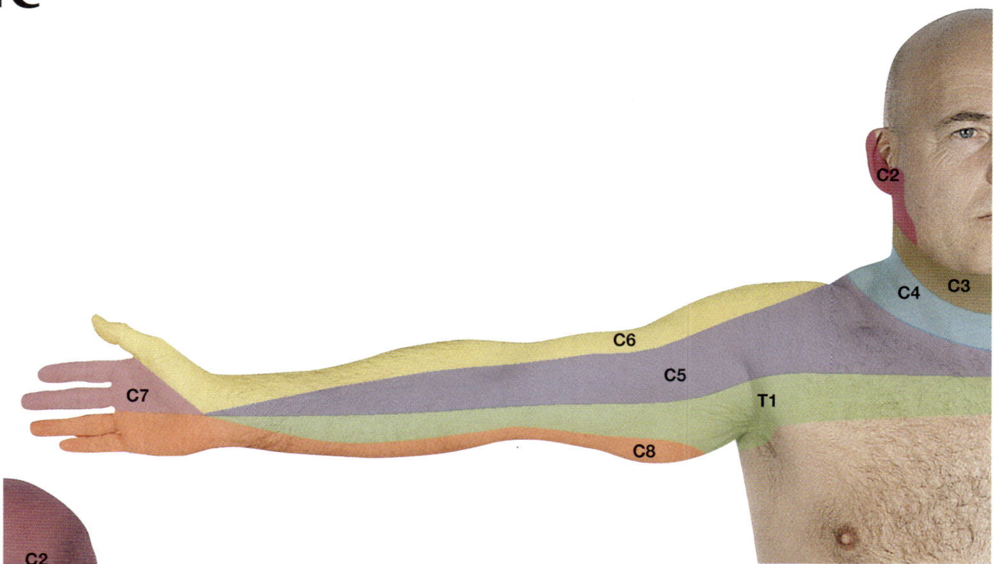

Die nervliche Versorgung der Haut und damit der Dermatome der oberen Gliedmaßen verläuft über den Plexus brachialis aus den vorderen Rami der Spinalnerven C5 bis T1.

Das Abschnittsmuster der Dermatome kann man am besten in einer Darstellung mit seitlich ausgestrecktem Arm (Daumen oben) sehen. Das Muster ist entstanden, da die Glieder bei der embryonalen Entwicklung wie Knospen an der Seite des abschnittsweise angelegten Embryos hervorwachsen und sich verlängern und so die Dermatome nach außen strecken.

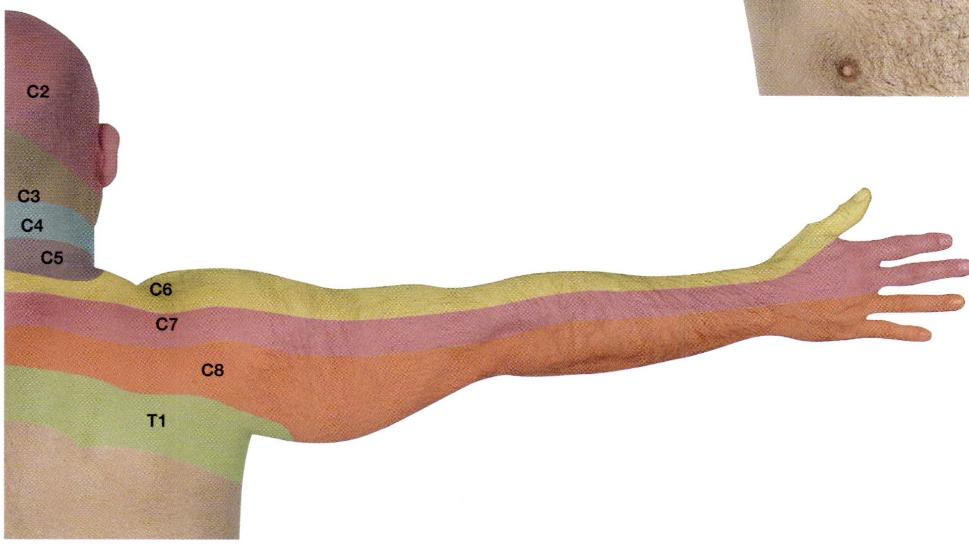

ANORDNUNG DER DERMATOME

Die genaue Anordnung der Dermatome der oberen Gliedmaßen können variieren, aber im allgemeinen versorgt:

- C5 einen Hautstreifen längs der Vorderseite des Arms
- C6 die seitliche Oberfläche bis zum Daumen einschließlich
- C7 einen Streifen auf der Rückseite des Arms bis zu den ersten zwei Fingern
- C8 die letzten zwei Finger und einen Streifen auf der Rückseite des Arms
- T1 einen Streifen auf der Vorderseite des Arms, der sich aber nicht bis zur Hand erstreckt.

C8 bezeichnet denjenigen Spinalnerven, der zwischen dem 7. Halswirbel und dem 1. Brustwirbel austritt.

Dieses abschnittsweise Muster setzt sich über den ganzen Körper fort; am deutlichsten ist es am Brustkorb und am Unterleib.

Die Anordnung der Dermatome an den oberen Gliedmaßen variiert individuell, folgt aber diesen grundsätzlichen Mustern. Hier sind sie nach den zugeordneten Rückennerven numeriert.

Klinische Bedeutung der Dermatome

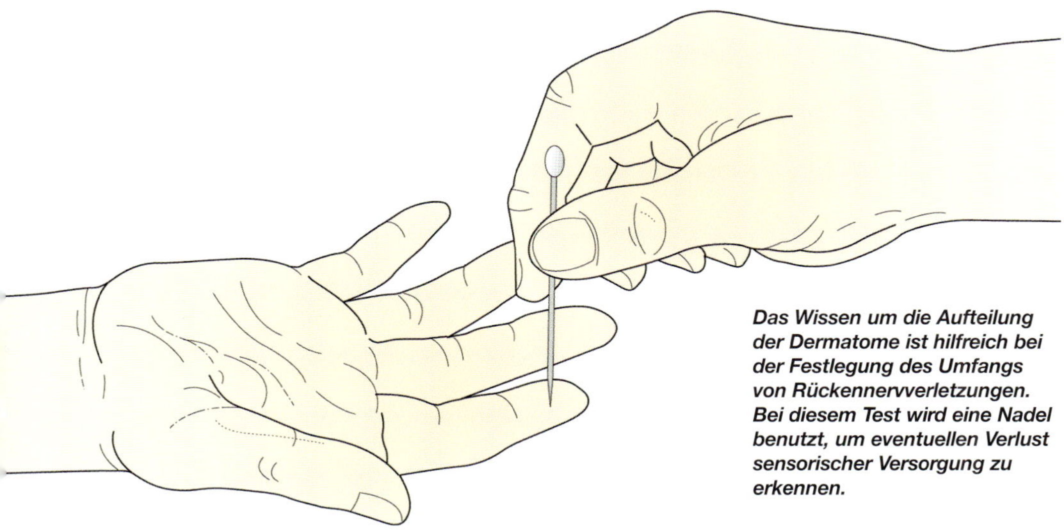

Das Wissen um die Aufteilung der Dermatome ist hilfreich bei der Festlegung des Umfangs von Rückennervverletzungen. Bei diesem Test wird eine Nadel benutzt, um eventuellen Verlust sensorischer Versorgung zu erkennen.

Das Wissen um die Aufteilung der Dermatome über den Körper ist medizinisch nützlich, weil es dem Arzt ermöglicht, mit einer Nadel zu untersuchen, ob ein bestimmtes Segment des Rückennervs hinreichend funktioniert. Dies ist bei Verdacht auf Rückenmarksverletzungen hilfreich.

Allerdings führt ein Problem mit einem Rückennerv nicht zwingend zum Gefühlsverlust, da sich die Dermatome weitgehend überlappen.

Das bedeutet, dass, selbst wenn ein Rückennerv verletzt ist, die Haut, die er versorgt, immer noch sensorische Signale aus den angrenzenden Nerven bekommen kann. Es gibt jedoch auch Areale ohne Überlappung, die dann bei Verletzungen taub sind.

Rachenhöhle

Die Rachenhöhle, die hinten im Hals liegt, ist ein Durchgang sowohl für Luft als auch Speise. Sie kann in drei Hauptteile unterschieden werden; der Rachenraum wird „bewacht" durch die Mandeln.

Der aus Muskelfasern bestehende, 15 cm lange, röhrenförmige Rachenraum hinten im Hals ist der Durchgang für Speise und Luft. Die Schließmuskeln des Rachenraums pressen Speise in die Speiseröhre.

NASEN-RACHENRAUM

Der oberste Teil der Rachenhöhle ist der Nasen-Rachenraum oberhalb des weichen Gaumens. Seine hervorstechendsten Merkmale sind zwei Röhrenverlängerungen auf jeder Seite, nämlich die Enden der Eustach'schen Röhre, die den Druckausgleich zwischen Rachenraum und Mittelohr herstellen können. Lymphgewebe bedeckt die Rückseite der Wand.

MUND-RACHENRAUM

Der Mund-Rachenraum liegt im hinteren Teil des Halses. Sein Dach ist die Unterseite des weichen Gaumens; sein Boden ist die hintere Zunge. Die Gaumenmandel befindet sich in der Seitenwandung und wird durch die palatoglossale Falte vorn und die palatopharyngeale Falte hinten begrenzt.

KEHLKOPF-RACHENRAUM

Der Kehlkopf-Rauchenraum erstreckt sich vom oberen Rand des Kehldeckels (der die Luftröhre beim Schlucken schließt) bis zum unteren Rand des Ringknorpels, von wo aus er in die Speiseröhre übergeht. Der Einlass zur Luftröhre liegt auf der Vorderseite.

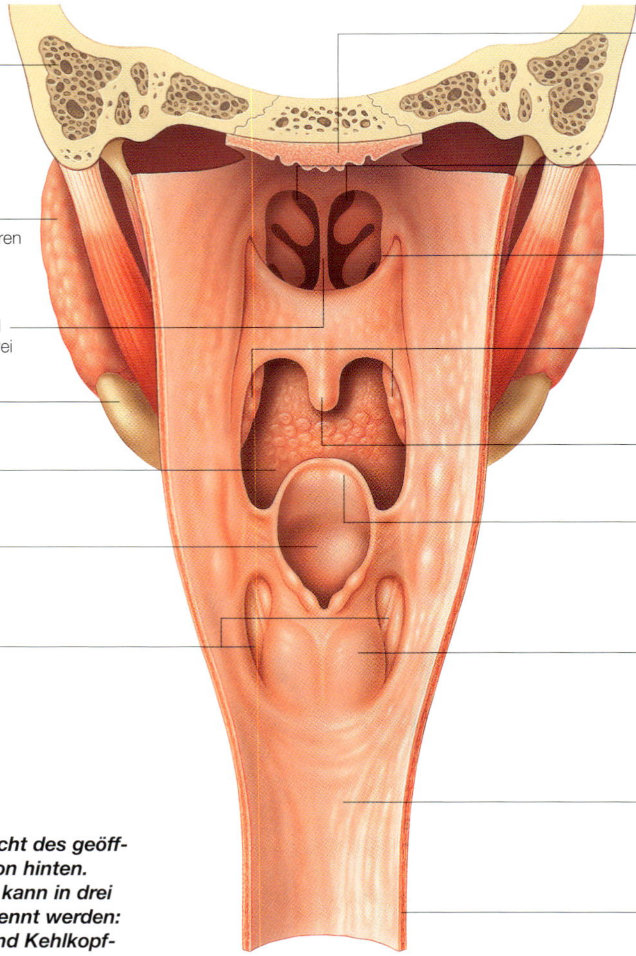

Dies ist eine Ansicht des geöffneten Rachens von hinten. Der Rachenraum kann in drei Bestandteile getrennt werden: Nasen-, Mund- und Kehlkopfrachenraum.

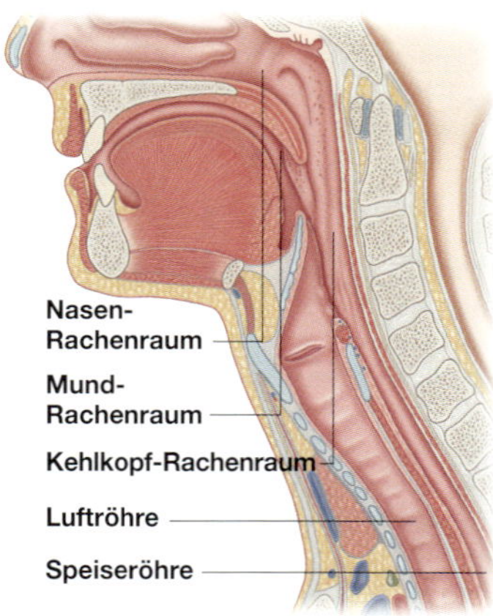

In diesem Längsschnitt werden die Lagen der drei Hauptteile des Rachens, der Luftröhre und der Speiseröhre ersichtlich.

Infektion und Entzündung

Da die Eustach'sche Röhre den Nasenrachenraum mit dem Mittelohr verbindet, können sich Entzündungen der oberen Atemwege ins Mittelohr ausdehnen und Mittelohrentzündung verursachen (Otitis media). Eine solche Infektion kann dazu führen, dass sich die Eustach'sche Röhre und das Mittelohr zusetzt, in dem sich die drei Ossikel befinden. Die Höhle füllt sich dann mit Flüssigkeit und beeinträchtigt das Hörvermögen. Diesen Zustand nennt man Tubenkatarrh und Paukenhöhlenerguss.

Die Gaumenmandeln sind oft von bakteriellen Infektionen befallen. Bei ernsteren Verläufen können sich Abszesse (Geschwüre) in und bei den Mandeln entwickeln. Diese wiederum verursachen Schwellung, Fieber und Schmerzen, besonders beim Schlucken und Sprechen. Es kann auch ein Trismus entstehen (Schwierigkeiten beim Öffnen des Mundes); dies wird durch Verkrampfung angrenzender Muskeln verursacht. Wenn der Abszess nicht eröffnet wird, kann er die Luftwege versperren. Diese Erkrankung kannte man früher als „Angina Vincenti", wobei „Angina" die Verengung bezeichnet.

Entzündung des Kehldeckels kommt häufiger bei Kindern unter zwei Jahren vor. Dies kann gefährlich sein, da auch hier die Luftwege blockiert werden. Es erzeugt typischerweise keuchende Geräusche beim Einatmen, was ein Zeichen für ein bevorstehendes Zusetzen des Atemwegs ist und sofortiger Behandlung bedarf.

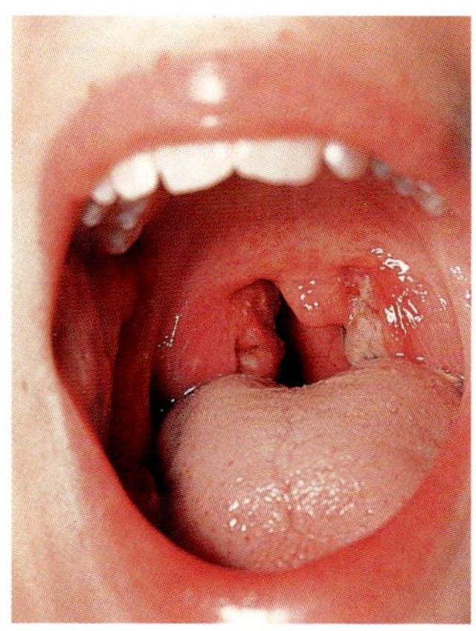

Die Gaumenmandeln sind Gebilde aus Lymphgewebe auf beiden Seiten hinten im Mund. Die Mandel rechts ist entzündet.

Rachenmuskeln

Sechs Paare Muskeln bilden den Rachen. Diese Muskeln können in zwei Gruppen unterteilt werden.

Eine Gruppe der Rachenmuskeln umfasst drei Paare Schließmuskeln, die quer über den Rachen verlaufen: der obere, mittlere und untere Schließmuskel. Diese verengen den Rachen und pressen Speise hinab in die Speiseröhre.

Die andere Gruppe umfasst drei Muskelpaare, die von oben nach unten durch den Rachen verlaufen: der M. salpingopharyngeus, M. stylopharyngeus und M. palatopharyngeus. Diese heben den Kehlkopf beim Schlucken und schützen so den Luftweg.

Die Schließmuskeln überlappen einander von unten nach oben (wie drei ineinandergestellte Plastikbecher). Zwischen diesen Muskeln treten wichtige Strukturen in den Rachenraum ein. Die Schließmuskelfasern gehen hinten in ein längs verlaufendes Faserband in der Mittellinie über, das Rachen-Raphé, das an der Schädelbasis fest ist.

VERSORGUNG MIT NERVEN

Der größte Teil des Rachens erhält seine sensorische Nervenversorgung vom N. glossopharyngeus (dem neunten Hirnnerv). Eine Reizung des Mund-Rachenraums hinten im Hals löst Schluck- und Würgereflexe aus. Die Rachenmuskeln werden hauptsächlich vom elften Hirnnerv versorgt.

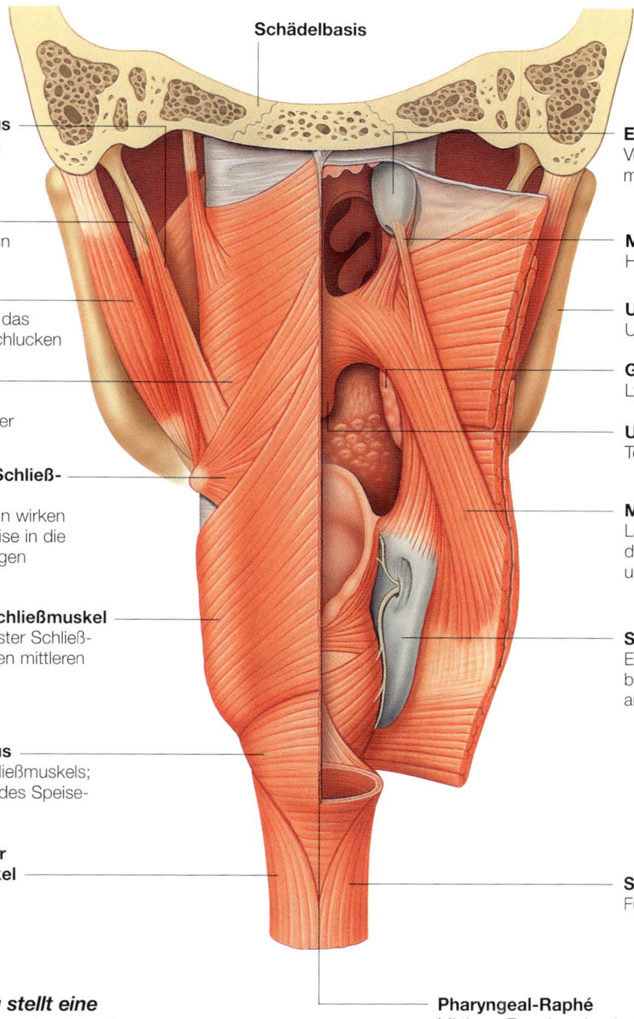

Diese Zeichnung stellt eine teilweise geöffnete Ansicht der Rachenmuskel-Gruppen aus der Hinteransicht dar.

Eingeatmete Objekte

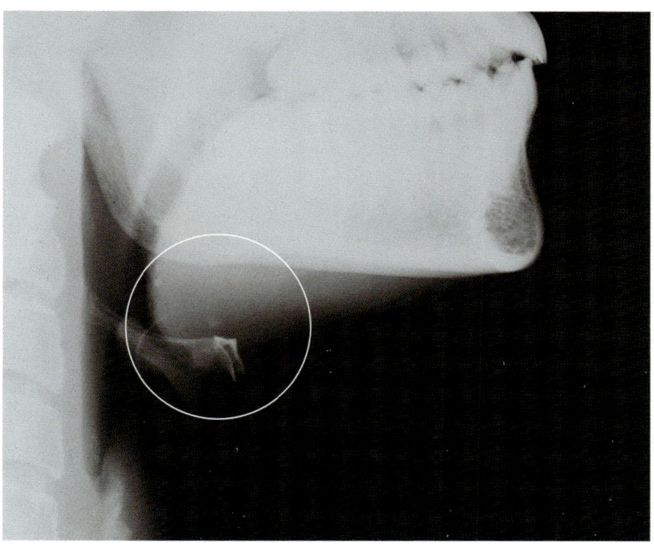

Der Kehldeckel hilft zu vermeiden, dass Fremdkörper in die Luftröhre eindringen. Dennoch kommt es vor, dass Nahrung, Mageninhalt oder Fremdkörper hineingeraten. Dies ist leichter möglich, wenn der Patient bewusstlos, narkotisiert oder betrunken ist. Denkbar sind auch Krankheiten der Nerven- oder Rachenmuskeln, bei denen der Hustenreflex verlorengeht. Die Verstopfung der Luftröhre ist lebensbedrohlich.

Zwischen dem Eintritt in die Kehle und den Seitenwänden des Kehl-Rachenraums liegt ein Graben, der Sinus piriformis. Beim Schlucken können sich Speisepartikel dort festsetzen. Dies ist häufig der Fall bei Fischgräten. Bestimmte Gräten sind auf dem Röntgenbild leichter zu erkennen, je nach Größe oder Verkalkungsgrad.

Wenn sie nicht entfernt wird, kann eine steckengebliebene Fischgräte (eingekreist) zu einem Entzündungsherd werden oder sogar die Rachenwand durchstoßen.

Leute mit künstlichem Gebiss sind anfälliger gegen das Verschlucken von Fremdkörpern, da sie aufgrund der Gaumenplatte vermindertes Gaumengefühl haben. Außerdem neigen sie dazu, das Essen weniger effektiv durchzukauen. Fremdkörper im Rachenraum können mit Hilfe eines kleinen, optischen Instruments entfernt werden (Naso-Endoskop). Unter örtlicher Betäubung können Geräte hindurchgeführt werden.

Kehlkopf

Der Kehlkopf befindet sich im Hals unterhalb und vor dem Rachen. Er schützt den Eingang zur Lunge und beherbergt die Stimmbänder. Bei Männern ist ein Teil des Kehlkopfs als Adamsapfel sichtbar.

Der Kehlkopf besteht aus fünf Knorpeln (drei einzelnen und einem Paar), die durch Bänder, Membrane und Muskeln verbunden sind. Bei erwachsenen Männern liegt der Kehlkopf gegenüber dem dritten bis sechsten Halswirbel (etwas höher bei Frauen und Kindern), zwischen der Zungenwurzel und der Trachea (Luftröhre).

Der Kehlkopf dient als Einlass zum Atemweg und leitet die Luft von der Nase und dem Mund zur Luftröhre. Weil Luft und Speise einen gemeinsamen Durchgang nutzen, ist die Hauptfunktion des Kehlkopfs, zu verhindern, dass Speisen oder Flüssigkeiten in die Luftröhre eindringen. Dies wird erreicht durch drei Schließmuskeln und durch Anhebung. Der Kehlkopf hat sich auch zum Stimmorgan entwickelt.

KEHLKOPFKNORPEL

Der Kehlkopfvorsprung (Schildknorpel oder Adamsapfel) kann bei den meisten Männern leicht gesehen werden. Das verstärkte Heraustreten des Kehlkopfs bei Männern geschieht aufgrund des Einflusses des Hormons Testosteron.

Der Schildknorpel hat zwei Auswüchse nach hinten, ein oberes und ein unteres „Horn". Der Ringknorpel, der einzige geschlossene Knorpelring in der Luftröhre, wird am oberen Ende teilweise von dem Schildknorpel überlappt. Darüber sitzt ein Paar beweglicher, pyramidenförmiger Stellknorpel.

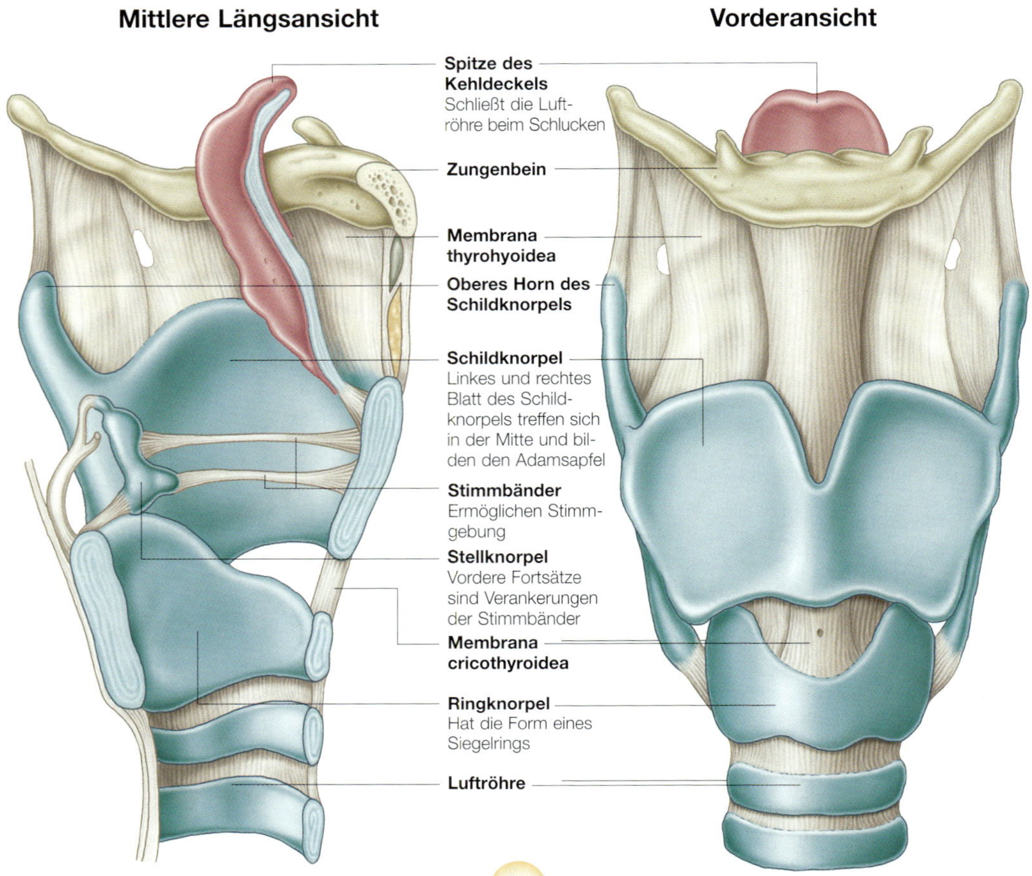

Der Kehlkopf ist ein spezielles Organ, das den Eintritt in die Luftröhre schützt und Stimme erzeugt. Seine inneren Schließmuskel schließen die Luftröhre beim Schlucken.

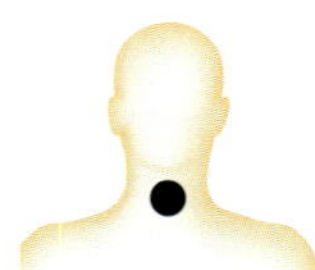

Das Innere des Kehlkopfs

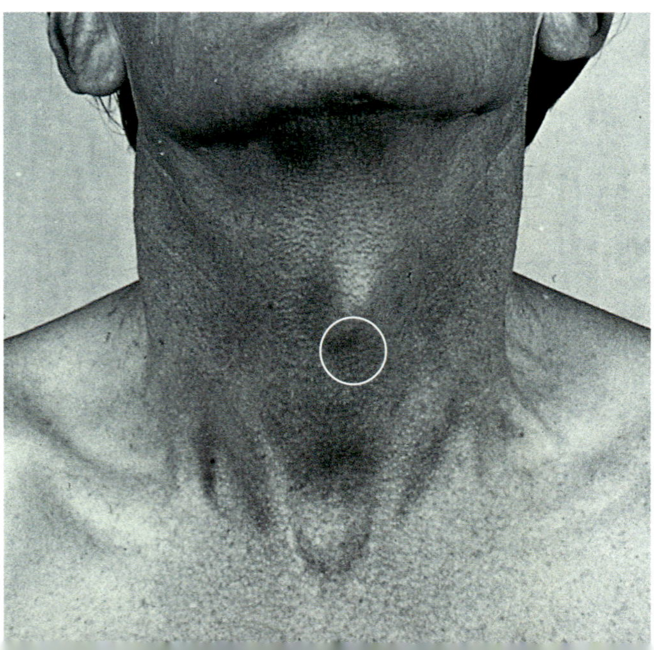

Die Stimmbänder verlaufen von den Stellknorpeln zur Innenseite des Schildknorpels. Man kann sie sehen, wenn man einen Spiegel oder ein Laryngoskop mit Faserkabel in den Rachen hält. Sie erscheinen weiß.

Das Innere des Kehlkopfs ist mit Schleimhaut bedeckt. Die Schleimhaut erstreckt sich vom freien Rand der Plica aryepiglottica (enthält die aryepiglottischen Muskeln) beim Kehleinlass bis hinunter über die weichen Gewebe (Vestibularbänder), die in der Mitte vorstehen und so zwei Schleimhautfalten

Die Stelle, an der eine Cricothyroidostomie durchgeführt wird (direkt unter dem Adamsapfel), ist hier eingekreist.

bilden (falsche Stimmbänder oder Vestibularfalten). Dann dehnt sie sich seitlich auf jeder Seite in eine Ausbuchtung (Sinus) aus, bevor sie die eigentlichen Stimmbänder bedeckt. Die Stimmritze ist der Spalt zwischen den Vokalfalten vorn und den Stellknorpeln dahinter.

Wenn die Stimmritze durch einen eingeatmeten Fremdkörper verstopft, wird das Atmen behindert. Bei solchen Notfällen ist ein sofortiger Eingriff erforderlich, wobei ein kleines Loch in die Membrana cricothyroidea gemacht wird, um Luft unterhalb der blockierten Stelle in die Luftröhre zu lassen. Dieses Verfahren heißt Cricothyroidostomie oder Laryngostomie und kann absolut lebensrettend sein.

Muskeln des Kehlkopfs

Die Muskeln des Kehlkopfs wirken, um den Lufteinlass zu schließen und um die Stimmbänder zur Stimmbildung zu bewegen.

Während des Schluckens wird der Kehldeckel zusammen mit der Kehle angehoben. Indem die Vorderseite auf den hinteren Zungenteil trifft, klappt sie über die Kehlöffnung zurück.

PLICA ARYEPIGLOTTICA

Die bindegewebigen Aryepiglottisfalten sind die freien oberen Ränder der Membrane zwischen dem Kehldeckel und den Stellknorpeln. Sie enthalten je ein Paar quer und schräg verlaufender Aryepiglottismuskeln. Diese gehen aus dem Muskelfortsatz des gegenüberliegenden Stellknorpels hervor und schlagen eine Verbindung zu den Seiten des Kehldeckels. Sie funktionieren wie ein Sackband und schließen den Einlass entsprechend. Die unteren Enden dieser viereckigen Membrane bilden die Vestibularfalten oder „falschen Stimmbänder".

SCHLEIMDRÜSEN

Die viereckigen Membrane werden von einer Schleimhaut sowie von einer darunterliegenden Submukosa bedeckt, die einige Schleimdrüsen enthält. Diese sind mit den Innenwänden der Schild- und Ringknorpeln verbunden. Sie halten die Stimmbänder feucht, da die Stimmfalten selbst keine Submukosa haben und von daher auf die Sekrete von oberhalb angewiesen sind. Eine Furche, die Fossa piriformis, rundet sich nach hinten und dient dazu, Flüssigkeiten in Richtung Speiseröhre und weg vom Kehlkopf zu leiten.

Rückansicht

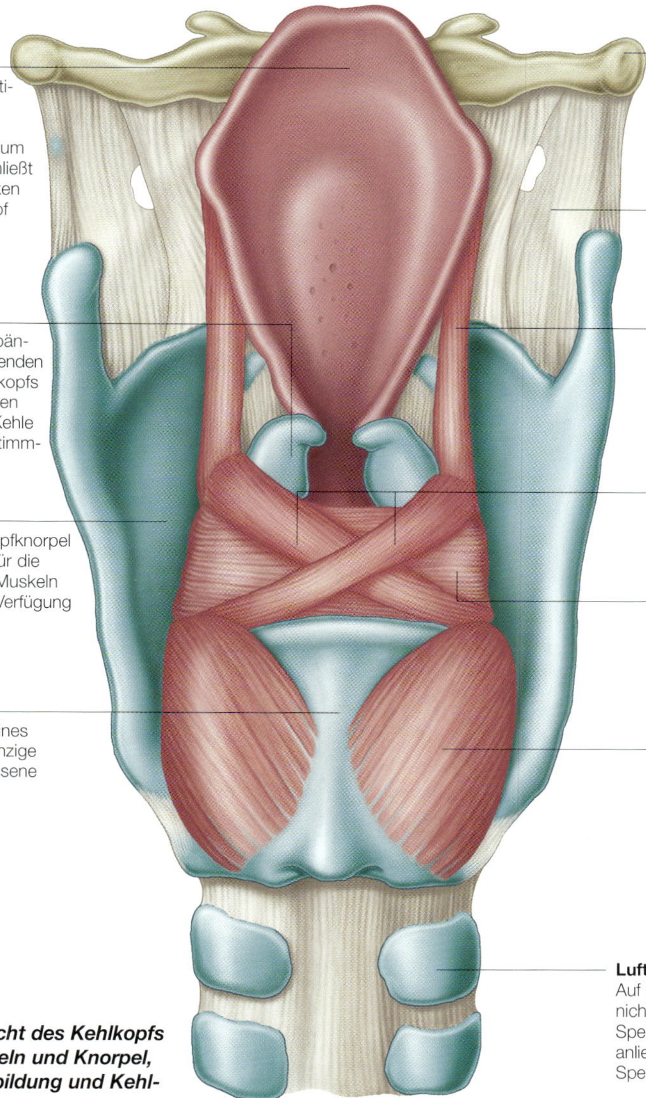

Eine Rückansicht des Kehlkopfs zeigt die Muskeln und Knorpel, die mit Stimmbildung und Kehldeckelbewegung zu tun haben.

Das Wirken der Stimmbänder

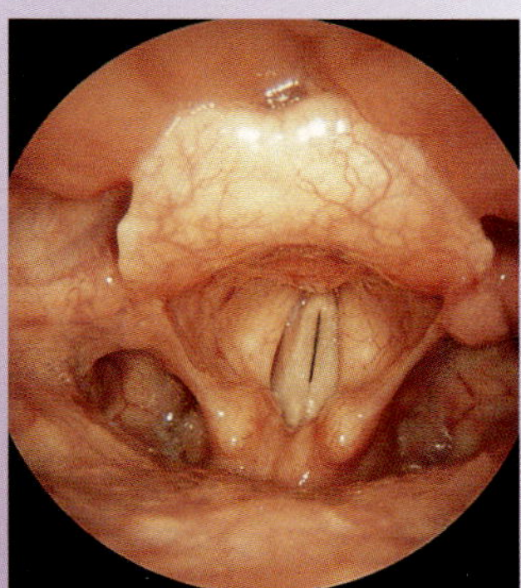

Dieses Laryngoskopiebild zeigt die Stimmbänder beim Sprechen. Wenn die Stimmbänder nah beieinander liegen und Luft darüber streicht, entsteht eine Vibration mit Stimmlauten.

Die Größe des Spalts (Glottis) zwischen den Stimmbändern variiert. Verstärkte Atmung erfordert eine weit geöffnete Glottis, Sprechen eine kleine. Bei großer Anstrengung schließt man die Stimmritze komplett (z.B. bei Stuhlgang oder bei einer Geburt). Die Größe der Glottis wird von Bewegungen der Stellknorpel gesteuert, da die Stimmbänder daran fest sind.

Diese Knorpel können gestreckt (auseinandergezogen), zusammengezogen und gedreht werden, was die circoarytenoiden und arytenoiden Gruppen von Muskeln bewirken, die vom N. recurrens versorgt werden. Der wichtigste dieser Muskeln ist der hintere M. circoarytenoideus, der die Glottis öffnet (er weitet die Vokalfalten, um Luft durchströmen zu lassen). Die Lähmung eines hinteren M. circoarytenoideus muss nicht unbedingt Symptome verursachen, da die anderen Stimmbandmuskeln das ausgleichen. Eine Lähmung beider Muskeln bewirkt allerdings akute Atembeschwerden. Stimmbildung geschieht durch das Strömen von Luft über die Stimmbänder, und die Spannung der Bänder bestimmt die Tonhöhe. Eine Neigung des Cricoidea-Bogens nach hinten bewirkt einen Spannungszuwachs und das Zusammenführen von Schild- und Stellknorpeln führt zur Entspannung. Die Feineinstellung besorgt der M. vocalis. Die Laute, die die Kehle hervorrufen kann, sind sehr komplex und müssen gelernt werden. Gewisse Eigenheiten von Dialekten werden so erworben; es kann schwierig werden, diese abzulegen, wenn man sie einmal beherrscht.

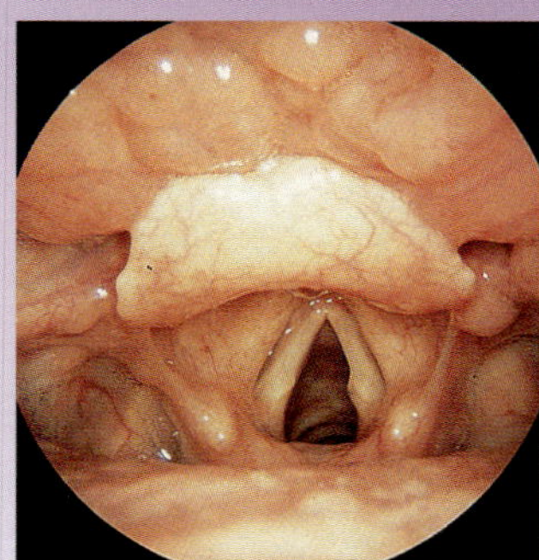

Die Stimmritze ist in Ruhestellung geöffnet, und die Stimmbänder haben Abstand voneinander. Der Kehldeckel (die blass aussehende Klappe über der Glottis und den Stimmbändern) schließt die Kehle beim Schlucken.

Schilddrüse und Nebenschilddrüsen

Schilddrüse und Nebenschilddrüsen befinden sich im Hals. Gemeinsam stellen sie wichtige Hormone für Wachstum, Stoffwechsel und Calcium-Sättigung im Blut her.

Die Schilddrüse ist eine endokrine Drüse im Hals, und sie befindet sich vorn und an der Seite des Kehlkopfs und der Luftröhre. In der Form ähnelt sie einer Frackschleife. Sie stellt zwei Hormone her, zu deren Produktion Jod erforderlich ist: Trijodothyronin und Thyroxin. Diese sind für die Stoffwechselsteuerung unter Zuhilfenahme der Förderung der Stoffwechsel-Enzym-Produktion zuständig.

Zusätzlich scheidet die Drüse Calcitonin aus; dies reguliert die Calciumwerte im Blut. Bei Kindern ist das Wachstum von dieser Drüse abhängig, da sie den Stoffwechsel mit Kohlenhydraten, Proteinen und Fetten anregt.

LOBUS PYRAMIDALIS

Die Drüse hat zwei konische Lappen, die durch eine schmale Gewebebrücke verbunden sind. Normalerweise liegt sie vor den zweiten und dritten Luftröhren-Knorpelringen. Die gesamte Drüse ist umgeben von einer dünnen Bindegewebskapsel und einer Schicht der tiefen Halsfaszie. Manchmal ist da noch ein dritter, kleinerer Lappen, der Lobus pyramidalis, der sich von der Gewebebrücke nach oben erstreckt und über der Membrana cricothyroidea und dem mittleren Cricothyroidband liegt.

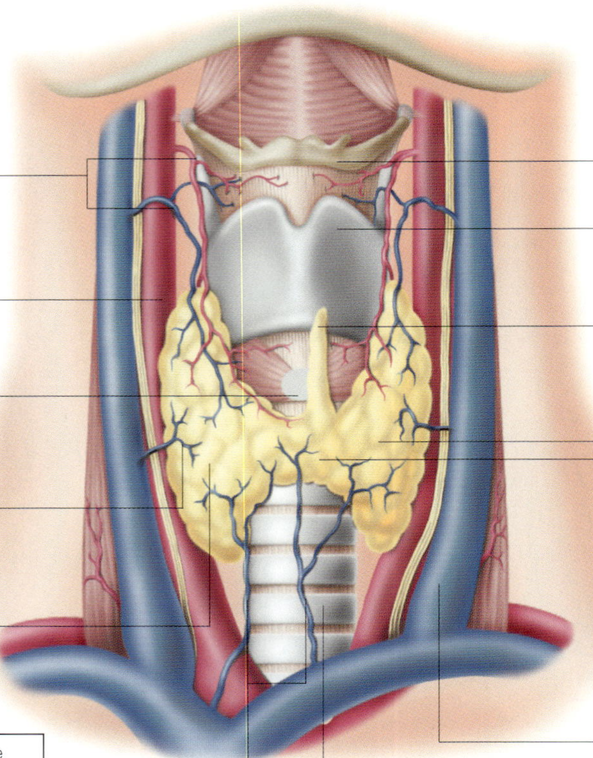

Oberflächenanatomie

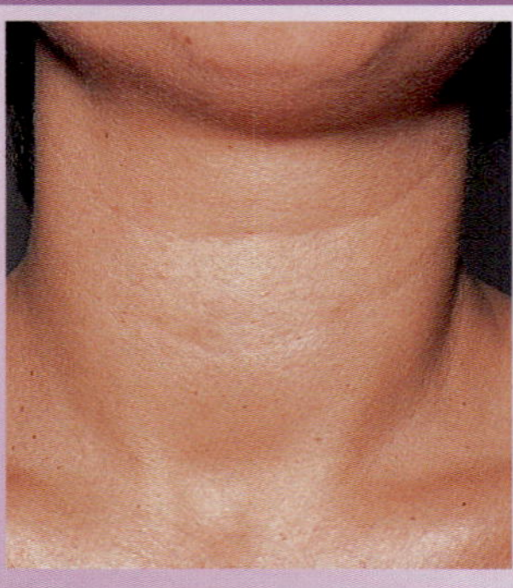

Eine Schwellung der Schilddrüse kann durch Jodmangel entstehen, das Vorhandensein von Tumoren oder durch Überproduktion von Hormonen (Thyrotoxicose).

Die Schilddrüse wird von einer sie umgebenden Schicht Bindegewebe an ihrer Stelle gehalten; diese Schicht ist auch an der schrägen Linie auf dem Schildknorpel befestigt. Normalerweise ist die Drüse nicht tastbar, da sie meistens durch die Bandmuskeln des Halses bedeckt ist.

Bei Vergrößerung verursacht die Drüse jedoch eine beträchtliche Schwellung, die sich beim Schlucken wegen der Faserverbindungen nach oben bewegt. Damit kann man sie gut von anderen Schwellungen am Hals unterscheiden, wie beispielsweise einer Schwellung der Luftröhren-Lymphknoten, die nicht in gleichem Maße befestigt sind.

Die oberen Ränder der Schilddrüsenlappen werden durch die Verankerungen der vorderen Luftröhren-Bandmuskeln begrenzt. Von daher muss sich jede Schwellung nach unten in den Hals ausbreiten. Diese Vergrößerung nennt man landläufig Kropf.

Die Vergrößerung der Drüse kann Atembeschwerden (Dyspnoe) durch Druck auf die Luftröhre erzeugen, ebenso Dysphagie (Schmerz beim Schlucken) durch Druck auf die Speiseröhre.

Die Vergrößerung kann entweder mit Hormon-Unterproduktion oder -Überproduktion im Zusammenhang stehen.

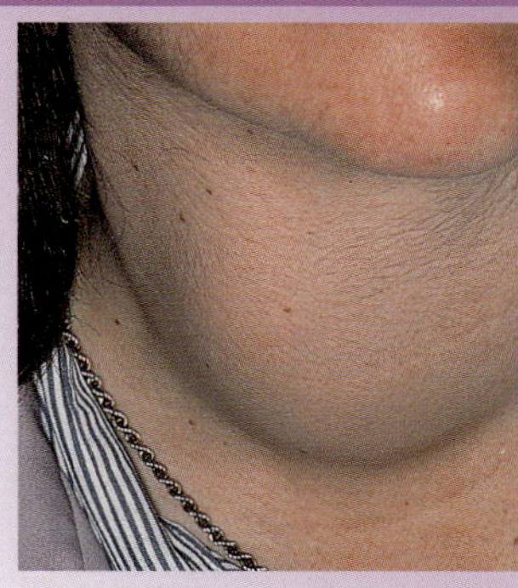

Kröpfe – verursacht durch die Vergrößerung der Schilddrüse – können in ihrer Ausdehnung von einer kleinen Geschwulst bis zu einer großen Schwellung variieren.

Hinteransicht der Schilddrüse

Die Rückansicht der Schilddrüse lässt die kleinen Nebenschilddrüsen erkennen, die in die Lappen eingebettet sind. Die Drüsen werden reichlich mit Gefäßen versorgt.

Die Schilddrüse ist gut mit Blutgefäßen versorgt. Das obere Ende erhält arterielles Blut aus der oberen Schilddrüsenarterie, einem Zweig der äußeren Halsschlagader. Das untere Ende wird von der unteren Schilddrüsenarterie versorgt; sie ist ein Zweig des Truncus thyreocervicalis. Die Lappen der Drüse stehen in direktem Zusammenhang mit der gemeinsamen Halsschlagader. Die Hormone wandern über ein Netz aus Venen (Plexus) in und um die Drüse in den Blutstrom, der schließlich in die innere Drosselvene und in die V. brachiocephalica geht.

BEZIEHUNG ZU NERVEN

Neben den Blutbahnen steht die Drüse auch in enger Beziehung zu Nerven. Diesbezüglich sind ein Paar rückläufiger Kehlkopfnerven aus dem Vagusnerv die wichtigsten. Sie steigen in der Furche zwischen Speise- und Luftröhre auf und gehen Richtung Kehlkopf, wo sie alle Kehlkopfmuskeln mit motorischen Nerven versehen (außer den cricothyroiden Muskeln) und sensorische Nerven für alle Teile unterhalb der Stimmritze. Daher kann eine erweiterte Schilddrüse auf diese Nerven drücken und eine rauhe Stimme verusachen.

HINTERE (RÜCKWÄRTIGE) ANSICHT

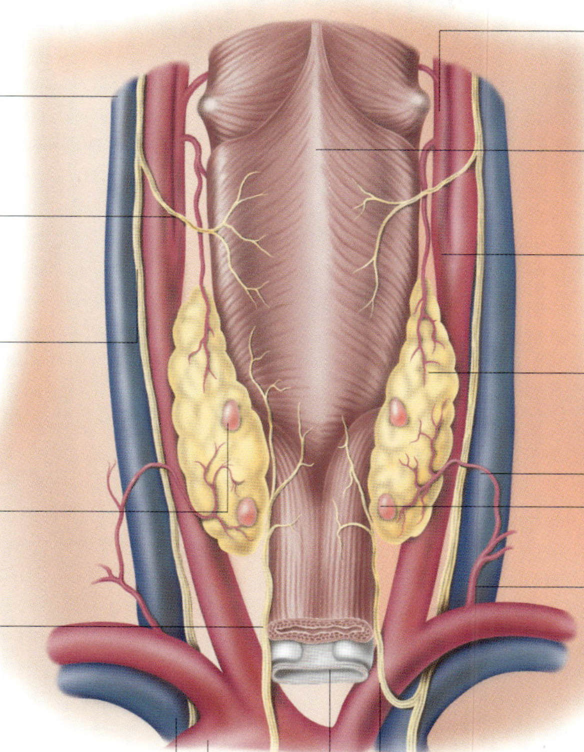

Nebenschilddrüse

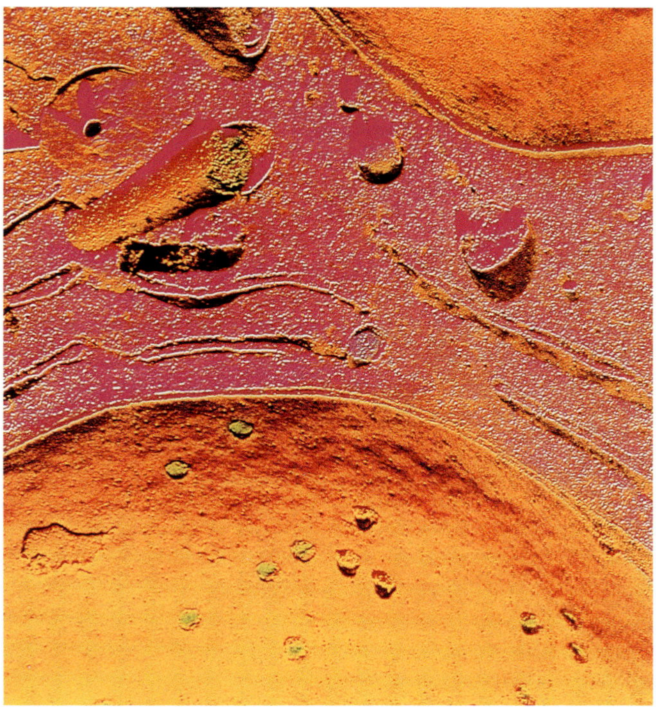

Die erbsengroßen Nebenschilddrüsen (obere und untere) sind in das hintere Gewebe der Schilddrüse eingebettet. Sie sondern Parathormon ab, das zusammen mit Calcitonin und Vitamin D den Calcium-Stoffwechsel kontrolliert.

Unregelmäßigkeiten der Nebenschilddrüsen verursachen Probleme bei Nerven, Muskeln und Knochen, da all diese Gewebe Calcium benötigen. Eine Verringerung von Parathormon senkt den Calciumwert im Blut, und dies führt zu Nerven- und Muskelüberreizung und kann so auch Krämpfe und Zuckungen hervorrufen.

Hyperparathyroidismus (Überproduktion von Parathormon) führt zu Entkalkung der Knochen und erhöht die Gefahr von Frakturen. Außerdem verursacht es erhöhte Calcium-Ausscheidung durch die Nieren und macht sie anfällig für Steinbildung.

Diese Elektronen-Mikroskop-Aufnahme zeigt den Teil einer Nebenschilddrüsen-Zelle. Diese Drüsen sondern Chemikalien ab, die wichtig für den Calcium-Stoffwechsel sind.

Selten findet man die Nebenschilddrüsen auch außerhalb der eigentlichen Schilddrüse. Das kommt daher, dass die Nebenschilddrüsen sich ebenso wie die Schilddrüse aus dem Gewebe im Boden des embryonalen Rachens entwickeln und dann nach unten wandern. Schilddrüsenzysten können auf dem gesamten Weg der embryonalen Wanderung gefunden werden. Die Endposition der Nebenschilddrüsen ist normalerweise auf der Hinterseite der Schilddrüse, kann aber ebenso gut irgendwo zwischen dem Zungenbein und der oberen Brusthöhle hinter dem Brustbein liegen.

Solche untypisch gelegenen Nebenschilddrüsen verursachen nur selten Probleme, wogegen eine ausgewanderte Schilddrüse in der oberen Brusthöhle meist den Eintritt zum Brustraum behindert und so Schwierigkeiten und Schmerzen beim Schlucken (Dysphagie) und Schwierigkeiten beim Atmen (Dyspnoe) sowie eine Schwellung des Oberkörpers verursacht.

Brustwirbel

Die 12 Brustwirbel sind die Knochen des Rückgrats, an denen die Rippen aufgehängt sind. Die Brustwirbel sitzen zwischen den Halswirbeln und den Lendenwirbeln im oberen Teil des Rückens.

Jeder Brustwirbel hat zwei Bestandteile – einen zylindrischen Körper vorn und einen rückwärtigen Wirbelbogen. Der Wirbelkörper und der Bogen umschließen ein Loch, das Foramen vertebralis, das gerundet ist. Wenn alle Wirbel zusammengesetzt sind, bildet der durchgehende Raum der Foramina vertebralae den Wirbelkanal. Dieser beherbergt das Rückenmark, das von drei schützenden Schichten umschlossen ist, den Rückenmarkshäuten.

KNOCHENFORTSÄTZE

Der Teil des Wirbelbogens, der auf jeder Seite am Wirbelkörper fest ist, heißt Pedikel, und der Bogen wird nach hinten durch zwei Blättchen (Laminae) vervollständigt, die sich in der Mitte treffen und so den Dornfortsatz bilden. Diese Fortsätze richten sich abwärts (wie Dachpfannen auf dem Dach), wobei der des achten Wirbels der längste und steilste ist. Am Treffpunkt der Pedikel und Laminae stehen auch die Querfortsätze ab. Diese nehmen von oben nach unten in der Größe ab.

MUSKELANSÄTZE

Muskeln und Bänder sind an den Dorn- und Querfortsätzen verankert. Die Brustwirbel berühren sich an den Zwischenwirbelgelenken. Zwischen den Wirbelkörpern sind die sogenannten Bandscheiben, die wie Stoßdämpfer wirken.

Jeder Wirbel hat vier Gelenkfortsätze, die bewegliche, mit Gelenkhaut ausgekleidete Gelenke mit angrenzenden Wirbeln bilden. Ein Paar Gelenkfortsätze hat Verbindung mit dem Wirbel darüber, eins mit dem darunter. Alle diese Gelenke sind durch Bänder verstärkt.

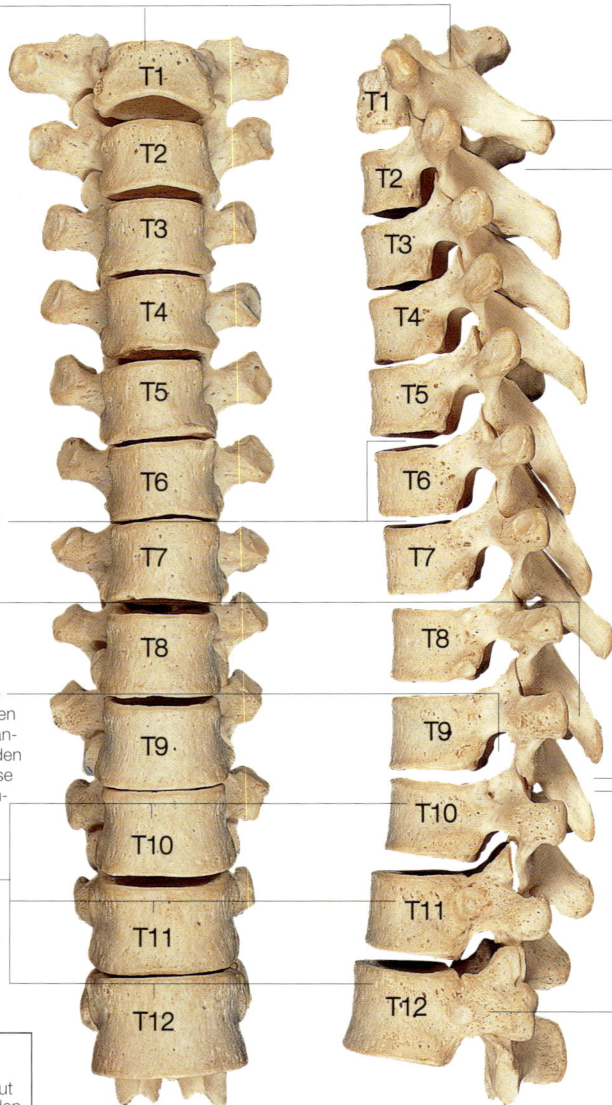

Wirbelschädigungen

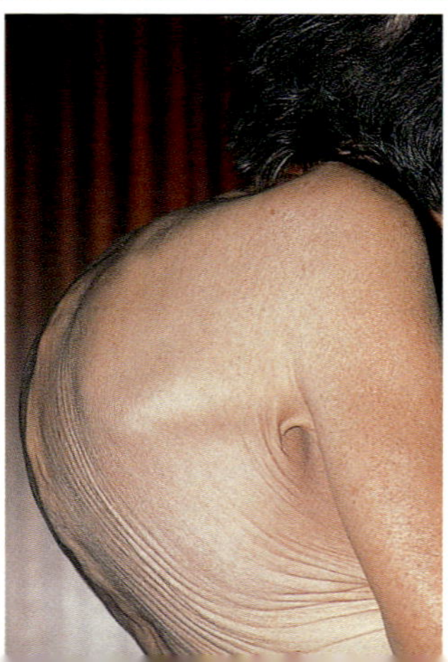

Kyphose ist eine abnormale Krümmung des Rückens mit der typischen „Buckel"erscheinung.

Osteoporose ist ein Zustand, der unbehandelt zum Verlust von Knochengewebe führt. Dies betrifft insbesondere Frauen nach den Wechseljahren und kann mit der reduzierten Produktion von Geschlechtshormonen zusammenhängen.

Osteoporose verursacht eine Schwächung der Knochen und folglich erhöhtes Frakturrisiko. Im Falle der Brustwirbel, die mithelfen, das Körpergewicht zu tragen, kann Osteoporose zu Druckbrüchen der Wirbelkörper führen. Dies wiederum verursacht eine Keilbildung und dadurch Kyphose (Rückenkrümmung).

Tuberkulose ist eine ansteckende Krankheit, die durch das Mykobakterium tuberculosis hervorgerufen wird. Obwohl sie meist die Lungen befällt, kann sie auch jedes andere Organ oder Gewebe angreifen, ebenso wie Knochen. Wenn Knochen betroffen sind (Pott Krankheit), können die Symptome Schmerzen sein, aber auch Fieber und Gewichtsverlust. Dann können sich auch eitrige Abszesse in und um die Wirbelknochen und Bandscheiben bilden und die Wirbel zerstören, so dass es zu einer Fehlhaltung der Wirbelsäule kommt.

Untersuchung der Brustwirbel

Die Brustwirbel können leicht von den typischen Halswirbeln unterschieden werden.

Die Brustwirbel unterscheiden sich in mehreren Punkten von den Halswirbeln:

- Das Fehlen der Öffnungen in den Querfortsätzen (Foramen transversarium), durch die Nerven und Blutgefäße in den Halswirbeln laufen
- Einzelner statt zweiteiliger Dornfortsatz
- Der Wirbelkanal, durch welchen das Rückenmark läuft, ist kleiner und runder
- Als größte Besonderheit der typischen Brustwirbel gelten die Gelenkflächen (auch Facetten genannt) mit den Rippen. Jeder typische Brustwirbel hat sechs Gelenkflächen, jeweils drei auf der rechten und auf der linken Seite. Die Rippe artikuliert mit einer vollständigen Gelenkfläche auf Höhe der Bandscheibe mit dem Querfortsatz des Wirbels. Das Köpfchen der Rippe geht ferner jeweils eine halbe Gelenkfläche mit der oberen Kante des gleichzähligen Wirbelkörpers und der unteren Kante des darüberliegenden Wirbelkörpers ein.

ATYPISCHE WIRBEL

Ausnahmen von der Regel oben sind der erste, zehnte, elfte und zwölfte Brustwirbel. Beim ersten Brustwirbel ist die Facette am oberen Rand eine ganze Facette (statt einer halben), da die erste Rippe nur mit ihrem eigenen Wirbel in Verbindung steht.

Beim zehnten, elften und zwölften Wirbel gibt es nur eine Facette, die ganz ist und sich so mit der eigenen Rippe der gleichen Nummer verbindet. Der elfte und zwölfte Wirbel berühren nicht den Tuberkel der entsprechenden Rippe (und haben deshalb keine Verbindungsfacette). Die letzten beiden Rippen heißen „frei", da sie keine Verbindungen zu den Rippen darüber haben.

Fünfter (typischer) Brustwirbel (Vorderansicht)

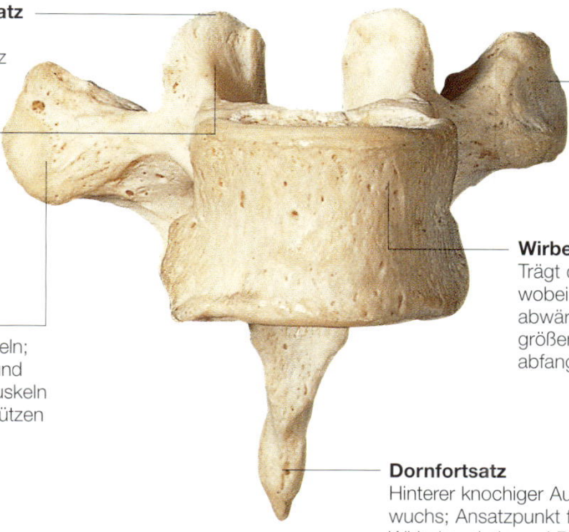

Erster (atypischer) Brustwirbel (Seitenansicht)

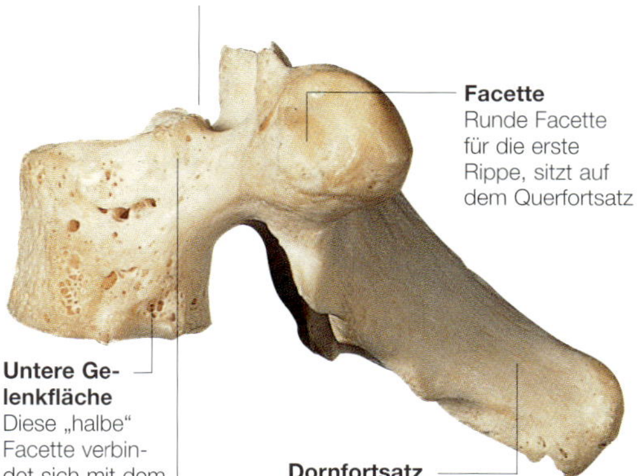

Zwölfter (atypischer) Brustwirbel (Seitenansicht)

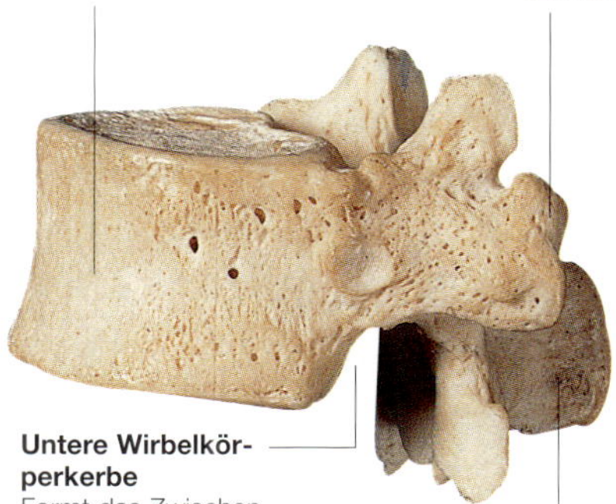

Knochenkrebs

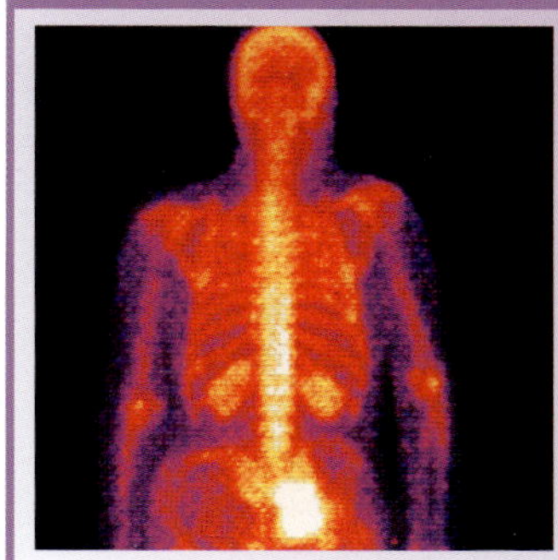

Knochenkrebserkrankungen können primär sein, also im Knochen entstehen, oder sekundär, d.h. durch Metastasen aus anderen Herden. Die häufigsten Krebsarten, die sich in die Knochen ausbreiten, wachsen zuerst in Organen wie Brust, Lunge, Niere, Schilddrüse und Prostata. Wenn das Rückgrat betroffen ist, verursacht das Schmerzen und kann aufgrund der Druckschädigung des Rückenmarks mit verschiedenen Graden von Schwäche oder Lähmung der Beine einhergehen. Krebs sieht man auf Röntgenbildern oder Knochenszintigramm.

Farbliche Gamma-Kamera-Aufnahmen (Szintigramme) zeigen die vermehrte Anreicherung (helle Stellen) bei Tumoren und Krebsmetastasen im Knochen.

Dieses Szintigramm stellt sekundären Krebs dar, der sich in die Brust- und Lendenwirbel ausbreitet.

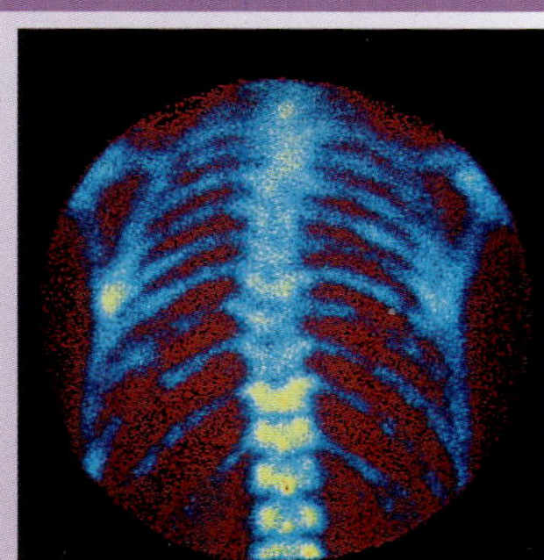

Lendenwirbel

Die fünf Lendenwirbel im unteren Rücken sind die stärksten der Wirbelsäule.

Die einzelnen Lendenwirbel sind die größten und stärksten der ganzen Wirbelsäule. Je weiter unten sie liegen, umso mehr Gewicht müssen sie tragen. Die Anordnung der Lendenwirbel-Gelenke ist so getroffen, dass höchste Beweglichkeit in diesem Bereich durch Beugung nach vorn ermöglicht wird (und wir z.B. unsere Zehen berühren können), etwas Neigung nach seitwärts, aber wenig Drehungsbewegung (diese geschieht auf Höhe der Brustwirbel).

GRUNDSTRUKTUR

Genauso wie die Hals- und Brustwirbel haben auch alle Lendenwirbel dieselbe Grundstruktur, nämlich einen zylindrischen Wirbelkörper vorn und dahinter den Wirbelbogen, der den Raum umschließt, den man Foramen vertebralis nennt.

Jeder Wirbelbogen hält eine Anzahl von Fortsätzen. Es gibt zwei seitlich abstehende Querfortsätze, einen Dornfortsatz in der Mitte und zwei Paare Facetten für Ansätze, ein Paar oben, eins unten. Die Quer- und Dornfortsätze sind kürzer und dicker als die anderer Wirbel und sind dafür gemacht, die Ansätze für die großen Rückenmuskeln und starken Sehnen zu bieten.

Seitenansicht

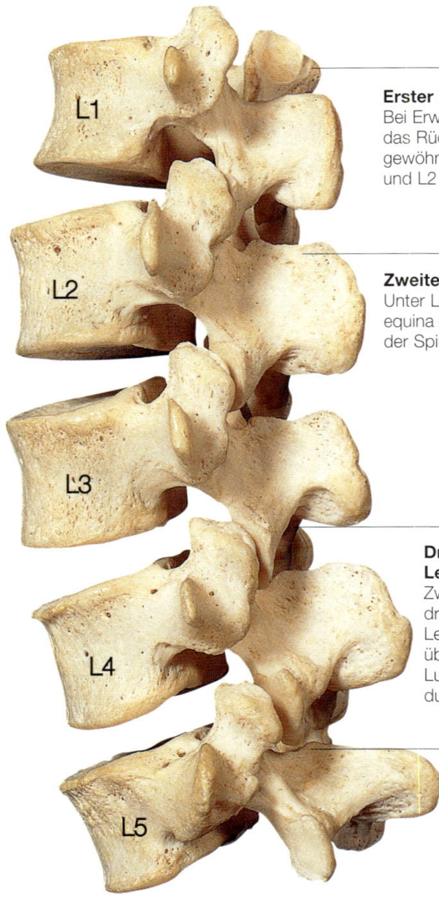

Vorderansicht

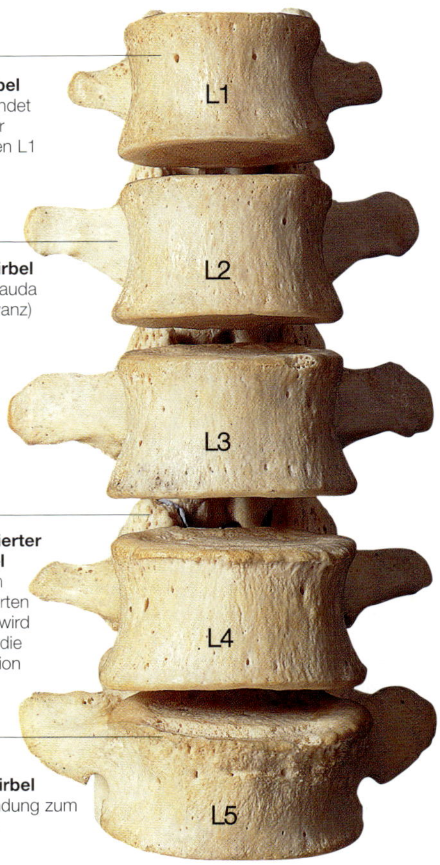

Erster Lendenwirbel
Bei Erwachsenen endet das Rückenmark für gewöhnlich zwischen L1 und L2

Zweiter Lendenwirbel
Unter L1 liegt die Cauda equina (Pferdeschwanz) der Spinalnerven

Dritter und vierter Lendenwirbel
Zwischen dem dritten und vierten Lendenwirbel wird üblicherweise die Lumbal-Punktion durchgeführt

Fünfter Lendenwirbel
Hat Verbindung zum Kreuzbein

Die Vorderseite der Lendenwirbel bilden von der Seite gesehen eine konvexe Krümmung – die Lumbal-Lordose. Dies erhöht die Stärke und hilft, Stöße abzufangen.

Die fünf Lendenwirbel sind größerem vertikalen Druck ausgesetzt als der Rest der Wirbelsäule. Aus dem Grund sind diese Wirbel groß und stark.

Typische Lendenwirbel

Die Lendenwirbel unterscheiden sich auf mehrere Weisen von anderen Wirbeln. Es gibt keine Ansätze für die Rippen, und die Ausrichtung der Verbindungsfortsätze verhindert Drehungen in diesem Teil der Wirbelsäule.

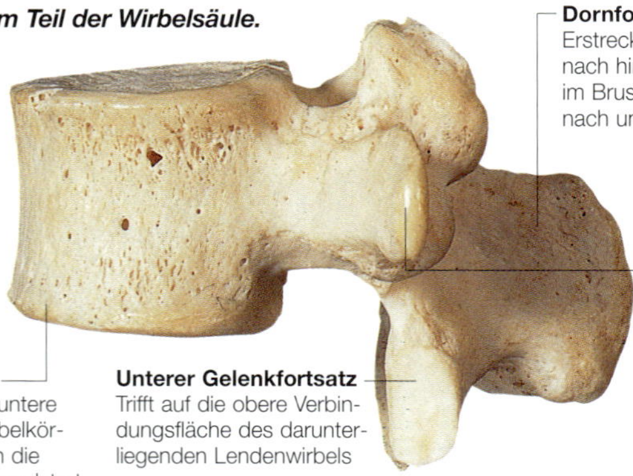

Dornfortsatz
Erstreckt sich direkt nach hinten, anders als im Brustbereich, wo er nach unten weist

Wirbelkörper
Die obere und untere Fläche des Wirbelkörpers wird durch die Bandscheibe gepolstert

Unterer Gelenkfortsatz
Trifft auf die obere Verbindungsfläche des darunterliegenden Lendenwirbels

Querfortsatz
Die Querfortsätze weisen keine Öffnungen auf (wie die Halswirbel)

Oberer Gelenkfortsatz
Der hintere Rand zeichnet sich durch eine rauhe Erhebung aus, an der Muskeln ansetzen

Querfortsatz
Geeignet zum Ansatz von großen Rückenmuskeln und starken Bändern

Lendenbänder

Die Bandscheiben und die verbindenden Bänder stützen die Knochen des Rückgrats. Sie wirken als Stoßdämpfer und reduzieren die Abnutzung der Wirbel.

Die Bandscheiben verbinden die Knochen der angrenzenden Wirbel, verhindern Verschiebungen und wirken zwischen den Wirbeln als Stoßfänger. Die Bandscheiben machen ein Fünftel der Wirbelsäulenlänge aus; sie sind am dicksten im Lendenbereich, wo die vertikale Druckbelastung am größten ist.

STÄRKE UND STABILITÄT

Um die Stabilität zu erhöhen, sind die Wirbelkörper mit robusten, vorn und hinten längs verlaufenden Bändern verstärkt, die aus Fasergewebe bestehen. Diese Bänder sind fest mit den Bandscheiben und angrenzenden Rändern der Wirbelkörper verbunden, aber nur lose mit den Wirbelkörpern selbst.

Muskeln, die an Fortsätzen der Wirbelbögen ansetzen, sorgen für Bewegung zwischen den Wirbeln. Die Gelenke an den Verbindungsfortsätzen sind mit Gelenkhaut ausgekleidet und ermöglichen den benachbarten Oberflächen, glatt übereinander zu gleiten.

Jedes Synovialgelenk ist von einer losen Gelenkkapsel umgeben. Die Gelenke der Wirbelbögen werden durch verschiedene Bänder verstärkt. Die Ligamenta flava verbinden sich mit den Oberflächen der nächstgelegenen Wirbelbögen und enthalten elastisches Gewebe.

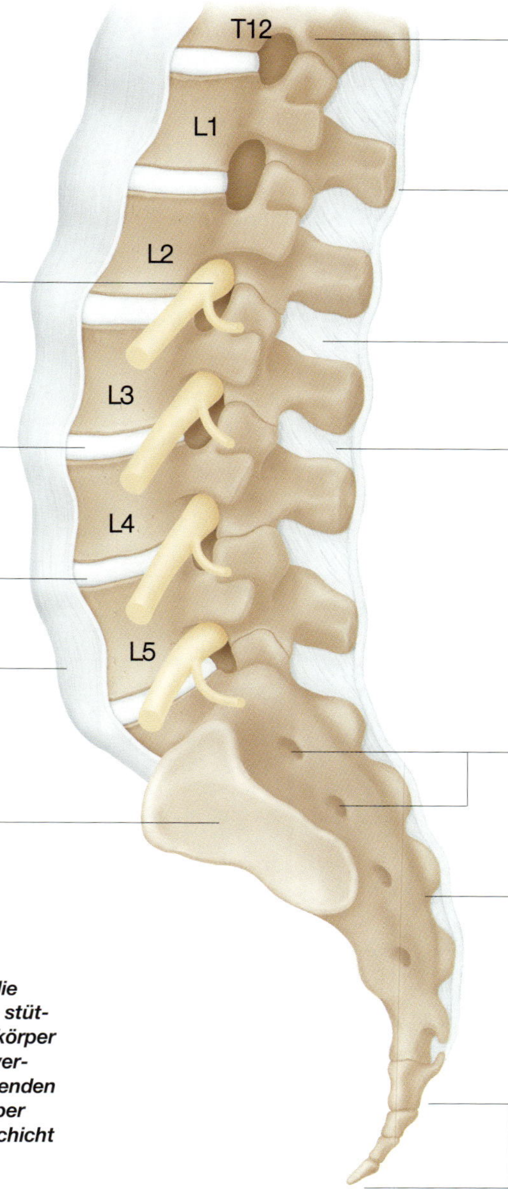

Diese Seitenansicht zeigt die Lendenwirbelsäule und die stützenden Bänder. Die Wirbelkörper sind durch Bandscheiben verbunden, wobei die angrenzenden Oberflächen der Wirbelkörper mit einer dünnen Knorpelschicht überzogen sind.

Erkrankungen der Lendenwirbel

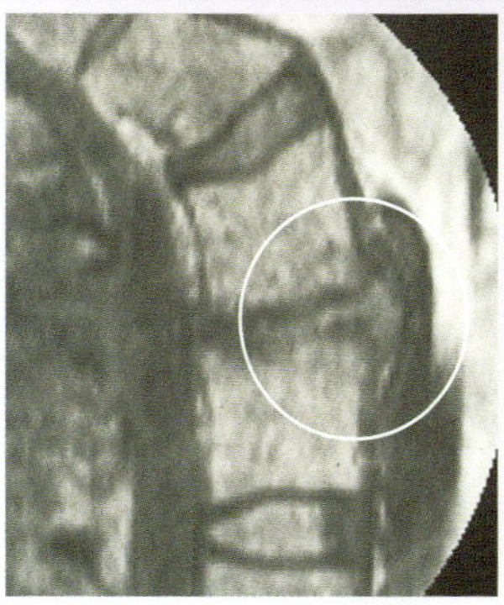

Dieses MRT zeigt eine Bandscheibe (eingekreist), die sich zwischen Lendenwirbeln vorwölbt. Dies kann heftige Schmerzen verursachen.

Jede Bandscheibe besteht aus einem robusten äußeren Ring aus Faserknorpel (Anulus fibrosus), der ein inneres Areal von geleeartiger Masse (Nucleus pulposus) umschließt. Wenn der Mensch steht, ist der Nucleus pulposus ständigem Druck ausgesetzt. Mit zunehmendem Alter kann sich die Scheibe zurückbilden, so dass der Nucleus pulposus nach hinten aus einem Spalt in dem Ring austreten kann (sogenannter Bandscheibenvorfall).

Die ganze Scheibe kann nicht aus ihrer Position rutschen, aber sie kann auf eine Spinalnervenwurzel drücken. Dies verursacht akuten Schmerz, der auch als Ischias bekannt ist und über die Rückseite von Oberschenkel und Wade, manchmal bis in den Fuß, ausstrahlt; dies geschieht entlang des Ischiasnervs, dem Hauptnerv zum Bein.

In seltenen Fällen kann die gebrochene Scheibe auch direkt auf das Rückenmark drücken, und das führt zu Lähmung der Beine und zu einer Blasenfunktionsstörung. Beide Ereignisse sind Notfälle, die üblicherweise chirurgisch behandelt werden, indem die störenden Teile der vorwölbenden Bandscheibe entnommen werden.

Die häufigste Ursache chronischen Rückenschmerzes (Spondylose) ist eine Abnutzung der Bandscheiben und der Facettengelenke. Knochengewebe unter dem beschädigten Knorpel kann dann zackige Auswüchse bilden (Osteophyten), die die Gelenkbewegung einschränken und zu Steifheit und resultierenden Muskelkrämpfen führen; sie können auch auf die Nervenwurzeln drücken und Schmerz verursachen.

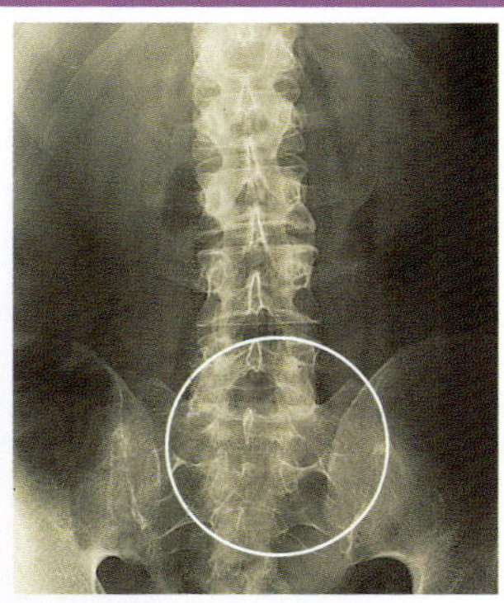

Abnutzung der Bandscheiben (eingekreist) kann dazu führen, dass ein Wirbel gegen den nächsten drückt. Eine Ursache dafür ist zunehmendes Alter.

Kreuzbein und Steißbein

Das Kreuzbein und das Steißbein bilden das auslaufende Ende der Wirbelsäule. Beide sind durch Verschmelzen von Wirbeln entstanden, was den Ansatz von gewichttragenden Bändern und Muskeln ermöglicht und hilft, die Beckenorgane zu schützen.

Das Kreuzbein ist eine knochige Masse aus fünf Sacralwirbeln, die zwischen der Pubertät und dem Alter von 30 zusammenwachsen. Es dient verschiedenen Funktionen: Es verbindet die Wirbelsäule mit dem Beckengürtel, trägt das Körpergewicht und überträgt es auf die Beine; es schützt Beckenorgane wie Uterus und Blase; und es bietet Ansätze für Muskeln, die die Oberschenkel bewegen.

Das Sacrum (Kreuzbein) hat die Form eines auf der Spitze stehenden Dreiecks, wobei sich die fünf verschmolzenen Wirbelkörper von oben nach unten verjüngen, beginnend oben mit dem weiten ersten Sacralwirbel mit den Sacralflügeln bis zum Apex am unteren Ende, wo das Steißbein ansetzt.

In der Mitte deuten horizontale knochige Kämme die Verbindungslinien der einzelnen Wirbel an; diese sind Überbleibsel der Bandscheiben. Auf beiden Seiten verlaufen die Foramina sacrale als Öffnungen für die vorderen sacralen motorischen Nervenwurzeln.

DAS STEISSBEIN

Das Steißbein bildet einen Anhang am Sacrum und ist ein Relikt vom Schwanz unserer Primatenverwandtschaft. Es besteht aus einem kleinen, pyramidenförmigen Knochen, der aus vier Wirbeln zusammengeschmolzen ist; an ihm setzen Bänder und Muskeln an, die den analen Schließmuskel bilden.

Beckenseite des Kreuzbeins (innen) (getrennt dargestellt)

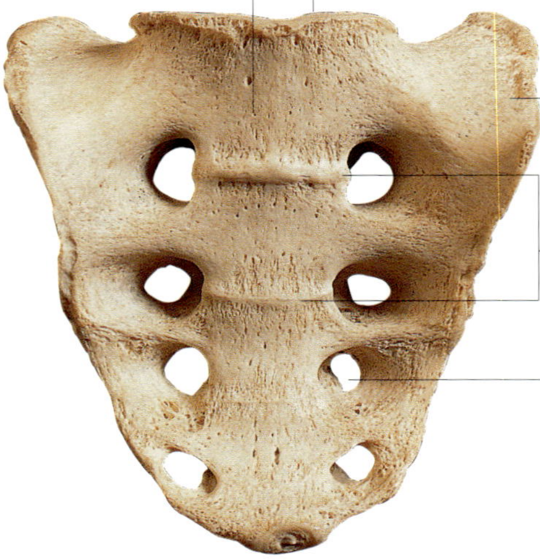

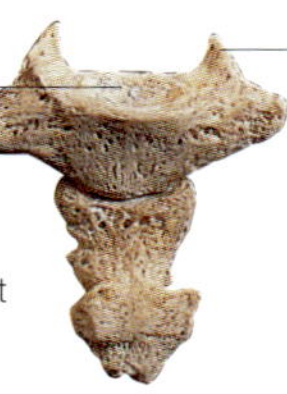

Seitenansicht des Kreuzbeins

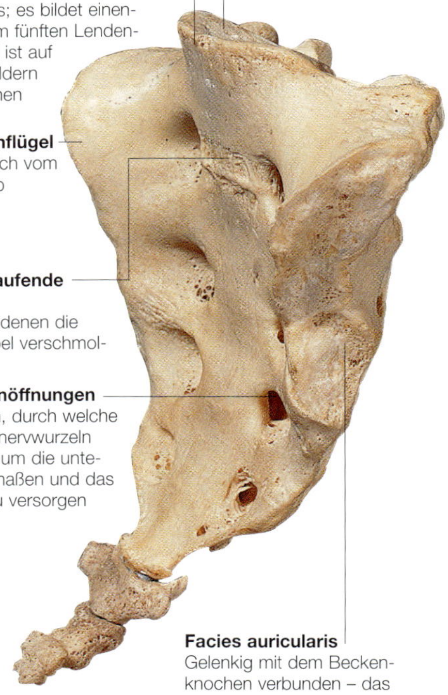

Kreuz-Darmbein-Gelenk

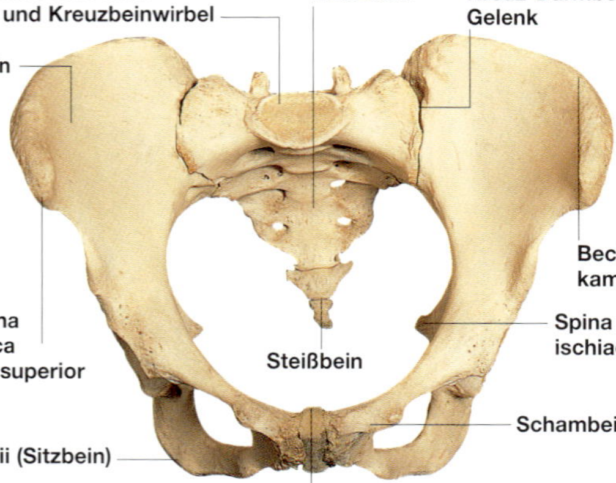

Schlüssel	Diese Stelle kann leicht unter der Haut ertastet werden

Das Kreuzbein verbindet sich auf jeder Seite im Kreuz-Darmbein-Gelenk mit Beckenknochen. Die Oberfläche des Kreuzbeingelenks heißt Auricular-Fläche, da sie von fern an die Ohrform erinnert.

Sie ist mit hyalinem Knorpel bedeckt (eine Knorpelart, die typisch für frei bewegliche Gelenke ist). Die Gelenkfläche des Darmbeins hingegen ist mit festem Faserknorpel ausgelegt. Das Kreuz-Darmbein-Gelenk ist von daher eine Mischung aus beiden Arten.
In jungen Jahren ist das Kreuz-Darmbein-Gelenk einigermaßen beweglich, verliert aber diese Eigenschaft immer mehr mit zunehmendem Alter, obwohl die Beweglichkeit immer noch bedeutend sein kann. Bei einer Geburt bewegt es sich, um den Beckenring zu vergrößern.

Das Kreuzbein weist Unterschiede zwischen den Geschlechtern auf; diese sind manchmal deutlich genug, um eine Geschlechtsbestimmung vorzunehmen. Das weibliche Kreuzbein ist kürzer und breiter und lässt mehr Raum für das Passieren des Babys bei der Geburt. Der Durchmesser des Beckendurchgangs erweitert sich bei der Geburt auch aufgrund der Beweglichkeit des Steißbeins, das sich in dem Fall zurückbewegt. Der Krümmungsgrad ist bei Männern größer als bei Frauen.

Die Beziehung zwischen Kreuzbein und Becken kann auf dieser Vorderansicht klar gesehen werden. Das Kreuzbein stellt eine konvexe Krümmung (nach außen) dar und endet im Steißbein.

Wurzeln der Spinalnerven

Die Genitalien, die Gesäßbacken und unteren Gliedmaßen werden von Nervenwurzeln versorgt, die aus dem Lenden- und Kreuzbeinrückgrat austreten.

Die Versorgung mit sensorischen und motorischen Nerven zu und aus Becken und Beinen erwächst aus einem Netz von Nervenwurzeln, das man Plexus sacralis nennt. Es liegt an der hinteren Wand der Beckenhöhle vor dem Musculus piriformis. Genährt wird der Plexus sacralis aus dem Lenden-Sacral-Stamm, der die vierten und fünften Lenden-Nerv-Wurzeln und die Sacralnerv-Wurzeln ausmacht.

Beim Plexus sacralis tauschen diese Nervenwurzeln Fasern aus und bilden sich erneut zu größeren Nerven. Diese umfassen die oberen und unteren Glutealnerven, die die Gesäßbacken versorgen, und den Ischiasnerv, der die Muskeln der Beine versorgt. Die parasympathischen Nerven der Eingeweide (S1, S2, S3) steuern das Wasserlassen und den Stuhlgang, indem sie die inneren Schließmuskel kontrollieren, ebenso wie die Erektion durch Erweiterung der Arteriolen im Penis.

KREUZBEINFORAMINA

Die konvexe äußere Oberfläche des Kreuzbeins hat in der Mitte, wo die Spinalfortsätze verschmelzen, eine Erhöhung, den sogenannten Mittelkamm. Die vier hinteren Kreuzbeinforamina lassen die hinteren Nervenwurzeln durch. Die Nerven verlaufen durch den Sacralkanal im Kreuzbein hinab.

Ein normaler Defekt im Zusammenwachsen des fünften Sacralwirbels verursacht im Nachhinein eine Öffnung des Kanals am Kreuzbein-Hiatus. Das ist nützlich, wenn Ärzte die unteren Spinalnerven betäuben wollen; sie können die Nadel dann an der offenen Stelle ansetzen.

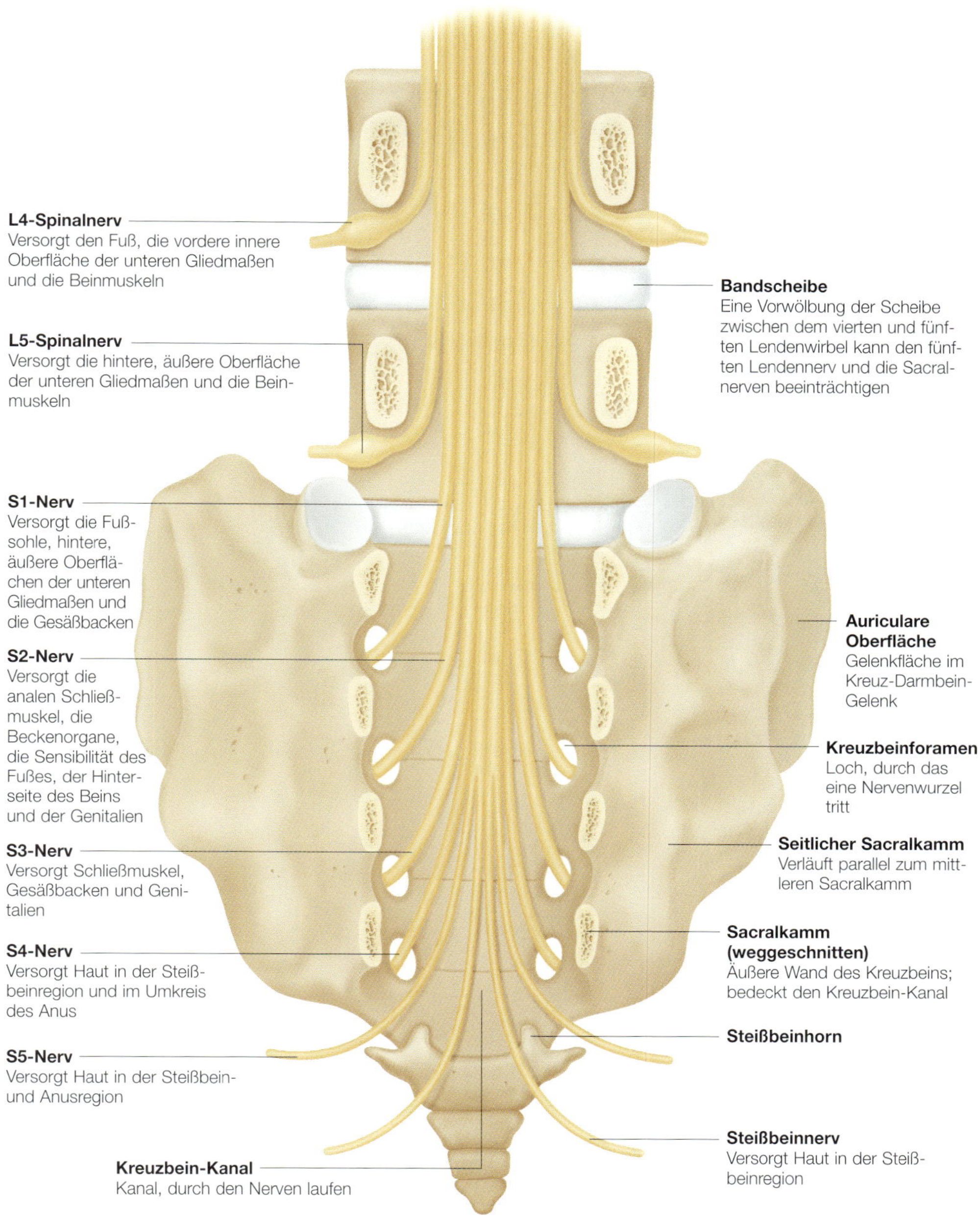

Klinische Aspekte von Kreuzbein und Steißbein

Tumore und Infektionen am Kreuzbein sind selten. Brüche entstehen nur bei groben Verletzungen, denn das Kreuzbein ist sehr stark.

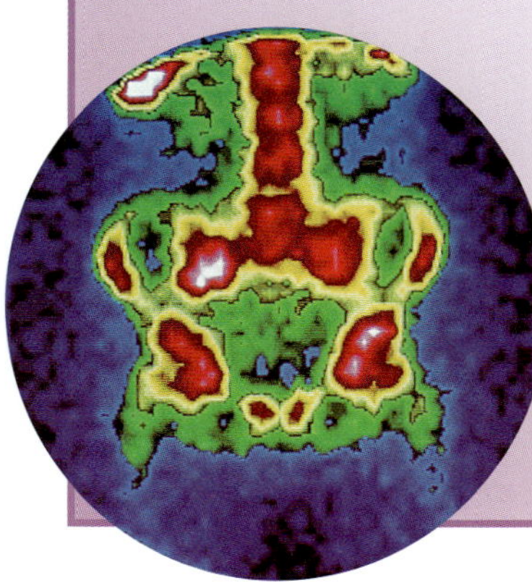

Kokzygodynie (wörtl. Steißbeinschmerz) ist ein schmerzhaftes Syndrom in der Rückgratbasis, am Mastdarm, den Gesäßbacken und am unteren Rücken. Dieser Schmerz wird typischerweise verschlimmert oder hervorgerufen, wenn man sich setzt und gelindert beim Stehen oder Auf-der-Seite-Liegen. Ursachen dafür können sein eine Fraktur oder Verletzung des Steißbeins, Fibrositis, Bandscheibenerkrankung, lokale Infektion oder es besteht eine idiopathische Genese (Ursache nicht feststellbar). Die Behandlung ist schwierig und besteht in Injektionen von Steroiden oder Anaesthetika im Bereich des Steißbeins.

Sacroilitis ist eine Entzündung des Kreuz-Darmbein-Gelenks. Dies ist die häufigste der sogenannten Spondylo-Arthropathien (wörtl. Krankheiten der Rückengelenke).

Eine häufige Erkrankung ist auch Spondylitis ankylosans. Diese betrifft Männer zwischen 20 und 40 und verursacht Rückenschmerz und Versteifung und in extremen Fällen auch einen verhärteten, gekrümmten Rücken. Auf dem Röntgenbild sieht man ungleichmäßige Substanzdefekte und eine Verengung und Verdickung am Kreuz-Darmbein-Gelenk und an den Wirbelgelenken. Weitere Ursachen für Sacroilitis sind Crohn'sche Krankheit, Reiter'sches Syndrom und Arthritis im Zusammenhang mit Colitis ulcerosa.

Sacroilitis, ein Entzündung des Kreuz-Darmbein-Gelenks, ist auf diesem Farb-Szintigramm des Beckens zu sehen. Die Entzündung erscheint rot und weiß.

Dieses Magnetresonanz-Tomographiebild von oben zeigt eine Ermüdungsfraktur am rechten sacralen Flügel (eingekreist). Solche Brüche entstehen häufig bei einem Fall auf harte Oberflächen.

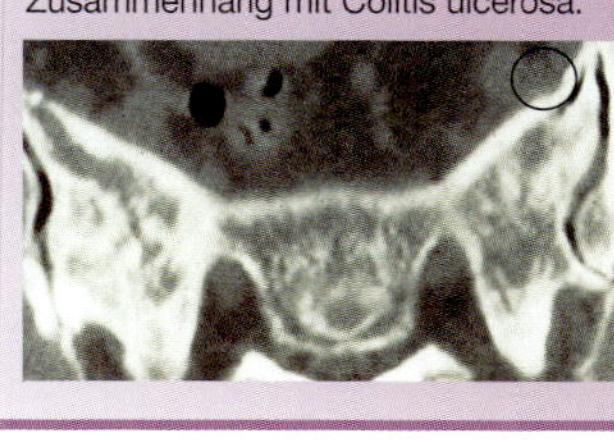

Rückenmark

Das Rückenmark ist der Übertragungsweg zwischen Gehirn und Körper. Es gibt Signale zur Steuerung von Körperfunktionen weiter und übermittelt Information über Zustände im Körper zum Gerhirn.

Das Rückenmark besteht aus einer leicht abgeflachten zylindrischen Struktur mit einer Länge von 42–45 cm bei Erwachsenen und einem mittleren Durchmesser von ca. 2,5 cm. Es beginnt auf Höhe des Foramen magnum, der großen Schädelöffnung, als Verlängerung der Medulla oblongata, dem untersten Teil des Hirnstamms. Der weitere Verlauf geht über die Halsregion und den Rücken im Rückenmark-Kanal (Wirbelkanal), wo es durch die knochigen Wirbel geschützt wird, die die Wirbelsäule ausmachen.

ENTWICKLUNG

Bis zum dritten Monat der Entwicklung in der Gebärmutter läuft das Rückenmark über die gesamte Länge der Wirbelsäule. Später jedoch wächst die Wirbelsäule schneller als das Rückenmark, das bei der Geburt beim dritten Lendenwirbel endet. Dieses schnellere Wachstum hält auch weiterhin an, so dass beim Erwachsenen das Rückenmark ungefähr auf Höhe der Bandscheibe zwischen dem ersten und zweiten Lendenwirbel endet.

ANATOMIE DES RÜCKENMARKS

Das Rückenmark ist auf Höhe des Halses und des unteren Rückens dicker. Das untere Ende des Rückenmarks läuft in einem konusförmigen Kanal aus, dem Conus medullaris. Das Filum terminale, ein dünner Faden aus modifizierter Pia mater (eine der Membrane, die Gehirn und Rückenmark umschließen) verläuft von hier abwärts zu einem Ansatz am hinteren Steißbein, wo das Rückenmark verankert wird.

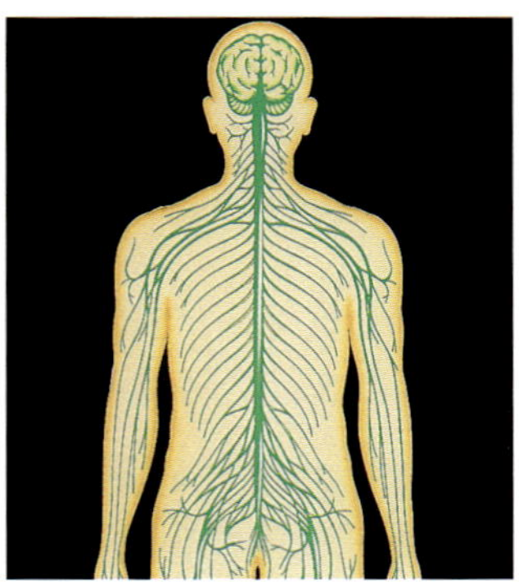

Die 31 Paare Spinalnerven, die aus dem Rückenmark abzweigen, transportieren Impulse zwischen dem Gehirn und allen Teilen des Körpers.

Hinteransicht des Rückenmarks

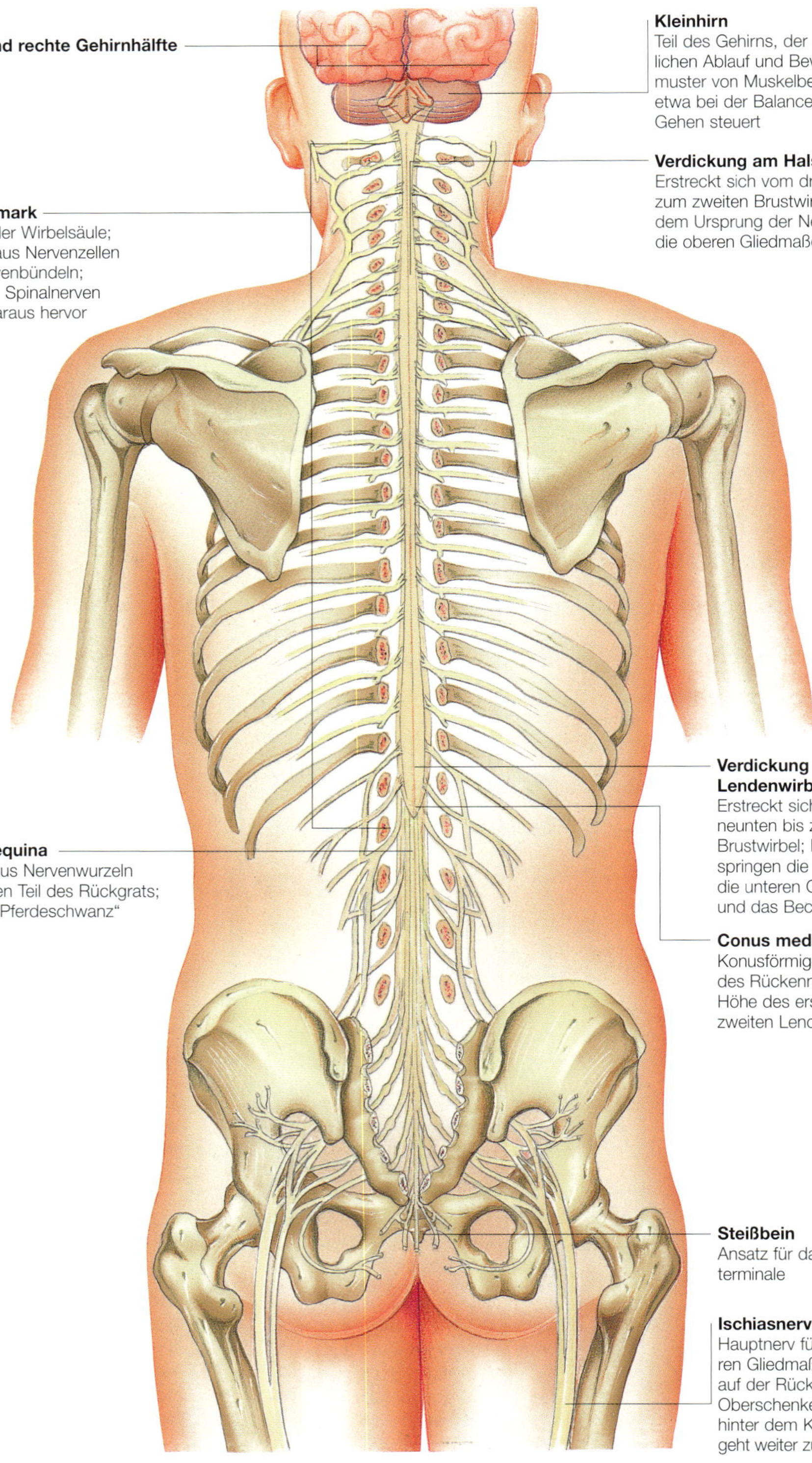

Querschnitte durch das Rückenmark

Das Aussehen des Rückenmarks ist auf verschiedenen Ebenen anders, je nach der Muskelmenge, die von den jeweils abzweigenden Nerven versorgt wird.

Das Rückenmark besteht im inneren Bereich (graue Substanz) aus Nervenzellen und sie unterstützenden Zellen (Neuroglia) und ist umgeben von weißer Substanz, die in erster Linie myelinierte Nervenfasern (Nerven mit einer isolierenden Hülle aus Myelin) enthält.

Im Querschnitt hat die graue Substanz typischerweise eine H-Form oder die eines Schmetterlings, mit zwei vorderen Säulen oder Hörnern und zwei hinteren sowie einer dünnen grauen Nervenbahn, die die graue Substanz in den beiden Hälften verbindet. In der Mitte befindet sich ein kleiner Kanal mit Hirnflüssigkeit, der am oberen Ende in die vierte Gehirnkammer im Bereich des unteren Hirnstamms und des Kleinhirns übergeht.

Auf verschiedenen Ebenen sehen die Querschnitte durch das Rückenmark anders aus. Die Menge grauer Substanz entspricht der Muskelmasse, für welche Nerven auf der jeweiligen Ebene abzweigen.

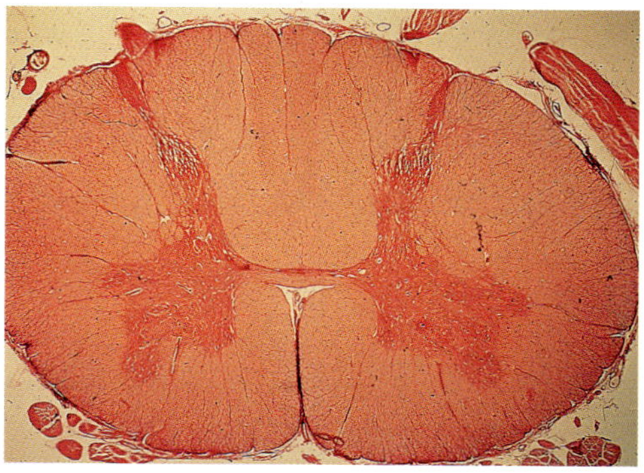

***Hals:** Das Rückenmark ist relativ groß und hat eine ovale Form. Graue Substanz (dunkelrot) sticht hervor und entspricht der Erweiterung auf Halsebene, wo die Nerven für die oberen Gliedmaßen abzweigen.*

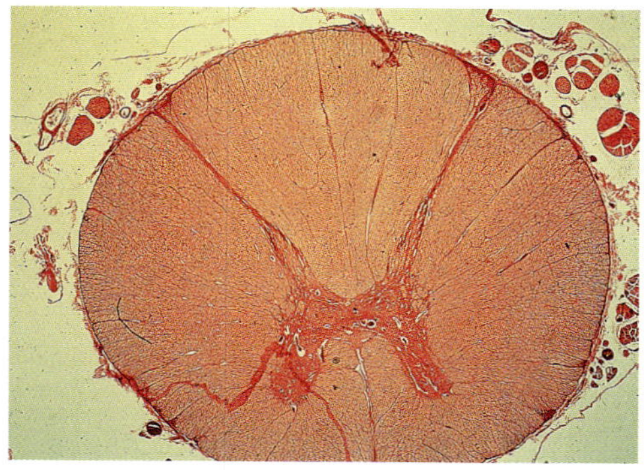

***Brust:** Das Rückenmark ist fast rund und hat einen kleineren Durchmesser. Es gibt eine mittlere Menge weißer Substanz. Die graue Substanz ist hier nicht so auffällig.*

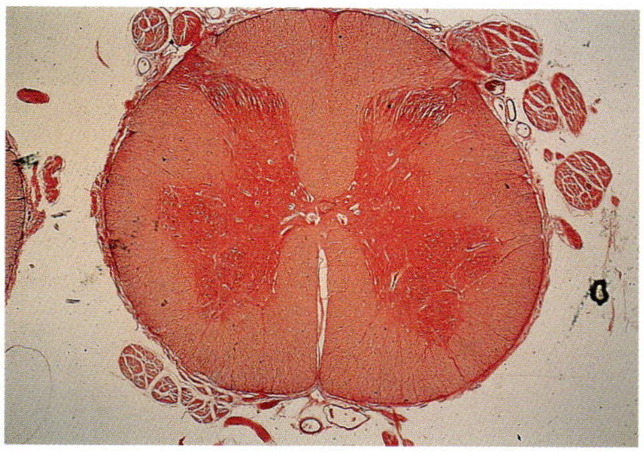

***Lende:** Das Rückenmark hat entsprechend der größeren Menge grauer Substanz einen größeren Durchmesser; die Lendenverdickung steht mit der Versorgung der unteren Gliedmaßen im Zusammenhang. Weiße Substanz ist weniger sichtbar.*

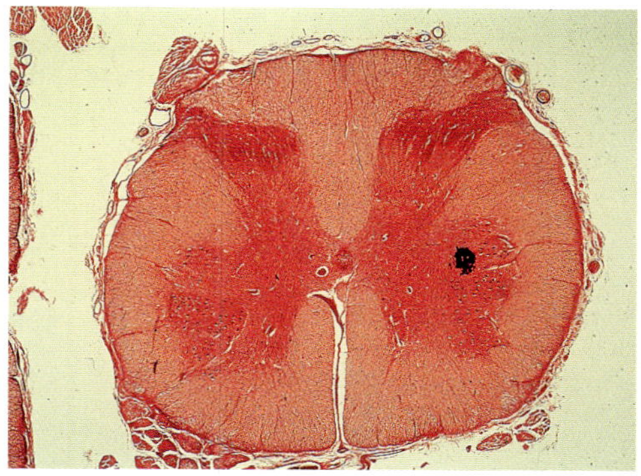

***Kreuzbein:** Im Bereich des Conus medullaris nimmt die graue Substanz die Form zweier Ovale an, die den größten Teil des Querschnitts einnehmen (wenig weiße Substanz).*

Die Bahnen im Rückenmark

Lage der Rückenmarksbahnen:
***Blau:** Aufsteigende Übermittlungswege*
***Rot:** Absteigende Übermittlungswege*
***Lila:** Fasern, die in beiden Richtungen übermitteln*

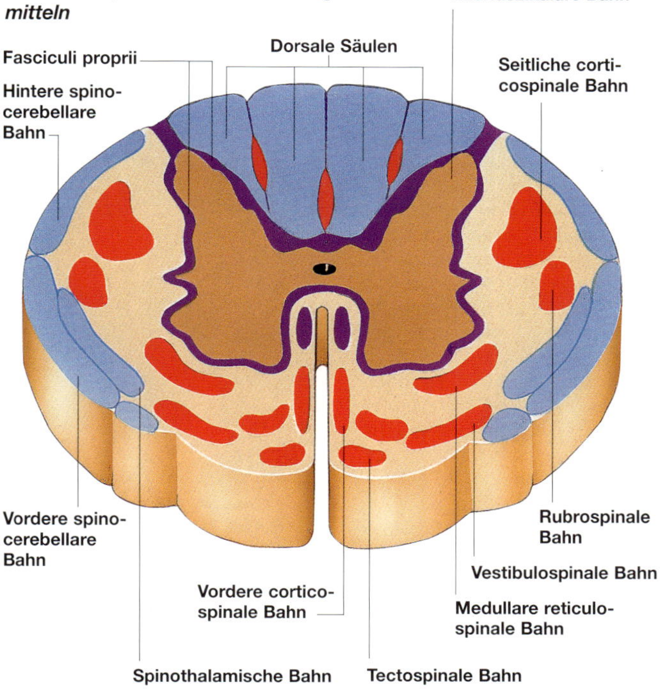

Eine Bahn ist eine Ansammlung von Nervenfasern, die alle denselben Ursprung, dasselbe Ziel und dieselbe Funktion haben.

AUFSTEIGENDE BAHNEN

Sie tragen sensorische Information vom Körper zum Gehirn:

- Die dorsalen Säulen senden Information über leichte Berührung und Druck aus Rezeptoren in der Haut zur Medulla im Gehirn. Sie ermöglichen auch Orientierung aus Rezeptoren in Gelenken, Sehnen und Muskeln (Propriozeption).
- Die vorderen und seitlichen spinothalamischen Bahnen übertragen Informationen über unspezifische Berührung, tiefen Druck, Schmerz und Temperatur.
- Die vorderen und hinteren spinocerebellaren Bahnen übertragen Informationen über Berührung und Druck zum Kleinhirn, um auf diesem Weg zur Steuerung bewusster Bewegung beizutragen.

ABSTEIGENDE BAHNEN

Sie senden Signale vom Gehirn zum Körper und sind insbesondere mit Bewegungssteuerung befasst.

Die Pyramidenbahn oder corticospinale Bahn hat ihren Ursprung in den Nervenzellen der Großhirnrinde, die mit bewusster Bewegung zu tun haben. Die Bahn leitet Impulse hinunter zum Rückenmark, von da durch die vorderen Spinalnervwurzeln zu den Skelettmuskeln.

EXTRAPYRAMIDALE BAHNEN

- Die tectospinale Bahn beginnt im Mittelhirn und verläuft in der vorderern weißen Säule abwärts. Sie trägt zur Gleichgewichts- und Koordinationskontrolle bei.
- Die rubrospinale Bahn entsteht im roten Nukleus des Mittelhirns und verläuft in den Lateralsäulen abwärts; sie steuert Haltung und Muskelspannung.
- Die retikulospinale Bahn beginnt in der Formatio reticularis des Hirnstamms und steigt in den vorderen und seitlichen Säulen ab. Sie hat mit Muskelspannung zu tun.
- Die vestibulospinale Bahn hat ihrem Ursprung im Vestibularnukleus der Medulla und verläuft in den vorderen und seitlichen Säulen abwärts. Sie trägt ebenfalls zur Steuerung der Muskelspannung bei.

Spinalnerven

Es gibt 31 Paare Spinalnerven, die seitlich längs dem Rückenmark angeordnet sind. Die Paare sind anhand ihrer Lage bezeichnet: acht Hals-, zwölf Brust-, fünf Lenden-, fünf Kreuzbein- und ein Steißbein-Spinalnerv.

Jeder Spinalnerv hat zwei Wurzeln. Die vordere oder ventrale Wurzel enthält die Axone von motorischen Nerven, die Impulse zur Muskelbewegung senden. Die hintere oder dorsale Wurzel enthält Axone der sensorischen Nerven, die sensorische Information vom Körper über das Rückenmark zum Gehirn schicken.

SEGMENTE

Jede Wurzel wird aus einer Serie von kleinen Wurzelansätzen gebildet, die aus dem Rückenmark entspringen. Die Abteilung des Rückenmarks, die die Wurzelansätze für eine dorsale Wurzel versorgt, heißt Segment. In den Lenden- und Halsbereichen liegen die Wurzelansätze eng beieinander, wobei die Segmente nur ungefähr 1 cm lang sind. Im Brustbereich hingegen sind sie weiter gestreut, so dass die Segmente länger als 2 cm sein können.

VORDERANSICHT

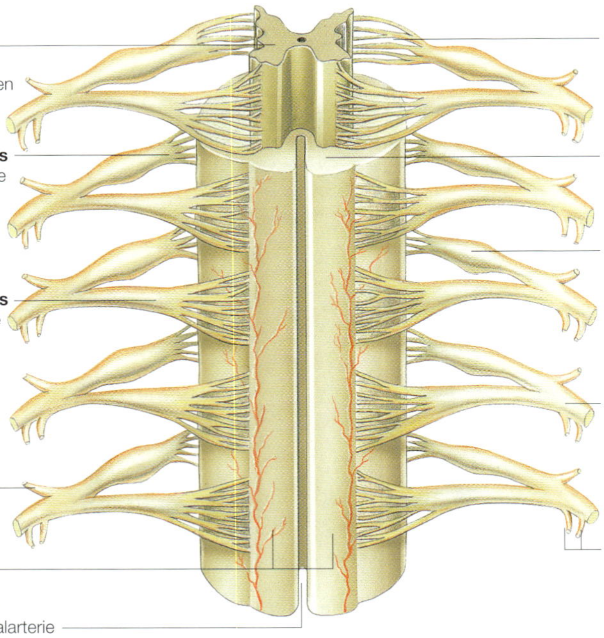

NERVENFORMATIONEN

Die ventralen und dorsalen Wurzeln laufen zusammen und bilden in den intervertebralen Foramina einen einzigen Spinalnerv. (Die Foramina intervertebrale sind kleine Öffnungen zwischen den Wirbeln, durch die die Spinalnerven laufen.)

Kurz vorm Zusammentreffen mit der ventralen Wurzel findet sich eine Verdickung in jeder dorsalen Wurzel. Diese Verdickung heißt dorsales Wurzelganglion. Es ist eine Ansammlung von Zellkörpern sensorischer Nerven.

RAMI

Kurz nach dem Passieren des Foramen intervertebrale teilt sich jeder Spinalnerv in verschiedene Zweige oder Rami. Diese umfassen:

- Ramus ventralis: versorgt die Glieder und die Vorderseite und die Seiten des Rumpfs
- Ramus dorsalis: versorgt die tieferliegenden Muskeln und die Haut des Rückens
- Rami communicantes: Teil des vegetativen Nervensystems

CAUDA EQUINA

Weil das Rückenmark kürzer als die Wirbelsäule ist, treten die unteren Spinalnerven in einem spitzen Winkel aus. Die Nervenwurzeln im Lenden-Kreuzbein-Bereich liegen beieinander und gehen fast senkrecht nach unten. Die dadurch entstehende Form spiegelt sich in dem Namen Cauda equina (lat. Pferdeschwanz) wider, denn die unteren Nervenwurzeln erinnern in ihrem Aussehen daran.

Rückenmarkspunktion

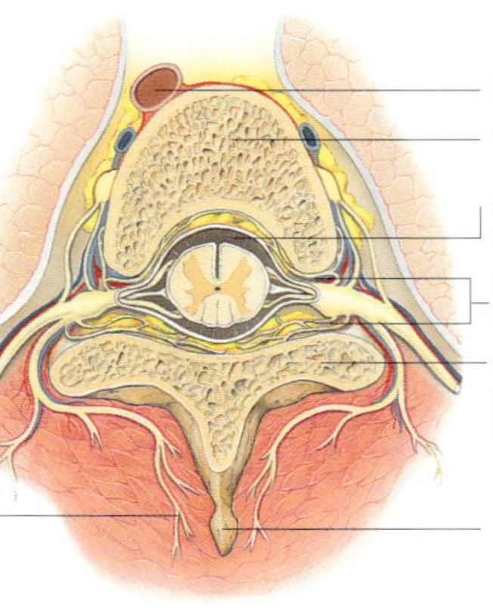

Der sichere Bereich für eine Rückenmarkspunktion ist auf die unteren Lendenwirbel-Zwischenräume begrenzt, da das Rückenmark im übrigen den subarachnoiden Raum ausfüllt.

Obwohl das Rückenmark ungefähr auf Höhe der Bandscheibe zwischen dem ersten und zweiten Lendenwirbel endet, setzt sich der subarachnoide Raum bis zum zweiten Kreuzbeinwirbel fort. Unter dem Ende des Rückenmarks befindet sich eine Aussackung von Meningen (Hirnhaut), Cauda equina, Filum terminale und Hirnwasser.

Eine dünne Nadel kann auf dieser Höhe durch die beiden Dornfortsätze eingeführt werden, um eine geringe Menge Gehirnflüssigkeit zu Laborzwecken zu entnehmen. Dies ist ein übliches klinisches Verfahren, das man Rückenmarkspunktion nennt und das gefahrlos, meist zwischen dem dritten und vierten Lendenwirbel, durchgeführt wird.

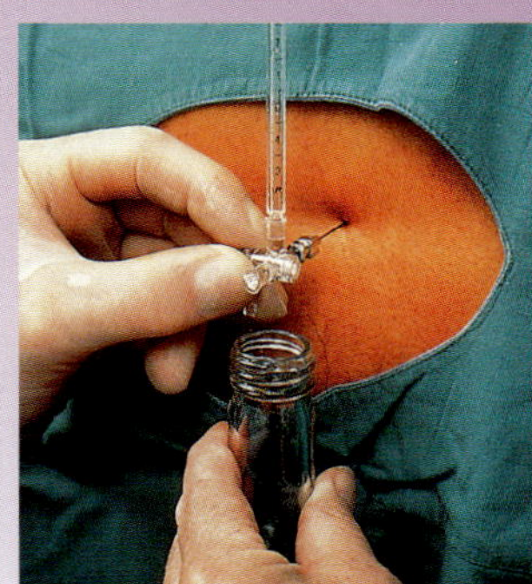

Eine Rückenmarkspunktion führt man aus, um Hirnwasser zu entnehmen oder um bestimmte Medikamente direkt in das Rückgrat zu spritzen. Die Nadel wird in den subarachnoiden Raum eingeführt.

Blutversorgung des Rückenmarks

Das Rückenmark wird von einem komplexen Arteriensystem versorgt. Diese Blutzufuhr ist für das lebenswichtige Funktionieren des Nervensystems unerlässlich.

Die vorderen Spinalarterien entspringen aus den zwei Wirbelarterien an der Gehirnbasis und verbinden sich zu einer einzigen Arterie, die auf der Vorderseite des Rückenmarks in der vorderen Mittelspalte nach unten verläuft. Segmentweise Abzweigungen dieser Arterie versorgen die vorderen zwei Drittel des Rückenmarks.

Die hinteren Spinalarterien gehen ebenfalls aus den vertebralen Arterien hervor und teilen sich in zwei absteigende Zweige auf, die auf jeder Seite des Rückenmarks verlaufen, einer vor und einer hinter den Ansätzen der dorsalen Wurzeln. Diese Gefäße versorgen das hintere Drittel des Rückenmarks.

Zusätzlich gibt es eine Versorgung aus den Radikulararterien, die ihren Ursprung in den tiefer liegenden Halsarterien, den Rippenarterien in der Brust und den Lendenarterien im unteren Rücken haben. Diese Gefäße passieren die intervertebralen Foramina zusammen mit den Spinalnerven.

Für gewöhnlich ist eine der vorderen Radikulararterien größer als die übrigen und diese heißt die Adamkiewicz-Arterie. In den meisten Fällen geht sie auf der linken Seite aus einem Zweig der absteigenden Aorta im oberen Lenden- oder unteren Brustbereich hervor. Dieser Zweig ist wahrscheinlich die Haupt-Blutversorgung der unteren zwei Drittel des Rückenmarks, und seine Verletzung aufgrund von Unfall oder durch eine Operation verursacht beträchtlichen neurologischen Schaden.

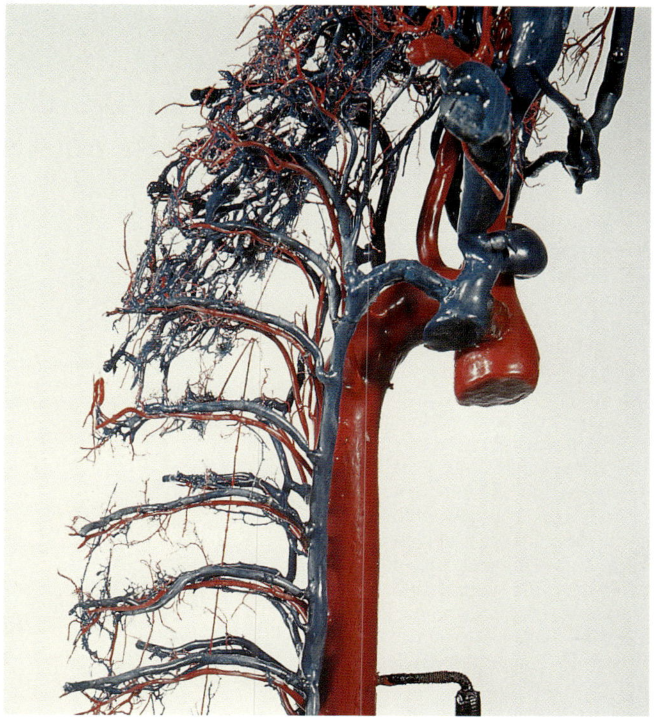

Dieses Modell der Aorta (rot) und ihrer Verzweigungen zeigt die reichhaltige Blutversorgung der Wirbelsäule. Alle Spinalnervwurzeln haben zugeordnete Arterien. Die Gefäße geben die segmentweise Anordnung der Wirbel wider.

Membrane, die das Rückenmark schützen

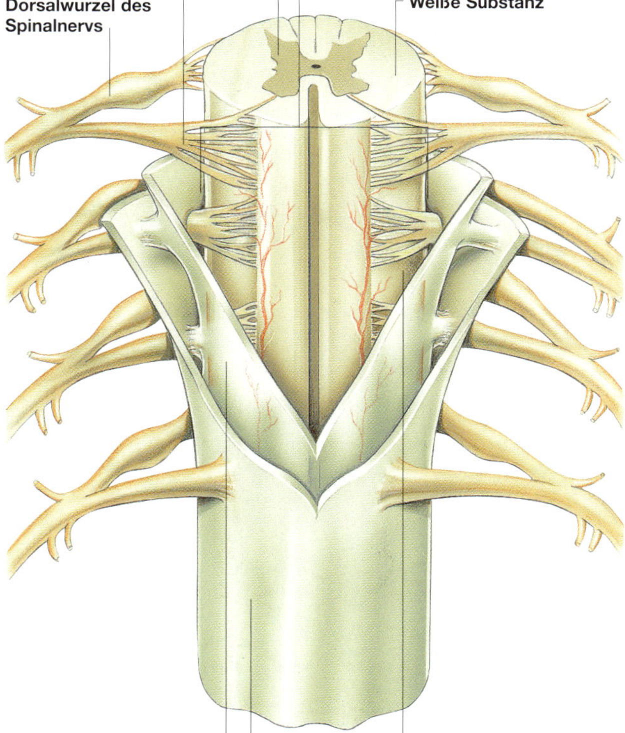

Ebenso wie das Gehirn wird das Rückenmark von drei Membranen umgeben und geschützt. Dies sind die Meninges (Hirnhäute) – Dura mater, Arachnoidea und Pia mater.

Die Knochen der Wirbelsäule erbringen den Hauptschutz für das Rückenmark, ebenso wie der Schädel für das Gehirn. Aber genauso wie das Gehirn erhält das Rückenmark weiteren Schutz durch die Membrane, die sich durch das Foramen magnum hindurch fortsetzen.

Die Dura mater ist die harte, faserartige äußere Membran. Der extradurale oder epidurale Raum trennt die Dura von den Knochen der Wirbelkörper und enthält fettartiges Gewebe und einen Venenplexus.

Die mittlere Membran ist die Arachnoidea, die viel dünner und empfindlicher ist und eine Anordnung von Bindegewebsfasern hat, die an ein Spinnennetz erinnert. Es gibt einen potentiellen subduralen Raum zwischen der Dura und der arachnoiden Membran, der normalerweise nur eine ganz dünne Flüssigkeitsschicht enthält.

PIA MATER

Die innerste Membran ist die feine Pia mater, die dicht an der Oberfläche des Rückenmarks anliegt. Sie ist transparent und reichhaltig mit filigranen Blutgefäßen versorgt, die Sauerstoff und Nährstoffe zum Rückenmark tragen. Zwischen der Arachnoidea und der Pia Mater befindet sich der subarachnoide Raum, der Hirnwasser beinhaltet, das das Rückenmark gegen Stöße dämpft und hilft, chemische Abfallprodukte aus Nervenaktivitäten und Stoffwechsel abzuführen. Hirnflüssigkeit wird vom Plexus choroideus in den Hirnkammern gebildet und zirkuliert im Gehirn und Rückenmark. Ungefähr 21 gezahnte, bindegewebige Plättchen der Pia, die Ligamenti denticulari, erstrecken sich zwischen den vorderen und hinteren Nervenwurzeln nach außen, um sich mit der Arachnoidea und der inneren Oberfläche der Dura zu verbinden. Das Rückenmark wird von ihnen in der Duralhülle gehalten.

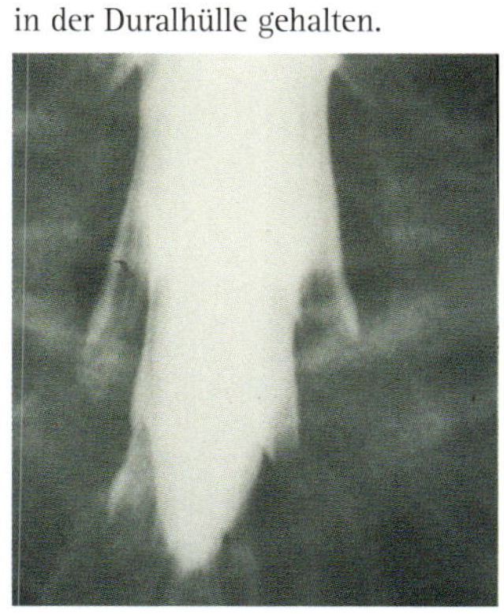

Auf diesem Myelogramm (spezielles Röntgen) ist das Ende des Rückenmarks dargestellt. Faserstränge der Pia mater verankern das Rückenmark am Steißbein.

Rückenmuskeln

Die Rückenmuskeln geben uns unsere aufrechte Haltung und ermöglichen Flexibilität und Beweglichkeit des Rückgrats. Die oberflächlichen Rückenmuskeln wirken auch mit anderen Muskeln zusammen, um die Schultern und Oberarme zu bewegen.

Die tieferliegenden Rückenmuskeln stützen und bewegen das Rückgrat, während die oberflächlichen Muskeln Arme und Schultern bewegen.

OBERFLÄCHLICHE MUSKELN

Der M. trapezius ist ein langer, fächerartiger Muskel, dessen oberer Rand den sichtbaren Bogen vom Hals zur Schulter bildet. Er setzt am Schädel an und hilft, den Kopf aufrecht zu halten und zu drehen sowie die Schultern nach hinten zu bewegen. Der M. latissimus dorsi, der längste und stärkste Rückenmuskel, ist am Rückgrat fest und läuft von oberhalb der unteren Grenze des Trapezmuskels bis zur Beckenrückseite. Der M. latissimus dorsi ermöglicht es, einen hochgestreckten Arm auch gegen große Kraft nach unten neben den Rumpf zu ziehen.

Kleinere Muskeln sind auch Bestandteile dieser oberflächlichen Muskelschicht. Der M. levator scapulae, M. rhomboidus major und minor verlaufen zwischen Rückgrat und Schulterblättern und bewegen die Schulterblätter nach oben und innen.

Die Rotatoren-Manschette ist eine Muskelgruppe, die vom Schulterblatt zum Kopf des Humerus (Oberarmknochen) am Schultergelenk läuft. Zusammen halten sie den Kopf des Humerus fest im Schultergelenk. Der M. serratus posterior überbrückt den Raum zwischen Wirbeln und Rippen und bewegt die Rippen beim Atmen.

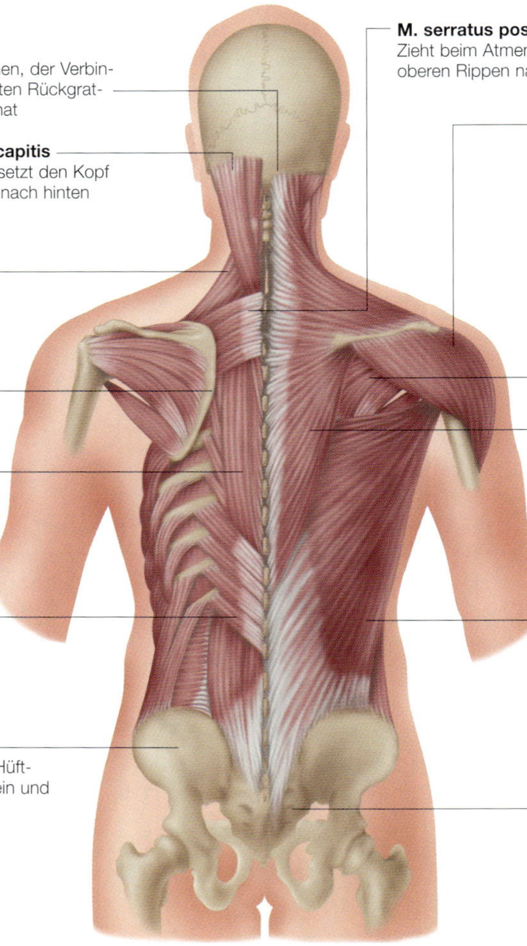

Bewegungen des Rückgrats

Drehung
Kontraktion der kurzen Zwischenwirbelmuskeln und weiterer tieferliegender Muskel ermöglicht die Drehung des Rückgrats selbst, obwohl viel der sichtbaren Rückendrehung bei der Hüfte stattfindet.

Seitneigung
Die Zusammenziehung der tieferliegenden Muskeln auf nur einer Seite gibt dem Rückgrat eine Seitwärtsbeugung.

Diese vier Figuren zeigen den Bewegungsumfang der Rückenmuskeln (einschl. einfachem aufrechten Stehen).

Beugung des Rückgrats (vorwärts)
Vorwärtsbeugung wird hauptsächlich durch Entspannung der tiefliegenden Rückenmuskeln bewirkt, wobei die Schwerkraft den Körper vorbewegt.

Aufrichtung
Kontraktion der tiefliegenden Rückenmuskeln richtet das Rückgrat auf. Beim Stehen gibt es in dieser Muskelgruppe stetige Aktivität, um der Schwerkraft entgegenzuwirken, da diese den Körper nach vorn zieht.

Tiefliegende Rückenmuskeln

Die tiefliegenden Rückenmuskeln setzen am Rückgrat, dem Becken und an den Rippen an. Sie wirken gemeinsam, um gleichmäßige Bewegungen des Rückens zu ermöglichen.

Muskeln müssen an Knochen ansetzen, um ihre Kraft entfalten zu können. Die knochigen Verankerungspunkte der tiefliegenden Rückenmuskeln umfassen Wirbel, Rippen, Schädelbasis und Becken.

TIEFE MUSKELSCHICHTEN

Die tiefliegenden Rückenmuskeln sind schichtweise aufgebaut; die untersten sind sehr kurz und laufen jeweils von einem Wirbel schräg zu dem darüber. Darüber liegen längere Muskeln, die senkrecht zwischen verschiedenen Wirbeln und den Rippen verlaufen. Mehr zur Oberfläche hin werden die Muskeln noch länger, und einige von ihnen setzen am Beckenknochen und am Hinterkopf ebenso wie an den Wirbeln an.

In diesen Schichten befinden sich zahlreiche Muskeln. Obwohl jeder Muskel einzeln nach seiner Lage benannt ist, wirken sie praktisch immer nur in Kombinationen statt einzeln. In der Gesamtheit bilden sie die Gruppe der tiefliegenden Muskeln auf beiden Seiten des Rückgrats und wirken zusammen, um die Wirbelsäule in der S-förmigen Krümmung zu erhalten und flüssige Bewegungen zu ermöglichen.

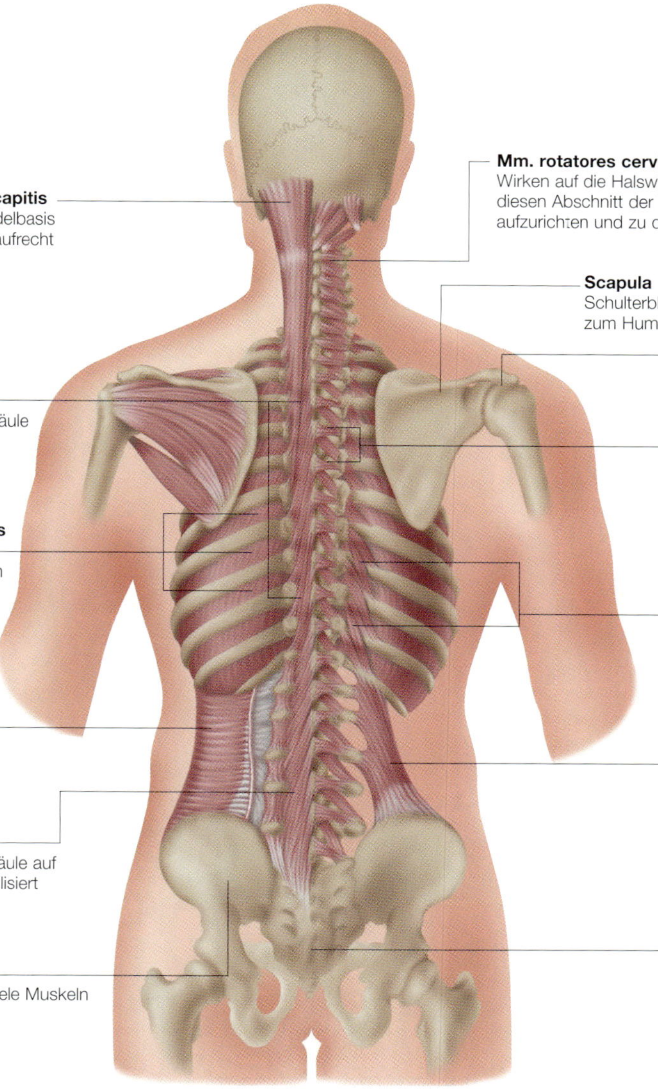

Stütze für Kopf und Nacken

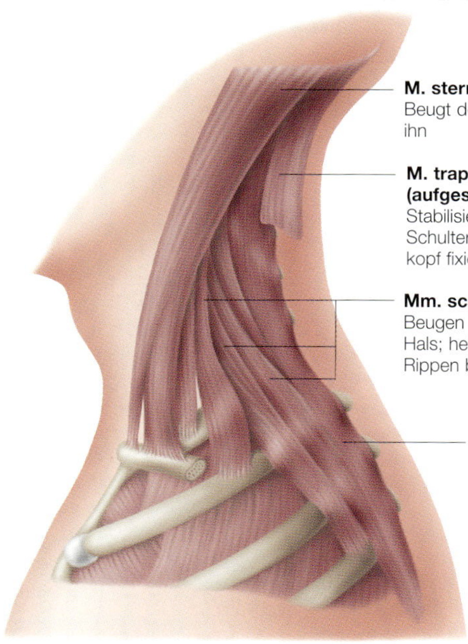

Die tiefliegenden oberen Rückenmuskeln sind am Schädel befestigt und wirken, um den Hals zu strecken und den Kopf aufrecht zu halten. Der Schwerpunkt des Kopfes liegt vor der Wirbelsäule, und deshalb muss ständige Muskelspannung dafür sorgen, dass er oben bleibt – daher auch der Ausdruck „einnicken", weil der Kopf nach vorne „nickt", wenn man einschläft.

Die Mm. sternocleidomastoidei sind große Muskeln auf jeder Halsseite. Sie wirken als die Hauptmuskeln für die Beugung des Kopfes und können angespannt werden, um den Kopf zu heben, etwa um aus einer liegenden Position aufzustehen. Die Mm. sternocleidomastoidei werden bei dieser Aufgabe durch mehrere kleinere tiefliegende Muskeln unterstützt.

Die Mm. splenii sind breite Muskelfaserbänder, die sich um und über tieferliegende Halsmuskeln schlingen. Die Mm. splenii haben ihren Ursprung an den Halswirbeln und laufen in den Hinterkopfknochen. Wenn die Halsmuskeln auf nur einer Seite aktiv werden, richten sich Kopf und Hals seitwärts auf oder drehen; gemeinsam und im Zusammenwirken mit anderen Muskeln beugt der Splenius den Hals rückwärts.

Die Aufrichtung des Halses wird auch unterstützt durch die Bewegung des M. trapezius, der am Hinterkopfknochen, den Brustwirbeln und dem Schulterblatt fest ist.

Eine Seitenansicht der Halsmuskeln zeigt einige der größeren Muskeln, die für das Aufrichten und Beugen von Hals und Kopf zuständig sind.

Schultergürtel

Der Pektoral- oder Schultergürtel ist ein Knochengebilde, das Verbindung mit den oberen Gliedmaßen hat und diese trägt. Er besteht aus den Schlüsselbeinen auf der Brust und den Schulterblättern, die flach am Rücken anliegen.

Die oberen Gliedmaßen hängen mit Hilfe des Pektoral- oder Schultergürtels am Skelett. Er besteht aus der Clavicula (Schlüsselbein) und der Scapula (Schulterblatt). Der Schultergürtel hat nur ein Gelenk am zentralen Skelett, am inneren Ende des Schlüsselbeins, wo es am Sternum (Brustbein) fest ist. Die Stabilität des Schultergürtels wird garantiert durch Muskeln und Bänder, die Verbindungen zum Schädel, zu den Rippen, dem Brustbein und den Wirbeln haben.

DAS SCHLÜSSELBEIN

Das Schlüsselbein ist ein S-förmiger Knochen, der waagerecht am oberen Rand der Brust liegt. Die vorderen und oberen Oberflächen des Schlüsselbeins sind meist glatt, während die Flächen darunter durch Muskel- und Sehnenansätze rauh und gefurcht sind.

Das mittlere (innere) Ende des Schlüsselbeins besitzt eine große, ovale Facette zur Verbindung mit dem Brustbein am sternoclaviculären Gelenk. Am anderen Ende ist eine kleinere Facette, wo sich das Schlüsselbein mit dem Acromion des Schulterblatts am acromioclaviculären Gelenk verbindet.

Das Schlüsselbein fungiert als Strebe, um die oberen Gliedmaßen vom Körper abzustützen, wodurch eine weiter Bereich freier Bewegungen ermöglicht wird. Zusammen mit dem Schulterblatt überträgt es auch die Belastungen der oberen Gliedmaßen auf das Skelett.

Schultergürtel von oben

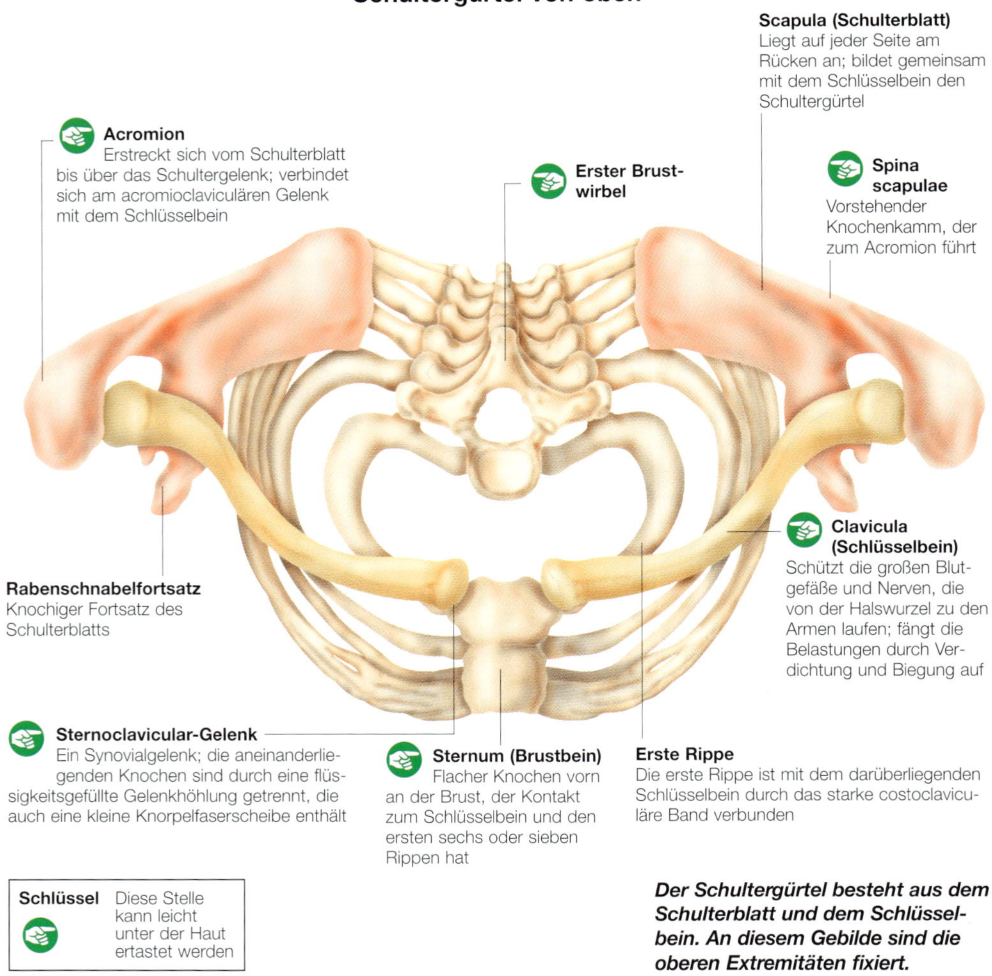

Der Schultergürtel besteht aus dem Schulterblatt und dem Schlüsselbein. An diesem Gebilde sind die oberen Extremitäten fixiert.

Gelenke des Schlüsselbeins

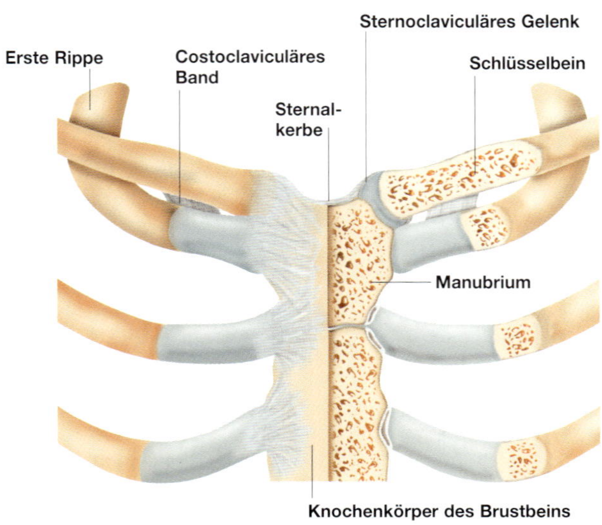

Das sternoclaviculäre Gelenk ist die einzige Knochenverbindung zwischen dem Schultergürtel und dem Rest des Skeletts. Man kann es unter der Haut tasten, da das sternale Ende des Schlüsselbeins ziemlich groß ist und sich bis über die Spitze des Manubrium (oberes Ende des Brustbeins) erstreckt, wobei beide Seiten zusammen die bekannte Sternalkerbe unten am Hals bilden.

Die Höhlung ist zweigeteilt, da eine Scheibe aus Knorpelfasern, die die Passform und Stabilität verbessert, sie verbindet. Das Gelenk wird zusätzlich stabilisiert durch das costoclaviculäre Band, das mit der Unterseite an der ersten Rippe fest verbunden ist.

Eine feste Faserkapsel (Hülle) hält gemeinsam mit starken umgebenden Bändern das sternoclaviculare Gelenk fest an Ort und Stelle.

Am sternoclaviculären Gelenk ist Bewegung nur in geringem Umfang möglich; das äußere Ende des Schlüsselbeins kann sich nach oben bewegen wie beim Schulterzucken oder nach vorn, wenn die Arme nach vorn reichen, um etwas vor dem Körper aufzuheben.

Das acromioclaviculäre Gelenk ist zwischen dem äußeren Ende des Schlüsselbeins und dem Acromion des Schulterblatts ausgebildet. Das acromioclaviculäre Gelenk dreht das Schulterblatt am Schlüsselbein mithilfe von Muskeln, die das Schulterblatt mit dem Rest des Skeletts verbinden.

Schulterblatt

Das Schulterblatt ist ein flacher, dreieckiger Knochen am oberen Rücken. Zusammen mit dem Schlüsselbein bildet er den Schultergürtel.

Das Schulterblatt (Scapula) liegt sozusagen auf der Rückseite des Brustkorbs und erstreckt sich von der zweiten bis zur siebten Rippe. Als Dreieck betrachtet hat das Schulterblatt drei Ränder: den inneren, den seitlichen (äußeren) und den oberen, mit drei Winkeln zwischen ihnen.

OBERFLÄCHEN

Das Schulterblatt hat zwei Oberflächen: die vordere und hintere. Die vordere oder Rippenseite liegt bei den Rippen auf der Rückseite des Brustkorbs und ist konkav. Die große Höhlung (Fossa subscapularis) bietet viel Platz für Muskelansätze.

Die hintere Oberfläche wird durch einen großen Kamm getrennt. Die Fossa supraspinosa ist der kleine Raum oberhalb des Kamms; darunter liegt die Fossa infraspinosa. Diese Höhlungen bieten ebenfalls Ansätze für Muskeln desselben Namens.

KNOCHENFORTSÄTZE

Der Scapula-Kamm ist eine dichte, hervorstehende Erhöhung in Verlängerung des knochigen Auswuchses, den man Acromion nennt. Dies ist ein abgeflachter Auswuchs, der die Spitze der Schulter bildet. Der seitliche Winkel, der dickste Teil der Schulter, enthält die Glenoidhöhlung, die Einwölbung, die den Kopf des Humerus am Schultergelenk aufnimmt. Auch der Rabenschnabelfortsatz, der ebenfalls wichtig für Muskel- und Sehnenansätze ist, kann in diesem Bereich getastet werden.

Hinteransicht des Schulterblatts

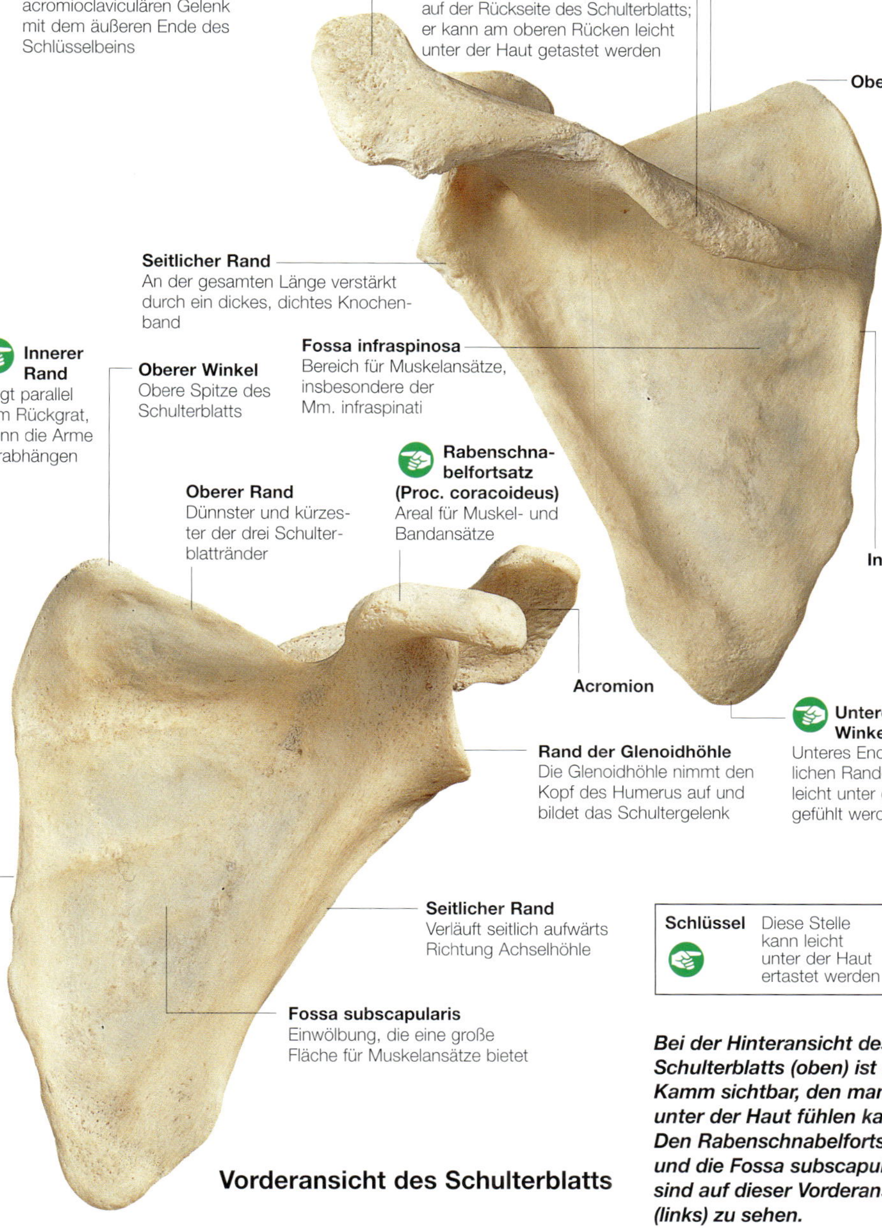

Vorderansicht des Schulterblatts

Schlüssel Diese Stelle kann leicht unter der Haut ertastet werden

Bei der Hinteransicht des Schulterblatts (oben) ist der Kamm sichtbar, den man auch unter der Haut fühlen kann. Den Rabenschnabelfortsatz und die Fossa subscapularis sind auf dieser Vorderansicht (links) zu sehen.

Flügelförmige Schulterblätter

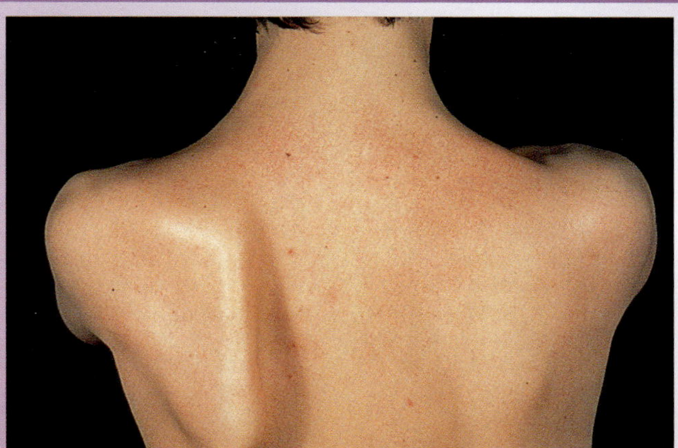

Da das Schulterblatt keine Knochenverbindungen mit dem Rückgrat und den Rippen hat, wird es durch Muskelkraft fest auf der Rückseite des Brustkorbs gehalten, und zwar hauptsächlich durch den M. serratus anterior.

Der M. serratus anterior wird von dem langen Brustnerv versorgt, der aus der Achselhöhle auf der Oberfläche des Muskels unter der Haut kommt, wo er leicht verletzt werden kann. Wenn dieser Nerv beispielsweise durch eine tiefe Wunde beschädigt wird, gibt es in dem Muskel eine Lähmung, und die Spannung, die das Schulterblatt flach in der Position am Rücken hält, lässt nach.

In dem Fall treten der innere Rand und der untere Winkel des Schulterblatts mehr hervor und wandern von der Mittellinie weg. Dann steht das Schulterblatt wie ein Flügel ab. Das führt zu dem Ausdruck „flügelförmige Schulterblätter"; diese sind am deutlichsten sichtbar, wenn der Arm gegen eine Tür oder eine Wand drückt.

Die Lage des linken Schulterblatts dieses Patienten ist die Folge eines beschädigten langen Brustnervs (N. thoracicus longus). Dieser Nerv versorgt den M. serratus anterior, der das Schulterblatt in seiner Position hält.

Muskeln des Schultergürtels

Der Schultergürtel besteht aus den Schulterblättern und Schlüsselbeinen und ist zuständig für die Anbindung der oberen Extremitäten an das zentrale Skelett. Die Muskeln des Schultergürtels halten die Schulterblätter und Schlüsselbeine an Ort und Stelle.

Der Schultergürtel wird definiert als das Gebilde, das die oberen Gliedmaßen mit dem axialen Skelett verbindet; er besteht aus den Schulterblättern und den Schlüsselbeinen, an denen die Muskeln des Schultergürtels ansetzen. Allerdings gibt es auch ein paar Muskeln, die die oberen Extremitäten direkt zum zentralen Skelett verbinden und so indirekte Bewegungen des Schultergürtels hervorrufen. Diese Muskelgruppe liegt an der Oberfläche des Rumpfs; der M. pectoralis major vorn und der M. latissimus dorsi hinten.

M. PECTORALIS MAJOR

Der M. pectoralis major setzt aus zwei Köpfen an, einem am Brustbein und angrenzendem Rippenknorpel und einem weiteren am mittleren Drittel des Schlüsselbeins. Seine Sehne dreht sich gegen den Uhrzeigersinn auf dem Weg zur äußeren Lippe des Bizepsgrabens am oberen Ende des Humerus. Diese Drehung gibt dem Schlüsselbeinkopf einen mechanischen Vorteil beim Beugen des Arms.

Der M. pectoralis major bekommt seine Nerven- und Blutversorgung aus einer reichhaltigen Quelle. Der sternocostale Kopf des M. pectoralis major ist ein kräftiger Adductor des Arms (wenn er zum Körper gezogen wird) und daher gut entwickelt bei Bergsteigern und Gewichthebern. Wenn der Arm fixiert ist, kann der Muskel die Rippen als zusätzlicher Muskel zur Atmung heben.

Muskeln des Schultergürtels von vorn

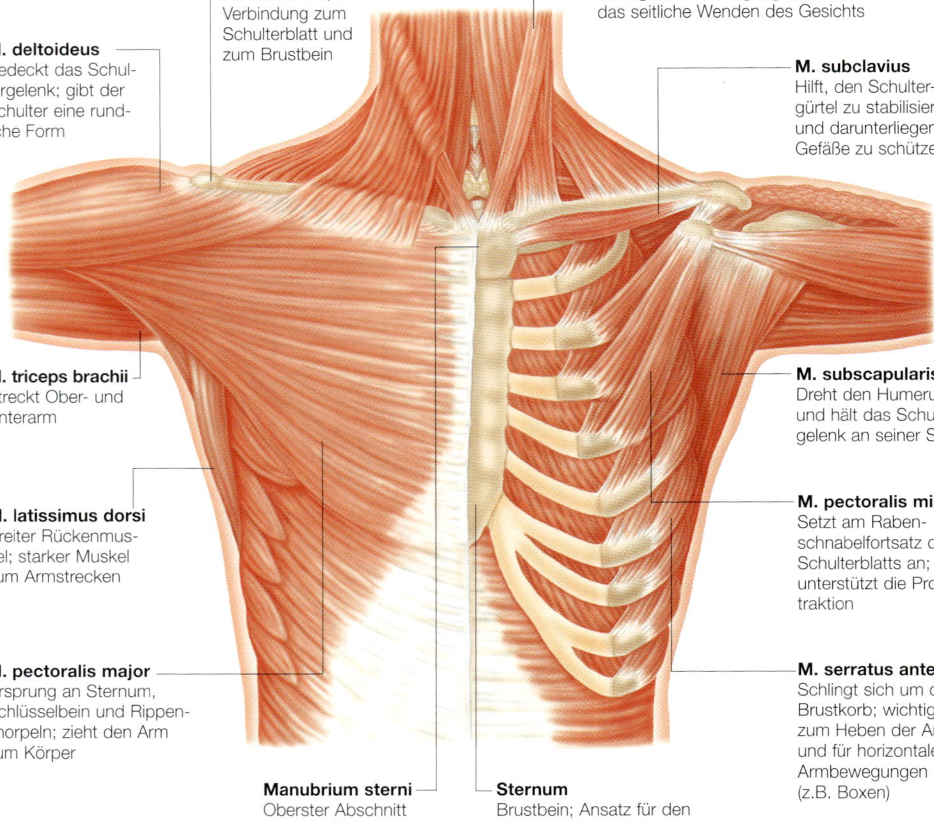

Unter dem M. pectoralis major

Unter dem M. pectoralis major liegen M. subclavius und M. pectoralis minor. Der M. subclavius ist ein ziemlich unbedeutender Muskel, der wahrscheinlich nur hilft, um das Schlüsselbein bei Bewegungen des Schultergürtels zu stabilisieren. Nach einer Schlüsselbeinfraktur zieht der M. subclavius zusammen mit dem M. deltoideus und der Schwerkraft das äußere Fragment nach unten, während das innere Fragment durch die ungebremste Einwirkung des M. sternocleidomasoideus nach oben gezogen wird. Die Trennung der Fragmente kann eine konkrete Bedrohung für die Gefäße unter dem Schlüsselbein darstellen.

Wenn der Arm fixiert bleibt, kann der M. pectoralis major den Brustkorb anheben und so als zusätzlicher Atemmuskel fungieren. Erschöpfte Schnellläufer nutzen diese Eigenschaft, wenn sie die Hände auf die Knie legen.

Der M. sternocleidomastoidus, der am inneren Drittel des Schlüsselbeins und am Manubrium sterni ansetzt, hat hauptsächlich mit Bewegungen von Kopf und Hals zu tun.

Der M. pectoralis minor ist an der zweiten, dritten, vierten und fünften Rippe verankert und setzt am Rabenschnabelfortsatz des Schulterblatts an. Er hilft, das Schulterblatt um und gegen die Rumpfwand zu ziehen. Diese Bewegung (Protraktion) ist erforderlich, um einen Ball zu werfen.

Der Hauptmuskel für die Protraktion ist der M. serratus anterior. Dieser Muskel legt sich komplett um den Brustkorb und macht am inneren Rand des Schulterblatts fest. Die unteren vier Auszahnungen laufen am unteren Winkel des Schulterblatts zusammen und helfen dem M. trapezius bei Schulterblattdrehungen.

Rückseite des Schultergürtels

Der große M. trapezius und der M. latissimus dorsi sind Oberflächenmuskeln des Rückens, die am Schultergürtel ansetzen und seine Bewegungen beeinflussen.

Der M. latissimus dorsi entspringt bei den unteren Brust-, Lenden- und Kreuzbeinwirbeln, aus der Fascia thoracolumbalis und dem hinteren Teil des Darmbein-Kamms, und einige Fasern sind an den unteren vier Rippen befestigt. Aus dieser breiten Basis (lat. latissimus heißt „am breitesten") läuft er an der Vorderseite des Humerus zusammen.

Dieser Muskel unterstützt den M. pectoralis major beim Heranziehen des Armes an den Körper (Adduktion). Da der Muskel sich um die unteren Rippen schlingt, hilft er auch bei kräftigem Ausatmen, z.B. beim Husten.

M. TRAPEZIUS

Der untere Teil des M. trapezius überlappt sich teilweise mit dem M. latissimus dorsi. Der M. trapezius hat auch einen breiten Ursprung von der Schädelbasis (Occipitalvorwölbung) bis zu den Dornfortsätzen der zwölf Brustwirbel. Die unteren Fasern setzen am Kamm des Schulterblatts an; mittlere Fasern am Acromion; die oberen am äußeren Drittel des Schlüsselbeins. Der obere Teil kann die Schultern hochziehen; der mittlere und untere Teil kann die Schulterblätter seitlich drehen.

Muskeln des Schultergürtels von hinten

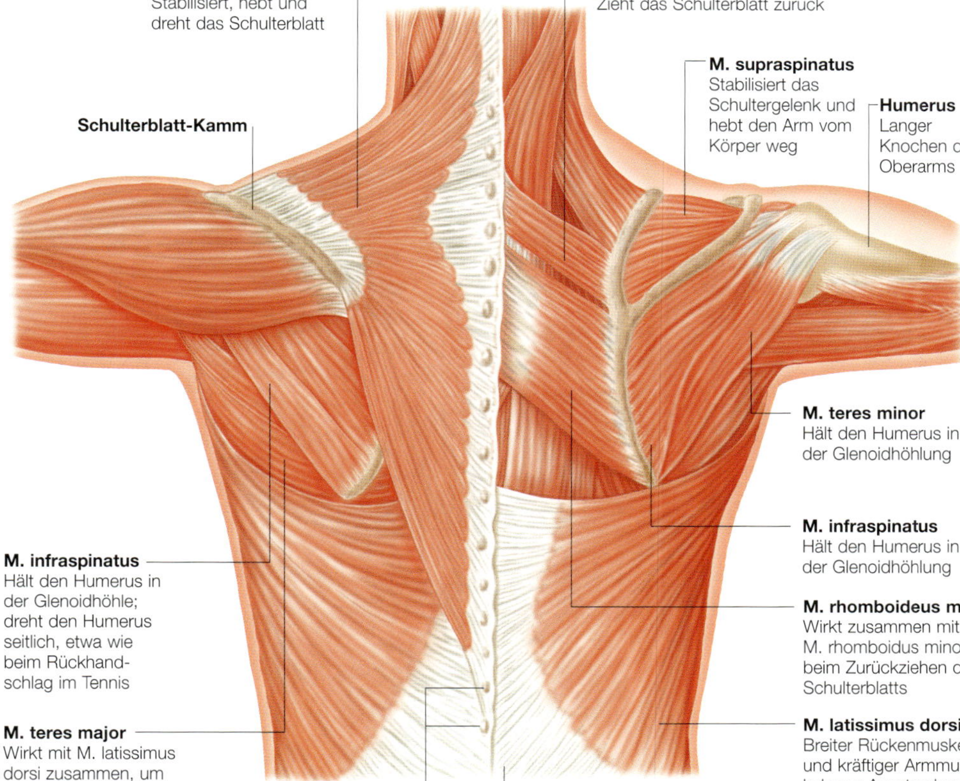

Tiefe Schichten

Das Schulterblatt wird durch das Einwirken des M. rhomboidus (major und minor) nach hinten gezogen. Sie ziehen den inneren Rand des Schulterblatts in Richtung Wirbelsäule. Diese Muskeln ermöglichen der Schulter, „gespannt" zu werden, wie man es sieht, bevor ein Schlag getätigt wird oder vor einem kräftigen Stoß, da dies die Kraft in der Vorwärtsbewegung maximiert.

Da diese Muskeln unter dem M. trapezius liegen, ist es schwer, sie zu sehen und zu fühlen. Wenn sie jedoch auf einer Seite gelähmt werden, hebt sich dort das Schulterblatt von der Mittellinie ab.

Mm. rhomboidei major und minor wirken zusammen mit dem M. levator scapulae, um das Schulterblatt zur Mitte (Wirbelsäule) zu ziehen und so die Gegenkräfte zum M. trapezius und dem M. serratus anterior zu bilden.

Die Mm. rhomboidei wirken zusammen, um das Schulterblatt zurückzuziehen, um eine kraftvolle Verwärtsbewegung zu ermöglichen. Das kann man sehen, bevor ein Boxer einen Schlag ausführt.

BEWEGUNG DES SCHULTERBLATTS

Bewegungen des Schulterblatts sind wichtig, um dem Schultergelenk den weitestmöglichen Bewegungsspielraum zu geben. Obwohl es kein anatomisches Gelenk zwischen dem Schulterblatt und dem Rumpf gibt, sprechen Ärzte oft vom „scapulothoracischen Gelenk", da es zwischen den beiden eine Menge Bewegung gibt.

Diese Bewegungen werden auch durch das Schlüsselbein auf das sternoclaviculäre Gelenk übertragen. Das sternoclaviculäre Gelenk ist der einzige Verbindungspunkt zwischen dem Schultergürtel und dem Rumpf.

Brustkorb

Der Brustkorb schützt die lebenswichtigen Organe des Brustraums und bietet Ansätze für Muskeln des Rückens, der Brust und der Schultern. Außerdem ist er beweglich genug für Atembewegungen.

Der Brustkorb wird am Rücken von den zwölf Brustwirbeln der Wirbelsäule getragen und besteht aus zwölf Paar Rippen, den Rippenknorpeln und dem knochigen Brustbein auf der Vorderseite.

DIE RIPPEN

Jedes der zwölf Paar Rippen ist am Rücken an dem Wirbel gleicher Numerierung befestigt. Die Rippen winden sich dann nach vorn und unten um die Brust auf die vordere Oberfläche des Körpers.

Die zwölf Rippen können gemäß der vorderen Ansätze in zwei Gruppen unterteilt werden:

■ **Echte (sternale) Rippen**
Die ersten sieben Rippenpaare verbinden sich vorn direkt über eigene Rippenknorpel mit dem Sternum (Brustbein).

■ **Unechte (asternale) Rippen**
Diese verbinden sich nicht direkt mit dem Sternum. Die Rippenpaare acht bis zehn (vertebrochondrale Rippen) haben eine indirekte Brustbeinanbindung über verschmolzene Rippenknorpel. Die Rippenpaare elf und zwölf haben keine Verankerungen auf der Vorderseite und heißen deshalb freie Rippen. Ihre vorderen Enden liegen inmitten der seitlichen Bauchwandmuskulatur.

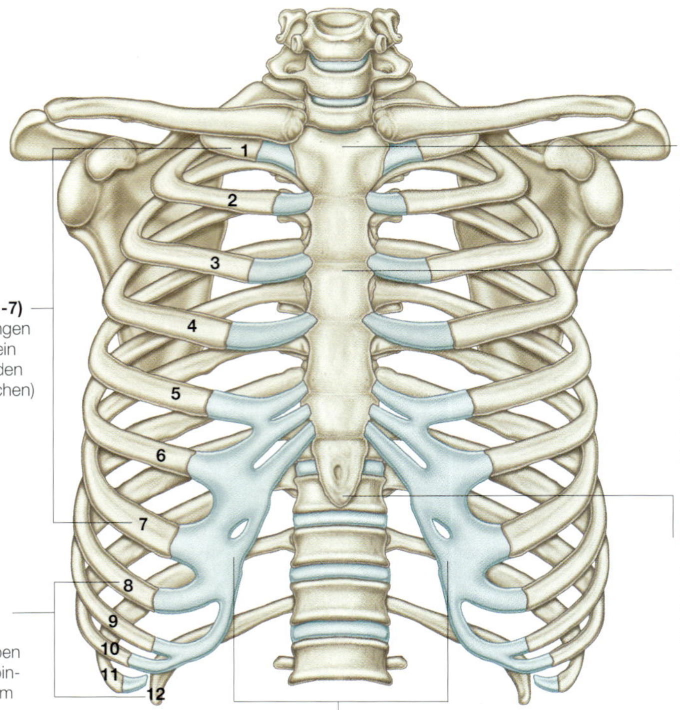

Der Brustkorb besteht aus Sternum (Brustbein) und zwölf Paar Rippen mit ihren Knorpeln.

Schlüssel Diese Stelle kann leicht unter der Haut ertastet werden

Rippenstruktur

Die erste und zweite rechte Rippe von unten. Diese Rippen sind anders als die Rippen drei bis zehn, da sie flacher, kürzer und gebogener sind.

Obwohl sie alle leicht voneinander variieren, können die Rippen drei bis zehn aufgrund ihrer Ähnlichkeit als „typische Rippen" bezeichnet werden. Sie bestehen aus folgenden Teilen:

■ **Kopf.** Dieser verbindet sich mit dem Brustwirbel desselben numerischen Werts und dem darüberliegenden (die vierte Rippe verbindet sich beispielsweise mit dem dritten und vierten Brustwirbel).

■ **Hals.** Dieser schmalere Teil der Rippe befindet sich zwischen dem Kopf und dem Schaft oder Rippenkörper.

■ **Tuberkel.** Dieses erhöhte, rauhe Areal liegt an dem Übergang von Hals und Schaft und hat eine Facette für die Verbindung mit dem Querfortsatz des Brustwirbels.

■ **Schaft.** Die Rippe setzt sich als flacher, gebogener Knochen fort, der sich wölbt, um den Brustraum einzuschließen.

UNÄHNLICHE RIPPEN

■ **Erste Rippe.** Dies ist die breiteste, kürzeste und flachste Rippe; sie hat nur eine Facette auf ihrem Kopf, und zwar für die Verbindung mit dem ersten Brustwirbel. Auf ihrer Oberseite befindet sich ein vorstehendes, ungleichmäßiges Tuberkel.

■ **Zweite Rippe.** Diese Rippe ist dünner als die erste, ihr Schaft mehr wie der einer typischen Rippe. Auf halber Höhe des Schafts besitzt sie ein zweites hervorstehendes Tuberkel für Muskelansätze.

■ **Elfte und zwölfte Rippe (freie Rippen).** Sie haben alle nur eine Facette auf ihren Köpfen und keine Ansatzpunkte zwischen ihrem Tuberkel und dem Querfortsatz des zugehörigen Brustwirbels. Die Enden ihrer Schäfte haben nur eine Knorpelkappe und keine Verbindung zu anderen Rippen.

Brustbein

Das Sternum (Brustbein) ist ein langer, flacher Knochen, der senkrecht in der Mitte der vorderen Oberfläche des Brustkorbs liegt.

Das Sternum besteht aus drei Teilen:

■ **Dem Manubrium (Griff).** Dieser Knochen bildet den obersten Teil des Brustbeins und hat die ungefähre Form eines Dreiecks mit einer vorstehenden und leicht tastbaren Kerbe am oberen Rand, der suprasternalen Kerbe.

■ **Den Körper.** Der Griff und der Körper des Brustbeins liegen auf leicht unterschiedlichen Ebenen und etwas angewinkelt, so dass ihre Verbindung, das manubriosternale Gelenk, vorsteht und so den „Sternalen Winkel von Louis" bildet. Der Brustbeinkörper ist länger als das Manubrium und stellt den größeren Teil des Brustbeins dar.

■ **Der Proc. xiphoideus (Schwertfortsatz).** Dies ist ein kleiner, spitz auslaufender Knochen, der sich nach unten und leicht nach hinten erstreckt. Bei jungen Leuten kann er noch knorpelig sein, aber bei Erwachsenen verknöchert er zumeist im Alter von 40 – 50 Jahren.

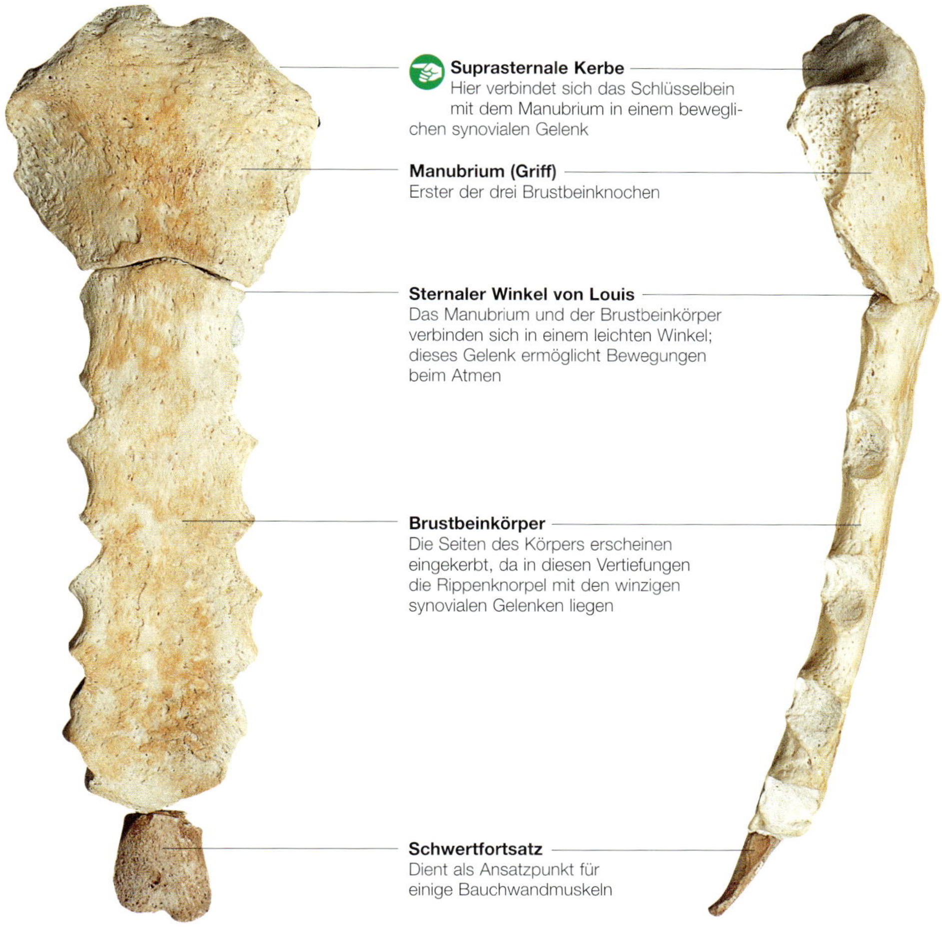

Das Sternum (Brustbein) besteht aus drei Teilen: dem Griff, dem Körper und dem Schwertfortsatz.

Die Rippenknorpel

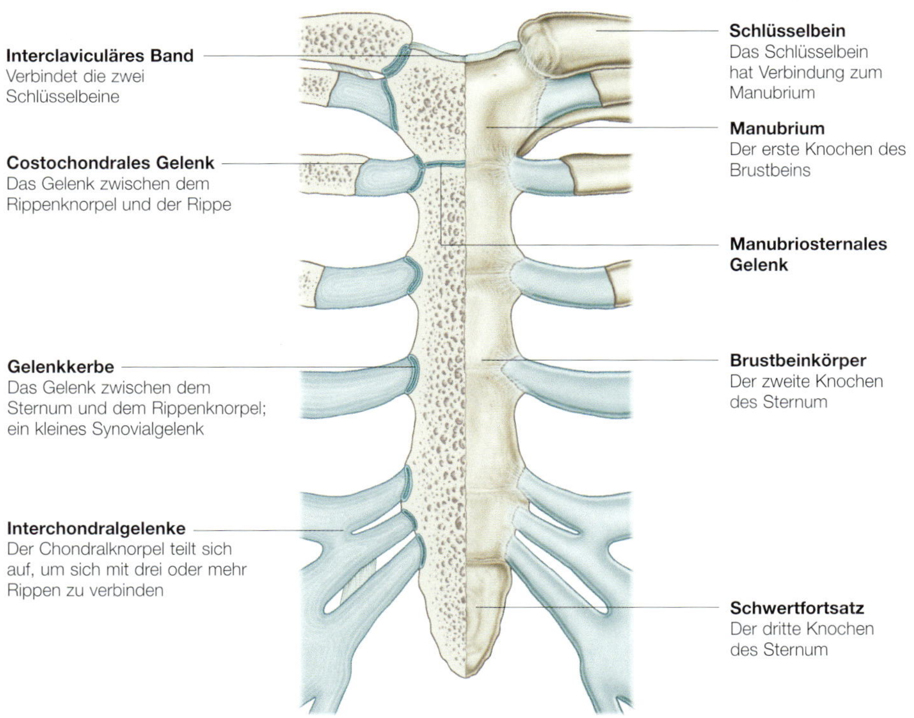

Die Rippen sind über die Rippenknorpel am Brustbein befestigt. Diese flexiblen und spannkräftigen Strukturen sind aus Hyalinknorpel, der sehr fest und elastisch ist und daher sehr zur Beweglichkeit der Brustwand beiträgt.

Beim Atmen können sich die Rippenknorpel ausdehnen und drehen, um dem Brustkorb das Heben und Ausdehnen und das anschließende Zusammenziehen in die ursprüngliche Position zu ermöglichen.

Die ersten sieben Rippenknorpel sind direkt am Sternum fixiert, die nächsten drei am darüberliegenden Knorpel, und die letzten zwei besitzen nur Knorpelkappen am Ende der Rippenschäfte, die nur im weichen Bindegewebe der seitlichen Bauchwand liegen.

Die Rippenknorpel verbinden das Sternum mit den oberen zehn Rippenpaaren. Diese flexiblen Strukturen geben dem Brustkorb einen großen Teil seiner Beweglichkeit.

Muskeln und Bewegungen des Brustkorbs

Das Knochenskelett des Brustkorbs ist in mehrere Schichten Muskeln gehüllt, von denen manche zu den stärksten Muskeln der oberen Gliedmaßen und des Rückens gehören als auch von solchen, die nur auf den Brustkorb wirken.

Die Muskeln des Brustkorbs haben mit der Atmung zu tun. Sie setzen nur am Brustkorb (Thorax) und an der Brustwirbelsäule an. Sie bilden die Struktur der Brustraumwand und umschließen und schützen die lebenswichtigen inneren Organe des Brustraums.

Mm. INTERCOSTALES

Die intercostalen Muskeln füllen die elf Rippenzwischenräume aus. Sie liegen in drei Schichten, wobei die äußeren Intercostalen an der Oberfläche, die inneren darunter und die innersten als unterste liegen.

■ **Die äußeren intercostalen Muskeln**
Die Muskelfasern jedes äußeren intercostalen Muskels laufen abwärts und nach vorn zu der Rippe darunter, und mit ihrer Kontraktion heben sie die Rippen beim Einatmen.

■ **Die inneren intercostalen Muskeln**
Die inneren intercostalen Muskeln liegen unter den äußeren und im rechten Winkel dazu; d.h., ihre Fasern verlaufen nach unten und hinten von der oberen zur unteren Rippe. Wie die äußeren intercostalen Muskeln helfen auch sie beim Einatmen.

■ **Die innersten intercostalen Muskeln**
Sie liegen unter den inneren intercostalen Muskeln, und ihre Fasern verlaufen in derselben Richtung. Von den inneren intercostalen Muskeln sind sie durch Bindegewebe getrennt, das Nerven und Blutgefäße enthält.

Innenansicht der Brustwand

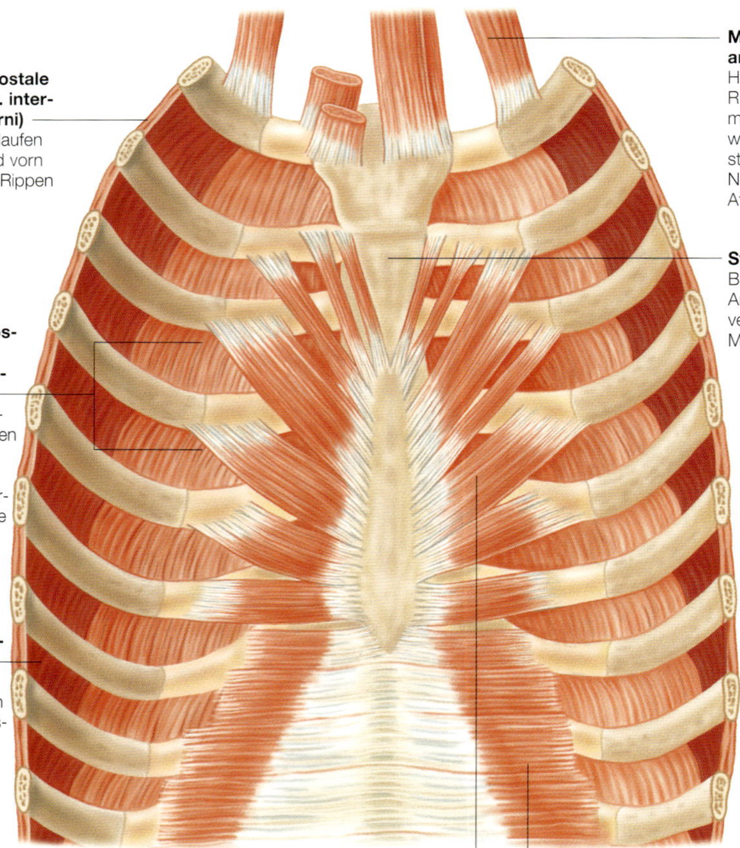

Die Innenansicht der Brustwand zeigt die Mm. transversi thoracis, die am Brustbein ansetzen, und die Schichten der intercostalen Muskeln.

Die zum Brustkorb gehörenden Muskeln

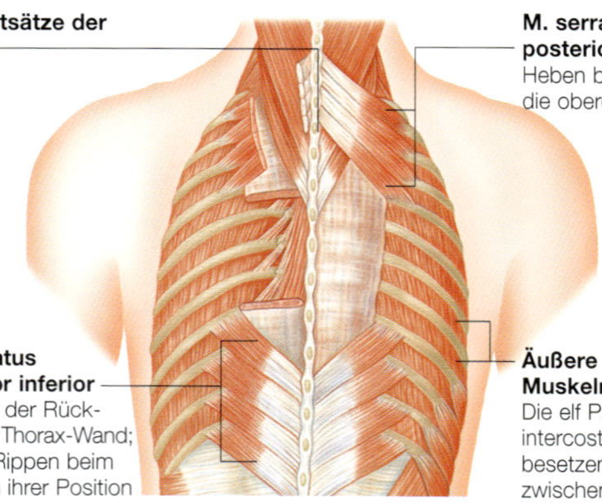

Die wesentlichen Muskeln, die den Brustkorb bilden, beinhalten:

■ **Die intercostalen Muskeln**
Diese liegen in drei Schichten und füllen jeden Raum zwischen den Rippen aus.

■ **Die subcostalen Muskeln**
Sie sind kleine Muskeln, die auf der Innenseite der hinteren Brustwand bei den unteren Rippen verlaufen. Ihre Fasern sind genauso ausgerichtet wie die inneren intercostalen Muskeln und helfen beim Heben der Rippen.

■ **Mm. transversi thoracis**
Kleine Muskeln, die in Form und Größe variieren; sie liegen auf der Innenseite der Brust.

■ **M. serratus posterior**
Liegt in zwei Teilen auf der Rückseite der Thorax-Wand: Oberer Anteil, der die oberen Rippen beim Einatmen hebt; und unterer Anteil, der die Rippen beim Atmen in ihrer Position hält.

Die Ansicht der Rückseite der Thorax-Wand zeigt die äußeren intercostalen Muskeln sowie die unteren und oberen Anteile des M. serratus.

Bewegungen des Brustkorbs

Während des Atmens dehnt sich die Brusthöhle aus und zieht sich zusammen, wodurch Luft eingesogen und ausgestoßen wird. Die Ausdehnung der Brusthöhle geschieht durch Zusammenziehen des Zwerchfells und die Bewegungen des Brustkorbs.

Die Bewegungen des Brustkorbs bei leichter Atmung erfolgen aufgrund der Atmungsmuskeln, von denen die wichtigsten die Intercostalen sind. Kontraktion der intercostalen Muskeln bringt den Brustkorb dazu, sich sowohl seitwärts als auch nach vorn und hinten auszudehnen.

AUSDEHNUNG DES BRUSTKORBS

Besonders die unteren Rippen werden nach oben und zu den Seiten angehoben; diese Bewegung, die die Weite des Brustkorbs vergrößert, wurde verglichen mit der eines Eimerhenkels. Wenn die oberen Rippen gehoben werden, wird das Brustbein ebenfalls hochgezogen und leicht gedreht, so dass sein unteres Ende sich vorbewegt. Dadurch vergrößert sich die Tiefe des Brustkorbs; dieses Zusammenspiel nennt man „Pumpenschwengelbewegung".

Gemeinsam bewirken diese Bewegungen eine Volumenvergrößerung des Brustkorbs, welcher wiederum die innenliegenden Lungen ausdehnt und Luft hineinzieht. Wenn sich die intercostalen Muskeln nach dem Einatmen entspannen, nimmt der Brustkorb unter dem Einfluss von Schwerkraft und der natürlichen Elastizität der Lungen seine vorherige Position wieder ein.

Der Brustkorb beim Einatmen

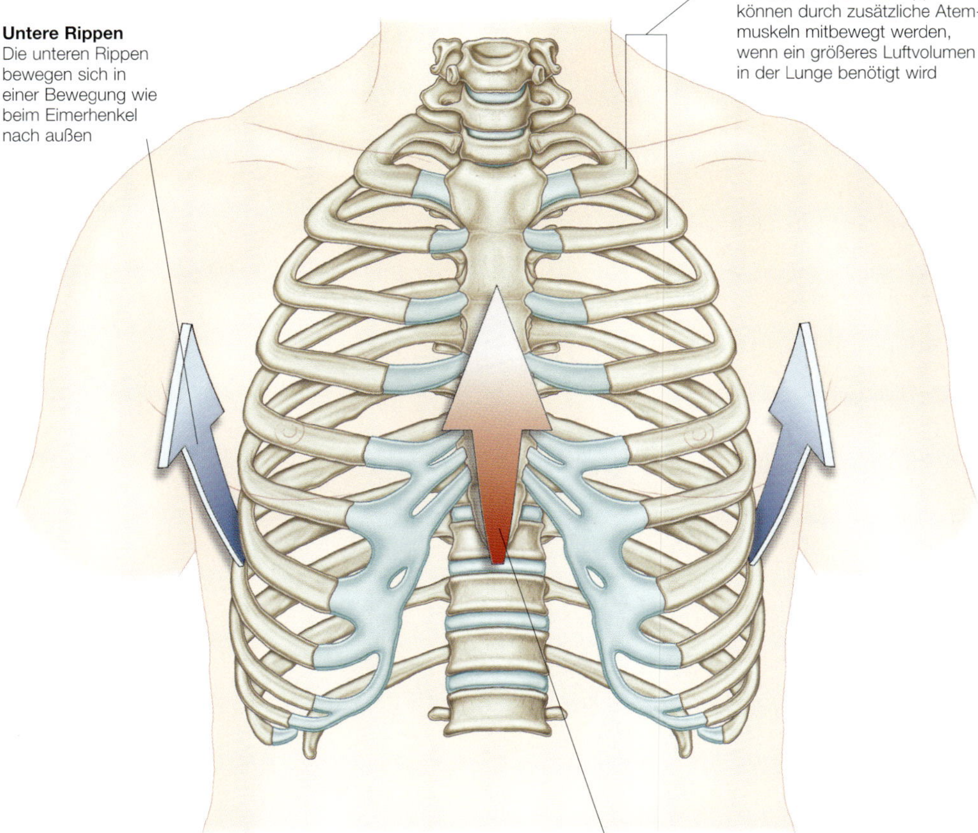

Beim Einatmen kann man beobachten, wie sich der Brustkorb weitet, indem sich die Rippen nach oben bewegen. Das Brustbein schwingt nach außen, wodurch sich der Brustkorb noch weiter ausdehnt.

Atemhilfsmuskulatur

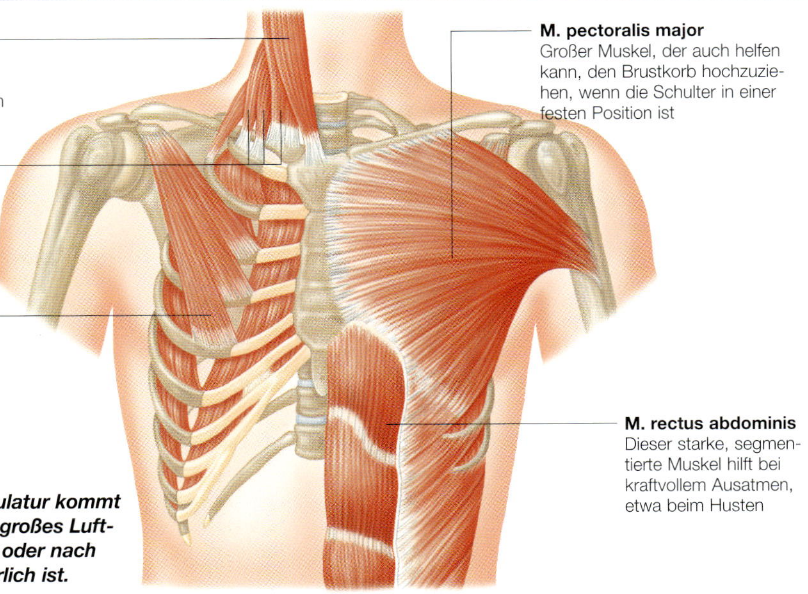

Die Atemhilfsmuskulatur kommt ins Spiel, wenn ein großes Luftvolumen, z.B. beim oder nach dem Sport, erforderlich ist.

Manchmal muss die Lunge mehr Luft aufnehmen, oder aufgrund von Lungenkrankheiten gibt es größere Widerstände gegen den Lufteinstrom. Dann kommt die Atemhilfsmuskulatur ins Spiel.

Dies sind Muskeln mit Anbindungen sowohl an den Brustkorb als auch an andere Elemente des oberen Skeletts; ihre normalen Funktionen sind Bewegungen des Kopfes, des Halses und der oberen Extremitäten. Wenn der Ansatz dieser starken Muskeln am anderen Ende fixiert wird, führt ihre Kontraktion zu kräftigen Ausdehnungsbewegungen des Brustkorbs.

Dies kann man an der Haltung eines Athleten sehen, wenn er nach dem Rennen den Kopf zurücklegt und die Hände auf die Hüften oder die Oberschenkel stützt, um die Arme zu spannen. Dies ermöglicht den Hals- und Schultermuskeln, den Brustkorb mit Kraft zu weiten.

Weibliche Brust

Die Brust macht im Leben einer Frau strukturelle Veränderungen durch. Der offensichtlichste Wandel geschieht bei der Schwangerschaft, wenn sich die Brust für die Versorgung des Babys mit Milch rüstet.

Sowohl Männer als auch Frauen besitzen Brustgewebe, aber nur bei Frauen stellt die Brust ein gut entwickeltes Organ dar. Die beiden weiblichen Brüste sind in etwa halb rund und enthalten Fett- und Drüsengewebe, das über der Muskelschicht auf der Brustwand auf beiden Seiten des Brustbeins liegt.

AUFBAU DER BRUST

Der Brustansatz ist ungefähr kreisrund und erstreckt sich von der zweiten bis zur sechsten Rippe. Zusätzlich kann sich das Brustgewebe zur Achsel ausdehnen (Achselfortsatz).

Die Größe der Brust kann stark variieren. Dies hängt hauptsächlich mit dem Anteil von Fettgewebe zusammen, da im allgemeinen in jeder Brust dieselbe Menge Drüsengewebe vorhanden ist.

Die Brustdrüsen bestehen aus 15–20 Lobuli (Ansammlungen von Sekretionsgewebe, in dem Milch gebildet wird). Die Milch wird von jedem Lobulus (Lappen) durch einen Ausführungsgang, den man Milchgang nennt, an die Oberfläche gebracht, wo sie durch die Brustwarze austritt.

Die Brustwarze ist ein vorstehendes Gebilde, das von einer kreisrunden pigmentierten Fläche umgeben ist, der Areola. Die Haut der Brustwarze ist sehr dünn und empfindlich und besitzt keine Haarfollikel oder Schweißdrüsen.

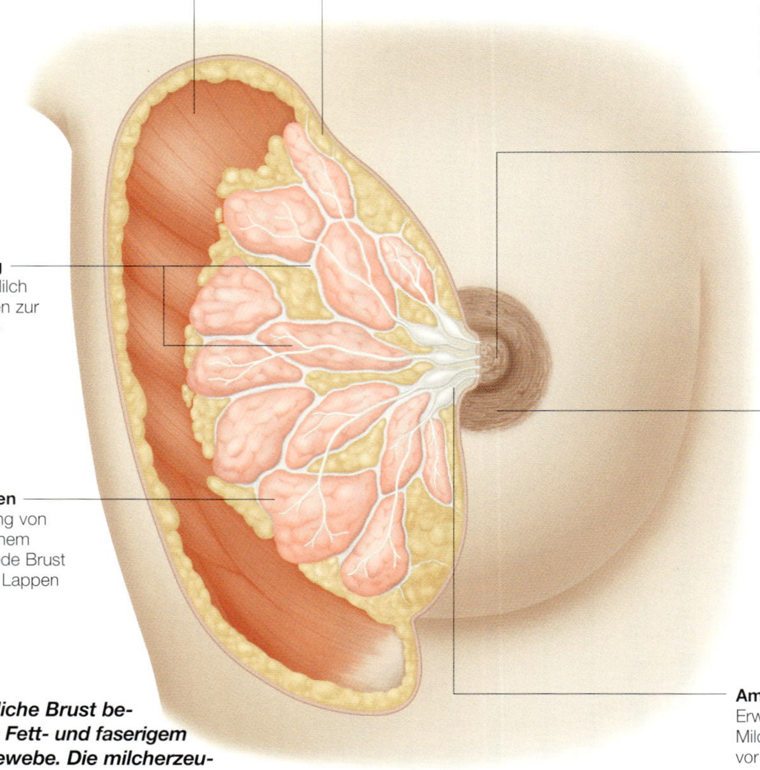

Die weibliche Brust besteht aus Fett- und faserigem Drüsengewebe. Die milcherzeugenden Brustdrüsen setzen sich aus 15 - 20 Lappen zusammen; die Milch wird über die Milchgänge zur Brustwarze geleitet.

Blutgefäße der Brust

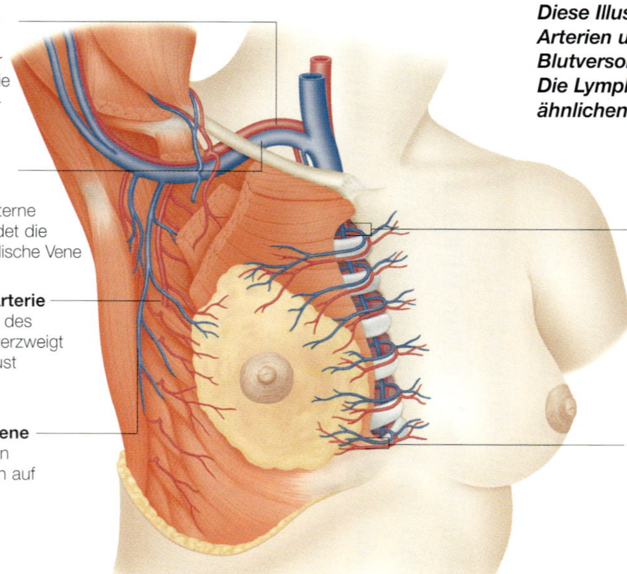

Diese Illustration zeigt die Arterien und Venen für die Blutversorgung der Brust. Die Lymphgefäße folgen ähnlichen Bahnen.

Die Blutzufuhr zur Brust wird aus verschiedenen Quellen besorgt; zu diesen gehören die innere Thorax-Arterie, die vorn über die Länge des Brustkorbs verläuft, und die seitliche Thorax-Arterie, die den äußeren Teil der Brust versorgt sowie einige der hinteren intercostalen Arterien.

Ein Netz aus Oberflächenvenen liegt unter der Haut der Brust, besonders in der Gegend der Areola; diese Venen können bei der Schwangerschaft hervortreten.

Das Blut aus diesen Venen kann in verschiedenen Richtungen – entsprechend dem Muster der Arterien – abfließen. Dies geschieht über die inneren Thorax-Venen, die seitlichen Thorax-Venen und die hinteren intercostalen Venen zu den großen Hohlvenen, die das Blut zum Herzen transportieren.

Lymphdrainage der Brust

Lymphe, die Flüssigkeit, die aus Blutgefäßen in die Räume zwischen den Zellen übertritt, wird durchs Lymphsystem wieder in die Blutbahnen zurückgeführt. Die Lymphe geht durch eine Reihe von Lymphknoten, die als Filter wirken, um Bakterien, Zellen oder andere Partikel zu entfernen.

Winzige Lymphgefäße entstehen in den Gewebsräumen und bilden dann größere Gefäße, die die (normalerweise) klare Lymphflüssigkeit aus dem Gewebe ins venöse Blutsystem transportieren.

Lymphe tritt aus der Brustwarze, der Areola und den Brustdrüsen-Lappen in ein Netz aus kleinen Lymphgefäßen über, dem sogenannten subareolären Lymph-Plexus. Aus diesem Plexus kann die Lymphe in verschiedenen Richtung abgeleitet werden.

MUSTER DER DRAINAGE

Ungefähr 75% der Lymphe aus dem subareolären Plexus wird über die Lymphknoten in der Achselhöhle abgeleitet, meist aus den äußeren Arealen der Brust. Die Lymphe läuft durch eine Reihe von Knoten in der Achselhöhlenregion und von dort in den Subclavia-Lymphstrang, von wo die Lymphe in die Venen über dem Herzen geleitet wird.

Die meiste der übrigen Lymphe, hauptsächlich aus den inneren Quadranten der Brust, wird zu den parasternalen Lymphknoten, die auf der vorderen Mittellinie des Brustkorbs liegen, transportiert. Ein kleiner Anteil der Lymphgefäße der Brust nimmt einen anderen Weg und zieht zu den hinteren intercostalen Knoten.

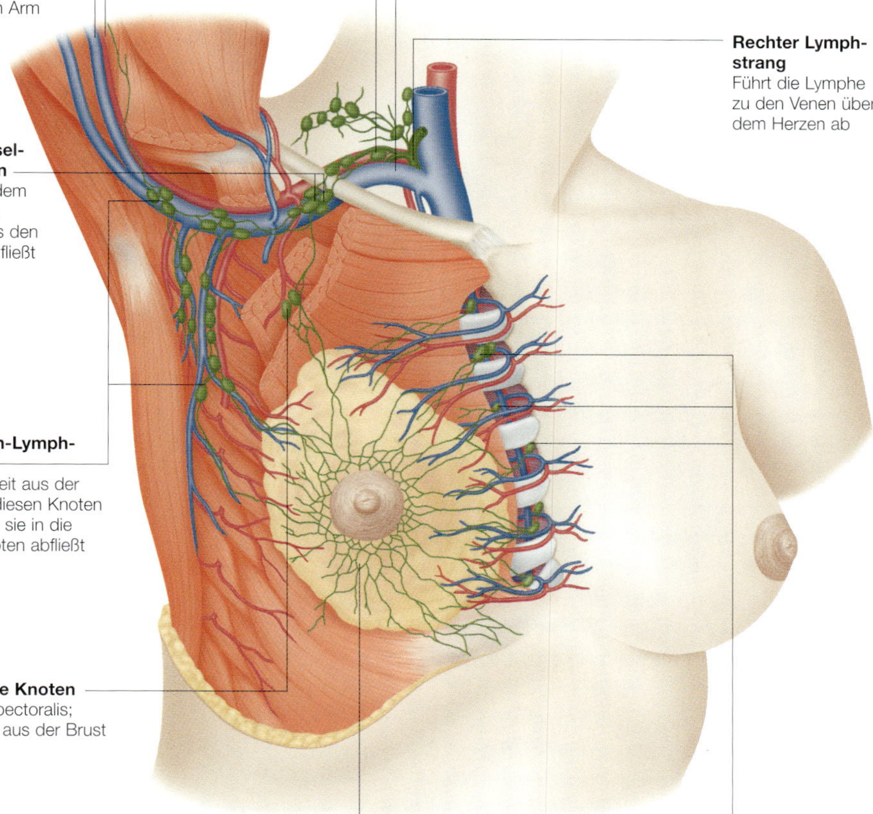

Die meiste Lymphflüssigkeit des Brustgewebes wird in die Lymphknoten in der Achselhöhle abgeleitet, bevor sie zum Subclavia-Knoten und dann in die Venen fließt.

Lymphdrainage und Brustkrebs

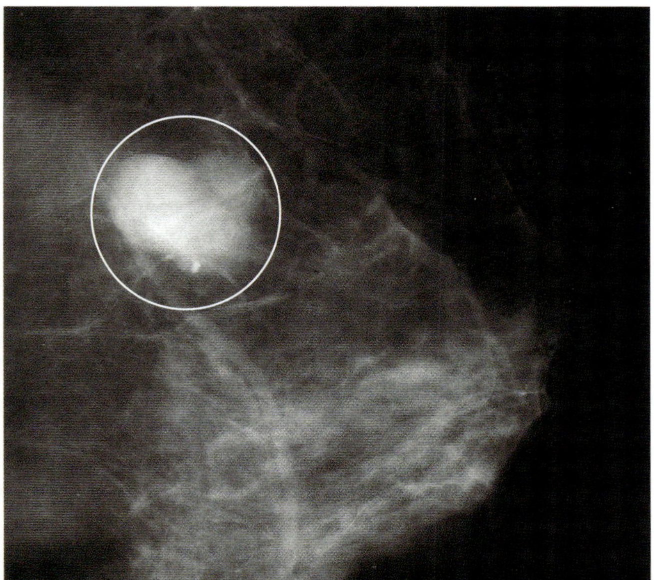

Lymphflüssigkeit enthält oft Partikel wie Zellen, die sie aus dem Gewebe geschwemmt hat. Wenn Lymphe aus einem Areal mit einer wachsenden Krebsgeschwulst kommt, dann kann sie Zellen enthalten, die von dem Tumor gelöst wurden. Diese Zellen werden von den Lymphknoten ausgefiltert, können sich aber dort einnisten und einen neuen Tumor bilden, die sogenannten Metastasen.
Die Kenntnis der Lymphwege in jedem Körperareal ist daher für Ärzte wichtig, besonders wenn es um Bereiche geht, die so krebsanfällig wie die Brust sind. Wenn ein Krebsknoten gefunden wird, muss der Arzt unbedingt die entsprechenden Lymphknoten auf Metastasen untersuchen.

Diese Mammographie zeigt einen bösartigen Brusttumor. Er ist ersichtlich in dem dichten Areal (eingekreist) im Brustgewebe.

MAMMOGRAPHIE

Ebenso wie eine Untersuchung durch einen Arzt oder die betroffene Frau selbst kann eine Mammographie (Röntgenbild der Brust) Aufschluss geben. Mammographien helfen, das Vorhandensein von Brustkrebs in einem frühen Stadium zu erkennen und so leichter zu behandeln.

Zwerchfell

Das Zwerchfell ist eine Muskelschicht, die den Brustraum von der Bauchhöhle trennt. Es ist entscheidend für die Atmung, da seine Kontraktion die Brusthöhle weitet, um Luft einzuziehen.

Das Zwerchfell ist der Hauptmuskel für die Atmungsaktivität. Es hat mehrere Durchlässe für wichtige Organe zwischen Thorax und Bauchraum. Es besteht aus peripheren Muskelfasern, die in eine zentrale Sehnenplatte laufen, die, anders als andere Sehnen, keine Verbindung zu Knochen haben.

ZWERCHFELLMUSKEL

Das Muskelgewebe des Zwerchfells entwächst aus drei Arealen der Brustwand, geht ineinander über, um eine durchgehende Decke zu bilden und vereinigt sich dann an der Zentralsehne, die einen großflächigen Muskelansatz bietet.

Die drei Ursprungsbereiche des Zwerchfells bezeichnen drei separat benannte Teile: den sternalen, den costalen und den Lenden- oder Wirbelteil, der aus der Crus und den bogenförmigen Bändern hervorgeht.

ZENTRALSEHNE

Die Muskelfasern des Zwerchfells gehen in die Zentralsehne über, die eine dreiblättrige Form aufweist. Der zentrale Teil liegt direkt unter dem Herzen und wird von diesem nach unten gedrückt. Es ist durch Bänder am Pericardium, der Membran, die das Herz umschließt, befestigt. Die beiden seitlichen Blätter liegen mehr im Rücken und sind an der Bildung des rechten und linken Doms (Cupolae) des Zwerchfells beteiligt.

Bauchraumoberfläche des Zwerchfells

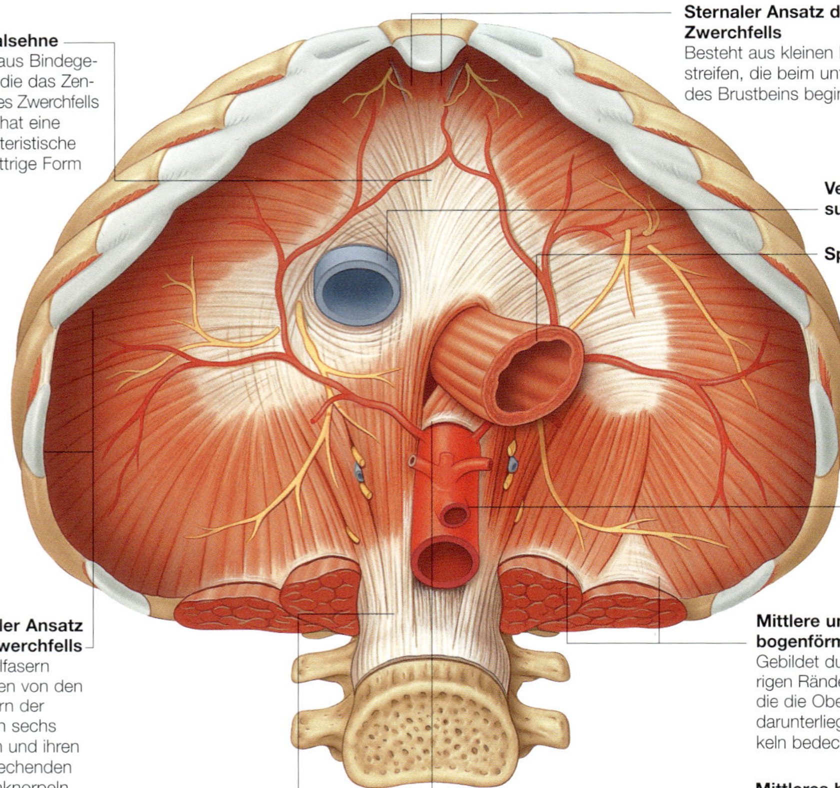

Dieses Bild zeigt die Bauchraumoberfläche des Zwerchfells (untere Seite). Die Durchleitung von Speiseröhre und wichtigen Gefäßen ist dargestellt.

Die Nervenversorgung des Zwerchfells

Die phrenischen Nerven (N. phrenici) übertragen sowohl motorische als auch sensorische Informationen zum Zwerchfell. Jeder Nerv versorgt seine Seite des Zwerchfells.

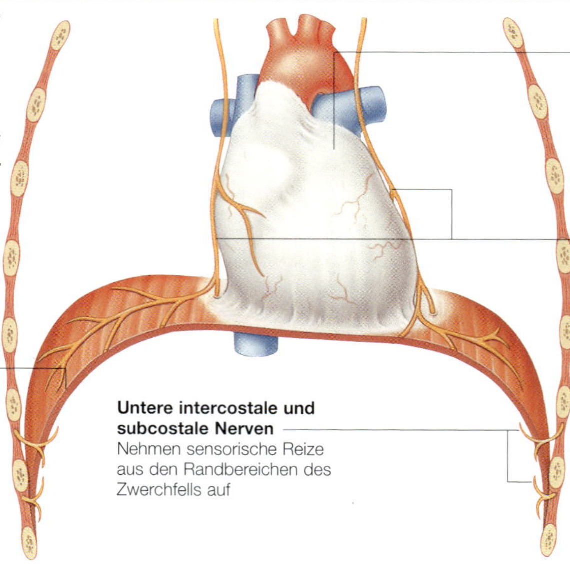

Die Versorgung mit motorischen Nerven des Zwerchfells (ziehen die Zwerchfellmuskeln zusammen) entspringt komplett aus einem Nerv auf jeder Seite, dem phrenischen Nerv. Diese Nerven treten an jeder Seite aus dem Rückenmark im Halsbereich, und zwar auf Höhe des dritten, vierten und fünften Halswirbels.

SENSORISCHE NERVENVERSORGUNG

Die phrenischen Nerven vermitteln auch die sensorische Versorgung in Bezug auf Schmerzempfinden und Information über die Lage des größeren, zentralen Teils des Zwerchfells. Die Randbereiche erhalten die sensorische Versorgung aus den unteren intercostalen und den subcostalen Nerven.

Thoraxoberfläche des Zwerchfells

Die Oberseite des Zwerchfells ist konvex und bildet den Boden der Brusthöhle. Größere Gefäße und Organe treten durch die Muskelschicht, um in den Bauchraum zu gelangen.

Der zentrale Teil dieser Seite des Zwerchfells wird vom Pericard eingenommen, der Membran, die das Herz umschließt. Zu den Seiten hin ist das Zwerchfell hier vom Brustfell bedeckt, der dünnen Membran, mit der die Innenwände des Brustraums ausgelegt sind. Dies verläuft rundum an den Rändern des Zwerchfells und geht dort in das Rippenfell über.

Zwerchfell von oben

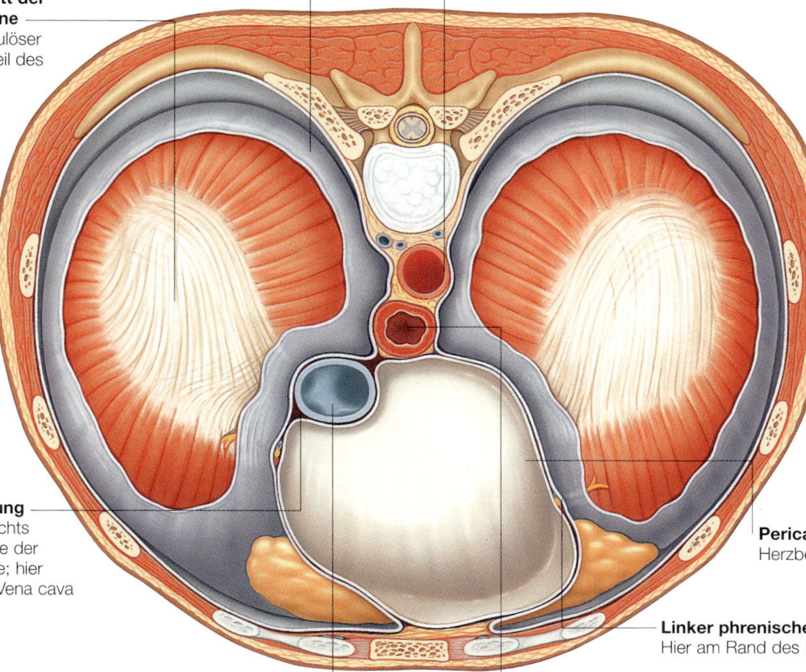

Dieser Brustquerschnitt zeigt das Zwerchfell von oben. Das Zwerchfell trennt Brust- und Bauchraum.

ZWERCHFELLDURCHTRITTE

Obwohl das Zwerchfell den Brust- und Bauchraum trennt, treten doch einige Organe hindurch. Die drei größten Durchtritte sind:

■ **Die Cava-Öffnung**
Diese Öffnung in der Zentralsehne des Zwerchfells erlaubt den Durchtritt der Vena cava, der Hauptvene für Bauch und untere Gliedmaßen. Da die Öffnung in der Zentralsehne und nicht in den Muskeln des Zwerchfells liegt, schließt sie sich nicht, wenn das Zwerchfell zum Einatmen zusammengezogen wird. Tatsächlich weitet sich die Öffnung und der Blutfluss nimmt zu. Durch diese Öffnung treten auch Äste des rechten phrenischen Nervs sowie Lymphgefäße.

■ **Die Speiseröhrenöffnung**
Durch diese Öffnung gelangt die Speiseröhre zum Magen. Die Muskelfasern der rechten Crus fungieren als Schließmuskeln und schließen die Öffnung, wenn das Zwerchfell sich beim Einatmen zusammenzieht. Auch durch diese Öffnung treten Nerven (Vagus), Arterien und Lymphgefäße.

■ **Die Aortaöffnung**
Dieser Durchtritt liegt eher hinter dem Zwerchfell als innerhalb. Da die Aorta das Zwerchfell nicht wirklich durchdringt, wird ihr Blutfluss durch Zwerchfellaktivitäten nicht beeinträchtigt. Die Aorta steigt unter dem mittleren bogenförmigen Band vor der Wirbelsäule auf. Durch die Öffnung verlaufen auch der Ductus thoracicus (größeres Lymphgefäß) und die Azygos-Vene.

Lage und Funktion des Zwerchfells

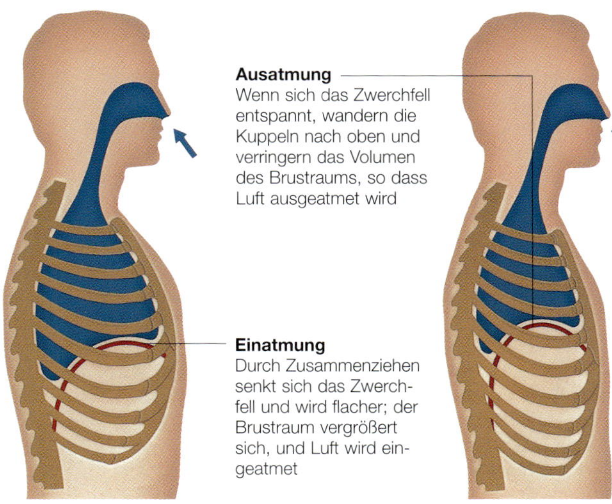

Das Zwerchfell verläuft quer durch den Körper und trennt Brust- und Bauchraum. Es rundet sich nach oben und bildet zwei Kuppeln, rechts und links, die von einer zentralen Vertiefung, auf der das Herz ruht, getrennt sind. Die rechte Kuppel ist normalerweise höher als die linke, da die Leber darunter liegt.

Die Außenkante des Zwerchfells befindet sich immer auf gleicher Höhe, da sie an der Brustwand fest ansitzt, aber die Höhen der Kuppeln ändern sich in Abhängigkeit von dem Maß an Kontraktion in den Zwerchfellmuskeln. Die rechte Kuppel kann bis zur fünften Rippe reichen, die linke etwas tiefer.

Das Zwerchfell ist der Haupt-Atemmuskel. Im Zusammenwirken mit der sich ändernden Form des Brustkorbs wird Luft ein- und ausgeatmet.

BEWEGUNG DES ZWERCHFELLS

Kontraktion der Muskelfasern zieht die Kuppeln herab, was die Brusthöhle darüber vergrößert, so dass Luft eintritt. Entspannung der Muskeln lässt die Kuppeln steigen, und Luft wird ausgeatmet.

Zusammenziehung des Zwerchfells macht auch die Bauchhöhle darunter kleiner und erhöht den Druck darin. So kann die Kontraktion bei der Ausscheidung von Exkrementen helfen.

Lunge

Die symmetrisch angeordneten Lungenflügel sind kegelförmige Atmungsorgane. Sie liegen in der Brusthöhle rechts und links vom Herzen und den großen Blutgefäßen und anderen Organen des zentralen Mediastinum.

Der rechte und linke Lungenflügel sind getrennte Einheiten, von denen jede in einen Membranbeutel, dem rechten und linken Lungenfell, eingebettet ist. Jede Lungenhälfte liegt frei in der Brusthöhle und ist einzig durch eine Verbindung aus Bronchien und großen Blutgefäßen am Mediastinum befestigt.

Das Lungengewebe ist weich und schwammig und von großer Elastizität. Bei Kindern ist das Gewebe rosa, aber mit zunehmendem Alter wird es bedingt durch eingeatmeten und eingeschlossenen Staub und Fremdkörper dunkler und fleckiger.

Jede Lunge hat:

- Einen Apex (Spitze), der sich nach oben bis in den Halsbereich hinter dem Schlüsselbein erstreckt
- Einen Boden mit konkaver Oberfläche, die auf der Oberseite des Zwerchfells ruht
- Eine konkave mediastinale Oberfläche, die sich an verschiedene Organe des Mediastinums anlehnt

LAPPEN UND EINSCHNITTE

Die Lunge ist durch tiefe Einschnitte in Abteilungen unterteilt, die man Lappen nennt. Die rechte Lunge hat drei, die linke aufgrund der Lage des Herzens zwei Lappen und ist entsprechend kleiner. Jeder Lappen ist von den anderen unabhängig, da er Luft aus eigenen Bronchien und Blut aus eigenen Arterien erhält.

Die Einschnitte sind sehr tief. Sie reichen ganz durch das Organ und sind ebenfalls von der Pleura (Lungenfell) überzogen.

Vorderansicht der Lunge

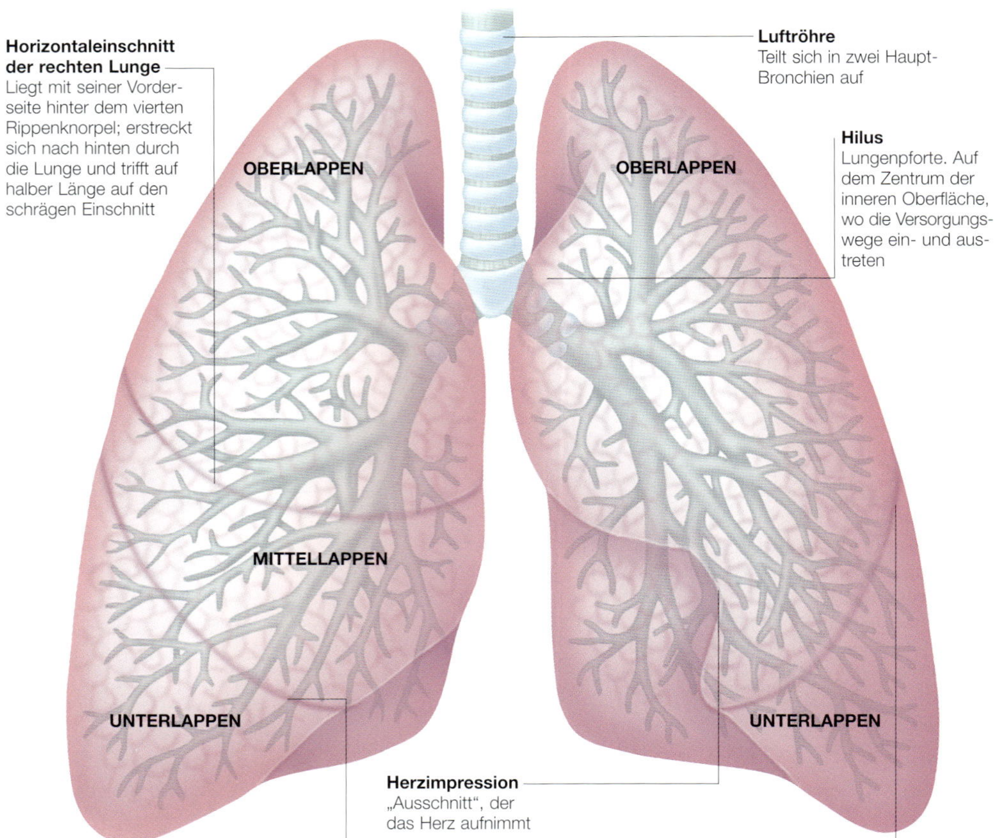

Der rechte Lungenflügel besteht aus drei Lappen und der linke aus zwei. Das hat seinen Grund in der Lage des Herzens auf der linken Brustseite.

Bronchopulmonale Segmente

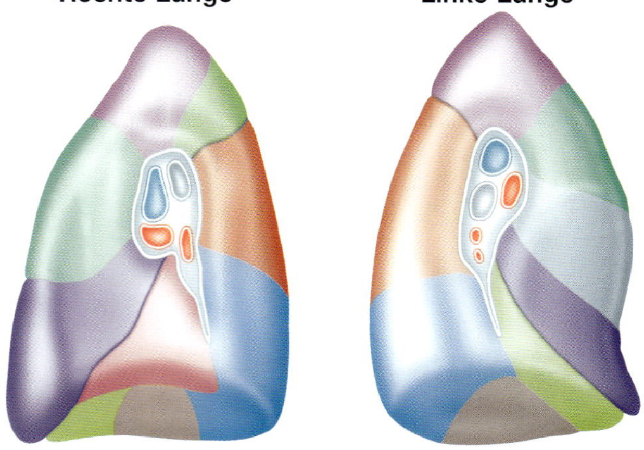

Die Lungenlappen werden weiter unterteilt in bronchopulmonale Segmente, die durch Schichten von Bindegewebe voneinander getrennt sind. Jedes Segment hat mehr oder weniger eine Pyramidenform, wobei die Basis an der Außenseite und die Spitze bei der Lungenpforte liegt, wo die Bronchien und die Hauptblutgefäße ein- bzw. austreten.

Die Lungenlappen werden auf beiden Seiten in kleinere Teile unterschieden, die bronchopulmonalen Segmente. Hier sieht man die Lungenflügel jeweils von der Mitte aus.

KLINISCHE BEDEUTUNG

Genaue Kenntnis der Lage und Struktur der Segmente ist für Chirurgen von Bedeutung, wenn sie Lungentumore oder Abszesse entfernen müssen.

So wie der ganze Lappen hat auch jedes Segment seine eigene Blutversorgung und erhält Luft über den eigenen Bronchialast, so dass er unabhängig von den anderen wird. Aus diesem Grund kann man aufgrund von Krankheit oder Verletzung ein oder mehrere Segmente entfernen, ohne die übrigen zu beeinträchtigen.

Pleura

Die Lungen sind von einer dünnen Membran, der Pleura, überzogen. Diese bedeckt sowohl die äußere Oberfläche der Lunge als auch die innere Oberfläche des Brustkorbs.

Der Teil der Pleura, der die Lunge umschließt, heißt Pleura visceralis und der innen am Brustkorb Pleura parietalis.

PLEURA VISCERALIS (LUNGENFELL)

Diese dünne Membran bedeckt die Lungenoberfläche bis in die Einschnitte zwischen den Lungenlappen.

PLEURA PARIETALIS

Diese geht am Hilus in die Pleura visceralis über. Hier verläuft die Membran in entgegengesetzter Richtung weiter und bekleidet die gesamte Innenfläche des Brustkorbs. Die Pleura parietalis ist eine durchgehende Membran, die namentlich in die Bereiche, die sie bedeckt, unterschieden wird:

- Rippenfell – kleidet die Innenseite des Brustkorbs, die hintere Seite des Brustbeins und die Seiten der Wirbelkörper des Rückgrats aus
- Pleura mediastinalis – bedeckt das Mediastinum, den zentralen Organteil in der Mitte des Brustkorbs
- Zwerchfellpleura – bedeckt die Oberseite des Zwerchfells außer dort, wo das Pericard seinen Sitz hat
- Halspleura – bedeckt die Lungenspitzen im Halsbereich

Lage der Lunge und der Pleura

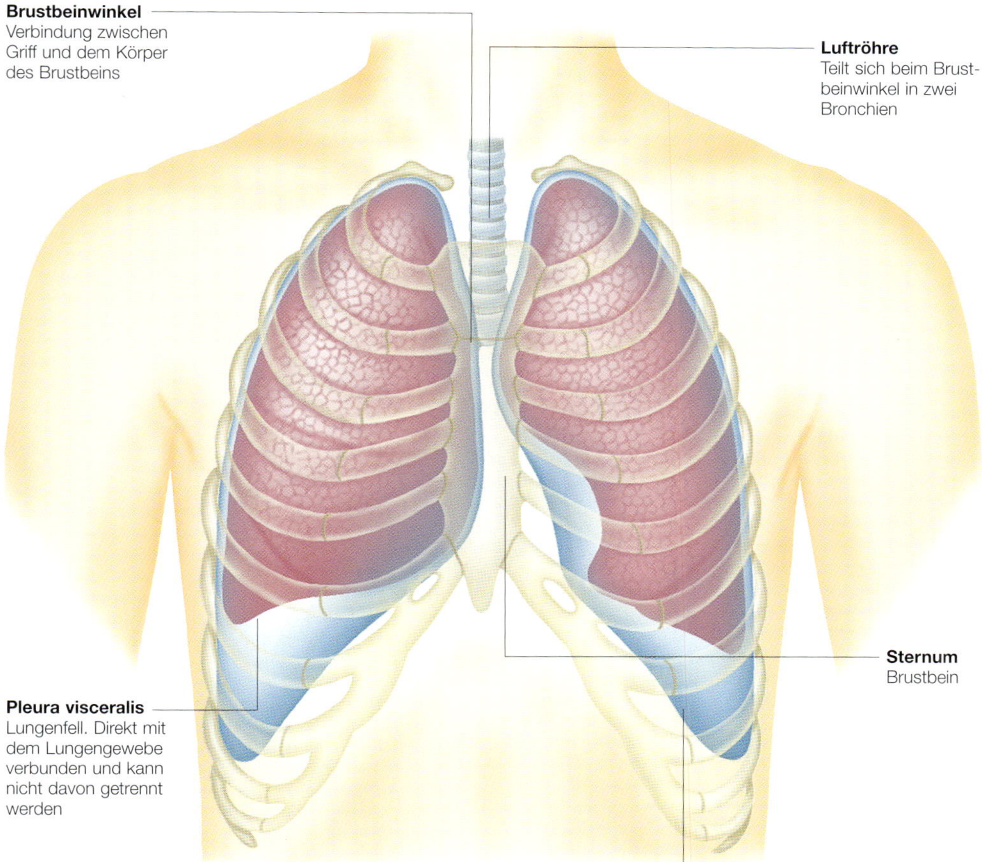

Die Pleura gibt der Lunge eine glatte, schlüpfrige Oberfläche, die sie braucht, um bei der Atmung ungehindert am Brustkasten zu gleiten.

Pleurahöhle und Ausbuchtungen der Pleura

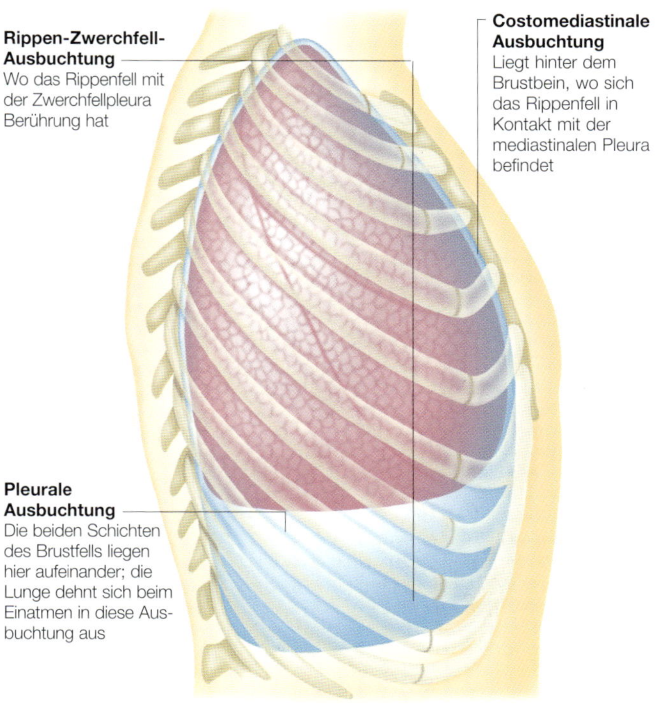

Die Pleurahöhle, die sich zwischen dem Lungen- und Brustfell erstreckt, ist ein schmaler Bereich mit einem kleinen Anteil pleuraler Flüssigkeit. Die Flüssigkeit erleichtert die Lungenbewegung in der Bursthöhle und sorgt für einen dichten Verschluss, der die Lunge durch Oberflächenspannung an der Brustwand und am Zwerchfell hält. Dieser Verschluss zwingt das elastische Lungengewebe beim Einatmen, sich auszudehnen, wenn das Zwerchfell sich zusammenzieht und der Brustkorb sich hebt.

AUSBUCHTUNGEN DER PLEURA

Während des ruhigen Atmens füllen die Lungen die Pleura-Beutel nicht komplett aus. Weiterer Platz zur Ausdehnung befindet sich in den pleuralen Ausbuchtungen, wo das Brustfell nur mit sich selbst statt mit dem Lungenfell in Kontakt kommt. Die Lunge dehnt sich nur bei tiefem Einatmen bis in diese Ausdehnungen aus, wenn das Lungenvolumen das Maximum erreicht.

Diese Seitenansicht des Brustkorbs von rechts zeigt, dass die Lunge nicht den ganzen Pleuralbeutel, der sie umschließt, ausfüllt.

PLEURAERGUSS

Am Boden der Brusthöhle, wo der unterste Teil des Rippenfells mit der Zwerchfell-Pleura zusammentrifft, ist der Zwerchfell-Rippen-Sack. Diese Ausbuchtung ist von klinischer Bedeutung, da sie sich unter bestimmten Umständen – z.B. bei Herzversagen – mit Flüssigkeit füllen kann.

Die costomediastinale Ausbuchtung ist kleiner und klinisch von geringerer Bedeutung.

Atemwege

Die Atemwege sind ein Netzwerk, durch das Luft zur und von der Lunge und innerhalb der Lunge fließt. Die Röhren verzweigen sich immer wieder, werden jedesmal schmaler und enden schließlich in den Lungenbläschen, den Alveolen.

Beim Luftholen tritt Luft durch Mund und Nase ein und fließt dann durch die Kehle und die Luftröhre, welche die Luft in den Brustraum transportiert und sich dann weiter verzweigt. Die kleineren Zweige, die Bronchien, verteilen die Luft in den Lungenflügeln.

Die Bronchien verzweigen sich in immer kleinere Röhren, die alle Bereiche der Lunge erreichen. Die kleinsten Röhrchen enden in den Lungenbläschen, die die eigentliche Lungensubstanz darstellen. In diesen dünnwandigen Zellen geschieht der Gasaustausch mit dem Blut.

LUFTRÖHRE

Die Luftröhre überbrückt die Strecke vom Ringknorpel unterhalb des Kehlkopfs im Hals bis in den Brustbereich. Auf Höhe des Brustbeinwinkels endet sie und teilt sich in die beiden Äste der Bronchien, den rechten und linken Hauptbronchus.

Die Luftröhre besteht aus starkem, elastischem Fasergewebe mit einer Reihe von unvollständigen hyalinen Knorpelringen, den Luftröhrenknorpeln. Bei Erwachsenen ist die Luftröhre relativ weit (ca. 2,5 cm), jedoch viel enger bei Kindern – nur ungefähr so dick wie ein Bleistift.

Die hintere Oberfläche der Luftröhre hat keine Knorpelstruktur und besteht stattdessen aus Fasergewebe und Luftröhrenmuskelfasern. Die hintere Wand liegt direkt an der Speiseröhre, die sich dahinter befindet.

Die Hauptluftwege

Eingeatmete Luft wandert durch den Kehlkopf in die Luftröhre. Von hier wird sie in zwei Haupt-Bronchien geleitet, von denen jeder einen Lungenflügel versorgt.

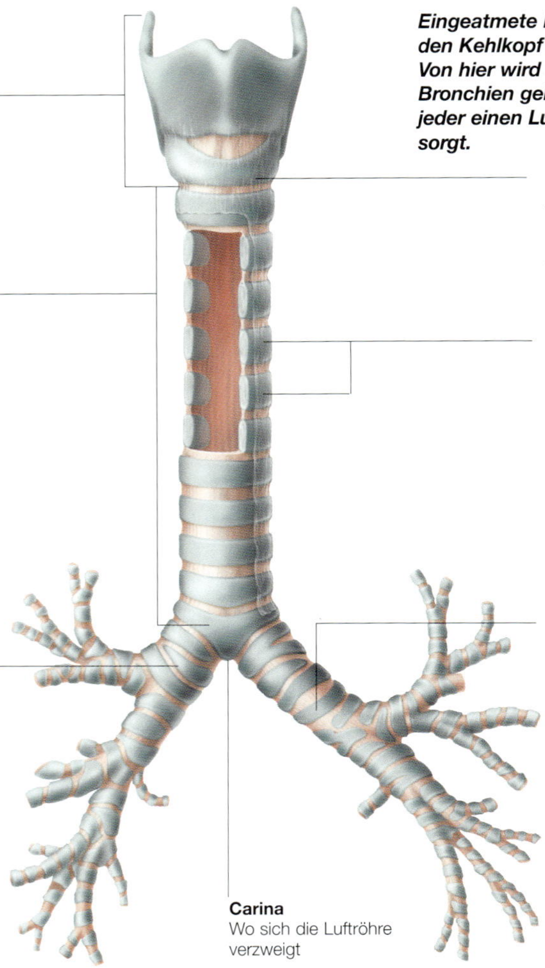

Querschnitt durch die Luftröhre

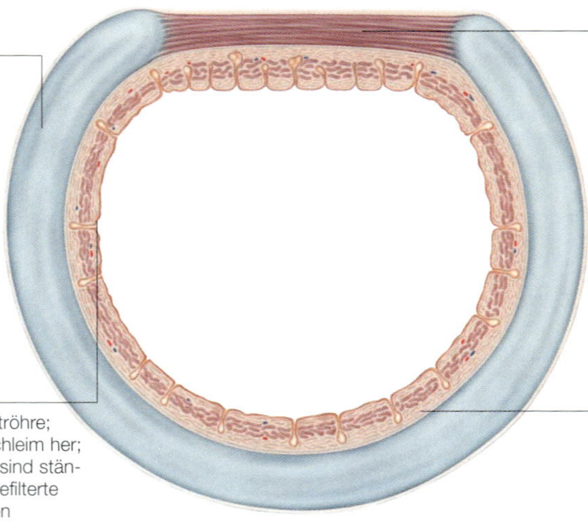

Die Luftröhre stellt sich im Querschnitt als unvollständiger Ring dar. Das Epithel (Zellschichtauskleidung) der Luftröhre enthält Kelchzellen, die Schleim auf die Oberfläche absondern und winzige, bürstengleiche Haare haben, die gemeinsam den Staub ausfiltern und zurück bis zum Kehlkopf transportieren, weg von der Lunge.

Zwischen Epithel und den Knorpelringen befindet sich eine Bindegewebsschicht mit kleinen Nerven, Blut- und Lymphgefäßen sowie Drüsen, die wässrigen Schleim produzieren, der in die Luftröhre ausgeschieden wird. Eine Anzahl von elastischen Fasern gibt der Luftröhre ihre Flexibilität.

Atemwegsverästelungen und Alveolen

Beim Eintritt in die Lunge verzweigen sich die Bronchien immer wieder und formen so den Bronchialbaum, der die Luft schließlich in alle Areale der Lunge verteilt.

Bronchiolen und Alveolen

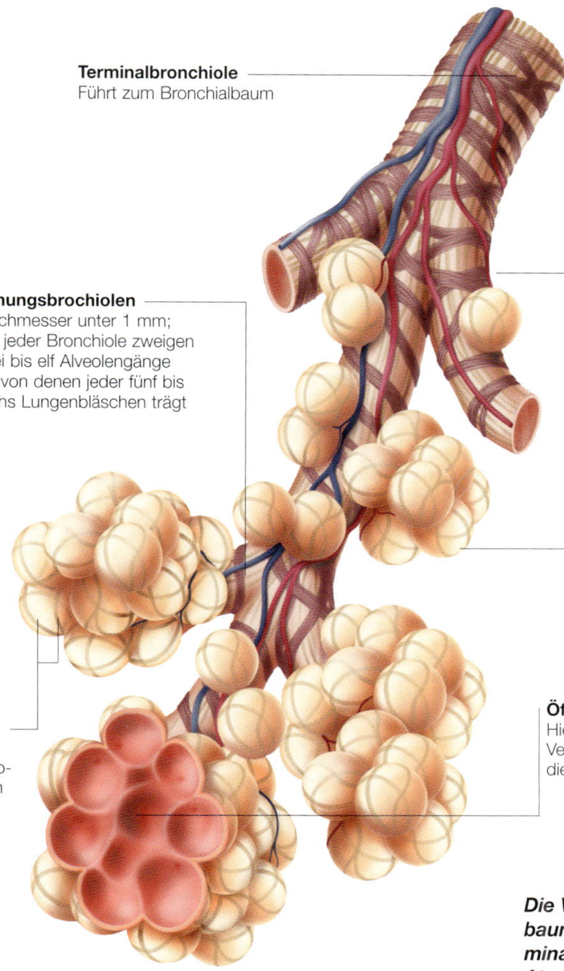

Die Verzweigung des Bronchialbaums endet in zahlreichen Terminalbronchiolen, aus denen die Atmungsbronchiolen abzweigen, dann die Alveolengänge und schließlich die Alveolen (Lungenbläschen). Die Bündel von Lungenbläschen stellen eine große Oberfläche zum Gasaustausch zur Verfügung.

Die Haupt-Bronchien verteilen sich in den beiden Lungenflügeln. Rechts entstehen drei Bronchien für je einen Lungenlappen und links entsprechend nur zwei Bronchien für die beiden linken Lungenlappen. Jeder dieser Bronchialäste teilt sich weiter auf in die Läppchen oder bronchopulmonalen Segmente, die ebenfalls unabhängig sind.

AUFBAU DER BRONCHIEN

Die Bronchien haben eine ähnliche Struktur wie die Luftröhre, denn sie sind ebenfalls sehr elastisch und flexibel, besitzen Knorpel in ihren Wandungen und ein Epithel als Innenauskleidung. Zudem gibt es zahlreiche Muskelfasern, die den Durchmesser der Röhren verändern können.

BRONCHIOLEN

Innerhalb der Lungenläppchen setzt sich die Teilung der Bronchienzweige fort, vielleicht 25 mal, bevor sie in den Alveolen enden.

Bei jeder Teilung nimmt der Durchmesser der Röhrchen ab, obwohl der Gesamtdurchmesser aller Röhren zunimmt. Wenn die Luftröhren den Durchmesser von 1 mm unterschreiten, spricht man von Bronchiolen.

Bronchiolen unterscheiden sich von Bronchien dadurch, dass in ihren Wandungen kein Knorpel und keine schleimabsondernden Zellen vorkommen. Allerdings besitzen auch sie Muskelfasern.

Weitere Unterteilungen führen zur Bildung der Terminalbronchiolen, die schließlich in die kleinsten und feinsten Atmungsbronchiolen übergehen. Diese heißen so, weil sich einige Alveolen direkt daran anschließen. Die meisten Alveolen jedoch sind an den Alveolenausgängen (Unterverzweigungen der Atmungsbronchiolen) gebündelt.

Alveolen

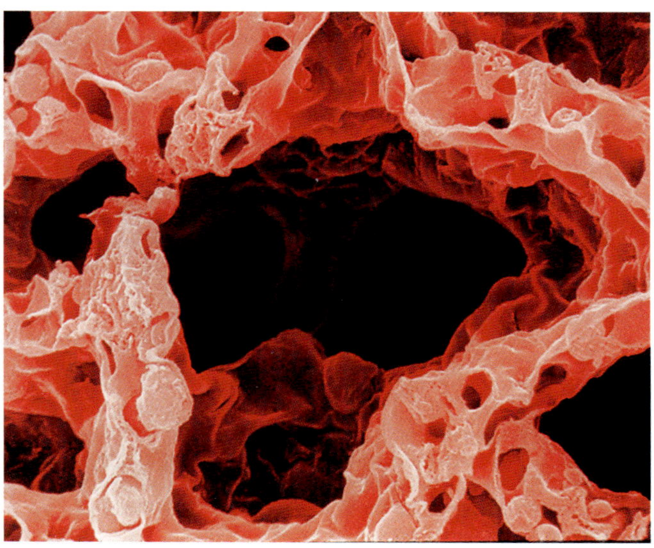

Die Alveolen (Lungenbläschen) sind winzige Hohlräume mit extrem dünnen Wandungen zum Gasaustausch. Durch die Alveolenwände diffundiert Sauerstoff aus der Luft in den Lungenblutstrom und überschüssiges Kohlendioxyd in die entgegengesetzte Richtung.

Es gibt einige Millionen Alveolen in der menschlichen Lunge, und zusammen stellen sie eine riesige Fläche für diesen Austausch zur Verfügung (ca. 140 m2).

Die Alveolen liegen an den Alveolengängen in Bündeln wie Weintrauben beisammen, wobei jede einzelne eine schmale Öffnung in den Alveolengang hat. Sie haben auch kleine Öffnungen, oder Poren, durch die sie miteinander verbunden sind. Die Wände der Alveolen sind durch abgeflachte Epithelzellen ausgekleidet und werden getragen von einem fachwerkähnlichen Gebilde aus elastischen Fasern und Collagen.

Und zwei weitere Zelltypen kommen in den Alveolen vor: Makrophagen (Abwehrzellen), die jeden Fremdkörper, der bis hierher vordringt, einschließen, und Zellen, die Surfactant produzieren, eine wichtige Substanz zur Minderung der Oberflächenspannung der Alveolen, die verhindert, dass sie zusammenfallen.

Starke Vergrößerung von Lungenbläschen. Durch ihre dünnen Wände diffundiert Sauerstoff ins Blut und überschüssige Gase hinaus. Jede Lunge eines Erwachsenen enthält ca. 300 Mio. Alveolen.

Gefäße der Lunge

Die Hauptfunktion der Lunge besteht in der Sauerstoffanreicherung des im Körpergewebe verbrauchten Blutes und in der Abfuhr des entstandenen Kohlendioxyds. Dies geschieht mit Hilfe der Blutzirkulation in der Lunge.

Aus dem Körper kommend fließt das Blut in die rechte Herzseite zurück und von dort über die Lungenarterie direkt zur Lunge.

Nachdem es in der Lunge wieder mit Sauerstoff angereichert wurde, kehrt es in der Lungenvene auf die linke Herzseite zurück. Von dort wird das sauerstoffreiche Blut über den ganzen Körper verteilt. In ihrer Gesamtheit werden die Lungenvenen und -arterien mit allen ihren Verzweigungen die Lungenzirkulation genannt.

DIE LUNGENGEFÄSSE

Eine große Arterie, der Lungenstrang, steigt aus der rechten Herzkammer und trägt dunkelrotes, sauerstoffarmes Blut vom Körper in die Lunge.

Der Lungenstrang teilt sich in zwei kleinere Äste, die rechte und linke Lungenarterie, die die Lungenflügel am Hilus parallel zu den Bronchien betreten.

Innerhalb der Lunge teilen sich die Arterien weiter in die jeweiligen Lappenarterien, zwei auf der linken und drei auf der rechten Seite. Von dort gehen sie über in die Segmentarterien, die Läppchen oder die bronchopulmonalen Segmente versorgen. Jede dieser Segmentarterien endet in einem Netz von Kapillaren.

Sauerstoffangereichertes Blut kehrt durch ein Lungen-Venensystem (parallel zu den Arterien) in die linke Herzseite zurück.

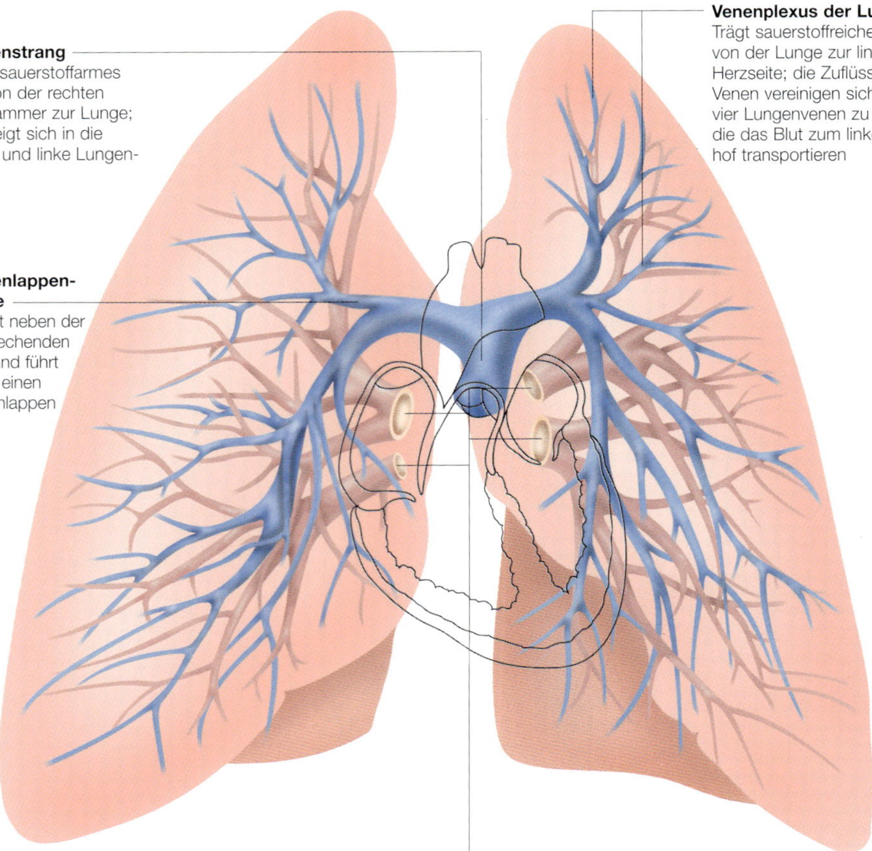

Die Lungenarterien und -venen verzweigen sich gemeinsam durch das Lungengewebe. Sie treffen sich im Kapillarbett, wo der Gasaustausch stattfindet.

Kapillargeflecht in den Alveolen

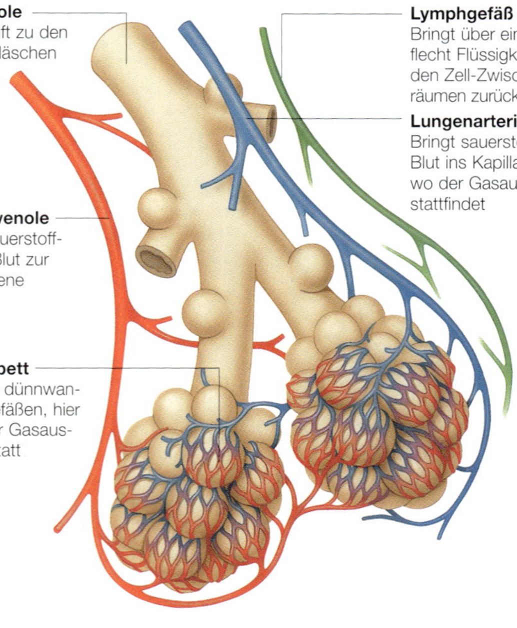

Innerhalb der Lunge führen wiederholte Teilungen der Lungenarterien schließlich in ein Netz (Plexus) aus kleinen Blutgefäßen (Kapillaren) rund um die Millionen von Lungenbläschen. Die Wände der Kapillaren sind extrem dünn, was es dem Blut darin ermöglicht, in engen Kontakt mit den Alveolenwänden zu kommen, durch welche der Gasaustausch stattfindet.

In dem Maße, wie Sauerstoff ins Blut ein- und Kohlendioxyd (in die Alveolen) austritt, verändert es seine Farbe von Dunkelrot nach Hellrot. Das wieder mit Sauerstoff angereicherte Blut sammelt sich in Venolen, die Blut aus jedem Kapillarplexus in die Venen ableiten, welche dann wiederum die Lungenzirkulation abschließen und das Blut zum Herzen leiten.

Jede Alveole ist von einem Kapillarplexus umgeben. Sauerstoffarmes Blut wird hier durch Gasaustausch durch die dünnen Wände wieder angereichert.

EIGENE BLUTVERSORGUNG

Das Gewebe der kleinsten Luftzellen kann Sauerstoff aus der Luft resorbieren, aber das trifft nicht auf die größeren Luftwege, das stützende Bindegewebe und die Pleura der Lunge zu. Diese Organe erhalten ihre Blutzufuhr direkt aus zwei kleinen Bronchialarterien, die aus der Thoraxaorta abzweigen.

Lymphsystem der Lunge

Die Lymphdrainage der Lunge hat ihren Ursprung in zwei verschiedenen Netzen (Plexus): dem oberflächlichen (subpleuralen) Plexus und dem tieferliegenden Lymphplexus. Sie stehen miteinander in loser Verbindung.

Lymphflüssigkeit entsteht zwischen den Zellen und wird in Lymphgefäßen gesammelt und in die venösen Blutbahnen zurückgeführt. Dabei passiert sie eine Reihe von Lymphknoten, die wie Filter Feststoffe und Mikroorganismen entfernen.

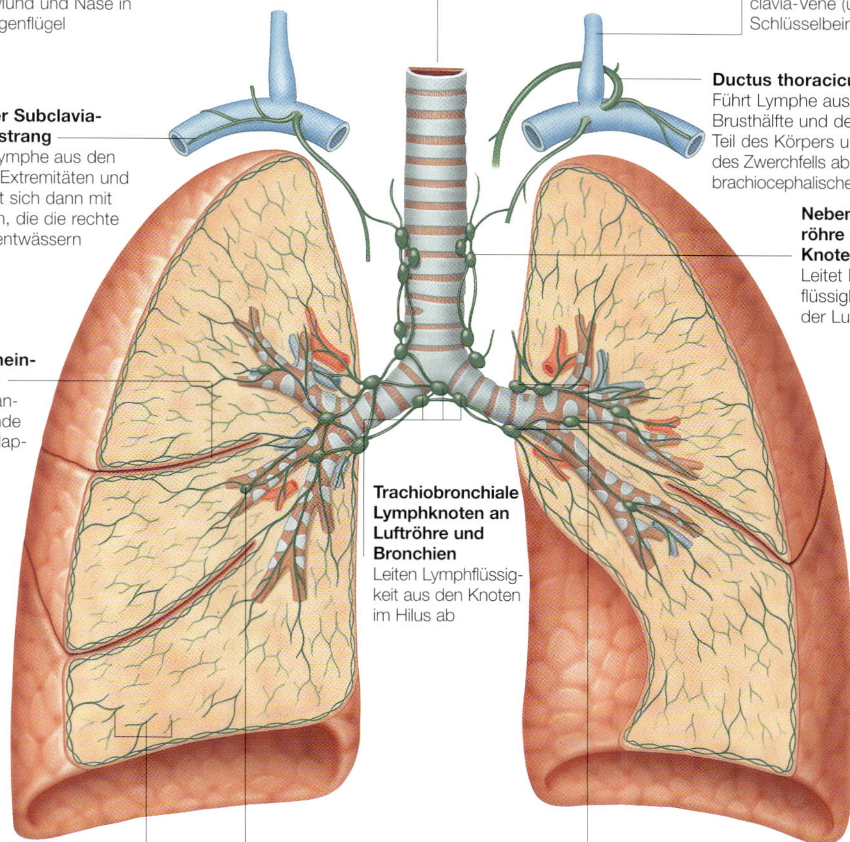

OBERFLÄCHLICHER PLEXUS

Dieses Netz aus feinen Lymphgefäßen erstreckt sich über die Oberfläche der Lunge, direkt unter dem Lungenfell. Der oberflächliche Plexus entwässert Lymphe aus der Lunge Richtung Bronchien und Luftröhre, wo die wichtigsten Gruppen von Lymphknoten liegen.

Lymphe aus dem Oberflächenplexus gelangt zunächst zu den Lymphknoten der bronchopulmonalen Segmente, die sich im Hilus der Lunge befinden.

TIEFLIEGENDER PLEXUS

Die Lymphgefäße des tiefliegenden Plexus haben ihren Ursprung im Bindegewebe um die kleinen Luftwege, die Bronchiolen und die Bronchien (die Alveolen haben keine Lymphgefäße). Es gibt auch Lymphgefäße in den Auskleidungen der größeren Luftwege.

Diese Lymphgefäße vereinigen sich und laufen entlang der Bronchien und Lungen-Blutgefäße zurück, wobei sie die in der Lunge liegenden Knoten passieren. Nach diesen Knoten verläuft die Lymphe zum Hilus und von dort in die bronchopulmonalen Lymphknoten.

Die bronchopulmonalen Lymphknoten im Hilus erhalten daher Lymphe aus dem oberflächlichen ebenso wie aus dem tiefliegenden Plexus.

LYMPHKNOTEN DER BRONCHIEN UND DER LUFTRÖHRE

Aus den bronchopulmonalen Lymphknoten wandert die Lymphe zu den trachealen (Luftröhren-) Lymphknoten. Von hier läuft sie zu den neben der Luftröhre liegenden Knoten und von dort zu den broncho-mediastinalen Lymphstämmen, die die Flüssigkeit in das Venensystem im Hals leiten.

Marmorierte Lunge

Wenn man in einer großstädtischen Umgebung mit hoher Luftverschmutzung lebt oder Tabak raucht, inhaliert man Luft mit vielen Staub- und Karbonpartikeln.

Spezielle Zellen in der Lunge, die Phagozyten, sind in der Lage, diese möglichen Reizstoffe aufzunehmen und so das empfindliche Lungengewebe zu schützen. Der Aufnahmevorgang heißt Phagozytose.

Dieser Autopsie-Ausschnitt einer Lunge zeigt die schwarze Verfärbung einer Raucherlunge. Die Lungenbläschen sind aufgrund des Emphysems stark vergrößert.

Phagozyten, die Schmutzpartikel enthalten, können im Lymphsystem abtransportiert und im oberflächlichen Plexus direkt an der Lungenoberfläche abgelagert werden. Dies gibt der Lunge ein dunkel marmoriertes Wabenaussehen. Die dunkle Färbung wird auch in verschiedenen Gruppen von Lymphknoten in der ganzen Lunge ersichtlich.

Kenntnis von der Lage und Verteilung der Lymphgefäße und -knoten kann klinisch für die Beurteilung von Lungenkrebs von Bedeutung sein, da dieser sich über das Lymphsystem ausbreitet.

Herz

Das Herz eines Erwachsenen hat etwa die Größe einer Faust und liegt im Mediastinum in der Mitte der Brusthöhle. Es ruht auf der Zentralsehne des Zwerchfells und wird auf beiden Seiten von der Lunge flankiert.

Das Herz wird umgeben von einem Beutel aus Bindegewebe, dem Pericard.

Es ist hohl und besteht vollständig aus Muskel. Das typische Gewicht eines Herzens beträgt nur 250 bis 350 Gramm, aber es besitzt unglaubliche Kraft und Durchhaltevermögen, da es über 70 mal die Minute schlägt, um Blut durch den Körper zu pumpen.

HERZOBERFLÄCHEN

Es hat ungefähr die Form einer auf der Seite liegenden Pyramide, und man spricht von einer Basis, drei Seiten und einem Apex:

- Die Basis des Herzens liegt auf seiner Rückseite und wird hauptsächlich von dem linken Vorhof gebildet, der Kammer, die sauerstoffreiches Blut von der Lunge erhält.
- Die untere oder Zwerchfellseite stellt die Unterseite dar und wird aus der linken und rechten Herzkammer, getrennt durch den hinteren Kammergraben, gebildet. Die linke und rechte Kammer sind die großen Kammern, die Blut zur Lunge beziehungsweise durch den Körper pumpen.
- Die vordere oder sternocostale Seite liegt hinter dem Brustbein und den Rippen und wird hauptsächlich durch die rechte Herzkammer gebildet.
- Die linke oder Lungenseite wird hauptsächlich durch die große linke Kammer gebildet, die in der Ausbuchtung der linken Lunge liegt.

Lage des Herzens

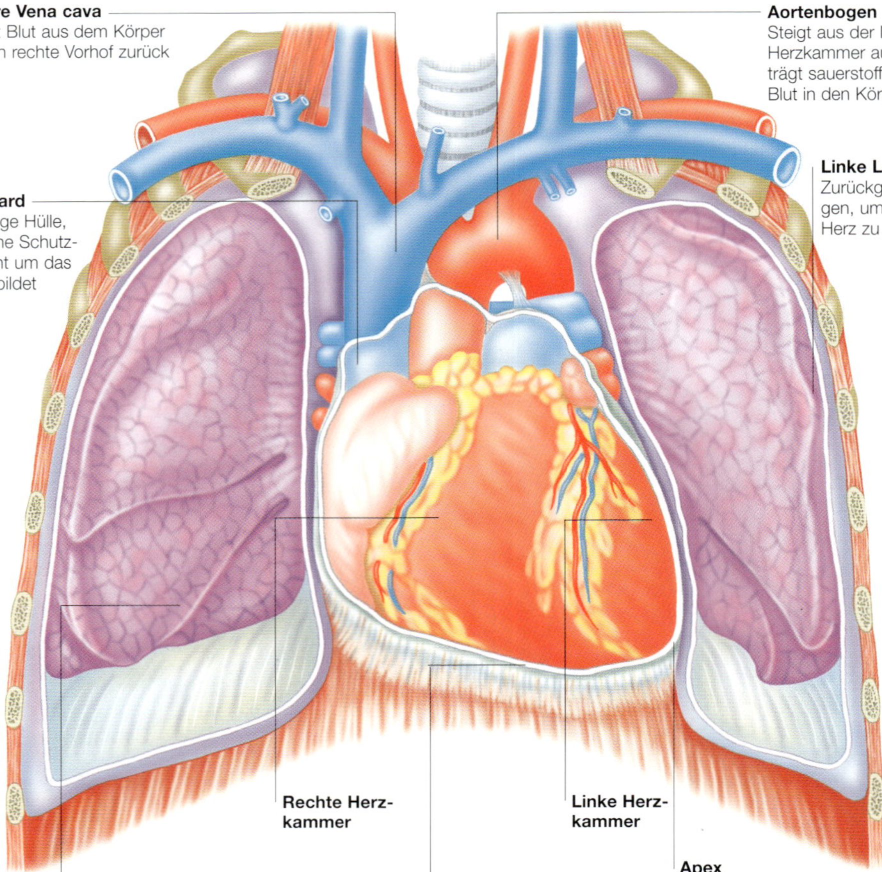

Lage des Herzens

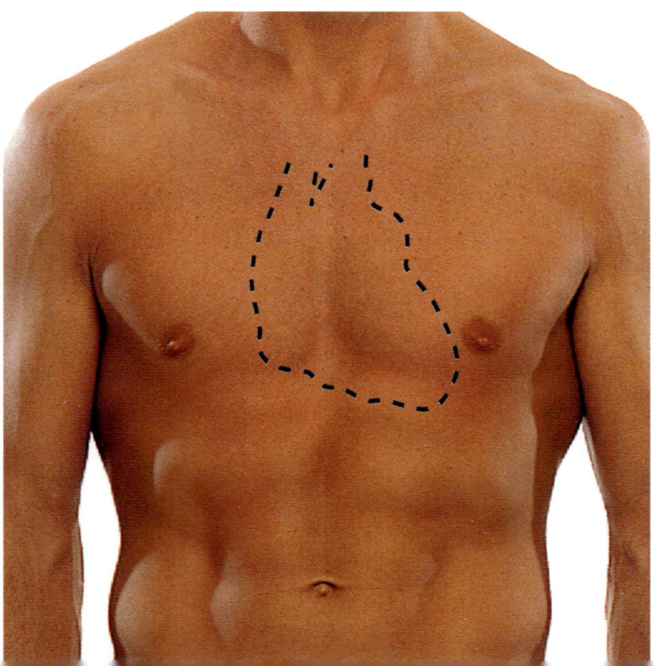

Das Herz liegt hinter dem Knochenkörper des Brustbeins und dehnt sich von der zweiten Rippe oben bis zum fünften Rippenzwischenraum weiter unten aus. Ungefähr zwei Drittel des Herzens liegen links der Brust-Mittellinie, ein Drittel rechts.

GRENZEN

Das Herz hat vier Grenzen. Die rechte Grenze wird vom rechten Vorhof gebildet und ist leicht konvex. Die linke Grenze umfasst hauptsächlich die linke Kammer und windet sich abwärts und nach innen und trifft sich mit der oberen Grenze, die durch die Atria und die großen Blutgefäße bestimmt wird. Die untere Grenze, die fast horizontal verläuft, enthält hauptsächlich die rechte Herzkammer.

Das Herz füllt den zentralen Raum im Brustkorb, wobei sich die Herzspitze nach links erstreckt. Form und Lage des Herzens verändern sich beim Schlagen und durch die Atmung.

DIE HERZSPITZE

Der Apex liegt normalerweise hinter dem fünften Rippenzwischenraum, eine Handbreit von der Mittellinie. An diesem Punkt kann das Pulsieren des Herzens meist gefühlt und beobachtet werden.

Da es nur mit Weichteilen verbunden ist, kann sich das Herz im Brustraum bewegen und die Position entsprechend der Fixierung auf dem auf- und abwandernden Zwerchfell ändern.

Pericard

Das Herz ist in einen dreiwandigen Beutel aus Bindegewebe eingeschlossen, das Pericard. Dieses besteht aus zwei Teilen, dem faserigen Pericard und dem serösen Pericard.

DAS FASERIGE PERICARD

Das faserige Pericard bildet den äußeren Teil des Beutels und besteht aus festem Faser-Bindegewebe. Es hat drei Hauptfunktionen:

- **Schutz.** Das fibröse Pericard ist stark genug, um Schutz vor Verletzung für ein so empfindliches Organ wie das Herz zu bieten.
- **Befestigung.** Es gibt fibröse Befestigungspunkte zwischen diesem Teil des Pericards und sowohl dem Brustbein als auch dem Zwerchfell. Zusätzlich verschmilzt das faserige Pericard mit den starken Wänden der Arterien, die vom Herz kommend, durch das Pericard hindurchgehen. Diese Ansätze helfen, das Herz an die umgebenden Strukturen zu binden.
- **Schutz vor Überbefüllung des Herzens.** Da das faserige Pericard nicht elastisch ist, verhindert es, dass sich das Herz über einen sicheren Punkt hinaus mit Blut füllt.

Der Herzbeutel ohne das Herz

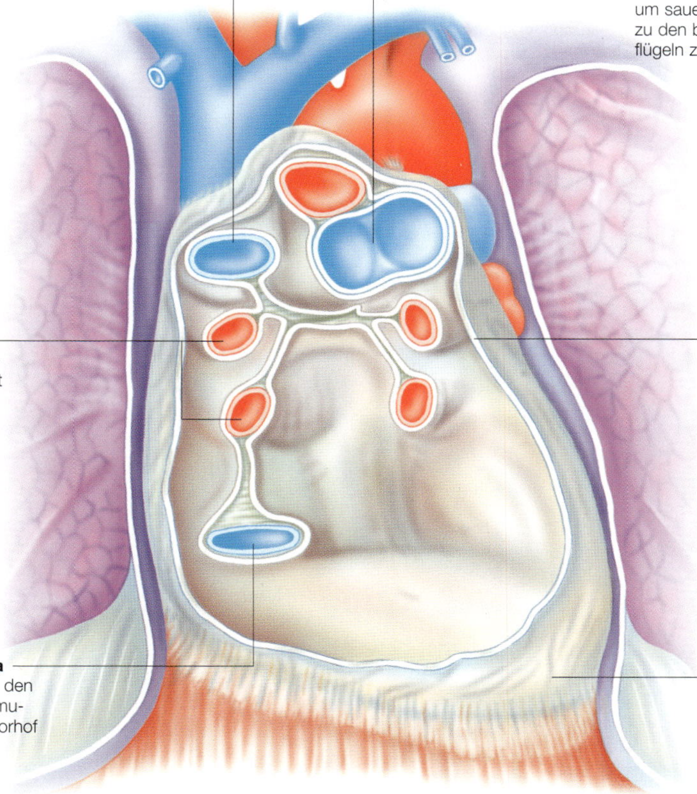

DAS SERÖSE PERICARD

Das seröse Pericard bedeckt und umschließt das Herz in gleicher Weise, wie das Lungenfell die Lunge. Dieser Teil des Pericards besteht aus einer dünnen Membran in zwei Schichten, die ineinander übergehen, die parietalen und die visceralen Schichten.

Das parietale Pericard kleidet die innere Oberfläche des faserigen Pericards aus und verläuft dann zurück auf die Oberfläche des Herzens bei den Wurzeln der großen Blutgefäße und bildet so das viscerale Pericard.

Zwischen den beiden Schichten des serösen Pericards liegt eine schlitzähnliche Höhlung, der pericardiale Hohlraum, der mit einer sehr kleinen Menge Flüssigkeit gefüllt ist. Das Vorhandensein dieser feinen Flüssigkeitsschicht erlaubt es dem Herzen, sich frei beim Herzschlag innerhalb des Pericards zu bewegen.

Wenn sich die pericardiale Höhlung mit ungewöhnlich viel Flüssigkeit füllt, was bei Infektionen oder Entzündungen vorkommen kann, wird das Herz innerhalb des fibrösen Pericards eingeengt und kann nicht mehr angemessen arbeiten. In extremen Fällen, etwa bei „Herzbeuteltamponade", wird dies lebensbedrohend.

Schichten der Herzwand

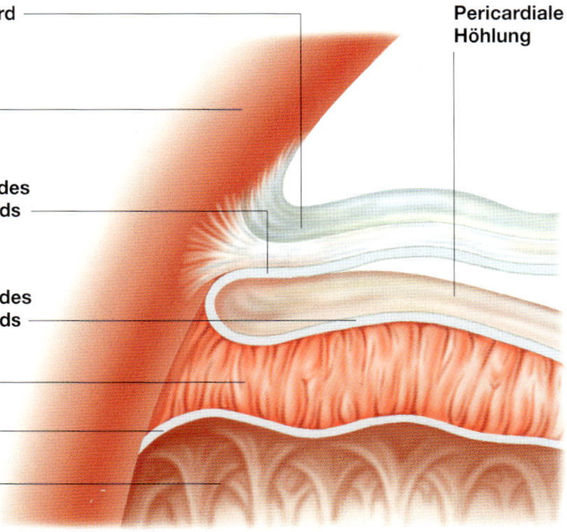

Innerhalb der pericardialen Höhlung besteht die Herzwand aus drei Schichten: dem Epicardium, dem Myocardium und dem Endocardium.

- Das Epicard ist die Viszeralschicht des serösen Pericard, das die äußere Herzoberfläche bedeckt und fest damit verbunden ist.
- Das Myocard bildet den Großteil der Herzwand und besteht aus speziellen Herzmuskelfasern. Dieser Typ Muskel kommt nur im Herzen vor und ist für die besondere Rolle bestens geeignet. Die Muskelfasern des Myocardium werden von verflochtenen Bindegewebsfasern unterstützt und zusammengehalten.
- Das Endocard ist eine glatte, empfindliche Membran, die durch eine sehr dünne Zellschicht gebildet wird und die Innenwände der Herzkammer und die Klappen auskleidet. Die Blutgefäße, die ins Herz hinein und aus dem Herzen herausführen, werden von einer ähnlichen Schicht bedeckt – dem Endothel – das eine Fortführung des Endocards ist.

Ein Schnitt durch das Herz an der Verbindungsstelle eines typischen großen Gefäßes illustriert die verschiedenen Schichten des Pericard und der Herzwand.

Herzkammern

Das Herz ist in vier Kammern unterteilt: zwei dünnwandige Atria (Vorhöfe), die das venöse Blut erhalten, und zwei größere, dickwandige Kammern, die das Blut in die Arterien pumpen.

Das Herz besteht aus einer rechten und einer linken Seite, und jede hat einen Vorhof und eine Kammer.

DIE KAMMERN

Die beiden Kammern machen die große Masse des Herzens aus, wobei die linke größer und kräftiger ist als die rechte. Die rechte Kammer liegt vorn und bildet die gesamte vordere Oberfläche des Herzens, während die linke dahinter und tiefer liegt und den größeren Teil der unteren Oberfläche umfasst. Der Apex wird aus der Spitze der linken Kammer gebildet.

Die rechte Kammer erhält Blut vom rechten Vorhof, wobei der Rückfluss durch die Tricuspidalklappe verhindert wird. Das Blut wird dann durch Zusammenziehung des Kammermuskels durch die Lungenklappe hinauf in den Lungenstrang gepumpt und von da in die Lunge.

Die linke Kammer erhält Blut aus dem linken Vorhof durch die linke atrioventikuläre Öffnung, die die mitrale Klappe trägt. Kraftvolle Kontraktionen der linken Kammer pumpen das Blut hinauf durch die Aortenklappe in die Aorta, die Hauptarterie des Körpers.

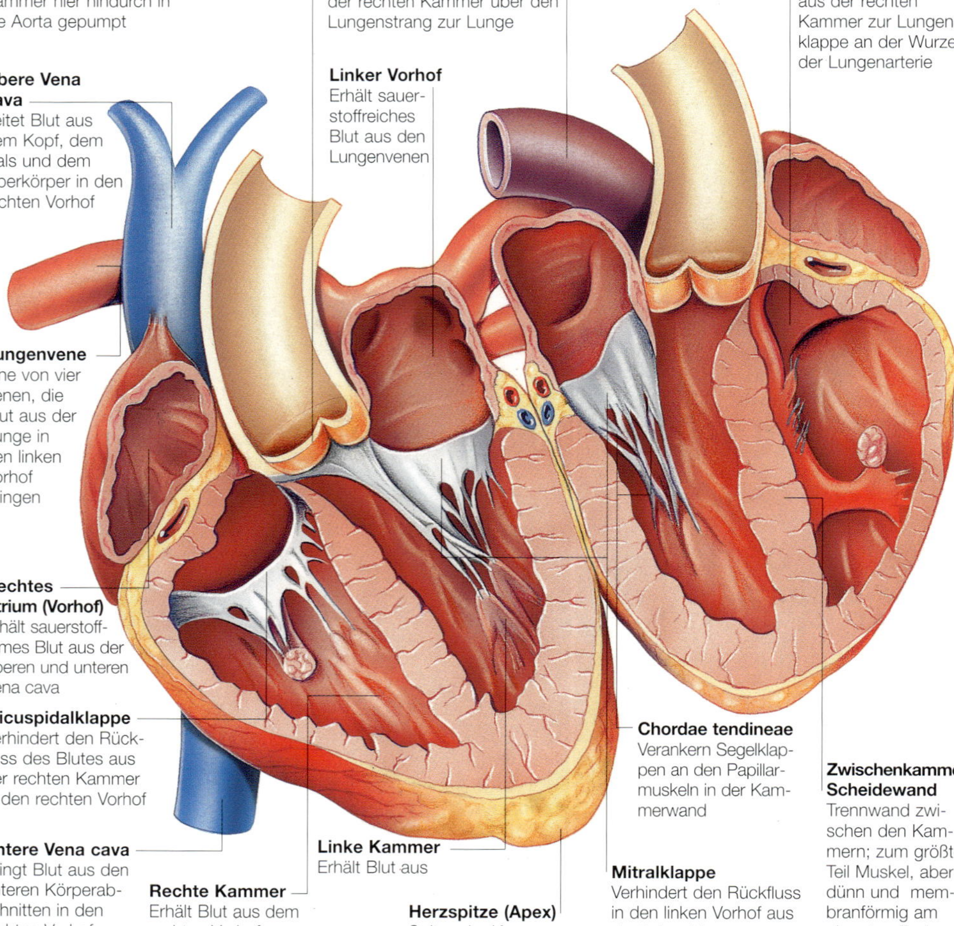

Diese Illustration zeigt den inneren Aufbau des Herzens durch Öffnung entlang einer Fläche zwischen der Aortenwurzel und dem Apex (Herzspitze).

Struktur der Kammerwände

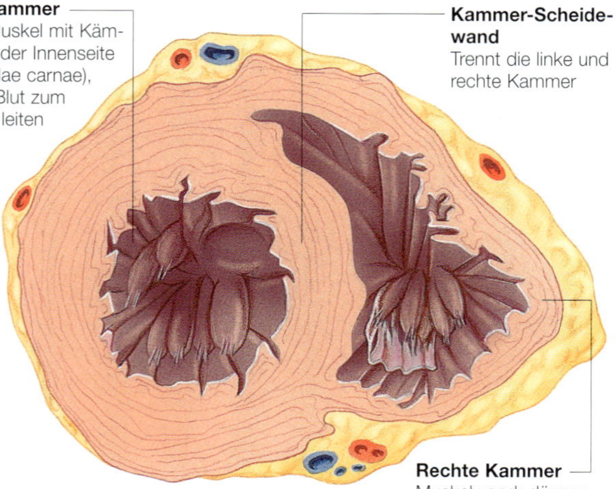

Die Muskelwandungen der linken Kammer sind doppelt so dick wie die der rechten und bilden im Querschnitt grob einen Kreis. Die rechte Kammer formt im Schnitt einen Halbmond, da sie von der muskulöseren linken Kammer etwas verformt wird.

Der Unterschied in der Wanddicke der Kammern spiegelt wider, welche Drücke die beiden Kammer aufbauen müssen, um sie zu leeren.

Die Papillarmuskeln treten aus den Wänden der beiden Kammern hervor, die bis auf einen Punkt immer dünner werden und in feine Sehnenstränge auslaufen (Chordae teninеae), die an der Tricuspidal- und der Mitralklappe festmachen, um diese beim Pumpen zu stabilisieren.

Ein Querschnitt durch die Herzkammern zeigt den Dickeunterschied zwischen den Muskelwänden der linken und rechten Kammer.

Die inneren Flächen der Kammerwände sind, besonders wo Blut eintritt, durch unregelmäßige Muskelkämme (Trabeculae carnae) gerauht und gehen in glattere Wände bei den Ausflüssen über. In der linken Kammer ist nur eine kleine Fläche der Wand glatt, und zwar kurz vor der Aortenklappe. Die rechte Kammer hat eine größere, trichterförmige Fläche glatter Wand unter der Lungenklappe; sie ist bekannt unter dem Namen Conus arteriosus oder Infundibulum.

Vorhöfe

Die Vorhöfe sind die zwei kleineren, dünnwandigen Herzkammern. Sie befinden sich über den Kammern und sind davon durch die atrioventriculären Klappen getrennt.

Alles venöse Blut aus dem Körper geht zunächst durch die großen Venen, die obere und untere Vena cava, in den rechten Vorhof. Auch der Coronarsinus, der das Blut aus dem Herzgewebe abführt, mündet in den rechten Vorhof.

Das Innere besteht aus einem glattwandigen hinteren Teil und einer rauhen Wand im vorderen Teil. Die beiden Sektionen sind getrennt durch einen Gewebekamm, die Crista terminalis.

Die rauhe vordere Wand ist dicker als die hintere, und sie besteht aus Mm. pectinati, die der inneren Oberfläche ein kammähnliches Aussehen geben. Die Fossa ovalis ist eine Einbuchtung in der Wand zum linken Vorhof.

Die Mm. pectinati erstrecken sich bis in eine kleine, ohrgleiche Aussackung des rechten Vorhofs, genannt das Aurikel (Herzohr). Diese konische Kammer liegt neben der aufsteigenden Aorta. Dies erhöht die Kapazität des rechten Vorhofs.

Rechter Vorhof

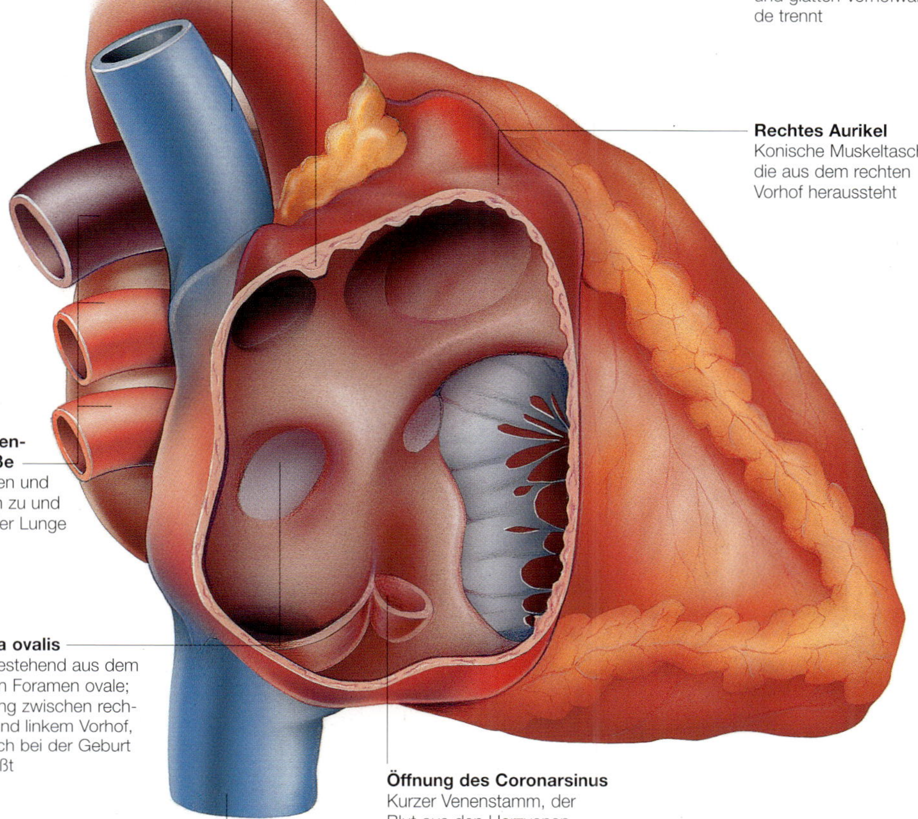

Der rechte Vorhof erhält venöses Blut aus der oberen und unteren Vena cava. Das Blut wird von hier in die rechte Kammer gepumpt.

ÖFFNUNGEN IN DEN RECHTEN VORHOF

Die obere Vena cava, die Blut aus der oberen Körperhälfte bringt, öffnet sich in den oberen Teil des glatten Areals des rechten Vorhofs.

Die untere Vena cava, die Blut aus der unteren Körperhälfte erhält, tritt in den unteren Teil des rechten Vorhofs ein. Die obere Vena cava hat keine Klappen, um den Rückfluß zu verhindern; die untere Vena cava besitzt nur eine schwach ausgebildete, nicht funktionierende Klappe.

Die Öffnung des Coronarsinus liegt zwischen der unteren Vena cava und der Öffnung zur rechten Kammer (die rechte atrioventriculäre Mündung).

DER LINKE VORHOF

Der linke Vorhof ist kleiner als der rechte, und er bildet den Hauptteil der Herzbasis. Er ist in etwa würfelförmig und hat glatte Wände, bis auf die Umrandung des linken Aurikel, die durch Muskelkämme rauh erscheint. Die vier Lungenvenen, die sauerstoffreiches Blut aus der Lunge bringen, öffnen sich in den hinteren Teil des linken Vorhofs. In diesen Mündungen gibt es keine Klappen.

In der Wand zum rechten Vorhof befindet sich die Fossa ovalis, die in Beziehung steht zur Fossa ovalis auf der rechten Seite.

Das fötale Herz

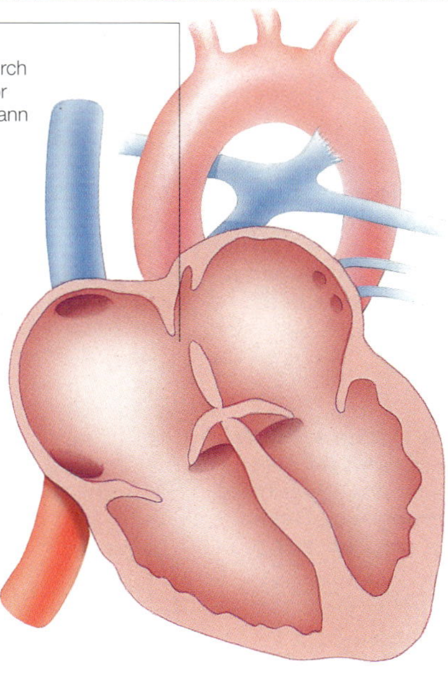

Im Fötus ist die Blutzirkulation durch das Herz verschieden von der nach der Geburt. Statt in die rechte Kammer zu fließen, um von dort zur Lunge gepumpt zu werden, geht das Blut direkt von dem rechten Vorhof in den linken, um von dort in den Körper zu strömen.

Das Blut passiert das Foramen ovale, ein Loch in der Wand zwischen den beiden Vorhöfen mit einem klappenähnlichen Ventil zum Verhindern eines Rückflusses.

Die Zirkulation im fötalen Herzen ist von der nach der Geburt verschieden. Blut fließt hier durch das Foramen ovale direkt von einem Vorhof in den anderen.

ÄNDERUNGEN NACH DER GEBURT

Nach der Geburt schließt sich das Foramen ovale, und das Blut wird aus der rechten Kammer zur Lunge gepumpt. Die Stelle des Foramen ovale ist durch eine Einbuchtung in der Wand zwischen den Vorhöfen gekennzeichnet (Septum), bekannt als Fossa ovalis.

SCHEIDEWANDDEFEKTE

Bei ca. 15 bis 25 % der Erwachsenen bleibt eine kleine Öffnung an dieser Stelle. Diese wird meist nur zufällig bei Herzuntersuchungen gefunden, da sie weiter keine Schwierigkeiten macht. Diese Öffnungen nennt man Scheidewanddefekte.

Herzklappen

Das Herz ist eine kraftvolle Muskelpumpe, durch die das Blut nur in einer Richtung fließt. Der Rückfluss wird durch vier Herzklappen verhindert, die somit eine wichtige Rolle beim Aufrechterhalten der Blutzirkulation haben.

Jede der beiden Herzhälften besitzt zwei Klappen. Auf der rechten Herzseite liegt die Tricuspidalklappe zwischen Vorhof und Kammer, und in die Pulmonalklappe liegt in der Verbindung von Hauptkammer und dem Lungenstrang. Auf der linken Seite trennt die Mitralklappe Vorhof und Kammer, während die Aortenklappe zwischen der Kammer und der Aorta liegt.

DIE TRICUSPIDAL- UND MITRALKLAPPE

Die Tricuspidal- und Mitralklappe sind auch bekannt als atrioventriculäre Klappen, da sie auf beiden Seiten zwischen Vorhof und Kammern liegen. Sie bestehen aus festem Bindegewebe, das mit Endocard bedeckt ist, einer dünnen Zellschicht, die das ganze Herz bedeckt. Die Oberseite der Klappen ist glatt, und an der Unterseite sind die Ansätze der Chordae tendineae.

Die Tricuspidalklappe hat drei Spitzen oder Klappen. Im Gegensatz dazu hat die Mitralklappe nur zwei und heißt folglich Bikuspidalklappe; der Name Mitral hängt mit der vermeintlich ähnlichen Bischofsmitra zusammen.

DER HERZSCHLAG

Bei der Kontraktion macht das Herz ein zweiteiliges Geräusch, das man mit einem Stethoskop hören kann. Der erste Teil des Geräuschs kommt vom Schließen der atrioventriculären Klappen und der zweite vom Schließen der Pulmonal- und Aortenklappe.

Diastolisches Herz ohne die Vorhöfe

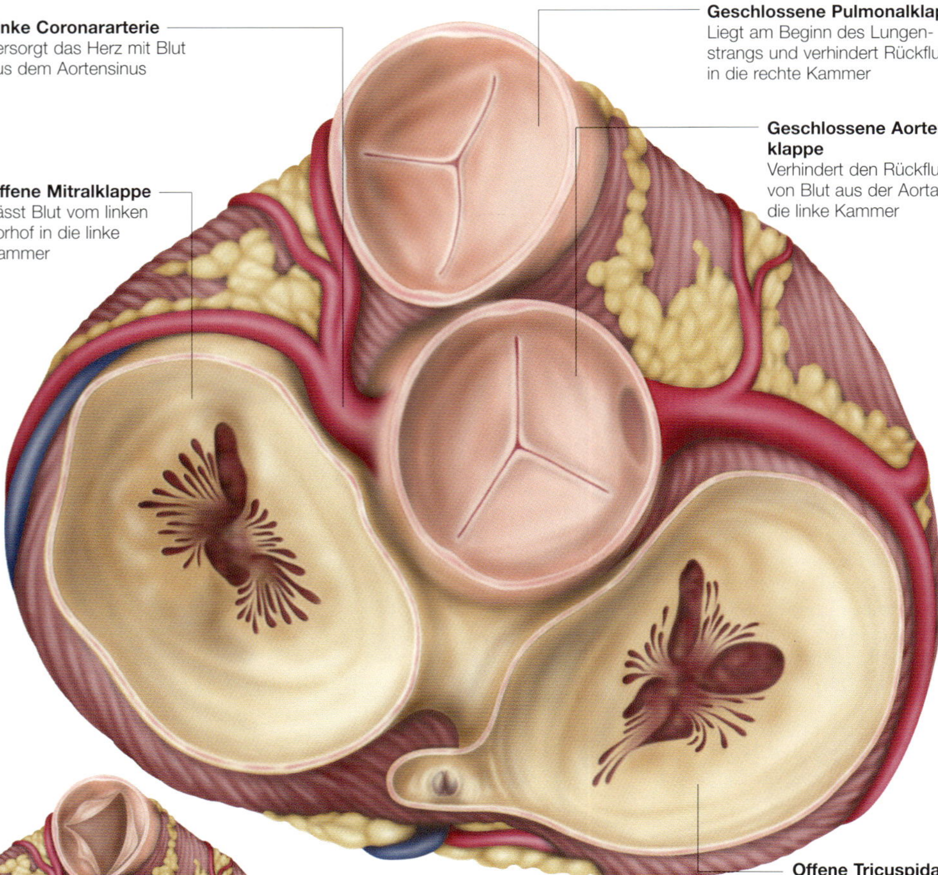

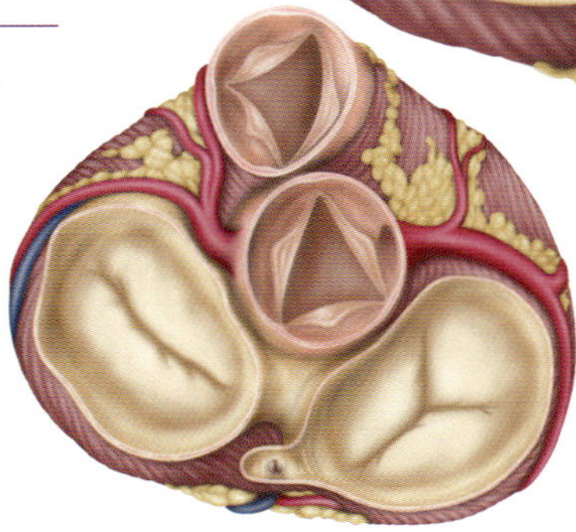

Im systolischen Zustand ziehen sich die Kammern zusammen und die Aorten- und Pulmonalklappen öffnen sich, so dass Blut aus dem Herzen hinausgepumpt wird.

Im diastolischen Zustand entspannen sich die Herzkammermuskeln. Die Tricuspidal- und Mitralklappen sind offen und lassen Blut aus den Vorkammern in die Hauptkammern einströmen.

Die Chordae tendineae

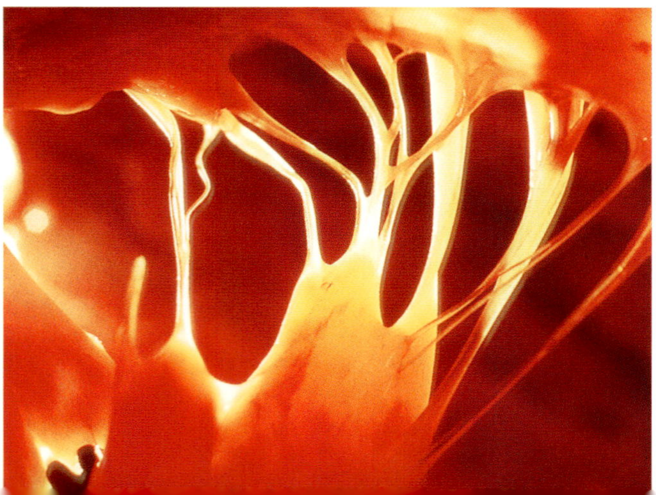

Kleine Sehnenstränge aus Collagen, die Chordae tendineae, sind an den Kanten und Unterseiten der Tricuspidal- und Mitralklappen befestigt und verlaufen von da abwärts zu den Papillarmuskeln, die in der Herzkammer von den Muskelfaserwänden abstehen.

Die Chordae tendineae der Mitralklappe verbinden die Spitzen der Klappe mit den Papillarmuskeln, die wiederum an den Kammerwänden befestigt sind.

DAS WIRKEN DER CHORDAE

Diese Stränge funktionieren wie Halteseile, um die Klappen zu verankern und um zu verhindern, dass die Ecken der Klappen unter dem Druck durchgedrückt werden. Stränge, die Verbindung zu benachbarten Spitzen haben, helfen, diese Spitzen bei der Kammerkontraktion fest beisammen zu halten, so dass kein Blut durch die geschlossenen Klappen sickern kann.

Aorten- und Pulmonalklappen

Die Pulmonal- und Aortenklappen sind auch als Halbmondklappen bekannt. Sie regeln die Blutabfuhr aus dem Herzen und verhindern den Rückfluss des Blutes in die Kammern, wenn diese sich nach der Kontraktion wieder entspannen.

Jede dieser zwei Klappen besteht aus drei halbmondförmigen, taschenähnlichen Spitzen, die einen Kern aus Bindegewebe, bedeckt mit einer dünnen Schicht Endothel, haben. Diese Schicht gibt der Oberfläche die nötige Glätte, damit das Blut leicht passieren kann.

AORTENKLAPPE

Die Aortenklappe liegt zwischen der linken Kammer und der Aorta, der Hauptarterie, die sauerstoffreiches Blut in den Körper bringt. Sie ist stärker und widerstandsfähiger als die Pulmonalklappe, da sie mit höherem Druck der Körperzirkulation zu tun hat.

Über jeder Spitze der Klappe befindet sich der Aortensinus, eine Erweiterung der Aortenwand. Aus zweien davon entspringen die rechte und linke Coronararterie, die Blut zum Herzorgan selbst bringen.

PULMONALKLAPPE

Die Pulmonalklappe trennt die Kammer vom Lungenstrang, der großen Arterie, die Blut vom Herzen zur Lunge bringt. Direkt über jeder Spitze der Klappe weitet sich der Lungenstrang etwas und bildet so den Lungensinus. Es sind blutgefüllte Räume, die verhindern, dass die Spitzen bis an die Arterienwand schlagen, wenn sie sich

Blick in die offene linke Kammer

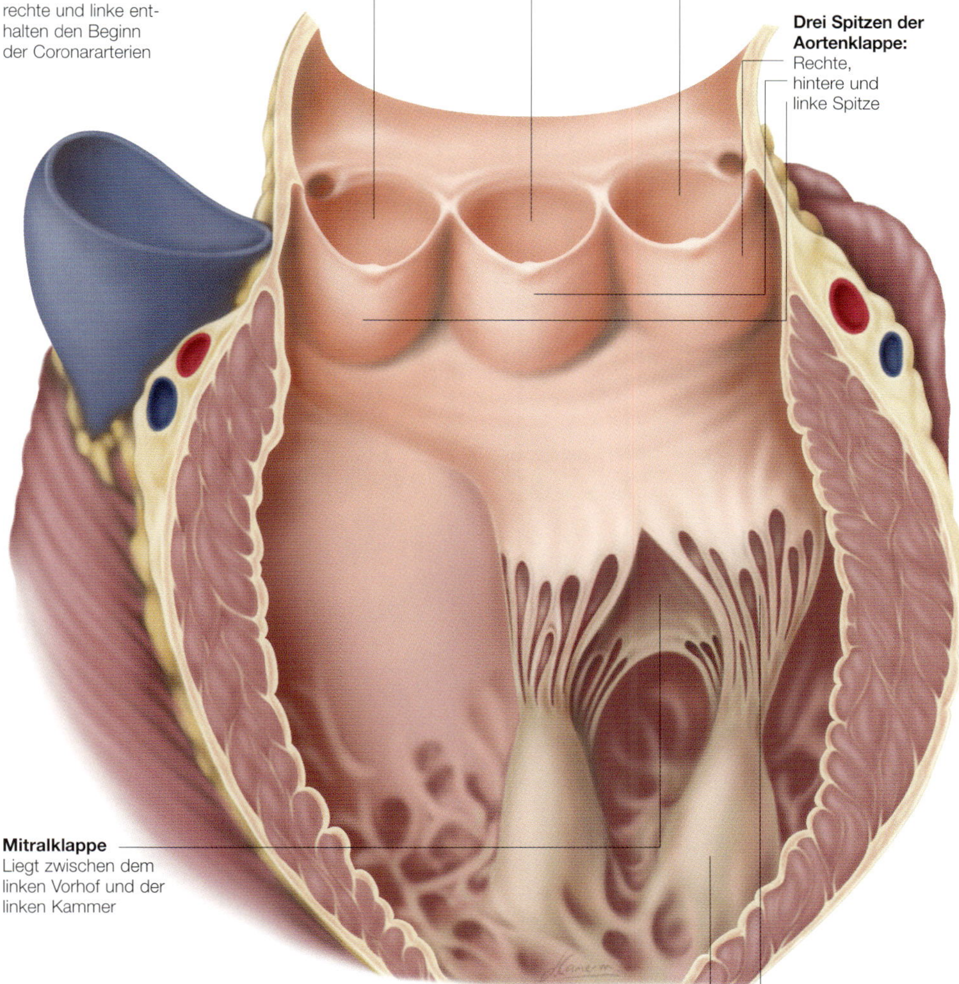

Die Aortenklappe liegt zwischen der linken Kammer und der Aorta. Die drei Spitzen der Klappe verhindern den Wiedereintritt des Blutes in die Kammer.

Wirkungsweise der Klappen

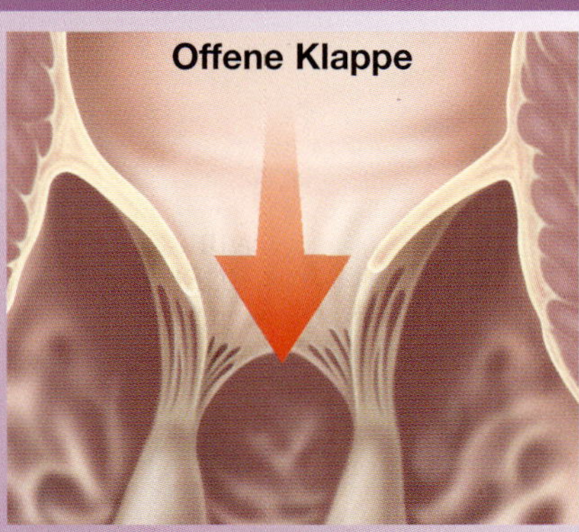

Wenn eine atrioventriculäre Klappe geöffnet ist, entspannen sich die Papillarmuskeln und die Spitzen klappen nach unten. Blut kann nun aus dem Vorhof in die Kammer fließen.

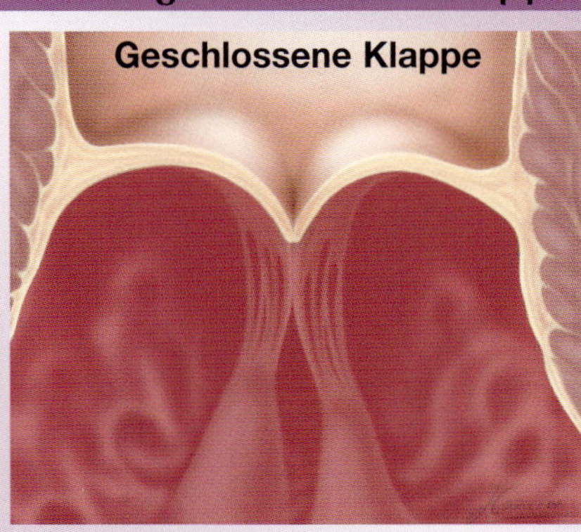

Indem sich die Kammer mit Blut füllt, schlägt die atrioventriculäre Klappe zu und spannt die Chordae tendineae. Wenn sich nun die Kammer zusammenzieht, wird das Blut weitergepumpt.

Wenn sich die Vorkammern zusammenziehen, läuft das Blut durch die offenen Tricuspidal- und Mitralklappen in die Kammern.

Da sich nun die Kammern zusammenziehen, zwingt der steigende Druck darin die Klappen, sich zu schließen; so wird der Rückfluss des Blutes in die Vorhöfe verhindert. Der Zug der Chordae tendineae verstärkt die Klappen und hilft ihnen, dem Druck des Blutes in der Kammer zu widerstehen.

Da nun die atrioventriculären Klappen geschlossen sind, muss das Blut nun durch die halbmondförmigen Klappen auf- und hinausströmen in den Lungenstrang und die Aorta. Die Halbmondklappen werden vom hohen Blutdruck in den Kammern aufgedrückt, schlagen aber sofort wieder zu, sobald die Kontraktion der Kammern aufhört.

Herzgefäße

Durch zwei große Venen gelangt das Blut zum Herzen – die obere und die untere Vena cava. Es verlässt das Herz durch die Aorta. Die Venae cavae und die Aorta sind gemeinsam unter dem Begriff „Große Gefäße“ zusammengefasst.

DIE VENAE CAVAE

Die obere Vena cava ist die große Vene, die das Blut aus dem Oberkörper in den rechten Vorhof des Herzens leitet. Sie wird aus der Vereinigung der rechten und linken brachiocephalischen Venen gebildet, welche wiederum aus noch kleineren Venen entstehen, die das Blut aus Kopf, Hals und oberen Gliedmaßen erhalten.

Die untere Vena cava ist die breiteste Vene des Körpers, aber nur ihr letzter Abschnitt liegt im Brustraum, wo er durch das Zwerchfell tritt und dann das Blut zum rechten Vorhof bringt.

DIE AORTA

Die Aorta ist mit ca. 2,5 cm Durchmesser (bei Erwachsenen) die größte Arterie des Körpers. Ihre relativ dicken Wände enthalten elastisches Bindegewebe, das dem Gefäß eine leichte Ausdehnung ermöglicht. Wenn Blut hineingepumpt wird, dehnt sie sich aus und zieht sich danach wieder zusammen; so wird der Blutdruck zwischen den Herzschlägen einigermaßen konstant gehalten.

Die Aorta verläuft zunächst nach oben, wendet sich dann auf die linke Seite, um von dort nach unten in den Bauchraum zu laufen. Sie besteht aus der aufsteigenden Aorta, dem Aortabogen und der absteigenden Aorta. Die verschiedenen Abschnitte der Aorta sind nach ihrer Form oder ihre Lage benannt, und jeder hat Abzweigungen in die verschiedenen Körperregionen.

Das Herz und die großen Gefäße

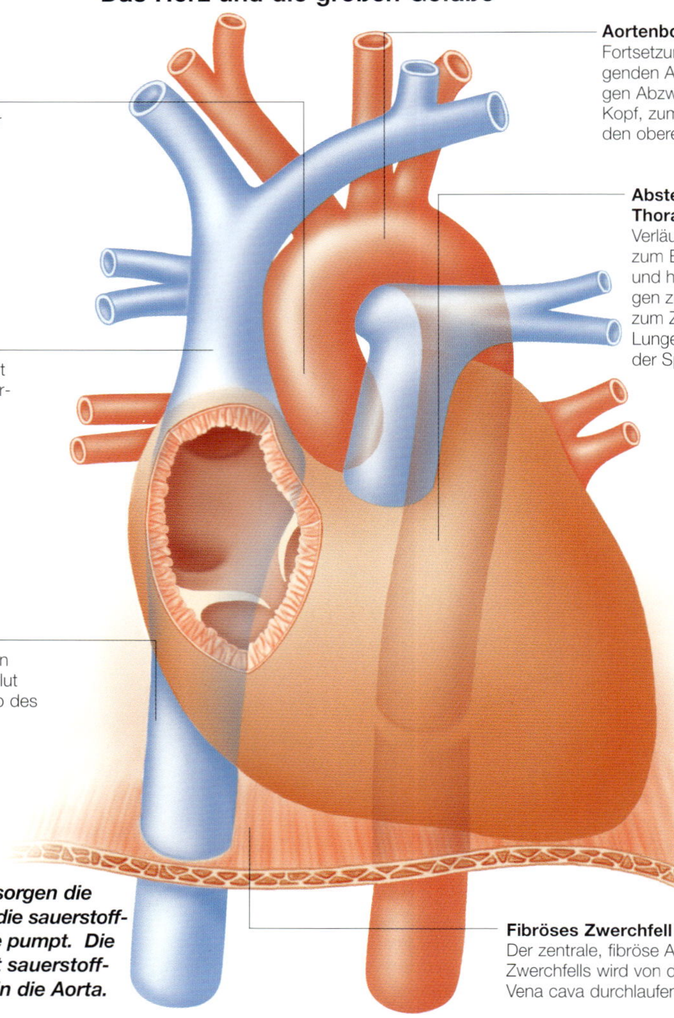

Die Venae cavae versorgen die rechte Herzkammer, die sauerstoffarmes Blut zur Lunge pumpt. Die linke Kammer pumpt sauerstoffangereichertes Blut in die Aorta.

Wie sich das fötale Herz nach der Geburt ändert

Fötales Herz

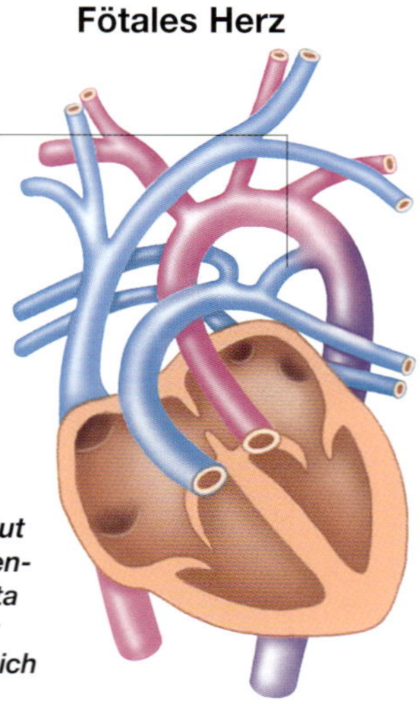

Im Fötus kann Blut direkt vom Lungenstrang in die Aorta fließen. Nach der Geburt schließt sich diese Öffnung.

Herz des Neugeborenen

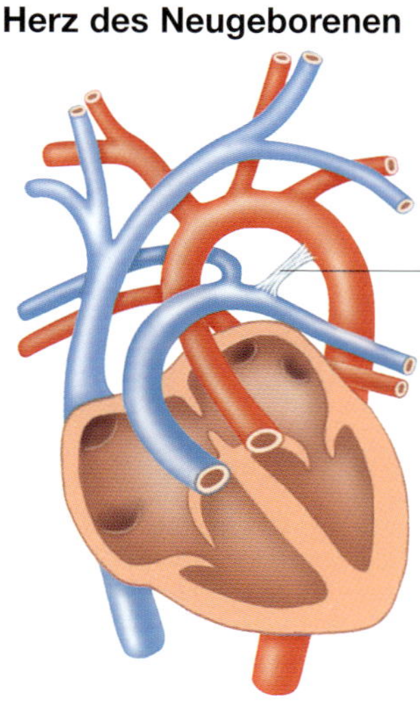

Im Fötus besteht ein verbindendes Blutgefäß, das es ermöglicht, Blut vom Lungenstrang zur Aorta zu leiten, wodurch die Lungen umgangen werden. Dieses Gefäß heißt Ductus arteriosus und es schließt sich nach der Geburt. Danach fließt Blut nur von der rechten Kammer in den Lungenkreislauf.

Die Stelle dieses fötalen Blutgefäßes ist durch das Ligamentum arteriosum gekennzeichnet, ein Faserband, das vom Lungenstrang zum Aortenbogen verläuft. Manchmal schließt sich der Ductus arteriosus nicht bei der Geburt, so dass Aortenblut mit hohem Druck in das relativ druckschwache Lungensystem gelangt. Eine Operation kann diesen Defekt beheben.

Blutversorgung des Herzens

Der Herzmuskel und die Randgewebe benötigen ihre eigene Blutversorgung. Diese wird von den Coronararterien aufrechterhalten.

Es gibt zwei Coronararterien: die rechte und die linke. Diese nehmen ihre Anfänge in der aufsteigenden Aorta knapp über der Aortenklappe und verlaufen im Epicardium, eingebettet in Fett, um das Herz.

■ **Die rechte Herzkranzarterie**
Sie steigt aus dem rechten Aortensinus, einer kleinen Ausbauchung der Arterienwand knapp oberhalb der Aortenklappe auf. Sie verläuft von dort nach unten und rechts, entlang des Grabens zwischen dem rechten Vorhof und der Kammer, bis sie auf der Unterseite des Herzens ankommt. Hier endet sie in einer Anastomose (Netz) mit Ästen aus der linken Herzkranzarterie. Die rechte Herzkranzarterie verzweigt sich in mehrere Äste.

■ **Die linke Herzkranzarterie**
Sie entspringt dem Coronarsinus oberhalb der Aortenklappe und verläuft nach unten zur Herzspitze. Die linke Herzkranzarterie verzweigt sich früh in zwei Äste.

VENÖSE BLUTABFUHR

Die Hauptvene des Herzens ist der Coronarsinus. Sein Blut stammt aus den Herzvenen; es fließt in die rechte Vorkammer. Im Allgemeinen folgen die Herzvenen den Verläufen der Herzkranzarterien.

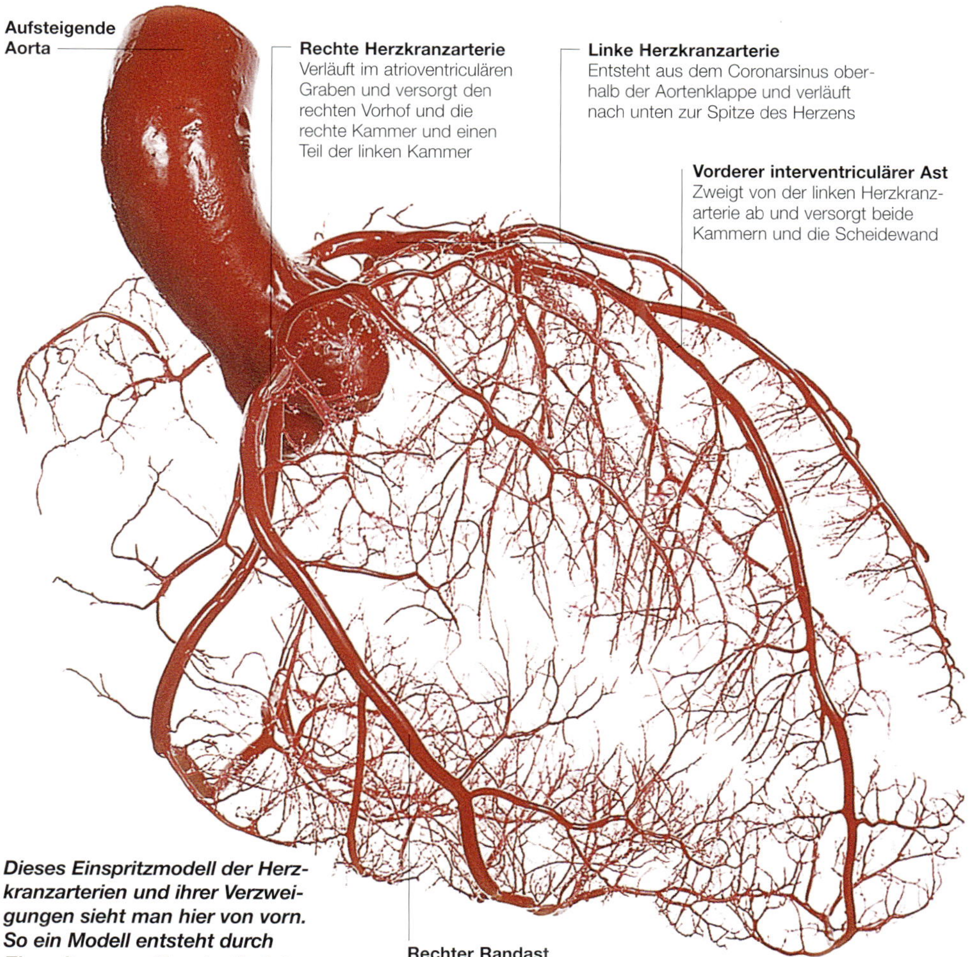

Dieses Einspritzmodell der Herzkranzarterien und ihrer Verzweigungen sieht man hier von vorn. So ein Modell entsteht durch Einspritzen von Harz in die Arterien. Danach wird das umgebende Gewebe entfernt.

Versorgungsvarianten der Herzkranzarterien

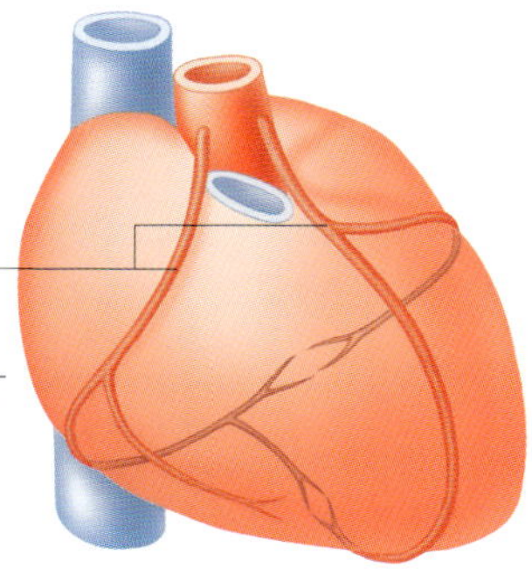

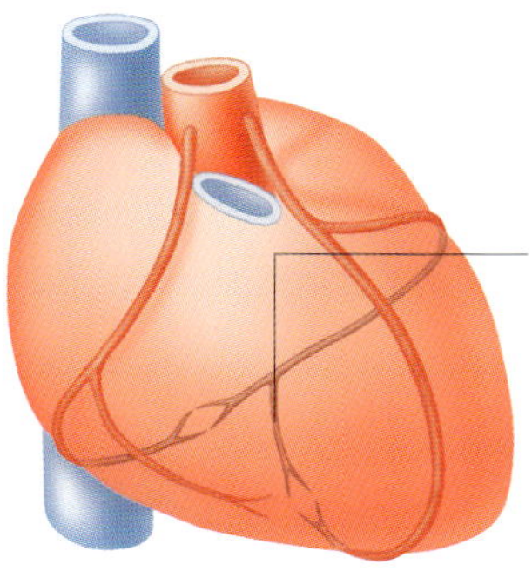

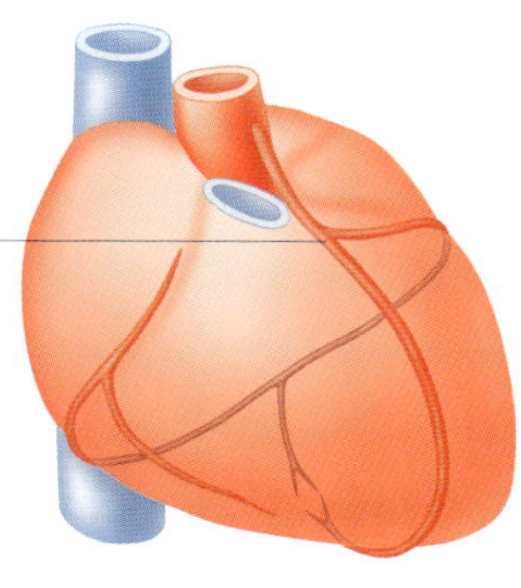

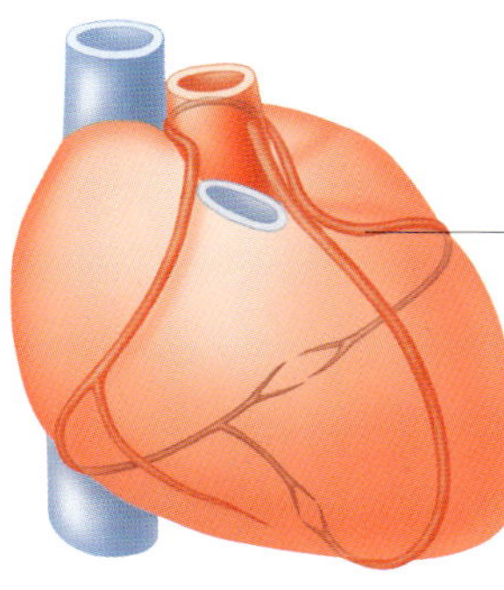

Bei den meisten Menschen sind rechte und linke Herzkranzarterien gleichermaßen für die Blutversorgung des Herzens verantwortlich; es gibt jedoch gelegentlich Varianten in den Verzweigungsmustern der Herzkranzarterien.

VARIANTEN

Bei 15 % der Menschen allerdings versorgt die linke Herzkranzarterie mehr, nämlich wenn aus ihr die große hintere interventriculäre Arterie entsteht. Normalerweise ist sie ein Ast der rechten Herzkranzarterie. In seltenen Fällen gibt es nur eine Herzkranzarterie, oder es besteht eine zusätzliche Herzkranzarterie. Es gibt viele mögliche andere Varianten.

Die Blutversorgung des Herzens kann variieren; es können entweder die linke oder die rechte Herzkranzarterie dominant sein, eine Arterie kann fehlen, oder es kann eine zusätzlich geben.

Reizleitungssystem des Herzens

Wenn der Körper ruht, schlägt das Herz etwa 70 bis 80 mal pro Minute. In seinen Muskelwänden sorgt ein Reizleitungssystem für den richtigen Rhythmus und einen geordneten Ablauf der Bewegungen.

SINUSKNOTEN

Der Sinusknoten ist ein Zellbündel in der Wand des rechten Vorhofs.

Jede Kontraktion der Zellen dieses Knotens erzeugt einen elektrischen Impuls, der an die Muskelzellen des rechten und linken Vorhofs und dann zum atrioventriculären Knoten weitergeleitet wird.

ATRIOVENTRICULÄRER KNOTEN

Die Zellen des atrioventriculären Knotens leiten eigene Kontraktionen ein, geben aber die Impulse in einem langsameren Rhythmus, soweit nicht von den Sinusknoten initiiert. Impulse von den atrioventriculären Knoten gehen durch die nächste Lage leitenden Gewebes zu den Kammern.

ATRIOVENTRICULÄRES BÜNDEL

Das atrioventriculäre Bündel läuft durch eine Isolierschicht aus Fasergewebe von den Vorhöfen zu den Kammern. Dort trennt es sich in zwei Teile, die rechten und linken Bündeläste, welche die rechte beziehungsweise linke Kammer versorgen.

Das im Herzen selbst liegende Reizleitungssystem erzeugt eine Welle von Impulsen, die für eine synchronisierte Zusammenziehung der Herzmuskeln sorgt.

Das im Herzen liegende Reizleitungssystem

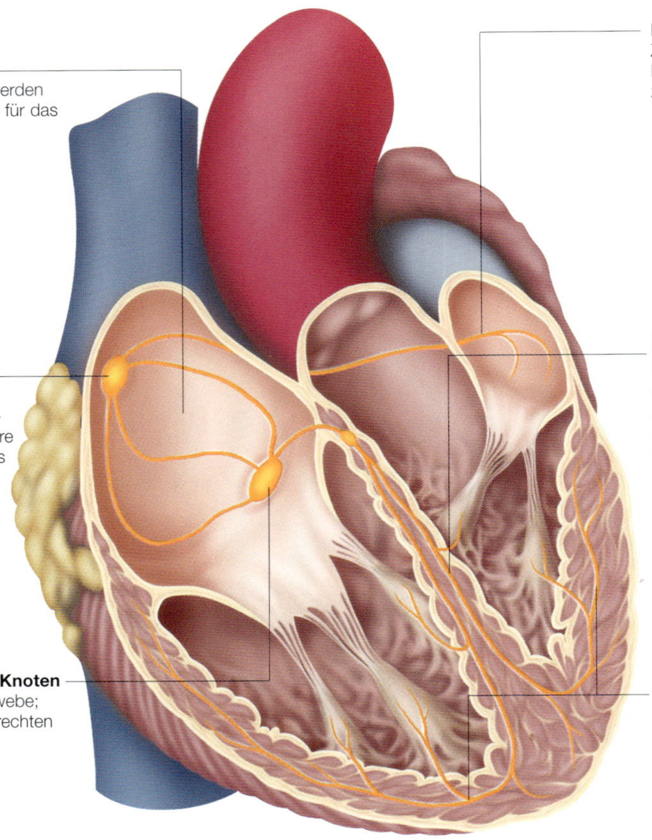

Nervenversorgung des Herzens

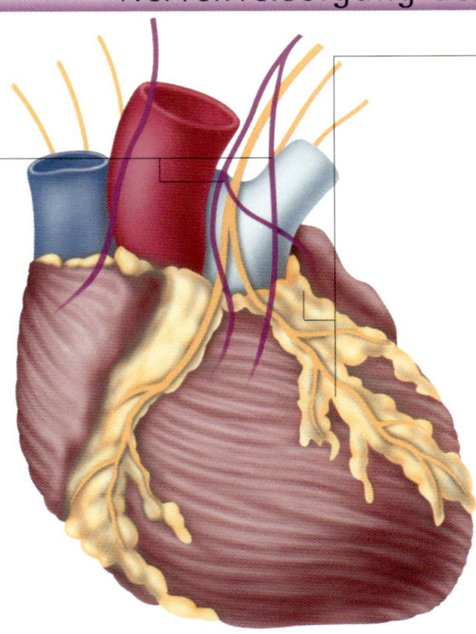

Die Nervenversorgung des Herzens kommt aus dem vegetativen Nervensystem. Dieses System steuert die inneren Organe ohne bewusste Kontrolle.

Das Herz schlägt regelmäßig ohne äußeren Anreiz; seine nervliche Versorgung beeinflusst den Rhythmus und die Stärke der Kontraktion.

ÄUSSERE NERVENVERSORGUNG

Die vegetative Nervenversorgung erreicht das Herz über die Herzplexi, Netze von Nervengewebe, die direkt hinter der aufsteigenden Aorta über dem Herzen liegen.

Vegetative Nerven trennt man in zwei Gruppen: sympathische Fasern, die aus dem Hals- und oberen Thoraxteil der sympathischen Stränge hervorgehen (die neben dem Rückgrat liegen); und den parasympathischen Fasern, die über den Vagusnerv kommen, dem X. Hirnnerv.

Herzzyklus

Der Herzzyklus besteht aus einer Reihe von Wechseln im Herzen, die dazu führen, dass das Blut durch den Körper gepumpt wird. Er wird unterteilt in einen Abschnitt, in dem der Herzmuskel kontrahiert, den systolischen, und einen Abschnitt, in dem er entspannt, den diastolischen.

DAS FÜLLEN DER KAMMER

In der diastolischen Phase sind die Tricuspidal- und Mitralklappen offen. Blut aus den großen Venen füllt die Vorhöfe und läuft dann durch die offenen Klappen in die sich entspannenden Kammern.

VORHOFKONTRAKTION

Wenn die diastolische Phase endet und die systolische beginnt, gibt der Sinusknoten einen Kontraktionsimpuls an die Vorhofmuskeln, was noch mehr Blut in die Kammern zwingt.

KAMMERKONTRAKTION

Die Welle erreicht die Kammern über die atrioventriculären Bündel und die Purkinjefasern. Die Tricuspidal- und Mitralklappen springen durch den Druckanstieg zu. Der Druck des Blutes presst die geschlossenen Pulmonal- und Aortenklappen auf.

Indem die Kontraktionswelle abebbt, entspannen sich die Kammern. Der Zyklus beginnt mit einem Impuls des Sinusknotens etwa eine Sekunde später von neuem.

Die Bewegungen des Herzens bewirken die Blutzirkulation. Der Zyklus wiederholt sich bei Erwachsenen ca. 70–90 mal pro Minute.

Stationen des Herzzyklus

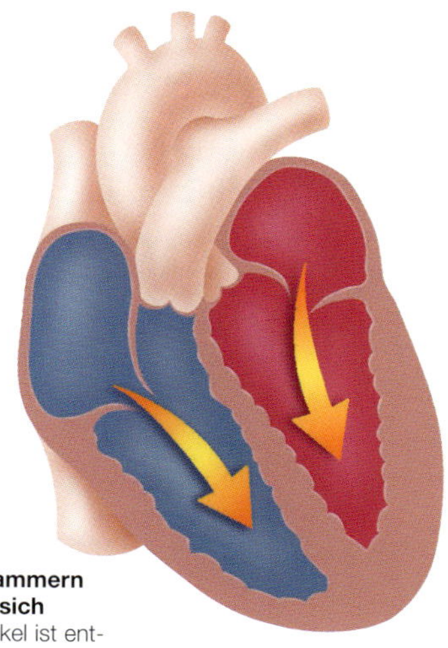

1 Die Kammern füllen sich
Der Herzmuskel ist entspannt und lässt Blut in die Kammern eintreten

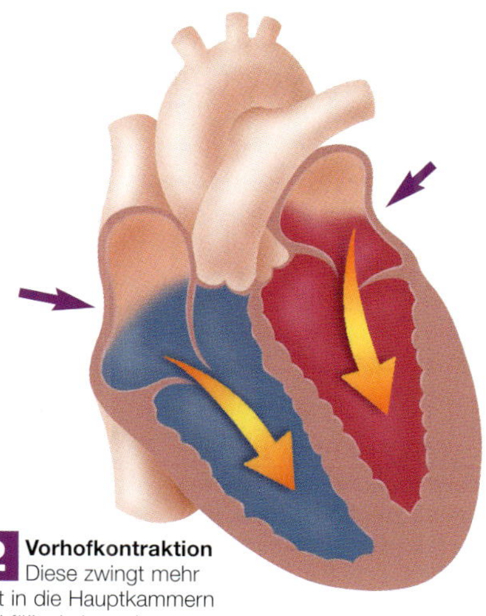

2 Vorhofkontraktion
Diese zwingt mehr Blut in die Hauptkammern und füllt sie komplett

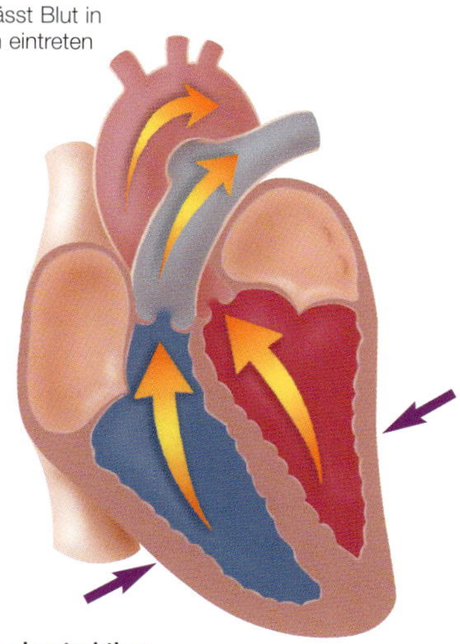

3 Kammerkontraktion
Pulmonal- und Aortenklappen öffnen sich und lassen Blut in den Lungenstrang und die Aorta passieren

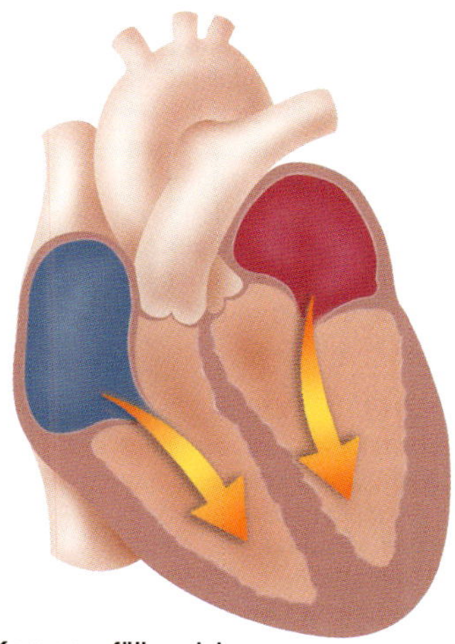

4 Die Kammern füllen sich
Da die Kontraktionswelle abebbt, entspannen sich die Kammern und lassen von neuem Blut ein

Faserskelett des Herzens

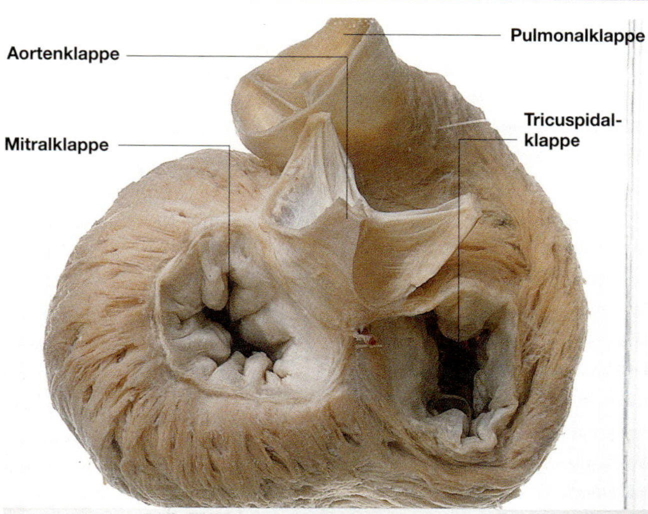

Ebenso wie die Muskeln am Knochenskelett braucht die Herzmuskelwand eine Gegenkraft, um effektiv ansetzen zu können. Es gibt keinen Knochen oder feste Bestandteile im Herzen, dafür aber ein Skelett aus festem Faser-Bindegewebe, das eine ähnliche Funktion erfüllt, da es einen Ansatzpunkt für Herzmuskelfasern bietet.

UNTERSTÜTZUNG

Das Faserskelett des Herzens hilft auch, die Herzklappen zu unterstützen, damit sie während der systolischen Phase durch den Druck nicht aus der Form gezogen werden. Außerdem bietet es Ansatzpunkte für die Spitzen dieser Klappen.

Das Herzskelett besteht aus festem Faser-Bindegewebe. Dieses bildet den festen Rahmen, gegen den das Herz bei der Kontraktion arbeitet.

ISOLIERUNG

Eine weitere lebenswichtige Funktion des Faserskeletts ist es, das Myocard (die mittlere der drei Herzwandschichten) der Vorhöfe von denen der Kammern zu trennen und zu isolieren, so dass die Welle der Kontraktion in der systolischen Phase nur über das atrioventriculäre Bündel laufen kann.

Das stellt sicher, dass die Kammern sich zeitlich ein wenig versetzt zu den Vorhöfen zusammenziehen. Sonst könnten sie sich zuvor nicht komplett füllen.

Schultergelenk

Das Gleno-Humeral- oder Schultergelenk ist ein Kugelgelenk am Verbindungspunkt zwischen Humerus (Oberarmknochen) und Scapula (Schulterblatt). Die Konstruktion dieses Gelenks ermöglicht dem Arm einen weiten Bewegungsbereich.

Das Schultergelenk ist der Verbindungspunkt von der Glenoid-Höhlung des Schulterblatts und dem Kopf des Humerus. Es ist ein synoviales (flüssigkeitsgefülltes) Kugelgelenk, das der oberen Extremität einen weiten Bewegungsraum ermöglicht.

GELENKFLÄCHE

Um einen größtmöglichen Bewegungsraum zu ermöglichen, stellt der Kopf des Oberarmknochens eine große Gelenkfläche zur Verfügung. Die Glenoid-Höhlung des Schulterblatts bietet nur einen flachen Sockel und wird vertieft durch einen Ring aus fester Knorpelfasermasse (Labrum glenoidale). Das so entstehende Kugelgelenk ist so flach, dass es nur durch die umgebenden Muskeln und Bänder fest zusammengehalten werden kann.

Eine dünne Schicht glatten Knorpels ermöglicht den Knochen ein Übereinandergleiten mit geringstmöglicher Reibung.

GELENKKAPSEL

Das Schultergelenk ist von einer losen Kapsel aus Fasergewebe umgeben. Diese Kapsel ist mit einer synovialen Membran ausgelegt, die die Innenfläche des Gelenks mit Ausnahme der Knorpelfläche auslegt.

Die Zellen der Synovialmembran scheiden Synovialflüssigkeit ab, eine zähflüssige Masse, die das Gelenk schmiert und nährt.

Schultergelenk von vorn

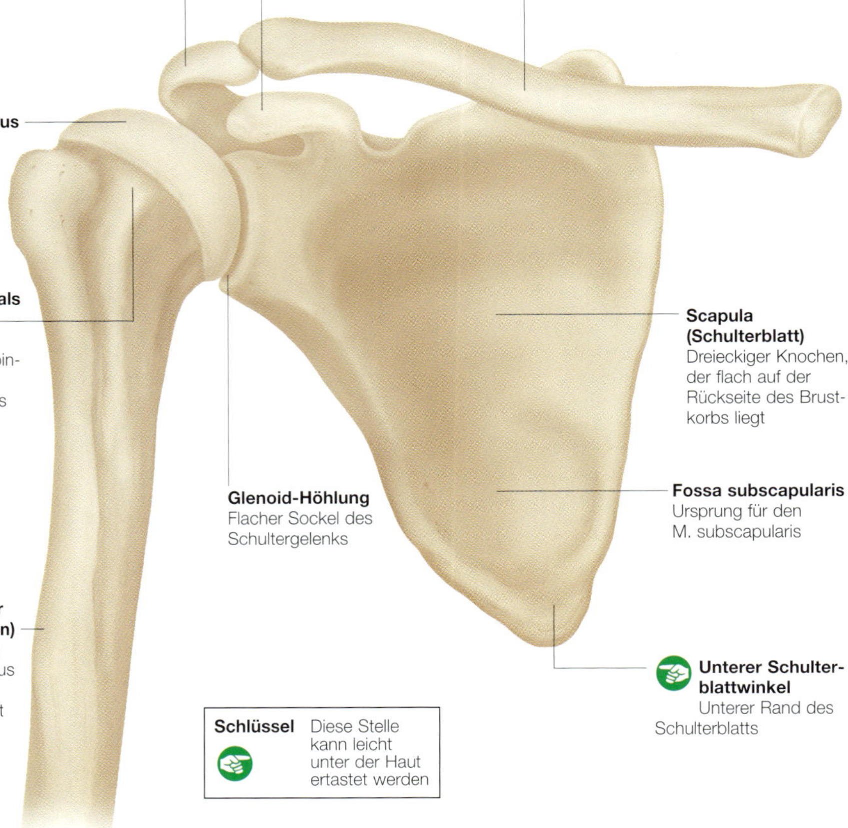

Schleimbeutel des Schultergelenks

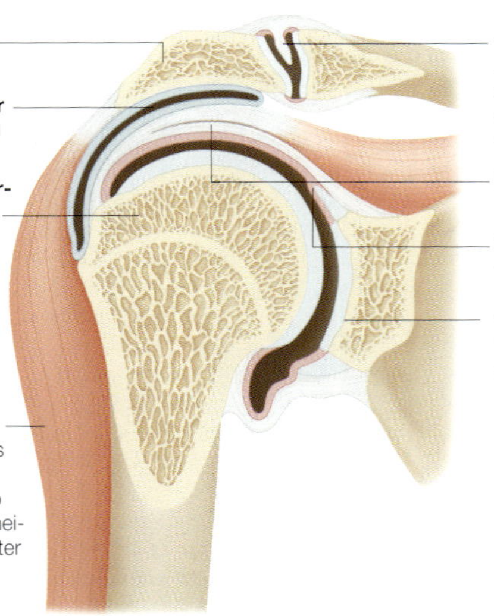

Ein Schleimbeutel (Bursa) ist ein flacher Faserbeutel, der mit einer synovialen Membran ausgelegt ist und eine kleine Menge zähflüssiger Masse enthält. Bursae verringern die Reibung zwischen Elementen, die notwendigerweise gegeneinander arbeiten. Schleimbeutel liegen an verschiedenen Stellen im Körper, überall dort, wo Bänder, Muskeln und Sehnen gegen Knochen reiben.

Schleimbeutel können an Stellen mit ungewöhnlich hohem Druck abnormal vergrößert sein, etwa am entzündeten Fußballen an der Basis des großen Zehs, wenn der Schuh dort scheuert.

Ein Längsschnitt durch das Schultergelenk zeigt die Lage der Schleimbeutel darin.

Das Schultergelenk hat mehrere wichtige Schleimbeutel:

- **Subscapulärer Schleimbeutel**
Dieser schützt die Sehne des M. subscapularis, wo sie über den Hals des Schulterblatts läuft. Er hat für gewöhnlich eine Öffnung, die in die Gelenkhöhle führt und deshalb eigentlich eine Austaschung der Höhlung ist.
- **Subacromialer Schleimbeutel**
Dieser liegt über dem Schultergelenk unter dem Acromion und dem Ligamentum coracoacromiale. Er ermöglicht eine freie Bewegung der Muskeln, die darunter verlaufen. Im Normalfall ist er ein wirklicher Schleimbeutel, der keine Verbindung zur Gelenkhöhle der Schulter hat.

Bänder des Schultergelenks

Die Bänder des Schultergelenks sind zusammen mit den umgebenden Muskeln unersetzlich für die Stabilität dieses flachen Kugelgelenks.

In jedem Gelenk tragen Bänder zur Stabilität bei, indem sie die Knochen fest zusammen halten. Beim Schultergelenk sind die Hauptfaktoren zwar die umliegenden Muskeln, aber Bänder spielen auch eine wichtige Rolle.

HALTEBÄNDER

Die faserige Gelenkkapsel ist durchzogen von Bändern, die das Gelenk festigen:

- Die Schultergelenksbänder sind drei schwache Faserbänder, die die Vorderseite der Kapsel verstärken.
- Das Coraco-Humeralband ist ein starkes, breites Band, das den oberen Bereich der Kapsel festigt. Obwohl es eigentlich kein Teil des Schultergelenks selbst ist, hat das Coraco-Humeralband dennoch eine große Bedeutung als Überbrücker des Spalts zwischen Acromion und dem Rabenschnabelfortsatz des Schulterblatts. Der Knochenbogen und das Band sind gemeinsam so stark, dass, selbst wenn der Oberarmknochen mit Gewalt hochgestoßen wird, kein Bruch entsteht; das Schlüsselbein oder der Humerus (Oberarm) würden da eher nachgeben.
- Das Humerus-Querband verläuft vom größeren zum kleineren Oberarmknochenvorsprung und bildet so einen Tunnel für die Durchleitung der Sehne des M. biceps brachii in ihrer Synovialhülle.

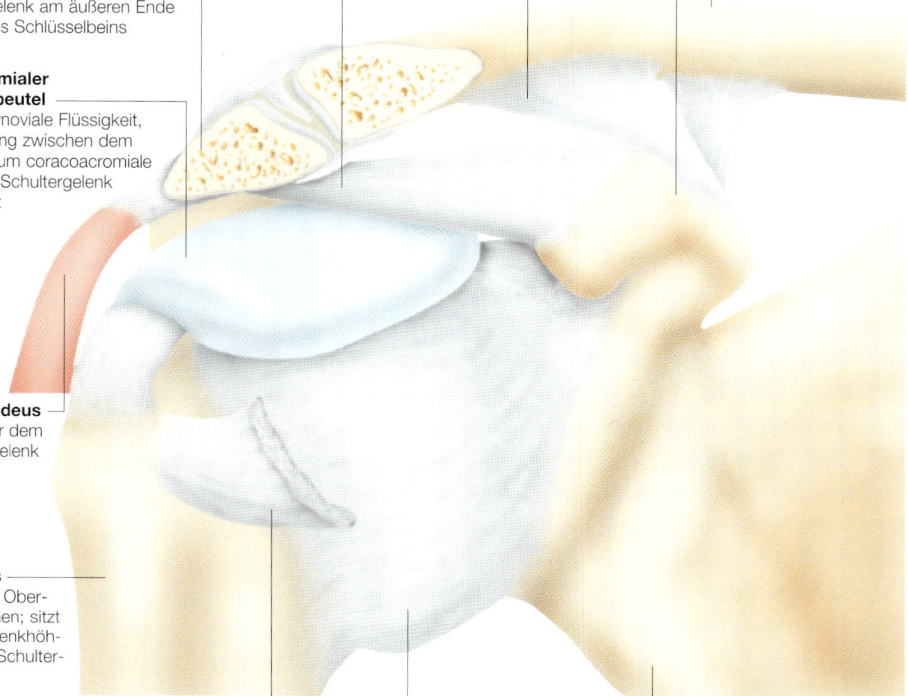

Diese Vorderansicht des Schultergelenks stellt die Bänder, die es verstärken, und die Lage des subacromialen Schleimbeutels dar.

Instabiles Schultergelenk

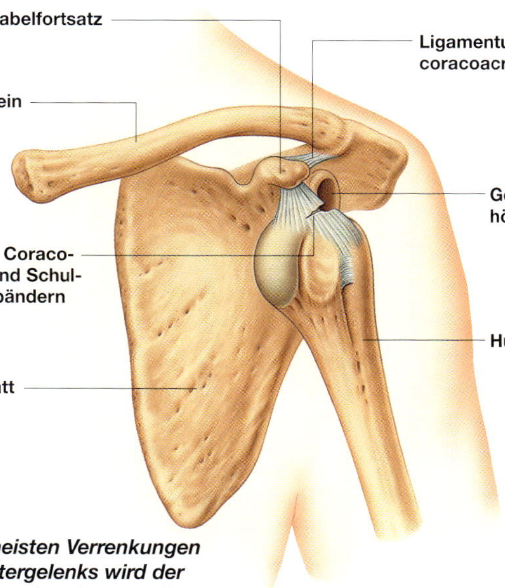

Bei den meisten Verrenkungen des Schultergelenks wird der Humerus nach unten aus dem Gelenksockel gestoßen.

Das Schultergelenk zeichnet sich durch einen weiten Bewegungsbereich aus, aber dieser Vorteil wird auf Kosten der Stabilität erreicht. Die Eigenschaften, die diese freie Beweglichkeit ermöglichen, verursachen auf der anderen Seite eine gewisse Schwäche; die Faserkapsel ist nachgiebig, die Bänder sind schwach und locker, und der Sockel des Kugelgelenks ist flach.

Das Schultergelenk wird vorrangig von den kurzen umgebenden Muskeln in Form gehalten, indem sie den Kopf des Humerus in die Gelenkhöhlung ziehen, die sogenannte Rotatoren-Manschette.

AUSGEKUGELTE SCHULTER

Von allen Gelenken des Körpers kann das Schultergelenk am leichtesten ausgekugelt werden. Eine Verrenkung des Schultergelenks geschieht meist von oben nach unten, da der obere Rand und die Seiten von der Rotatoren-Manschette und dem Ligamentum coracoacromiale gestützt werden und die Unterseite dagegen nur von der schlaffen Faserkapsel gehalten wird.

Schulterverrenkungen kommen bei Athleten vor, und zwar in Folge einer plötzlich auf den seitlich steil nach oben gerichteten Humerus einwirkenden Kraft. Der Kopf des Humerus wird dann über die Lippe der Gelenkhöhlung gestoßen und kommt unter dem Einfluss der einwirkenden Muskeln erst knapp unter dem Rabenschnabelfortsatz des Schulterblatts zum Stehen.

Nach einer solchen Ausrenkung kann der Arm erst wieder gebraucht werden, wenn die Knochen an ihrer richtigen Stelle sind. Wenn einmal eine Auskugelung stattgefunden hat, bleibt das Gelenk häufig anfällig für weitere Ausrenkungen.

Bewegungen des Schultergelenks

Das Schultergelenk ist ein Kugelgelenk, das 360° Bewegungsspielraum und damit maximale Flexibilität bietet. Die Muskeln des Schultergürtels sorgen nicht nur für die Bewegung sondern auch für die Stabilität.

Das Schultergelenk ermöglicht Bewegungen um drei Achsen: die horizontale Achse durch den Mittelpunkt der Gelenkhöhle; die hierauf senkrecht stehende Achse (vorn-hinten) durch den Kopf des Humerus; und eine dritte Achse, die vertikal durch den Schaft des Humerus läuft. Diese Achsen ermöglichen Beugung und Streckung, Senken (zum Körper) und Heben (vom Körper weg) sowie Drehung nach innen beziehungsweise Drehung nach außen. Eine Kombination aus diesen Bewegungen erlaubt eine Kreisbewegung der Gliedmaßen, die man Herumführung nennt.

MUSKELN FÜR SCHULTERBEWEGUNG

Viele der Muskeln für die beschriebenen Bewegungen setzen am Schultergürtel (Schlüsselbein und Schulterblatt) an. Am Schulterblatt setzen Muskeln auf der Vorder- und Rückseite sowie an dem Rabenschnabelfortsatz an. Manche Muskeln entspringen direkt am Stamm (M. pectoralis major und M. latissimus dorsi), manche beeinflussen die Bewegung des Humerus sogar, obwohl sie gar keine direkte Verbindung haben (wie etwa der M. trapezius). Sie wirken unmittelbar aufs Schulterblatt und dadurch mittelbar aufs Schultergelenk.

Vorderansicht der Schultermuskeln

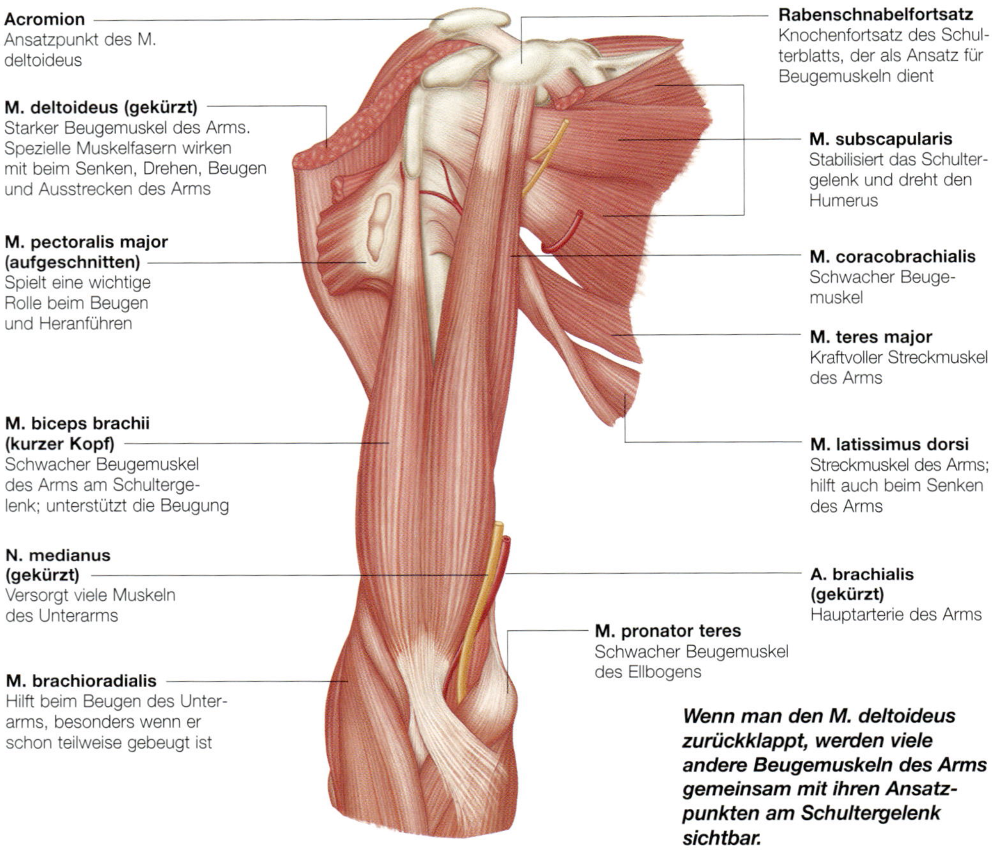

Wenn man den M. deltoideus zurückklappt, werden viele andere Beugemuskeln des Arms gemeinsam mit ihren Ansatzpunkten am Schultergelenk sichtbar.

Bewegungen des Schultergelenks

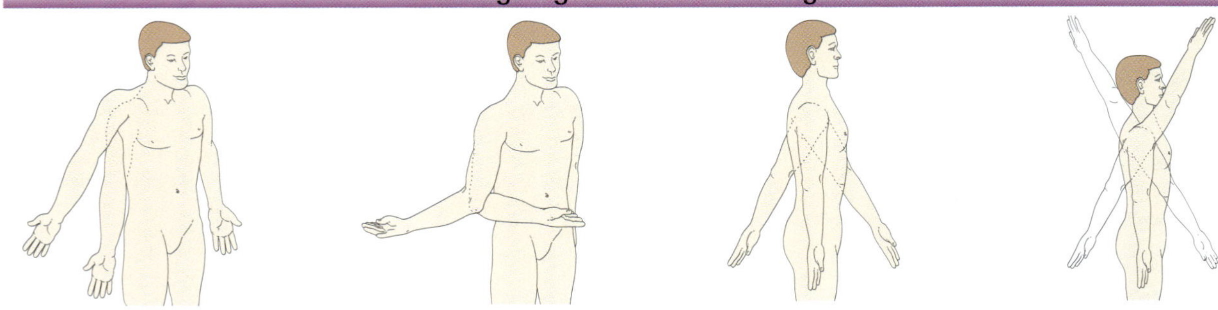

Senken des Arms (zum Körper) wird vom M. pectoralis major und vom M. latissimus dorsi bewerkstelligt; Heben (vom Körper weg) vom M. supraspinatus und M. deltoideus.

Muskeln, die zur seitlichen Drehung beitragen, sind M. infraspinatus, M. teres minor und die hinteren Fasern des M. deltoideus. Mediale Rotatoren bilden die Muskelgruppe der Rotatoren-Manschette.

Beugung (Vorwärtsbewegung) geht auf den M. biceps, M. coracobrachialis, M. deltoideus und M. pectoralis major zurück. Ausstrecken (Rückwärtsbewegung) tätigen die hinteren Fasern des M. deltoideus, M. latissimus dorsi und M. teres major.

Das Herumführen (Kreisbewegung) ist eine Kombination aus diesen Bewegungen. Die Kreisbewegung hängt vom Schlüsselbein, das das Schultergelenk hält und von den Kontraktionen verschiedener Muskelgruppen ab.

Drehungen des Arms und die Rotatoren-Manschette

Die Muskeln der Rotatoren-Manschette umfassen M. subscapularis, M. supraspinatus, M. infraspinatus und M. teres minor. Diese Muskeln stärken und stabilisieren das Schultergelenk und wirken einzeln bei der Bewegung des Humerus und des Oberarms mit.

Der M. pectoralis major, die vorderen Fasern des M. deltoideus, M. teres major und M. latissimus dorsi bewirken ebenfalls eine Drehung des Humerus nach innen. Der kraftvollste Innenrotator ist jedoch der M. subscapularis. Dieser Muskel bedeckt die gesamte Vorderseite des Schulterblatts und setzt an der Gelenkkapsel am schmaleren Knochenvorsprung des Humerus an.

ROTATOREN-MANSCHETTE

Der M. subscapularis ist einer von vier kurzen Muskeln, die man zusammen die Rotatoren-Manschette nennt, da sie an der Gelenkkapsel fest sind und diese stärken. Zudem ziehen sie den Humerus in den Sockel des Gelenks (Fossa glenoidea) und erhöhen so den Kontakt der knochigen Elemente. Dies ist der wichtigste Faktor, der zur Stabilisierung des Gelenks beiträgt.

Die weiteren Muskeln dieser Gruppe sind M. supraspinatus, M. infraspinatus und M. teres minor. Die letzteren drei Muskeln setzen an den drei Facetten am größeren Knochenvorsprungs des Humerus an. M. infraspinatus und M. teres minor sind zusammen mit den hinteren Fasern des M. deltoideus Außenrotatoren des Schultergelenks.

Eine Verletzung an der Rotatoren-Manschette ist stark behindernd, weil die Stabilität des Humerus im Schultergelenk verlorengeht. Die übrigen Armmuskeln verlieren dann ebenfalls ihre Fähigkeit, den Humerus richtig zu steuern, und das Gelenk kann ausgerenkt werden.

Muskeln für Schulterbewegung (Vorderseite) **Muskeln für Schulterbewegung (Rückseite)**

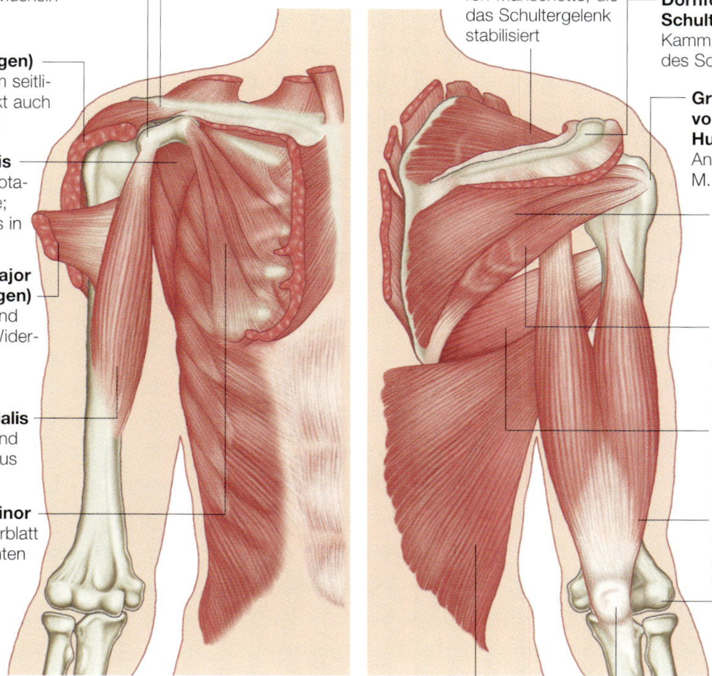

Die Muskeln der Rotatoren-Manschette und angrenzende Muskeln, die Schulter und Arm bewegen, sind hier von vorn (links) und von hinten (rechts) dargestellt.

Heben des Arms

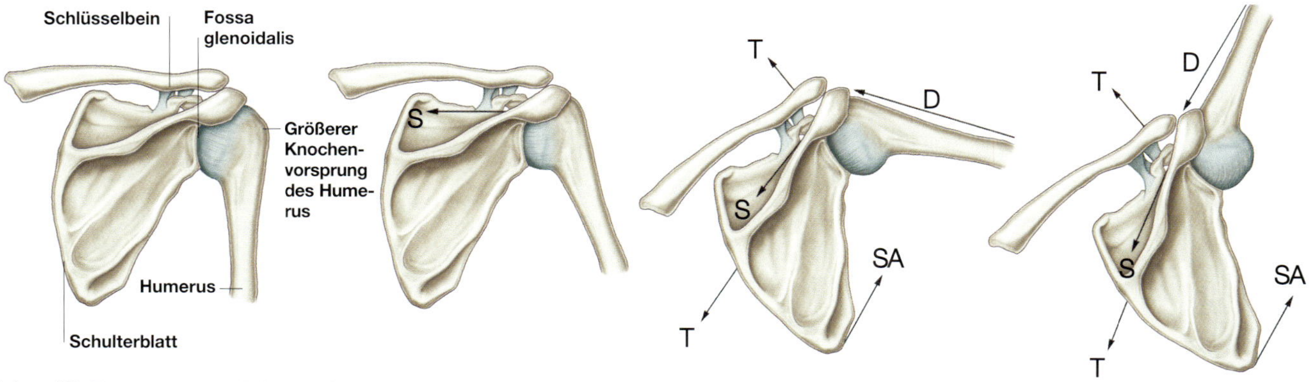

Heben (die Bewegung vom Körper weg) ist eine schwache Einwirkung des M. supraspinatus (S) und dem acromialen Teil (medialer Teil) des M. deltoideus (D).

Schlüssel	
	S = M. supraspinatus
	D = M. deltoideus
	T = M. trapezius
	SA = M. serratus anterior

Aus der Ruheposition kann der M. deltoideus den Arm zwar hoch aber nicht nach außen ziehen. Glücklicherweise ist der M. supraspinatus in einer viel besseren mechanischen Position, um das Heben einzuleiten. Wenn die Bewegung einmal begonnen hat, übernimmt der M. deltoideus und führt die Aktion fort.

Das nächste größere Hindernis zum gänzlichen Heben ist das Zusammentreffen des größeren Knochenvorsprungs des Humerus mit dem Acromion-Fortsatz des Schulterblatts. Dieser Knochenkontakt würde an sich verhindern, dass man den Arm höher als seitlich waagerecht heben kann.

Wir können jedoch unsere Hände über den Kopf bringen, indem wir das Schulterblatt anhand des Trapezmuskels drehen. Das Schulterblatt bewegt sich so, dass die Gelenkhöhle aufwärts weist und den Acromion-Fortsatz mitnimmt. Der Humerus dreht sich mit, so dass der Gelenkkontakt erhalten bleibt.

Achselhöhle

Die Axilla oder Achselhöhle ist ein ungefähr pyramidaler Raum an der Stelle, wo der Oberarm auf den Brustkorb trifft. Sie enthält eine Reihe wichtiger Strukturen wie Blutgefäße und Nerven, die von und zu der oberen Extremität laufen.

Alle Nerven, Blut- und Lymphgefäße des Arms laufen durch die Achselhöhle. Diese Strukturen sind in fettangereichertes Bindegewebe eingebettet, das die Achsel ausfüllt.

DIE ACHSELARTERIE

Die Achselarterie und ihre Äste versorgen die oberen Gliedmaßen mit sauerstoffreichem Blut.

Nachdem sie die Achselhöhle passiert hat, zweigt sich die Arterie mehrfach auf und versorgt so die umgebenden Strukturen von Schulter- und Brustregion.

DIE ACHSELVENE

Die Achselvene läuft auf der zur Mitte gelegenen Seite der Achselarterie.

Das Muster von Venen und ihren Ableitungen ist variabel, aber im allgemeinen erhält die Achselvene Zuflüsse aus den Ästen, die zu den entsprechenden Arterien gehören.

NERVEN IN DER ACHSEL

Die Nerven in der Achselhöhle sind Teil eines komplexen Netzes, das man den Plexus brachialis nennt.

LYMPHGEFÄSSE

Innerhalb des fettangereicherten Bindegewebes der Achsel liegen Gruppen von Lymphknoten, die durch Lymphgefäße verbunden sind. Lymphknoten liegen überall im Fettgewebe der Achsel.

Vorderansicht der Schulter mit den Strukturen der Achsel

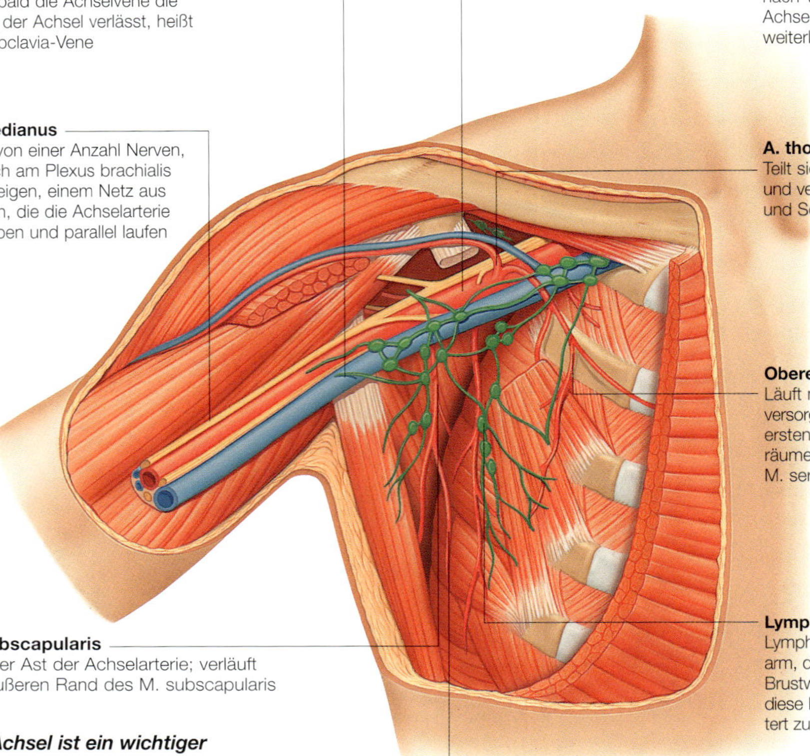

Die Achsel ist ein wichtiger Durchgangsweg für größere Strukturen der oberen Extremität und enthält ein dichtes Netz von Blut- und Lymphgefäßen und Nerven.

Durchgang von Gefäßen und Nerven

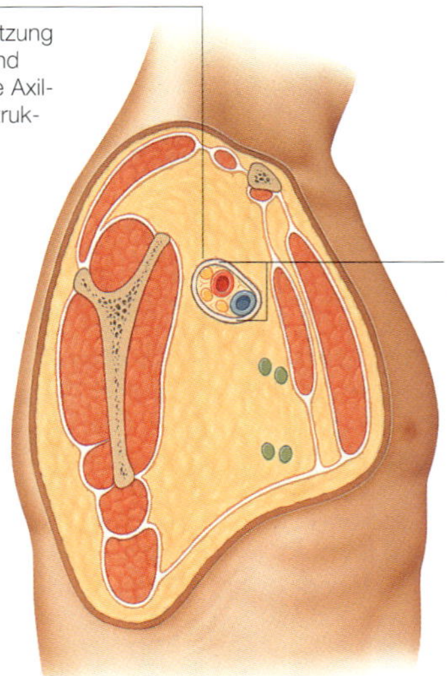

Dieser Schnitt durch die Axilla zeigt Muskeln, Gefäße, Knochen und Lymphknoten. Die Nerven und Gefäße verlaufen alle in der Axilla-Hülle.

Im ganzen Körper wiederholt sich das Muster, dass Arterien, Venen und Nerven gemeinsam in „Gefäß-Nerven-Bündeln" verlaufen, und in einer solchen Zusammenstellung ziehen auch die Nerven und Blutgefäße der oberen Gliedmaßen durch die Achselhöhle.

DIE AXILLA-HÜLLE

Innerhalb der Achselhöhle, die insbesondere von unten leicht verletzt werden kann, werden diese wichtigen Strukturen von einem Schlauch aus festem Bindegewebe umschlossen und geschützt, der Axilla-Hülle. Innerhalb dieser Hülle liegt die Vene auf der zur Armmitte gelegenen Seite der Arterie, wobei die Nerven als Teil des Plexus brachialis um die Arterie verlaufen.

Die Arterie, die Vene und die Nerven der oberen Extremität liegen alle im Schutz dieser Hülle.

Aufgrund der Lage dieser Hülle ist die Stelle wichtig für die Durchführung allgemeiner Anästhesie. Wenn man das untere Ende der Hülle mit dem Druck eines Fingers blockiert und ein Anästhetikum in die umgebende Hülle injiziert, verursacht das eine Nervenblockade im Plexus brachialis.

Fascia clavipectoralis

Sie ist eine Schicht starken Bindegewebes, das an seinem oberen Ende am Rabenschnabelfortsatz des Schulterblatts und am Schlüsselbein befestigt ist.

Die Fascia clavipectoralis umschließt von oben kommend den M. subclavius und den M. pectoralis minor und verbindet sich dann mit der oberhalb liegenden Fascia axillaris an der Basis der Achselhöhle.

Der Teil der Fascia clavipectoralis, der oberhalb des M. pectoralis minor liegt, nennt man auch Membrana costacoracoidea; sie wird durchbohrt von dem Nerv, der den darüber liegenden M. pectoralis minor versorgt.

Unterhalb des M. pectoralis minor wird die Faszie zum Aufhängeband der Axilla, das an der Haut der Achselhöhle ansetzt und für das Mitnehmen der Haut beim Heben des Armes verantwortlich ist.

Die Fascia clavipectoralis geht in die Fascia brachialis über, welche den Arm wie ein Ärmel umschließt.

Durch die Faszie treten eine Reihe von Venen, Arterien und Nerven. Zu diesen gehören die cephalische Vene, die A. thoracoacromialis (ein Ast der Achselarterie) und der seitliche Pektoralisnerv.

Vorderansicht der Axilla mit der Fascia clavipectoralis

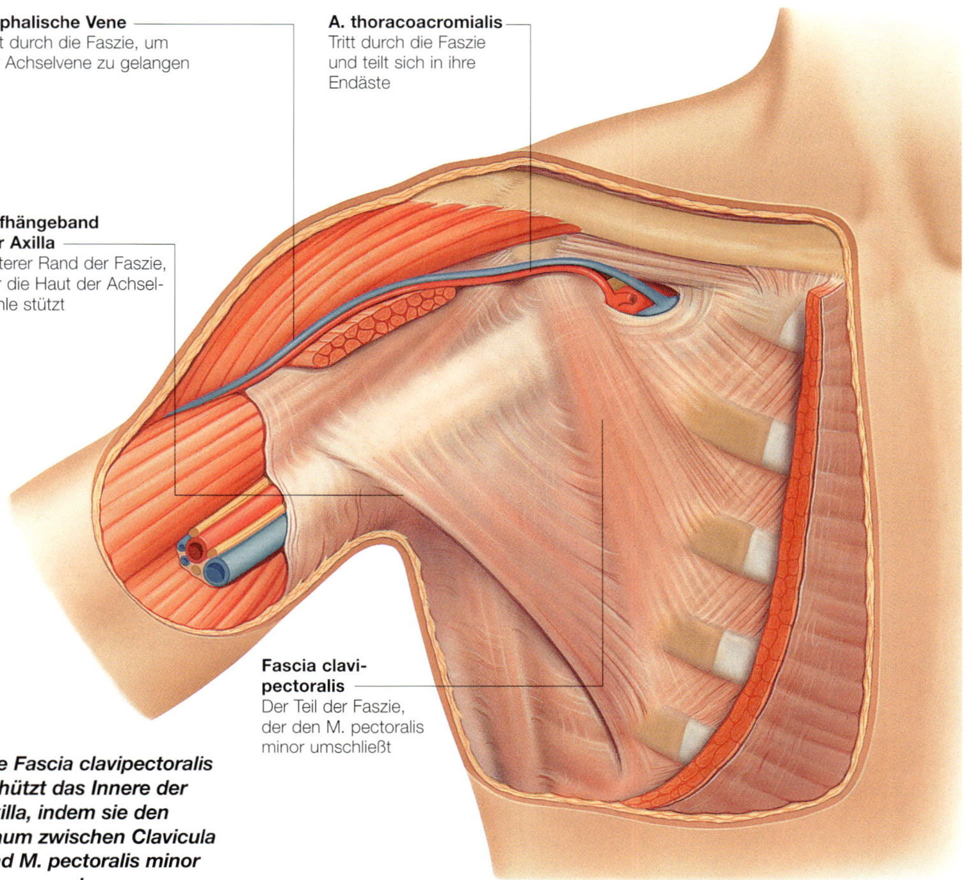

Die Fascia clavipectoralis schützt das Innere der Axilla, indem sie den Raum zwischen Clavicula und M. pectoralis minor überspannt.

Begrenzungen der Axilla

Die Form der Axilla ändert sich mit der Haltung des Arms. Bei gehobenem Arm ist die Axilla eine Pyramide mit großer Grundfläche, bei gesenktem Arm ein schmaler, enger Raum.

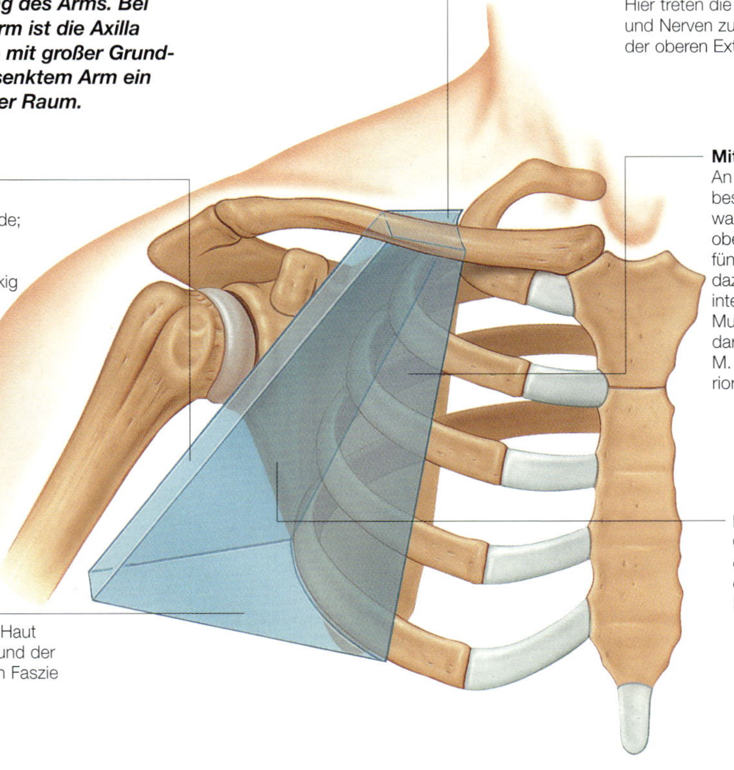

Man sagt, die Axilla hat eine Spitze, eine Basis und vier Wände:

- Der oberste Punkt (Apex) der Axilla ist der Raum zwischen dem Schlüsselbein vorn, der ersten Rippe zur Mitte hin und dem höchsten Punkt des Schulterblatts hinten.
- Die Basis wird durch die Haut der Achselhöhle und dem darunterliegenden starken Bindegewebe gebildet, der Fascia axillaris.
- Die vordere Wand besteht aus dem M. pectoralis und M. subclavius und der Fascia clavipectoralis.
- Die hintere Wand wird aus dem M. subscapularis, der am Schulterblatt liegt, und weiter unten vom M. latissimus dorsi und M. teres major gebildet.
- Die innere Wand der Axilla bildet sich aus der Brustwand.
- Die seitliche, äußere Wand ist definiert durch die Muskeln des Oberarms (Humerus). Diese Muskeln sind der M. coracobrachialis und M. biceps brachii.

Struktur des Humerus

Der Humerus, ein typischer langer Röhrenknochen, befindet sich im Oberarm. Er hat einen langen Schaft mit verdickten Enden, die ihn mit dem Schulterblatt und mit Elle und Speiche am Ellenbogen verbinden.

Das obere (proximale) Ende des Humerus (Oberarmknochen) bildet ein glatter, halbrunder Kopf, der in die Gelenkpfanne am Schulterblatt passt. Hinter dem Kopf ist eine flache Einschnürung, die als Collum anatomicum bezeichnet wird und den Kopf von zwei knöchernen Vorsprüngen trennt, der größeren und kleineren Tuberositas. Dies sind Stellen, an die Muskeln und Sehnen ansetzen können.

DER SCHAFT

Am oberen Ende des Schaftes befindet sich der leicht verengte Collum chirugicum des Humerus. Hier entstehen häufig Frakturen. Der vergleichsweise glatte Schaft hat zwei Besonderheiten: Etwa auf der Hälfte und der äußeren (lateralen) Seite liegt die Tuberositas deltoidea, eine leicht verdickte Stelle, an der der Delta-Muskel ansetzt. Die zweite Besonderheit ist die spiralförmige, radiale Kerbe, die sich über den Mittelteil des Schaftes zieht. Diese Vertiefung markiert den Verlauf des Radialnerves und der Arteria profunda brachii.

Auf jeder Seite des unteren Schaftes führt ein Grat hinab, der auf dem hervortretenden mittleren (medialen) und äußeren (lateralen) Epicondylus endet. Die Gelenkfläche hat zwei Hauptbestandteile: Die Trochlea humeri, die mit der Elle, und das Capitulum humeri, das mit der Speiche das Gelenk bildet.

Rückansicht des Humerus

Vorderansicht des Humerus

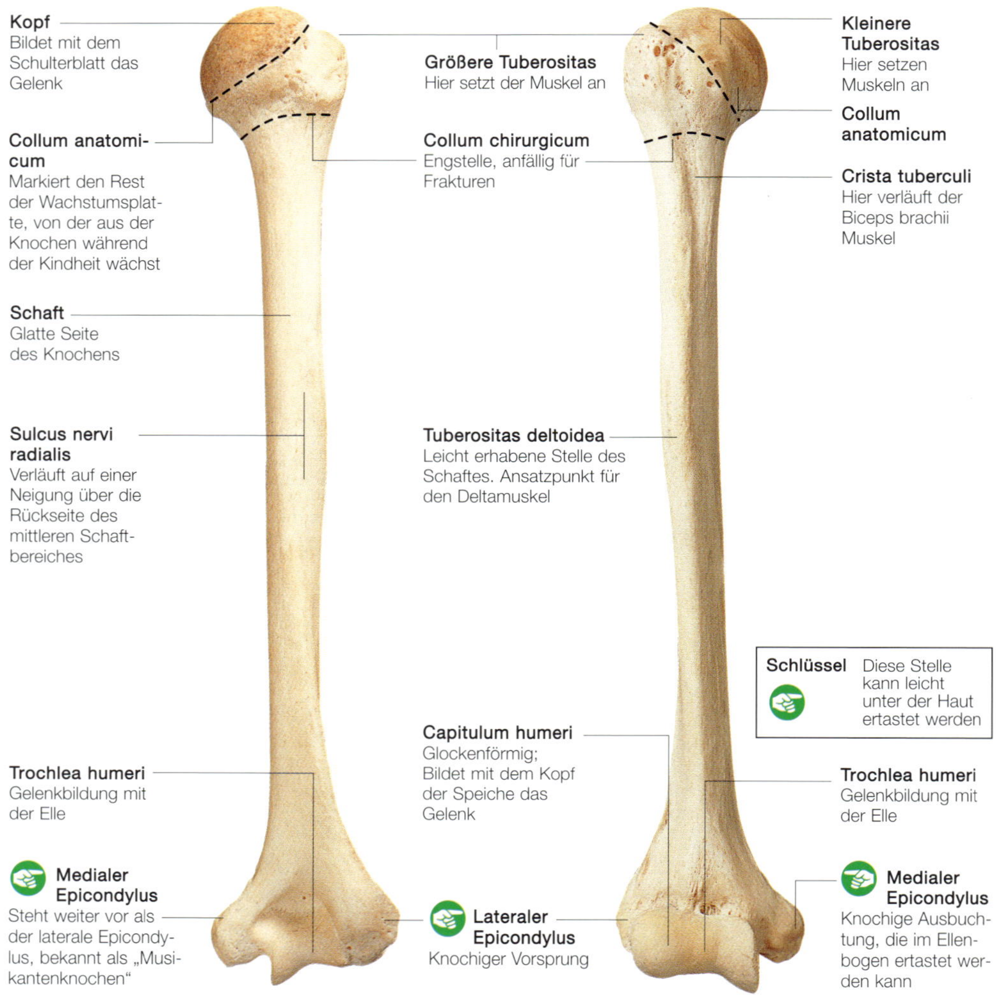

Frakturen am Humerus

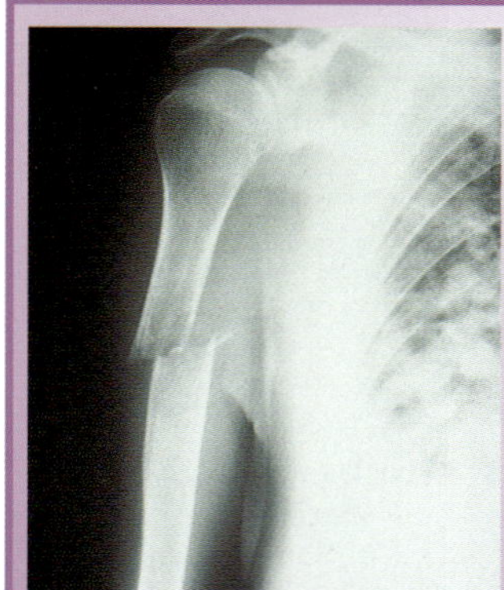

Die meisten Frakturen treten am oberen Ende des Humerus auf, meist nach einem Sturz auf die flache Hand. Solche Frakturen können den Radialnerv beschädigen, da er am Schaft entlang verläuft: Die „Fallhand“ ist eine solche Lähmung dieses Nerven, die dazugehörigen Muskeln, die vom Radialnerv versorgt werden, sind paralysiert.

Bei Kindern treten diese Frakturen häufig am unteren Ende, knapp oberhalb des Ellenbogengelenks auf, und zwar ebenfalls, wenn das Kind auf die flache Hand stürzt, aber bei leicht gebeugtem Ellenbogen. In solchen Fällen werden die nahe gelegen Nerven und Arterien beschädigt.

Diese Röntgenbilder zeigen Frakturen am oberen Humerus. Sie treten auf, wenn man auf die flache Hand fällt.

Einige Frakturen müssen mit Metallschienen stabilisiert werden, die die gebrochenen Enden zusammenhalten.

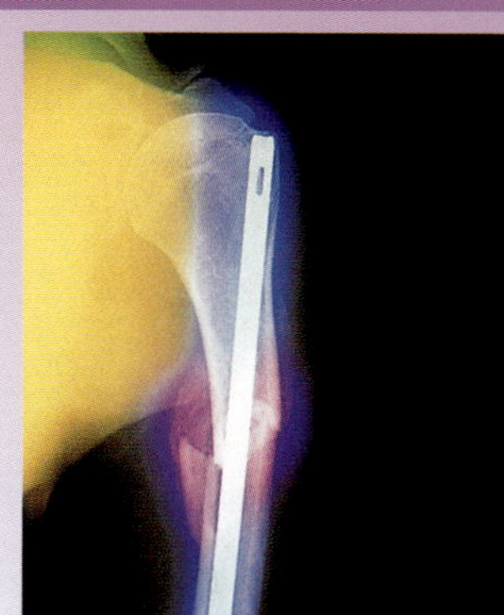

Im Inneren des Humerus

Die Struktur des Humerus ist typisch für lange Röhrenknochen. Der Knochen wird dabei in Schaft (Diaphyse) und einen Kopf (Epiphyse) an beiden Enden unterteilt.

Lange Röhrenknochen sind in der Form verlängert und länger als breit. Die meisten Knochen der Gliedmaßen sind solche Knochen, sogar die kleinen Knochen in den Fingern, die viel mit dem Humerus gemeinsam haben.

Der Humerus besteht aus dem Schaft (Diaphyse) und den beiden Köpfen (Epiphysen) an beiden Enden. Der Schaft ist röhrenförmig aufgebaut. Die äußere Lage besteht aus dickem, hartem Knochen, der den mit Fettzellen gefüllten inneren Bereich (Medulla) umgibt. Die Epiphysen sind am oberen Ende der Kopf, am unteren Ende der so genannte Condylus humeri. Diese bestehen aus einer dünnen Lage Knochen, die einen voluminösen, schwammartigen Knochen umgibt.

KNOCHENOBERFLÄCHE

Die Oberfläche des Humerus ist wie bei jedem Röhrenknochen mit einer dicken Membran bedeckt (Periost). Nur die Gelenkfläche sind die einzigen Stellen des Knochens, die nicht mit Periost bedeckt sind. Hier sorgen Gelenkknorpel mit glatter Oberfläche dafür, dass die Knochen übereinander gleiten können.

Der äußere, kompakte Knochen wird von den Arterien des Periost mit Blut versorgt. Falls diese Versorgung wegfiele, würden sie absterben, während das Innere des Knochens von Arterien genährt wird, die durch den Knochen verlaufen.

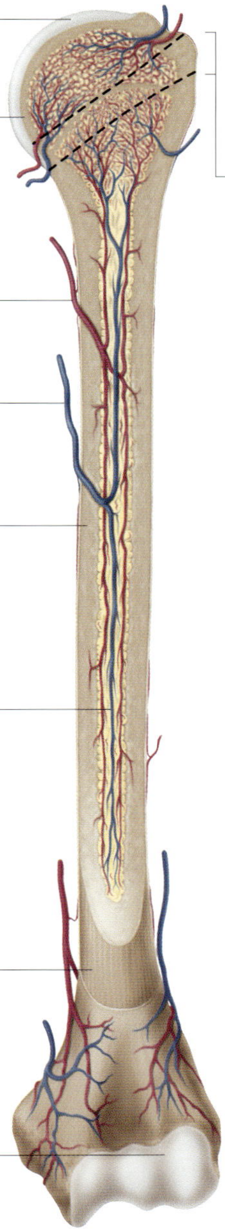

Die verschiedenen Sorten von Knochengewebe im Körper

Schwammartiger Knochen. Dieses Gewebe (hier in starker Vergrößerung) füllt das Innere des Knochens aus. Es hat einen gitterförmigen Aufbau und eine geringe Dichte.

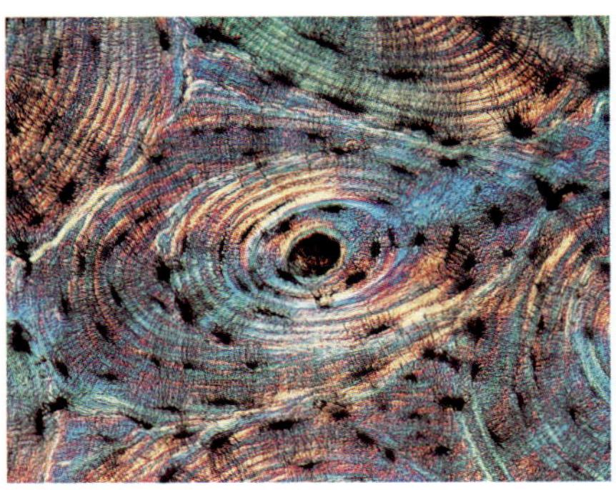

Kortikalknochen. Er besteht aus parallelen Röhren und konzentrischen Lagen, die Blutzellen und Nerven enthalten.

Knochenmark. Es füllt die Freiräume des schwammartigen Knochens im Zentrum des Röhrenknochens aus. Knochenmark enthält Stammzellen, die viele andere Blutzellen produzieren.

Elle und Speiche

Elle (Ulna) und Speiche (Radius) sind die langen Röhrenknochen im Unterarm. Sie bilden mit dem Humerus und den Handgelenksknochen jeweils Gelenke und sind einzigartig daran angepasst, Rotationsbewegungen von Hand und Unterarm zu ermöglichen.

Elle und Speiche sind die zwei parallel gestellten Langknochen des Unterarmes und liegen zwischen Ellenbogen und Handgelenk. Die Elle liegt auf derselben Seite wie der kleine Finger, während die Speiche auf der Seite des Daumens liegt.

Die Gelenke von Elle und Speiche erlauben einmalige Rotationsbewegung des Unterarmes, die Einwärtsdrehung der Hand (Pronation), und die Auswärtsdrehung (Supination).

ELLE

Die Elle ist länger als die Speiche und stabilisiert hauptsächlich den Unterarm. Ihr langer Schaft hat zwei vorstehende Enden. Das obere Ende der Elle hat dabei zwei Vorsprünge, den Ellenbogenhöcker und den kranzförmigen Fortsatz, die durch eine Einkerbung voneinander getrennt sind und an die wiederum die Einkerbung des Humerus ansetzt.

Auf der äußeren Seite des kranzförmigen Fortsatzes ist eine kleine, abgerundete Einkerbung. An dieser Stelle setzt der Kopf des benachbarten Radius zur Gelenkbildung an. Der Kopf der Elle ist durch eine Gelenkscheibe vom Handgelenk getrennt und spielt dort keine besondere Rolle.

Vorderansicht der Elle

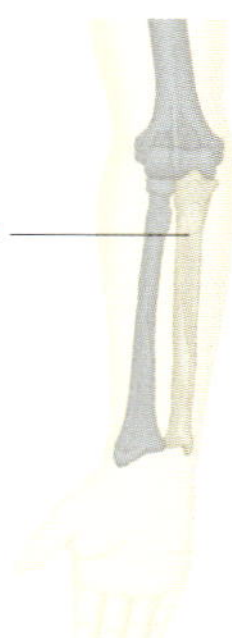

Rückansicht der Elle

Die Zwischenknochenmembran

Querschnitt durch die Knochen des Unterarms

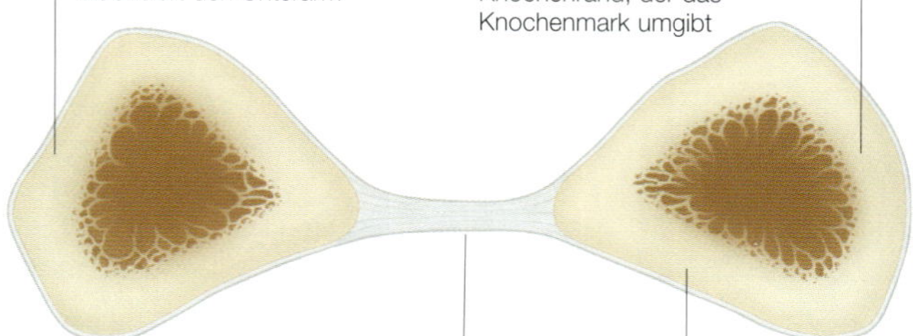

Elle und Speiche sind durch eine dünne Lage festen, fibrösen Bindegewebes verbunden, die so genannte Membrana interossea. Diese Membran erlaubt breite Bewegungsmöglichkeiten der Knochen, wenn die Hand einwärts oder auswärts gedreht wird (Pronation und Supination). Die Membrana interossea ist auch so stark, dass einige der tiefen Muskeln des Unterarmes an ihr ansetzen können.

Die Membrana interossea spielt eine wichtige Rolle bei der Weiterleitung von Kraft: Wenn Kraft auf das Handgelenk ausgeübt wird, etwa bei einem Sturz auf die ausgestreckte Hand, wird diese zunächst hauptsächlich von der Speiche abgefangen.

Anschließend können die festen Fasern der Membrana interossea die Kraft auf die Elle weiterleiten, bis zum Ellenbogen. Dort wird die Wucht des Sturzes auch vom Humerus aufgefangen.

Membrana interossea (Zwischenknochenmembran), besteht aus festem Bindegewebe, das Elle und Speiche aneinander bindet. Es teilt zugleich den Unterarm in zwei Bereiche.

Speiche

Der Radius ist der kürzere der beiden Knochen im Unterarm und bildet mit dem Handgelenk das Gelenk. Durch starkes Bindegewebe ist er fest mit der Elle verbunden.

Wie die Elle hat die Speiche einen langen Schaft mit Verdickungen an beiden Enden. Während die Elle im Unterarm eine große Rolle in Verbindung mit dem Ellenbogen spielt, ist die Speiche wichtig für das Handgelenk.

KOPF DER SPEICHE

Der scheibenförmige Kopf der Speiche ist oben konkav, wo er mit dem Capitulum humeri im Ellenbogen zusammenkommt. Das Gewebe, das diese Vertiefung ausfüllt, erstreckt sich über den Kopf hinaus, insbesondere auf der der Elle zu gewandten Seite. Damit sorgt es für eine glatte Gelenkbildung des Kopfes der Speiche mit der Vertiefung am oberen Ende der Elle.

DER SCHAFT

Der Schaft der Speiche verdickt sich fortlaufend zum Handgelenk hin. Er hat außerdem eine scharfe Kante, an die sich die Membrana interossea ansetzen kann. Auf der Innenseite befindet sich eine Vertiefung (Incisura ulnaris) für die Gelenkbildung mit dem Kopf der Elle.

An der anderen Seite ist der Fortsatz des Processus styloideus radii, ein stumpfer Kegel, der sich etwas weiter fortsetzt als der Processus styloideus ulnae. Am hinteren Ende der Speiche befindet sich das rückwärtige Tuberculum dorsale, das auf der Rückseite des Handgelenks leicht ertastet werden kann.

Vorderansicht der Speiche

Rückansicht der Speiche

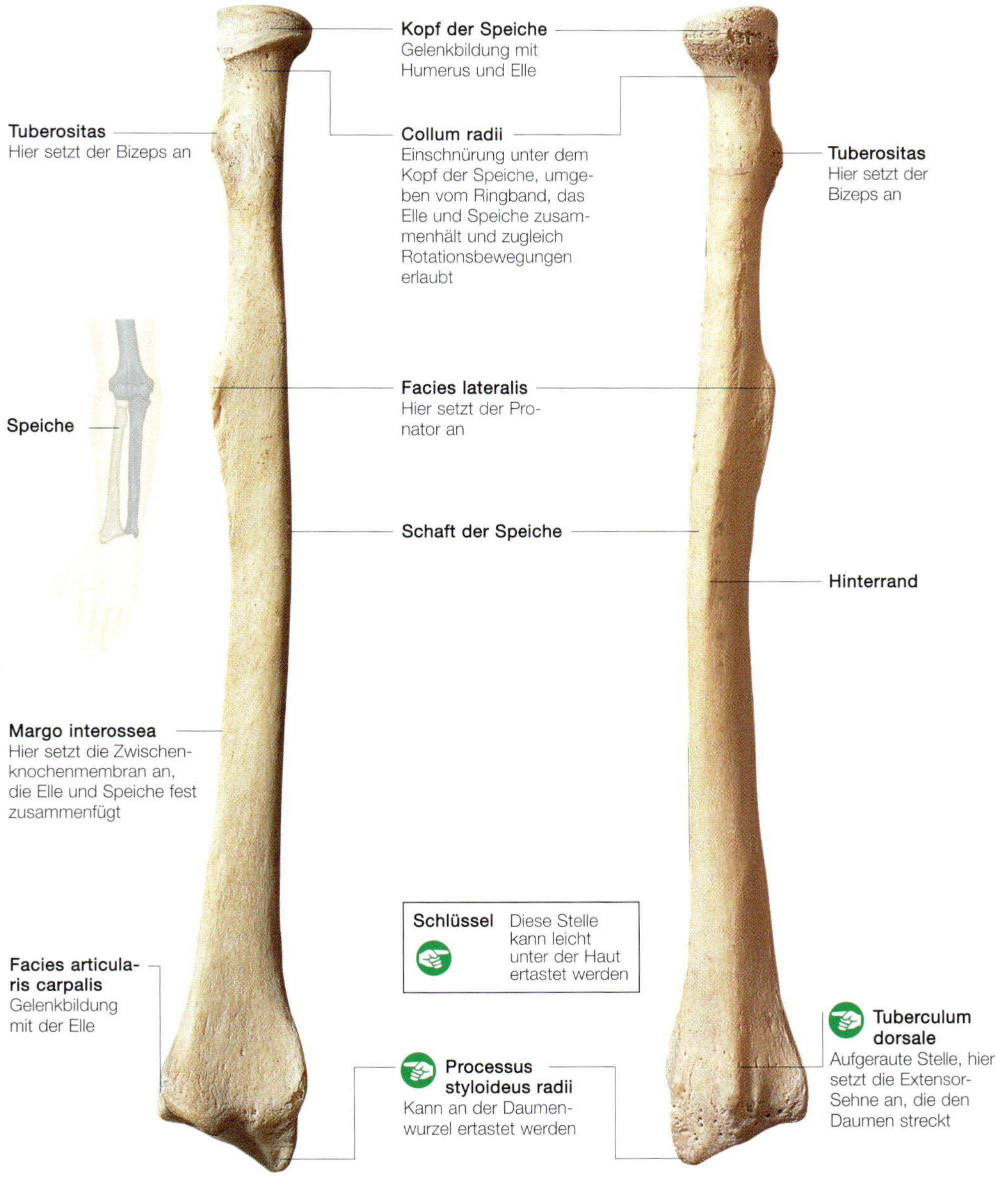

Colles Fraktur

Bei Erwachsenen über 50 Jahren und insbesondere bei Frauen mit Osteoporose tritt nach einem Sturz auf die Hand am häufigsten eine Colles Fraktur auf. Das ist ein Bruch am unteren Ende der Speiche, nahe dem Handgelenk. Das gebrochene Ende der Speiche ist rückwärtig ausgekugelt, zusammen mit der Hand und dem Handgelenk. Bei 40 Prozent dieser Verletzungen bricht auch der Processus styloideus ulnae, ein kegelförmiger, abgerundeter Fortsatz. Da hier aber die Blutzufuhr außerordentlich üppig ausfällt, geht die Heilung schnell vonstatten.

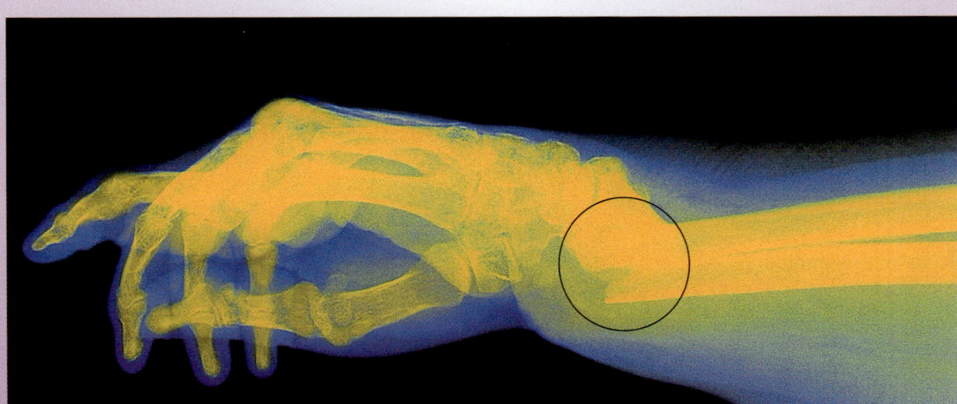

Colles Fraktur resultiert aus einem Sturz auf die ausgestreckte Hand. Charakteristisch ist ein Bruch am unteren Ende der Speiche (im Kreis), über dem Handgelenk.

Ellenbogen

Der Ellenbogen ist ein mit Flüssigkeit gefülltes Gelenk, das vom Humerus des Oberarmes und von Elle und Speiche (Ulna und Radius) des Unterarmes gebildet wird. Die Gelenkstruktur erlaubt nur scharnierartige Bewegungen, ist dafür aber extrem stabil.

Der Ellenbogen ist ein mit Flüssigkeit gefülltes Gelenk zwischen dem unteren Ende des Humerus und den oberen Enden von Elle und Speiche. Er ist das beste Beispiel für ein Scharnier-Gelenk, bei dem die einzigen möglichen Bewegungen Beugen (Flexion) und Ausstrecken (Extension) sind. Seine Struktur verleiht dem Gelenk größte Stabilität und daher kann es bei Erwachsenen selten verrenkt werden.

STRUKTUR DES ELLENBOGENS

Am Ellenbogen bildet die rollenförmige Trochlea humeri am unteren Ende des Humerus mit der tiefen Einbuchtung der Elle das Gelenk, und das halbkugelförmige Capitulum humeri mit dem Kopf des Radius. Alle aneinander liegenden Oberflächen des Gelenks sind mit weichem Gelenkknorpel bedeckt (Hyalin), um während einer Bewegung Reibungen am Knochen zu verhindern.

Das ganze Gelenk ist von einer fibrösen Kapsel umgeben, die sich von den entsprechenden Stellen vom Humerus bis hinab zur Ulna erstrecken. Die Kapsel hängt lose an der Rückseite des Ellenbogens, um Flexion und Extension zu ermöglichen. Die Kapsel selbst ist mit einer dicken Membran ausgefüllt, die Gelenkschmiere absondert und damit die Höhlung ausfüllt. Diese Flüssigkeit nährt das Gelenk und dient als Gleitmittel. Die Gelenkhöhlung ist übergangslos mit der des darunter liegenden oberen radioulnaren Gelenks verbunden.

Ansicht des rechten Ellenbogens von vorne **Ansicht des rechten Ellenbogens von hinten**

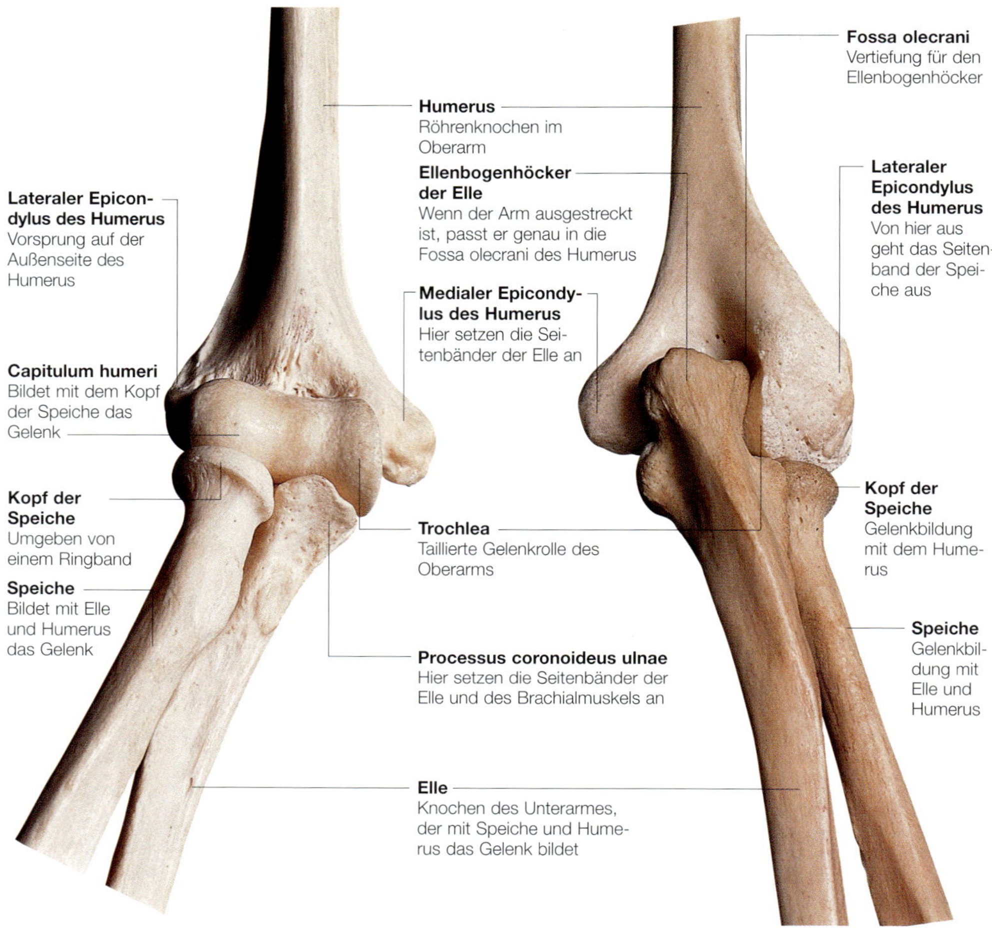

Stabilität und Bewegungsspielraum des Ellenbogens

Den Ellenbogen beugen

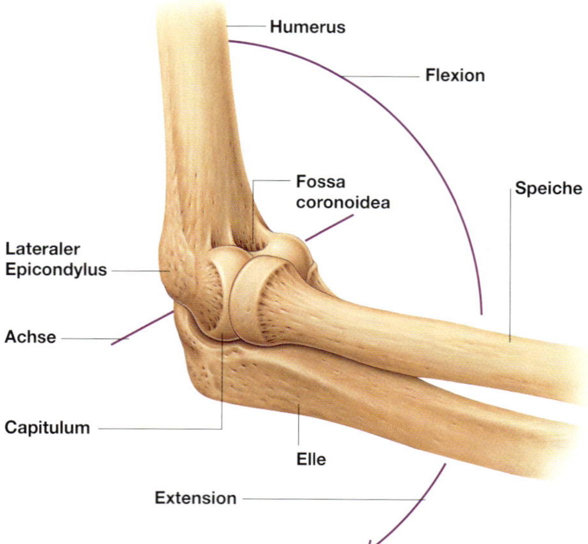

Der Ellenbogen ist nur zu zwei Bewegungen fähig, Ausstrecken und Beugen, so dass er recht stabil ist. Hauptsächlich rührt diese Stabilität von der Größe und Tiefe der Incisura trochlearis der Elle her, die das untere Ende so effektiv wie ein Schraubenschlüssel umschließt.

Die Tiefe dieser knochigen Vertiefung wird durch das mediale Seitenband verstärkt. Wegen der Form dieses Gelenks und durch das starke Seitenband auf beiden Seiten kann sich der Ellenbogen ausschließlich wie ein Scharnier bewegen.

Das Ellenbogengelenk kann sich auf zweierlei Art bewegen: Flexion (Beugen) und Extension (Ausstrecken), im Bild entlang des violetten Pfeils.

FLEXION UND EXTENSION

Der Ellenbogen wird durch die kräftigen Muskeln auf der Vorderseite des Oberarmes gebeugt, durch den Brachialis und den Biceps brachii.

Das Ausstrecken des Ellenbogens wird hauptsächlich durch die Kontraktion des Trizeps auf der Rückseite des Oberarmes erreicht und durch die Schwerkraft verstärkt. Ist der Arm voll ausgestreckt, passt der Ellenbogenhöcker genau in die Fossa olecrani (Höhlung) am unteren Ende und auf der Rückseite des Humerus. Das Zusammenpassen der beiden Knochen verhindert eine Überstreckung des Ellenbogens und trägt so zu seiner Stabilität bei.

Bänder am Ellenbogen

Der Ellenbogen wird von den starken Seitenbändern gehalten und stabilisiert. Sie verdicken die Gelenkkapsel.

Das Seitenband der Speiche ist ein fächerförmiges Band, das von dem lateralen Epicondylus ausgeht – einem knochigen Vorsprung an der äußeren Seite des unteren Humerusbereiches – und nach unten verläuft, wo es mit dem Ringband der Speiche zusammenkommt, das den Kopf der Speiche umgibt. Mit der Speiche selbst ist es nicht verbunden, so dass es keine Bewegungen verhindert, wenn der Arm auswärts oder einwärts gedreht wird (Pronation und Supination).

Das Seitenband an der Elle verläuft zwischen dem inneren (medialen) Epicondylus des Humerus und dem oberen Ende der Elle. Seine drei Teile bilden grob ein Dreieck.

TRAGEWINKEL

Wenn der Arm vollständig nach unten gestreckt ist und die Handfläche nach vorne zeigt, verläuft die Achse des Oberarmes nicht in einer Linie mit der Achse des Unterarmes, sondern ist leicht nach außen gedreht.

Der Winkel, der dabei entsteht, ist als Tragewinkel bekannt und bei Frauen größer ausgeprägt als bei Männern (um etwa 10 Prozent), möglicherweise eingestellt auf die weiteren Hüften des weiblichen Körpers. Diese Abweichung verschwindet, sobald die Handfläche zum Körper zeigt (Pronation).

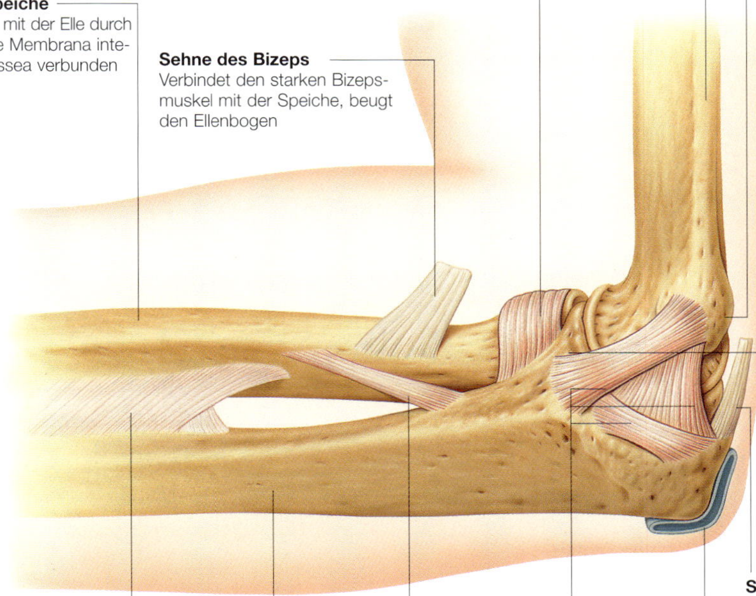

Die Bänder am Ellenbogen, die das Gelenk stärken und die Knochen an ihrem Platz halten, werden in dieser Ansicht der Innenseite (medialen Seite) des um 90 Grad gebeugten Gelenks sichtbar gemacht.

Klinische Besonderheiten

Querschnitt durch das Ellenbogengelenk

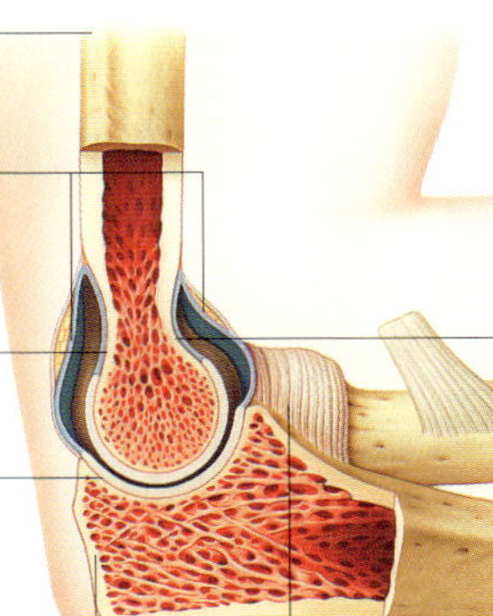

VERRENKUNG

Bei Kindern sind die Knochen, die das Ellenbogengelenk bilden, noch nicht vollständig ausgebildet und so kann es vorkommen, dass Ulna und Radius im Hinblick auf den Humerus nach hinten stehen, wenn ein Kind auf den ausgestreckten Arm fällt. Mit dieser Verrenkung ist häufig ein Riss im Seitenband der Speiche und sogar eine Fraktur in den oberen Bereichen von Elle und Speiche verbunden.

Ein Querschnitt des Ellenbogens zeigt die Gelenkflächen und die Lage der darüber liegenden Gelenkkapseln vor und hinter dem Humerus.

TENNISARM

Der Tennisarm ist eine Entzündung an der Stelle, an der der Muskel an den laterale Epicondylus des Humerus ansetzt, und nicht eine Verletzung, die den kompletten Arm befällt. Die betroffenen Muskeln werden beim Strecken von Handgelenk und Fingern benutzt, so auch wenn im Tennis der Ball ständig mit der Rückhand geschlagen wird.

Dieser Zustand tritt normalerweise bei einem akuten Trauma oder aber bei ständiger Wiederholung eines sonst normalen Bewegungsablaufes auf. Man fühlt Schmerzen vom lateralen Epicondylus ausgehend, den Unterarm entlang, insbesondere bei Handbewegungen.

Muskeln am Oberarm

Die Muskulatur des Oberarmes teilt sich in zwei bestimmte Bereiche auf. Die Muskeln des vorderen Bereiches beugen den Arm, diejenigen des hinteren strecken ihn.

Die Muskeln des vorderen (anterioren) Bereiches sind Beugemuskeln:

■ Biceps brachii. Dieser Muskel bildet zwei Erhebungen aus, die zusammen den Muskelkörper formen. Der gewölbte Körper verjüngt sich dann nach unten hin.

Wenn der Ellenbogen gerade ist, beugt der Bizeps den Unterarm. Wenn der Ellenbogen allerdings bereits gebeugt ist, dient der Bizepsmuskel immer noch als kräftiger Supinator des Unterarms, das heißt, er dreht den Unterarm in einer Weise, dass die Handfläche nach oben weist.

■ Brachialis. Dieser erhebt sich von der unteren Hälfte des äußeren Humerus und bedeckt dann nach unten laufend das vordere Ellenbogengelenk, wobei sich die Sehne mit dem Processus coronoideus und der Tuberositas der Elle verbindet.

Brachialis ist der wichtigste Beugemuskel am Ellenbogen.

■ Coracobrachialis. Dieser Muskel hat seinen Ursprung an der Spitze des Rabenschnabelfortsatzes des Schulterblattes und verläuft abwärts zur inneren Seite des Humerus. Er hilft sowohl bei der Flexion des Oberarmes an der Schulter als auch bei der Adduktion, wenn Arm und Körper in eine Linie gebracht werden sollen.

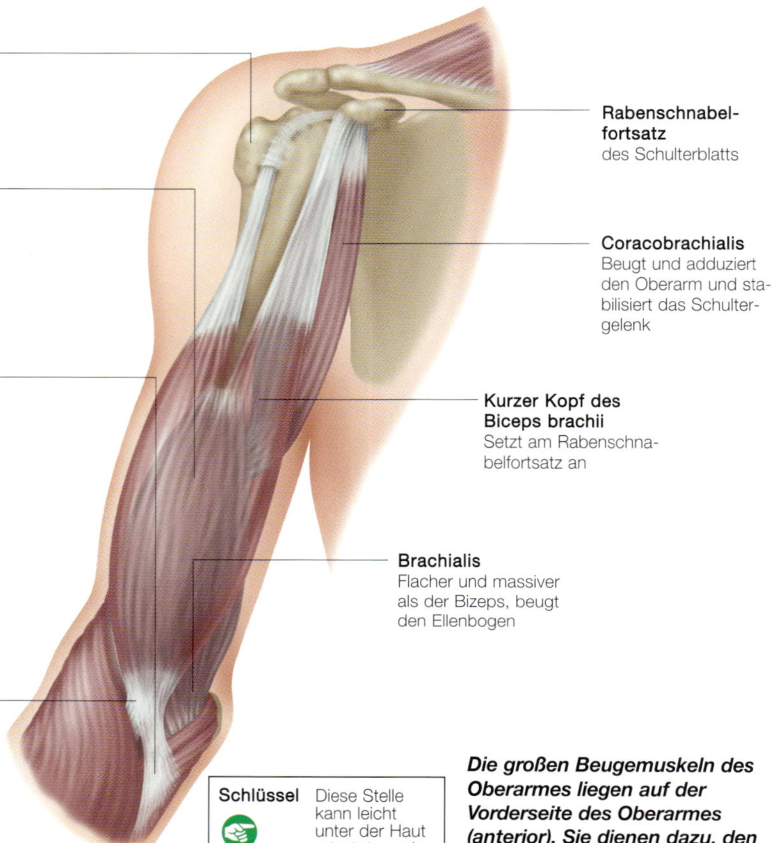

Die großen Beugemuskeln des Oberarmes liegen auf der Vorderseite des Oberarmes (anterior). Sie dienen dazu, den Ellenbogen zu beugen (Flexion).

Caput longum (langer Kopf) des Bizeps

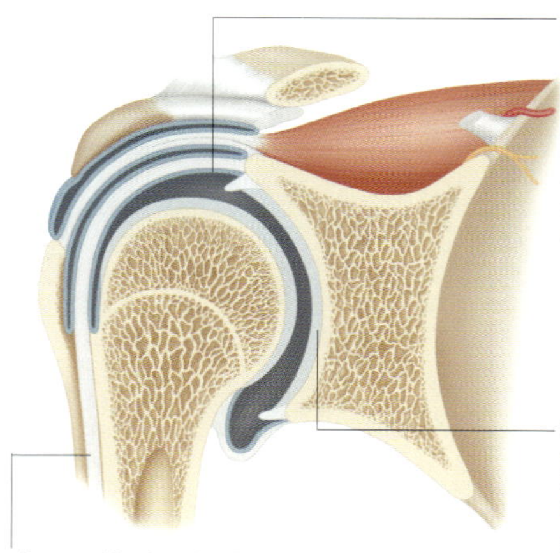

Dieser Querschnitt durch das Schultergelenk zeigt die Sehne des Bizeps. „Bizeps" heißt übersetzt: Zwei Köpfe.

Das Caput longum des Musculus biceps brachii hat seinen Ursprung am Schulterblatt oberhalb der Fossa genoidea. Die abgerundete Sehne kreuzt den Kopf des Humerus innerhalb der Höhlung des Schultergelenks, bevor sie am Oberarm hervortritt.

Wenn sie aus der Höhlung des Schultergelenks kommt, läuft die Sehne entlang der Bizeps-Einkerbung zwischen Crista tuberculi majoris und minoris des Humerus und ist dabei von einer Hülle aus Flüssigkeit absondernder Membran umgeben. Diese Flüssigkeit schmiert die Sehne und reduziert die Gefahr einer Fraktur. Durch seine Lage stabilisiert das Caput longum das Schultergelenk und hilft bei der Beugung des Armes.

SEHNENRISS

Manchmal, und normalerweise nur nach einer Entzündung, kann die Sehne am Bizeps reißen. Wenn man den Arm beugt, erscheint eine große Beule, bei dem es sich um den zusammengezogenen Körper und langen Kopf des Bizeps handelt, der sich dann nicht mehr in seiner üblichen Position befindet.

Muskeln des hinteren Bereiches

Die Muskeln auf dem Rücken des Oberarmes dienen zum Strecken des Ellenbogens und damit des gesamten Armes.

Die obere Schicht hat nur einen Hauptmuskel, den Musculus triceps brachii, bei dem es sich um einen kräftigen Extensor handelt. Der einzige andere Muskel ist der kleine, eher unwichtige Musculus anconeus.

TRICEPS BRACHII

Das ist ein großer, voluminöser Muskel, der hinten am Humerus liegt und wie der Name andeutet, hat er drei Köpfe:

- den langen Kopf
- den lateralen Kopf
- den medialen Kopf

Diese drei Köpfe kommen im mittleren Bereich des Oberarmes zusammen, auf einer weiten, abgeflachten Sehne, und laufen auf den Vorsprung des Ellenbogenhöckers der Elle zu.

Der Trizeps dient dem Ausstrecken des Armes, der lange Kopf stabilisiert außerdem das Schultergelenk.

MUSCULUS ANCONEUS

Dieser kleine Muskel liegt hinter und oberhalb des Ellenbogengelenks und hat einen grob dreieckigen Umriss. Wie auch der Trizeps, dient er dazu, den Ellenbogen auszustrecken und erfüllt ebenfalls eine stabilisierende Funktion im Ellenbogengelenk.

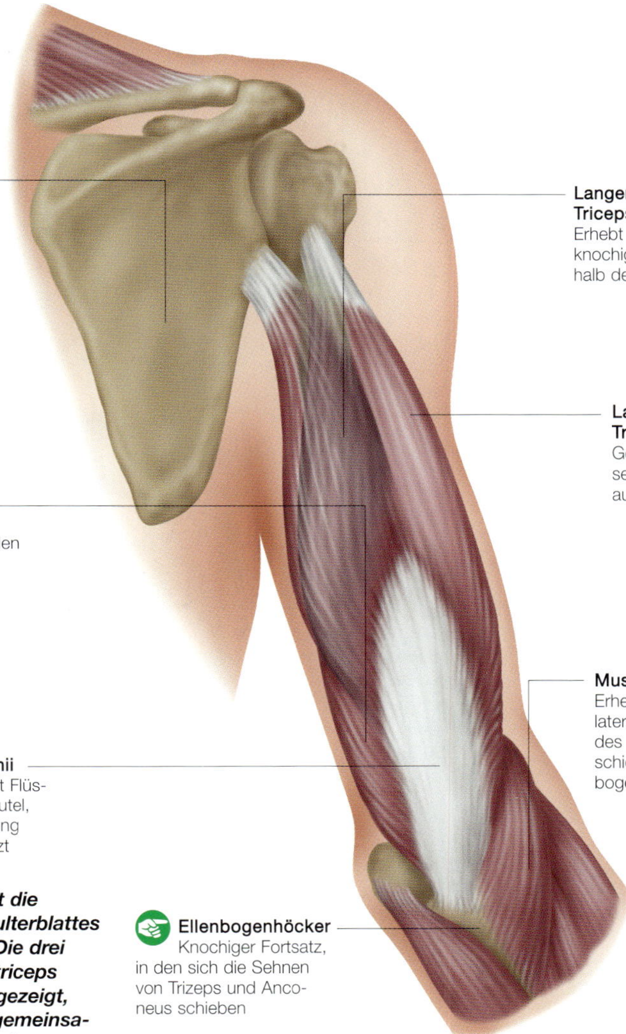

Diese Illustration zeigt die Rückansicht des Schulterblattes und des Oberarmes. Die drei Köpfe des Musculus triceps brachii werden darin gezeigt, wie sie sich zu einer gemeinsamen Sehne verbindenden.

Querschnitt des Oberarms

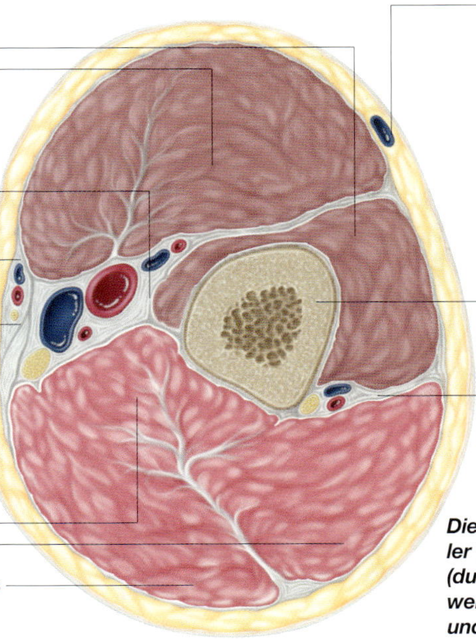

Die Muskeln des hinteren (heller gefärbten) und vorderen (dunkler gefärbten) Bereichs werden durch die medialen und lateralen intermuskulären Scheidewände getrennt.

Dieser Querschnitt des Oberarmes illustriert seine Unterteilung in verschiedene Schichten, die durch verschiedene Bindegewebe umgeben und eingeschlossen sind, die Faszien.

Die Brachial-Faszie ist mit einer Hülle vergleichbar, die unter der Haut verläuft und die wichtigsten Bestandteile des Armes einschließt. Weitere Faszialbereiche, die lateralen und medialen intermuskulären Septae, gehen von der Faszia brachialis aus und setzen an die Ränder auf beiden Seiten des Humerus an. Sie teilen den Arm in einen vorderen und einen hinteren Bereich.

NEUROVASCULÄRES BÜNDEL

In dieser faszialen Hülle sind Nerven und Blutgefäße des Oberarmes enthalten. Nerven und Blutgefäße verlaufen innerhalb des Körpers häufig in solchen neurovasulcären Bündeln, und das wird besonders im Falle des Oberarmes deutlich.

Unterarmmuskeln

Die Beugemuskeln im vorderen Bereich des Unterarmes dienen dazu, die Hand, das Handgelenk und die Finger zu beugen. Sie werden in oberflächliche und tief liegende Muskeln unterteilt.

Oberflächliche Beugemuskeln

Die Beugemuskeln des Unterarms liegen auf der Vorderseite, einige dienen auch der Pronation. Diese werden in oberflächliche und tiefer liegende Schichten unterschieden.

Zur oberen Schicht gehören dabei fünf Muskeln, die alle von dem medialen Epicondylus des Humerus ausgehen.

- Pronator teres – beugt den Ellenbogen.
- Flexor carpi radialis – dient der Flexion und Abduktion (beugt den Arm vom Körper fort).
- Palmaris longus – dieser Muskel fehlt ca. 14 Prozent der Menschen, er beugt das Handgelenk.
- Flexor carpi ulnaris – Dieser Muskel beugt und adduziert das Handgelenk; anders als die anderen Muskeln des Flexorenbereichs wird dieser Muskel vom Ellennerv innerviert.
- Flexor digitorum superficialis – der größte Oberflächenmuskel des Unterarmes dient dazu, wie sein Name schon sagt, die Finger zu beugen.

Oberflächennahe Beugemuskel

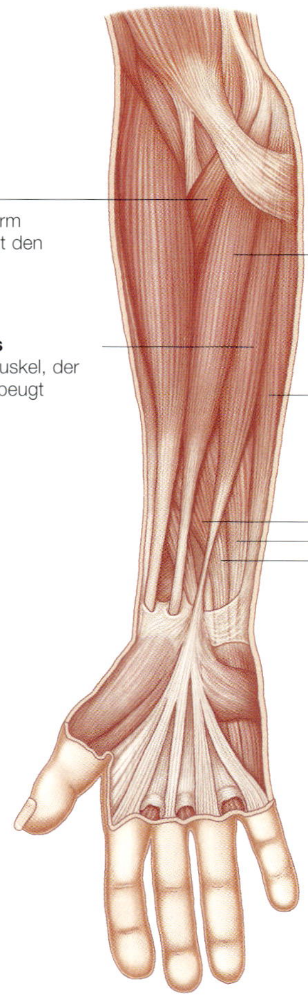

Die fünf wichtigsten oberflächlichen Beugemuskeln des Unterarmes sind in dieser Zeichnung dargestellt. Diese Muskeln kommen vom Epicondylus des Humerus.

Tiefer gelegene Beugemuskeln

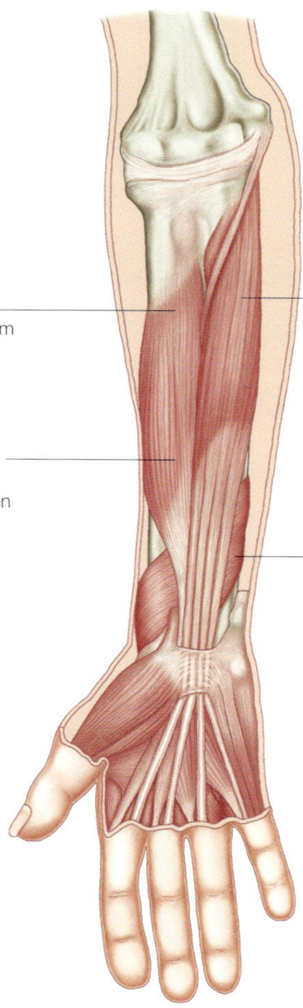

Beugemuskeln der tieferen Schichten

Die tiefe Schicht dieser Beugemuskeln besteht aus drei Muskeln:

- **Flexor digitorum profundus**
Dieser massige Muskel kommt von der Elle und der benachbarten Membrana interossea (einem kräftigen Bindegewebe, das Elle und Speiche zusammenhält). Es handelt sich dabei um den einzigen Muskel, der das letzte Fingerglied beugt und somit zusammen mit seinem eher oberflächennah gelegenen Gegenstück die Finger insgesamt krümmen kann. Wie auch der Flexor-digitorum-superficialis-Muskel wird dieser in vier Sehnen unterteilt, die durch den Karpaltunnel verlaufen, und sich in die Basen der distalen Phalangen (letzten Glieder) der vier Finger schieben.
- **Flexor pollicis longus**
Dieser Muskel beugt den Daumen. Die lange, flache Sehne läuft durch den Karpaltunnel, innerhalb ihrer eigenen, mit Flüssigkeit gefüllten Hülle.
- **Pronator quadratus**
Der tiefste Muskel des inneren Bereiches dient der Pronation, der Drehung der Handfläche nach innen, und ist der einzige Muskel, der sich an Speiche und Elle anschließt. Er hilft auch der Membran zwischen den Knochen, die beiden fester aneinander zu binden.

Die tiefen Flexormuskeln liegen dicht an den Knochen des Unterarmes (der Elle und der Speiche). Sie dienen dazu, die Hand, das Handgelenk und die Finger zu beugen.

Hand beugen

Die Muskeln des Unterarmes werden in einen vorderen und einen hinteren Bereich unterteilt. Die vorderen Beugemuskeln beugen Handgelenk und Finger, die hinteren Muskeln strecken sie.

Die Muskeln des Unterarmes können gemäß ihrer Funktion in zwei Gruppen unterteilt werden. Diese beiden werden durch Elle und Speiche sowie durch Bindegewebe voneinander getrennt.

GEGENLÄUFIGE BEWEGUNGEN

Die Beugemuskeln beugen das Handgelenk und die Finger, die Streckmuskeln strecken sie aus. Innerhalb beider Gruppen gibt es Oberflächenmuskeln und tiefer gelegene Muskeln, die zusammenarbeiten müssen, damit Hand und Handgelenk verschiedene Bewegungen ausführen können.

UNTERARMSEHNEN

Damit Handgelenk und Hand freien Bewegungsspielraum haben, ist die Muskelmasse am unteren Ende der Arme auf ein Minimum reduziert. Lange Sehnen übertragen deswegen die Kraft auf das Handgelenk und die Finger.

Ihr Ursprung liegt am inneren (medialen) und äußeren (lateralen) Epicondylus des Humerus. Die Beugemuskeln sind am medialen Epicondylus befestigt, während die Streckmuskeln am lateralen Epicondylus hängen.

Querschnitt des Unterarmes

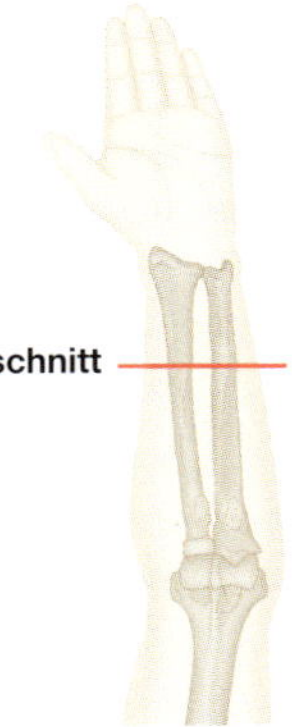

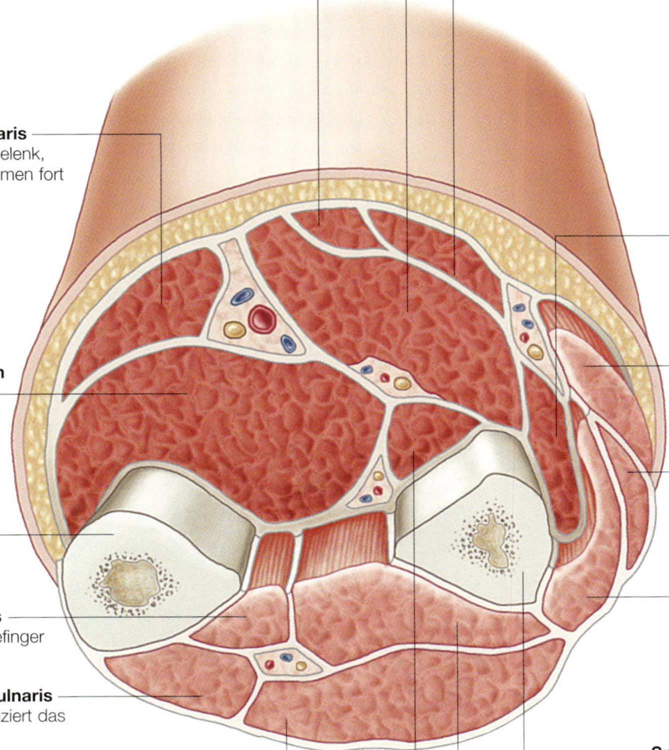

Diese Illustration zeigt einen Querschnitt durch den Unterarm, wobei der beugeseitige Bereich oben ist.

Komprimierung des Unterarmgewebes

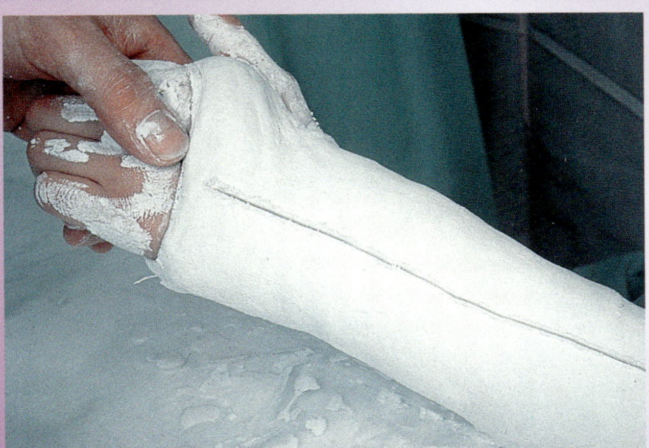

Die festen Faszialschichten können nach einer Fraktur zusammen mit den Knochen und der Membran dazwischen zu einem Problem werden, falls der Gipsverband zu fest angelegt wurde.

In einer solchen Situation kann sich Blut stauen und das Gewebe anschwellen, so dass auch der Druck innerhalb dieses Oberarmbereiches steigt. Die weichen Venen innerhalb des Bereiches werden zusammengedrückt und damit der Abfluss des Blutes behindert.

Die folgende Schwellung kann dazu führen, dass Nerven und Muskeln durch sinkende Blutzufuhr und einen Abfall der Sauerstoffversorgung absterben. Totes Gewebe wird durch Narbengewebe ersetzt, das wiederum die beschädigten Muskeln verkürzt. Die daraus entstehende Verformung der Hand und manchmal auch des Handgelenks heißt Volkmanns ischaemische Kontraktur.

Gipsverbände am Unterarm dürfen nicht zu eng anliegen. Falls das Gewebe zu sehr gequetscht wird, kann es Schäden davontragen.

Arterien im Arm

Die Arterien im Arm versorgen das weiche Gewebe und die Knochen mit Blut. Die Hauptarterien verzweigen sich in immer kleinere Gefäße, die an Netzwerken kommunizieren (Anastomose).

Die Blutversorgung des Armes ist durch die Brachialarterie gewährleistet, einer Verlängerung der Achselarterie, die auf der Innenseite des Oberarmes verläuft. Sie führt das Blut vielen kleineren Abzweigungen zu, die wiederum die umliegenden Muskeln und den Humerus versorgen. Die größte ist die Profunda-brachii-Arterie, die die Streckmuskeln versorgt.

Die Profunda-brachii-Arterie und die vielen anderen laufen über den Ellenbogen abwärts und formen dann ein Netzwerk untereinander verbundener Arterien, bevor sie sich wieder mit der Hauptarterie verbinden.

UNTERARM UND HAND

Die Brachialarterie teilt sich unterhalb des Ellenbogens in die Radial- und Ulna-Arterien. Die Radial-Arterie verläuft entlang der Speiche und an dessen unterem Ende liegt sie unter der Haut im Bindegewebe. Hier kann der Puls erspürt werden. Die Ulna-Arterie läuft zur Basis der Elle hinab.

Die Hand wird von beiden Arterien großzügig mit Blut versorgt. Abzweigungen beider Arterien verbinden sich in der Handfläche zum Arcus palmaris profundus, von dem die kleineren Arterien für die Finger ausgehen.

Arterien im Arm

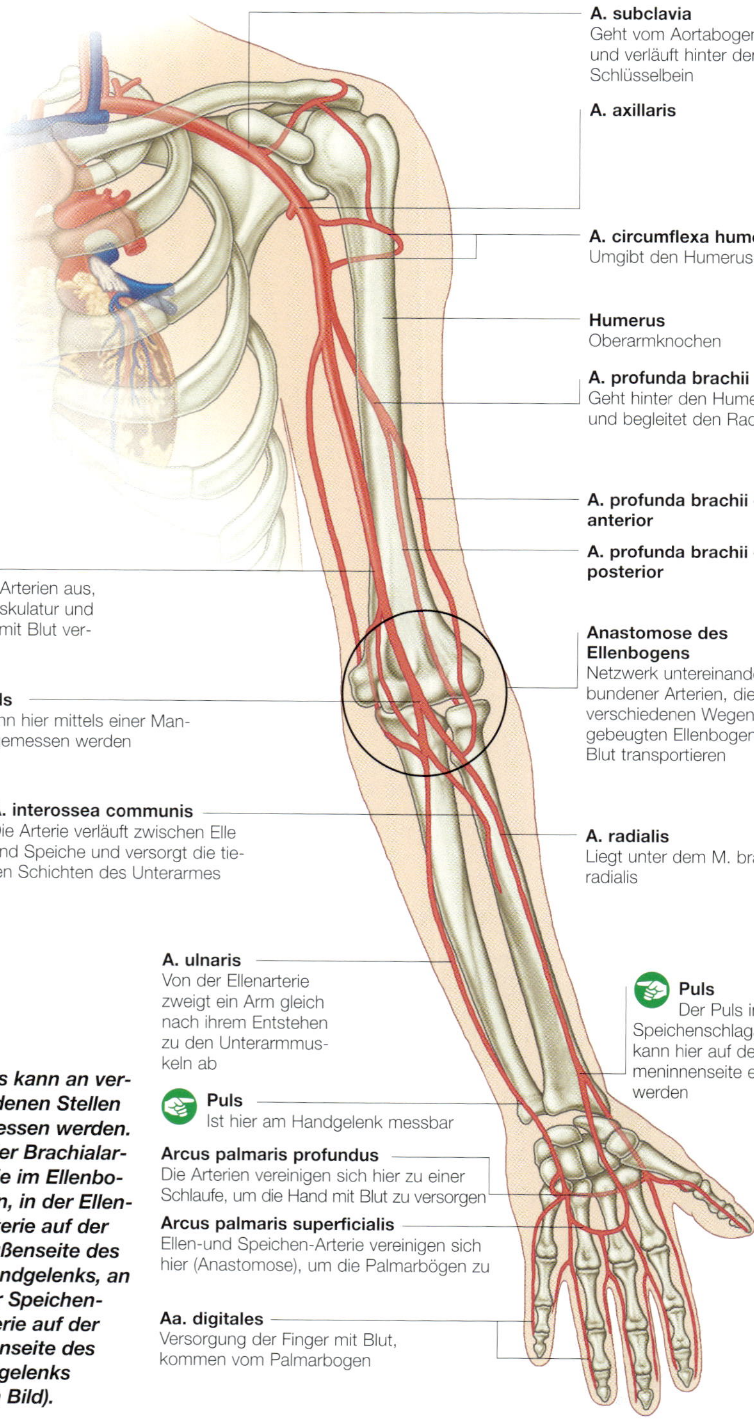

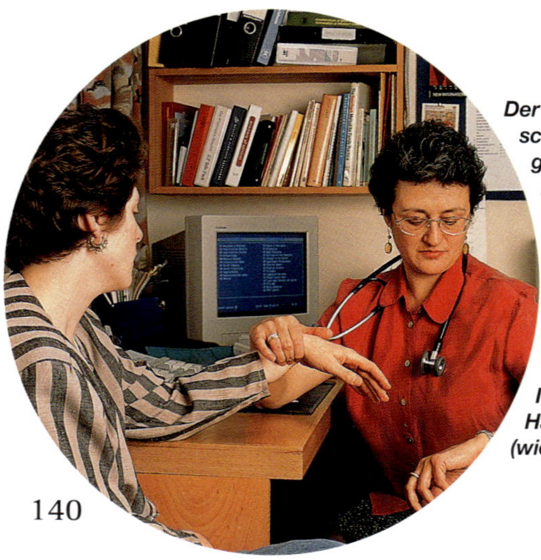

Der Puls kann an verschiedenen Stellen gemessen werden. In der Brachialarterie im Ellenbogen, in der Ellenarterie auf der Außenseite des Handgelenks, an der Speichenarterie auf der Innenseite des Handgelenks (wie im Bild).

Venen im Arm

Die Venen werden in oberflächliche und tiefe unterteilt. Die Venen an der Oberfläche liegen dicht unter der Haut und sind oft leicht zu erkennen.

Venöser Abfluss im Oberarm wird durch zwei untereinander verbundene Venensysteme erreicht, die an der Oberfläche und tiefer im Arm liegen. Tiefe Venen liegen neben den Arterien, während die oberflächlichen Venen im subkutanen Gewebe liegen. Die Lage der Venen ist variabel, meist entsprechen sie aber dem hier abgebildeten Schema.

TIEFE VENEN

In den meisten Fällen treten die tiefen Venen im Paar auf (Venae comitantes), die auf beiden Seiten ihrer Hauptarterie liegen. Häufig verzweigen sie zu einem Netzwerk (Anastomose). Das Pulsieren des Blutes innerhalb der Arterie komprimiert und entspannt auch die direkt daneben liegenden Venen und hilft ihnen so beim Bluttransport vom und zum Herzen.

Die radialen und ulnaren Venen gehen von den Arci palmares aus und folgen dem Unterarm hinauf zum Ellenbogen, wo sie zur Brachialvene zusammenlaufen. Diese wiederum verschmilzt mit der Vena basilica zur Achselvene.

OBERFLÄCHLICHE VENEN

Die Vena cephalica und die Vena basilica sind die wichtigsten oberflächlichen Venen im Arm. Sie gehen vom Arcus palmaris der Hand aus. Die Vena cephalica verläuft entlang der radialen Seite unter der Haut des Unterarmes, während die Arteria bascilica auf der Seite der Ulna im Unterarm verläuft. Nachdem sie den Ellenbogen passiert hat, liegt sie auf dem Bizeps, bis sie etwa bei der Hälfte des Oberarmes zu einer tiefen Vene wird.

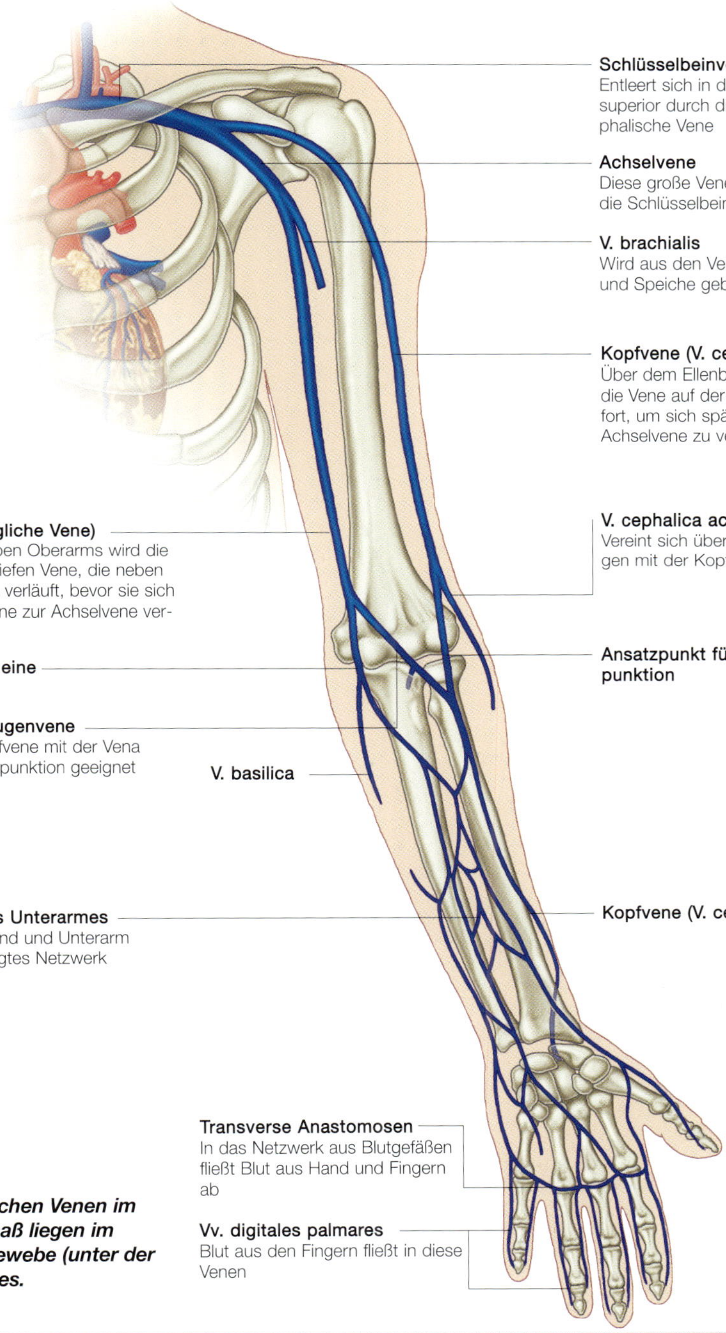

Die oberflächlichen Venen im oberen Gliedmaß liegen im subkutanen Gewebe (unter der Haut) des Armes.

Venenpunktion

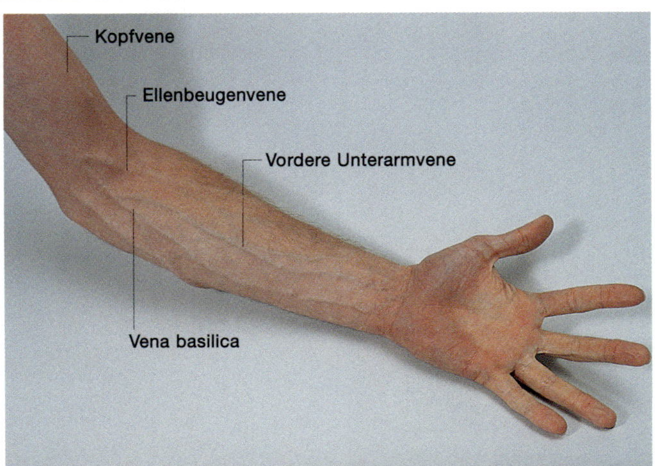

Die Ellenbogenvene bietet die beste Möglichkeit für die Entnahme venösen Blutes für eine entsprechende klinische Untersuchung. Diese große Vene ist sowohl leicht zu erkennen als auch zu ertasten, außer der Patient ist sehr korpulent.

Dennoch sind auch hier Risiken vorhanden, da sowohl die Bizepssehne als auch die Brachialarterie direkt darunter liegen und bei der Blutentnahme nicht verletzt werden dürfen.

In manchen Fällen wird eine Manschette um den Oberarm gelegt, damit die Vene hervortritt.

Die oberflächlichen Venen sind bei Männern häufig besser zu erkennen als bei Frauen, da bei ihnen wesentlich seltener Fettpolster unter der Haut die Venen verdecken.

Nerven des Armes

Die Nervenversorgung des Armes übernehmen vier Hauptnerven: der Nervus radialis, der Nervus musculocutaneus, der Nervus medianus und der Nervus ulnaris.

Die Nervenversorgung des Oberarmes wird durch vier Nerven und ihre Verzweigungen gewährleistet. Diese erhalten sensorische Informationen von der Hand und dem Arm und regen außerdem die Muskeln des Oberarmes an. Der Nervus radialis und der Nervus musculocutaneus versorgen Muskeln und Haut des gesamten Armes, während Medianus- und Ellennerv nur die Bereiche unter dem Ellenbogen versorgen.

NERVUS RADIALIS

Der Radialnerv spielt die zentrale Rolle bei der Steuerung der Extensormuskeln, die den Ellenbogen, Hände und die Finger strecken. Er geht als größter Ableger vom „Brachialplexus" aus, einem Netzwerk aus Nerven vom Rückenmark am Hals.

Nahe beim lateralen Epicondylus teilt sich der Radialnerv in seine zwei Endableger:

- den oberflächlichen Endableger, der die sensorische Nervenversorgung der Haut auf dem Handrücken übernimmt;
- und in den tiefen Endableger, der die motorische Nervenversorgung aller Extensormuskeln des Unterarmes übernimmt.

NERVUS MUSCULOCUTANEUS

Versorgt Muskeln und Haut am vorderen Oberarm. Unter dem Ellenbogen wird aus ihm der laterale Nerv des Unterarmes, einem sensorischen Nerv, der ein großes Areal der Haut des Unterarmes versorgt.

Rückansicht der Nerven im Arm

Diese Ansicht des Armrückens zeigt den Verlauf des Radialnervs und seiner Äste. Humerus, Elle und Speiche sind als Umrisse eingezeichnet.

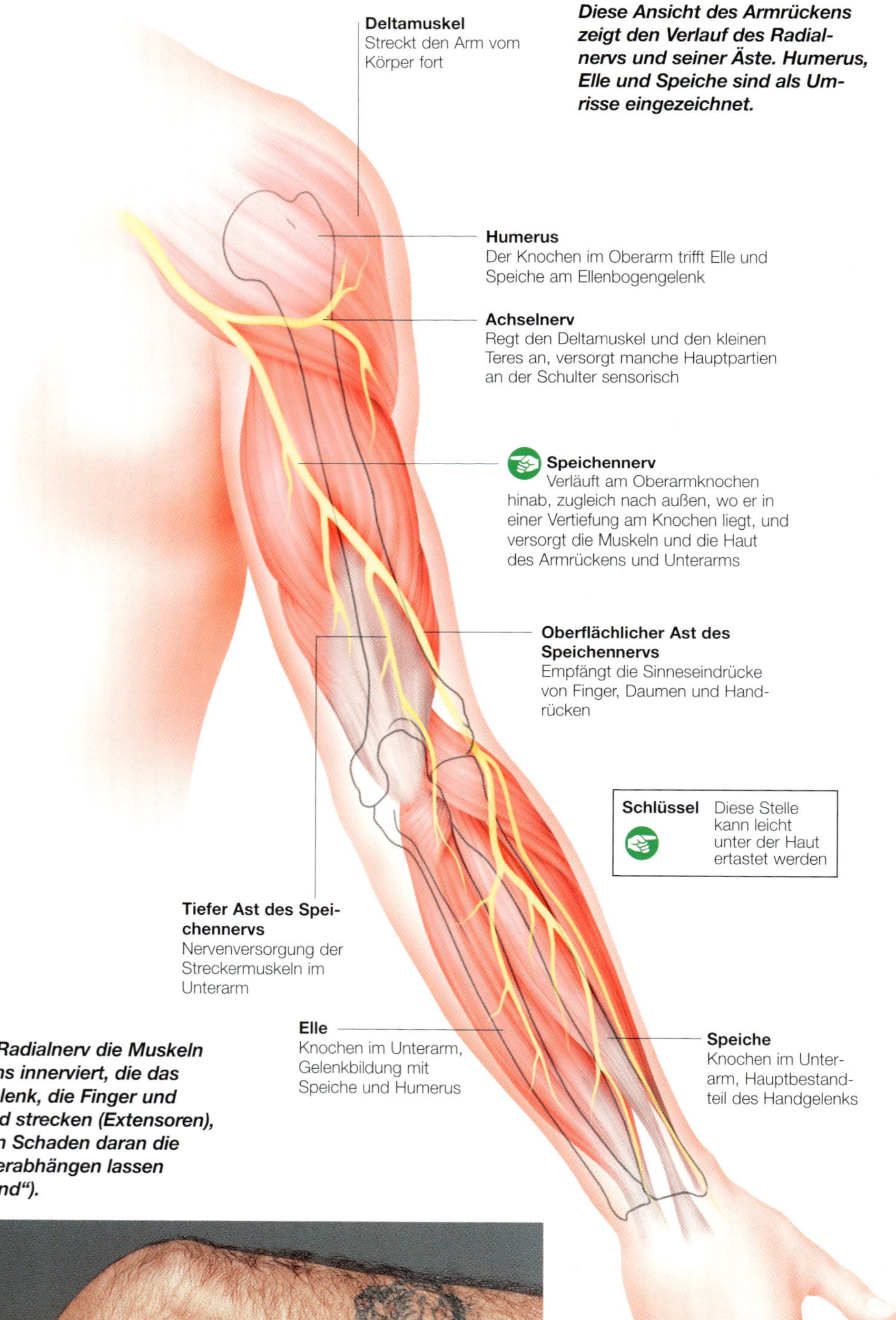

Schäden am Radialnerv

Der Radialnerv ist besonders anfällig für Verletzungen, weil er direkt am Knochen verläuft. In der Radialvertiefung des Humerus kann er etwa bei Frakturen des Schaftes oder durch einen Schlag direkt auf den Arm beschädigt werden.

Eine Verletzung direkt am Radialnerv kann alle Extensormuskeln am Handgelenk und der Hand selbst paralysieren, so dass die Hand in „Fallhand" herabhängt.

Da der Radialnerv die Muskeln des Arms innerviert, die das Handgelenk, die Finger und die Hand strecken (Extensoren), kann ein Schaden daran die Hand herabhängen lassen („Fallhand").

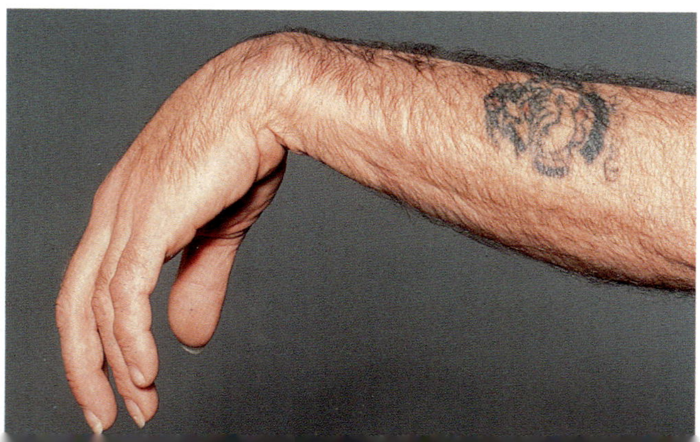

Nervus medianus und Nervus ulnaris

Der Nervus medianus sorgt in der Unterarmmuskulatur für Pronation und Flexion. Der Ellennerv verläuft hinter dem Ellenbogen und steuert die kleineren Muskeln der Hand – zugleich macht er sich dort bei einem Stoß als „Musikantenknochen“ bemerkbar.

Der Nervus medianus in der oberen Extremität verläuft vom Plexus brachialis Richtung Ellenbogen nach unten. Er ist der Hauptnerv auf der Vorderseite des Armes, wo die Muskeln für Flexion und Pronation verlaufen.

Am Handgelenk läuft der Mediannerv durch den Karpaltunnel und verzweigt sich anschließend, um kleinere Muskeln in der Hand zu versorgen, sowie die Haut über dem Daumen und einiger benachbarter Finger.

NERVUS ULNARIS

Der Ellennerv folgt dem Humerus entlang nach unten zum Ellenbogen, wo er sich um den medialen Epicondylus legt und dicht unter der Haut ertastet werden kann. Er verzweigt sich und versorgt damit den Ellenbogen, zwei Muskeln des Unterarmes und Bereiche der Haut darüber. In der Hand verzweigt sich der Ellennerv erneut.

SCHÄDEN AM MEDIANNERV

Der Nervus medianus kann bei Frakturen am unteren Ende des Humerus oder bei Sehnenschwellungen bzw. -entzündungen im Karpaltunnel beschädigt werden (Karpaltunnelsyndrom).
Eine Verletzung des Mediannervs kann die Fähigkeit beeinträchtigen, Dinge mit Daumen und Zeigefinger zu greifen, da der Nerv die dafür notwendigen Muskeln versorgt.

Der Ellennerv ist leicht anfällig, da er entlang des medialen Epicondylus des Humerus verläuft. Der „Musikantenknochen“ macht sich bei Quetschungen dieses Nervs bemerkbar, wobei schwere Schäden auch Taubheit des Armes oder sogar eine Paralyse hervorrufen können.

Vorderansicht des Armes

Die Illustration der Armvorderseite macht den Verlauf von Ellennerv, Mediannerv und Nervus musculocutaneus sichtbar.

Schlüssel Diese Stelle kann leicht unter der Haut ertastet werden

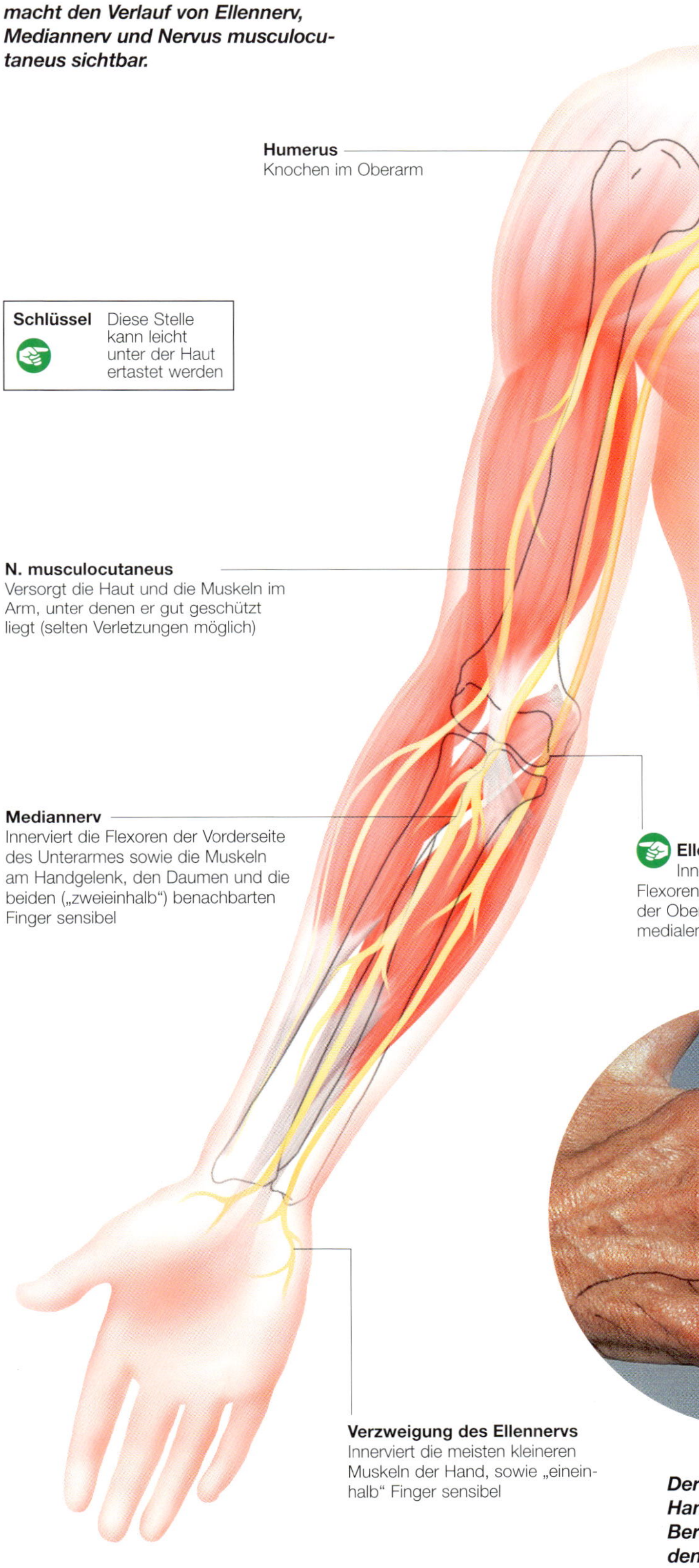

Wenn der Ellennerv verletzt ist, kann der Muskel auf der Daumenrückseite absterben (siehe Abbildung).

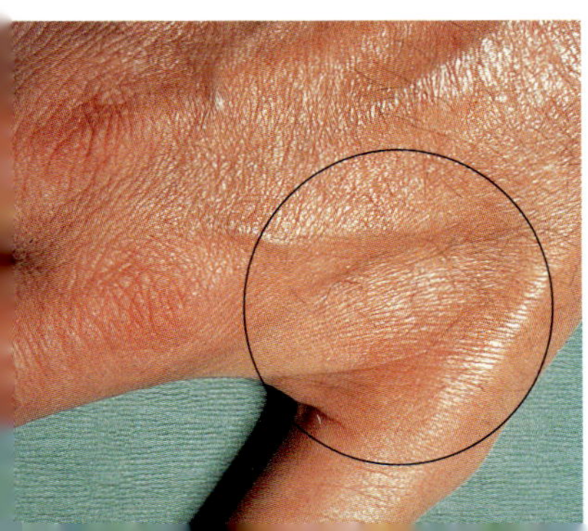

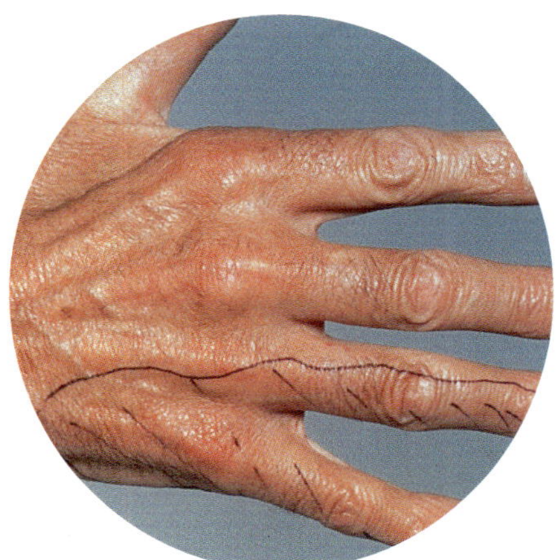

Der bemalte Bereich dieser Hand korrespondiert mit dem Bereich von Haut und Fingern, den der Ellennerv versorgt.

Handwurzelknochen

Das Handgelenk liegt zwischen Elle und Speiche des Unterarms und den Handknochen. Es sind acht bewegliche, kieselsteingroße Knochen, welche die Flexibilität des Gelenks erst ermöglichen (Handwurzelknochen).

Als Handgelenk werden das Gelenk zwischen Speiche und Handwurzelknochen sowie das zwischen den beiden Reihen der Handwurzelknochen bezeichnet. Dieser werden von Bändern zusammengehalten und können sich unabhängig voneinander bewegen, was die große Flexibilität des Handgelenks ermöglicht.

Die Handwurzelknochen liegen in zwei Reihen zu je vier Knochen, wobei sich das Hauptgelenk zwischen der ersten der beiden Reihen und dem unteren Ende der Speiche befindet.

PROXIMALREIHE

Die obere, näher am Unterarmknochen gelegene Reihe (Proximalreihe), besteht aus den folgenden Knochen:

■ **Kahnbein** – ein bootförmiger Knochen, mit dem das untere Ende der Speiche das Gelenk bilden kann, sowie mit drei Knochen der unteren Reihe.

■ **Mondbein** – Mondförmiger Knochen, der auch mit der Speiche das Gelenk bildet.

■ **Dreiecksbein** – ein pyramidenförmiger Knochen, der mit der Scheibe am Ende von Elle und Speiche sowie mit dem Erbsenbein das Gelenk bildet.

■ **Erbsenbein** – ein erbsenförmiger Knochen; ist zwar ein Bestandteil dieser Reihe, hat aber keine Funktion im Handgelenk selbst.

Dieses Bild zeigt die Lage der einzelnen Knochen des Handgelenks. Die oberste Reihe (Proximalreihe), die näher am Unterarm liegt, ist violett, die untere Reihe (Distalreihe) ist orange eingefärbt.

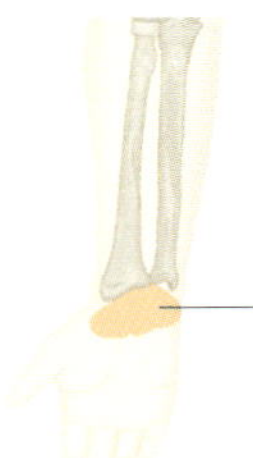

Schlüssel Diese Stelle kann leicht unter der Haut ertastet werden

Die Knochen im linken Handgelenk

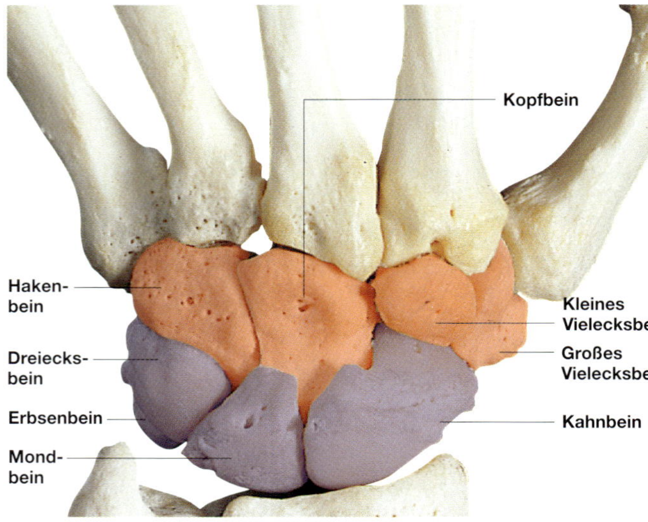

Obere Reihe (Proximalreihe) des Handgelenks

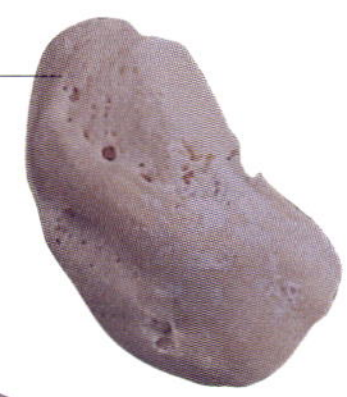

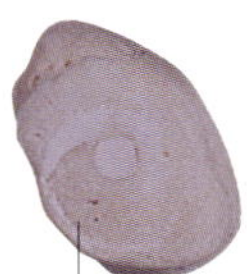

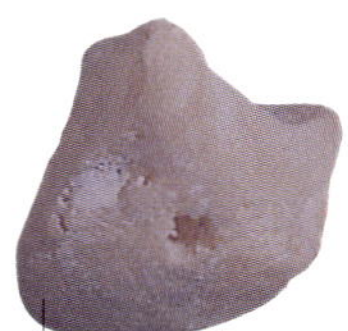

Die obere Reihe des Handgelenks besitzt zwei Knochen, die leicht ertastet werden können: Erbsenbein und Kahnbein

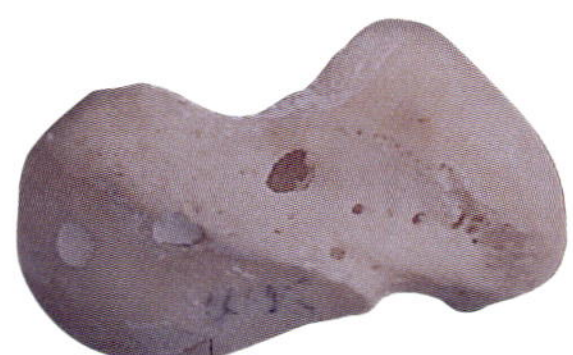

Untere Reihe (Distalreihe)

Die untere Reihe der Handgelenkknochen

Diese Reihe enthält folgende Knochen:

■ **Großes Vielecksbein**
Dieser vielseitige Knochen liegt zwischen Kahnbein und dem ersten Mittelhandknochen, der zum Daumen ausgerichtet ist. Am sattelförmigen Bereich des Knochens setzt der erste Daumenknochen zur Gelenkbildung an.

■ **Kleines Vielecksbein**
Ein keilförmiger Knochen, der zwischen dem eine Ende des Kahnbeins und dem zweiten Mittelhandknochen liegt, der zum Zeigefinger hin ausgerichtet ist.

■ **Kopfbein**
Größter Handwurzelknochen, der seinen Namen von seinem großen, abgerundeten Kopf hat, der in einer Vertiefung liegt, die Mondbein und Kahnbein bilden. Mit dem dritten, sowie mit dem zweiten und vierten Mittelhandknochen bildet es das Gelenk.

■ **Hakenbein**
Ein dreieckiger Knochen, der mit dem Mondbein und dem Dreicksbein das Gelenk bildet. Namen gebend ist ein hakenförmiger Fortsatz auf der palmaren Oberfläche.

Die untere Reihe der Handwurzelknochen liegt zwischen den Handknochen und der Proximalreihe. Beide Reihen werden durch Bänder zusammengehalten.

Handgelenk

Die Handgelenksknochen sind mit Knorpelgewebe und einer Flüssigkeit absondernden Membran umgeben. Diese erzeugt eine viskose Flüssigkeit, die eine minimale Reibung der Knochen gegeneinander ermöglicht.

Das Handgelenk bzw. Radiokarpalgelenk ist mit Gelenkschmiere gefüllt. Auf einer Seite liegen das untere Ende der Speiche und die Gelenkscheibe von Elle, auf der anderen liegen drei Knochen der ersten Reihe der Handwurzelknochen: Das Kahnbein, das Mondbein und das Dreiecksbein. Der vierte Knochen (Erbsenbein) spielt im Gelenk keine Rolle.

RADIOKARPALGELENK

Das Gelenk besteht aus drei Bereichen:

- Der äußere (laterale, beim Daumen gelegene) Bereich, der vom lateralen Speichenende und dem Kahnbein gebildet wird;
- Der mittlere Bereich, bei dem der mittlere Teil des Speichenendes mit dem Mondbein das Gelenk bildet;
- Der innere (mediale, beim kleinen Finger gelegene) Bereich, wo die Gelenkscheibe, die das Handgelenk vom unteren Ellenspeichengelenk trennt, mit dem Dreiecksbein das Gelenk bildet.

Alle Gelenkflächen sind mit einer glatten Knorpelschicht überzogen, die Reibung verhindert. Das Gelenk ist mit einer Membran umgeben, die Gelenkschmiere absondert, sowie von einer fibrösen Kapsel eingeschlossen, die von Bändern stabilisiert wird.

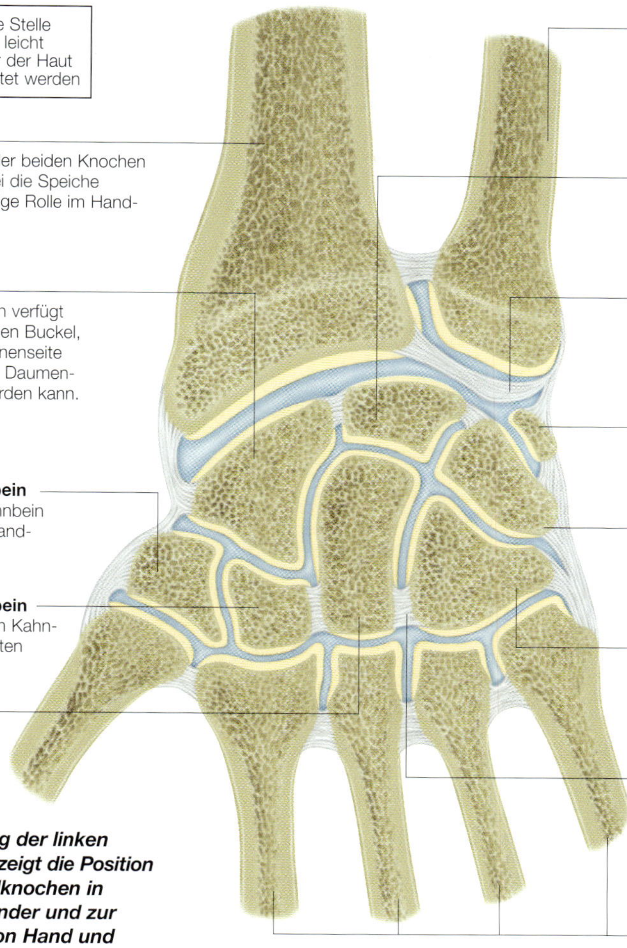

Diese Zeichnung der linken Hand von oben zeigt die Position der Handwurzelknochen in Relation zueinander und zur den Knochen von Hand und Unterarm.

Die Gelenkflächen sind insgesamt elliptisch geformt. Der Bewegungsspielraum der Gelenke ist daher eingeschränkt.

GELENKBILDUNG DER HANDWURZELKNOCHEN

Auch die Handwurzelknochen bilden ein Gelenk, so wie das Gelenk zwischen dem unteren Unterarm und der ersten Reihe der Handwurzelknochen. Dieses lange, unregelmäßig geformte „Gelenk" liegt zwischen den beiden Handwurzelknochenreihen. Es ist ebenfalls mit Gelenkschmiere gefüllt, die auch zwischen die Knochen gelangt und damit die Flexibilität ihrer Bewegung gegeneinander und damit des gesamten Handgelenks erst möglich macht.

Fraktur des Kahnbeins

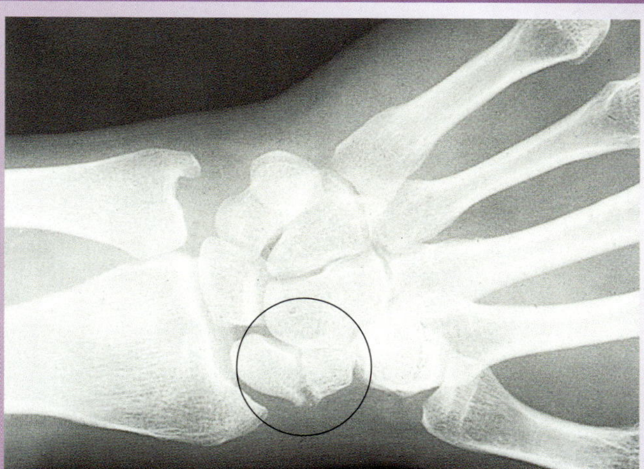

Am häufigsten treten Frakturen am Kahnbein auf. Sie geschehen, wenn man auf die ausgestreckte Hand fällt, betroffen ist dann die „Taille" des Knochens.

Die Fraktur des Kahnbeins ist deshalb für eine klinische Diagnose wichtig, da das Muster, dem die Arterien um die Knochen herum folgen, so aussieht, dass eine Fraktur gerade im mittleren Bereich einem Knochen die weitere Blutversorgung abschneidet und danach eine avaskuläre Nekrose eintreten kann: Das Gewebe stirbt ab, da es nicht mehr mit Blut versorgt wird. Das kann schwere Schäden nach sich ziehen und sogar das gesamte Handgelenk unbrauchbar machen.

Der Verdacht auf Fraktur des Kahnbeins kann dadurch nachgeprüft werden, indem der Arzt auf eine Vertiefung an der Wurzel des Daumens, knapp unterhalb des Handgelenks, Druck ausübt. Das Kahnbein liegt unter dieser Vertiefung. Eine zuverlässige Diagnose wird dadurch erschwert, dass auch auf einem Röntgenbild keine Veränderung am Kahnbein sichtbar werden muss.

Das Kahnbein ist durch seine Taillierung anfällig für Frakturen. Diese Röntgenaufnahme zeigt eine solche Fraktur, die aber nicht immer derart sichtbar ist.

Karpaltunnel

Die starken Bänder des Handgelenks halten die Handwurzelknochen zusammen und sorgen für Stabilität und Flexibilität. Am Handgelenk gibt es ein fibröses Band, durch das wichtige Sehnen und Nerven verlaufen – der Karpaltunnel.

Die acht Handwurzelknochen fügen sich in Form eines Bogens zusammen. Die Oberseite des Handgelenks ist leicht konvex, die Unterseite dagegen konkav geformt. Auf der Unterseite wird dieser Bogen durch die deutlichen Erhebungen des Kahnbeins und des großen Vielecksbeins auf der einen Seite eingetieft, auf der anderen durch Hakenbein und Erbsenbein.

STRUKTUR DES KARPALTUNNELS

Dieser knochige Bogen wird durch starkes, fibröses Gewebe (Retinaculum flexorum) zu einem Tunnel gemacht, das quer über der Handfläche liegt und an beiden Seiten an knochigen Vorsprüngen fixiert ist. Durch diesen so genannten Karpaltunnel verlaufen die langen Sehnen der Muskeln, die die Finger beugen. Dieses Band sorgt dafür, dass die Sehnen auch dann dicht am Handgelenk laufen, wenn es gebeugt ist, so dass in jeder Position des Handgelenks die Finger auch gebeugt werden können.

Sehnen im Handgelenk

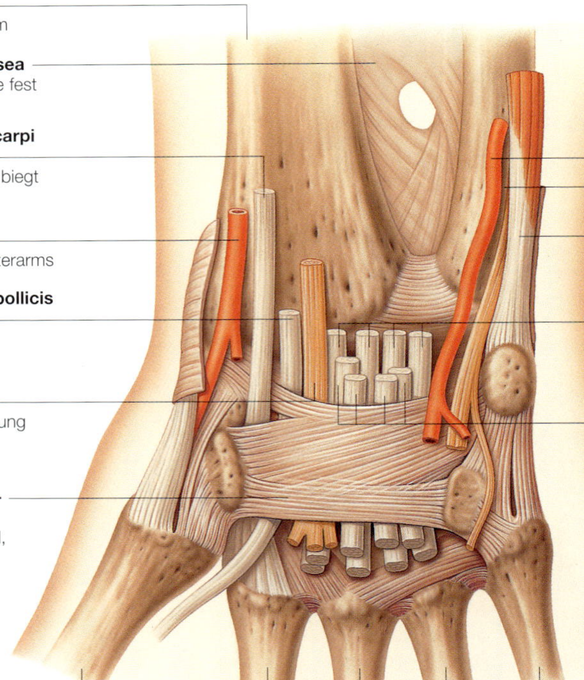

Das Retinaculum flexorum hält die Sehnen im so genannten Karpaltunnel fest zusammen.

Querschnitt des rechten Handgelenks

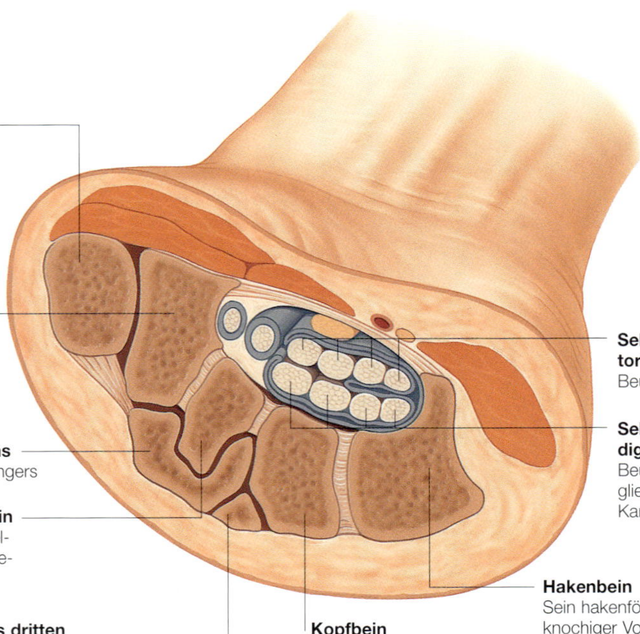

NERVEN

Neben den langen Flexorsehnen verläuft auch der N. medianus durch den Karpaltunnel, einer der Hauptnerven der Hand. Bei jeder Schwellung dieses engen Bereiches kann der Mediannerv gequetscht werden, etwa bei einer Entzündung der langen Flexorsehnen durch ständige Überanstrengung oder bei Flüssigkeitsansammlung wie sie bei Schwangerschaften auftritt.

Diese „Karpaltunnelsyndrom" genannte Quetschung des Mediannervs macht sich durch Stechen oder brennenden Schmerz in der Handseite bemerkbar, aber auch durch Muskelschwäche an der Daumenwurzel, die ebenfalls von diesem Nerv versorgt wird.

Kompression des Karpaltunnels (blau eingezeichnet) kann sich auf den Mediannerv und damit auf das Funktionieren der Finger auswirken.

Bänder des Handgelenks

Die Bänder des Handgelenks sind Verdickungen der Gelenkkapsel, die das Handgelenk fest an Elle und Speiche binden.

Das Handgelenk kann sich nicht selbst drehen, so dass die Drehbewegung durch Supination oder Pronation des Unterarmes erreicht wird. Die festen Bänder zwischen den Handwurzelknochen und der Speiche sind insofern wichtig, da sie die Hand während dieser Bewegungen „mitnimmt". Diese Bänder beinhalten:

- **Ligamentum radiocarpale palmare**
Verläuft von der Speiche zu den Handwurzelknochen in der Handfläche. Die Fasern sind so ausgerichtet, dass die Hand bei der Supination mit dem Unterarm mitgeht.
- **Ligamentum radiocarpale dorsale**
Verläuft auf der Rückseite des Handgelenks von der Speiche zu den Mittelhandknochen und nimmt die Hand während der Pronation mit.

SEITENBÄNDER

Kräftige Seitenbänder verlaufen auf jeder Seite des Handgelenks und stabilisieren das Gelenk zusätzlich. Sie begrenzen zudem den Bewegungsspielraum beim Beugen.

- **Seitenband der Speiche**
Verläuft zwischen dem stiftartigen Vorsprung der Speiche und dem Kahnbein des Handgelenks.
- **Seitenband der Elle**
Verläuft zwischen dem stiftartigen Vorsprung der Elle und dem Dreiecksbein.

Rückansicht der Bänder im Handgelenk

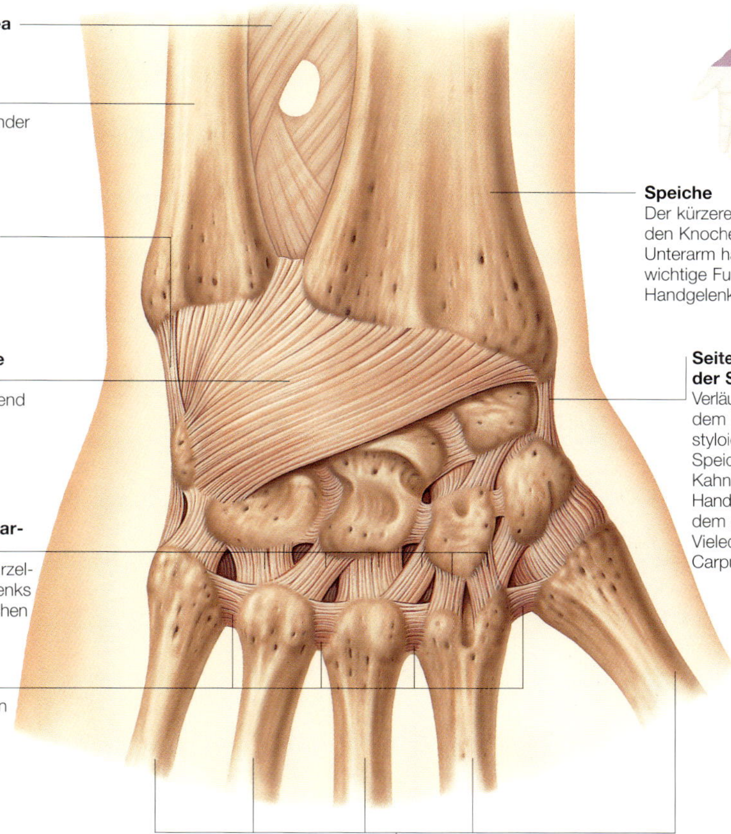

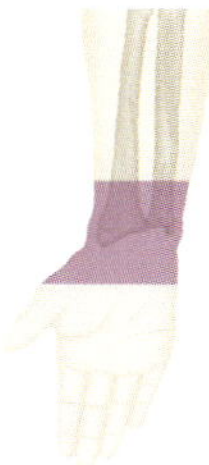

Es gibt viele Bänder im Bereich der Handwurzelknochen. Sie führen zu einer Stabilität und gleichzeitig zu einer Flexibilität des Handgelenks.

Bewegungen des Handgelenks

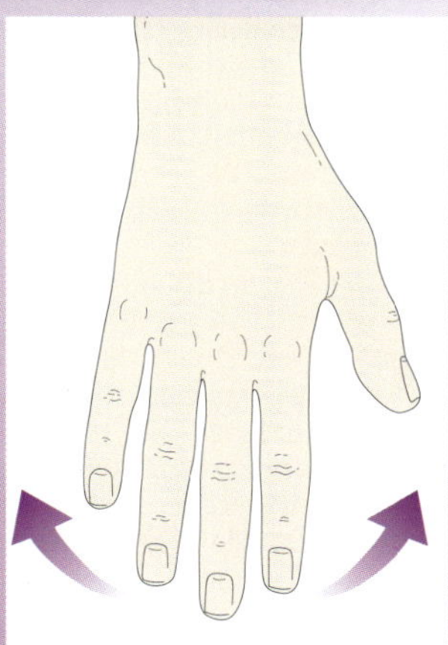

Abduktion bedeutet, dass das Handgelenk seitwärts zum Daumen hin bewegt wird. Der Spielraum beträgt dabei etwa 15 Grad. Adduktion bedeutet, dass das Handgelenk vom Daumen fort bewegt wird.

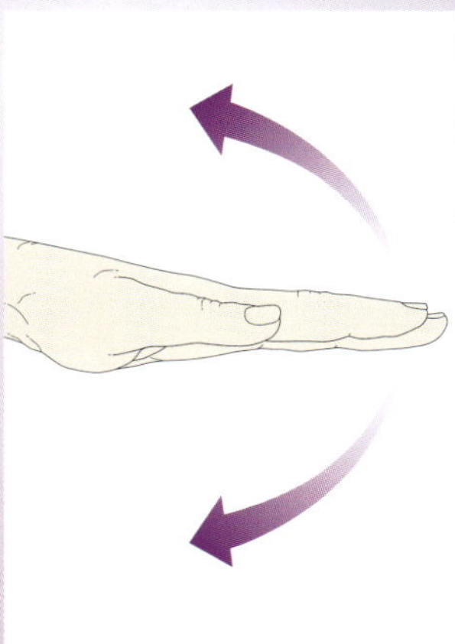

Flexion (Beugen) wird durch den Anzug der Bänder auf dem Handrücken begrenzt. Das Handgelenk kann um etwa 80 Grad gebeugt werden, während Extension (zurückbiegen) nur etwa 60 Grad erreicht.

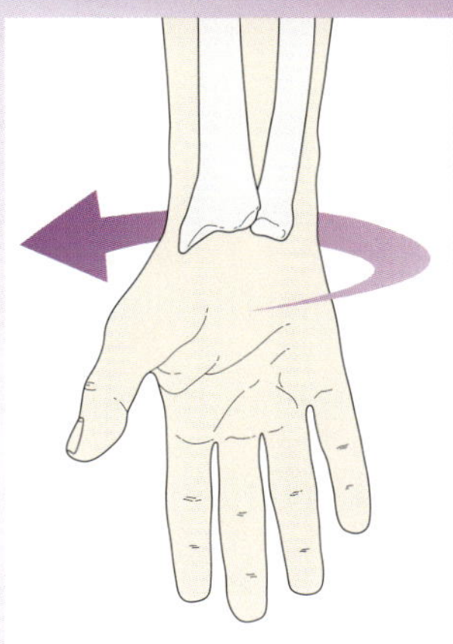

Das Handgelenk rotiert bei Pronation und Supination des Unterarmes (Einwärts- und Auswärtsdrehung). Die festen Bänder ermöglichen diese Bewegung.

Die großen Bewegungen des Handgelenks ergeben sich auch aus den kleinen Bewegungen der Handwurzelknochen. Die Bewegungsmöglichkeiten sind Flexion und Extension sowie Adduktion und Abduktion. Alles zusammen kann eine vollständige Kreisbewegung ermöglichen.

Die stabilste Position des Handgelenks, wenn die Knochen also dicht aneinander stehen, wird bei voller Streckung erreicht, wenn die Hand nach hinten gebeugt ist. Dabei sind die Bänder fest angespannt. Dies ist die natürliche Haltung, falls etwas Schweres geschoben oder ein Sturz abgefangen werden soll.

Handknochen

Die Knochen der Hand unterteilen sich in Mittelhandknochen, die das Handgelenk stützen, und Fingerknochen (Phalangen). Die Gelenke zwischen diesen Knochen ermöglichen Daumen und Fingern größte Flexibilität.

Das Skelett der Hand besteht aus den acht Handwurzelknochen, den fünf Mittelhandknochen der Handfläche und 14 Phalangen oder Fingerknochen.

MITTELHANDKNOCHEN

Fünf dünne Knochen fächern sich vom Handgelenk zu den Fingern aus und bilden damit die Handfläche. Sie sind von eins bis fünf durchnummeriert, beginnend mit dem Daumen.

Jeder dieser Mittelhandknochen besteht aus einem Körper oder Schaft, und zwei dicken Enden. Das Ende näher am Handgelenk (proximal) bildet mit einem Handwurzelknochen ein Gelenk. Das Ende weiter vom Handgelenk fort (distal) bildet ein Gelenk mit einem Fingerknochen. Bei der Faust sind diese Gelenke als Knöchel zu sehen.

DER DAUMEN

Der erste Mittelhandknochen, an der Basis des Daumens, ist auch der kürzeste und dickste der fünf, und steht aus der Reihe leicht herausgedreht. Er ist sehr beweglich, so dass er dem Daumen eine größere Bewegungsmöglichkeit verleiht, etwa um die anderen Fingerspitzen berühren zu können.

Die Mittelhandknochen

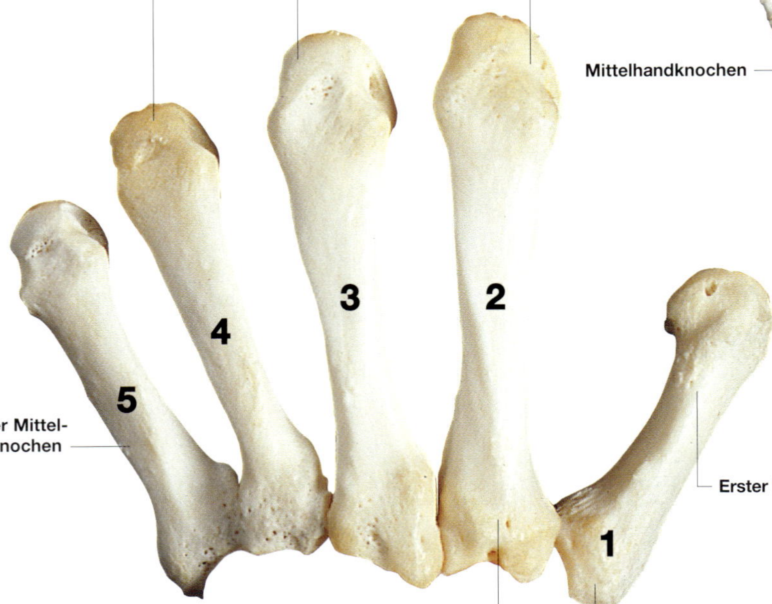

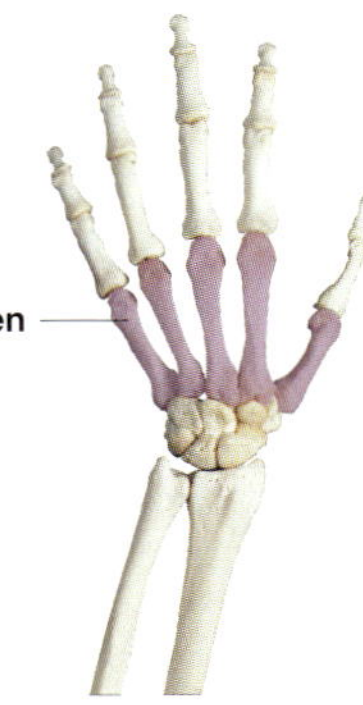

Die Mittelhandknochen bilden nicht nur Gelenke mit den Handwurzelknochen, sondern auch untereinander, seitlich an ihren Basen.

Die Fingerknochen (Phalangen)

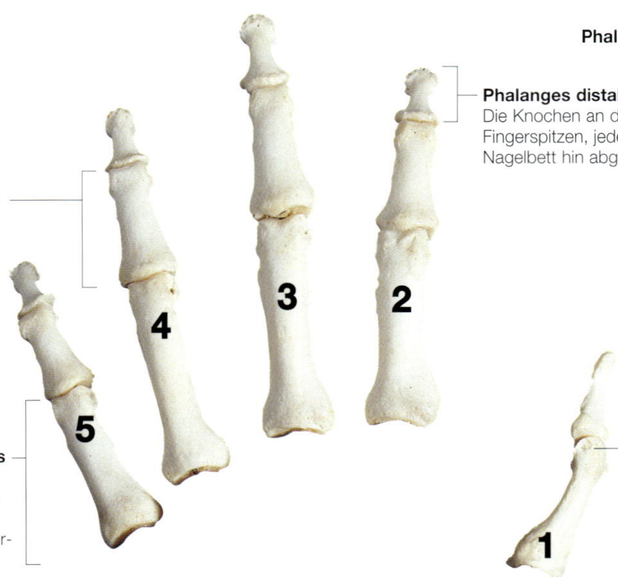

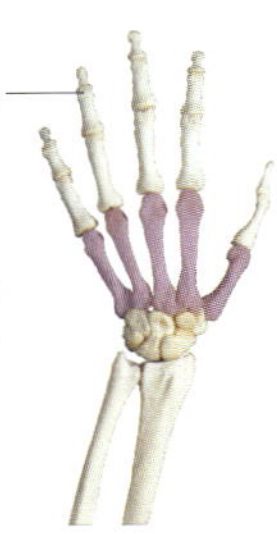

Die Phalangen (Einzahl: Phalanx) sind Fingerknochen (auch Glieder genannt). Sie werden von eins bis fünf durchnummeriert, wobei der Daumen die Nummer eins erhält. Dieser erste Finger hat nur zwei, die anderen haben jeweils drei Glieder.

Jeder Phalanx ist die Miniaturausgabe eines langen Röhrenknochens mit dünnem Schaft und zwei verdickten Enden. Bei jedem Finger ist das erste Glied das längste, das letzte das dünnste und kürzeste. Die Glieder des Daumens sind kürzer und dicker als die der anderen.

Alle letzten Fingerglieder sind am Ende abgeflacht, um das Nagelbett aufzunehmen.

Jeder Finger, ausgenommen der Daumen, hat drei Glieder. Diese bilden untereinander und mit den Handwurzelknochen Gelenke.

Fingergelenke

Die Gelenke zwischen den Fingergliedern sind von fibrösen Kapseln eingeschlossen, gesäumt von Flüssigkeit absondernder Membran und kräftigen Seitenbändern.

Die Gelenke zwischen Mittelhandknochen und Handwurzelknochen sind mit Gelenkschmiere gefüllt. Der Daumen bildet mit dem großen Vielecksbein ein Sattelgelenk, was ihm seinen großen Bewegungsspielraum ermöglicht, während die anderen Mittelhandknochen Gelenke bilden, die flach aufeinander liegen. Daher ist ihr Bewegungsspielraum auch eingeschränkter.

Eine fibröse Kapsel umgibt die Gelenke zwischen Mittelhand- und Handwurzelknochen, gesäumt von einer Membran, die Gelenkschmiere absondert. Diese Gelenkschmiere füllt den Raum zwischen den Gelenken aus. Die meisten Menschen haben für die Fingergelenke der zweiten bis fünften Finger einen einzigen durchgehenden Gelenkspalt, während das Gelenk zwischen Daumen und großem Vielecksbein in einer abgetrennten Gelenkhöhle sitzt.

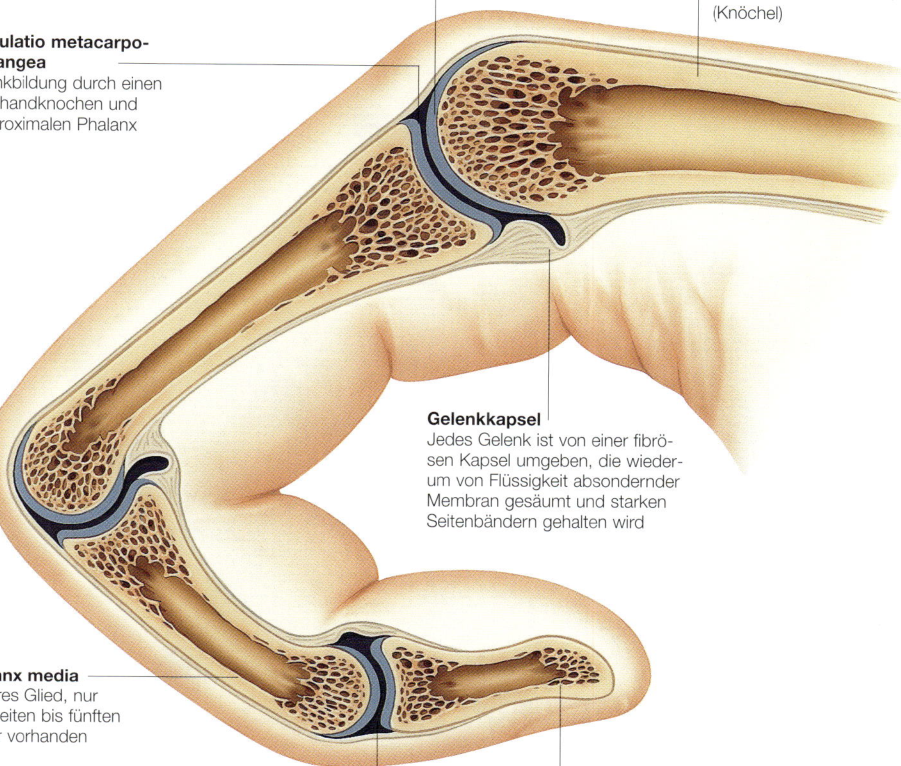

ARTICULATIO METACARPOPHALANGEA

Ihre Form ermöglicht die Bewegung in zwei Ebenen. Die Finger können sich beugen oder strecken, eine Abduktion oder Adduktion durchführen (sich spreizen und wieder zusammenführen), was eine größere Mobilität und Flexibilität der Hand mit sich bringt.

GELENKE DER PHALANGEN

Die Gelenke zwischen zwei Fingergliedern sind einfache Scharniergelenke, die Beugen und Strecken ermöglichen.

Jeder Finger (Ausnahme Daumen) hat zwei Fingergelenke, die Beugen und Strecken erlauben. Die scharnierartig geformten Gelenke der Fingerglieder erlauben Flexion und Extension, auch wenn die Hand nicht gebeugt oder ausgestreckt ist.

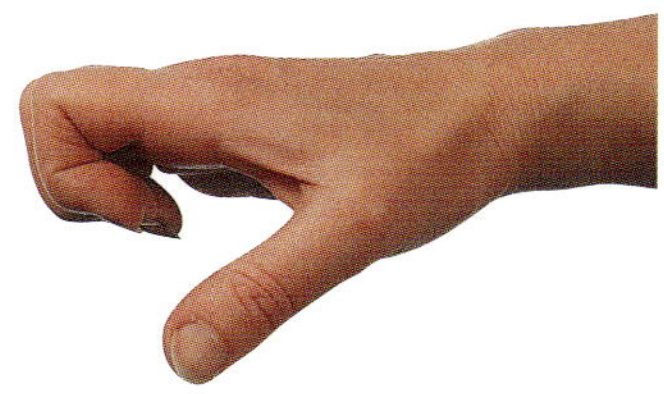

Verrenkter Finger

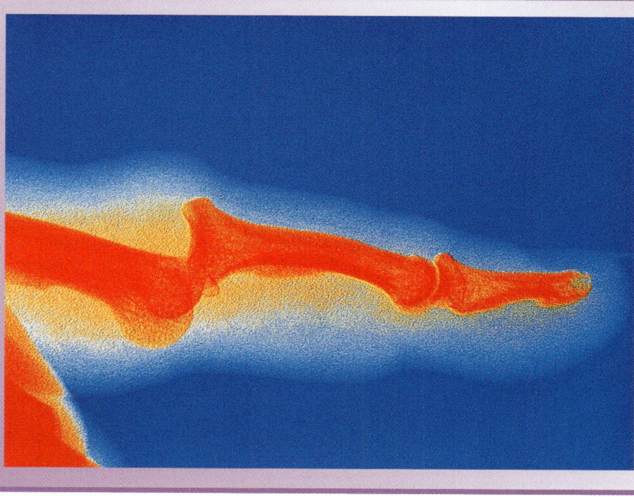

Verrenkung ist eine Verletzung der Fingergelenke, bei denen zwei Glieder zueinander verstellt sind. Dabei kann auch das weiche umliegende Gewebe in Mitleidenschaft gezogen werden, etwa die Flüssigkeit absondernde Membran, die Bänder und Sehnen, Muskeln, Nerven oder Blutgefäße.

Dabei ist eine Verrenkung der äußeren Fingerglieder vergleichsweise verbreitet. Meist wird der Finger kraftvoll nach hinten weggedrückt oder gezogen, so dass die Bänder nicht mehr in der Lage sind, die gelenkbildenden Glieder zusammenzuhalten. Aber Verrenkungen können auch bei rheumatischer Arthritis auftreten, wenn das umliegende Gewebe entzündet ist.

Das ausgerenkte Fingergelenk kann dabei verformt oder geschwollen sein, und beim Beugen Schmerzen bereiten.

Die Behandlung erfordert, die Glieder wieder einzurenken, eine so genannte Reponierung. Beschädigungen des umliegenden Gewebes müssen teilweise chirurgisch behoben werden.

Diese Falschfarbenröntgenaufnahme zeigt einen ausgerenkten Finger. Das kann durch einfaches, manuelles Wiedereinrenken behandelt werden.

Muskeln der Hand

Die menschliche Hand hat eine außerordentlich bewegliche Struktur, die zu sehr feinen und sehr kraftvollen Bewegungen fähig ist. Sie werden durch die Aktion und Interaktion einer Vielzahl von Muskeln ermöglicht.

Sehr kraftvolle Bewegungen der Hand werden durch Muskeln im Unterarm ausgeübt und durch Sehnen übertragen, nicht durch Muskeln in der Hand.

Präzise und feine Bewegungen werden durch kleine, so genannte intrinsische Muskeln hervorgerufen. Diese können in drei Gruppen unterteilt werden:

- Die Muskeln im Daumenballen (dem kleinen Hügel aus Muskeln zwischen der Basis des Daumens und dem Handgelenk), die den Daumen bewegen.
- Die Muskeln im Ballen zwischen kleinem Finger und Handgelenk, die den kleinen Finger bewegen.
- Die kurzen Muskeln, die tief unter der Handfläche verlaufen.

Es gibt auch zwei Gruppen von tiefen Muskeln, die Musculi lumbricales und die Musculi interossei.

MUSCULI LUMBRICALES

Die vier Musculi lumbricales gehen in der Handfläche von den Sehnen des Flexor digitorum profundus aus, einem kräftigen Unterarmmuskel. Sie bewegen sich am entsprechenden Fingerglied um die dem Daumen zugewandten Seite herum und schieben sich dann auf die Rückseite der Finger, wo sich auch die Strecksehnen befinden.

Musculi lumbricales

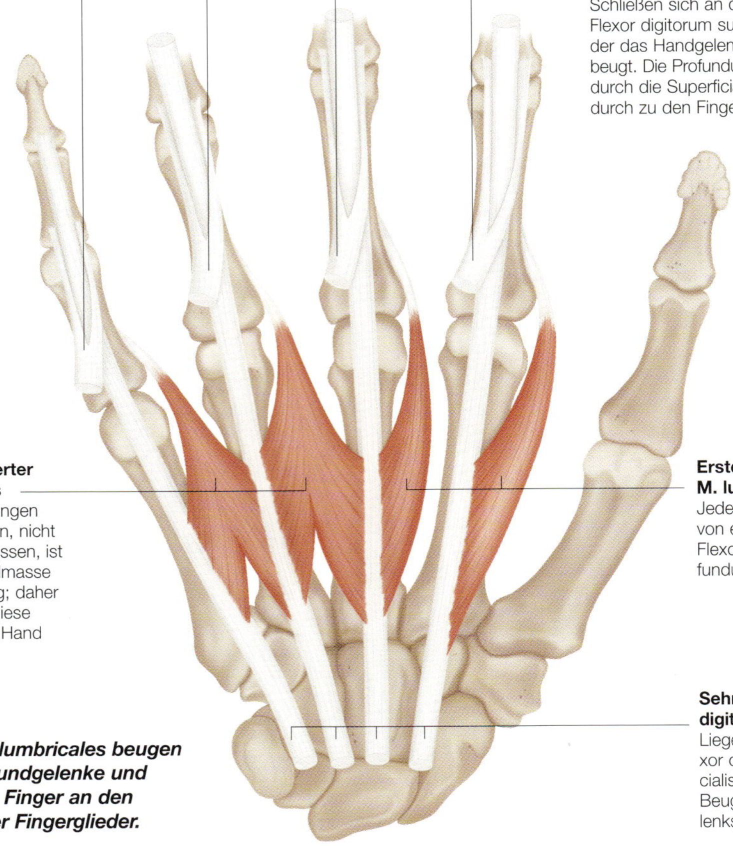

Die Musculi lumbricales beugen die Fingergrundgelenke und strecken die Finger an den Gelenken der Fingerglieder.

Musculi interossei

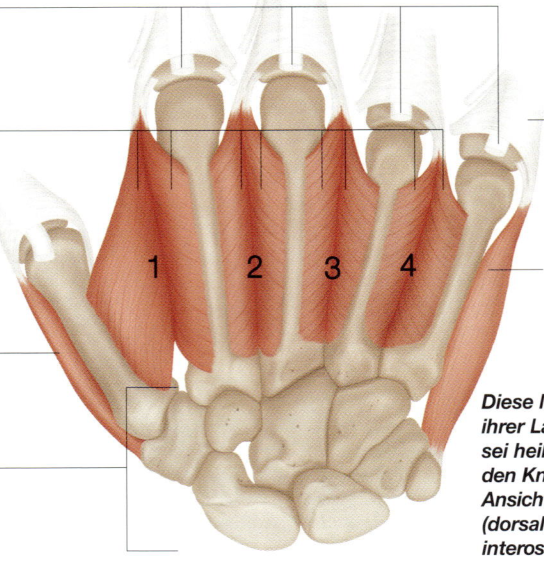

Diese Muskeln sind nach ihrer Lage benannt, interossei heißt dabei: zwischen den Knochen gelegen. Diese Ansicht zeigt die rückwärtige (dorsale) Seite der Musculi interossei der rechten Hand.

Die Zwischenknochenmuskeln erstrecken sich in zwei Lagen, nahe der Handfläche (interossei palmares) und in einer tieferen Schicht (interossei dorsales).

- **Musculi interossei palmares**
Diese kleinen Muskeln erheben sich von der palmaren Seite der Mittelhandknochen (ausgenommen vom ersten und dritten). Der erste läuft um die mediale Seite des Fingergliedes (II), bevor er sich auf die Rückseite schiebt. Die Muskeln am vierten und fünften Fingerglied laufen entlang der Daumenseite. Die Kontraktion dieser Muskeln führt alle Finger zur Adduktion zusammen.
- **Musculi interossei dorsales**
Diese größeren Muskeln liegen zwischen den Mittelhandknochen, tief unter den palmaren Muskeln. Alle gehen von den Mittelhandknochen aus und spreizen die Finger.

Den Daumen und den kleinen Finger bewegen

Die Muskeln, die den Daumen bewegen, liegen an seiner Basis im Daumenballen (Thenar), während sich die Muskeln, die den kleinen Finger bewegen, im Bereich zwischen kleinem Finger und Handgelenk befinden, im Hypothenar.

Die vier kleinen Muskeln des Daumenballens agieren zusammen, um den Daumen wie bei Menschen üblich zu bewegen. Es heißt „Opposition", wenn die Spitze des Daumens eine Spitze der anderen Finger berührt.

Die Muskeln im Daumenballen sind:

■ **Abductor pollicis brevis**
Abductor pollicis brevis heißt wörtlich: kleiner Muskel, der den Daumen anhebt und vom Handgelenk wegbewegt.

■ **Flexor pollicis brevis**
Der Flexor pollicis brevis beugt den Daumen und liegt in der Mitte des Thenars.

■ **Opponens pollicis**
Der Muskel führt den Daumen zur entgegengesetzten Handseite und entsteht beim Retinaculum flexorum und am großen Vielecksbein der Handwurzelknochen und schiebt sich in die Außenseite des ersten Mittelhandknochens.

Ansicht der rechten Handfläche

In dieser Abbildung sind die Muskeln, die den Daumen und den kleinen Finger bewegen, deutlich zu erkennen.

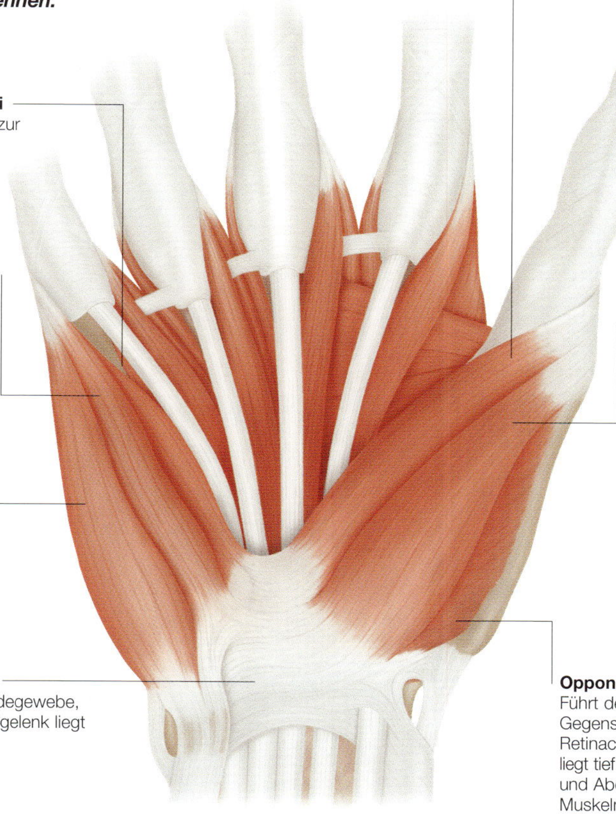

Querschnitt der Hand

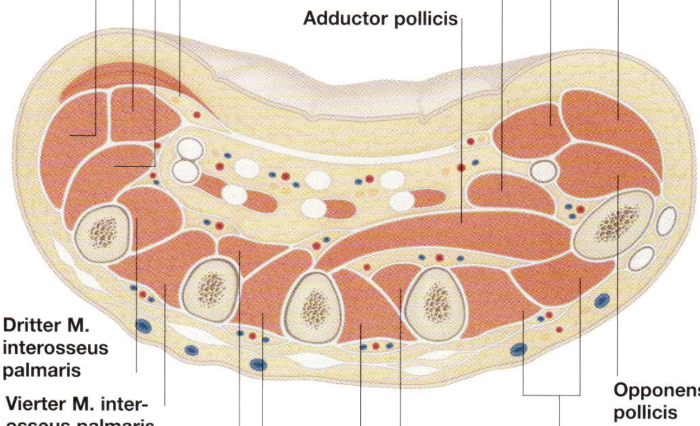

Diese Abbildung zeigt in einem Querschnitt der Hand mit der Handfläche nach oben die Lage der verschiedenen Muskeln in Relation zueinander.

■ **Adductor pollicis**
Der Adductor pollicis zieht den Daumen zurück an die Handfläche. Der Muskel liegt tief in der Hand, und geht von zwei Stellen aus, die durch die Radialarterie voneinander getrennt sind. Die Sehnen enthalten häufig einen kleinen Knochen, der keine Verbindung zu anderen Knochen hat (Sesambein).

HYPOTHENAR

Die Muskeln dieses Ballens bilden zwischen der Basis des kleinen Fingers und dem Handgelenk eine Schwellung. Sie arbeiten zusammen, um den kleinen Finger umherzubewegen, um die Hand zu schließen, oder wenn sie den Deckel eines Glases öffnen müssen.

■ **Abductor digiti minimi**
Der Muskel liegt direkt unter der Haut und geht vom Retinaculum flexorum und vom Erbsenbein des Handgelenks aus. Er schiebt sich in die Seite der Basis des kleinen Fingers.

■ **Flexor digiti minimi**
Dieser kurze Beugemuskel liegt neben dem gerade genannten Muskel. Er geht vom Retinaculum flexorum und vom Hakenbein des Handgelenks aus. Er schiebt sich in die Basis des kleinen Fingers.

■ **Opponens digiti minimi**
Führt den kleinen Finger zur Gegenseite.

■ **Musculus palmaris brevis**
Dieser kurze Muskel ist mit keinem Knochen verbunden, sondern im Bindegewebe in der Handfläche (palmare Aponeurose) verankert und schiebt sich in die Haut über dem Hypothenar. Er lässt die Haut faltig werden, was möglicherweise eine bessere Griffigkeit zur Folge hat.

Blutgefäße der Hand

Die Hand wird von zahllosen Venenbahnen und Arterien versorgt. Sie bilden ein breites Netzwerk aus kleinen, untereinander verbundenen Blutgefäßen, die auch dann alle Finger ausreichend mit Blut versorgen, wenn eine Arterie verletzt ist.

Die Hand wird durch die Ellen- und Speichenschlagader mehr als ausreichend mit Blut versorgt. Das Netzwerk, das sie bilden (Anastomose), hält auch dann die Blutversorgung aufrecht, wenn eine verletzt ist.

Arcus palmaris superficialis
Die Ellenschlagader erreicht die Hand auf derselben Seite wie der kleine Finger und kreuzt die Handfläche, um sich mit der Speichenarterie zu vereinigen. Von diesem Bogen (Arcus palmaris superficialis) gehen die kleinen Fingerarterien aus, die den kleinen Finger, den Ring- und Mittelfinger versorgen.

Arcus palmaris distales
Der tiefer gelegene Palmarbogen ist eine Fortsetzung des Arcus palmaris superficialis. Er erreicht die Hand beim Daumen und die Arterien, die von ihm ausgehen, versorgen den Daumen und den Zeigefinger sowie die Mittelhandarterien, die mit den Fingerarterien ein Netzwerk bilden.

Handrücken
Ein unregelmäßiges Netzwerk aus kleineren Arterien liegt auf der Rückseite des Handgelenks und versorgt damit den Handrücken und die Fingeroberseiten mit Blut.

Ansicht der linken Handinnenseite

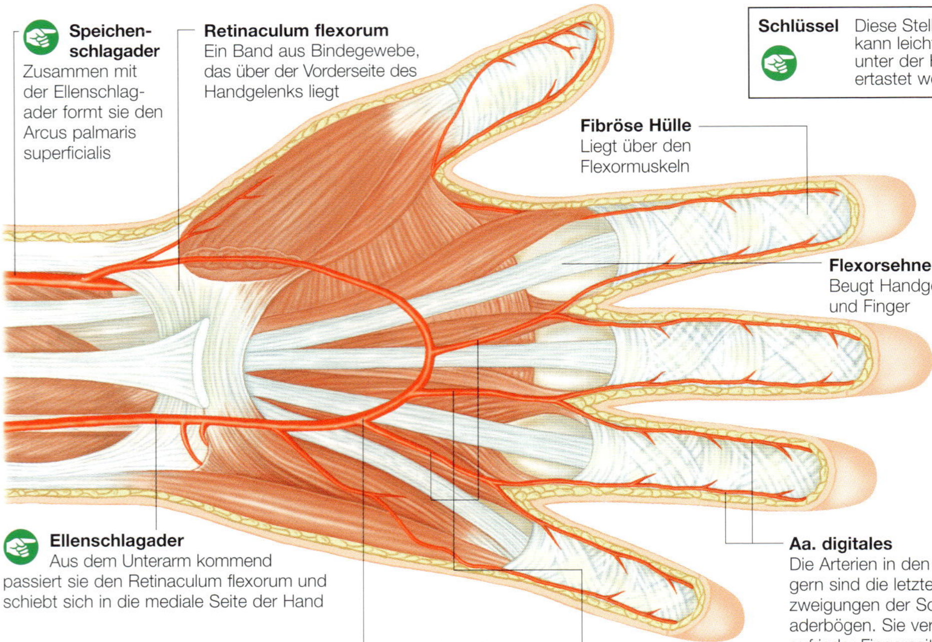

Die Ellenarterie verläuft in einem Bogen über die Handfläche zum Daumen hin und vereinigt sich dort mit einem Arm aus der Speichenarterie zum Arcus palmaris superficialis.

Venen der Hand

Ansicht der Rückseite der linken Hand

Die kleinen Venen der Hand vereinigen sich zu den größeren Venen des Arms, die das Blut zum Herzen zurücktransportieren.

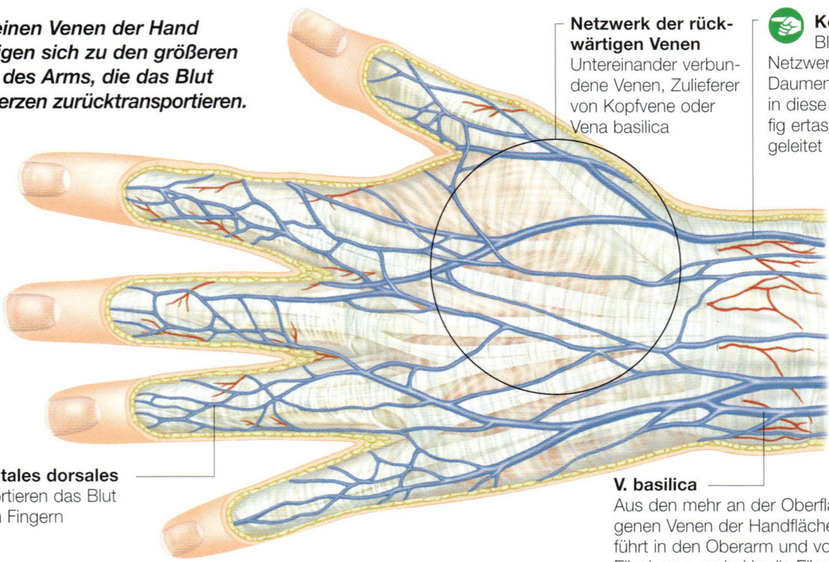

Die Venen auf der Rückseite der Hand formen zusammen ein Netzwerk, durch das auf der Daumenseite Blut zurück in die große Kopfvene geleitet wird, während auf der anderen Seite Blut in die Vena basilica geleitet wird.

VENEN IN DER HANDFLÄCHE

Diese Venen formen ebenfalls ein verflochtenes Netzwerk, das tiefer in der Hand neben dem arteriellen Arcus palmaris liegt und näher an der Oberfläche den Arcus palmaris superficialis begleitet. Das Blut aus den Fingern gelangt durch kleine Venen an den Fingerseiten dort hinein.

Die tieferen Venen der Handfläche verlaufen neben der Speichen- und Ellenschlagader des Unterarmes. Die oberflächennahen Venen wiederum folgen den entsprechenden Arterien.

Nerven der Hand

Die Nervenversorgung der Hand erfolgt durch die drei Hauptnervenstränge der oberen Extremität: Mediannerv, Ellennerv und Speichennerv.

Der Mediannerv erreicht die Hand auf der Handunterseite und passiert dabei den Retinaculum flexorum (fixierendes Bindegewebe) im Karpaltunnel.

Der Mediannerv versorgt in der Hand:

- Die drei Muskeln des Daumenballens – Abductor pollicis brevis, Flexor pollicis brevis und Opponens pollicis. Bei einer Verletzung des Mediannervs zieht die Lähmung des Daumens mangelnde Innervierung dieser Muskeln nach sich. Damit verliert der Daumen die Fähigkeit zur Opposition.
- Den ersten und zweiten Musculus lumbricales.
- Die Haut der Handfläche und die Oberfläche der Innenseite der ersten dreieinhalb Finger sowie die Rückseite der Fingerspitzen. Der Nervenarm, der die Haut auf der Handfläche selbst versorgt, zweigt ab, bevor der Mediannerv den Karpaltunnel erreicht und läuft über, nicht unter, dem Retinaculum flexorum, so dass die Haut weiterhin versorgt wird, falls der Mediannerv dort beschädigt wird.

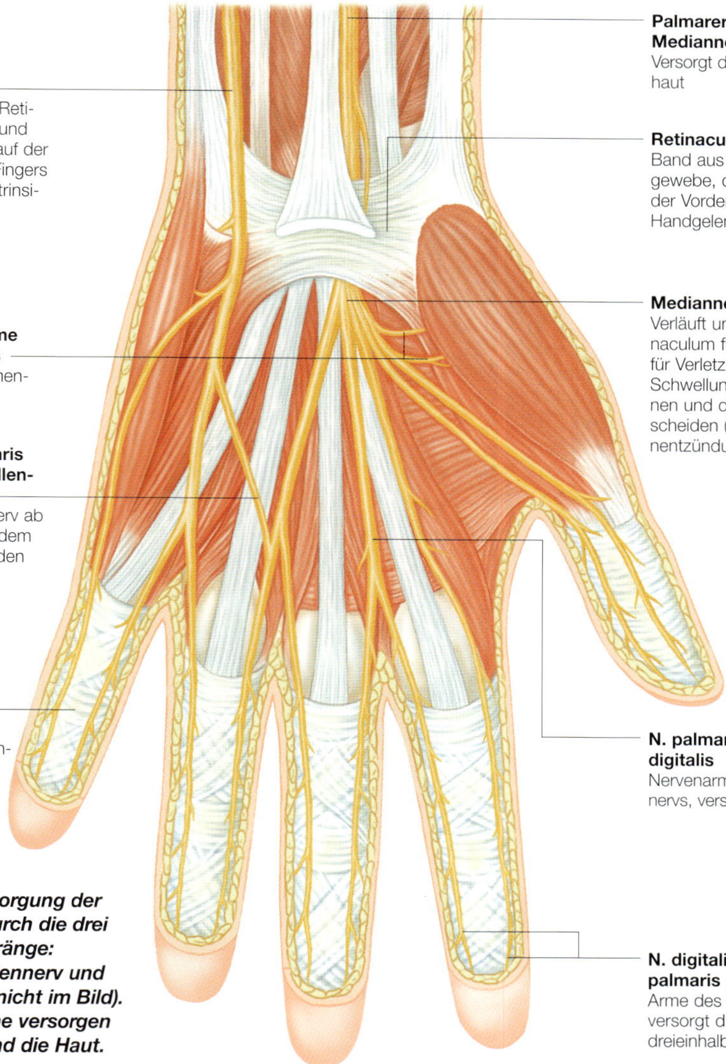

Die Nervenversorgung der Hand erfolgt durch die drei Hauptnervenstränge: Mediannerv, Ellennerv und Speichennerv (nicht im Bild). Ihre Nervenarme versorgen alle Muskeln und die Haut.

Nervenversorgung der Hand

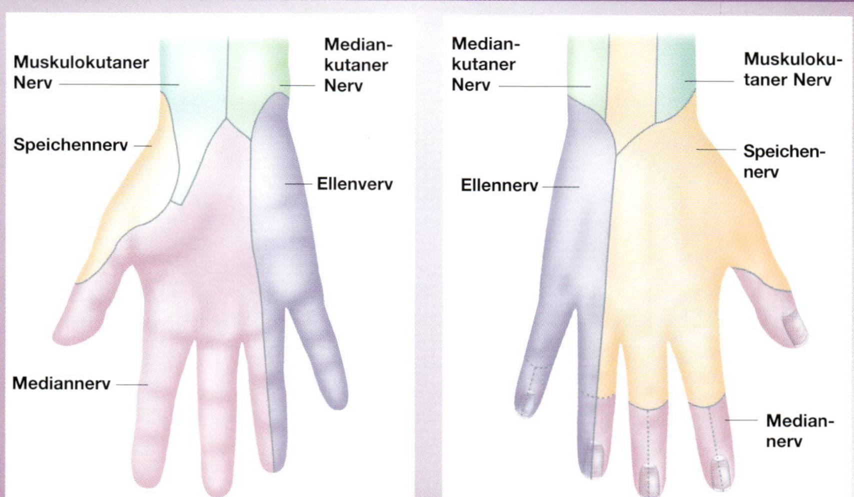

Diese zwei Diagramme zeigen die Hautbereiche, die durch die Handnerven innerviert werden. Der Bereich des Ellennerves ist lila, der des Mediannervs rosa und der des Radialnervs ist gelb. Die Nervi cutanei und musculocutanei sind grün respektive blau eingezeichnet.

Der Ellennerv

Der Nervus ulnaris erreicht die mediale Seite der Hand und verläuft über dem Retinaculum flexorum. Er versorgt:

- Die Haut auf der medialen Seite der Handfläche durch den Nervus cutaneus palmaris.
- Die Haut der medialen Hälfte des Handrückens, den kleinen Finger und die mediale Hälfte des Ringfingers durch den Nervus cutaneus dorsalis.
- Die Haut auf der Handflächenseite des kleinen Fingers und den halben Ringfinger durch einen oberflächlichen Nervenarm.
- Die Muskeln im Hypothenar durch den tiefen Nervenarm.
- Den Musculus adductor pollicis, der den Daumen wieder an die Handfläche anlegt.
- Den dritten und vierten Musculus lumbricales sowie alle Musculi interossei.

Der Speichennerv

Der Nervus radialis versorgt nur die Haut in der Hand. Er verläuft von der Unterarmrückseite abwärts zum Handrücken und versorgt dort die Haut auf der Rückseite der lateralen dreieinhalb Finger.

Der Bauch im Überblick

Der Bauch ist derjenige Teil des Körperstamms, der zwischen Brustkorb (oben) und Becken (unten) liegt. Der Inhalt der Bauchhöhle wird dabei durch ein Knochengerüst und die Bauchdecke gehalten.

Die Organe im oberen Bereich der Bauchhöhle – Leber, Gallenblase, Magen und Milz – liegen unter der Halbkugel des Zwerchfells und sind durch die unteren Rippen geschützt.

Die Rückenwirbel und die zugehörigen Muskeln bilden die Rückwand der Bauchhöhle, während die Beckenknochen sie halten.

Der Bauch ist ohne Knochen vergleichsweise ungeschützt, zugleich gestattet aber gerade das eine größere Mobilität des Rumpfes sowie eine Ausdehnung des Unterleibes, etwa bei Schwangerschaft oder nach einer großen Mahlzeit.

INHALT DER BAUCHHÖHLE

Die Bauchhöhle enthält:

- Einen Großteil des Magen-Darm-Traktes
- Leber
- Bauchspeicheldrüse
- Milz
- Nieren

Neben diesen Eingeweiden enthält die Bauchhöhle auch die notwendigen Blutgefäße, Lymphgefäße und Nerven, und auch eine variable Menge Fettgewebe.

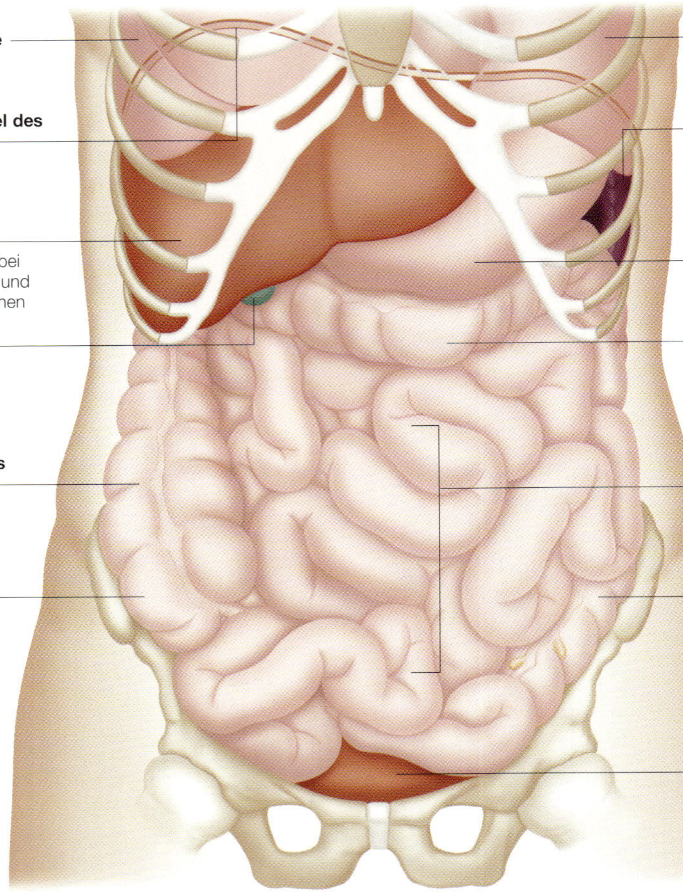

Die Bauchhöhle enthält die Verdauungsorgane, wie Magen und Därme, die als Eingeweide bezeichnet werden.

Das Bauchnetz

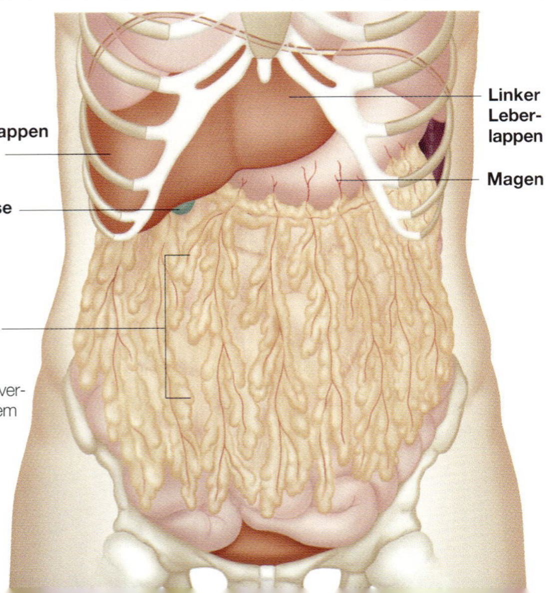

Die meisten Eingeweide sind in eine feuchte, dünne Gewebehülle gekleidet, das Bauchfell. Falten des Bauchfells verbinden die Eingeweide mit der Wand der Bauchhöhle, und lassen sie auch einfach übereinander gleiten.

Der deutlichste Bestandteil des Bauchfells ist das größere Bauchnetz, das von der Unterseite des Magens wie eine Art Schürze herabhängt und die Rollen des Dünndarms hält. Das größere Bauchnetz enthält größere Mengen von Fett, das ihm seine gelbliche Farbe verleiht.

Das größere Omentum ist ein Netz aus fetthaltigem Gewebe, das vor den Organen des Unterleibes hängt. Es dient dazu, die darunter liegenden Strukturen zu schützen und zugleich zu isolieren.

SCHÜTZENDE FUNKTION

Das größere Bauchnetz wird auch als Unterleibs-Polizist bezeichnet, da es sich um entzündete Organe wickelt, um Infektionen benachbarter Organe zu verhindern.

Zudem schützt es die Eingeweide vor Verletzungen und Wärmeverlust.

Ebenen und Regionen des Bauchraums

Um die Position der Organe oder von Schmerzen im Unterleib besser beschreiben zu können, teilen Ärzte ihn in Regionen auf, die von imaginären vertikalen und horizontalen Linien bestimmt werden. Diese Bereiche helfen bei einer genauen klinischen Diagnose.

Der Bauch wird für präzise Beschreibungen in neun Regionen unterteilt. Diese Regionen werden durch zwei horizontale (subcostal und transtuberculär) und zwei vertikale (mediclaviculäre) Ebenen voneinander abgegrenzt.

Die neun Regionen sind:

- Rechtes Hypochondrium
- Epigastrium
- Linkes Hypochondrium
- Rechte Seite (Flanke)
- Umbilical
- Linke Seite (Flanke)
- Rechte Leiste
- Suprapubisch
- Linke Leiste

VIER QUADRANTEN

Für einfache klinische Zwecke ist es ausreichend, den Unterleib in vier Regionen zu unterteilen, die von einer horizontalen und einer vertikalen Ebene abgegrenzt werden.

Diese Regionen werden einfach als rechter und linker oberer Quadrant, sowie rechter und linker unterer Quadrant bezeichnet.

KLINISCH WICHTIG

Es ist wichtig zu wissen, in welchem Quadranten sich welches Organ befindet. Falls eine Abnormität auftritt oder der Patient über Schmerzen klagt, kann diese Einteilung hilfreich sein, um z.B. in einem Bericht die exakte Stelle zu bezeichnen.

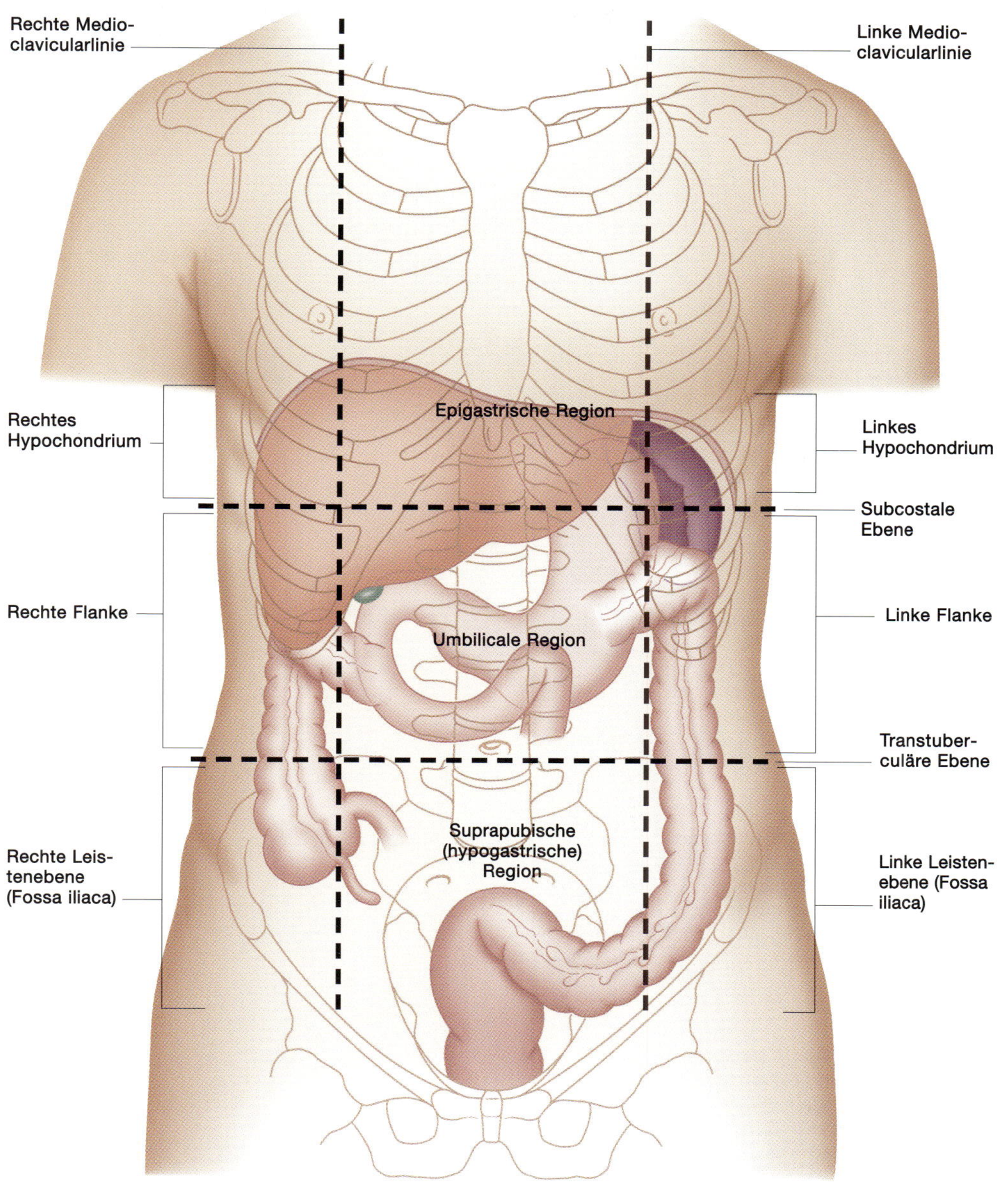

Chirurgische Schnitte

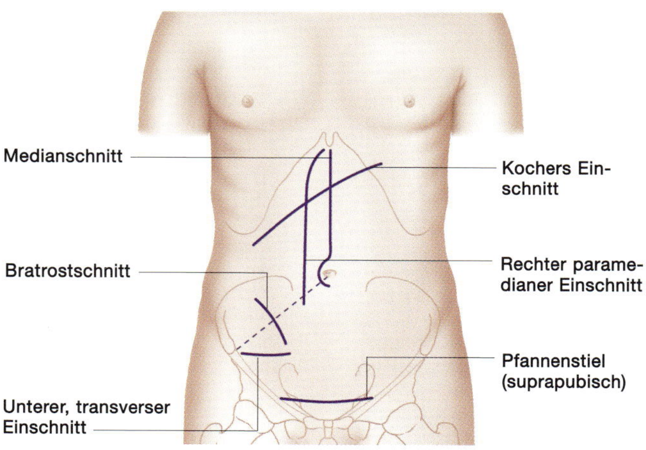

Wissen um den Aufbau der Bauchdecke ist sehr wichtig für Chirurgen bei dortigen Operationen.

Wenn möglich, wird der Chirurg entlang der natürlichen Linien der Haut schneiden (Langer-Linien), die zu den Kollagenlagen in der Haut parallel liegen und daher auch schneller heilen.

Chirurgen nutzen eine Vielzahl von Schnitten, um sich Zugang zur Bauchhöhle zu verschaffen und die richtige Stelle freizulegen.

Andere anatomische Voraussetzungen werden ebenfalls beachtet, so die Lage der Nervenbahnen in der Bauchdecke, die Ausrichtung der Muskelfasern oder die Lage von Bindegewebe. Damit kann dauerhafter Schaden an Haut und Gewebe minimiert werden.

VERSCHIEDENE EINSCHNITTE

Auf die verschiedenen Faktoren und individuellen Gegebenheiten eines jeden Falles reagieren Chirurgen mit unterschiedlichen Einschnitten, siehe Abbildung.

Bauchdecke

Die Bauchhöhle liegt zwischen Zwerchfell und Becken. Die Bauchdecke befindet sich vorne und seitlich, sie besteht aus verschiedenen Muskellagen, die die Höhle umgeben und stützen.

Die hintere Bauchdecke wird von den unteren Rippen, dem Rückgrat und Muskeln gebildet, während der vordere Bereich und die Seiten (anterolateral) ausschließlich aus Muskelfasern und fibrösen Lagen (Aponeurosen) bestehen.

Unter Haut und subkutanem Fett liegen die Muskellagen der Bauchdecke. Die Muskeln sind hier in drei Lagen übereinander positioniert, dem Obliquus externus, dem Obliquus internus und dem Transversus abdominis, die den Bauch in alle Richtungen stützen. Ein zusätzlicher Muskel, der Rectus abdominis, verläuft vertikal über den vorderen Rippenkasten und nach unten zum vorderen Becken.

OBLIQUUS EXTERNUS

Der Musculus obliquus externus bildet den größten Teil der oberflächennahen Bauchmuskeln, und verläuft als dünne, breite Lage nach unten und einwärts.

Die Muskeln gehen von den Unterseitenoberflächen der unteren Rippen aus und ihre Fasern fächern dann über das gesamte feste Bindegewebe aus, die Aponeurose des Musculus obliquus externus. Dann schließen sie sich an das Schambein an.

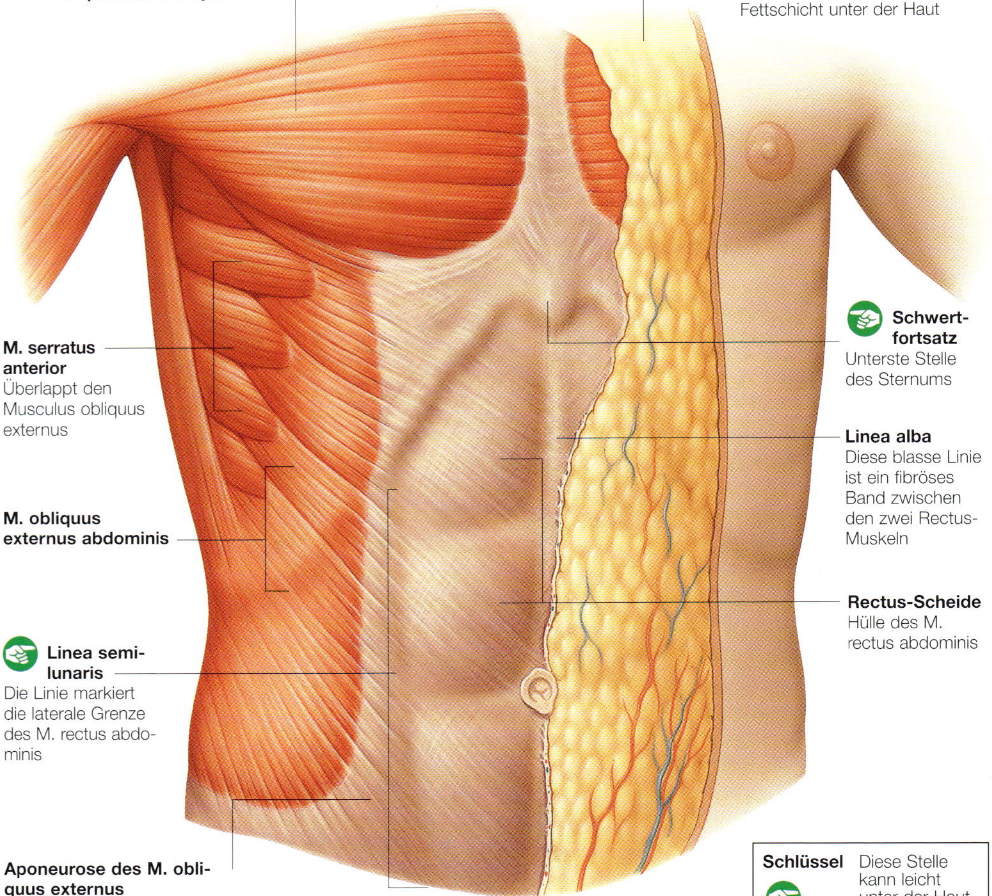

Der Musculus obliquus externus ist Teil der vorderen Bauchdecke. Er ist der längste und oberflächennaheste der anterolateralen flachen Bauchmuskeln.

Schichten der Bauchdecke

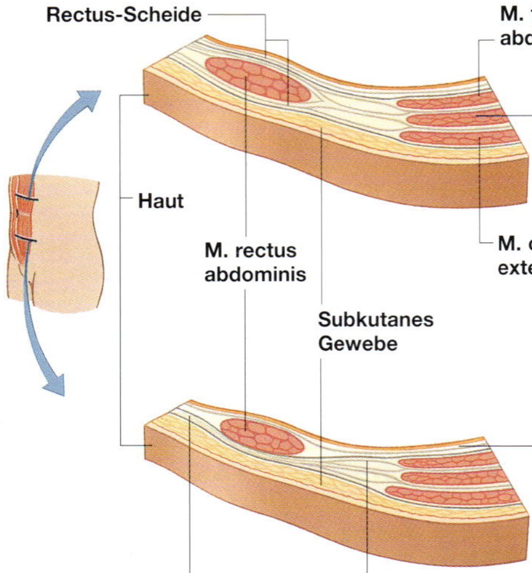

Die Schichten der Bauchdecke enthalten:

- Haut – die natürlichen Linien der Haut verlaufen quer über den größten Teil der Bauchdecke.
- Oberflächliches Fettgewebe – kann sehr dick sein und bei beleibten Menschen auch in Falten liegen.
- Oberflächennahe Fascia scarpa – diese dünne Faszie setzt die Faszien benachbarter Körperteile fort.
- Drei Muskellagen – Obliquus externus, Obliquus internus und Transversus abdominis.
- Tiefe Faszienlagen, die zwischen den Muskeln liegen und sie voneinander abgrenzen.
- Fascia transversalis – bindegewebige Faszie. Verläuft entlang der Bauchdecke und verbindet sich mit dem Gewebe an der Unterseite des Zwerchfells und dem Becken darunter.
- Fettgewebe – zwischen Fascia transversalis und Peritoneum.
- Peritoneum – feine, Flüssigkeit absondernde Membran, säumt die Bauchhöhle und umhüllt die meisten Eingeweide.

Diese Querschnitte der Bauchdecke zeigen die verschiedenen Schichten. Die fibrösen Lagen des Muskels verweben sich rund um den Rectus abdominis

Tiefergelegene Muskeln der Bauchdecke

Unter dem großen Musculus obliquus externus liegen zwei weitere Muskeln, der Musculus obliquus internus und der Musculus transversus abdominis. Zusätzlich verläuft der Rectus abdominis vertikal entlang der Bauchdeckenmitte abwärts.

Der Musculus obliquus internus bildet eine breite, dünne Lage tief unterhalb des Obliquus externus. Seine Fasern verlaufen aufwärts und einwärts, zu diesem im Winkel von etwa 90 Grad.

Die Fasern des Musculus obliquus internus gehen von der lumbalen Faszie auf beiden Seiten des Rückgrats aus, vom Beckenkamm und vom Leistenband.

Ähnlich wie der Obliquus externus schiebt sich der Obliquus internus in eine feste, breite Aponeurose, die sich aufteilt, um den Musculus rectus abdominis zu umschließen (Rectus-Scheide).

TRANSVERSUS ABDOMINIS

Die innerste der drei Muskellagen, welche die Eingeweide halten. Seine Fasern verlaufen horizontal und schieben sich in die Aponeurose größtenteils hinter dem Rectus abdominis.

RECTUS ABDOMINIS

Die zwei Muskeln verlaufen vertikal die Frontseite der Bauchdecke abwärts.

Dabei ist der obere Bereich beider Muskeln breiter und dünner als der untere Bereich. Dazwischen liegt die Linea alba, eine dünne Linie festen Bindegewebes.

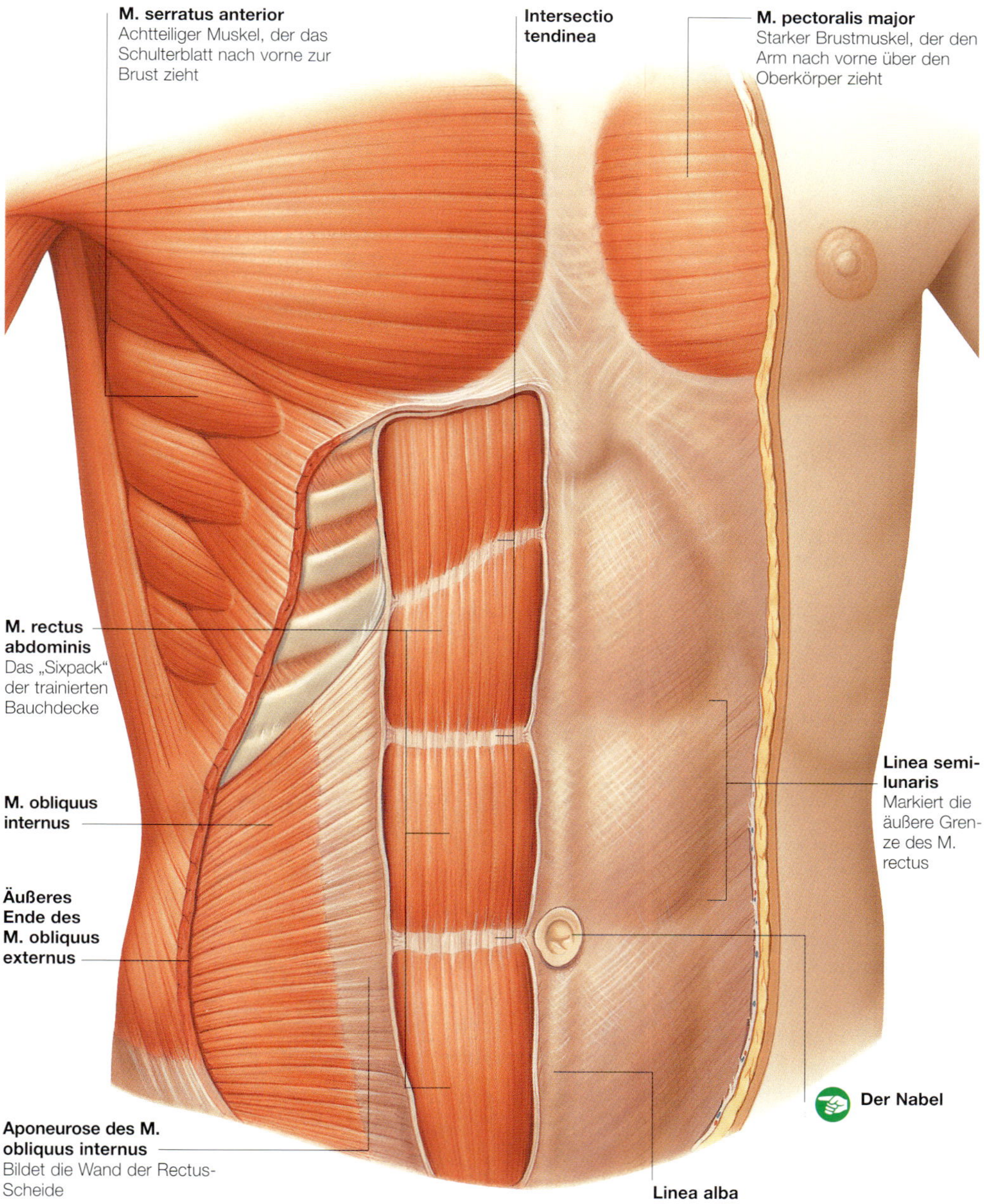

Die Rectus-Scheide

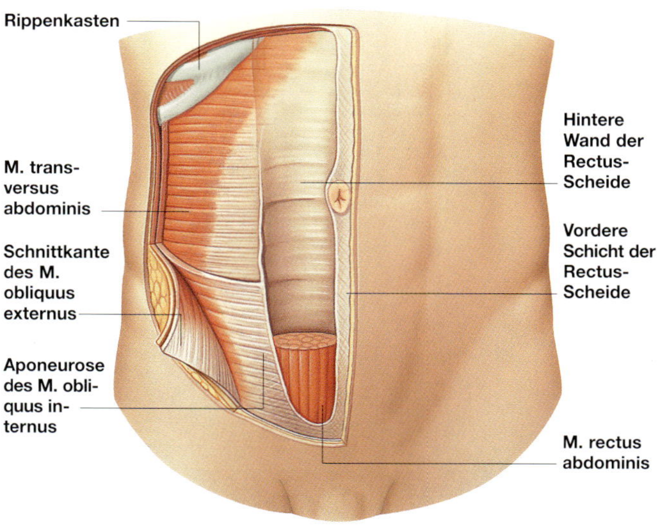

Der Musculus rectus abdominis ist in eine Schicht aus festem Bindegewebe eingehüllt, die durch das Zusammenkommen der Aponeurosen der drei Muskeln der Bauchdecke entsteht.

Die oberen Dreiviertel der Rectus-Scheide unterscheiden sich vom unteren Viertel durch die Art, wie sich die drei Aponeurosen verweben.

Die obere Rectus-Scheide

Die hintere Wand wird von der Aponeurose des Obliquus externus und von der Hälfte der Aponeurose des Obliquus internus gebildet, während die vordere Wand von der zweiten Hälfte der Aponeurose des Obliquus internus und der des transversus gebildet werden.

Die untere Rectus-Scheide

Drei Aponeurosen liegen auf der Vorderseite des Musculus rectus abdominis und damit direkt auf der Fascia transversalis darunter.

Die drei Aponeurosen treffen sich in der Mitte, um die Linea alba zu bilden. Wie der Musculus rectus abdominis selbst, enthält auch seine Scheide Blutgefäße, die tief im Muskel eingebettet sind.

Der Musculus rectus abdominis erstreckt sich vorne auf der Bauchdecke. Er ist in Bindegewebe gehüllt, das als Rectus-Scheide bezeichnet wird.

Speiseröhre

Die Speiseröhre (Oesophagus) ist eine röhrenartige Verbindung zwischen Rachen und Magen. Sie dient ausschließlich dem Durchfluss von Nahrung, nicht aber zur Verdauung oder Absorption.

Die Speiseröhre, eine muskulöse Röhre, ist bei Erwachsenen etwa 25 cm lang und transportiert Nahrung vom Mund in den Magen.

FORM DER SPEISERÖHRE

Die Kontur der weichen und flexiblen Speiseröhre ist nicht gerade, sondern kurvenartig. Feste Strukturen wie der Aortabogen oder die linke Bronchie, können sie leicht eindrücken.

DURCHFLUSS VON NAHRUNG

Wenn keine Nahrung die Speiseröhre passiert, liegen die inneren Bereiche in Falten, die den Raum (Lumen) ausfüllen. Wird Nahrung verschluckt und nach unten weitergeleitet, dehnen sich diese Falten und die Speiseröhrenwand.

AUFBAU DER SPEISERÖHRE

Im Querschnitt hat die Speiseröhre vier Lagen:

- Mukosa – die innerste Lage, gesäumt von dem geschichteten schuppenartigen Epithel, das dem Abrieb durch Nahrung widersteht.
- Submukosa – besteht aus losem Bindegewebe; es enthält aber auch Drüsen, die Schleim absondern, was den Durchfluss erleichtert.
- Muskellage – quergestreifter Muskel, der die obere Speiseröhre säumt; glatter Muskel im unteren Bereich; im mittleren Bereich eine Kombination von beidem.
- Adventitia – eine schützende Schicht aus fibrösem Bindegewebe.

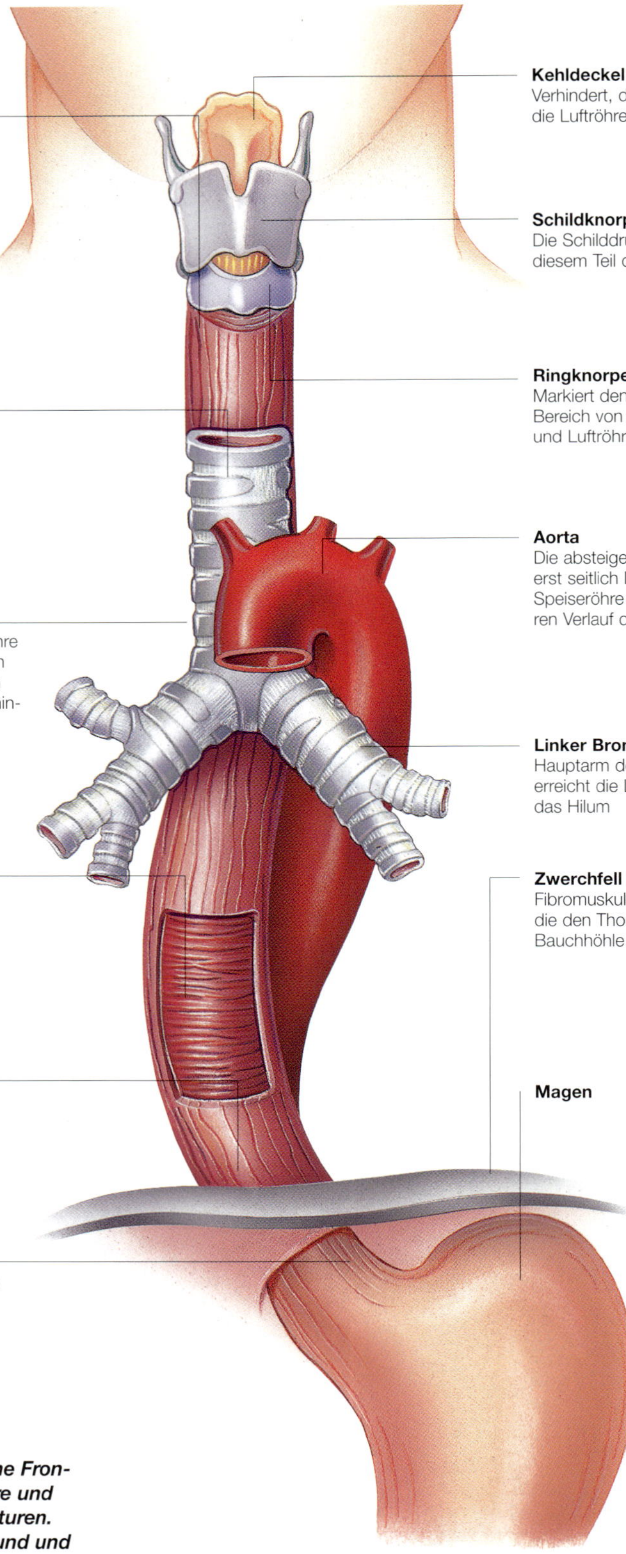

Diese Abbildung zeigt eine Frontalansicht der Speiseröhre und der dazugehörigen Strukturen. Die Röhren verbinden Mund und Magen miteinander.

Die Speiseröhre zeigt im Querschnitt mehrere Schichten. Diese Schichten sind mit denen des übrigen Magen-Darm-Traktes vergleichbar.

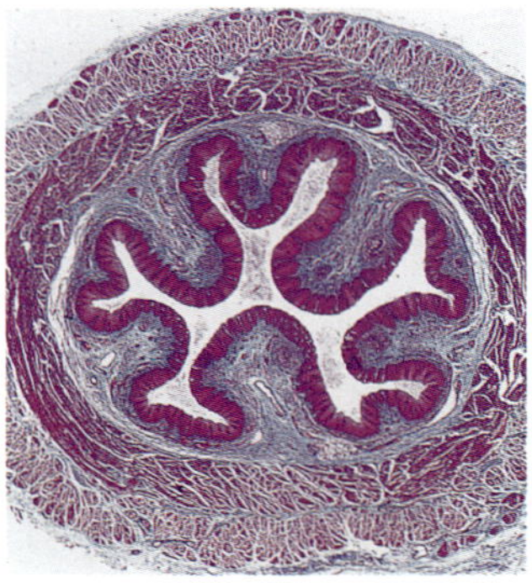

Blutgefäße und Nerven

Die arterielle Versorgung der Speiseröhre erfolgt durch Seitenarme der Aorta und die Schlüsselbeinschlagader. Wie im übrigen Körper auch, verlaufen die Venen, die Blut abtransportieren, direkt neben den Arterien.

Ein Netzwerk aus kleinen Venen umgibt die Speiseröhre und sorgt für Blutabfuhr.

OBERE SPEISERÖHRE

Die Venen des oberen Drittels der Speiseröhre entleeren sich in die unteren Schilddrüsenvenen. Blut aus dem mittleren Drittel entleert sich in das azygose Venensystem.

UNTERE SPEISERÖHRE

Das Blut aus dem unteren Drittel der Speiseröhre kann in die Magenvene gelangen, einem Teil des Pfortadersystems, das durch die Leber führt. Das ist klinisch wichtig, da erhöhter Druck im Pfortadersystem auch Blut zurück in das Speiseröhrensystem drücken kann. In Folge davon können sich die Venen der unteren Speiseröhre ausdehnen und platzen.

Die Speiseröhre ist von einem Netzwerk aus Venen umgeben. Diese entleeren sich entweder in die Vena cava superior durch ihre Nebenflüsse oder die Pfortader über die linke Magenvene.

Die Venen der Speiseröhre

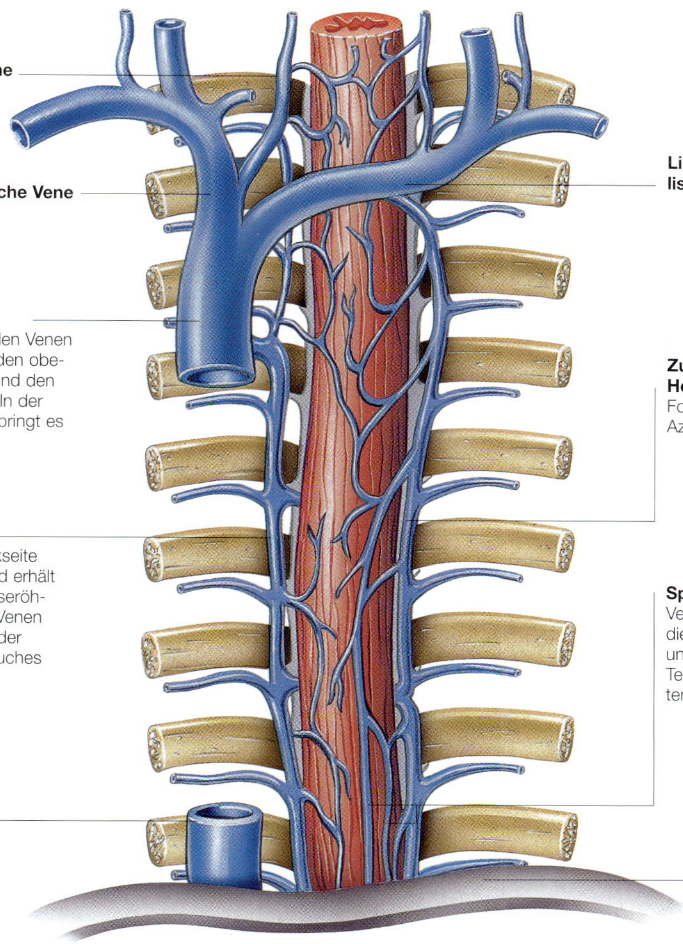

Nerven der Speiseröhre

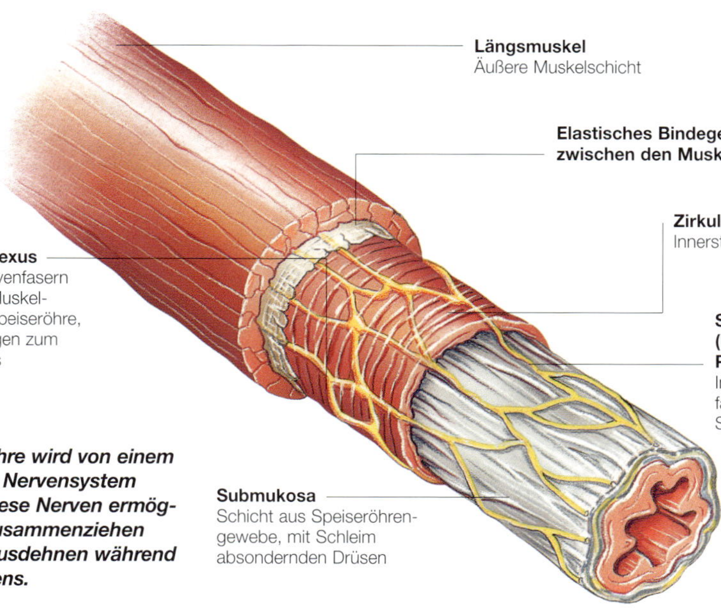

Die Speiseröhre wird von einem intrinsischen Nervensystem gesteuert. Diese Nerven ermöglichen das Zusammenziehen und Wiederausdehnen während des Schluckens.

Wie auch der übrige Magen-Darm-Trakt hat auch die Speiseröhre ihr eigenes intrinsisches Nervensystem, das sie während des Schluckens ohne äußere Nervenstimulation zusammenziehen und wieder ausdehnen lässt.

Diese intrinsische Nervenversorgung geht von zwei Hauptnervenknoten in der Wand der Speiseröhre aus, dem Meissner-Plexus und dem Auerbach-Plexus. Sie sind untereinander verbunden und regulieren zusammen die Drüsensekrete und die Bewegungen der Speiseröhre.

EXTERNE KONTROLLE

Das autonome Nervensystem kann auf die intrinsische Nervenfunktion einwirken, die den gesamten Körper beeinflusst. Externe Nervenfasern gehen vom 10. Hirnnerv aus.

Magen

Der Magen ist ein ausgeweiteter Bereich des Verdauungstraktes, der Nahrung aus der Speiseröhre entgegennimmt. Nahrung wird hier gespeichert, bevor sie in den Dünndarm weitergeleitet und dort verdaut wird.

Der Magen ist ein dehnbarer, muskulöser Sack, gesäumt von schleimiger Membran. Er ist an zwei Stellen befestigt: An der Speiseröhrenöffnung oben und am Zugang zum Dünndarm unten. Dazwischen kann er sich frei bewegen.

MAGENSCHLEIMHAUT

Wenn der Magen leer ist, liegt die Magenschleimhaut in zahllosen Falten (Rugae), die von einer Öffnung zur anderen verlaufen.

Die Magenwände haben viel mit den übrigen Teilen des Darms gemeinsam, mit kleinen Abweichungen:

- Das Magen-Epithel – die Zellschicht, die den Magen säumt, enthält viele Drüsen, die schützenden Schleim absondern, andere erzeugen Enzyme und Säure, die die Verdauung einleiten.
- Die Muskelschicht – eine innere, schräg angelegte Muskelschicht, neben den üblichen längslaufenden und zirkularen Fasern. Dadurch kann der Magen Nahrung gut durchrühren, bevor er sie an den Dünndarm weiterleitet.

BEREICHE DES MAGENS

Der Magen hat vier Teile und zwei Biegungen:

- Cardia
- Fundus
- Corpus
- Pylorus-Region – der Abflussbereich des Magens
- Die kleine Curvatur
- Die große Curvatur

Lage und Struktur des Magens

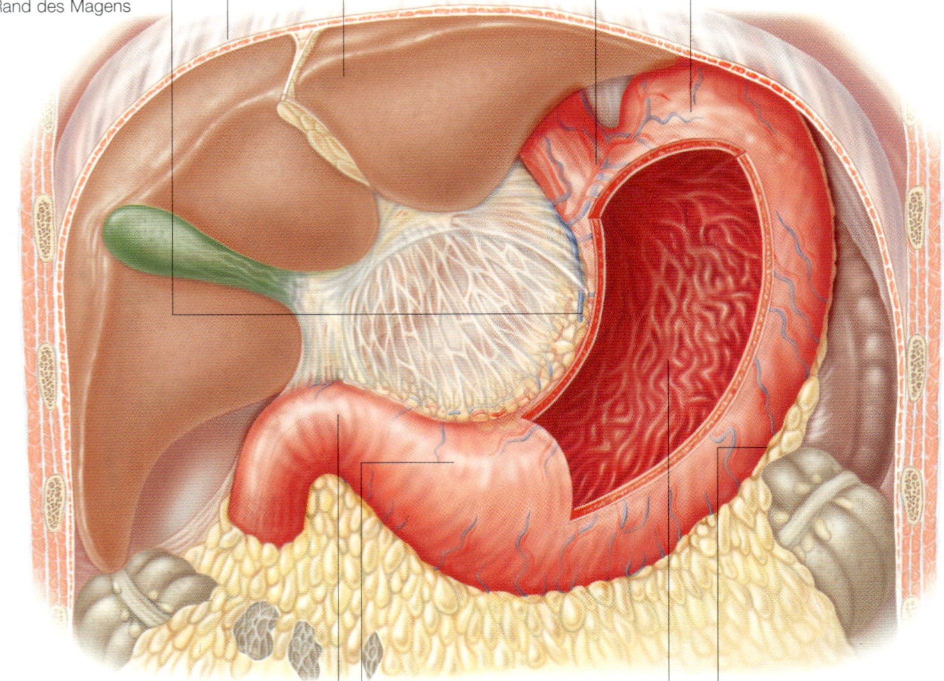

Der Magen liegt innerhalb der epigastrischen Region des Bauches, unter dem Zwerchfell, rechts der Milz und teilweise unter der Leber.

Die Verbindung zwischen Magen und Speiseröhre

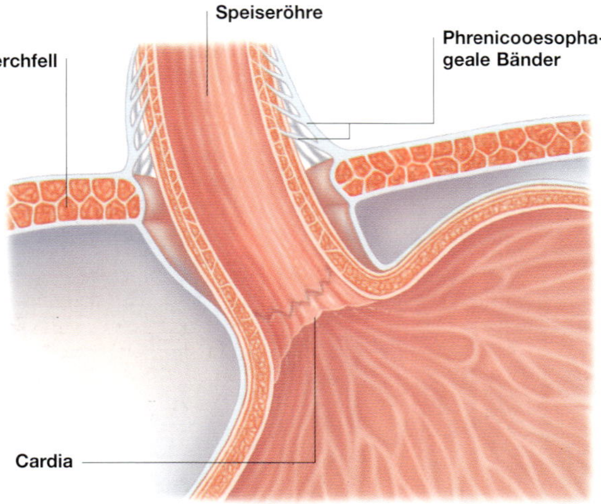

Am unteren Ende der Speiseröhre wechselt das Epithel, eine säumende Zellschicht, von viellagig, geschichtet und schuppenartig zur typischen Magenschleimhaut im Zickzackmuster.

BINDEGEWEBE

Die Speiseröhre und der obere Bereich des Magens sind durch die so genannten phrenicooesophagealen Bänder mit dem Zwerchfell verbunden. Diese Bänder sind Fortsätze der Faszie, die die Oberfläche des Zwerchfells einhüllt.

Die Muskelröhre der Speiseröhre setzt sich nach dem Zwerchfell im Magen nahtlos fort. Hier kommen die Inhalte der Speiseröhre in den Magen.

PHYSIOLOGISCHER SCHLIESSMUSKEL

Es gibt keine erkennbare Klappe oben am Magen, das die Weitergabe der Nahrung regelt. Jedoch sorgen die umliegenden Muskelfasern des Zwerchfells dafür, dass die Röhre geschlossen bleibt, außer Bolus (Nahrungsbrei) passiert ihn. Das wird physiologischer Speiseröhrenschließmuskel genannt.

Blutversorgung des Magens

Der Magen wird hauptsächlich aus dem Truncus coeliacus mit reichlich Blut versorgt.

Die Gefäße, die den Magen versorgen, lauten:

- Linke gastrische Arterie – ein Seitenarm des Truncus coeliacus
- Rechte gastrische Arterie – kommt von der Leberarterie (Seitenarm des Truncus coeliacus)
- Rechte gastroepiploische Arterie – erhebt sich vom Gastroduodenalast der Leberarterie
- Linke gastroepiploische Arterie – kommt von der Milzarterie
- Kurze gastrische Arterie – kommt von der Milzarterie

VENEN UND LYMPHGEFÄSSE

Die Magenvenen verlaufen entlang der verschiedenen gastrischen Arterien. Schlussendlich gelangt das Blut aus dem Magen in das Pfortadersystem, das Blut erst durch die Leber pumpt, bevor es zum Herzen weiterfließt. Lymphe aus den Magenwänden entleeren sich durch die Lymphgefäße in die vielen Lymphknoten, die in Grüppchen um die große und kleine Curvatur angeordnet sind. Anschließend wird sie in den Bauchhöhlenlymphknoten weitergeleitet.

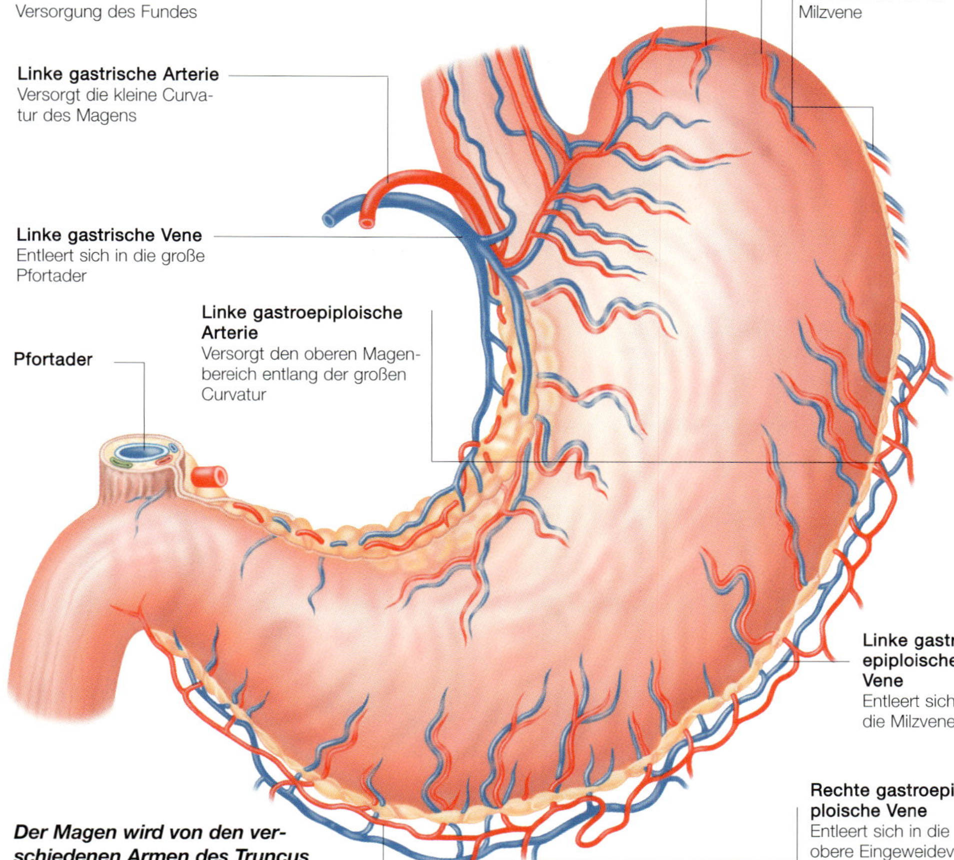

Der Magen wird von den verschiedenen Armen des Truncus coeliacus mit Blut versorgt, der wiederum ein Zweig der Bauchaorta ist.

Form und Lage des Magens

Der Magen kann sich für die Nahrungsaufnahme weit ausdehnen. Da er nur an zwei Stellen fest im Bauch verankert ist, kann er in Größe, Form und Lage deutlich variieren.

Normal

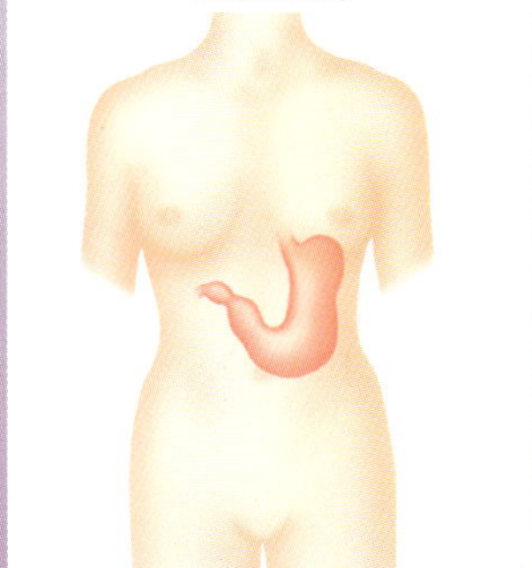

Der normale Magen ist ein verlängerter Beutel, dessen Form und Größe mit der Körperhaltung und dem Inhalt variiert, aber auch durch andere Bauchinhalte beeinflusst wird, etwa durch einen Fötus während der Schwangerschaft.

Aktiv

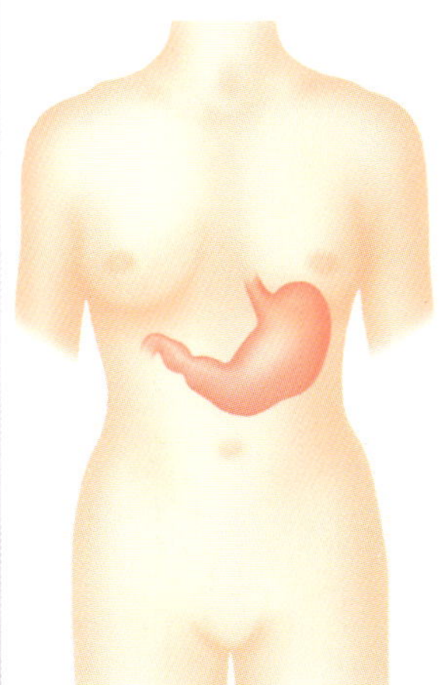

Wenn der Magen arbeitet und seine Muskeln angespannt sind, liegt er höher im Bauch, und horizontaler. Das ist bei kleinen, stämmigen Menschen verbreitet. Bei weniger Aktivität nimmt der Magen eine schmalere J-Form ein.

Gedehnt

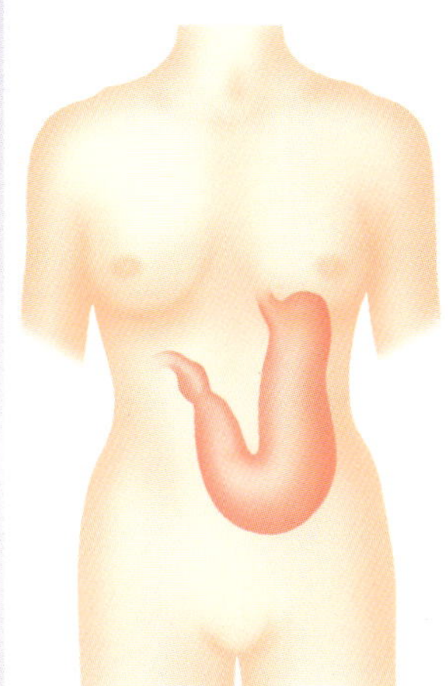

Der Magen kann bis zu drei Liter an Nahrung aufnehmen und sich damit bis unter den Nabel ausdehnen. In Folge von ständigem Überessen kann sich der Magen auch dauerhaft dehnen.

Schwanger

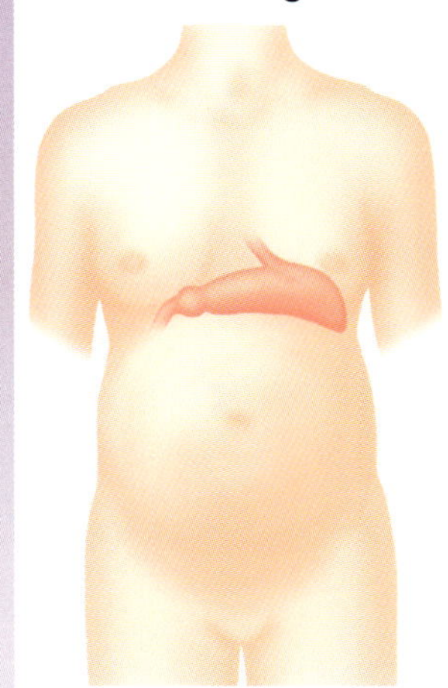

Ein hochschwangerer Uterus schiebt den Magen nach oben und in eine horizontale Position, zugleich verkleinert er seine Aufnahmefähigkeit. Das erklärt, dass Schwangere weniger, dafür häufiger essen und öfter an Sodbrennen leiden.

Dünndarm

Der Dünndarm erstreckt sich vom Magen bis zum Übergang in den Dickdarm und besteht aus drei Teilen. Er ist hauptsächlich für Verdauung und Absorbierung zuständig.

Im Dünndarm wird hauptsächlich Nahrung verdaut und absorbiert. Er ist bei Erwachsenen etwa sieben Meter lang und erstreckt sich vom Magen bis zum Übergang in den Dickdarm. Er wird in drei Bereiche unterteilt: Duodenum (Zwölffingerdarm), Jejunum (Leerdarm) und Ileum (Krummdarm).

DUODENUM

Der Zwölffingerdarm ist der erste und mit 25 cm kürzeste Bereich des Dünndarms. Er empfängt den Mageninhalt per Kontraktion der Magenwände. Hier vermischt sich der Inhalt mit Sekreten aus der Darmwand, der Bauchspeicheldrüse und der Gallenblase.

Das Duodenum kann sich nicht bewegen, es ist hinter dem Peritoneum (Bauchfell) fixiert.

BLUTVERSORGUNG DES DUODENUM

Der Zwölffingerdarm erhält arterielles Blut aus den verschiedenen Armen der Aorta. Diese wiederum verästeln sich, um jeden Bereich ausreichend mit Blut zu versorgen. Venöses Blut folgt diesem Muster und entleert sich durch das Leberpfortadersystem.

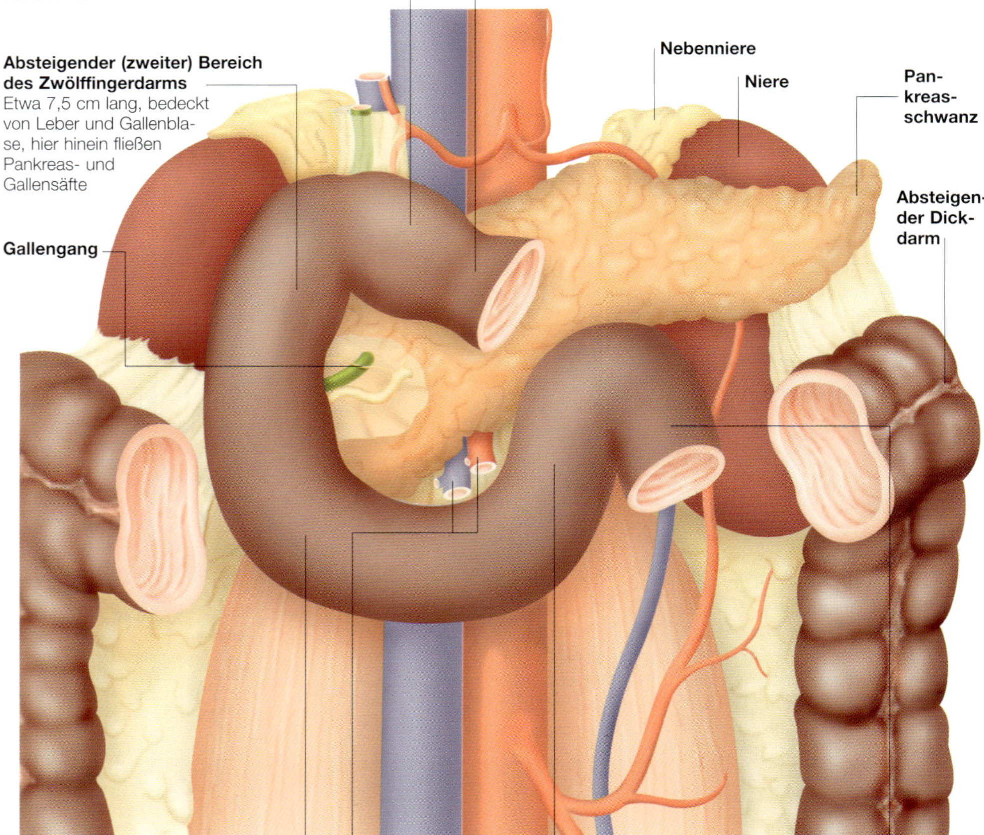

Der Zwölffingerdarm ist der erste Bereich des Dünndarms. Er ist grob c-förmig und besteht aus vier Teilen.

Struktur des Zwölffingerdarms

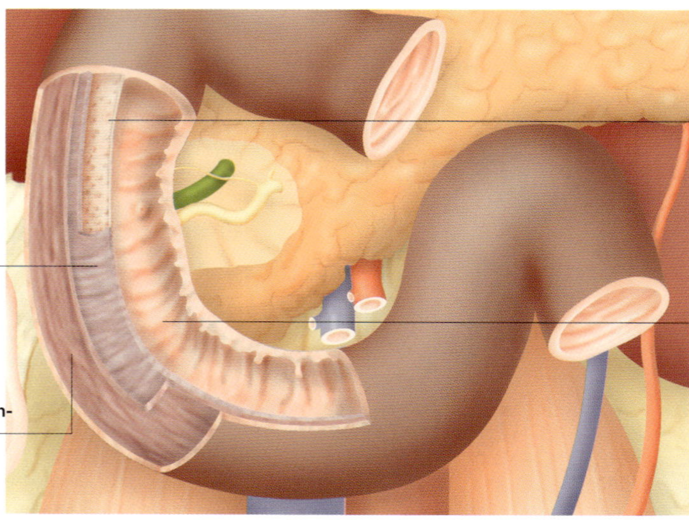

Die Wände des Duodenum bestehen aus zwei Muskellagen, einer zirkulären und einer längs verlaufenden. Die Schleimhaut ist hier außerordentlich dick und enthält zahllose Drüsen, die eine dicke, alkalihaltige Flüssigkeit absondern, um Magensäure zu neutralisieren.

Die Schleimhaut im ersten Bereich des Darms ist glatt, danach jedoch wirft sie tiefe Gewebefalten (Plicae).

Es gibt zwei Lagen von Muskelfasern im Zwölffingerdarm. Zusammen erzeugen sie Kontraktionswellen, die als Peristaltik bezeichnet werden.

Jejunum und Ileum

Leerdarm und Krummdarm bilden den größten Bereich des Dünndarms. Anders als der Zwölffingerdarm können sie sich im Abdomen bewegen.

Jejunum und Ileum bilden den längsten Teil des Dünndarms. Sie werden von fächerförmigen Falten des Peritoneums gehalten und umhüllt, dem Mesenterium, das ihnen auch erlaubt, sich innerhalb des Bauches zu bewegen. Das Mesenterium ist 15 cm lang.

BLUTVERSORGUNG

Jejunum und Ileum erhalten arterielles Blut aus 15-18 Seitenarmen der oberen Eingeweidearterie. Diese bilden Bögen, die arteriellen Arkaden, wobei von denen wiederum gerade Arterien ausgehen, die alle Bereiche des Dünndarms versorgen. Venöses Blut aus Jejunum und Ileum entleert sich in die obere Eingeweidevene, die neben der oberen Eingeweidearterie verläuft und sich wiederum in die Pfortadervene der Leber entleert.

ROLLE DER LYMPHE BEI DER VERDAUUNG

Das Fett wird aus dem Inhalt des Dünndarms durch spezielle Lymphgefäße absorbiert, die sich in der Schleimhaut befinden. Die dabei entstehende milchige Lymphflüssigkeit erreicht ein Netzwerk aus lymphatischen Gefäßen in der Darmwand. Die Flüssigkeit wird dann zu den nächsten Knotenpunkten weitertransportiert.

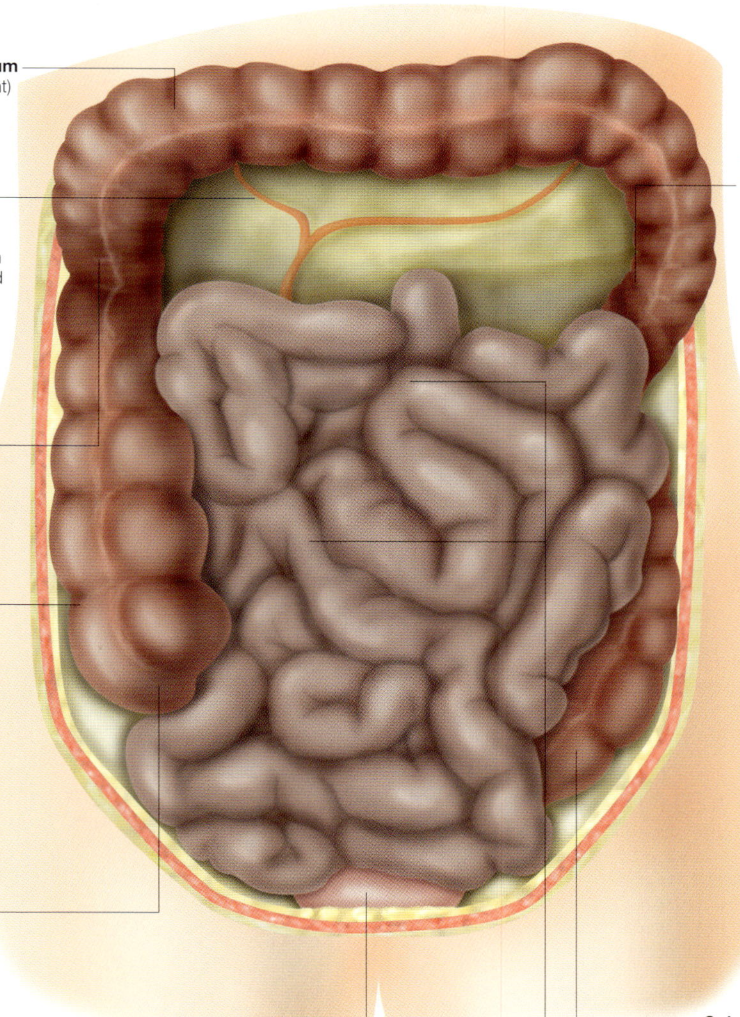

Die Darmrollen von Jejunum und Ileum nehmen den meisten Raum in der Bauchhöhle ein. Sie sind nicht befestigt und bewegen sich frei.

Unterschiede zwischen Jejunum und Ileum

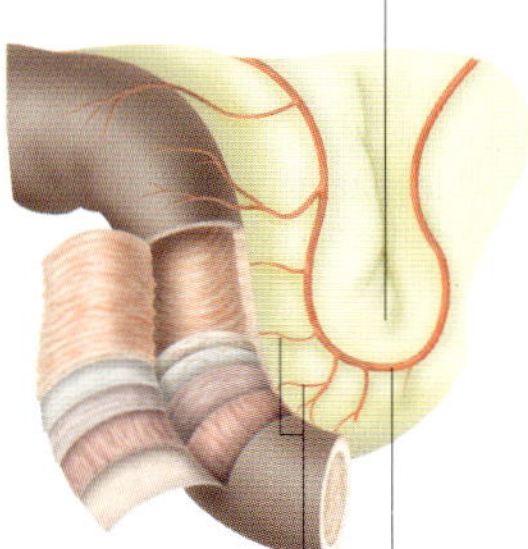

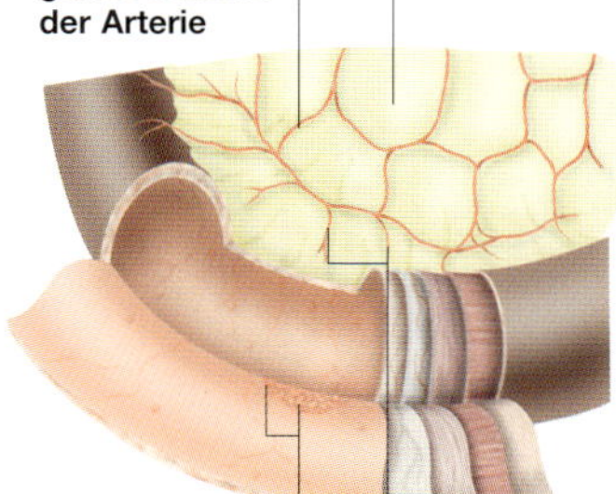

Es gibt viele strukturelle Unterschiede zwischen Leerdarm und Krummdarm, z.B.:

- Plicae – Die Wände des Jejunum sind röter und dicker, weil es mehr Schleimhautfalten hat. Diese Plicae helfen dem Jejunum durch ihre größere Oberfläche, mehr Nährstoffe zu absorbieren, zugleich bewegt sich der Inhalt langsamer durch den Darm.

Es gibt eine Vielzahl an Unterschieden zwischen Jejunum und Ileum. Der Übergang von einem zum anderen erfolgt graduell.

- Mesenterium – Die arteriellen Arkaden des Jejunum bestehen aus wenigen, großen Schleifen, die nur wenige gerade Verbindungen zur Darmwand haben, während das Ileum viele kleine Schleifen hat, mit vielen geraden Verbindungen.
- Fettablagerung – Das dem Ileum angegliederte Mesenterium speichert eine größere Fettmenge im Vergleich zum Mesenterium des Jejunum. Das Fett lagert sich dabei in der gesamten Breite des Mesenterium ein.
- Lymphgewebe – Das dem Dickdarm benachbarte Ileum besitzt eine Menge an Lymphgewebe (auch Peyer-Plaques genannt). Im Jejunum befinden sich nur wenige Lymphknoten.

Leber und Gallengangsystem

Die Leber (Hepar) ist mit eineinhalb Kilo bei erwachsenen Männern das größte Organ im Bauch. Sie spielt eine wichtige Rolle bei der Verdauung und erzeugt Galle, die in den Zwölffingerdarm abgesondert wird.

Die Leber liegt unter dem Zwerchfell in der Bauchhöhle auf der rechten Seite, größtenteils durch den Rippenkasten geschützt.

Das Lebergewebe ist weich und anpassungsfähig sowie rötlichbraun gefärbt. Sowohl von der Pfortader als auch von der Leberarterie wird sie ausreichend mit Blut versorgt, so dass sie bei Verletzungen stark blutet.

LEBERLAPPEN

Auch wenn die Leber vier Lappen hat, wird sie funktional in zwei unterteilt, links und rechts, mit jeweils eigener Blutversorgung. Die beiden kleineren Lappen, Lobus caudatus und Lobus quadratus, sind nur auf der Unterseite sichtbar.

PERITONEALE HÜLLE

Die Leber ist größtenteils vom Peritoneum bedeckt, einer Lage aus Bindegewebe, die Wand und Strukturen des Bauches säumt. Falten des Peritoneum bilden die verschiedenen Bänder der Leber.

Weil die Leber am Zwerchfell liegt, kann sich ihre Lage während der Atmung verändern. Beim Einatmen wird sie nach unten, beim Ausatmen nach oben geschoben.

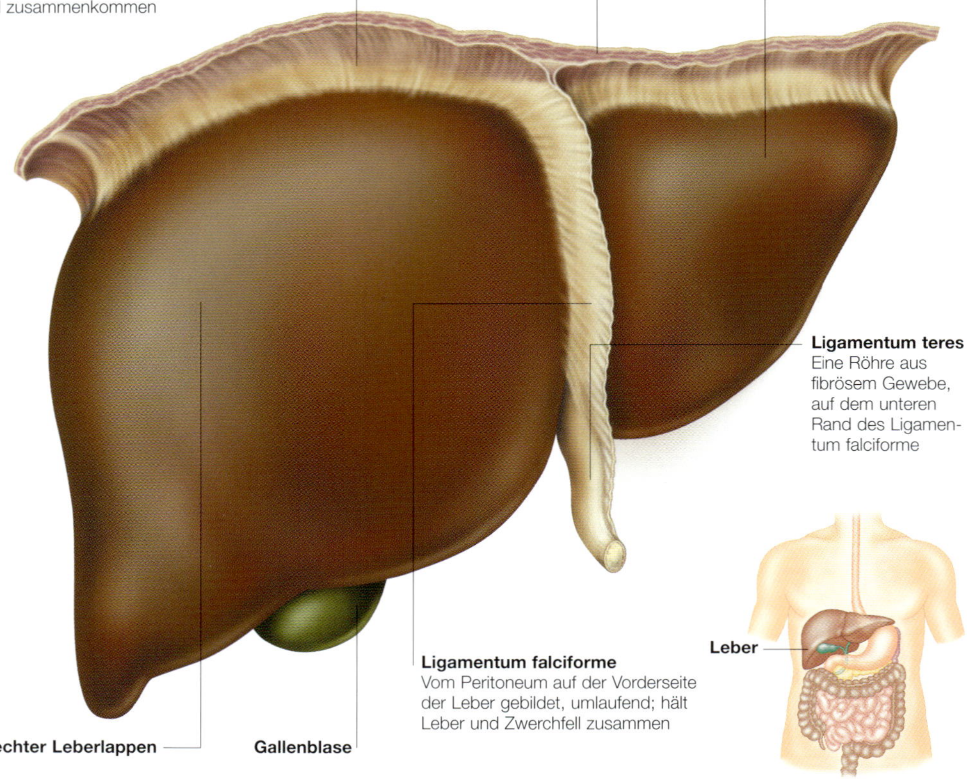

Mikroskopische Anatomie der Leber

Die Sinusoide innerhalb jedes Läppchens enthalten winzige, spezialisierte Zellen, die Kupffer-Zellen. Diese entfernen Abfall und abgestorbene Blutzellen aus dem Blut, bevor es zum Herzen zurückfließt.

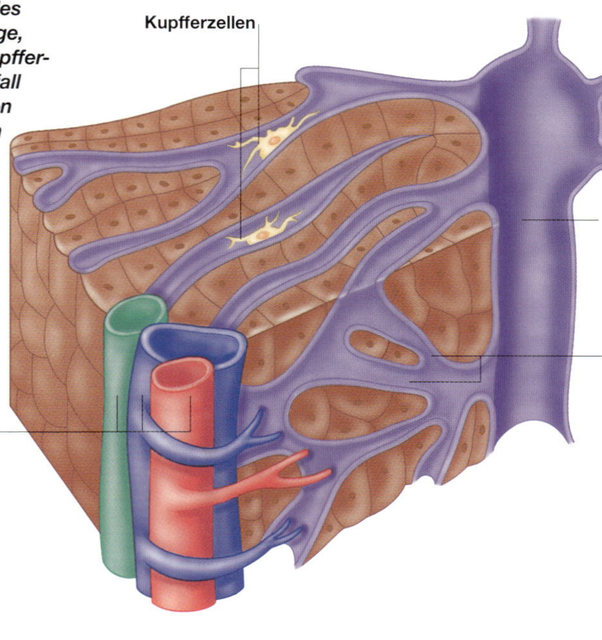

Die Leber besteht aus vielen kleinen, hexagonal geformten Zellen, den Läppchen. Sie haben eine distinktive Struktur: Die Hepatozyten liegen wie Speichen eines Rades rund um eine Mittelvene, einem Arm der Lebervene. Blut fließt durch Sinusoide an den Hepatozyten vorbei.

Diese winzigen Gefäße erhalten Blut aus dem periportalen Trias, einer Gruppe aus drei Gefäßen, die sich an den sechs Eckpunkten der Läppchen befinden. Das periportale Trias besteht aus je einem kleinen Arm der Leberarterie, der Pfortader und einem Gallengang, der die von den Leberzellen abgesonderte Galle sammelt.

Viszerale Oberfläche der Leber

Die Unterseite der Leber wird als viszerale Oberfläche bezeichnet, da sie an den Viszera, den Eingeweiden, liegt. Die Abdrücke der angrenzenden Organe, der verbundenen Gefäße und die Position der Vena cava inferior sowie der Gallenblase können gesehen werden.

Die Leber liegt dicht an anderen Organen des Unterleibs. Da ihr Gewebe weich und nachgiebig ist, können sich umliegende Strukturen leicht in ihre Oberfläche hineindrücken. Die größten und deutlichsten Abdrücke entstehen dabei auf den Oberflächen des linken und rechten Lappens.

PORTA HEPATIS

Die Leberpforte ist ein Bereich, der Ähnlichkeiten mit dem Hilus der Lungen aufweist: Größere Gefäße betreten und verlassen die Leber zusammen eingeschlossen in eine Hülle aus Bindegewebe, in diesem Fall dem Peritoneum.

Die Leberpforte passieren etwa die Pfortader, die Leberarterie, die Gallengänge, Lymphgefäße und Nerven.

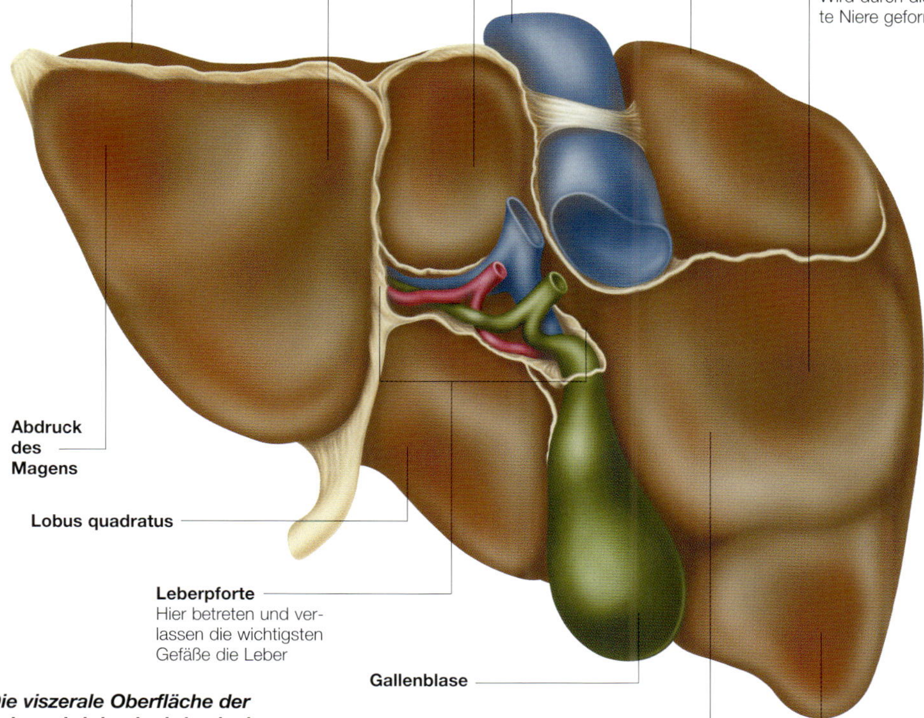

Die viszerale Oberfläche der Leber wird durch abdominale Organe eingedrückt. Hier liegt auch die Leberpforte, durch die größeren Gefäße die Leber betreten und verlassen.

BLUTVERSORGUNG

Die Leber ist insofern ungewöhnlich, da sie Blut aus zwei Quellen erhält:

■ Die Leberarterie.
Befördert etwa 30 % des Blutes der Leber. Sie erhebt sich von der Arteria hepatis communis und transportiert frisches, sauerstoffreiches Blut, wobei sie sich beim Eintreten in die Leber aufspaltet. Der rechte Arm versorgt den rechten Lappen, der linke den Caudatus, Quadratus und den linken Lappen.

■ Leberpfortader.
Befördert 70 % des Blutes. Diese große Ader entleert Blut aus dem Magen-Darm-Trakt, aus Magen und Rektum. Pfortaderblut ist reich an Nährstoffen, die nach der Verdauung vom Bauch absorbiert werden. Sie teilt sich entsprechend der Leberarterie auf. Venöses Blut wird zum Herzen durch die Lebervene gebracht.

Gallengangsystem

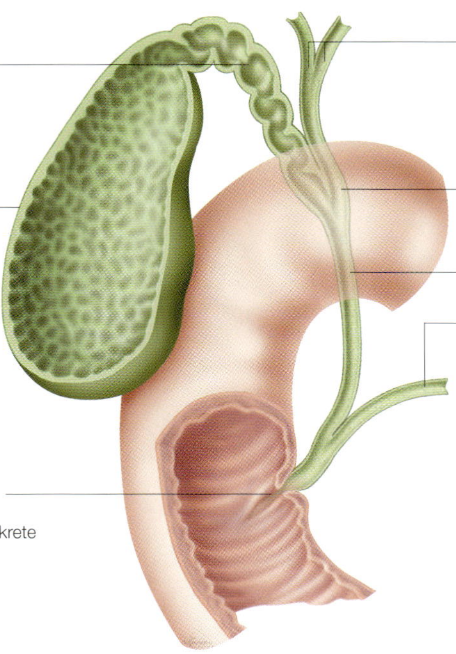

Die Leber produziert Galle, die in den Zwölffingerdarm abgesondert wird. Überflüssige Galle wird in der Gallenblase eingelagert, einem kleinen Beutel auf der Unterseite der Leber.

Galle ist eine grüne Flüssigkeit, die im Dünndarm bei der Verdauung von Fett hilft. Sie wird von Leberzellen ausgeschieden.

GALLENFLUSS

Galle fließt in kleine Gallengänge, die sich zum linken und zum rechten Lebergang entwickeln. Diese Gänge verlassen die Leber durch die Leberpforte und vereinen sich dann zum Hauptlebergang

HAUPTGALLENGANG

Der Hauptlebergang trifft auf den Gallenblasengang und bildet den Hauptgallengang. Dieser setzt sich nach unten zum Zwölffingerdarm fort, zusammen mit dem Gang, der Sekrete der Bauchspeicheldrüse transportiert, und entleert sich durch die Papilla duodeni major (Vatersche Papille).

Caecum und Appendix

Blinddarm und Wurmfortsatz liegen am Übergang zwischen Dünn- und Dickdarm, ein als ileozäkale Region bezeichneter Bereich. Das Caecum, von dem der Appendix ausgeht, erhält Nahrung aus dem Dünndarm.

Der Blinddarm ist der erste Teil des Dickdarms. Nahrung kommt vom Endbereich des Ileum, einem Teil des Dünndarms, zum Dickdarm durch die ileozäkale Klappe, unter der der Blinddarm liegt. Er ähnelt einer Tasche, die etwa 7,5 cm lang ist und sich darüber als aufsteigender Darm fortsetzt, dem nächsten Bereich des Dickdarms. Der Wurmfortsatz, eine lange, dünne Darmtasche, geht vom Blinddarm aus.

MUSKELFASERN

Der muskuläre „Mantel" des Dünndarms setzt sich in den Wänden des Dickdarms fort, er teilt sich aber in drei Muskelstreifen, die Taenia coli. Wenn Nahrung den Darm passiert, kann sich der Blinddarm mit Fäkalien und Gas aufblähen. Dann kann er durch die Bauchwand ertastet werden.

BUTVERSORGUNG

Die arterielle Blutversorgung des Blinddarms geht von der vorderen und hinteren Blinddarmarterie aus, die aus der ileokolischen Arterie entspringen. Venöses Blut fließt durch ein ähnlich geartetes Venensystem, es entleert sich schließlich in die obere Eingeweidevene.

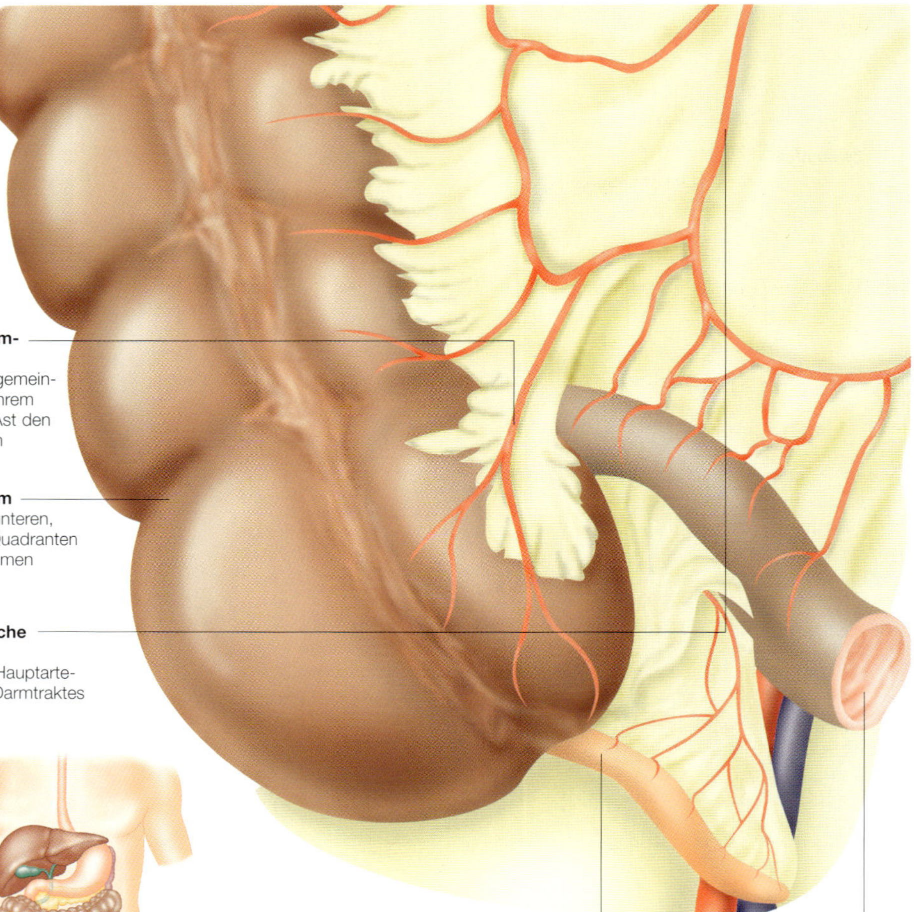

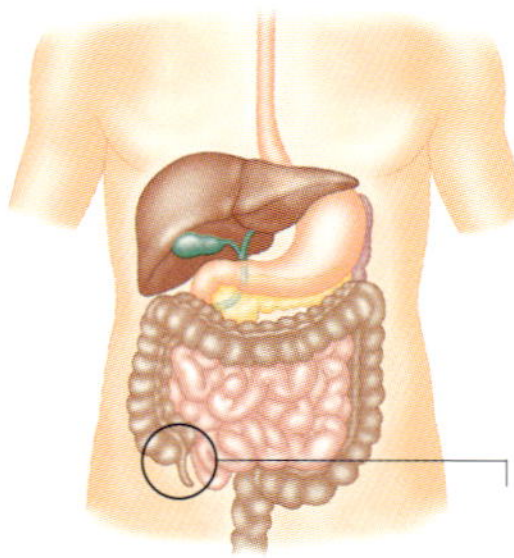

Die ileozäkale Region ist der Bereich am Übergang vom Dünn- zum Dickdarm. Sie besteht aus Caecum und Appendix.

Die ileozäkale Klappe

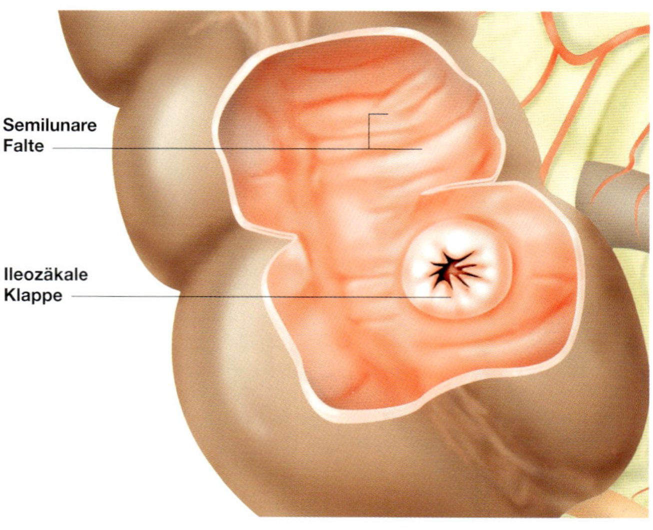

Die ileozäkale Klappe umgibt eine Öffnung, durch die der verflüssigte Inhalt des Ileum, des letzten Dünndarmbereichs, in den Blinddarm gelangt.

ANATOMISCHE STUDIEN

Frühere anatomische Studien an Leichen haben ergeben, dass diese Öffnung zwischen Falten in der Blinddarmwand eingeschlossen ist, denen eine Klappenfunktion unterstellt wurde.

Die ileozäkale Klappe umgibt jene Öffnung, durch die der Inhalt des Darms in den Blinddarm gelangt. Es wird angenommen, dass diese Klappe nicht besonders effektiv funktioniert.

Inzwischen können solche Studien mittels Endoskopie am lebenden Menschen vorgenommen werden. Man weiß heute, dass diese Öffnung ganz anders aussieht. Tatsächlich erhebt sich die ileozäkale Öffnung über die Darmwand und ist von Ringmuskeln umgeben, die sie geschlossen halten.

BARIUMSTUDIEN

Auch wenn die Inhalte des Caecum nicht so leicht in das Ileum zurückgelangen können, wenn sich die Caecumwände zusammenziehen, ist die ileozäkale Klappe nicht sonderlich effektiv. Röntgenstudien des Dickdarms mit Barium haben ergeben, dass ein ständiger Rückfluss stattfindet.

Appendix

Der Wurmfortsatz ist ein enger, muskulärer und taschenartiger Bestandteil des Blinddarms. Er ist gewöhnlich zwischen 6 und 10 cm lang, kann aber auch viel kürzer oder länger sein. Er erhebt sich von der Rückseite des Blinddarms, sein unteres Ende ist frei beweglich.

Der Appendix vermiformis (also: wurmartige Fortsatz) befindet sich am Blinddarm, am Anfang des Dickdarms. Die Wände enthalten Lymphgewebe, das zusammen mit dem Lymphgewebe des Dünndarms den Körper vor Mikroorganismen im Darm schützt.

MUSKELLAGE

Während der längs gerichtete Muskel in der Wand des übrigen Dickdarmes nur in den drei Streifen der Taenia coli vorhanden ist, hat der Appendix eine komplette Muskellage. Die drei Taenia coli vereinen sich an seiner Basis und ihre Fasern bedecken seine komplette Oberfläche.

PERITONEUM

Der Wurmfortsatz ist in eine Bindegewebsschicht eingehüllt, die eine Falte zwischen Ileum, Blinddarm und dem ersten Teil des Appendix wirft. Diese Bauchfellduplikatur wird als Mesoappendix bezeichnet.

BASIS DES APPENDIX

Die Wurzel des Wurmfortsatzes am Caecum ist normalerweise fest. Der korrespondierende Bereich auf der Bauchoberfläche wird als McBurney-Punkt bezeichnet.

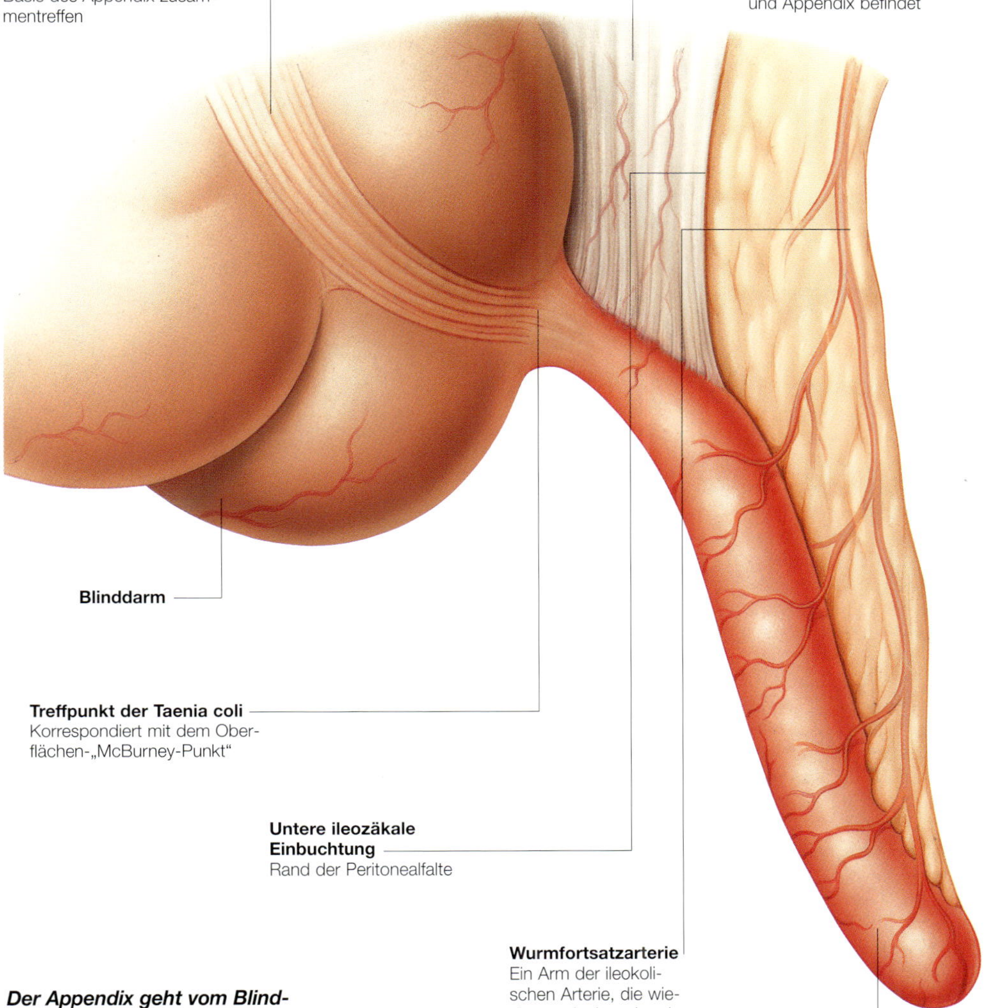

Der Appendix geht vom Blinddarm aus, unterhalb der ileozäkalen Region. Als ein Restorgan hat es seine Funktion bei der Verdauung im Laufe der Evolution eingebüßt.

Positionen des Wurmfortsatzes

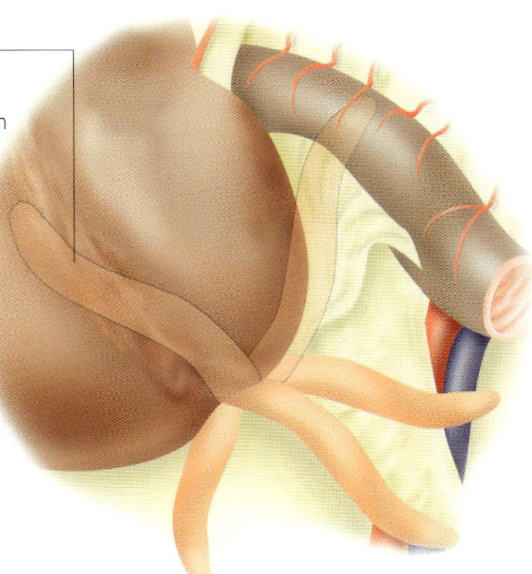

Auch wenn die Basis des Appendix normalerweise fest ist, kann sein Ende sich frei bewegen und verschiedenen Positionen einnehmen.

GEWÖHNLICHE POSITIONEN

Gewöhnlich liegt der Appendix retrocaecal, auf der Rückseite des Blinddarms.

In anderen Fällen kann er auch neben dem Endbereich des Ileum liegen oder Richtung Becken weisen.

Der Appendix kann verschiedene Positionen einnehmen. Diese bestimmen, wo Schmerzen oder Empfindlichkeiten bei einer Entzündung auftreten.

SELTENE POSITIONEN

Seltener kann der Appendix auch ungewöhnlich hoch oder niedrig liegen, wenn der Blinddarm anders liegt.

APPENDICITIS

Bei der Diagnose einer Blinddarmentzündung, eigentlich Appendixentzündung, ist die Lage des Appendix entscheidend. Schmerz oder Empfindlichkeit können sich je nach Position an unterschiedlichen Orten bemerkbar machen. Die Position des Wurmfortsatzes kann dementsprechend verwirren: Wenn der Appendix im Becken liegt, können die gleichen Symptome vorliegen wie bei einem Infekt der Harnwege.

Kolon

Das Kolon ist der größte Bereich des Dickdarms. Auch wenn es sich um eine fortlaufende Röhre handelt, besteht er aus vier Teilen: dem aufsteigenden Kolon, dem transversen Kolon, dem absteigenden Kolon und dem sigmoiden Kolon.

Das Kolon erhält die verflüssigten Inhalte des Dünndarms und entzieht ihnen Wasser. Dieser eingedickte Abfall wird dann durch Rektum und Anus als Fäkalien ausgeschieden. Das Kolon hat zwei scharfe Biegungen, die als rechte kolische (hepatische) und linke kolische (Milz-) Flexur bezeichnet werden.

AUFSTEIGENDES KOLON

Der aufsteigende Dickdarm verläuft von der ileozäkalen Klappe zur rechten kolischen Flexur, wo er zum transversen (querstehenden) Dickdarm wird. Er ist etwa 12 cm lang und liegt entlang der Rückseite der Bauchwand, auf beiden Seiten von Peritoneum bedeckt, dem dünnen Bindegewebe, das die Eingeweide säumt.

TRANSVERSES KOLON

Der querstehende Dickdarm beginnt an der rechten kolischen Flexur, unter dem rechten Leberlappen, und verläuft quer durch den Körper zur linken kolischen Flexur bei der Milz.

Mit einer Länge von 45 cm ist das transverse Kolon der längste und beweglichste Bestandteil des Dickdarms, der aufgehängt in einer Falte des Peritoneum (oder Mesenterium) herabhängt.

ABSTEIGENDES KOLON

Der absteigende Dickdarm verläuft von der linken kolischen Flexur hinab zum Rand des Beckens, wo er zum sigmoiden Kolon wird. Da die linke kolische Flexur höher hängt als die rechte, ist das absteigende Kolon dementsprechend länger.

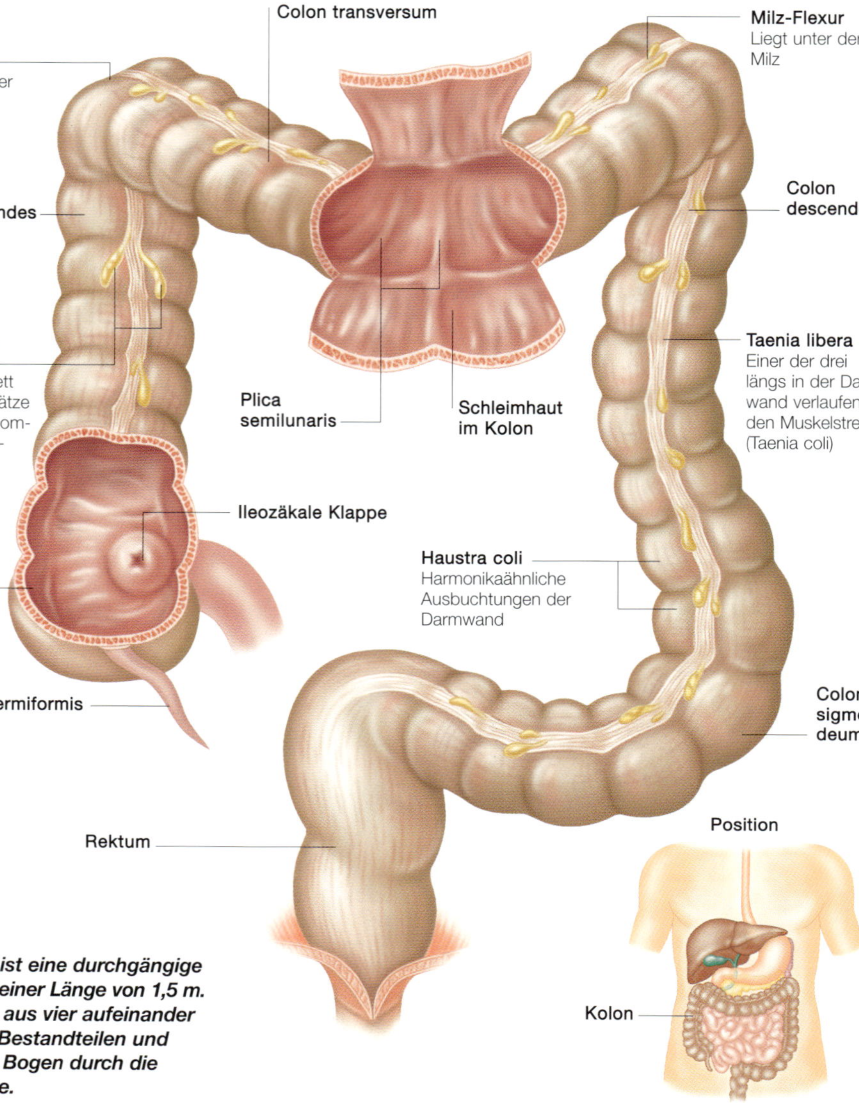

Das Kolon ist eine durchgängige Röhre, mit einer Länge von 1,5 m. Es besteht aus vier aufeinander folgenden Bestandteilen und verläuft im Bogen durch die Bauchhöhle.

Sigmoides Kolon und Schleimhaut

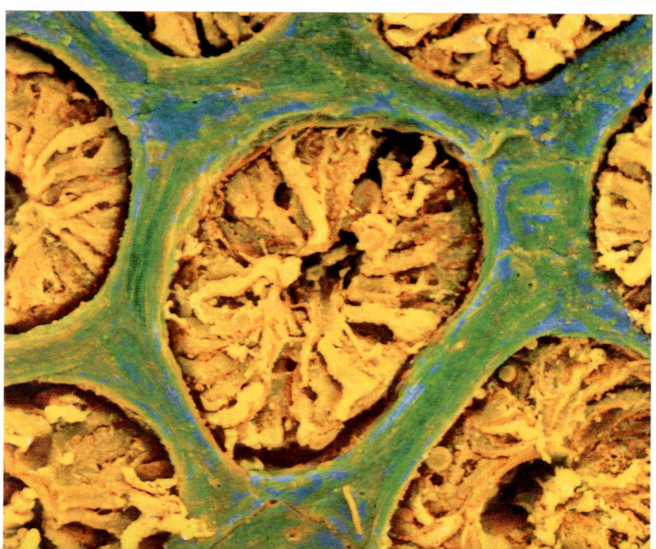

Der s-förmige Dickdarm setzt den absteigenden Dickdarm fort und beginnt am Rand des Beckens.

EIGENSCHAFTEN

Er ist etwa 40 cm lang und anders als der absteigende Dickdarm sehr beweglich, da er im Mesenterium eingebettet ist, einer Falte des Peritoneums. Das Ende des sigmoiden Kolon mündet in das Rektum. Er speichert die Fäkalien vor dem Ausscheiden, so dass seine Größe und Form je nach Füllung variieren.

Die Schleimhaut im Kolon (grün eingezeichnet) enthält Drüsen, deren Zellen Wasser absorbieren und Schleim absondern.

DIE SCHLEIMHAUT IM KOLON

Das Kolon ist mit einer einfachen Zelllage gesäumt, die von tiefen Absenkungen (Krypten) geprägt sind, welche Schleim absondernde Zellen enthalten. Der Schleim sorgt für eine glatte Passage der Fäkalien und schützt die Wände vor Säuren und Gasen, die von Darmbakterien erzeugt werden.

Blutversorgung und -abfluss des Kolon

Jeder Teilbereich des Kolon wird wie der komplette Dickdarm aus einem arteriellen Netzwerk ausreichend mit Blut versorgt.

Venöses Blut fließt aus dem Kolon durch das hepatische Pfortadersystem und die Leber, und anschließend wieder in den allgemeinen Kreislauf zurück.

ARTERIELLE VERSORGUNG DES KOLON

Die arterielle Vesorgung des Kolon erfolgt aus den oberen und unteren Eingeweidearmen der Aorta, der großen Arterie des Bauches.

Das aufsteigende und die ersten zwei Drittel des transversen Kolon werden durch die obere Eingeweidearterie versorgt, während das letzte Drittel des transversen, das absteigende und das sigmoide Kolon von der unteren Eingeweidearterie versorgt wird.

ANORDNUNG DER ARTERIEN

Wie in jedem Bereich des Magen-Darm-Traktes bilden alle Arme der Hauptarterien ein verzweigtes Netzwerk (Anastomose).

Von der oberen Eingeweidearterie gehen die ileokolische, rechte kolische und mittlere kolische Arterie aus, die untereinander und mit der linken kolischen und den sigmoidischen Armen ein Netzwerk bilden.

Auf diese Weise entstehen „Arkaden“ aus Arterien rund um die Kolonwand, die alle Bereiche mit Blut versorgen.

Arterielles System des Kolon

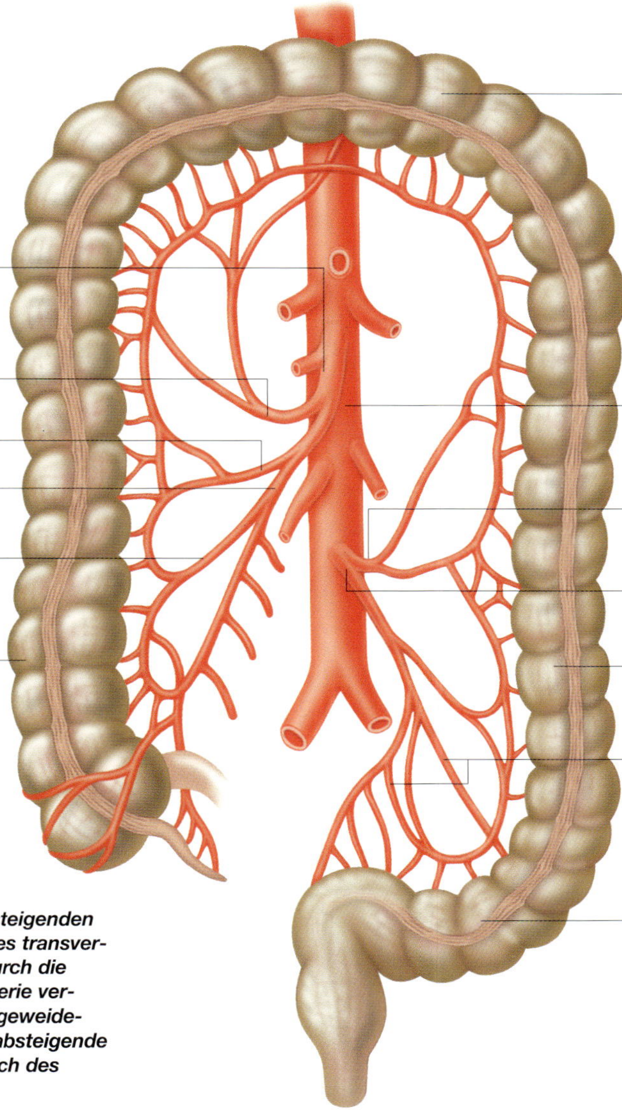

Die Arterien des aufsteigenden und ein großer Teil des transversen Kolon werden durch die obere Eingeweidearterie versorgt. Die untere Eingeweidearterie versorgt das absteigende und den linken Bereich des transversen Kolon.

Venöser Abfluss des Kolon

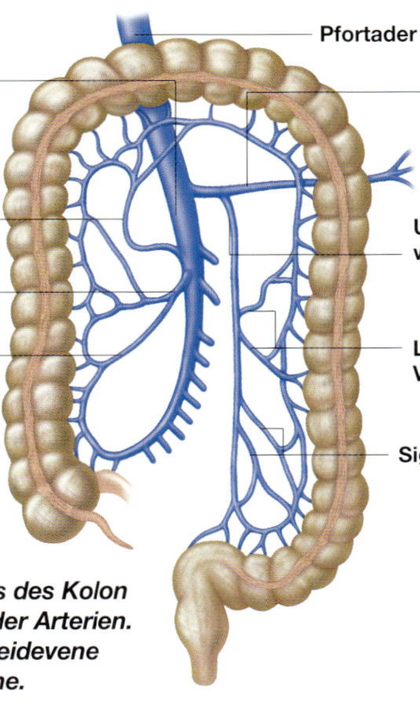

Der venöse Abfluss des Kolon folgt dem Muster der Arterien. Die untere Eingeweidevene fließt in die Milzvene.

Venöses Blut aus dem Kolon sammelt sich zuletzt in der Pfortader. Blut aus dem aufsteigenden Kolon und den ersten zwei Dritteln des transversen fließen in die obere Eingeweidevene, das Blut aus dem übrigen Kolon dagegen in die untere.

Die untere Eingeweidevene entleert sich in die Milzvene, die zusammen mit der oberen Eingeweidevene die Pfortader bildet. Die Pfortader transportiert dann das gesamte Blut durch die Leber zum Herzen.

LYMPHDRAINAGE

Lymphe sammelt sich an den Wänden des Kolon und reist in Lymphgefäßen entlang der Arterien zum wichtigsten Lymphgefäß im Bauch, der Cisterna chyli. Viele Lymphknoten filtern die Flüssigkeit vor ihrer Rückkehr in das venöse System.

Lymphe geht durch die Lymphknoten an der Kolonwand, durch die an die Kolon-Arterien angrenzenden Knoten und dann in den oberen und unteren mesenterischen Knoten.

EIGENSCHAFTEN DES KOLON

Anders als der Dünndarm hat die Wand des Kolon harmonikaartige Ausbuchtungen, die Haustra coli, die bei direkter Betrachtung deutlich zu sehen sind, außer bei einer chronischen Entzündung, dem Dickdarmkatarrh.

Rektum und Analkanal

Mastdarm und Analkanal bilden den letzten Teil des Magen-Darm-Traktes. Sie erhalten die Abfallprodukte in Form von Fäkalien und scheiden sie aus dem Körper aus.

Das Rektum ist eine Fortsetzung des Colon sigmoideum auf Höhe des dritten Sacralwirbels. Der Name bedeutet zwar „gerade", der Mastdarm folgt aber der Kurve des Kreuzbeins und des Steißes, den Knochen des Beckens.

Das untere Ende des Mastdarms geht bei einem Winkel von 80–90 Grad in den Analkanal über, diese anorektale Biegung verhindert, dass Fäkalien zu früh in den Analkanal gelangen.

Die längs laufenden Muskeln des Rektum bilden zwei breite Bänder auf Vorder- und Rückseite. Es gibt drei horizontale Falten (Plicae) in der Darmwand, obere, mittlere und untere Falte. Unterhalb der unteren Falte weitet sich das Rektum zur Ampulla recti.

ANALKANAL

Der Analkanal verläuft von der anorektalen Biegung nach unten zum After. Außer beim Ausscheiden ist der Kanal leer und geschlossen.

Die Schleimhaut des Analkanals wechselt in ihrem Verlauf: Den oberen Teil säumen die längs laufenden Analsäulen, die oberhalb des anorektalen Überganges entstehen und oberhalb der Linea pectinata enden.

Am unteren Ende der Analsäulen befinden sich die Sinus anales und die Analklappen. Die Sinus erzeugen beim Fäkaliendurchfluss Schleim, der als Gleitmittel dient, die Klappen halten diesen Schleim zurück.

Frontalschnitt durch Rektum und Analkanal

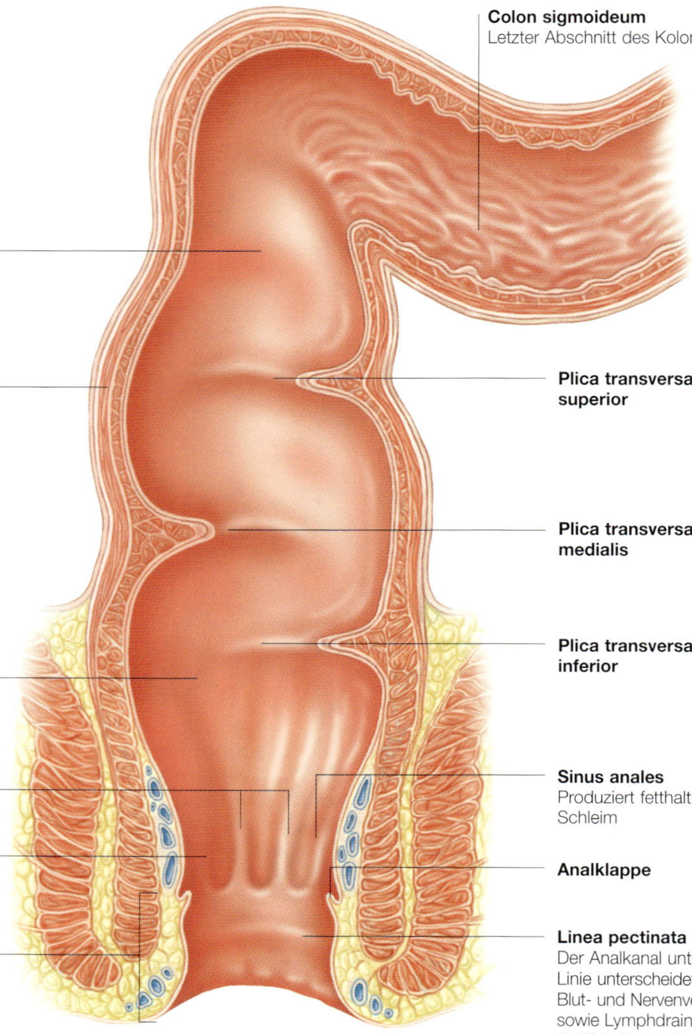

Der anale Schließmuskel

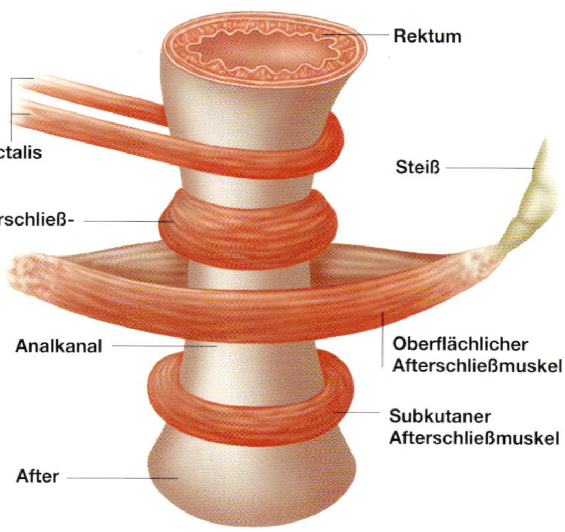

Die Inhalte der Därme sind bei der Verdauung ständig zur nächsten Station unterwegs, ohne dass man sich dessen bewusst ist.

Dennoch muss gerade in der letzten Phase eine gewisse Kontrolle über die Bewegungen im Darm vorhanden sein. Diese Kontrolle wird durch den Schließmuskel ausgeübt, der aus verschiedenen Teilen besteht:

Der Afterschließmuskel, der aus verschiedenen Teilen besteht, sorgt für das Ausscheiden von Fäkalien. Nur der äußere Afterschließmuskel kann dabei bewusst kontrolliert werden.

- **Innerer Afterschließmuskel** – Eine Verdickung der zirkulären Muskelschicht im Darm in den oberen zwei Dritteln des Analkanals; außerhalb bewusster Kontrolle.
- **Puborektaler Muskel** – Eine Muskelschlinge die um den anorektalen Übergang verläuft, dabei einen Winkel bildet und den Weiterfluss von Darminhalt vom Mastdarm in den Analkanal verhindert.
- **Äußerer Afterschließmuskel** – Unterteilt in drei Teile (tief, oberflächlich und subkutan) steht dieser Schließmuskel unter bewusster Kontrolle und kann daher jederzeit bewusst entspannt werden.

Blutgefäße in Rektum und After

Mastdarm und Analkanal verfügen über eine reichliche Blutversorgung. Ein Netzwerk aus Venen sorgt für den Abfluss aus diesem Bereich.

Ein Netzwerk aus dünnen Venen säumt Rektum und Analkanal, der rektale venöse Plexus. Er besteht aus zwei Teilen:

- Innerer rektaler venöser Plexus, der direkt unter der Schleimhaut liegt.
- Äußerer rektaler venöser Plexus, der außerhalb der Muskelschicht und subkutan liegt.

Diese erhalten Blut aus dem Gewebe und bringen es in die größeren Venen. Die obere, mittlere und untere Rektalvene sorgen auch für den Blutabfluss aus den korrespondierenden Teilen des Rektum. Der innere venöse Plexus des Analkanals sorgt für einen Blutabfluss in zwei Richtungen und auf beiden Seiten der Linea pectinata. Über ihr läuft Blut hauptsächlich in die obere Rektalvene, unter ihr in die untere Rektalvene.

ARTERIELLE BLUTVERSORGUNG

Das Rektum erhält Blut aus drei unterschiedlichen Quellen. Sein oberer Bereich wird aus der oberen Rektalarterie, der untere aus der mittleren Rektalarterie und der Bereich um den anorektalen Übergang aus der unteren Rektalarterie versorgt. Im Analkanal verläuft die obere Rektalarterie nach unten und versorgt alles überhalb der Linea pectinata. Die zwei unteren Rektalarterien, Arme der Schamarterie, versorgen den Analkanal unterhalb der Linea pectinata.

Venöses Abflusssystem in Rektum und After

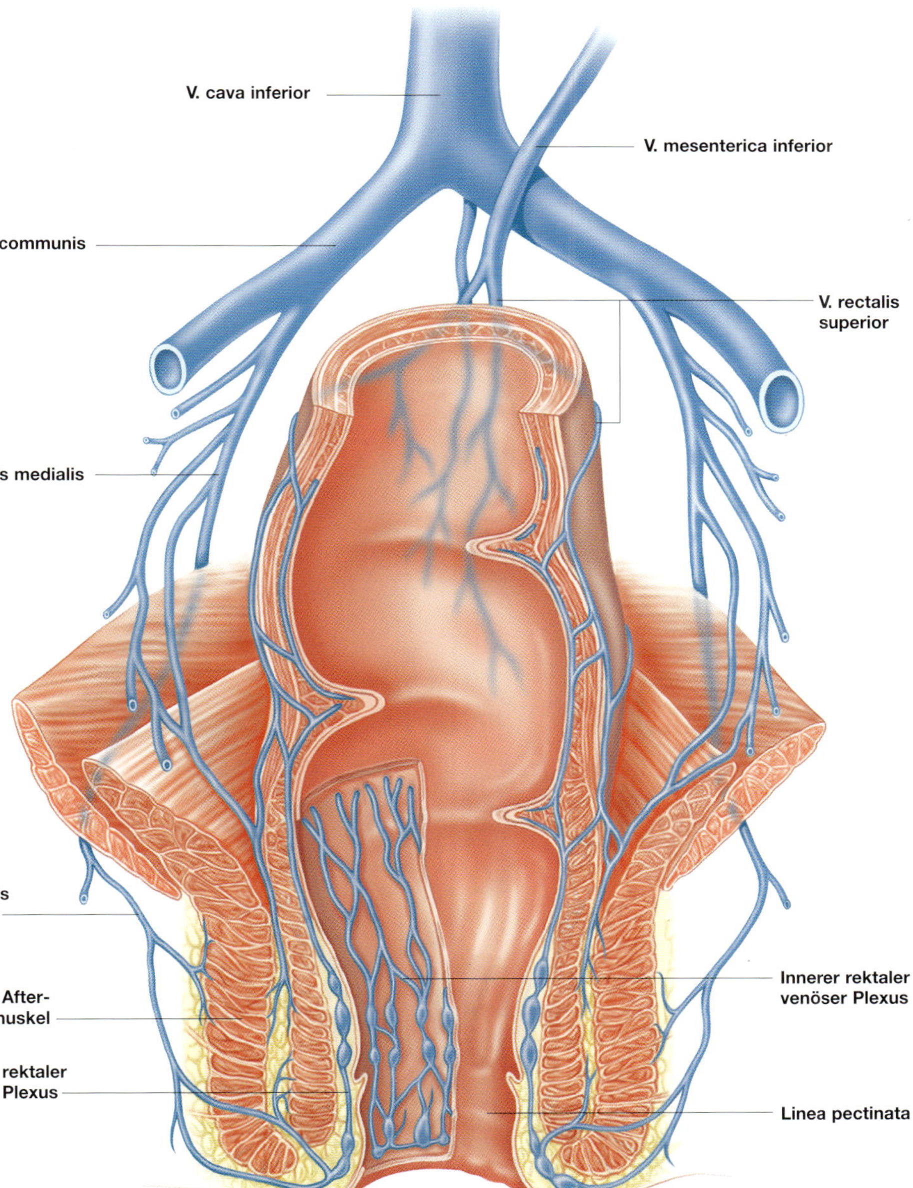

Nerven in Rektum und Analkanal

Nervenversorgung

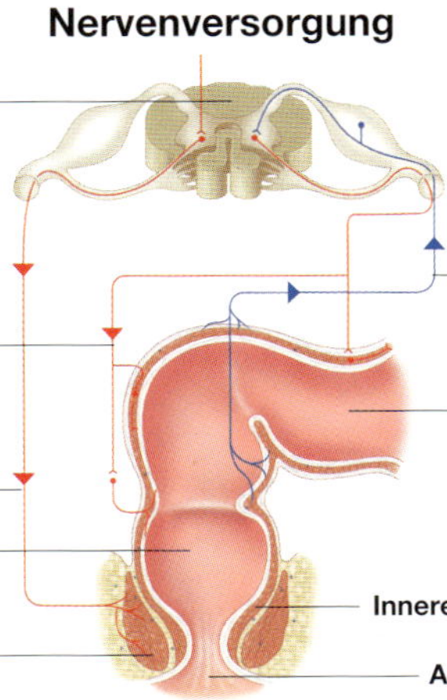

Wie jede Wand im Magen-Darm-Trakt versorgen die Nerven des vegetativen Nervensystems Mastdarm und Analkanal. Dieses System hält sich im Hintergrund, außerhalb bewusster Wahrnehmung, um die inneren Funktionen des Körpers zu regulieren und zu steuern.

Diese Nerven kennen den Füllstand des Rektum und können die Muskeln dazu anreizen, durch Kontraktion Fäkalien in den Analkanal weiterzutransportieren, und die Muskeln im Afterschließmuskel, sich zu öffnen.

Dabei wird der Analkanal, um genau zu sein, der äußere Afterschließmuskel auch durch den bewussten Bereich des Nervensystems gesteuert.

Diese Nerven, die vom zweiten, dritten und vierten sacralen Spinalnerven ausgehen, ermöglichen die bewusste Kontraktion des Afterschließmuskels, um die Füllung des Analkanals bis zu einem geeigneten Moment aufzuschieben.

Wenn der Mastdarm gefüllt ist, wird im Rückenmark ein Ausscheidungsreflex stimuliert. Signale regen die Muskeln im Mastdarm zur Kontraktion an.

Bauchspeicheldrüse und Milz

Die Bauchspeicheldrüse (Pankreas) produziert Enzyme und Hormone. Sie liegt im oberen Teil des Bauches hinter dem Magen, ein Ende in der Biegung des Zwölffingerdarms und das andere an der Milz.

Die Bauchspeicheldrüse sondert Enzyme in den Zwölffingerdarm ab, den ersten Teil des Dünndarms, um die Verdauung zu fördern. Sie erzeugt außerdem die Hormone Insulin und Glukagon, die den Glukosestoffwechsel der Zellen steuern. Da sich die Bauchspeicheldrüse an der hinteren Bauchwand befindet, geht man von vier Teilen aus:

- Der Kopf – der in einer c-förmigen Biegung des Zwölffingerdarms liegt und an einer Seite an ihm befestigt ist. Ein hakenförmiger Fortsatz, der Processus uncinatus, steht Richtung Mittellinie vor.
- Der Nacken – ist wegen der Vena portae hepatis dahinter schmaler als der Kopf; er liegt über den oberen Eingeweideblutgefäßen.
- Der Körper – ist im Querschnitt dreieckig und liegt vor der Aorta, er verläuft nach links oben und verbindet sich mit dem Pankreasschwanz.
- Der Schwanz – eine sich verjüngende Spitze, die in der Höhlung der Milz liegt.

BLUTVERSORGUNG

Die Bauchspeicheldrüse ist reichlich mit Blut versorgt. Der Kopf (Caput pancreatis) wird von zwei arteriellen Bögen versorgt, der oberen und unteren Bauchspeicheldrüsen-Zwölffingerdarmarterie. Körper und Schwanz (Corpus und Cauda pancreatis) werden von Armen der Milzarterie versorgt.

Venöses Blut aus der Bauchspeicheldrüse gelangt durch das Pfortadervenensystem entlang der Arterien zur Leber.

Lage der Bauchspeicheldrüse

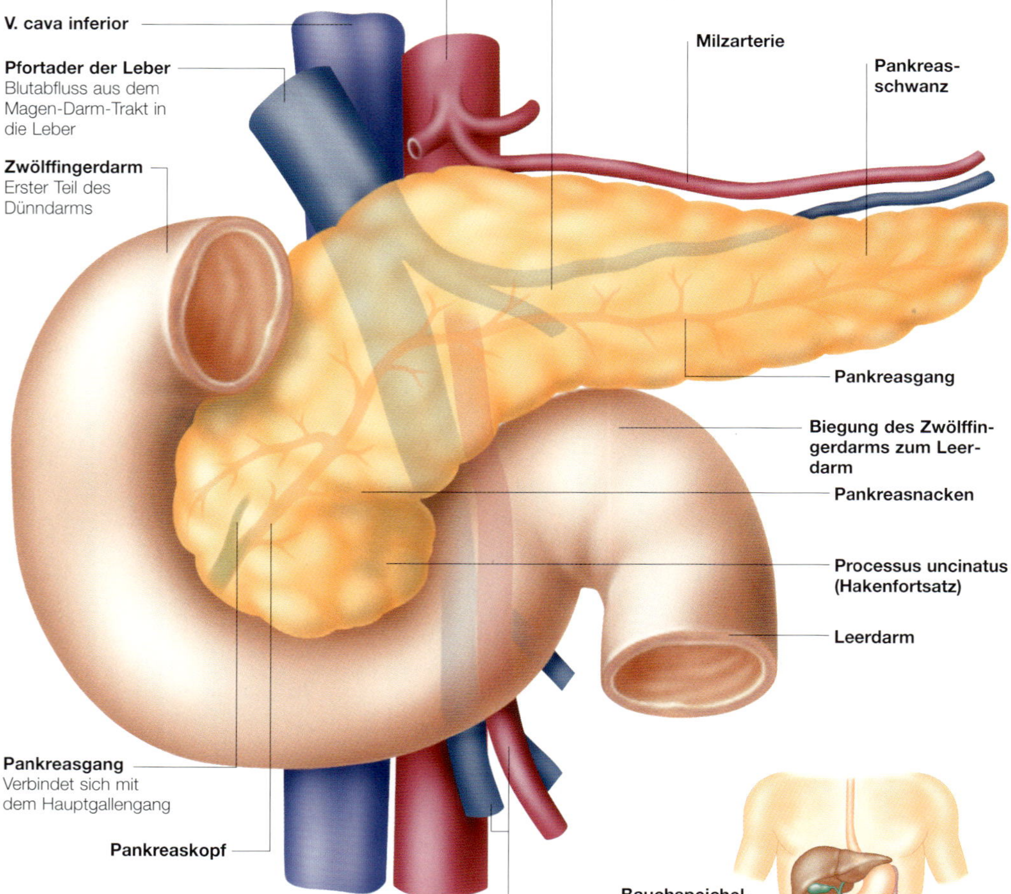

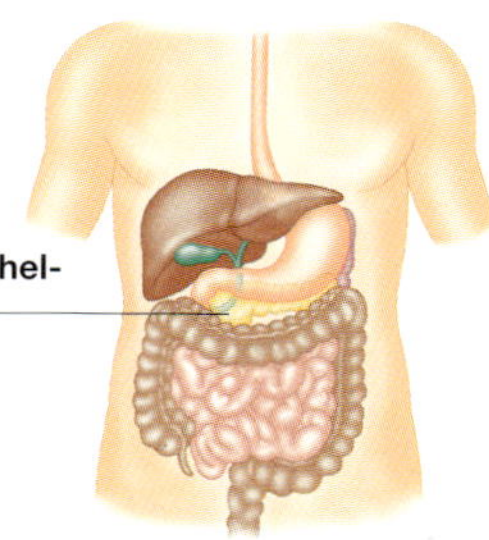

Die Bauchspeicheldrüse ist eine große, blassgefärbte Drüse, die große Bauchgefäße kreuzt und hinter dem Magen, zwischen Zwölffingerdarm und Milz liegt.

Der Pankreasgang und die Vatersche Papille

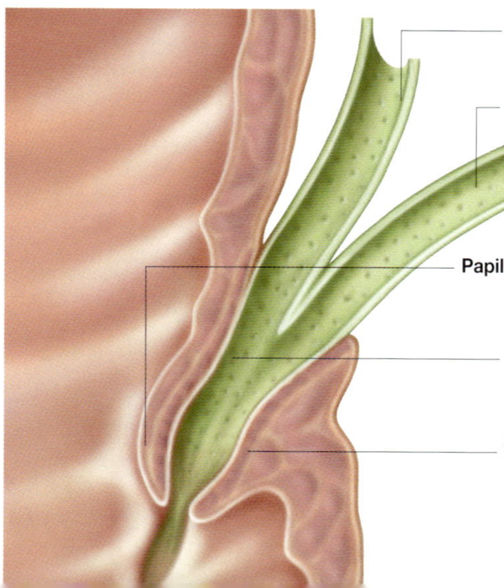

Der große Pankreasgang verläuft durch die gesamte Bauchspeicheldrüse vom Kopf bis zum Schwanz, mit kleineren Zuläufen.

Am Kopf trifft er auf den Gallengang und formt eine erweiterte Röhre, die als Vatersche Ampulle bekannt ist. Dieser Gang entlässt seinen Inhalt in den Zwölffingerdarm am Kopf der großen Vaterschen Papille.

Der Pankreasgang und der Hauptgallengang verbinden sich am Caput pancreatis und bilden die Vatersche Ampulle. Diese entleert sich in den Zwölffingerdarm.

MUSKELFASERN

Unbewusst gesteuerte Muskeln verlaufen um die Wände beider Gänge und um den gemeinsamen Gang, um Schließmuskeln zu bilden, die den Zufluss der Inhalte der Gänge in den Zwölffingerdarm zu regulieren.

DUCTUS ACCESSORIUS

Ein zusätzlicher Gang kann neben dem Hauptgang verlaufen und auch seine eigene, kleinere Öffnung in den Zwölffingerdarm besitzen (Papilla duodeni minor).

Milz

Die Milz (Lien) ist das größte lymphatische Organ. Es ist dunkelviolett und liegt unter den unteren Rippen auf der linken Seite des oberen Bauches.

Die Größe der Milz kann stark variieren, normalerweise ist sie etwa faustgroß. Im Alter verkümmert und schrumpft sie.

Das Milzhilum enthält Blutgefäße (Milzarterie und -vene) und einige Lymphgefäße. Das Hilum enthält außerdem Lymphknoten und den Schwanz der Bauchspeicheldrüse, die sich alle in einer Falte des Peritoneums befinden.

MILZOBERFLÄCHE

Die Milz wird von einer Reihe von umgebenden Organen eingedrückt. Die Oberfläche am Zwerchfell ist sanft gekrümmt, während die viszerale Oberfläche die Abdrücke von Magen, linker Niere und der Milzflexion des Kolon zeigt.

HÜLLE DER MILZ

Die Milz wird von einer dünnen Kapsel eingeschlossen und geschützt, die aus unregelmäßigem, fibro-elastischem Bindegewebe besteht. Im Kapselgewebe sind außerdem Muskelfasern enthalten, die der Milz eine periodische Kontraktion erlauben. Diese Kontraktionen drücken gefiltertes Blut aus der Milz zurück in den Kreislauf.

Von außen ist die Hülle der Milz vom Peritoneum eingeschlossen, der dünnen Hülle aus Bindegewebe, welches die Bauchhöhle und die darin befindlichen Organe säumt.

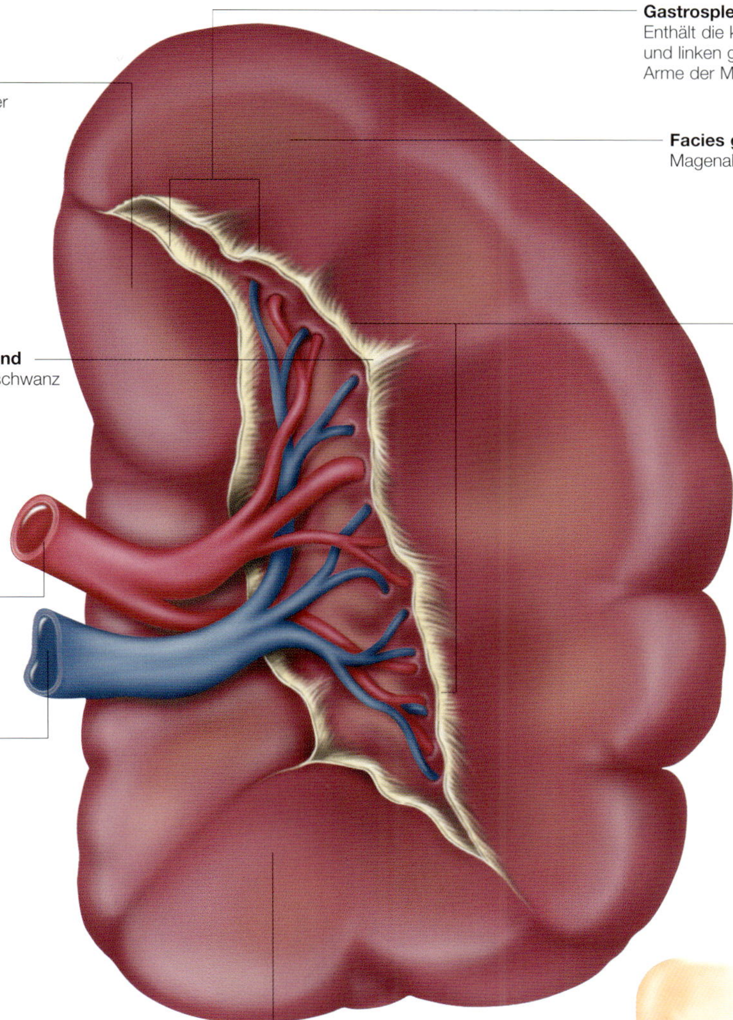

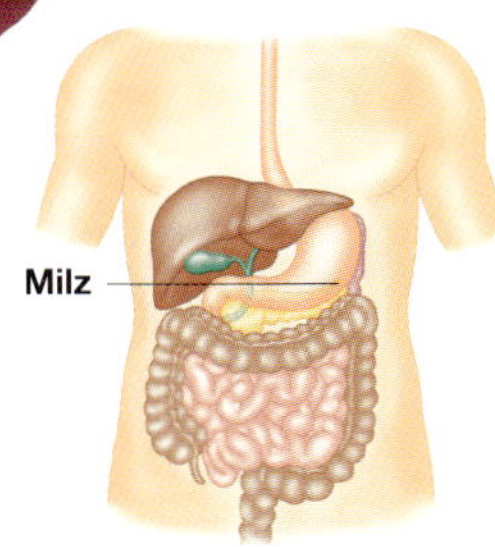

Die Milz ist ein tassenförmiges Bauchorgan. Sie filtert das Blut, um beschädigte rote Blutkörperchen auszusondern, außerdem produziert sie Lymphzellen und Antikörper gegen Infektionen.

Mikroanatomie der Milz

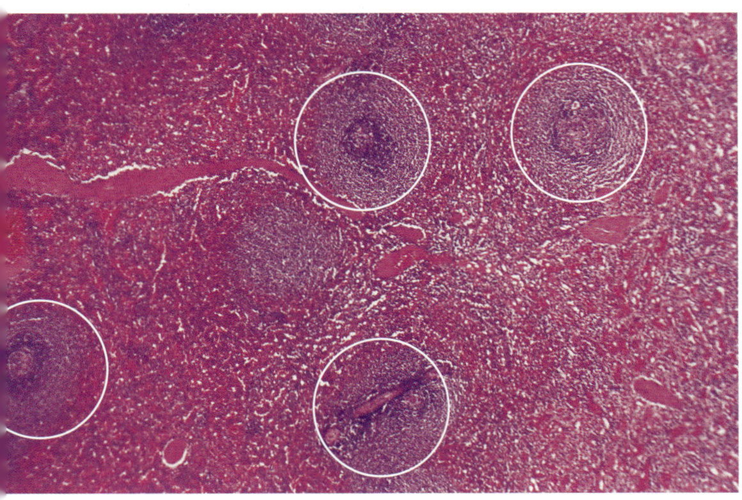

Die Milz ist in eine Kapsel eingeschlossen, von der ein trabeculäres Bindegewebsgerüst einstrahlt (Trabeculae). Diese Trabeculae stützen das weiche Milzgewebe und enthalten zahllose Blutgefäße.

Wenn die Milzoberfläche aufgeschnitten wird, zeigt sich, dass das Gewebe von blassen Stellen vor dem roten Hintergrund durchzogen ist, diese Gewebesorten werden weiße und rote Pulpa genannt.

Ein Mikrogramm der Milz zeigt die Bereiche mit weißer Pulpa (im Kreis), eingebettet in die Matrix der roten. Jeder weiße Pulpabereich hat seine eigene Zentralarterie.

WEISSE PULPA

Der weiße „Brei“ besteht hauptsächlich aus Lymphzellen, die in Milzknötchen um die dünnen Arme der Milzarterie angeordnet sind, welche Blut in die Milz liefern.

ROTE PULPA

Der rote „Brei“ (in dem weiße Pulpa wie Inseln schwimmt) bestehet aus Bindegewebe, das rote Blutkörperchen und Makrophagen beherbergt, Zellen, die andere Zellen umschließen und zerstören.

Dieses Gewebe filtert Blut und entfernt alte und beschädigte Zellen aus dem Blutstrom.

Leistengegend

In der Leistengegend findet der Leistenbruch statt. Die Bauchwand hat einen Schwachpunkt, aus dem die Eingeweide in besonderen Fällen herausragen können.

Die bilateralen Schwachpunkte in der Leistengegend gehen auf die Anwesenheit der Leistenkanäle zurück, durch die beim Mann der Samenstrang, bei der Frau das runde Mutterband führen.

LEISTENKANAL

Der Aufbau des Leistenkanals minimiert die Gefahr einer Herniation (Hervortreten) der Eingeweide. Er führt von seinem Beginn, dem tiefen Leistenring (Eingang des Leistenkanals), abwärts hinüber zur Mittelinie des Körpers bis zum oberflächlichen Leistenring (Ausgang).

KANALWÄNDE

Der Leistenkanal hat eine Decke, einen Boden und zwei Wände.

- Decke -wird durch die Bogenfasern des Musculus obliquus internus und transversus abdominis gebildet
- Boden – ein flacher Graben, vom Leistenband gebildet
- Vordere Wand – gebildet durch die festen Aponeurosen des Musculus obliquus externus
- Hintere Wand – durch die Fascia transversalis gebildet, der mittlere Teil der Wand wird durch die gemeinsame Sehne vestärkt

Der Leistenkanal verläuft durch die Schichten der unteren Bauchwand. Bei Erwachsenen ist er 4 cm lang, bei Kleinkindern kürzer.

Leistenregion des Mannes

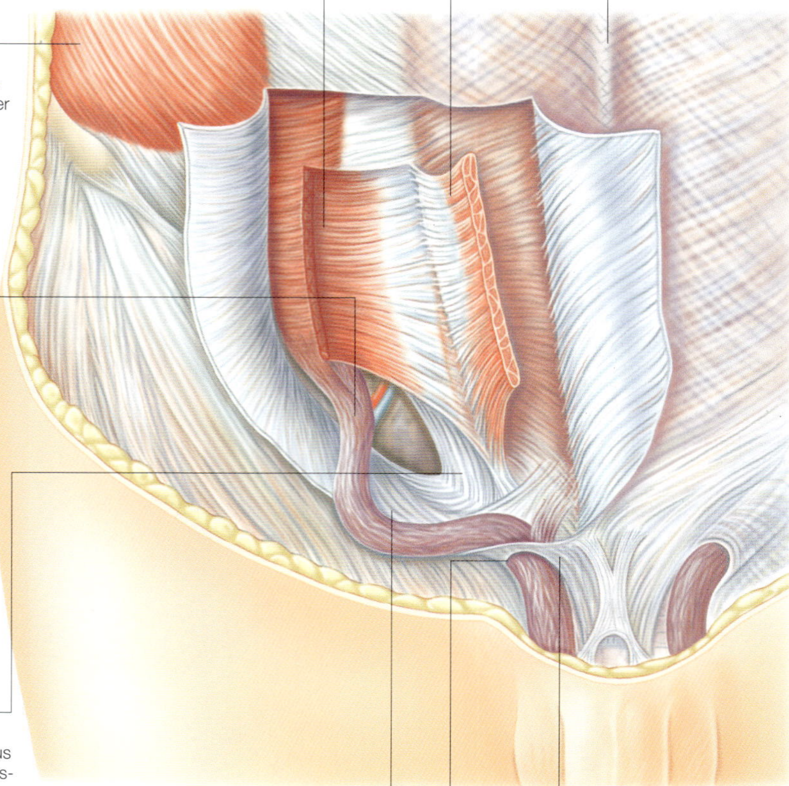

Das Leistenband

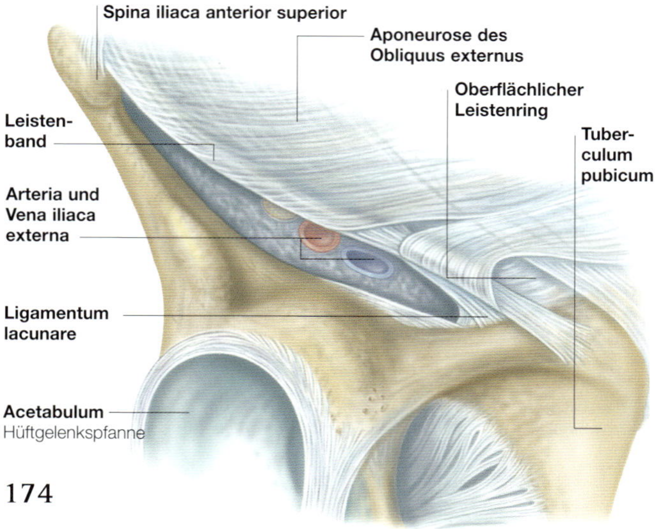

Das Leistenband ist ein festes, fibröses Band, das die Lücke an der Vorderseite des Beckens schließt.

Das Band verläuft über die Leiste von der Spina iliaca anterior superior zum Tuberculum pubicum.

Das Leistenband wird durch die untere, eingedrehte Faser der Aponeurose des Musculus obliquus externus gebildet. Das Band wird zum Boden des Leistenkanals.

AUSFORMUNG DES LEISTENBANDES

Das Leistenband wird vom unteren Rand der Aponeurose des Musculus obliquus externus gebildet, der sich erst unter und dann auf sich selbst zurück rollt. Die flache Mulde, die durch dieses Zurückgehen gebildet wird, erzeugt den Boden des Leistenkanals.

Am inneren Ende des Leistenbandes spalten sich einige Fasern ab und formen das lakunäre Band, über das der Chirurg bei Operationen des Leistenbruches genau Bescheid wissen muss.

Hinter dem Leistenband

Das Leistenband schließt hinter sich eine Anzahl wichtiger Strukturen ein, wie Blutgefäße und Nerven der unteren Extemitäten und zwei Gruppen von Lymphknoten (tiefe und oberflächliche).

Es gibt zwei Hauptblutgefäße, die hinter dem Leistenband verlaufen:
- Oberschenkelschlagader – das wichtigste Gefäß für die Blutversorgung der unteren Extremität
- Oberschenkelvene – liegt auf der inneren Seite der Oberschenkelschlagader

OBERSCHENKELNERV

Auf der äußeren Seite der Gefäße liegt der Oberschenkelnerv, der wichtigste Arm des Lendenplexus, einem Nervennetzwerk im Abdomen.

OBERSCHENKELSCHEIDE

Die Oberschenkelgefäße werden von einer dünnen Hülle aus Bindegewebe eingeschlossen, der Oberschenkelscheide. Das erlaubt den Gefäßen, bei Bewegungen der Hüfte gegen die Bewegungen des Leistenbandes zu gleiten.

LEISTENLYMPHKNOTEN

In der Leiste liegen zwei Typen von Lymphknoten:
- Oberflächliche Leistenknoten – diese liegen in einer horizontalen und einer vertikalen Gruppe direkt unter der Haut, und dienen der Dränage aus dem Gesäß, den externen Genitalien und der Oberflächenschicht der unteren Extremität.
- Tiefe Leistenknoten – diese liegen rund um die Oberschenkelarterie und -vene, wenn sie das Leistenband passieren, und lassen Lymphe aus der unteren Extremität abfließen.

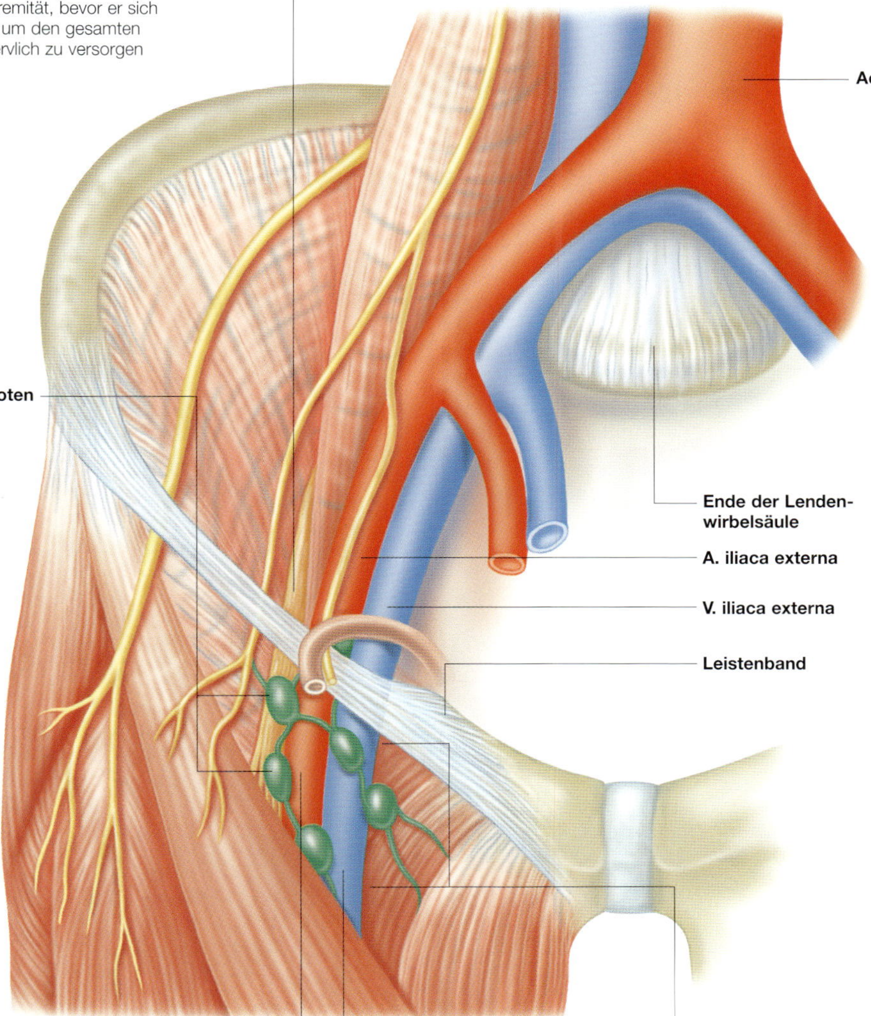

Der Leistenkanal

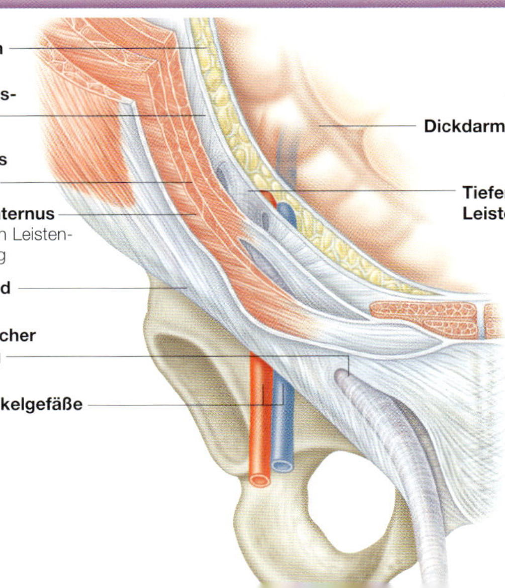

Der Leistenkanal bildet einen potenziellen „Fehler“ in der ansonsten durchgängigen Bauchdecke, durch die Eingeweide heraustreten können. Dieses Risiko wird durch eine Reihe von Besonderheiten verkleinert:
- Länge – außer bei Kleinkindern ist der Leistenkanal vergleichsweise lang, wobei Ein- und Ausgang weit auseinander liegen.
- Tiefer Ring – der Eingang; wird vorne durch den Musculus obliquus internus verstärkt.
- Oberflächlicher Ring – der Ausgang; wird durch ein benachbartes Band verstärkt.
- Erhöhter Unterleibsdruck – Die Muskelfasern über dem Kanal kontrahieren automatisch (beim Niesen oder Husten), um ihn zu schließen und sein Inneres zusammenzudrücken.

Während des Stuhlgangs und bei der Geburt nimmt der Körper automatisch die Hocke ein, so dass die Vorderseiten der Oberschenkel nach oben kommen und die Leiste stützen.

Der Leistenkanal wird durch verschiedene Strukturen, wie Muskeln und Sehnen, unterstützt. Diese Strukturen verhindern meist die Entstehung von Leistenbrüchen.

Überblick über den Harntrakt

Der Harntrakt besteht aus den Nieren, den Harnleitern, der Harnblase und der Harnröhre. Zusammen sind diese Organe für die Produktion von Urin und seine Ausscheidung aus dem Körper zuständig.

Die paarweise auftretenden Nieren filtern das Blut, um chemische Abfälle und überflüssige Flüssigkeiten als Urin auszuscheiden. Urin fließt abwärts durch die engen Harnleiter zur Blase, in der es zeitweilig aufbewahrt wird, bevor es durch die Harnröhre ausgeschieden wird.

■ **Nieren**
Die bohnenförmigen Nieren liegen im Abdomen, an der hinteren Bauchdecke hinter dem Darm.

■ **Harnleiter**
Vom Hilus (Stamm) jeder Niere gehen der rechte und der linke Harnleiter aus, zwei enge Röhren, die durchgängig den in den Nieren produzierten Urin aufnehmen.

■ **Blase**
In der Harnblase, einer faltbaren, ballonartigen Struktur im Becken, wird Urin zeitweilig aufgenommen und gelagert.

■ **Harnröhre**
Die Blase kontrahiert und drückt seinen Inhalt durch die dünnwandige, muskulöse Harnröhre.

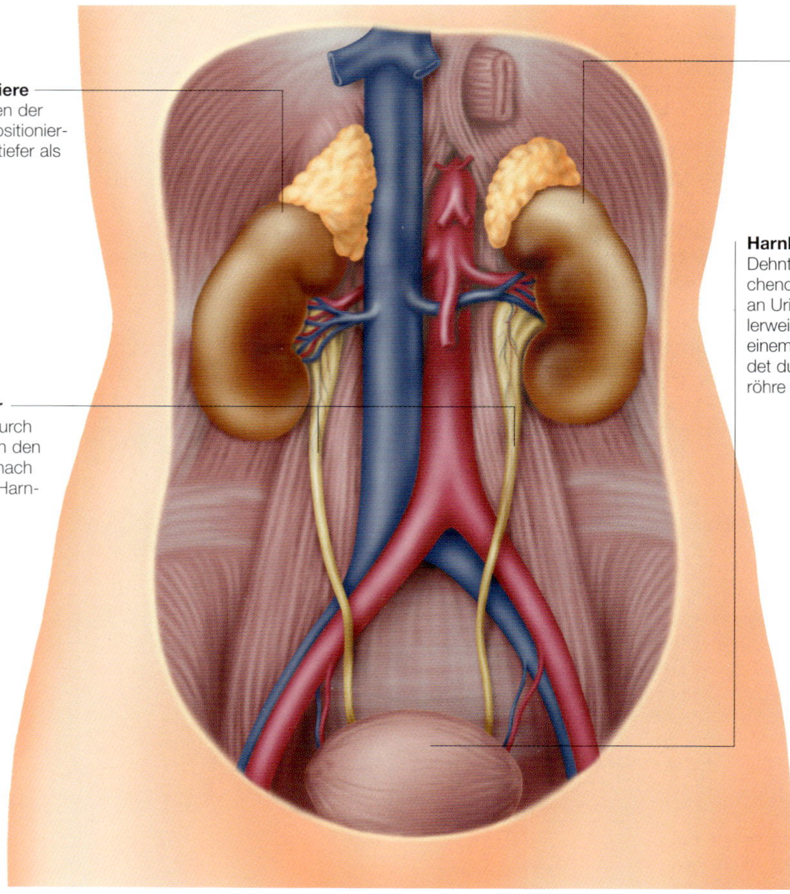

Der Harntrakt besteht aus den Strukturen, die Urin produzieren, lagern und ausscheiden. Er erstreckt sich vom Unterleib bis in das Becken.

Rückansicht der Nieren

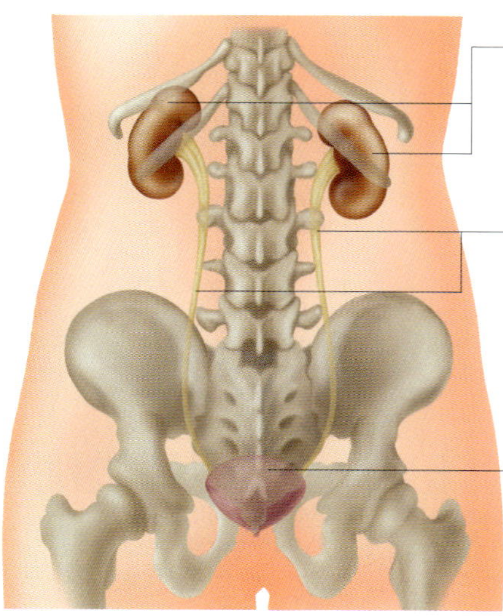

Die Nieren liegen an der rückwärtigen Bauchdecke, ihre oberen Pole befinden sich auf Höhe der 11. und 12. Rippe. Aufgrund dieser Lage werden Nierenoperationen am Rücken durchgeführt.

LAGE DER NIEREN

Die rechte Niere liegt etwa 2,5 cm unter der linken. Beide bewegen sich während der Atmung auf und ab, sowie bei Haltungswechseln.

Der Harntrakt erstreckt sich abwärts entlang des Bauches und des Beckens. Die Nieren liegen hinter den unteren Rippen und die Blase im Beckenboden.

SCHUTZ

Die Nieren werden durch den Knochenkäfig der unteren Rippen geschützt. Zusätzlich sind sie auch von einer schützenden Fettschicht bedeckt. Die Harnleiter sind außerdem tief in die umliegende Gewebemasse eingebettet.

TASTUNTERSUCHUNG DER NIEREN

Palpation des unteren Pols der rechten Niere wird normalerweise mit beiden Händen durchgeführt, eine Hand drückt auf der Seite, eine von vorne. Die linke Niere ist durch ihre Lage im Rippenkasten seltener ertastbar, außer sie ist abnormal vergrößert oder enthält eine große Zyste oder einen Tumor.

Nebennieren

Die Nebennieren (Glandulae adrenales) liegen über den Nieren, gehören aber nicht zum Harntrakt. Jede besteht aus zwei getrennten Teilen: Einer Medulla, die von einem Cortex umgeben ist.

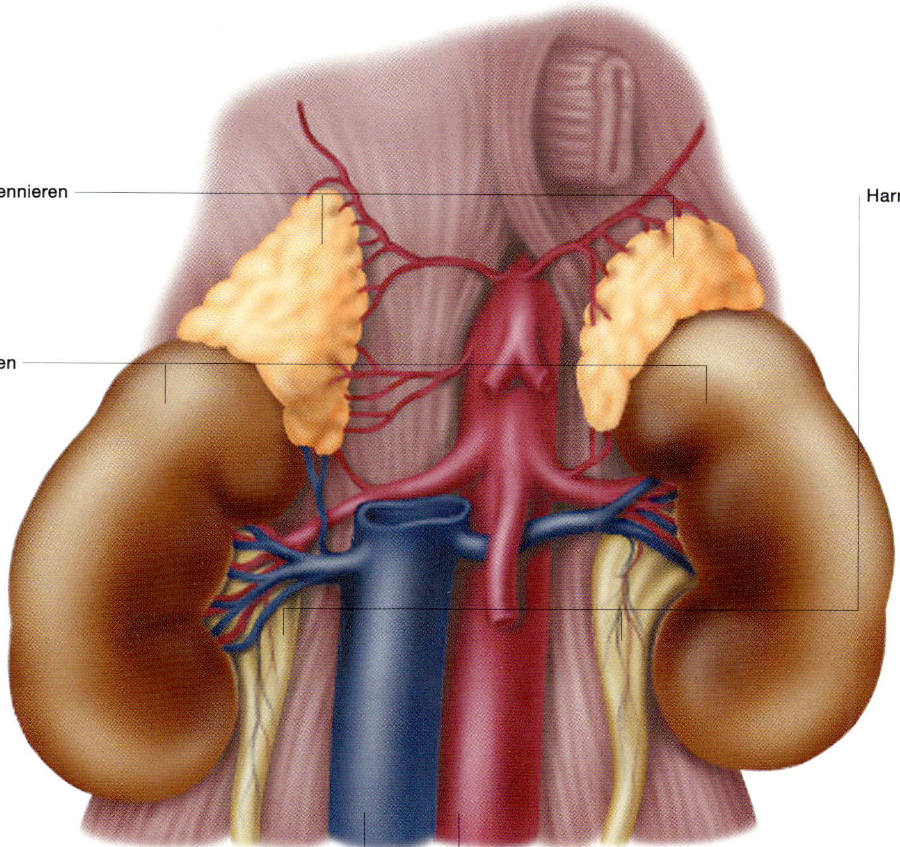

Auch wenn die Nebennieren oben auf den Nieren liegen, haben sie keine Funktion im Harntrakt. Stattdessen handelt es sich um Hormondrüsen, die Hormone in den Blutstrom absondern.

Oben auf den Nieren liegen paarweise die Nebennieren. Physisch befinden sie sich zwar nahe an den Nieren, sie übernehmen aber keine Funktion im Harntrakt. Es sind Drüsen, die lebensnotwendige Hormone für den Körper produzieren.

UMGEBENDES GEWEBE

Die gelblichen Nebennieren liegen über den Nieren und unter dem Zwerchfell. Eine dicke Schicht aus Fettgewebe umgibt sie, renale Faszien schließen sie ein, von den Nieren selbst sind sie aber durch fibröses Gewebe getrennt.

Diese Trennung gestattet es, Nieren chirurgisch zu entfernen, ohne diese wichtigen Drüsen zu beschädigen.

UNTERSCHIEDE DER DRÜSEN

Wegen ihrer unmittelbaren Umgebung unterscheiden sich die Nebennieren im Äußeren:

■ **Die rechte Nebenniere**
Die rechte Nebenniere ist pyramidenförmig und liegt auf dem oberen Ende der rechten Niere. Sie hat direkten Kontakt mit dem Zwerchfell, der Leber und der Vena cava inferior des Abdomen.

■ **Linke Nebenniere**
Die linke Nebenniere ist halbmondförmig und liegt auf der oberen Oberfläche der linken Niere, von der Spitze hinab zum Hilus. Sie hat direkten Kontakt zur Milz, zum Magen, zur Bauchspeicheldrüse und zum Zwerchfell.

BLUTVERSORGUNG

Wie andere Hormondrüsen auch, die Flüssigkeit direkt in den Blutkreislauf absondern, werden die Nebennieren reichlich mit Blut versorgt. Aus drei Quellen bekommen sie Blut: der oberen, mittleren und unteren Suprarenalarterien, die von der unteren Zwerchfellarterie ausgehen, bzw. der Aorta und der Nierenarterie.

Bei den Nebennieren verzweigen sich diese Arterien immer weiter. Zahllose kleine Arterien, verteilt über deren gesamte Oberfläche, treten dann in diese Drüsen ein. Eine einfache Vene verlässt die Nebennieren auf jeder Seite und entlässt Blut in die Vena cava inferior auf der rechten, und in die Nierenvene auf der linken Seite.

Struktur der Nebennieren

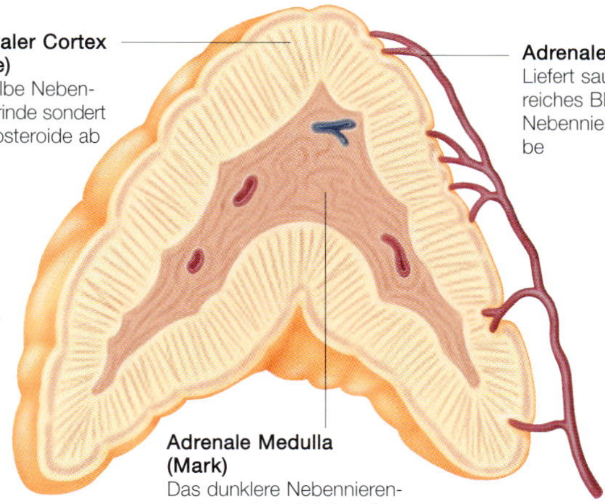

Innerhalb der schützenden Kapsel bestehen Nebennieren aus zwei Bereichen, dem inneren, der Medulla (Mark), und dem äußeren, dem Cortex (Rinde). Diese bestehen aus unterschiedlichen Gewebearten mit unterschiedlichen Funktionen.

ADRENALER CORTEX

Die gelbe Nebennierenrinde macht den größten Teil der Drüse aus. Sie produziert eine ganze Reihe von Hormonen und sondert sie ab, die Corticosteroide, die sehr wichtig sind für die Kontrolle über den Metabolismus des Körpers, Flüssigkeitsausgleich und Reaktion auf Stress. Der Cortex produziert außerdem eine kleine Menge männlicher Hormone (Androgene).

Nebennieren bestehen aus zwei Gewebearten – Cortex und Medulla. Jeder Bereich ist für die Produktion verschiedener Hormone zuständig.

ADRENALE MEDULLA

Das dunklere Nebennierenmark besteht aus einem „Knoten“ aus Nervengewebe, umgeben von zahllosen Blutgefäßen, hier entstehen Adrenalin und Noradrenalin. Diese Hormone begleiten die Reaktion des Körpers auf Stress („Flucht oder Kampf-Reaktion“).

Nieren

Die Nieren sind zwei feste Organe im hinteren Bereich des Bauches. Sie filtern Blut und sorgen für Balance und Zusammensetzung von Flüssigkeiten im Körper.

Die paarweise auftretenden Nieren liegen in der Bauchhöhle an der hinteren Bauchdecke. Jede Niere (Ren) ist dabei 10 cm lang, rötlichbraun und hat die charakteristische Form. Auf der medialen (inneren) Seite liegt der Hilus der Niere, durch den Blutgefäße in die Niere eintreten und sie wieder verlassen. Durch den Hilus verlassen auch der rechte und linke Harnleiter die Niere, die Urin aus der Niere in die Blase transportieren.

BEREICHE DER NIERE

Die Niere hat drei Bereiche und jeder hat eine Funktion im Produzieren oder Sammeln von Urin:

- Cortex renalis – die äußerste Schicht; sehr blass gefärbt, körnige Erscheinung.
- Medulla renalis – besteht aus dunkelrotem Gewebe, liegt in Form von „Pyramiden" im Cortex.
- Pelvis renalis – Zentraler, trichterförmiger Bereich, der Urin sammelt und kontinuierlich an die Harnleiter am Hilus weitergibt.

ÄUSSERE SCHICHTEN

Jede Niere ist von einer festen, fibrösen Kapsel eingeschlossen. Außerhalb der Niere liegt eine schützende Fettschicht, die innerhalb der Fascia renalis liegt, dichtem Bindegewebe, das Nieren und Nebennieren mit den umgebenden Strukturen verbindet.

Die Nieren sorgen für die Ausscheidung von Abfallstoffen aus dem Blut. Jede hat drei Bereiche, Cortex, Medulla und Pelvis.

Querschnitt einer Niere

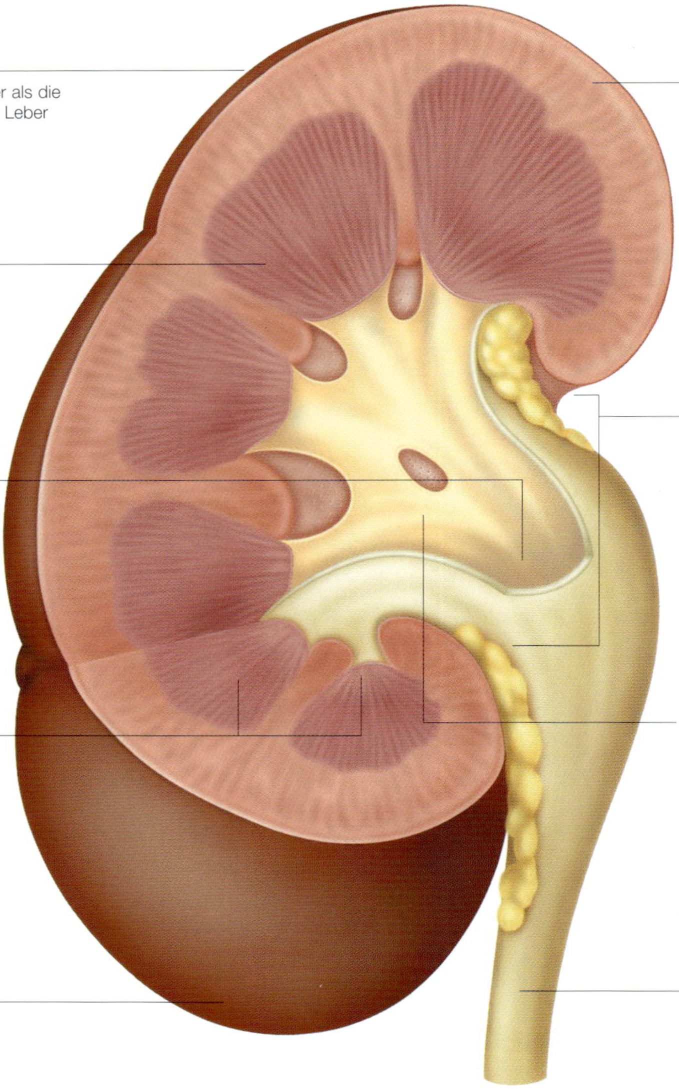

Nephrone der Nieren

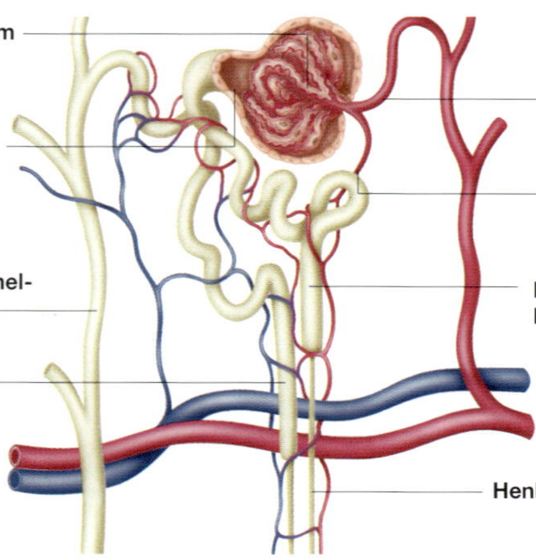

Die Leistung der Nieren wird durch über eine Million so genannter Nephrone erreicht, Blut verarbeitende Einheiten. Jedes Nephron enthält ein Nierenkörperchen in der Medulla, von dem ein Nierenröhrchen als lange Schleife ausgeht.

Wasser und gelöste Substanzen aus arteriellem Blut passieren eine Membran im Glomerulum. Diese Flüssigkeit (Urin) fließt zur Weiterbehandlung durch ein Nierenröhrchen.

Nierenkörperchen
Das Nierenkörperchen besteht aus einem Bündel winziger Arteriolen, das Glomerulum, eingeschlossen von einem erweiterten „Becher" aus Nierenröhrchen, der Bowman-Kapsel genannt wird.

Nierenröhrchen
Das Nierenröhrchen beginnt an der Bowman-Kapsel, zieht sich durch den Cortex und kehrt als Henlesche Schleife zurück. Am Ende entleert es seinen Inhalt, verarbeitetes Urin, in ein Sammelröhrchen, das ihn in die Pelvis renalis weiterleitet.

Blutversorgung der Niere

Die Niere filtert hauptsächlich Blut, so dass sie auch ausreichend damit versorgt wird. Wie an anderen Stellen des Körpers auch, verlaufen Venen und Arterien im selben Muster.

Die linke und rechte Nierenarterie transportieren arterielles Blut in die Nieren. Sie kommen direkt aus der Hauptarterie des Körpers, der Aorta. Die rechte Nierenarterie ist länger als die linke, da sich die Aorta etwas links von der Körpermitte befindet. Jeder dritte Mensch hat eine dritte, zusätzliche Nierenarterie.

NIERENARTERIE

Die Nierenarterie tritt am Hilus in die Niere ein und teilt sich in drei bis fünf segmentäre Arterien auf, die sich wiederum in Lappenarterien verzweigen. Zwischen den einzelnen Armen gibt es keine Querverbindungen.

Die Lappenarterien verlaufen zwischen den Pyramides renales und verzweigen sich zur bogenförmigen Arterie, die entlang der Verbindung zwischen Cortex und Medulla verlaufen. Zahllose Zwischenlappenarterien laufen in das Gewebe des Cortex renalis und tragen Blut zu den Glomerula der Nephrone, wo überflüssige Fluide und Abfallprodukte herausgefiltert werden.

VENÖSER ABFLUSS

Blut erreicht erst die Lappenvenen, die Zwischenlappenvenen und die bogenförmigen Venen, bevor es in der Nierenvene gesammelt und in die Vena cava inferior weitergeleitet wird, die große Sammelvene im Bauch.

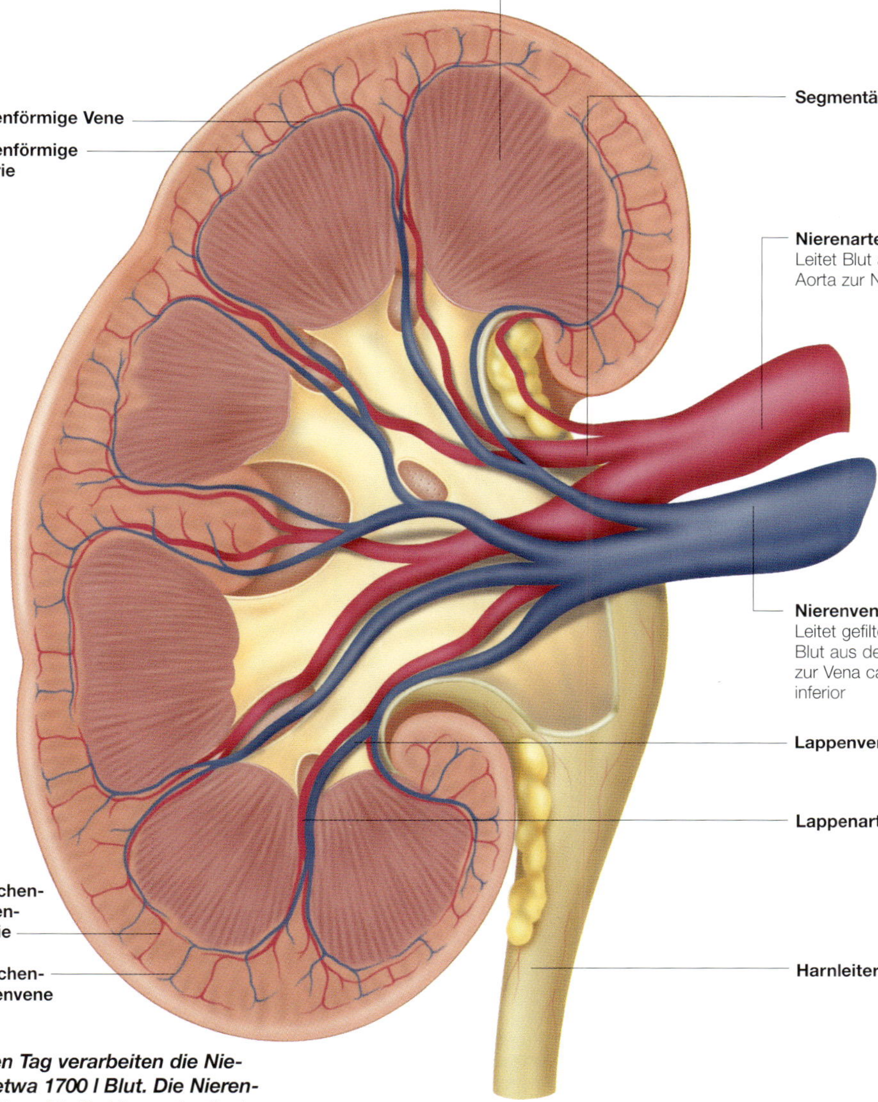

Jeden Tag verarbeiten die Nieren etwa 1700 l Blut. Die Nierenarterie geht direkt von der Aorta aus, dem wichtigsten Blutgefäß des Körpers.

Angeborene Abweichungen

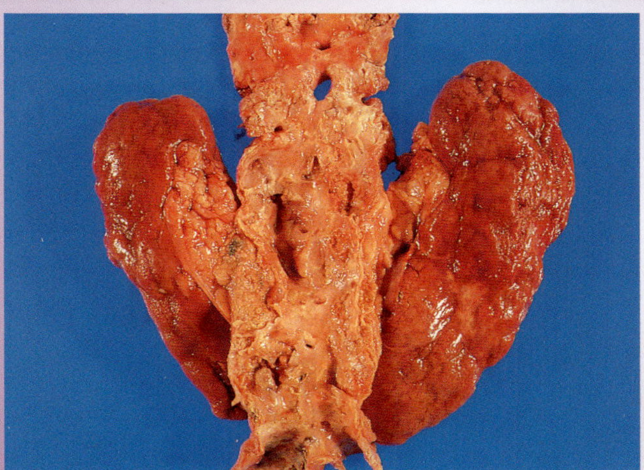

Eine Hufeisenniere ist eine abnormale Erscheinung, bei der beide Nieren während der Entwicklung zusammengewachsen sind. Die normale Nierenfunktion ist dabei nicht beeinträchtigt.

Während des frühen fötalen Stadiums entwickeln sich die Nieren eng beieinander im Becken, um dann zu ihrer eigentlichen Position an der hinteren Bauchdecke aufzusteigen. Sehr selten entwickeln sie sich dabei abnormal, es können angeborene Abweichungen auftreten:

Hufeisenniere
Bei einem von 600 Kindern können die Nieren während ihrer Entwicklung an den unteren Polen zusammenwachsen. Die dabei entstehende u-förmige Niere liegt meist niedriger als normal.

Nierenunterentwicklung
Manchmal werden Babys mit nur einer Niere geboren. Dabei kann es ebenfalls ein normales Leben führen. Die eine Niere vergrößert sich für das erhöhte Arbeitsaufkommen.

Ureter duplex
Einige Kinder werden mit zwei Harnleiter pro Niere geboren. Dieser Zustand ist nicht selten, er kann bei einer oder beiden Nieren, teilweise oder komplett auftreten.

Blase und Harnleiter

Die Harnleiter (Ureter) führen den in den Nieren produzierten Urin ihre gesamte Länge hinab in die Harnblase. Die Blase lagert den Urin, bevor er durch die Harnröhre (Urethra) ausgeschieden wird.

Die Nieren produzieren kontinuierlich Urin, der durch die zwei muskulösen Röhren, die Harnleiter, hinab zur Blase geführt wird.

DIE BLASE

Die Blase lagert Urin, bevor er durch die Harnröhre ausgeschieden wird. Ungefüllt ist die Harnblase pyramidenförmig, ihre Wände liegen in Falten, den Rugae, die sich während des Füllens wieder glätten. Die Position der Blase variiert:

- Bei Erwachsenen liegt die leere Blase im Becken, sie hebt sich beim Füllen bis in den Bauch.
- Bei Kleinkindern liegt die Blase auch dann im Bauch, wenn sie leer ist.
- Die Wände enthalten viele Muskelfasern, die allgemein als Detrusormuskeln bezeichnet werden, welche die Blase kontrahieren, wenn sie sich entleeren soll.

TRIGONUM

Das Trigonum ist ein dreieckiger Bereich der Blasenwand an der Basis der Blase. Die Muskeln hier verhindern, dass Urin in die Harnleiter aufsteigt, wenn die Blase kontrahiert. Ein Schließmuskel um die Harnröhrenöffnung hält sie geschlossen, bevor Urin ausgeschieden werden soll.

Die Harnblase ist so flexibel, dass sie sich beim Füllen ausdehnen kann. Sie besteht aus starken Muskelfasern, die Urin wenn nötig hinausdrücken können.

Aufriss der weiblichen Blase und Harnröhre

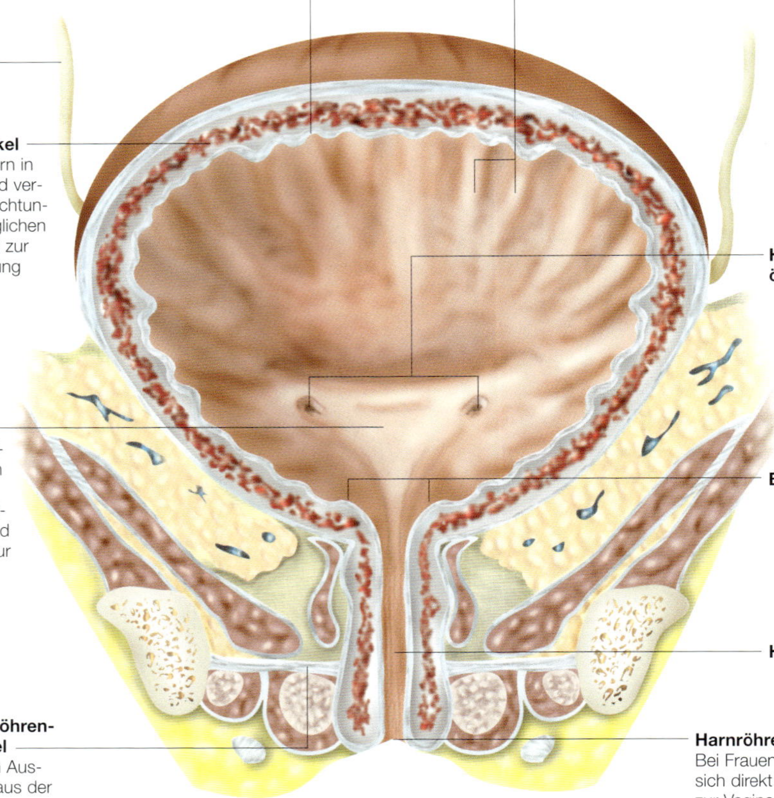

Unterschiede bei Männern und Frauen

Weiblich

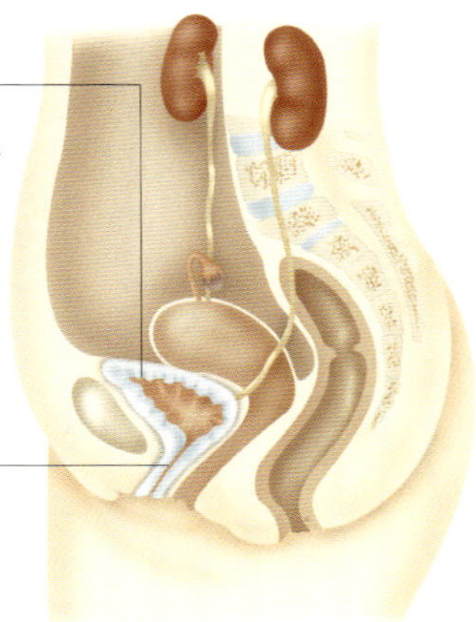

Männlich

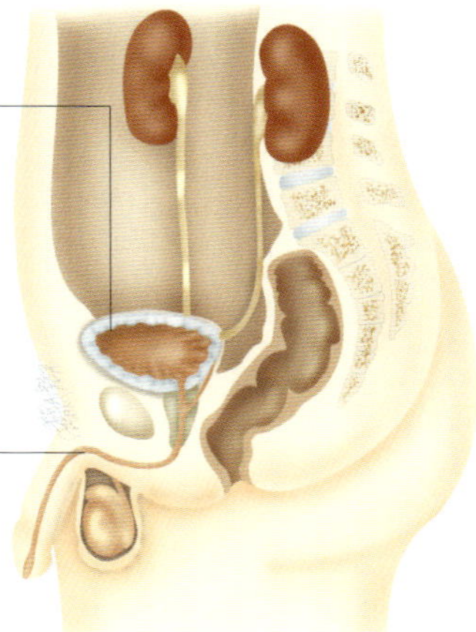

Die verschiedenen Fortpflanzungsorgane bei Männern und Frauen beeinflussen Lage, Größe und Form der Blase.

- Bei Männern ist die Harnröhre ca. 20 cm lang, sie verläuft durch die Prostata und den Penis, bevor sie in die äußere Harnröhrenöffnung mündet.
- Bei Frauen ist die Harnröhre 3-4 cm lang und endet an der Harnröhrenöffnung, die vor dem Vaginalbereich liegt.

Der größte Unterschied bei männlichen und weiblichen Harntrakten ist die Länge der Harnröhre. Bei Männern kann sie bis zu fünfmal so lang sein wie bei Frauen.

Harnleiter

Die Harnleiter sind röhrenförmig und transportieren Urin zur Blase. Jeder Harnleiter zieht seine Muskeln zusammen und dehnt sie wieder aus, um Urin fließen zu lassen.

Die Harnleiter sind enge, dünnwandige, muskulöse Röhren, die Urin von den Nieren zur Blase bringen.

Jeder Harnleiter ist etwa 25 bis 30 cm lang und etwa 3 mm dick. Sie beginnen an den Nieren, verlaufen an der hinteren Bauchwand über den knochigen Rand des Beckens in die Blase, indem sie deren hintere Wand durchstoßen.

TEILE DES HARNLEITERS

Jeder Harnleiter besteht aus drei anatomisch bestimmten Teilen:

■ **Pelvis renalis**
Der erste Teil des Harnleiters ist trichterförmig und liegt im Hilum der Niere. Er nimmt Urin aus der Calyx renalis auf und verjüngt sich dann zur engen Harnleiterröhre. Die Verbindung zwischen beiden Bereichen gehört zu den Teilen mit dem geringsten Durchmesser.

■ **Abdominaler Harnleiter**
Der Harnleiter durchquert den gesamten Bauch, bewegt sich dann Richtung Mittellinie des Körpers, passiert den Beckenrand und läuft in das Becken hinein. Auf seiner gesamten Länge befindet er sich im Peritoneum, der Membran, die den gesamten Bauch säumt.

■ **Harnleiter des Beckens**
Der Harnleiter tritt genau vor der Gabelung der Hüftarterie in das Becken ein. Er verläuft entlang der Rückwand des Beckens, bevor er die Rückwand der Blase durchbohrt.

Rückansicht von Harnleiter und Blase

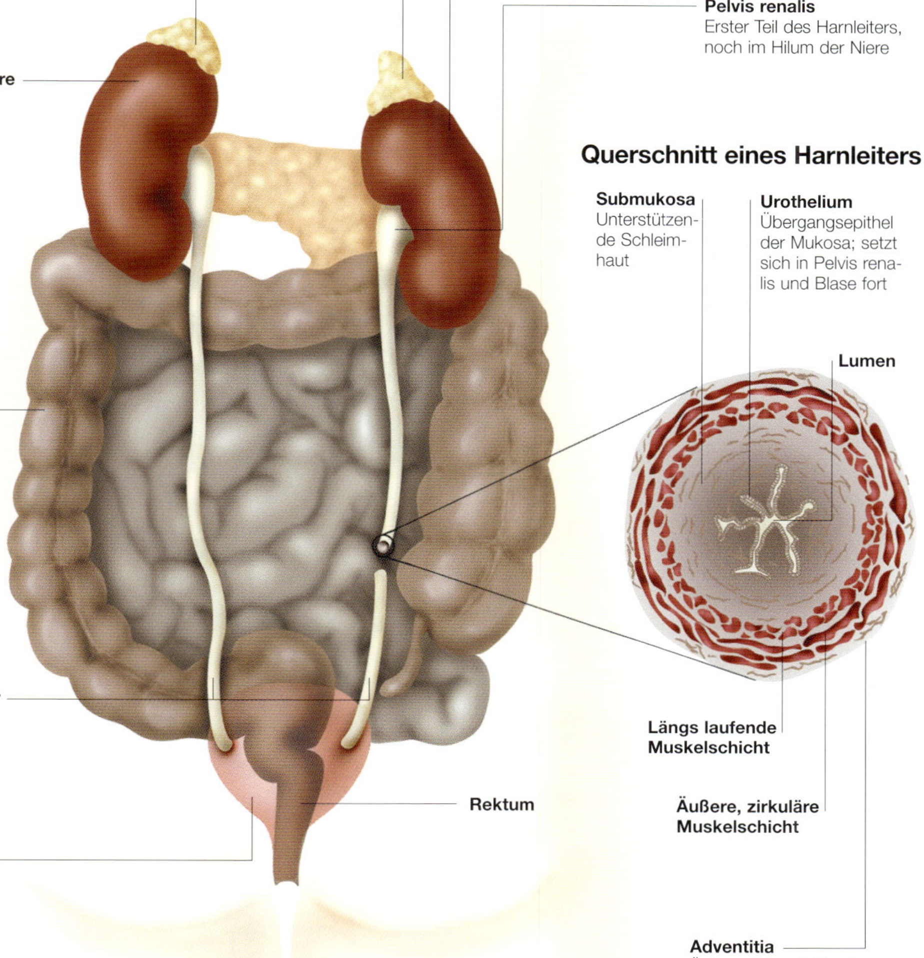

Urin wird durch Kontraktion der Muskeln in der Harnleiterwand zur Blase gedrückt. Dies wird als Peristaltik bezeichnet.

Die Harnleiter im Röntgenbild

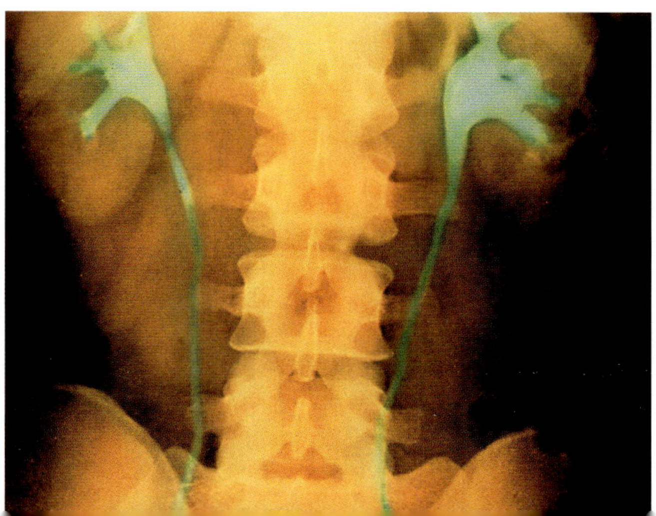

Auf normalen Röntgenbildern bleibt der Harnleiter unsichtbar, allerdings nicht die calciumreichen Nierensteine, die sich an den Engstellen der Harnleiter befinden.

UROGRAPHIE

Nieren, Harnleiter und Blase können bei einem intravenösen Urogramm sichtbar gemacht werden. Bei dieser Untersuchung wird ein Kontrastmittel intravenös verabreicht, das auf dem Röntgenbild sichtbar wird und von den Nieren konzentriert und ausgeschieden wird. Zeitlich versetzte Röntgenaufnahmen zeigen dann den Verlauf des Harnleiters zwischen Niere und Blase.

Harnleiter können verengte und verdickte Bereiche haben, die auf die Welle der Peristaltik zurückgehen, der Muskelaktivität, bei der Urin durch die Harnleiter zur Harnblase gedrückt wird.

Dieses Kontraströntgenbild des Harntraktes zeigt deutlich zwei normale Harnleiter. Diese muskulösen Röhren verlaufen abwärts, durch den gesamten Bauch.

Männliche Fortpflanzungsorgane

Die männlichen Fortpflanzungsorgane sind Penis, Hodensack und Hoden, die sich im Hodensack befinden. Die internen Strukturen der Fortpflanzungsorgane liegen in der Beckenhöhle.

Die Strukturen der Fortpflanzungsorgane sind dafür verantwortlich, dass Sperma und Samenflüssigkeit produziert und aus dem Körper hinausgetragen werden. Anders als bei anderen Organen schließen sie erst während der Pubertät ihre Entwicklung ab und erreichen volle Leistungsfähigkeit.

BESTANDTEILE

Die männlichen Fortpflanzungsorgane bestehen aus voneinander abhängigen Bereichen:

- Testis – Die beiden Testes (Hoden) sind im Hodensack aufgehängt. Die dort produzierten Samenzellen kommen zur Reifung und Lagerung in die Epididymes.
- Epididymis – Bei der Ejakulation verlässt Sperma die Epididymes und erreicht den Samenleiter.
- Samenleiter – Sperma fließt durch diese muskulöse Röhre in Richtung Prostata.
- Samenbläschen – Am Ende des Samenleiters mischt sich das Sperma in dem gemeinsamen Ductus ejaculatorius mit einer Flüssigkeit aus dieser Drüse.
- Prostata – Der Ductus ejaculatorius leert sich in der Prostata in die Harnröhre.
- Penis – Beim Verlassen der Prostata wird die Harnröhre zum Kernbereich des Penis.

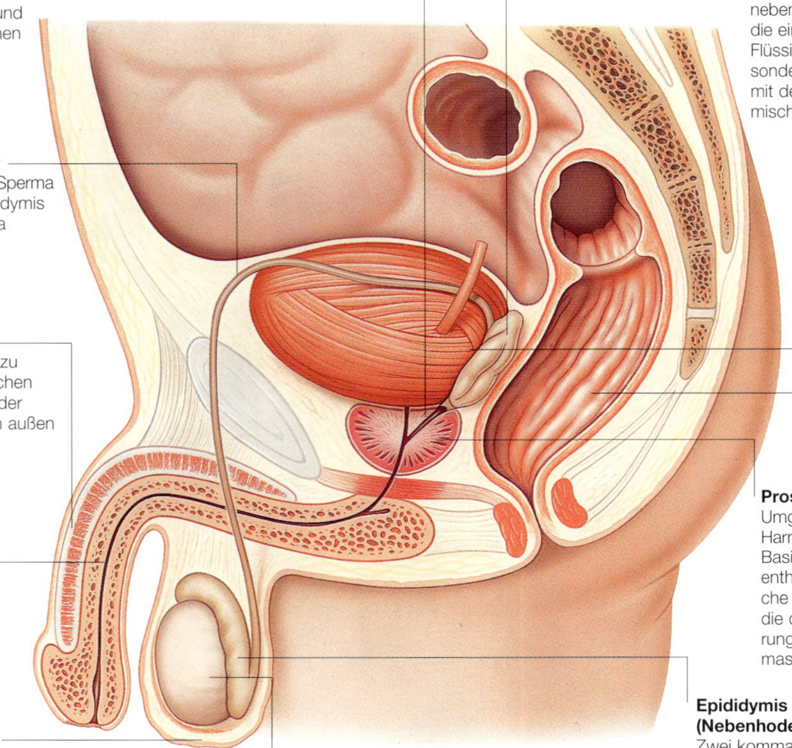

Äußere Geschlechtsorgane

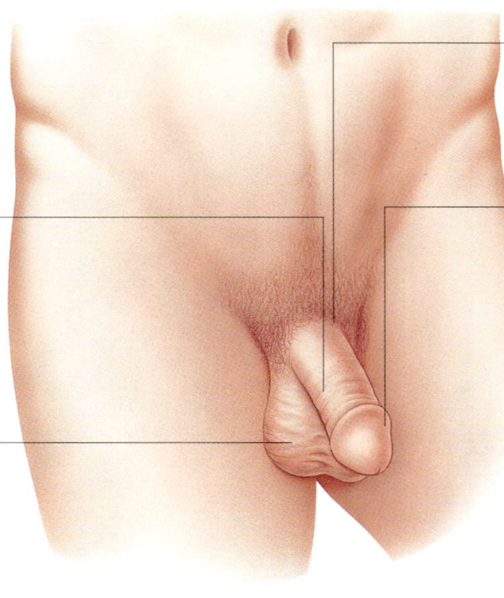

Die äußeren Geschlechtsorgane sind die Teile des Fortpflanzungsapparates, der sichtbar vor dem Schambereich liegt, während die anderen Organe in der Beckenhöhle verborgen sind.

Beim Mann sind die äußeren Geschlechtorgane:

- Hodensack
- Penis

Bei Erwachsenen umgibt sie dichtes, krauses Schamhaar.

Die äußeren männlichen Geschlechtsorgane sind Penis und Hodensack, die sich im Schambereich befinden. Bei Erwachsenen umgibt Schamhaar den Wurzelbereich des Penis

HODENSACK

Der Hodensack ist ein weiter Beutel aus Haut und Bindegewebe, der die darin aufgehängten Testes enthält. Es gibt ein mittleres Septum, eine Scheidewand, die die Testes voneinander trennt.

Auch wenn sich die Testes damit in einer für so wichtige Organe ungewöhnlich verwundbaren Position befinden, außerhalb des Schutzes der Bauchhöhle, ist es noch wichtiger, dass sie für die Spermaproduktion kühl gehalten werden.

PENIS

Der Penis besteht zum größten Teil aus Schwellgewebe, das sich durch sexuelle Erregung mit Blut füllt und damit den Penis aufrichtet. Die Harnröhre, durch die Urin und Sperma fließen, verläuft durch den Penis.

Prostata

Die Prostata ist ein wichtiger Bestandteil der männlichen Fortpflanzungsorgane, sie stellt eine enzymreiche Flüssigkeit her und produziert damit fast ein Drittel der Samenflüssigkeit.

Die Prostata ist etwa 3 cm lang und liegt unter der Blase, rund um den ersten Teil der Harnröhre. Ihre Basis liegt dicht an der Basis der Blase und die abgerundete vordere (anteriore) Oberfläche direkt hinter dem Schambein.

KAPSEL

Die Prostata ist von einer Kapsel aus dichtem, fibrösem Bindewebe eingeschlossen, die wiederum die Prostatascheide, eine Hülle aus dünnem Bindegewebe, umgibt.

INNERE STRUKTUR

Die Harnröhre, der Ausflusskanal der Blase, verläuft vertikal durch das Zentrum der Prostata und heißt hier Prostataharnröhre. Der Ductus ejaculatorius öffnet sich an einem erhöhten Rand zur Harnröhre, dem Colliculus seminalis.

Auch bei der Prostata gibt es Lappen, die allerdings nicht so deutlich unterschieden werden können wie bei anderen Organen:

- Vorderer Lappen – Liegt vor der Harnröhre und enthält vor allem fibromuskuläres Gewebe.
- Hinterer Lappen – Liegt hinter der Harnröhre und unter dem Ductus ejaculatorius.
- Laterale Lappen – Zwei Lappen, beiderseits der Harnröhre, machen den Hauptteil der Prostata aus.
- Medialer Lappen – Liegt zwischen Harnröhre und Ductus ejaculatorius.

Position der Prostata

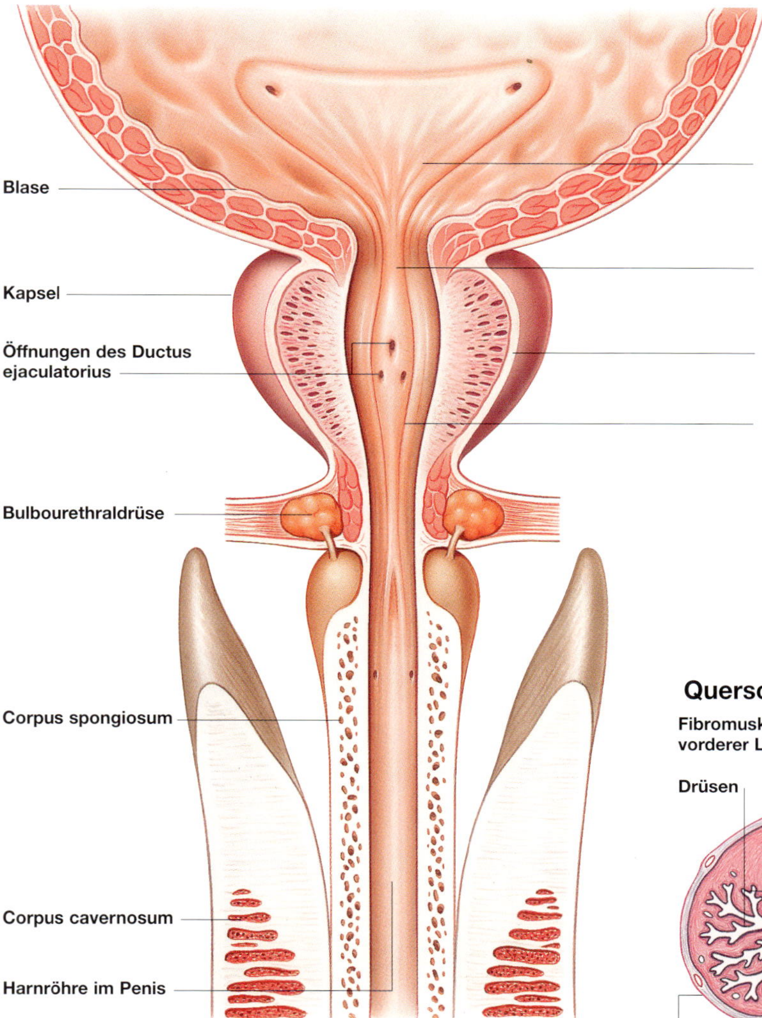

Die Prostata befindet sich an der Basis der Blase und umgibt die Harnröhre. Sie ist ein festes, glattes Organ und hat etwa Walnussgröße.

Querschnitt der Prostata

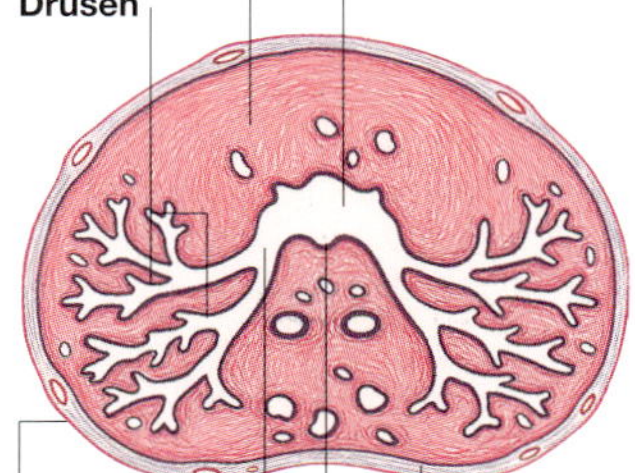

Samenbläschen

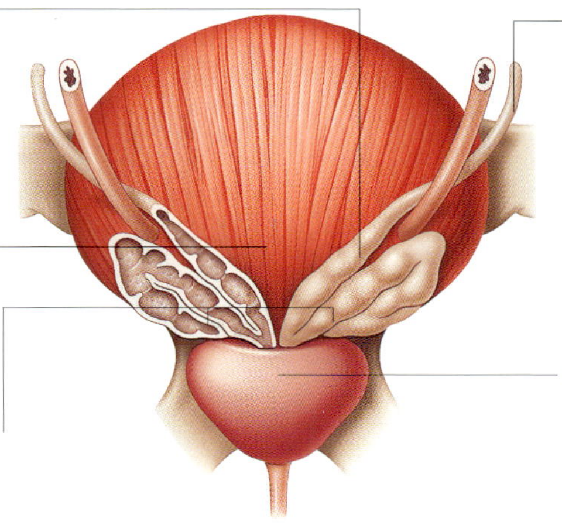

Die zwei Samenbläschen sind zusätzliche Drüsen der menschlichen Fortpflanzungsorgane und produzieren dicke, zuckrige, alkalische Flüssigkeit, die den Großteil der Samenflüssigkeit ausmacht.

AUFBAU UND FORM

Jedes Samenbläschen ist länglich und hat etwa die Größe und Form eines kleinen Fingers. Sie liegen beide hinter der Blase und vor dem Rektum und formen zusammen ein V.

Die Samenbläschen befinden sich hinter der Blase. Absonderungen fließen in den Samenleiter, der wiederum in die Harnröhre mündet.

VOLUMEN DER PROSTATA

Die Prostata ist beutelartig, mit einem Volumen von etwa 10-15 ml. Sie besteht im Inneren aus zusammengerollten Sekretröhrchen mit muskulösen Wänden.

Die Absonderungen verlassen die Drüse über den Samenbläschengang, der sich mit dem Samenleiter innerhalb der Prostata zum Ductus ejaculatorius verbindet.

Hoden, Hodensack und Nebenhoden

In den Testes (Hoden), die im Skrotum (Hodensack) aufgehängt sind, wird Sperma produziert. Der Hodensack enthält auch zwei Epididymen (Nebenhoden), die hauptsächlich aus den langen Nebenhodengängen bestehen und mit dem Samenleiter verbunden sind.

Die zwei Testes sind feste, bewegliche, ovale Körper, etwa 4 cm lang und 2,5 cm dick. Sie liegen im Hodensack, einem Beutel, der aus der vorderen Bauchwand hervorgeht, und sie sind nach oben mit dem Samenstrang verbunden, von dem sie herabhängen.

TEMPERATURREGULIERUNG

Normale Spermien können nur bei einer Temperatur produziert werden, die etwa 3 Grad unter der Körpertemperatur liegt. Muskelfasern im Samenstrang und der Wand des Hodensacks helfen dabei, die Temperatur zu regulieren, indem sie den Hodensack näher zum Körper heben, wenn es kalt ist, und senken, wenn die Umgebung wärmer ist.

EPIDIDYMIS

Jede Epididymis ist fest, kommaförmig und liegt direkt am oberen Pol des Testis, von wo aus sie an der hinteren Oberfläche abwärts verläuft. Die Epididymis empfängt das Sperma aus dem Testis und besteht aus dem ineinander gerollten Nebenhodengang, dessen volle Länge ca. 6 m erreicht.

Der Schwanz der Epididymis geht in den Samenleiter über, der den Samen für die nächste Phase über den Samenstrang hinauf ins Becken transportiert.

Sagittalschnitt des Hodensacks

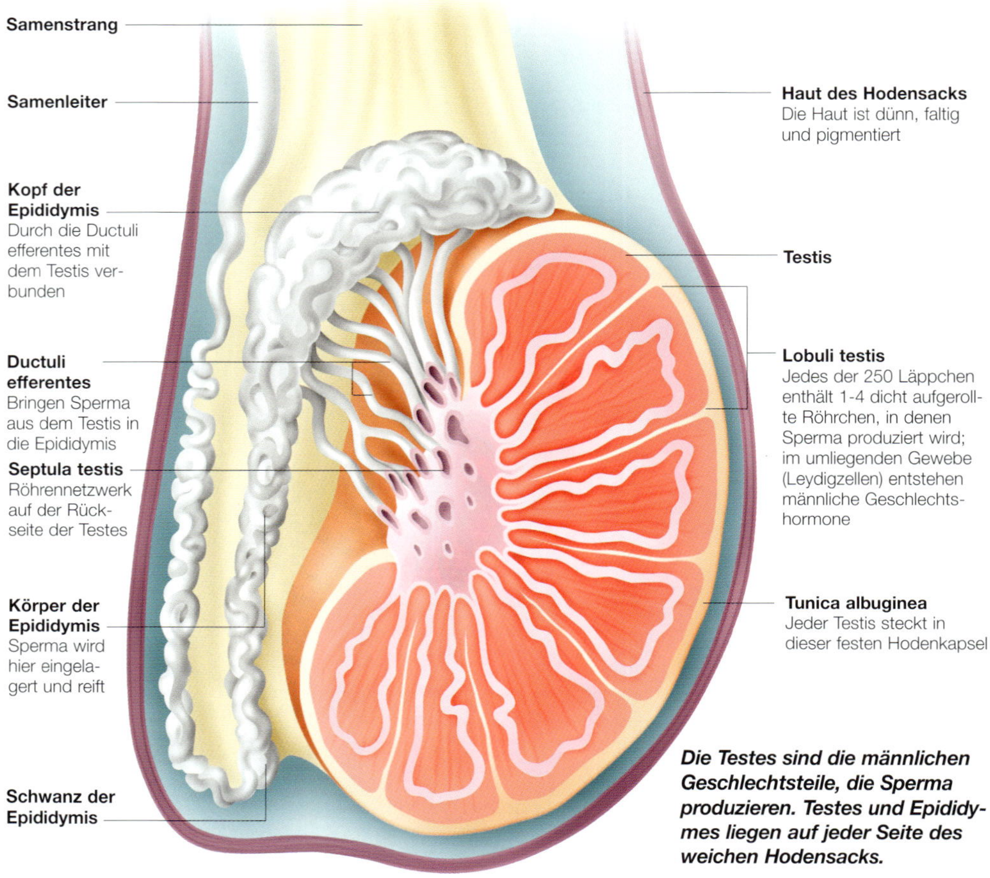

Die Testes sind die männlichen Geschlechtsteile, die Sperma produzieren. Testes und Epididymes liegen auf jeder Seite des weichen Hodensacks.

Wände des Hodensacks

Querschnitt des Hodensacks

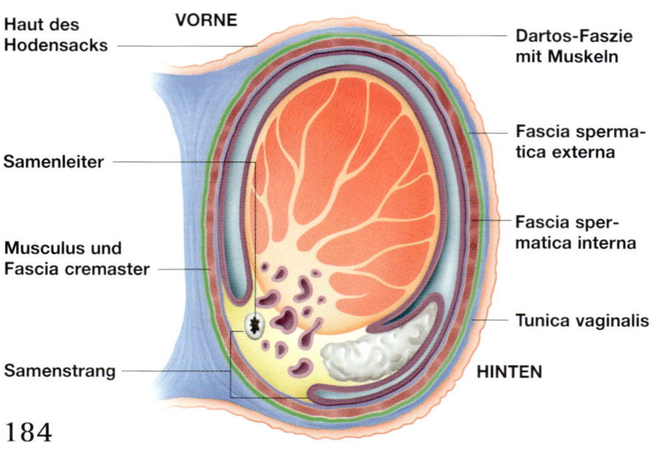

Die Wände des Hodensacks bestehen aus verschiedenen Schichten, wie es auch von einer Ausbuchtung der vielschichtigen Bauchdecke zu erwarten ist.

SCHICHTEN DES HODENSACKS

Der Hodensack besteht aus:

- Dünner, pigmentierter, faltiger Haut
- Dartos-Faszie, eine Lage aus Bindegewebe mit muskulösen Fasern
- Drei Faszienlagen, gebildet aus den drei Muskellagen der Bauchdecke, mit weiteren Cremastermuskelfasern
- Tunica vaginalis, einem geschlossenen Sack aus dünner, glatter, seröser Membran, wie das Peritoneum im Bauch, die ein kleines Quäntchen Flüssigkeit enthält, damit sich die Testes gegen die umliegenden Strukturen frei bewegen können. Anders als die Bauchdecke enthält die Umgebung der Testes kein Fett; das soll wohl die Kühlung begünstigen.

Der Hodensack enthält die Testes und hängt außerhalb des Körpers. Er besteht aus einer äußeren Haut und einer inneren, mehrlagigen Schutzhülle.

Blutversorgung der Testes

Die arterielle Blutversorgung der Testes geht von der abdominalen Aorta aus und geht abwärts zum Hodensack. Venöser Abfluss folgt demselben im umgekehrten Verlauf.

Während der embryonalen Phase entwickeln sich die Testes im Bauch. Erst bei der Niederkunft senken sie sich in ihre letzte Position im Hodensack. Deshalb geht die Blutversorgung der Testes auch von der abdominalen Aorta aus, die zusammen mit den Testes nach unten wandert.

HODENARTERIE

Die zwei Hodenarterien sind lang und eng, sie gehen von der abdominalen Aorta aus. Sie führen dann entlang der rückwärtigen Bauchdecke abwärts, kreuzen die Harnleiter und durchqueren den tiefen Leistenring, bevor sie den Leistengang erreichen. Als Teil des Samenstranges verlassen sie den Leistenring und erreichen den Hodensack. Dort versorgen sie die Testes, aber auch die Samenleiter mit Blut.

HODENVENE

Die Hodenvenen gehen auf jeder Seite vom Testis und dessen Epididymis aus. Ihr Verlauf unterscheidet sich von dem der Hodenarterien, da sie ein ganzes Netzwerk aus Venen entlang des Samenstrangs bilden, der als Plexus pampiniformis bekannt ist. Weiter oben im Bauch entleert sich die rechte Hodenvene in die große Vena cava inferior, die linke normalerweise in die linke Nierenvene.

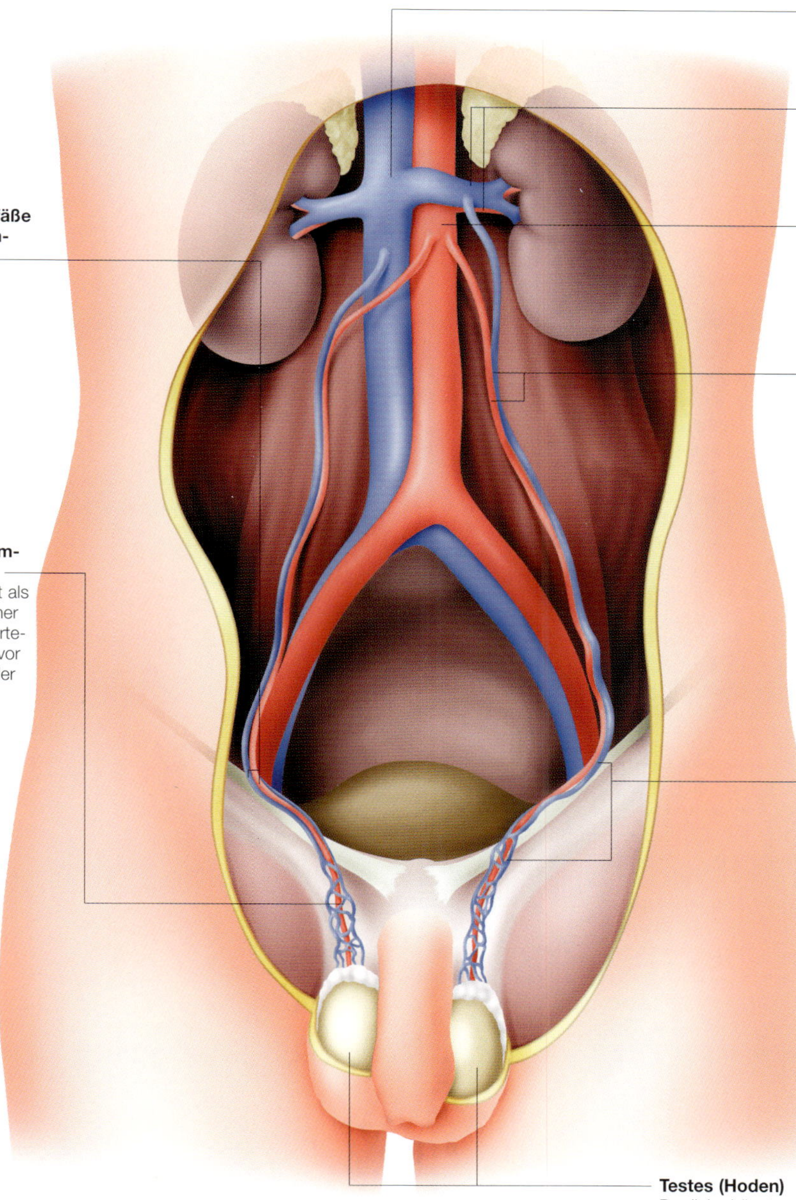

Die Blutversorgung der Testes erfolgt von weiter oben, aus den Blutgefäßen des Bauches. Diese langen Gefäße erlauben den Testes, sich in den Hodensack abzusenken.

Innere Struktur der Testes

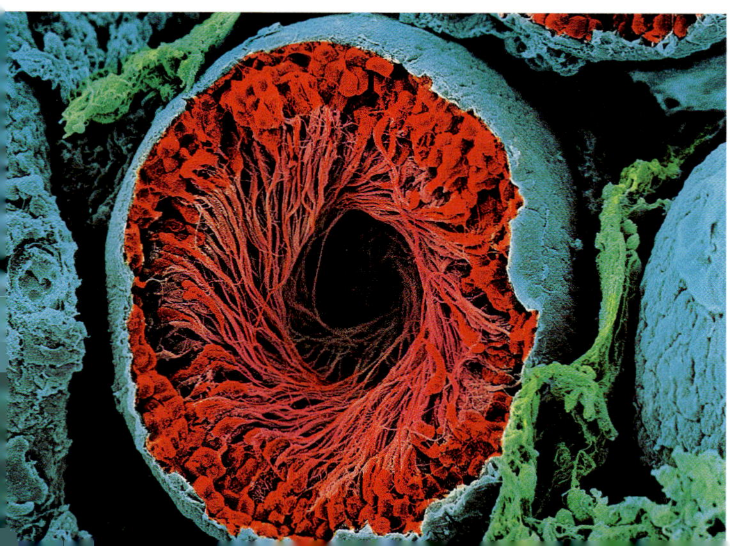

Jeder Testis ist von einer festen, schützenden Kapsel eingeschlossen, der Tunica albuginea, von der zahllose Septa, Scheidewände, ausgehen, die ihn in etwa 250 kleine Läppchen teilen.

Jedes keilförmige Läppchen enthält ein bis vier dicht zusammengerollte, samentragende Röhrchen, die Spermien erzeugen.

Dieses Mikrogramm zeigt einen Schnitt durch samentragende Röhrchen. Sich entwickelndes Sperma (rot) befindet sich in den Röhrchen, die von Leydigzellen (grün) umgeben sind.

In jedem Testis befinden sich zusammengerollt etwa 350 m solcher spermienproduzierenden Röhrchen.

RÖHRCHEN

Sperma wird aus den samentragenden Röhrchen in die geraden Röhrchen der Septula testis transportiert, dann weiter in die Epididymis.

Zwischen den samentragenden Röhrchen liegen Grüppchen spezialisierter Zellen, die interstitiellen oder Leydigzellen, in denen männliche Geschlechtshormone produziert werden.

Penis

Der Penis ist das männliche Geschlechtsorgan, das bei einer Erektion und bei dem Geschlechtsverkehr Sperma in die Vagina transportiert.

Der Penis besteht größtenteils aus drei Säulen Schwellkörpergewebe, den Corpora cavernosa und dem Corpus spongiosum. Diese können sich derart mit Blut füllen, dass sich der Penis aufrichtet.

AUFBAU DES PENIS

Der Penis enthält tatsächlich nur sehr wenig Muskelmasse, und was vorhanden ist, liegt ausschließlich in seiner Wurzel. Weder der Schaft noch die Eichel besitzen eigene Muskelfasern.

Die Hauptbestandteile sind:

- Wurzel – Dieser erste Teil ist fest angebracht und besteht aus den ausgedehnten Basen der drei Schwellkörper, die wiederum von Muskelfasern bedeckt sind.
- Schaft – Hängt im schlaffen Zustand üblicherweise herab und besteht aus Schwellkörpergewebe, Bindegewebe sowie Blut- und Lymphgefäßen.
- Eichel – Die Spitze des Penis (Glans penis), bei der es sich um das gewölbte Ende des Corpus spongiosum handelt, die zudem auch die Öffnung der Harnröhre enthält.
- Haut – Sie setzt die Haut des Hodensacks fort und ist wie diese dünn, haarlos und dunkel. Sie ist nur lose mit den darunter liegenden Faszien verbunden und legt sich in Falten, wenn der Penis schlaff ist.

An der Penisspitze gibt es eine doppelte Hautschicht, welche die Eichel bedeckt. Diese wird als Vorhaut bezeichnet.

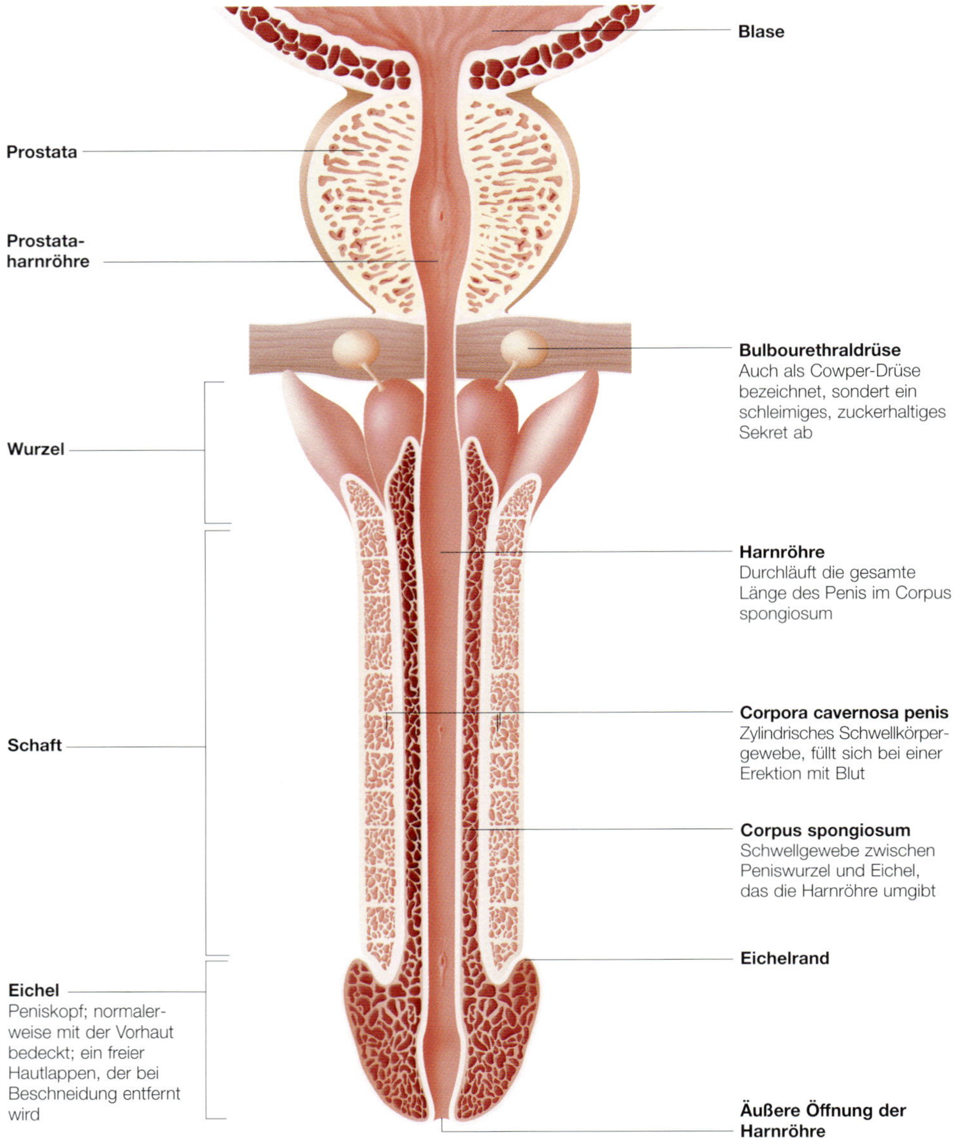

Der Penis besteht anatomisch aus drei Teilen, der Wurzel, dem Schaft und der Eichel des Penis (auch Glans penis genannt).

Querschnitt durch den Penis

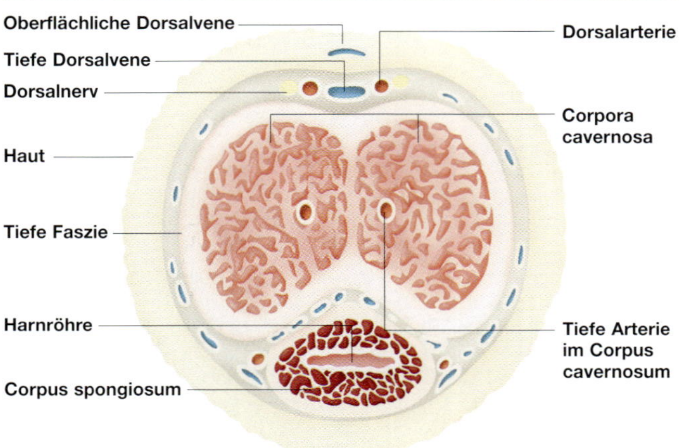

Erst im Querschnitt wird die Verbindung zwischen Schwellgewebe, Blutgefäßen und Faszien deutlich. Der Körper besteht hauptsächlich aus den drei Schwellkörpern, der kleinere Corpus spongiosum enthält zudem die Harnröhre. Jeder Corpus cavernosum hat eine zentrale, tiefe Arterie, die das Blut für die Erektion bereitstellt.

Der Schaft des Penis besteht aus drei Schwellkörpern. Diese füllen sich bei sexueller Stimulierung mit Blut und erigieren.

BINDEGEWEBE

Eine Hülle aus Bindegewebe, die tiefe Faszie, umschließt das Schwellgewebe, die tiefen dorsalen Venen und Arterien sowie die Nerven. Außerhalb dieser Faszie befindet sich eine Schicht aus losem Bindegewebe, das die oberflächlichen Venen enthält. Nur an der Eichel ist die Haut rund um Schwellgewebe und Faszien fest mit dem Penis verbunden.

Zum Penis gehörende Muskeln

Verschiedene Muskeln gehören zum Penis, ihre Fasern beschränken sich aber auf die Wurzel und deren Umgebung. Sie reichen weder in den Schaft noch zur Eichel.

Diese Muskeln werden als oberflächliche Dammmuskeln bezeichnet, da sie sich im Damm (Perineum) befinden, dem Bereich um After und äußeren Geschlechtsteile.

In diesem Bereich liegen drei Muskeln:

Musculus transversus perinei superficialis
Dieser schmale, paarige Muskel liegt direkt unter der Haut vor dem After. Er verläuft beidseits vom Sitzbeinhöcker zur Mittellinie des Körpers.

Musculus bulbospongiosus
Dieser Muskel verengt die Basis des Corpus spongiosum und damit die Harnröhre, um deren Inhalt mit hinauszudrücken. Er geht auf eine zentrale Sehne zurück, die beide Seiten vereint und rund um die Peniswurzel verläuft.

Musculus ischiocavernosus
Dieser Muskel geht vom Sitzbeinhöcker des Beckenknochens aus und liegt auf beiden Seiten um die Crura, die Basen der Corpora cavernosa. Kontraktion dieses Muskels hilft, eine Erektion aufrechtzuerhalten.

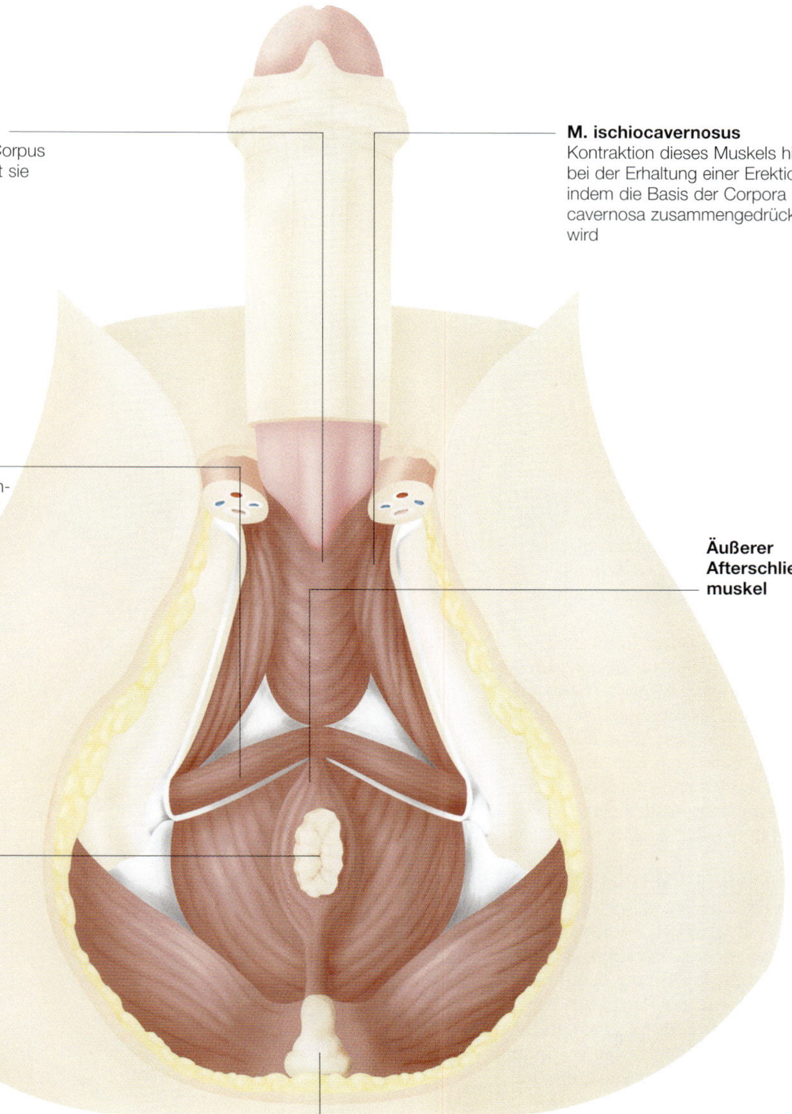

Die Muskeln an der Peniswurzel werden oberflächliche Dammmuskeln genannt. Sie umgeben die Peniswurzel und helfen dabei, die Erektion aufrechtzuerhalten.

Blutversorgung des Penis

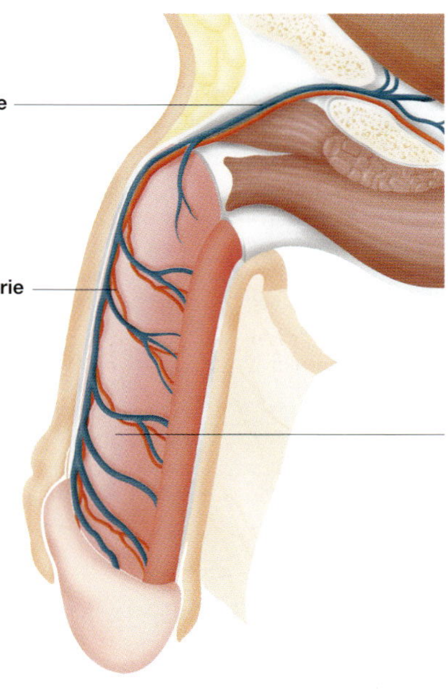

Die arterielle Blutversorgung des Penis hat zwei Funktionen: Zum einen soll das Penisgewebe ausreichend mit sauerstoffreichem Blut versorgt werden, zum anderen muss aber auch darüber hinaus zusätzliches Blut transportiert werden, um die Schwellkörper für eine Erektion zu füllen.

ARTERIEN

Alle Arterien im Penis gehen von der Schamarterie im Becken aus.

Die Blutversorgung des Penis kommt aus der inneren Schamarterie. Die tiefen Arterien versorgen die Corpora cavernosa während einer Erektion.

Die Dorsalarterien liegen auf jeder Seite der mittleren tiefen Dorsalvene und versorgen das Bindegewebe und die Haut.

Die tieferen Arterien verlaufen im Schwellgewebe der Corpora cavernosa, um das Gewebe zu versorgen und Blut für die Erektion zu transportieren.

VENÖSER ABFLUSS

Die tiefe Dorsalvene im Penis erhält Blut aus dem Schwellgewebe, während Blut aus dem darüber liegenden Bindegewebe und der Haut durch die oberflächliche Dorsalvene abfließt.

Venöses Blut fließt zuletzt in die Schamvenen im Becken ab.

Weibliche Fortpflanzungsorgane

Die weiblichen Fortpflanzungsorgane haben zwei Funktionen: Die Eierstöcke produzieren Eier für die Befruchtung, der Uterus ernährt und schützt neun Monate lang die Reifung des entstandenen Fötus.

Die weiblichen Fortpflanzungsorgane bestehen aus inneren Geschlechtsteilen, den Eierstöcken, den Eileitern und der Vagina, und den äußeren Geschlechtsteilen, der Vulva.

INNERE GESCHLECHTSTEILE

Die mandelförmigen Eierstöcke liegen auf beiden Seite des Uterus, aufgehängt an Bändern. Über den Eierstöcken befinden sich die beiden Eileiter, beide können ein Ei zur Befruchtung aufnehmen, das sich dann den Eileiter hinab zum Uterus begibt.

Der Uterus liegt im Becken, erhebt sich aber bis in den unteren Bauchbereich, wenn die Schwangerschaft fortschreitet. Die Vagina, die Gebärmutterhals und Vulva miteinander verbindet, kann sich weit ausdehnen, etwa bei der Niederkunft, wenn sie einen großen Teil des Geburtskanals bildet.

ÄUSSERE GESCHLECHTSTEILE

An den äußeren Geschlechtsteilen, der Vulva, öffnet sich der innere Fortpflanzungsbereich nach außen. Die vaginale Öffnung liegt hinter der Öffnung der Harnröhre, der Bereich wird Vorhof genannt. Dieser ist auf beiden Seiten von Hautfalten bedeckt, den Labia minora und Labia majora pudendi, vor denen die leicht erhabene Klitoris liegt.

Die weiblichen Fortpflanzungsorgane bestehen aus inneren und äußeren Geschlechtsteilen. Die inneren bilden die Form eines T und liegen in der Beckenhöhle.

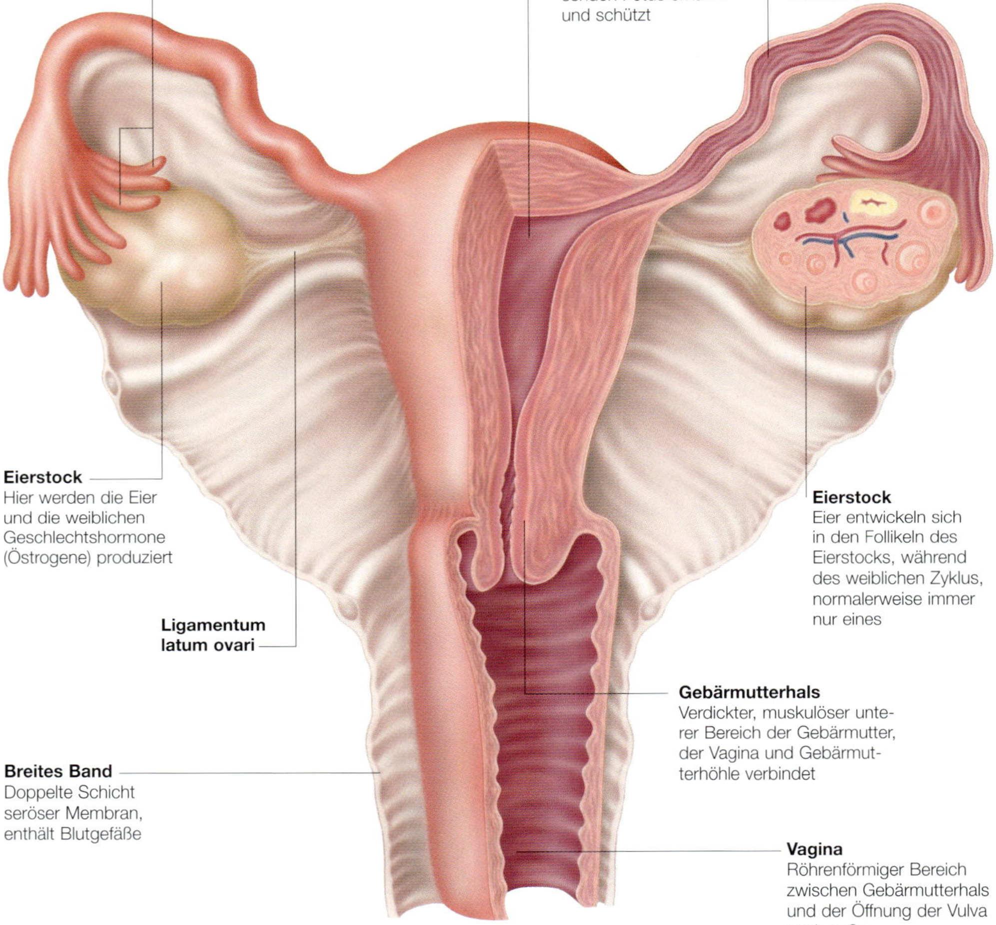

Lage der weiblichen Fortpflanzungsorgane

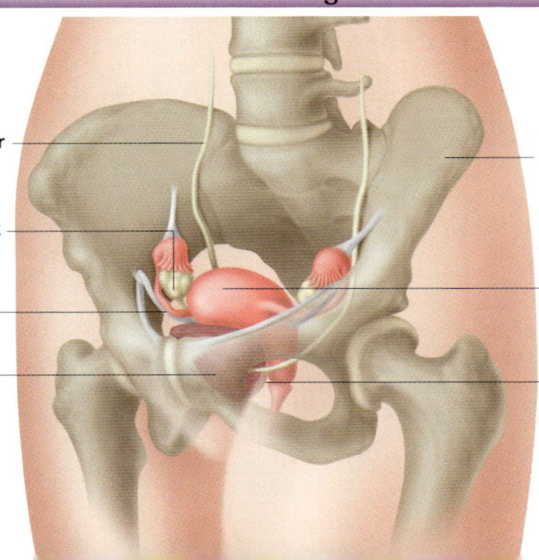

Bei erwachsenen Frauen befinden sich die inneren Geschlechtsorgane, die, abgesehen von den Eierstöcken, leicht röhrenförmig sind, tief in der Beckenhöhle. Damit werden sie durch die umliegende Knochenstruktur des Beckens geschützt.

Die inneren Fortpflanzungsorgane der Frau befinden sich tief in der Beckenhöhle. Daher werden sie durch die Beckenknochen geschützt.

Das steht im Gegensatz zur Beckenhöhle bei kleinen Kindern, die vergleichsweise flach ist, so dass die Eierstöcke eines Kindes wie die Blase im unteren Bauch liegen.

BREITE BÄNDER

Die obere Seite der Gebärmutter liegt in einem „Zelt" aus Peritoneum, dem Bauchfell, und bildet damit ein breites Band, das sie in ihrer Position hält.

Blutversorgung der inneren Geschlechtsorgane

Die inneren Geschlechtsorgane der Frau werden durch ein verzweigtes Netzwerk aus Arterien ausreichend mit Blut versorgt. Venöser Abfluss wird durch ein Netzwerk aus Venen gewährleistet.

Die vier Hauptarterien der weiblichen Geschlechtsorgane sind:

- Eierstockarterie – Diese verläuft von der Baucharterie zum Eierstock. Arme der Eierstockarterie verlaufen auf jeder Seite durch das Mesovarium, die Falte des Peritoneums, in der der Eierstock liegt, und versorgen Eierstock und Eileiter.
  Die Eierstockarterie im Gewebe des Mesovarium verbindet sich mit der Gebärmutterarterie.
- Gebärmutterarterie – Ist ein Arm der inneren Beckenarterie. Die Gebärmutterarterie nähert sich der Gebärmutter auf Höhe des Gebärmutterhalses, der durch Zervikalbänder gehalten wird.
  Die Gebärmutterarterie verbindet sich darüber mit der Eierstockarterie, unten verbindet sich ein Arm mit Arterien, die Gebärmutterhals und Vagina versorgen.
- Vaginalarterie – Ebenfalls ein Arm der inneren Beckenarterie, die zusammen mit einem Arm der Gebärmutterarterie die Vaginawände mit Blut versorgt.
- Innere Schamarterie – Diese Arterie versorgt das untere Drittel der Vagina und den After mit Blut.

VENEN

Ein Plexus oder Netzwerk aus kleinen Venen liegt in den Wänden von Gebärmutter und Vagina. Blut, das in diese Gefäße läuft, leert sich in die innere Beckenvene durch die Gebärmuttervene.

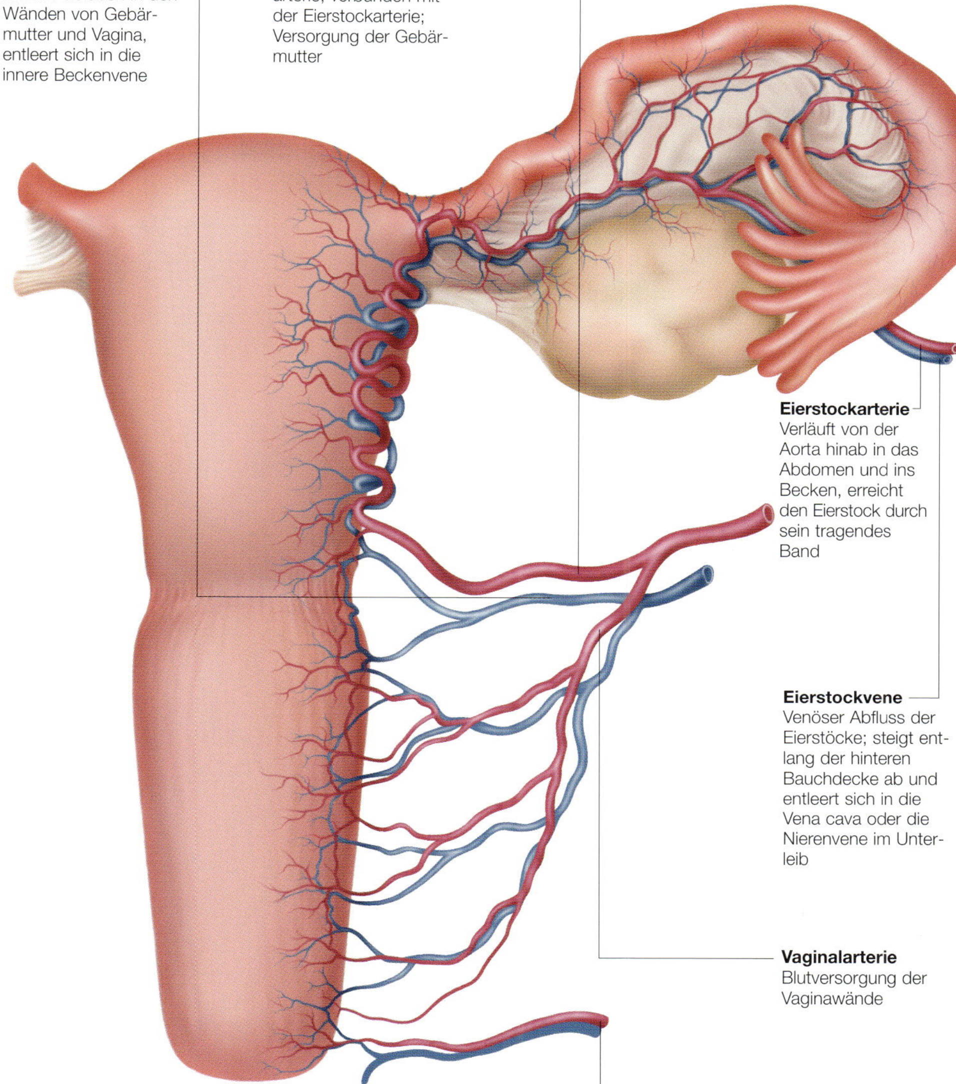

Diese Abbildung zeigt das Gefäßsystem, ohne die äußere Schicht der weiblichen Beckenorgane.

Die weiblichen Fortpflanzungsorgane werden sichtbar gemacht

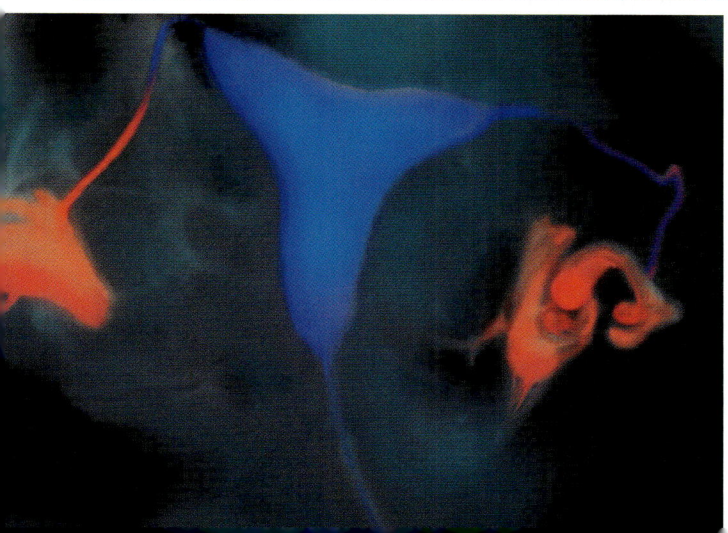

Die Umrisse der röhrenförmigen oder hohlen Bereiche der weiblichen Fortpflanzungsorgane können durch ein Hysterosalpingogramm sichtbar gemacht werden.

Bei diesem Vorgang können durch ein Kontrastmittel, das durch den Gebärmutterhals in die Gebärmutter gegeben wurde, Röntgenbilder gemacht werden. Das Mittel füllt die Gebärmutterhöhle und die Eileiter, bis es die peritoneale Höhlung an deren Ende erreicht.

Dieses Hysterosalpingogramm zeigt die Uterushöhlung (Mitte), die mit Kontrastmittel gefüllt ist. Kontrastmittel kann außerdem in den Eileitern im Übergang zur Peritonealhöhlung gesehen werden.

ZUGRIFF AUF DIE RÖHREN

Ein Hysterosalpingogramm wird häufig angewendet, um die Eileiter im Rahmen einer Unfruchtbarkeitsdiagnose auf eine Verstopfung zu prüfen. Falls die Eileiter etwa nach einer Entzündung blockiert sind, füllt das Kontrastmittel nicht deren ganze Länge aus.

Gebärmutter

Die Gebärmutter (Uterus) ist der Teil des weiblichen Fortpflanzungsapparates, der den Fötus während der Schwangerschaft ernährt und schützt. Sie liegt in der Beckenhöhle und ist ein hohles, muskulöses Organ.

In den fruchtbaren Jahren der Frau ist die Gebärmutter außerhalb von Schwangerschaften etwa 7,5 cm lang und an ihrer weitesten Stelle 5 cm breit. Allerdings kann sie sich sehr weit ausdehnen, um sich an den Fötus anzupassen.

AUFBAU

Die Gebärmutter wird in zwei Bereiche unterteilt:

- Den Körper. Der obere Teil der Gebärmutter, ist sehr beweglich, da er sich während der Schwangerschaft ausdehnen muss. Im zentralen, dreieckigen Bereich, der Höhlung, liegen die Öffnungen der Eileiter.
- Den Gebärmutterhals. Der untere Bereich, ist ein dicker, muskulöser Kanal, der in den umgebenden Beckenstrukturen verankert ist und von ihnen stabilisiert wird.

GEBÄRMUTTERWÄNDE

Der Körper der Gebärmutter hat dicke Wände, die aus drei Schichten bestehen:

- Perimetrium – der dünnen Außenhülle, die in das Peritoneum des Beckens übergeht
- Myometrium – der große Hauptkörper der Gebärmutterwand
- Endometrium – die feine innere Schleimhaut, die für die Aufnahme des Embryos nach einer Befruchtung zuständig ist

Die Form der Gebärmutter gleicht einer umgedrehten Birne. Sie hängt an peritonealen Falten oder Bändern in der Beckenhöhle.

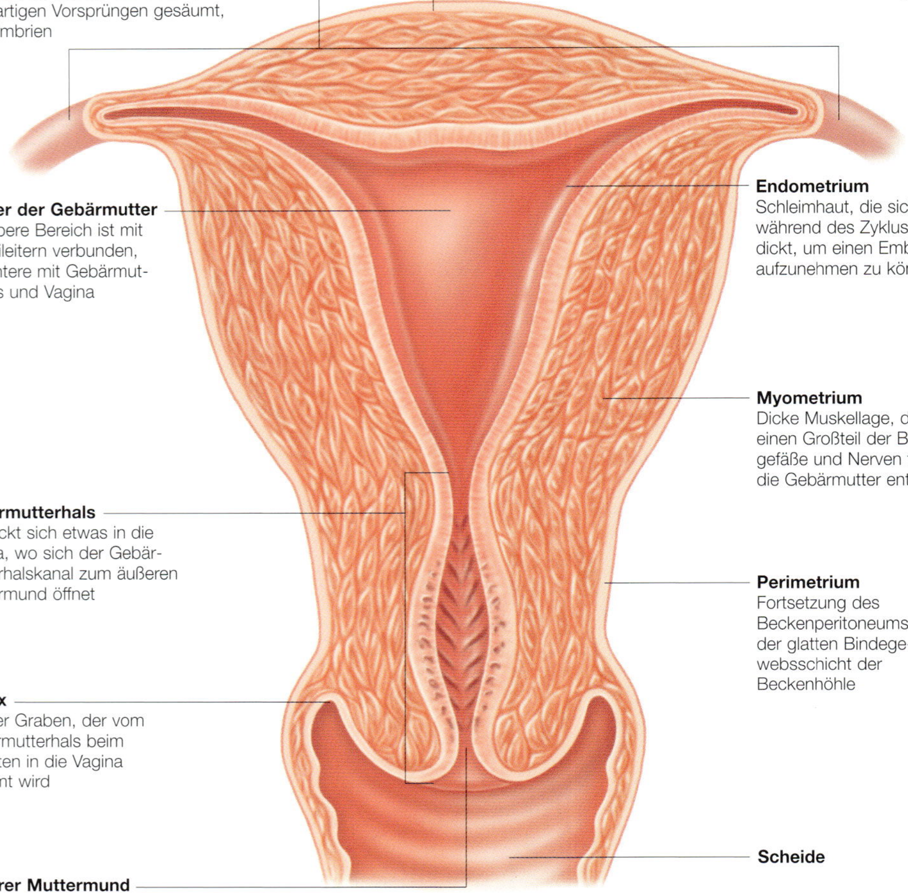

Lage der Gebärmutter

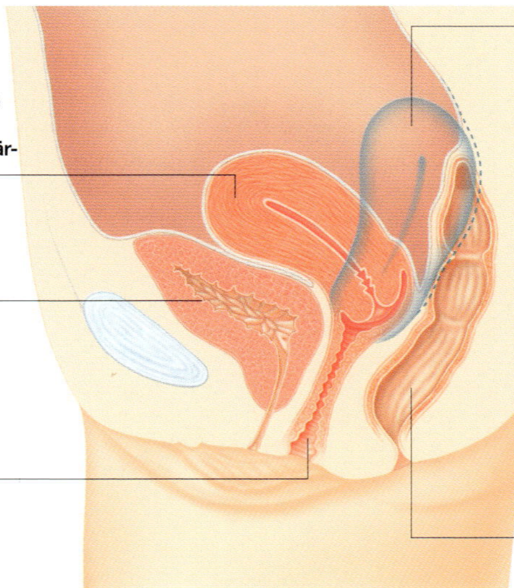

Die Gebärmutter liegt im Becken zwischen Blase und Rektum, jedoch kann ihre Lage jederzeit wechseln, je nach ihrem Füllstand und nach Körperhaltung.

NORMALE POSITION

Normalerweise steht die Achse der Gebärmutter im 90 Grad Winkel zur verlängerten Achse der Vagina, und liegt nach vorne auf der Blase. Diese übliche Lage wird als Anteversion bezeichnet.

Bei den meisten Frauen liegt der Uterus auf der Blase und bewegt sich nach hinten, wenn sich die Blase füllt. Allerdings kann sie sich in jeder Position zwischen den abgebildeten Extremen befinden.

ANTEFLEXION

Bei manchen Frauen liegt die Gebärmutter in der normalen Lage, sie kann aber auch leicht nach vorne zwischen Gebärmutterhals und Fundes gekrümmt sein (Anteflexion).

RETROFLEXION

In manchen Fällen aber krümmt sich die Gebärmutter nicht nach vorne, sondern nach hinten, der Fundus liegt dann neben dem Rektum. Dies wird als Retroflexion bezeichnet.

Doch unabhängig von ihrer Lage wird sich die Gebärmutter bei einer Schwangerschaft stets nach vorne ausdehnen. Allerdings kann eine Gebärmutter in Retroflexion länger brauchen, um den Beckenrand zu erreichen, wo sie mit der Hand im Unterleib ertastet werden kann.

Die Gebärmutter während der Schwangerschaft

Während der Schwangerschaft muss sich die Gebärmutter ausdehnen, um den Fötus zu tragen. Sie vergrößert sich von einem kleinen Beckenorgan und nimmt dann sehr viel Platz in der Bauchhöhle ein.

Die vergrößerte Gebärmutter schiebt alle anderen Organe in der Bauchhöhle gegen das Zwerchfell. Sie nähern sich der Thoraxhöhle und die Rippen spreizen sich, um sie aufzunehmen. Organe wie Magen und Blase werden derart zusammengedrückt, dass sie während der letzten Schwangerschaftsphase stark in ihrer Funktion beeinträchtigt werden und rascher gefüllt sind.

Nach der Schwangerschaft verkleinert sich die Gebärmutter schnell, bleibt aber etwas größer als vor der Schwangerschaft.

HÖHE DES FUNDUS

Innerhalb der ersten zwölf Wochen kann das Becken die vergrößerte Gebärmutter aufnehmen. In dieser Zeit ist nur der obere Teil, der Fundus, mit der Hand im Bauchraum ertastbar. In der 20. Woche erreicht der Fundus die Nabelregion und später dann den unteren Teil des Brustbeins.

GEWICHT DER GEBÄRMUTTER

In der letzten Phase der Schwangerschaft hat sich das Gewicht der Gebärmutter von 45 g auf etwa 900 g vergrößert. Das Myometrium (die Muskelschicht) wächst mit den einzelnen sich vergrößernden Fasern (Hypertrophie), deren Zahl ebenfalls zunimmt (Hyperplasie).

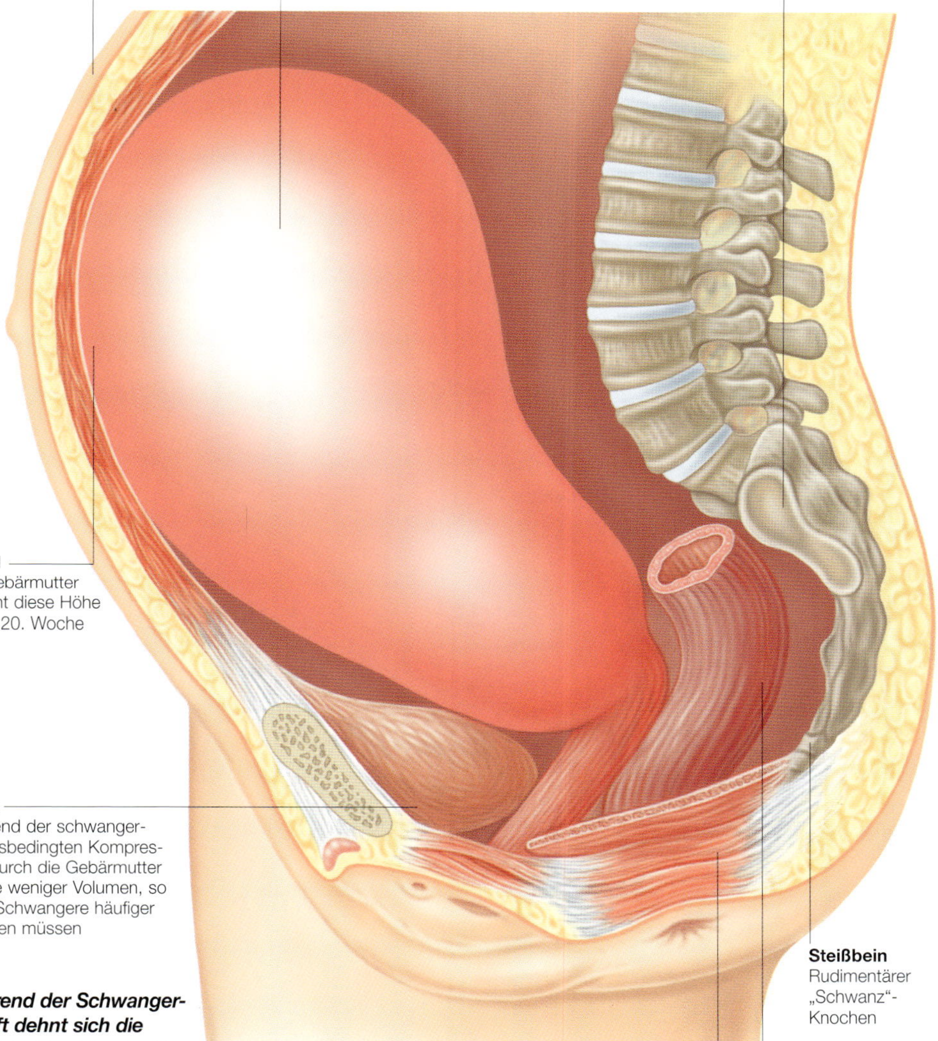

Während der Schwangerschaft dehnt sich die Gebärmutter für den Fötus aus. Die Bauchorgane werden zwischen Gebärmutter und Zwerchfell zusammengedrückt.

Endometrium der Gebärmutter

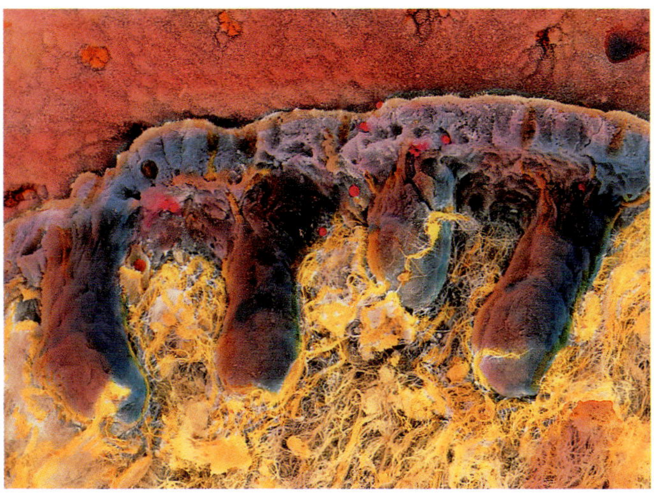

Endometrium heißt die Schleimhaut der Gebärmutter, die aus einer einfachen Oberflächenschicht, Epithelium, und einer dickeren Schicht aus mehrzelligem Bindegewebe, der Lamina propria, besteht. Mehrere röhrenförmige Drüsen befinden sich ebenfalls im Endometrium.

MENSTRUATION

Unter dem Einfluss von Geschlechtshormonen wandelt sich das Endometrium im Zyklus der Frau und bereitet sich auf die mögliche Ankunft eines Embryos vor. Dabei kann seine Dicke zwischen 1 und 5 mm variieren, bevor es sich bei der Menstruation ablöst.

Dieser vergrößerte Schnitt durch das Endometrium der Gebärmutter zeigt die Schicht aus epithelialen Zellen (blau). Drei röhrenförmige Drüsen sind ebenfalls zu erkennen.

BLUTVERSORGUNG

Arterien aus dem Myometrium, der darunter liegenden dicken Muskelschicht, besitzen viele Abzweigungen in das Endometrium. Es gibt zwei Arten: Gerade Arterien, welche die unteren, permanenten Schichten versorgen, und gewundene, spiralförmige Arterien, welche die obere Schicht versorgen, die bei der Menstruation abgelöst wird. Die Windungen verhindern, dass während der Menstruation zu viel Blut verloren geht.

Vagina und Gebärmutterhals

Die Vagina (Scheide) ist eine dünnwandige, muskulöse Röhre, die sich vom Gebärmutterhals zu den äußeren Geschlechtsteilen erstreckt. Die Vagina ist außer beim Geschlechtsverkehr und bei der Niederkunft geschlossen.

Die Vagina ist etwa 8 cm lang und liegt zwischen Blase und Rektum. Sie nimmt den größten Teil des Geburtskanals ein und nimmt während des Geschlechtsverkehrs den Penis auf.

AUFBAU DER VAGINA

Die vordere und hintere Wand der Vagina liegen normalerweise eng aneinander und schließen den Raum dazwischen, das Lumen, wobei es sich etwa während der Niederkunft stark ausdehnen kann.

Der Gebärmutterhals, das untere Ende der Gebärmutter, erstreckt sich bis in das obere Ende der Vagina. Wo sich die Vagina verengt und in den Gebärmutterhals übergeht, bilden sich kleine Vertiefungen, die Fornices vaginales. Diese werden in den vorderen, hinteren, linken und rechten Fornix unterteilt, obwohl sie einen geschlossenen Ring bilden.

Die dünne Wand der Vagina besteht aus drei Schichten:

- Adventitia – Die dünne äußere Schicht besteht aus fibröselastischem Bindegewebe, das sich wenn notwendig ausdehnen kann.
- Muscularis – Die zentrale Muskelschicht der Vaginalwand.
- Schleimhaut – Die innere Schicht der Vagina, die in viele tiefe Falten (Rugae) geworfen ist und ein geschichtetes, hautartiges Epithelium besitzt, das Abrieb während des Geschlechtsverkehrs verhindert.

Die Vagina ist ein röhrenförmiges, muskulöses Organ, das sich während des Geschlechtsverkehrs und bei der Niederkunft ausdehnen kann. Sie ist ca. 8 cm lang.

Aufrisszeichnung der Vagina

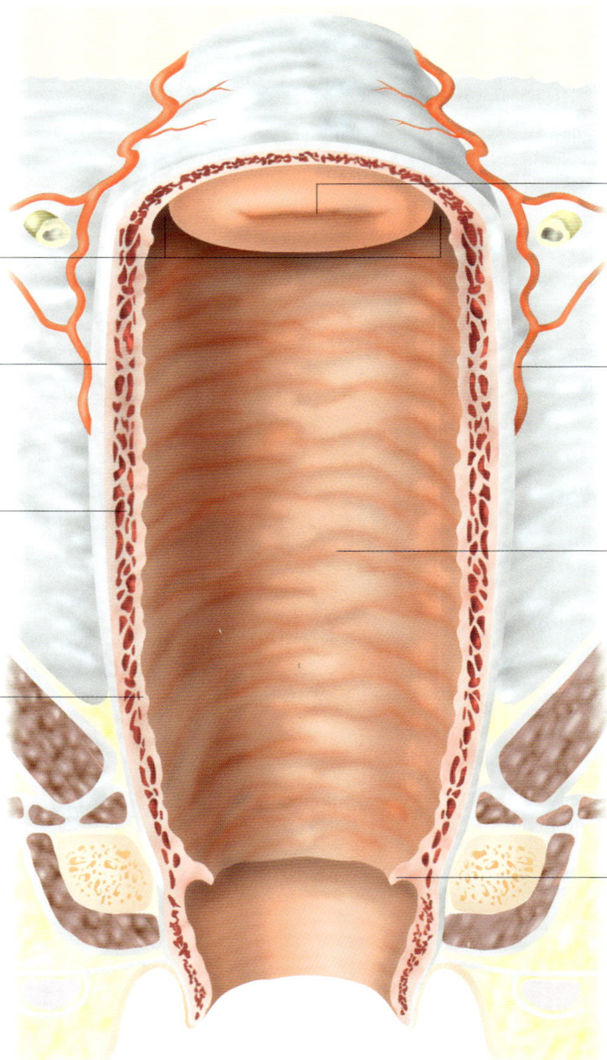

Äußere Geschlechtsorgane

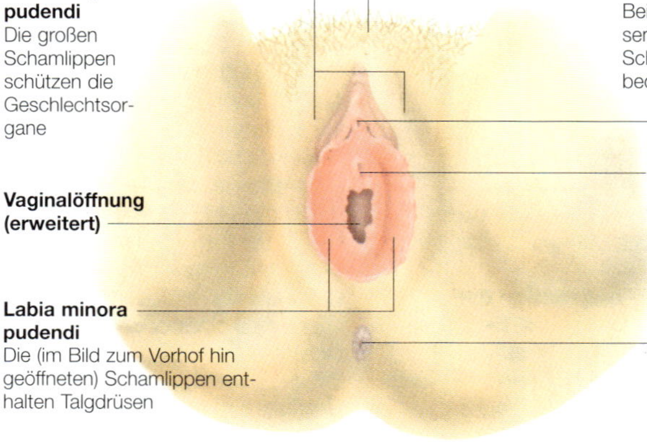

Die äußeren Geschlechtsorgane, die Vulva, liegen auf der Oberfläche des Körpers, vor der Vagina. Sie bestehen aus:

- Mons pubis – der runde, haarige, fettreiche Bereich vor dem Schambein
- Labia majora pudendi – die zwei äußeren fettreichen Schamlippen, die über der Vulvaöffnung liegen
- Labia minora pudendi – zwei kleinere Schamlippen, die in der Vulvavertiefung liegen
- Vorhof – der Bereich, in den sich Harnröhre und Vagina öffnen
- Klitoris – besteht aus Schwellgewebe und sensiblen Nervenzellen, analog zum männlichen Penis.

Die Öffnung der Vulva ist teilweise durch eine Schleimhautfalte verhüllt, dem Hymen. Es kann während des ersten Geschlechtsverkehrs, bei einer Untersuchung oder beim Benutzen eines Tampons reißen.

Die äußeren Geschlechtsorgane enthalten vier Schamlippen (Labia). Diese bedecken und schützen die Klitoris und die Zugänge zu Vagina und Harnröhre.

Gebärmutterhals

Der Gebärmutterhals ist der verengte, untere Bereich der Gebärmutter, der bis in die Vagina hineinreicht.

Der Gebärmutterhals wird von Bändern in seiner Position gehalten und verankert damit auch den vergleichsweise mobilen Gebärmutterkörper über sich.

AUFBAU

Der Gebärmutterhals ist ein bei erwachsenen Frauen etwa 2,5 cm breiter Kanal. Seine Wände bestehen aus festem fibrösen Gewebe und Muskeln, anders als die Wände der Gebärmutter, die nur aus Muskeln bestehen. Der zentrale Kanal des Gebärmutterhalses ist eine Verlängerung der Gebärmutterhöhle, der sich an seinem unteren Ende, am äußeren Muttermund, zur Vagina hin öffnet. Der Kanal ist in seiner Mitte am breitesten und verengt sich etwas am inneren Muttermund am oberen Ende und am äußeren Muttermund unten.

GEBÄRMUTTER-SCHLEIMHAUT

Das Epithelium des Gebärmutterhalses besteht aus zwei Typen:

- Endocervix – Das ist die Schleimhaut im Gebärmutterhalskanal, im Inneren des Gebärmutterhalses. Das Epithelium ist eine einfache, singuläre Schicht säulenartiger Zellen, die die Oberfläche über-lagert, viele Falten wirft und einige Drüsen enthält.
- Ectocervix – Bedeckt den Teil des Gebärmutterhalses, der in die Vagina hineinreicht; er besteht aus schuppenartigem Epithelium und hat viele Schichten.

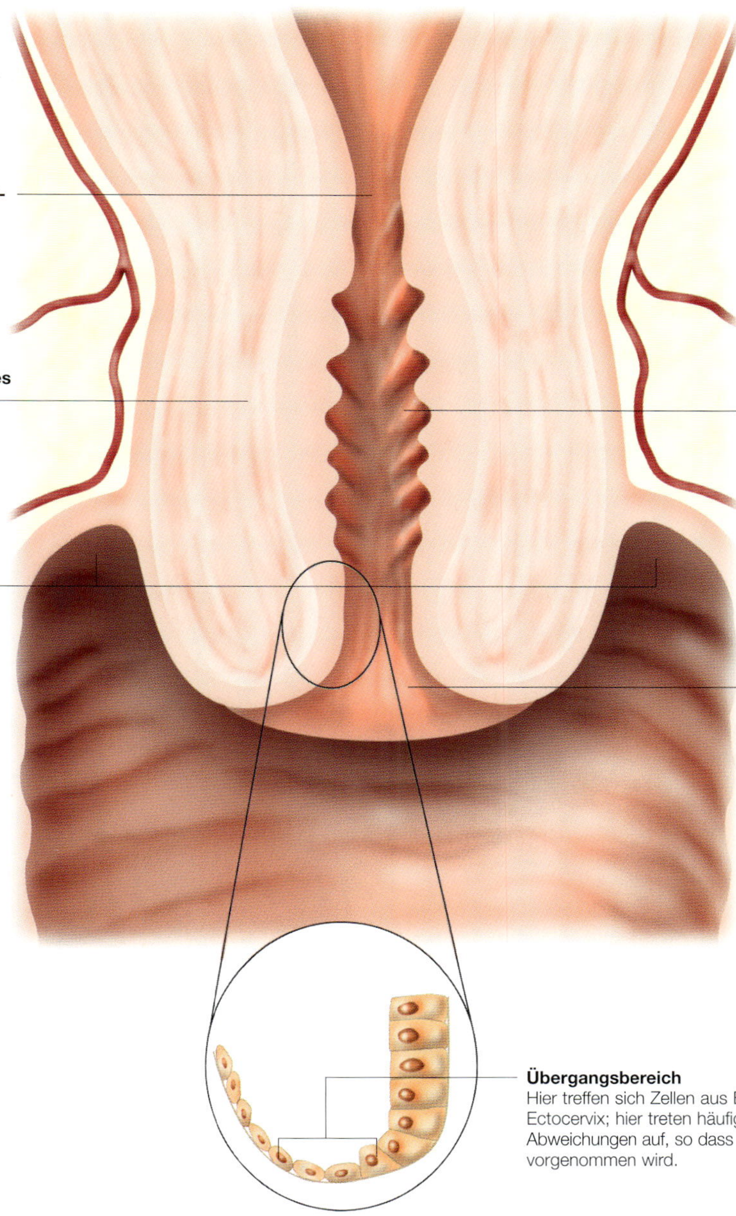

Der Gebärmutterhals befindet sich am unteren Ende der Gebärmutter. Er enthält weniger Muskelgewebe als sie und ist mit zwei unterschiedlichen Typen von Epithelium bedeckt.

Ostium vaginalis

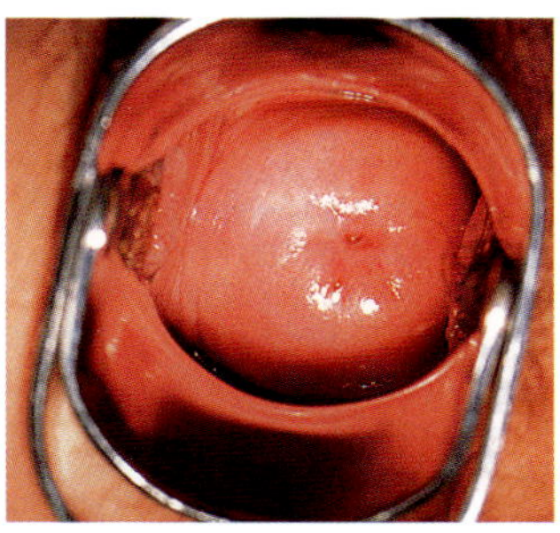

Dieser gesunde Gebärmutterhals wird durch ein metallenes Spekulum betrachtet. Die tiefrosane Schleimhaut der Innenseite des Gebärmutterhalses kann am äußeren Muttermund gesehen werden.

Die Öffnung des Gebärmutterhalskanals in die obere Vagina wird als Ostium vaginalis bezeichnet.

Manchmal ist es notwendig, diesen Bereich näher in Augenschein zu nehmen, etwa wenn bei einem Abstrich abnorme Zellen entdeckt werden. Dabei wird ein Kolposkop, eine Art Mikroskop, verwendet.

KOLPOSKOPIE

Bei einer Kolposkopie wird der Gebärmutterhals mit einer Flüssigkeit bestrichen, die abnorme Zellen sichtbar macht. Dann wird eine Biopsie an den auffälligen Stellen durchgeführt, falls notwendig eine weitere Behandlung.

Nulliparöser Gebärmutterhals

Paröser Gebärmutterhals

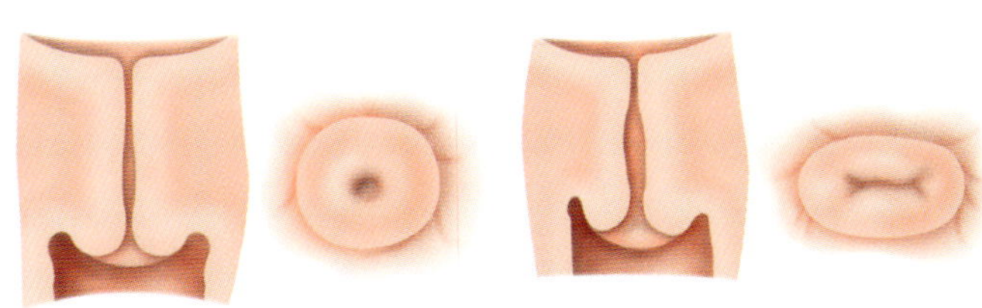

Bei einer Frau, die noch nie niedergekommen ist, erscheint die Öffnung rund. Vor der Niederkunft ist der Kanal wesentlich enger.

Nach dem Geburtsvorgang erscheint die Öffnung schlitzartig. Der Kanal ist außerdem lockerer.

Eierstöcke und Eileiter

In den Eierstöcken werden die Eizellen produziert, die dann durch Spermien befruchtet werden, um Embryos hervorzubringen. Die Eileiter bringen die Eizellen aus den Eierstöcken in die Gebärmutter.

Die zwei Eierstöcke befinden sich im unteren Abdomen und liegen auf jeder Seite der Gebärmutter. Ihre Position kann variieren, insbesondere nach der Niederkunft, da die Bänder, die sie halten, gedehnt sind.

Jeder Eierstock besteht aus:

- Tunica albugiena – einer schützenden Schicht aus fibrösem Gewebe
- Medulla – dem Mark, das Blutgefäße und Nerven enthält
- Cortex – Rand, in dem sich die Eizellen entwickeln
- Oberflächenschicht – vor der Pubertät noch glatt, entstehen während der fruchtbaren Jahre mehr und mehr Vertiefungen

BLUTVERSORGUNG

Die arterielle Blutversorgung erfolgt über die Eierstockarterien, die von der Bauchaorta ausgehen. Nachdem sie zuerst die Eileiter versorgt haben, überlappen sich die Eierstock- mit den Gebärmutterarterien. Blut aus den Eierstöcken gelangt in ein verzweigtes Netzwerk winziger Venen, dem Plexus pampiniformis, innerhalb des breiten Bandes, von wo aus es in die rechte und linke Eierstockvene abfließt. Diese steigen in den Bauchraum auf und entleeren sich schließlich in die große Vena cava inferior bzw. die Nierenvene.

Dieser Querschnitt zeigt die Follikel, die im Cortex des Eierstocks beheimatet sind. Jeder Follikel enthält eine Eizelle in unterschiedlichen Entwicklungsstadien.

Querschnitt eines Eierstocks

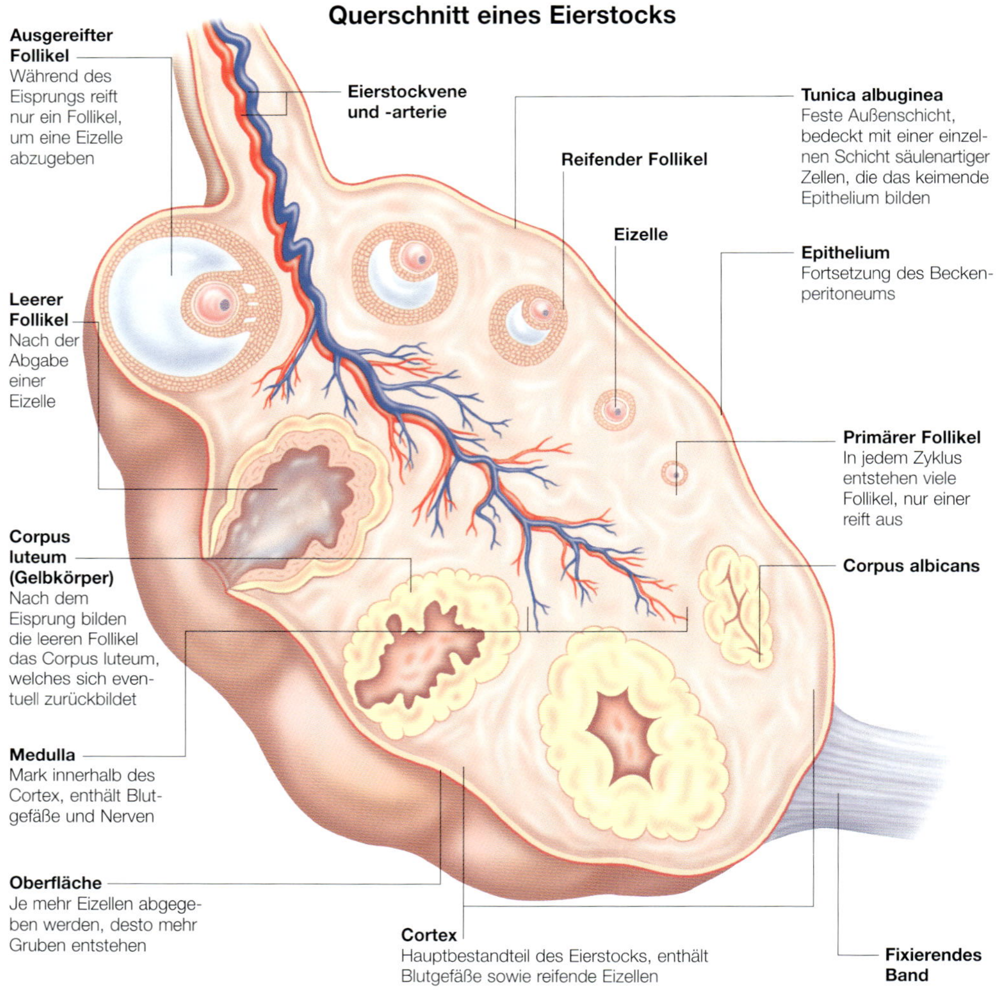

Fixierungsbänder

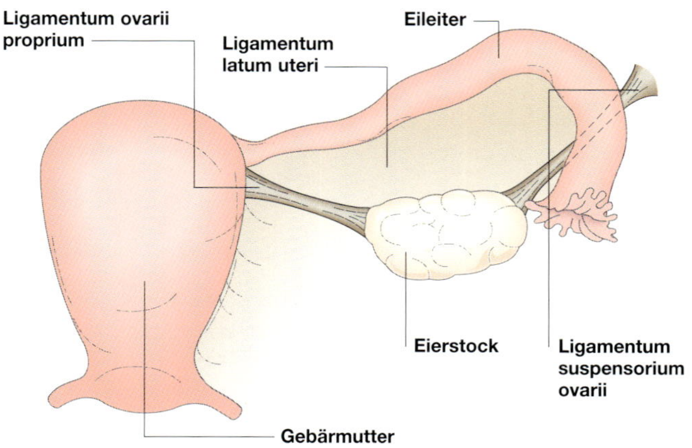

Jeder Eierstock wird von verschiedenen Fixierungsbändern in seiner Position relativ zur Gebärmutter und Eileiter gehalten.

DIE WICHTIGSTEN BÄNDER

Diese Bänder sind:

- Ligamentum latum uteri – das breite Band ist eine zeltartige Falte des Beckenperitoneums, die beiderseits der Gebärmutter herabhängt und die Eileiter sowie die Eierstöcke umgibt.
- Ligamentum suspensorium ovarii – Der Teil des breiten Bandes, der die Gebärmutter im Becken verankert und die Eierstock- und Lymphgefäße enthält.
- Mesovarium – die Falte des breiten Bandes, in dem die Eierstöcke liegen.
- Ligamentum ovarii proprium – verbindet Eierstock und Gebärmutter entlang des breiten Bandes.

Diese Bänder können nach der Niederkunft gedehnt sein, so dass die Lage der Eierstöcke anschließend verändert sein kann.

Jeder Eierstock wird durch Fixierungsbänder gehalten. Ihre Lage kann sich jedoch ändern, insbesondere wenn die Bänder gedehnt werden.

Eileiter

Der Eileiter sammelt die Eizellen, die die Eierstöcke verlassen und bringt sie zur Gebärmutter. Zudem werden hier Eizellen durch Spermien befruchtet.

Jeder Eileiter ist etwa 10 cm lang und erstreckt sich vom oberen Körper der Gebärmutter zur lateralen Wand der Beckenhöhle.

Die Eileiter verlaufen an der oberen Kante des Ligamentum latum und öffnen sich in die Peritonealhöhle im Bereich des Eierstocks.

AUFBAU

Die Eileiter werden anatomisch in vier Bereiche unterteilt, von außen nach innen sind das:

- Infundibulum – Das trichterförmige äußere Ende des Eileiters, das sich in die Peritonealhöhle öffnet.
- Ampulle – Der längste und breiteste Bereich und häufigster Ort der Befruchtung der Eizelle.
- Isthmus – Ein verengter Bereich mit dicken Wänden.
- Gebärmutterbereich – Der kürzeste Teil des Eileiters.

BLUTVERSORGUNG

Die Eileiter werden aus der Eierstockarterie und der Gebärmutterarterie reichlich mit Blut versorgt; diese überschneiden sich und formen einen arteriellen Bogen.

Venöses Blut fließt aus den Eileitern in ein Venensystem, das im Aufbau dem arteriellen entspricht.

Wichtigste Bestandteile der Eileiter

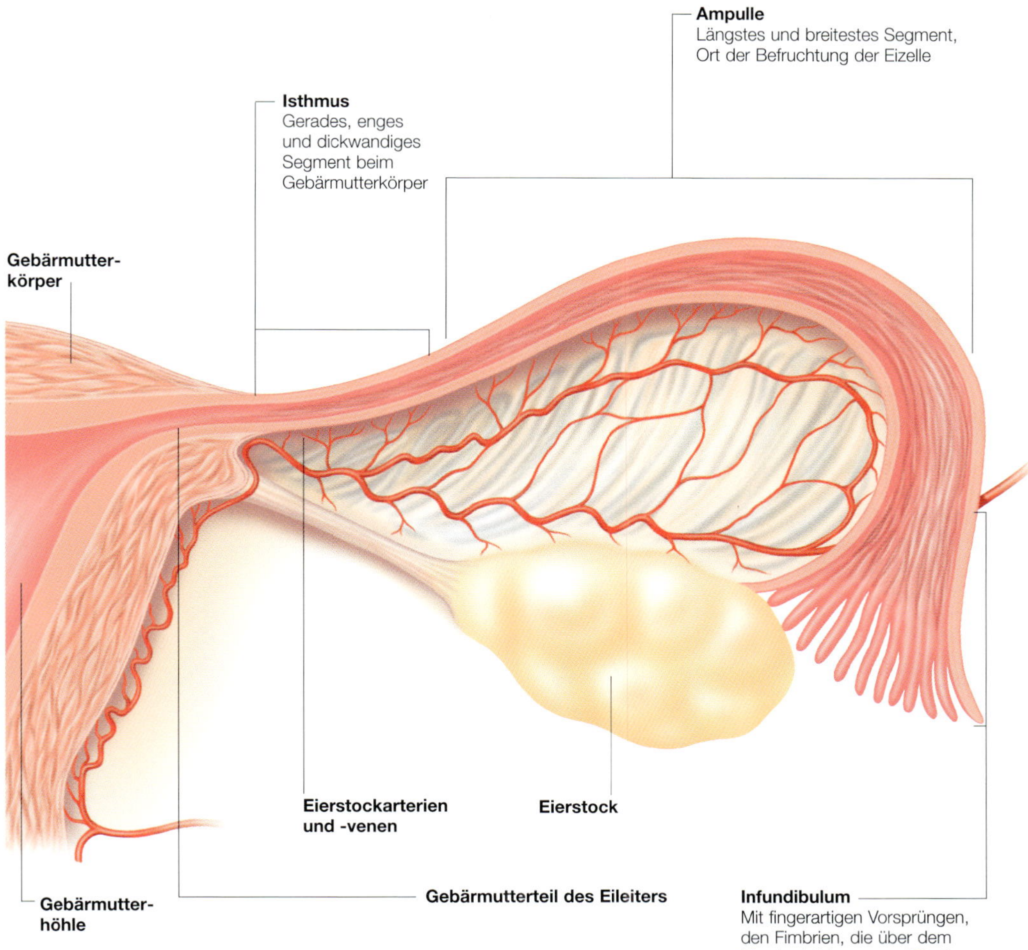

Die Eileiter liegen auf beiden Seiten des Körpers. Der äußere Teil jedes Eileiters liegt nahe am Eierstock, sein Ende öffnet sich in den Unterleib.

Eileiterwand

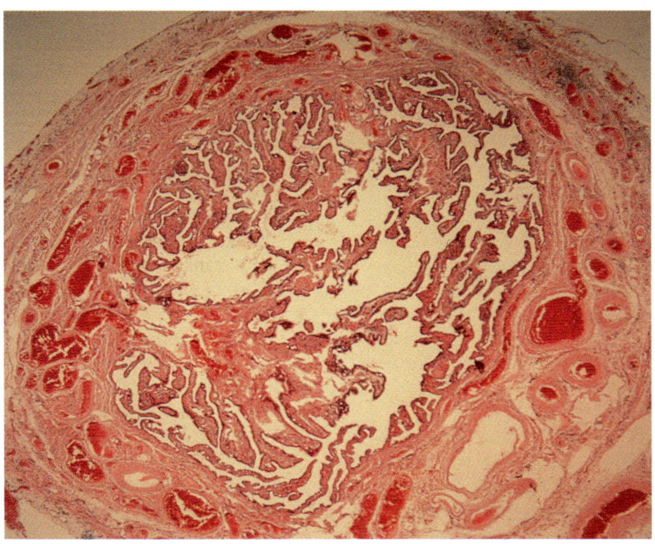

Die Struktur der Eileiterwand hat sich entsprechend seiner Funktion dazu entwickelt, die Eizelle zu erhalten und sicher zur Gebärmutter zu transportieren.

- Eine Schicht aus glatten Muskelfasern in den Wänden sorgt für eine rhythmische Kontraktion der Eileiter, deren Wellen sich auf die Gebärmutter zu bewegen.

Die Eileiter sind innen mit zwei Zellsorten ausgestattet: Solche, die Flüssigkeit absondern, und solche mit Flimmerhärchen, die zusammen Eizellen nähren und sie zur Gebärmutter transportieren.

- Die Wände sind mit Zellen gesäumt, die Flimmerhärchen tragen und dazu dienen, die Eizelle nach innen zur Gebärmutter zu fegen.
- Zellen ohne Flimmerhärchen liegen in tiefen Krypten und sondern Flüssigkeit ab, das jede Eizelle und jedes anwesende Spermium während der Reise durch den Eileiter nährt.

OVARIALHORMONE

Die Schleimhaut der Eileiter wird von Ovarialhormonen beeinflusst und kann daher mit dem Menstruationszyklus in ihrer Aktivität variieren. Das Hormon Progesteron beispielsweise steigert die Produktion der Flüssigkeitsmenge.

Beckenknochen

Das Becken besteht aus Hüftknochen, Kreuzbein und Steißbein. Die Beckenknochen bieten die Ansatzpunkte für viele wichtige Muskeln und schützen zugleich die wichtigen Beckenorgane.

Die Beckenknochen bilden einen Gürtel, der das Rückgrat und die unteren Extremitäten verbindet sowie die Beckenorgane schützt, etwa Fortpflanzungsorgane und die Blase. An den Beckenknochen setzen sich viele kraftvolle Muskeln an und zudem verteilen sie mit größter Stabilität das Körpergewicht auf die Beine.

AUFBAU DES BECKENS

Das Becken besteht aus den Hüftknochen, dem Kreuzbein und dem Steißbein. Die Hüftknochen treffen sich vorne an der Schambeinfuge, hinten schließen sie am Kreuzbein an. Hinten am Becken, ausgehend vom Kreuzbein, befindet sich der Steiß.

KLEINES UND GROSSES BECKEN

Das Becken kann durch eine imaginäre Linie in zwei Bereiche geteilt werden, die durch das Promontorium am Kreuzbein und die Schambeinfuge verläuft:

- Über dem Promontorium des Kreuzbeins liegt das große Becken und stützt die unteren Bauchorgane.
- Unter dieser Ebene liegt das kleine Becken; bei Frauen bildet es den eingeschnürten Geburtskanal, den Babys bei der Geburt passieren müssen.

Der Knochenbau des Beckens besteht aus Hüftknochen, Kreuzbein und Steißbein. Das weibliche Becken ist an die Niederkunft angepasst.

Erwachsenes, weibliches Becken von vorne

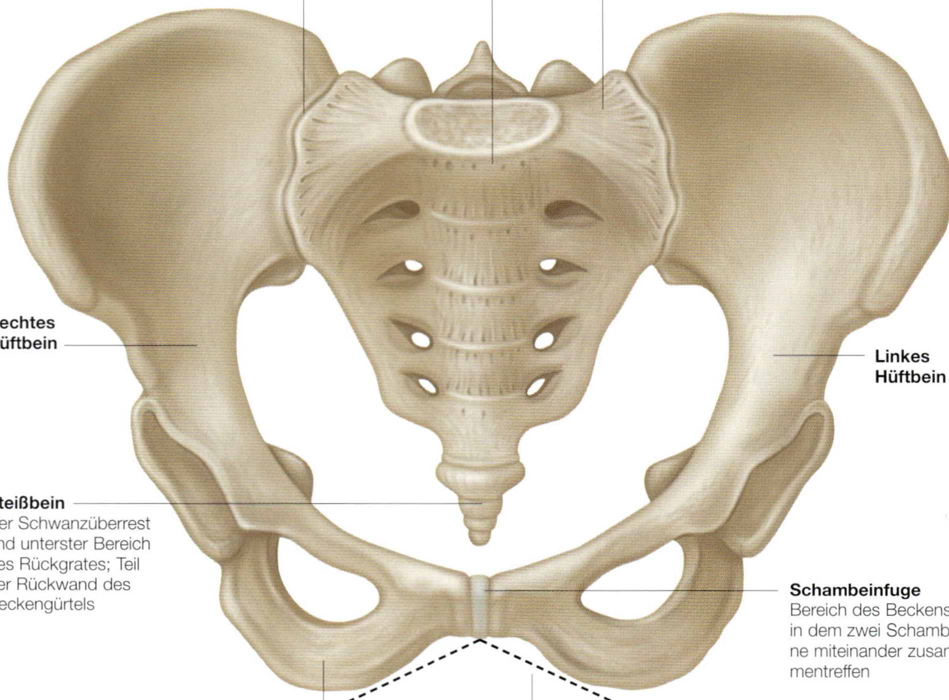

Unterschiede zwischen männlichem und weiblichem Becken

Erwachsenes, männliches Becken von vorne

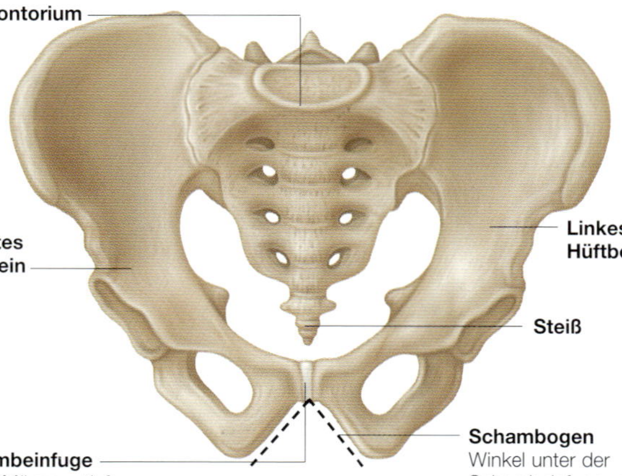

Das männliche und das weibliche Skelett unterscheiden sich an mehreren Stellen, am deutlichsten aber im Beckenbereich.

PHYSISCHE VARIATIONEN

Die Unterschiede zwischen dem männlichen und dem weiblichen Becken lassen sich auf zwei Faktoren zurückführen:
Die Erfordernisse einer Geburt und dem normalerweise schwereren und muskulöseren männlichen Körperbau. Einige auffällige Unterschiede sind:

Das männliche Becken unterscheidet sich vom weiblichen in Dicke und Gewicht der Knochen. Der Schambogen ist enger und die Schambeinfuge tiefer.

- Generelle Struktur – das männliche Becken ist schwerer, mit dickeren Knochen
- Beckeneingang – bei Frauen ist der „Zugang“ zum Becken weiter und ovaler, bei Männern enger und herzförmig
- Beckengang – der Weg durch das kleine Becken ist bei Frauen grob zylindrisch, bei Männern kegelförmig
- Schambogen – der Winkel unter der Schambeinfuge ist bei Frauen größer (100 Grad und mehr) als bei Männern (90 Grad und weniger)

Diese Unterschiede werden neben vielen anderen, auch subtileren, von Gerichtsmedizinern und Anthropologen dazu herangezogen, das Geschlecht eines Skeletts festzustellen.

Hüftknochen

Die Hüftknochen sind vorne miteinander verbunden, hinten treffen sie auf das Kreuzbein. Sie bestehen beide aus je drei Knochen, dem Darmbein, dem Sitzbein und dem Schambein.

Die beiden Hüftknochen konstituieren den größten Teil des Beckens. Sie verbinden sich vorne miteinander und hinten mit dem Kreuzbein.

AUFBAU

Der Hüftknochen ist groß und stark und erfüllt dadurch seine Funktion als Vermittler von Kräften zwischen Rückgrat und Beinen. Wie die meisten Knochen hat er Vorsprünge und raue Stellen, an die sich Muskeln und Sehnen ansetzen können.

Der Hüftknochen wird durch die Verbindung dreier Knochen geformt, dem Darmbein, dem Sitzbein und dem Schambein. Bei Kindern sind diese drei Knochen nur mit Knorpel verbunden und fusionieren erst in der Pubertät zu je einem Hüftknochen auf jeder Seite.

BESONDERHEITEN

Die obere Kante des Hüftknochens wird vom erweiterten Beckenkamm gebildet. Weiter unten befindet sich der Sitzbeinhöcker, ein Vorsprung am Sitzbein.

Das Hüftbeinloch liegt unter und etwas vor der Hüftpfanne, die wiederum den Kopf des Oberschenkelknochens aufnimmt.

Rechter Hüftknochen, laterale Ansicht

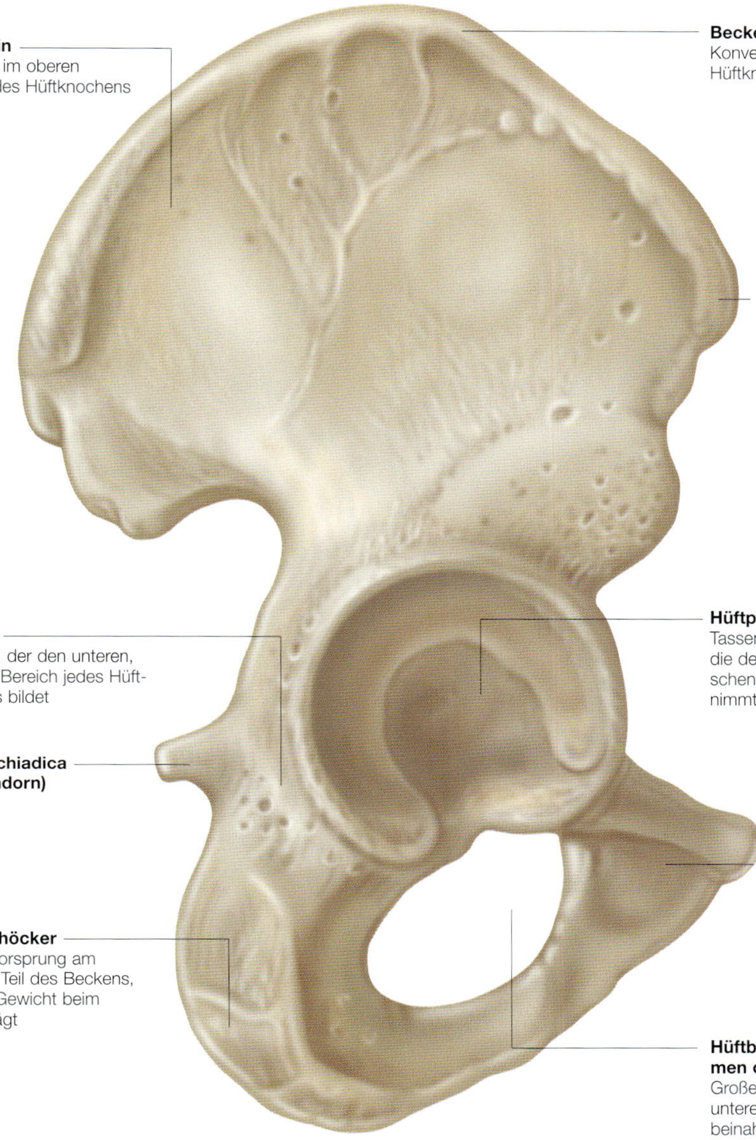

Diese laterale Ansicht des Hüftknochens zeigt deutlich seine drei Bestandteile, Darmbein, Sitzbein und Schambein. Diese drei Knochen verschmelzen während der Pubertät.

Der weibliche Beckenkanal

Laterale Ansicht des rechten Beckens

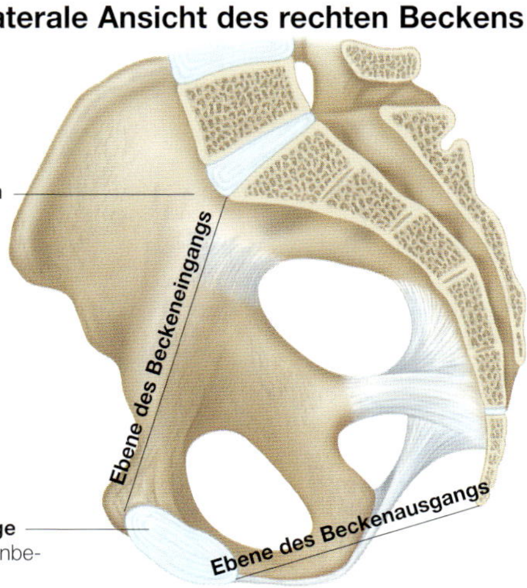

Während der Geburt tritt das Baby durch den Beckeneingang in den Beckenkanal ein und passiert diesen durch den Beckenausgang. Die Maße des Beckenkanals sind somit außerordentlich wichtig.

DREIECKIGE FORM

Der Beckenkanal ist im Schnitt etwa dreieckig, wobei die kurze vordere Wand durch die Schambeinfuge gebildet wird, die längere hintere Wand durch Kreuzbein und Steiß.

Der Beckenkanal wird von der Schambeinfuge vorne und Kreuzbein und Steißbein hinten bestimmt. Der Steiß weicht bei der Geburt nach hinten aus.

Von vorne nach hinten hat der Beckeneingang einen Durchmesser von ca. 11 cm. Durch seine ovale Form ist er von einer Seite zur anderen etwas breiter.

VERÄNDERUNGEN BEI DER NIEDERKUNFT

Der Beckenausgang ist normalerweise etwas größer als der Eingang, insbesondere am Ende der Schwangerschaft, wenn sich die Bänder, die die Hüftknochen zusammenhalten, unter dem Einfluss von Hormonen dehnen.

Das Gelenk zwischen Steiß und Kreuzbein ist beweglicher und damit kann sich der Steiß bei der Geburt nach hinten bewegen.

Beckenbodenmuskulatur

Die Muskeln im Beckenboden haben eine wichtige Funktion, sie stützen die Organe im Unterleib und im Becken. Außerdem helfen sie bei Darm- und Blasenentleerung.

Die Beckenbodenmuskulatur erfüllt eine wichtige Funktion bei der Unterstützung von Bauch- und Beckenorganen. In der Schwangerschaft hilft sie dabei, das wachsende Gewicht der Gebärmutter zu tragen, bei der Niederkunft hält sie den Kopf des Kindes, während sich der Gebärmutterhals dehnt.

MUSKELN

Die Muskeln des Beckenbodens setzen an der Innenseite des Knochengürtels an, der einen Großteil des Beckenskeletts ausmacht, und fallen nach unten trichterförmig ab.

Der Musculus levator ani ist dort der größte Muskel. Sein dünnes, breites Band besteht aus:

- Pubococcygeus – der größte Teil des Musculus levator ani
- Puborectalis – verbindet sich mit seinem Gegenstück auf der anderen Seite zu einer u-förmigen Schleife um das Rektum
- Iliococcygeus – die hinteren Fasern des Musculus levator ani.

Ein zweiter Muskel, der Musculus coccygeus (oder ischiococcygeus) liegt hinter dem Musculus levator ani.

BECKENWAND

Die Beckenhöhle wird mit einer hinteren, einer vorderen und zwei lateralen Wänden beschrieben.

Die vordere Wand wird aus dem Schambein und seiner Verbindung, der Schambeinfuge, gebildet. Die hintere Wand besteht aus Kreuzbein und Steiß und den benachbarten Beckenknochen. Die beiden lateralen Wände werden von den Musculi obturatori interni über den Hüftknochen gebildet.

Weibliches Beckendiaphragma von oben

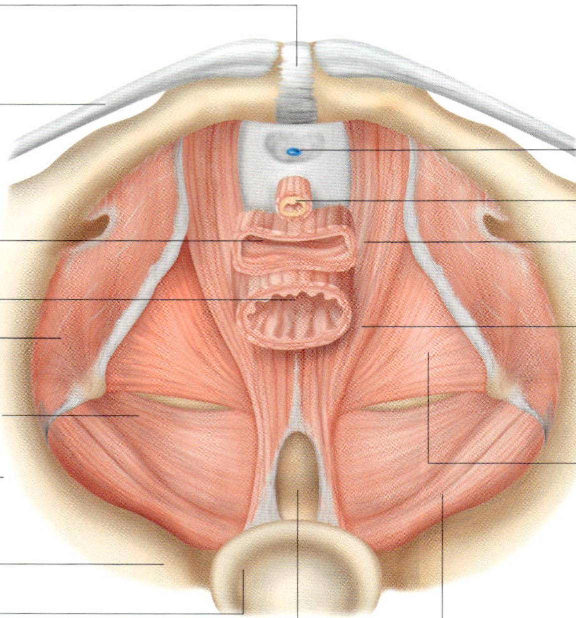

Die Beckenbodenmuskeln werden auch als Diaphragma pelvis bezeichnet. Der wichtigste Muskel ist der Levator ani, bezeichnet nach seiner Funktion, dem Anheben des After.

Der Perinealkörper

Weibliches Becken

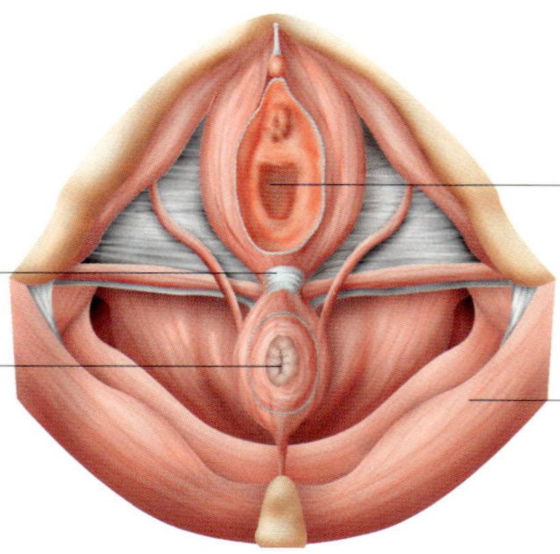

Der Perinealkörper besteht aus geringer fibröser Gewebemasse im Beckenboden, vor dem Enddarm. An seine Struktur können viele wichtige Muskeln des Beckenbodens und des Damms ansetzen. So gestattet er Muskelpaarungen aneinander zu ziehen, normalerweise eine Funktion von Knochen. Er unterstützt damit auch viele Organe im Becken.

Auch wenn der Perinealkörper klein und meist verborgen ist, handelt es sich um ein wichtiges Körperteil. Er unterstützt die Beckenorgane über ihm.

DAMMSCHNITT

Der Perinealkörper kann während der Niederkunft beschädigt werden, etwa bei Überdehnung oder durch Risse, wenn der Kopf des Kindes den Beckenboden passiert. Der Verlust der Unterstützung der Vaginalwand durch den Perinealkörper kann zum Prolaps der Vagina führen.

Ein Gynäkologe kann durch einen Dammschnitt Schäden am Perinealkörper während der Niederkunft abzuwenden versuchen. Der Einschnitt in den Muskel hinter der Öffnung der Vagina erweitert sie und vermeidet damit solche Schäden.

Öffnungen im Beckenboden

Der Beckenboden gleicht dem Zwerchfell in der Brust und bildet ein beinahe durchgehendes Tuch, allerdings hat es für einige hindurchführende Strukturen des Körpers Durchlässe. Im Beckenboden gibt es zwei wichtige Öffnungen.

Von unten sieht der Beckenboden trichterförmig aus. Die Muskeln dort sind so aufgebaut, dass sich zwei Öffnungen ergeben:

- Anorektaler Hiatus – Durch diesen Hiatus (Öffnung) in der Beckenbodenmuskulatur verlaufen Rektum und Enddarm, um den After darunter zu erreichen. Die u-förmigen Fasern des Musculus puborectalis bilden den hinteren Rand des Hiatus.
- Urogenitaler Hiatus – Für die Harnröhre, die Urin von der Blase aus den Körper hinaus bringt, gibt es vor dem anorektalen Hiatus eine Öffnung im Beckenboden. Bei Frauen verläuft die Vagina durch dieselbe Öffnung, hinter der Harnröhre.

FUNKTIONEN DER BECKENBODENMUSKULATUR

Die Funktionen des Beckenbodens sind:

- Unterstützung der inneren Organe von Unterleib und Becken
- Hilfe beim Druckausgleich zum Schutz der dortigen Organe, so dass sich bei Husten oder Niesen Blase und Darm nicht entleeren
- Unterstützung bei der Darm- und Blasenentleerung
- Hilfe beim Stützen und Fixieren des Oberkörpers bei kraftvollen Bewegungen, wie Gewichtheben

Männlicher Beckenboden von unten

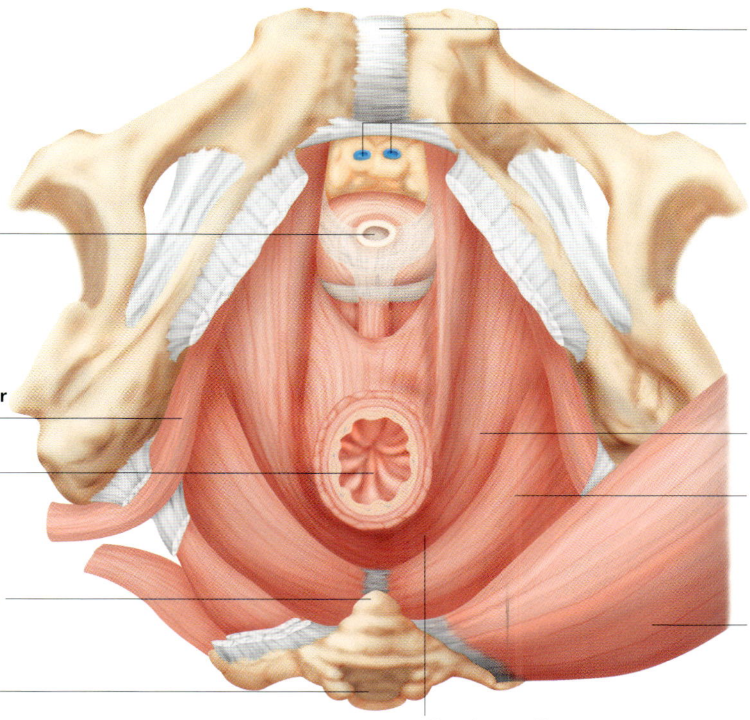

Männlicher Beckenboden von oben

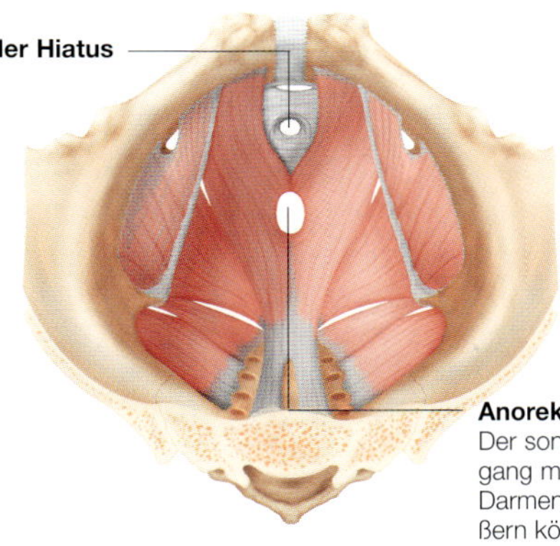

Die Beckenbodenmuskulatur spielt eine entscheidende Rolle für die Organe im Abdomen und Becken, die ohne sie sonst durch den Beckengürtel rutschen würden.

Fossae ischioanalis

Aufrisszeichnung durch das Becken

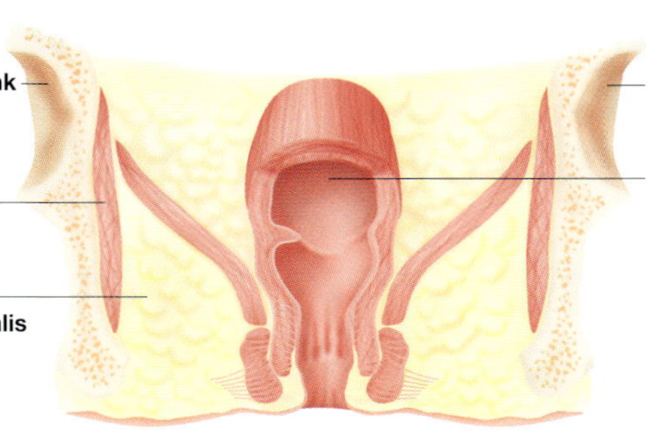

Die ischioanalen oder ischiorektalen Fossae sind Zwischenräume zwischen der Außenseite des Beckendiaphragma und der Haut um den After.

Diese Zwischenräume sind mit Fett gefüllt, das wiederum in Sektionen geteilt und von Bändern aus Bindegewebe unterstützt wird. Das Fett in den Zwischenräumen funktioniert als Stopfmaterial, das sich auf Veränderungen in Lage und Umfang des Afters während der Darmentleerung einstellt.

Die ischioanalen Fossae sind keilförmig aufgebaut, oben schmal und unten breit, und mit in Sektionen geteiltem Fett gefüllt.

INFEKTION

Ischioanale Fossae können sich infizieren (ischioanaler/ischiorektaler Abszess). Jeder Bereich des Körpers, der mit Blut unterversorgt ist, kann Infektionen erleiden, was auf das Fett in diesem Bereich sehr stark zutrifft. Infektionen können sich auf jede Seite ausbreiten und müssen wenn nötig chirurgisch beseitigt werden.

Muskeln im Gesäßbereich

Der Musculus gluteus maximus ist der größte und schwerste der Gesäßmuskeln und befindet sich im Bereich der Pobacken. Dieser kräftige, dicke Muskel hat eine wichtige Funktion, indem er dem Menschen zu stehen erlaubt.

Die Gluteal- oder Gesäßregion liegt hinter dem Becken. Ihre Form erhält sie von einer Reihe großer Muskeln, die das Hüftgelenk stabilisieren und bewegen. Die Muskeln sind mit Fett umgeben.

MUSCULUS GLUTEUS MAXIMUS

Der große Gesäßmuskel ist einer der größten Muskeln im Körper. Er bedeckt alle anderen Gesäßmuskeln, abgesehen von etwa einem Drittel, das der Musculus gluteus medius bedeckt. Der große Gesäßmuskel geht vom Darmbein, einem Teil des Beckens, vom Kreuzbein und Steiß aus. Seine Fasern verlaufen abwärts und in einem 45 Grad Winkel nach außen zum Oberschenkelknochen. Die meisten Fasern schieben sich in ein Band (dem iliotibialen Trakt).

BEWEGUNGEN

Die Hauptfunktion des großen Gesäßmuskels besteht im Strecken des Beines, etwa beim Aufstehen. Wenn das Bein wie beim Stehen ausgestreckt ist, bedeckt der große Gesäßmuskel den knochigen Sitz_ beinhöcker, der das Körpergewicht beim Sitzen trägt. Allerdings sitzt man nie auf dem Gesäßmuskel selbst, da er sich aufwärts und vom Sitzbeinhöcker wegbewegt, wenn das Bein gebeugt ist.

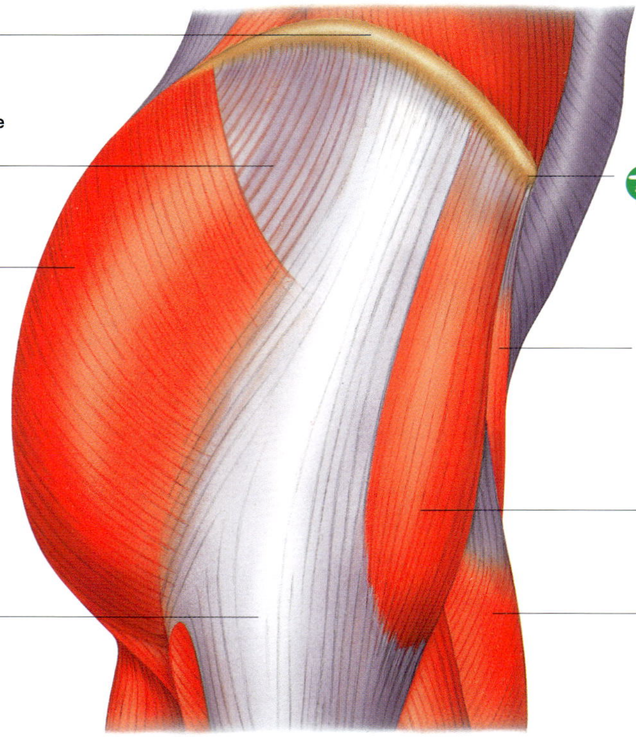

Schlüssel Diese Stelle kann leicht unter der Haut ertastet werden

Der große Gesäßmuskel ist im Gehen weitgehend inaktiv, außer bei intensiven Bewegungen wie Treppensteigen oder Laufen.

Oberflächenanatomie der Gesäßregion

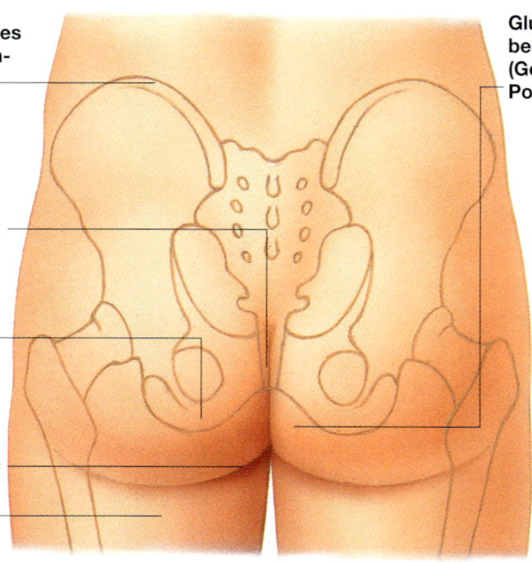

Die Gesäßregion bedeckt die Rückseite der Beckenknochen auf Höhe des Beckenkamms und dem unteren Rand des großen Gesäßmuskels. Seine Form erhält er hauptsächlich durch dessen Muskelmasse und Fett.

EIGENSCHAFTEN

Die Gesäßregion hat einige offensichtliche Eigenschaften:
- Die intergluteale Spalte, die beide Gesäßbacken trennt
- Die Gesäßfalte, die vom unteren Rand des großen Gesäßmuskels gebildet wird, der normalerweise von einer Fettschicht bedeckt ist
- Die Gesäßfurche, die sich unter der Gesäßfalte befindet und das Gesäß vom Schenkel trennt

Muskel und Fett bilden die bekannte Form der Gesäßregion. Die Gesäßfurche ist die Trennlinie zwischen unterem Gesäßbereich und Oberschenkel.

FÜHLBARE KNOCHENSTRUKTUREN

Außer bei Übergewicht lassen sich folgende Knochenstrukturen leicht unter der Haut ertasten:
- Die Beckenkämme sind üblicherweise auf ihrer gesamten Länge ertastbar.
- Der Sitzbeinhöcker, im Stehen vom großen Gesäßmuskel bedeckt, kann im unteren Gesäßbereich ertastet werden.
- Die Steißspitze kann in der oberen Gesäßfurche ertastet werden.

Tiefe Muskeln der Gesäßregion

Die Muskeln, die unter dem großen Gesäßmuskel liegen, spielen eine wichtige Rolle beim Gehen. Sie halten das Becken auf einer Höhe, während jeder Fuß hochgenommen wird.

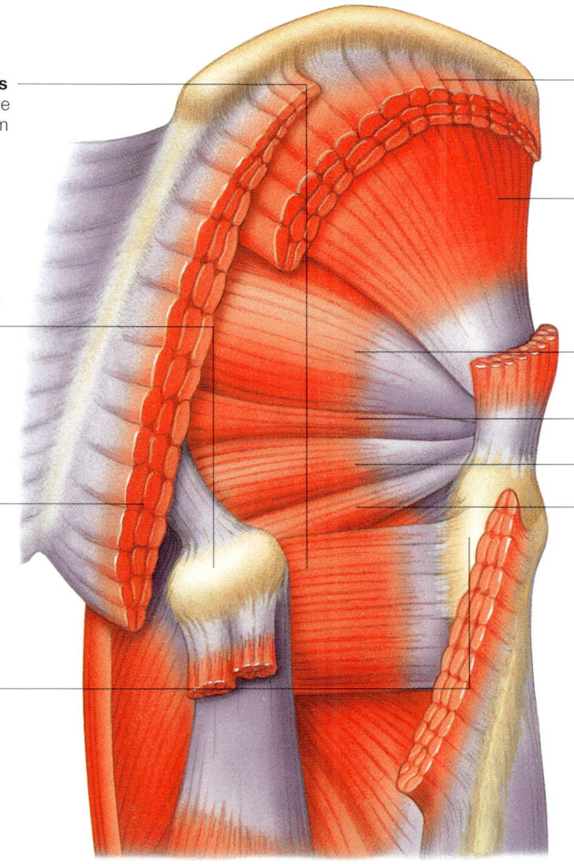

Unter dem großen Gesäßmuskel liegen viele andere Muskeln, welche die Hüfte stabilisieren und die unteren Extremitäten bewegen.

GLUTEUS MEDIUS UND MINIMUS

Die mittleren und kleineren Gesäßmuskeln liegen unterhalb des großen Gesäßmuskels. Sie sind beide fächerförmig und ihre Fasern verlaufen in dieselbe Richtung.

Der mittlere Gesäßmuskel liegt direkt unter dem großen Gesäßmuskel, wobei etwa nur ein Drittel nicht davon bedeckt ist. Die Fasern gehen von der Oberfläche des Darmbeins aus, einem Beckenknochen, und schieben sich in den großen Trochanter, einem Vorsprung des Oberschenkelknochens

Der Musculus gluteus minimus liegt direkt unter dem Musculus gluteus medius und hat eine ähnliche aufgefächerte Form. Seine Fasern gehen ebenfalls vom Darmbein aus und setzen an den größeren Trochanter an.

WICHTIGE FUNKTION

Der mittlere und der kleinere Gesäßmuskel erfüllen ihre wichtigste Funktion beim Gehen. Diese Muskeln halten das Becken auf einer Höhe, wenn ein Fuß angehoben wird, so dass die Hüfte auf dieser Seite nicht absackt. Das erlaubt dem Fuß, auf dem kein Gewicht ruht, die Bahn freizumachen, bevor er nach vorn geschwungen wird. Eine Reihe anderer Muskeln liegt ebenfalls in diesem Bereich und helfen der Hüfte bei bestimmten Bewegungen der unteren Extremitäten. Diese sind:

- Piriformis – dieser Muskel, so benannt, weil er erbsenförmig ist, liegt unter dem kleinen Gesäßmuskel. Er lässt den Oberschenkel lateral rotieren, so dass sich der Fuß nach außen dreht.
- Obturator internus, superior und inferior gemelli – diese drei Muskeln bilden unter dem Piriformis einen dreiköpfigen Muskel, der den Oberschenkel lateral dreht und das Hüftgelenk stabilisiert.
- Quadratus femoris – ein kurzer, dicker Muskel, der den Oberschenkel lateral dreht und das Hüftgelenk stützt.

Die tiefen Muskeln dieser Gruppe drehen den Oberschenkel lateral und stabilisieren das Hüftgelenk. Die Hauptmuskeln sind der mittlere und der kleinere Gesäßmuskel.

Bursae (Schleimbeutel) der Gesäßregion

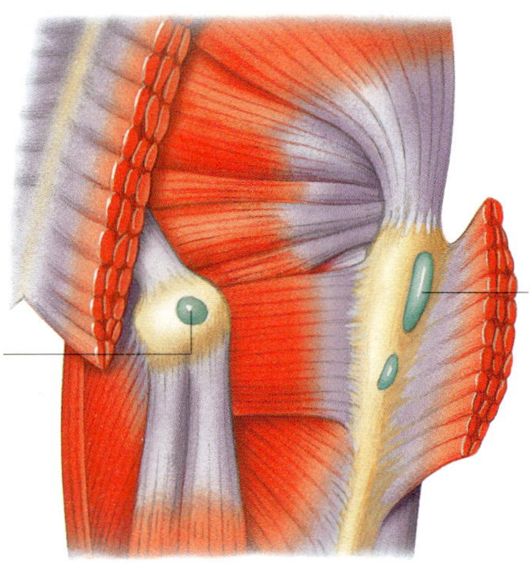

Bursae sind kleine, mit Flüssigkeit gefüllte Beutel. Sie befinden sich im Körper meist dort, wo zwei Strukturen, wie Knochen und Sehne, regelmäßig aneinander reiben.

SCHUTZ

Bursae liegen zwischen diesen Strukturen, um sie vor Abrieb und Abnutzung zu schützen.

Es gibt drei Gruppen in der Gesäßregion:

Die Gesäßregion enthält drei Bursa-Gruppen. Die Bursae verhindern Schäden durch ständiges Reiben von Muskeln und Sehnen aneinander.

- Trochanterische Bursa
Diese großen Bursae liegen zwischen den dicken, oberen Fasern des großen Gesäßmuskels und dem größeren Trochanter des oberen Oberschenkelknochens.

- Ischias-Bursa
Diese Bursa liegt, falls vorhanden, zwischen den unteren Fasern des großen Gesäßmuskels und des Sitzbeinhöckers, dem Teil des Beckens, der beim Sitzen das Gewicht trägt.

- Gluteofemorale Bursa
Diese Bursa liegt auf der Außenseite des Beines, zwischen dem großen Gesäßmuskel und den Musculi vastus lateralis.

Hüftgelenk

Das Hüftgelenk ist das starke Kugelgelenk, das die untere Extremität mit dem Becken verbindet. Nur das Schultergelenk ist mit dem Hüftgelenk an Beweglichkeit vergleichbar.

Im Hüftgelenk bildet der Kopf des Femur (Oberschenkelknochen) die „Kugel", die in die Pfanne (Acetabulum) am Becken passt.

Die Gelenkoberflächen, die Teile des Gelenks, die direkt aufeinander treffen, sind mit einer schützenden Schicht aus Hyalinknorpel bedeckt, der sehr glatt und schlüpfrig ist. Das Hüftgelenk ist ein mit Flüssigkeit gefülltes Gelenk, so dass Bewegungen noch durch eine Sekretschicht erleichtert werden, die sich zwischen den Gelenkoberflächen in der Gelenkhöhlung befindet.

LABRUM ACETABULI

Die Tiefe der Gelenkpfanne wird durch das Labrum acetabuli noch erhöht. Diese Struktur verbessert die Stabilität des Gelenks und sorgt dafür, dass der fast halbkugelförmige Kopf des Oberschenkelknochens sehr tief in der Pfanne liegt.

Die mit Knorpel bedeckte Oberfläche der Gelenkpfanne ist nicht durchgängig und bildet auch keinen Ring, sondern sie ist hufeisenförmig. Es gibt eine Lücke oder Aussparung am tiefsten Punkt, die nur von dem kompletten Gürtel des Labrum acetabuli überbrückt wird. Das offene Zentrum des „Hufeisens" ist mit Fett ausgepolstert.

Querschnitt des rechten Hüftgelenks

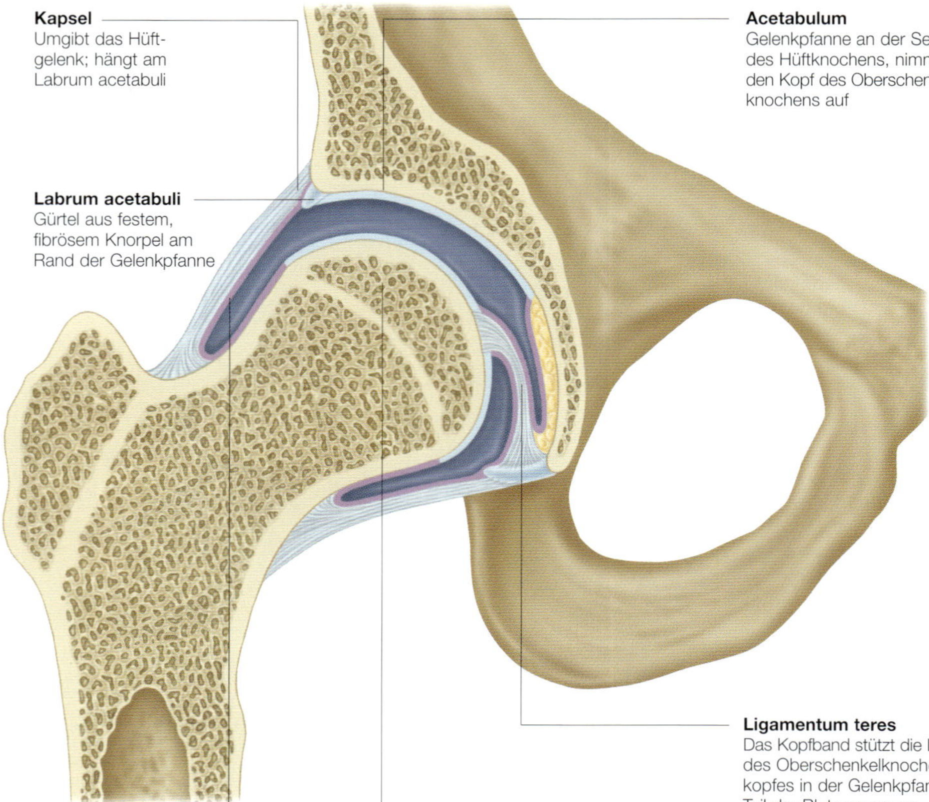

Das Hüftgelenk ist ein Kugelgelenk zwischen dem Kopf des Oberschenkelknochens und dem Hüftknochen. Das Gelenk verfügt über einen großen Bewegungsspielraum.

Blutversorgung des Hüftgelenks

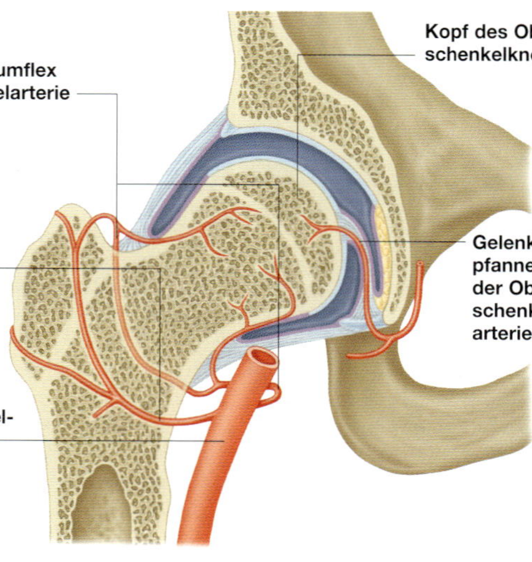

Das Hüftgelenk wird von zwei Quellen mit Blut versorgt:

- Der medialen und der lateralen circumflex Oberschenkelarterie, die sich dem Kopf des Oberschenkelknochens vom Oberschenkelhals her annähern.
- Die Arterie zum Kopf des Oberschenkelknochens – die von der Gelenkpfanne kommt und durch das Ligamentum teres (Kopfband) verläuft.

Das Hüftgelenk erhält seine Blutversorgung aus der medialen/lateralen circumflex Oberschenkelarterie und der Arterie zum Kopf des Oberschenkelknochens.

HÜFTKOPFNEKROSE

Die Herkunft der Blutversorgung der Hüfte ist klinisch wichtig. Bei Kindern kommt ein großer Teil der Blutversorgung des Kopfes des Oberschenkelknochens durch das Kopfband (Ligamentum teres).

Ist diese Arterie beschädigt, kann der Kopf des Oberschenkelknochens eine Hüftkopfnekrose erleiden, also das dortige Gewebe wegen Blutunterversorgung absterben. Dieser Schaden tritt bei Kindern zwischen 3 und 9 Jahren auf und kann Knie- und Hüftschmerzen nach sich ziehen.

Bänder des Hüftgelenks

Das Hüftgelenk wird von einer dicken fibrösen Kapsel eingeschlossen und geschützt. Die Kapsel ist dabei flexibel genug für eine ganze Reihe von Gelenkbewegungen und wird durch viele kräftige Bänder verstärkt.

Die Bänder im Hüftgelenk sind verdickte Bestandteile der Gelenkkapsel, die sich vom Rand der Gelenkpfanne bis zum Hals des Oberschenkelknochens erstrecken. Diese Bänder verlaufen spiralförmig vom Hüftknochen zum Oberschenkelknochen und erhalten ihre Namen von den Knochen, an die sie ansetzen:

- Ligamentum iliofemorale
- Ligamentum pubofemorale
- Ligamentum ischiofemorale

BEWEGUNG UND STABILITÄT

Das Kugelgelenk an der Hüfte sorgt für größten Bewegungsspielraum und steht darin dem Schultergelenk kaum nach. Anders als die Schulter benötigt es allerdings eine wesentlich größere Stabilität, da ein wesentlich größeres Gewicht auf dem Gelenk lastet. Folgende Bewegungen sind möglich:

- Flexion (nach vorne beugen, das Knie kommt hoch)
- Extension (das Bein hinter den Körper beugen)
- Abduktion (das Bein nach außen bewegen)
- Adduktion (das Bein zur Mittellinie zurückziehen)
- Rotation, die am größten ausfällt, wenn das Bein gebeugt ist.

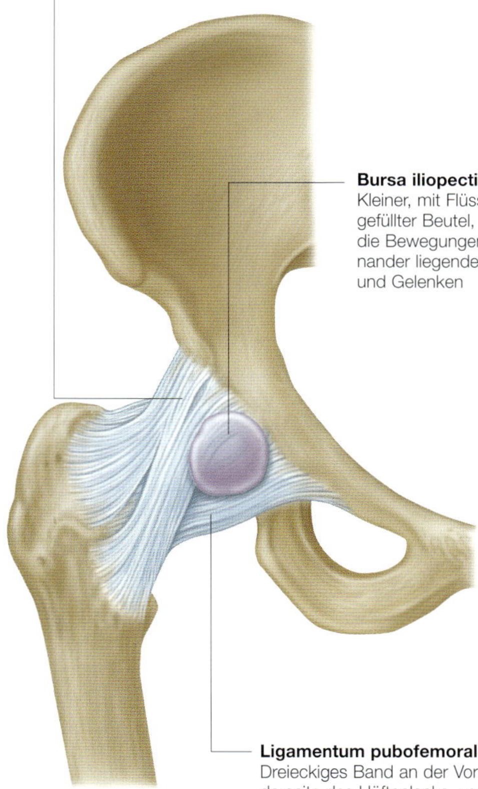

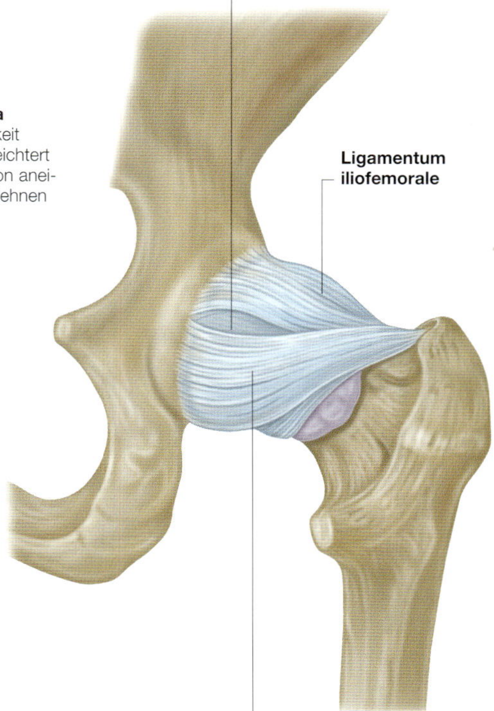

Eine fibröse Kapsel schließt das Hüftgelenk ein. Kräftige Bänder verstärken die Kapsel, die zwischen Hüfte und Oberschenkelknochen spiralförmig abwärts verlaufen.

Künstliches Hüftgelenk

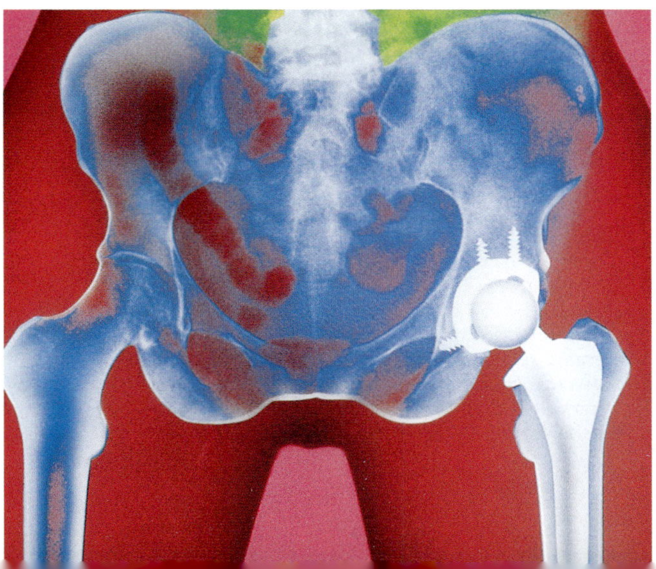

Die Hüfte war das erste Gelenk, für das eine funktionsfähige Prothese hergestellt werden konnte, und die erstmals 1963 von Sir John Charnley eingesetzt wurde.

Auch wenn das Hüftgelenk generell sehr stabil ist, kann es dennoch durch Traumata oder Arthritis beschädigt und damit die Funktion beeinträchtigt werden. Das Einsetzen einer künstlichen Hüfte kann daher neuen Bewegungsspielraum ermöglichen und Schmerzen beseitigen.

Dieses Röntgenbild zeigt eine linke Hüftprothese. Sie besteht aus einer Plastikgelenkpfanne im Becken und einer am Oberschenkelknochen einzementierten Metallprothese.

Während des Eingriffs werden Kopf und Hals des Oberschenkelknochens durch Metallprothesen ersetzt, die durch speziellen Zement am Knochen verankert werden. Die Gelenkpfanne wiederum wird durch eine aus Plastik ersetzt, die an das Becken zementiert wird.

Derzeit haben künstliche Hüften eine Lebenserwartung von 10 Jahren und sind daher kaum für junge, aktive Menschen geeignet. Es besteht aber Hoffnung, dass weitere Forschung Materialien und Techniken verbessern, damit mehr Menschen davon profitieren können.

Oberschenkelknochen

Der Oberschenkelknochen, Femur, ist der längste und schwerste Knochen im Körper. Bei männlichen Erwachsenen ist er etwa 45 cm lang und macht damit etwa ein Viertel der Länge eines Menschen aus.

Der Oberschenkelknochen hat einen langen Schaft mit zwei verdickten Enden. Das obere Ende bildet mit dem Becken das Hüftgelenk, während das untere Ende mit Schienbein und Kniescheibe das Kniegelenk bildet.

OBERES ENDE

Das obere Ende besteht aus:

- Kopf – eine beinahe halbkugelförmige Ausbuchtung, welche die „Kugel" für das Hüftgelenk bildet
- Hals – der eingeschnürte Bereich, der Kopf und Schaft des Oberschenkelknochens verbindet
- Großer und kleiner Trochanter – Knochenvorsprünge, an die Muskeln ansetzen

SCHAFT

Der lange zentrale Schaft des Oberschenkelknochens ist leicht gebogen und konkav auf der Außenseite. Er erscheint größtenteils zylindrisch, sein Querschnitt kreisförmig.

UNTERES ENDE

Das untere Ende des Oberschenkelknochens besitzt zwei Vorsprünge, den medialen und den lateralen Femoralcondylus. Diese tragen die glatten, gebogenen Oberflächen, die mit Schienbein und Kniescheibe das Kniegelenk bilden. Die Form des Femoralcondylus zeigt sich, wenn das Bein mit gebeugtem Knie betrachtet wird.

Der Oberschenkelknochen befindet sich zwischen dem Hüftgelenk und dem Knie. Er ist der längste Knochen des Körpers und sehr stark.

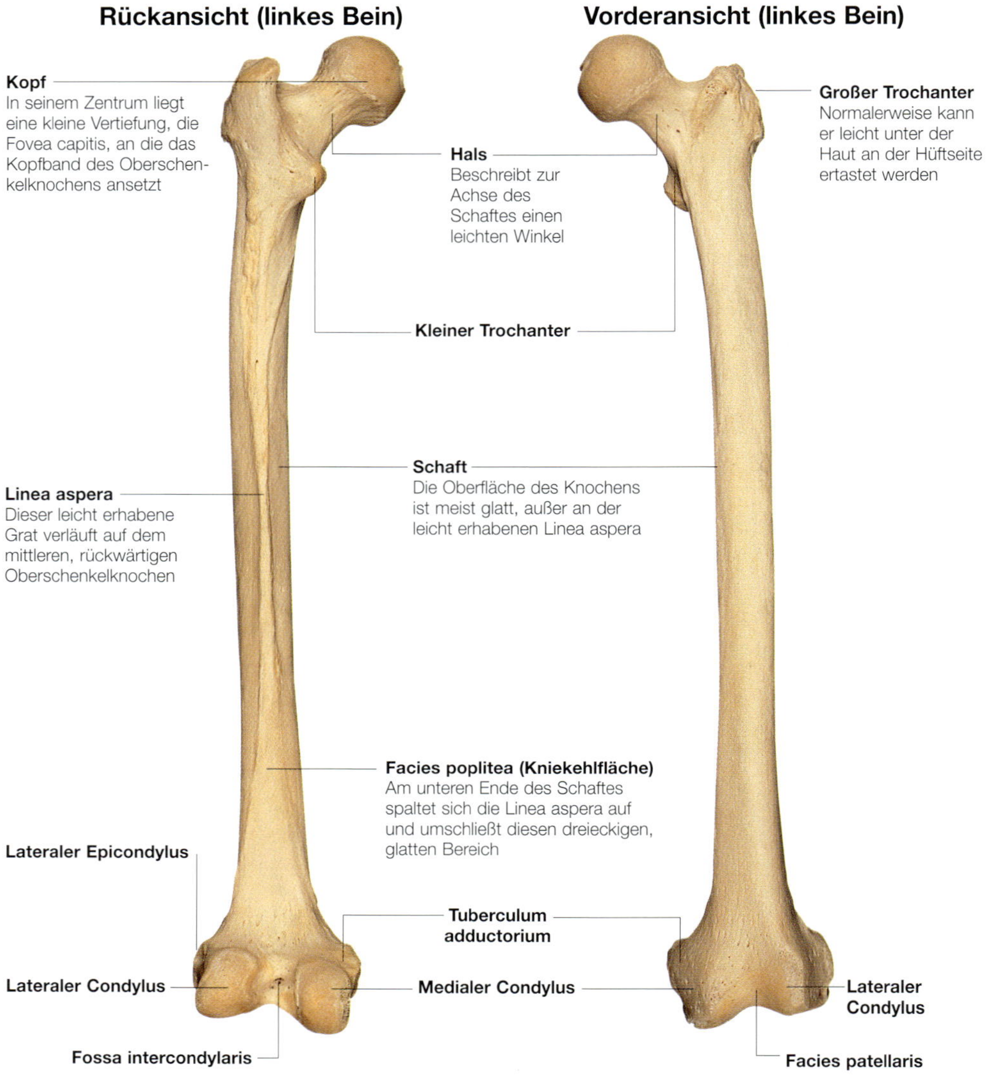

Innerer Aufbau des Oberschenkelknochens

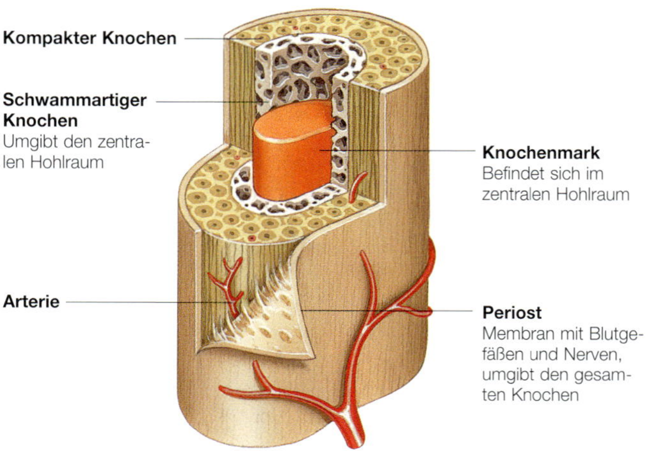

Der Oberschenkelknochen gehört zu der Sorte der Röhrenknochen, die sich durch einen vergleichsweise langen Schaft, Diaphyse, und zwei verdickte Enden, Epiphysen, auszeichnen.

PERIOST

Der gesamte Knochen ist von einer schützenden Membran umgeben, dem Periost (Knochenhaut), und wird von winzigen Arterien im Knochen versorgt.

Der Schaft eines Röhrenknochens besteht aus Schichten mit kompakten und schwammartigen Knochen, die einen zentralen Hohlraum umgeben. Das Periost umgibt die äußere Schicht.

DIAPHYSE

Die Diaphyse des Oberschenkelknochens besteht aus einer Röhre aus dichtem, starken Knochen. Diese kompakte Schicht umgibt das weiche Knochenmark, das bei Erwachsenen aus Fettzellen besteht.

EPIPHYSEN

Die verdickten Enden des Knochens bestehen aus einer Oberflächenschicht kompakten Knochens, die schwammartigen Knochen einschließt. Dieser Bereich ist wesentlich lockerer und enthält kein Knochenmark.

Muskelansätze am Oberschenkelknochen

Der Oberschenkelknochen (Femur) ist ein sehr starker Knochen, an den sich verschiedene Muskelpartien ansetzen können, die der Bewegung der Beine und des Hüftgelenks dienen.

HERKUNFT DER MUSKELN

Einige Muskeln, wie die starken Gesäßmuskeln, beginnen an den Beckenknochen und kreuzen somit das Hüftgelenk, bevor sie sich an den Oberschenkelknochen ansetzen. Wenn diese Muskeln kontrahieren, sorgen sie dafür, dass sich das Hüftgelenk bewegt, die Beine können sich beugen, durchdrücken oder seitwärts bewegen.

Andere Muskeln beginnen direkt auf dem Oberschenkelknochen, verlaufen abwärts über das Kniegelenk und setzen sich dann direkt an das Schienbein oder das Wadenbein an. Diese Muskeln sorgen dafür, dass sich das Knie beugt oder streckt.

Zusammengenommen sind diese Muskeln für verschiedene Bewegungsabläufe verantwortlich, etwa für das Klettern oder um sich aus einer sitzenden Position zu erheben.

KNOCHENVORSPRÜNGE

Wo Muskeln an die Knochen ansetzen, müssen Vorsprünge (Processi) vorhanden sein. Falls es sich um einen starken Muskel handelt oder verschiedene Muskeln, die an dieselbe Stelle ansetzen, kann dieser knochige Vorsprung sehr deutlich ausfallen. Das ist beim Oberschenkelknochen der Fall. Zudem kann die Oberfläche an der Stelle, an die der Muskel ansetzt, sehr aufgeraut sein, anders als die glatten Bereiche zwischen den Ansätzen.

Vorderseite (rechtes Bein)

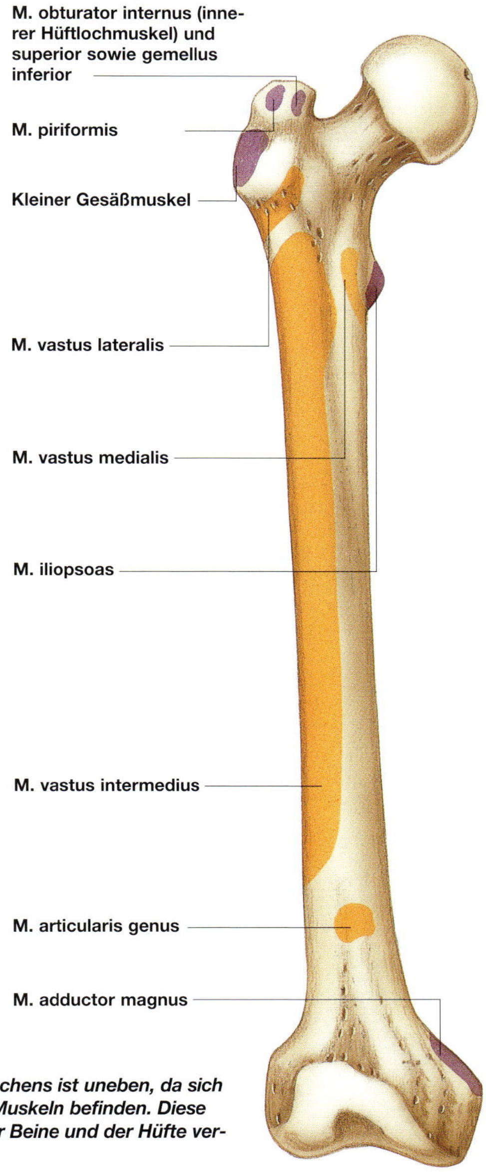

Rückseite (rechtes Bein)

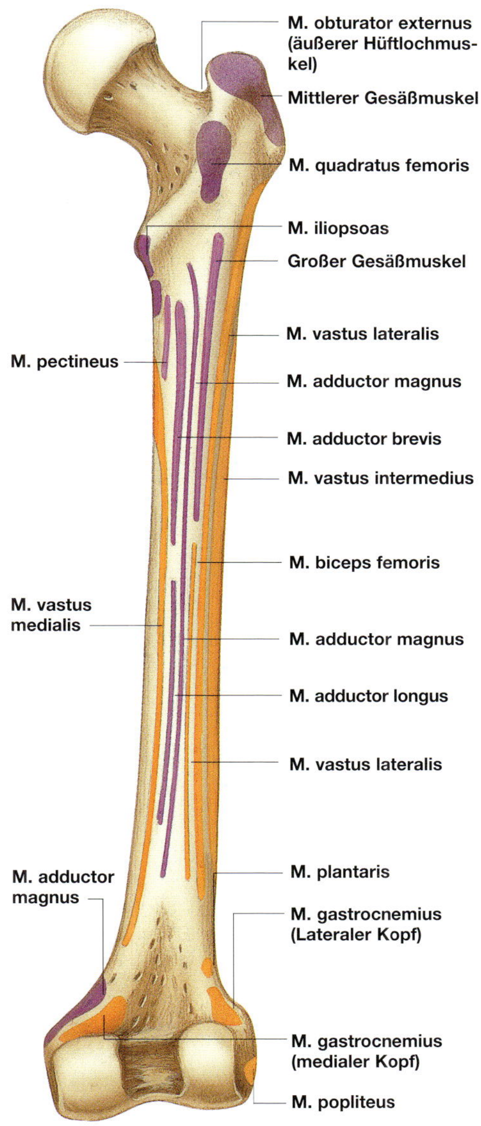

Die Oberfläche des Oberschenkelknochens ist uneben, da sich hier verschiedene Ansatzpunkte für Muskeln befinden. Diese Muskeln sind für die Bewegungen der Beine und der Hüfte verantwortlich.

Frakturen des Oberschenkelknochens

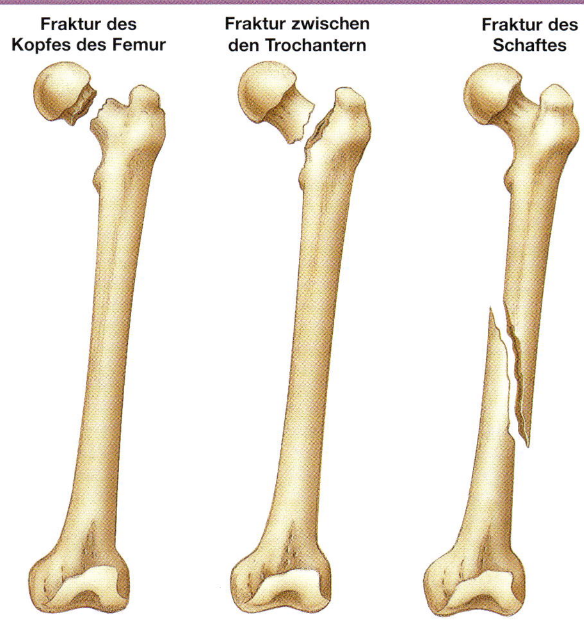

Frakturen am Hals des Oberschenkelknochens, dem leicht eingeschnürten Bereich zwischen dem Kopf und dem Schaft des Knochens, treten vergleichsweise häufig auf.

„GEBROCHENE HÜFTE“

Die Fraktur am Hals des Oberschenkelknochens wird meist als „gebrochene Hüfte“ bezeichnet und tritt vor allem bei älteren Menschen auf, meist infolge eines kleinen Sturzes. Bei Frauen kommen solche Frakturen häufiger vor, da sie besonders stark unter Osteoporose leiden können, einem Abbau des Knochens, der nach der Menopause auftreten kann.

Die häufigsten Frakturen am Oberschenkelknochen treten bei älteren Menschen entweder am Hals des Oberschenkelknochens oder zwischen den beiden Trochantern auf. Dagegen geht eine Fraktur des Schaftes normalerweise auf eine brutale direkte Verletzung zurück.

FRAKTUREN ZWISCHEN DEN TROCHANTERN

Frakturen zwischen den Trochantern, wo die Bruchstelle zwischen dem kleinen und dem großen Trochanter liegt, sind bei älteren Frauen ebenfalls weit verbreitet.

FRAKTUREN AM SCHAFT

Die Fraktur am Schaft des Oberschenkelknochens ist dagegen eine vergleichsweise selten auftretende Verletzung, da der Knochen außerordentlich hart ist. Solche Frakturen resultieren daher aus größeren Traumata, etwa bei Unfällen im Straßenverkehr, und können für die Heilung mehrere Monate beanspruchen.

Schienbein und Wadenbein

Schienbein und Wadenbein (Tibia und Fibula) bilden zusammen das Skelett des Unterschenkels. Das Schienbein ist dabei wesentlich größer und stärker als das Wadenbein, da es auch das gesamte Körpergewicht tragen muss.

Das Schienbein (Tibia) ist nach dem Oberschenkelknochen (Femur) der zweitgrößte Knochen im menschlichen Körper und hat zudem die Form eines typischen langen Röhrenknochens, mit einem verlängerten Schaft und zwei verdickten Enden. Das Schienbein liegt neben dem Wadenbein (Fibula), auf der inneren (medialen) Seite und bildet mit dem Wadenbein am oberen und unteren Ende ein Gelenk.

CONDYLUS DER TIBIA

Das obere Ende des Schienbeins ist verdickt, um den medialen und lateralen Tibia-Condylus zu bilden, die mit dem Femoralcondylus am Knie das Gelenk bilden. Das untere Ende des Schienbeins ist weniger ausgeprägt als das obere Ende. Es bildet mit dem Talus (Sprungbein) und mit dem unteren Ende des Wadenbeins ein Gelenk.

WADENBEIN

Das Wadenbein ist ein langer, schmaler Knochen, der nicht so stark ist wie das Schienbein. Er liegt neben dem Schienbein auf der Außenseite (der lateralen Seite) und bildet mit dessen Knochen ein Gelenk. Das Wadenbein hat im Kniegelenk keine Funktion, wohl aber ist es sehr wichtig, um das Fußgelenk zu unterstützen.

Der Schaft des Wadenbeins ist dünn und trägt die Vertiefungen und Vorsprünge, die es für seine wichtigste Funktion braucht: Dort kann sich die Beinmuskulatur ansetzen.

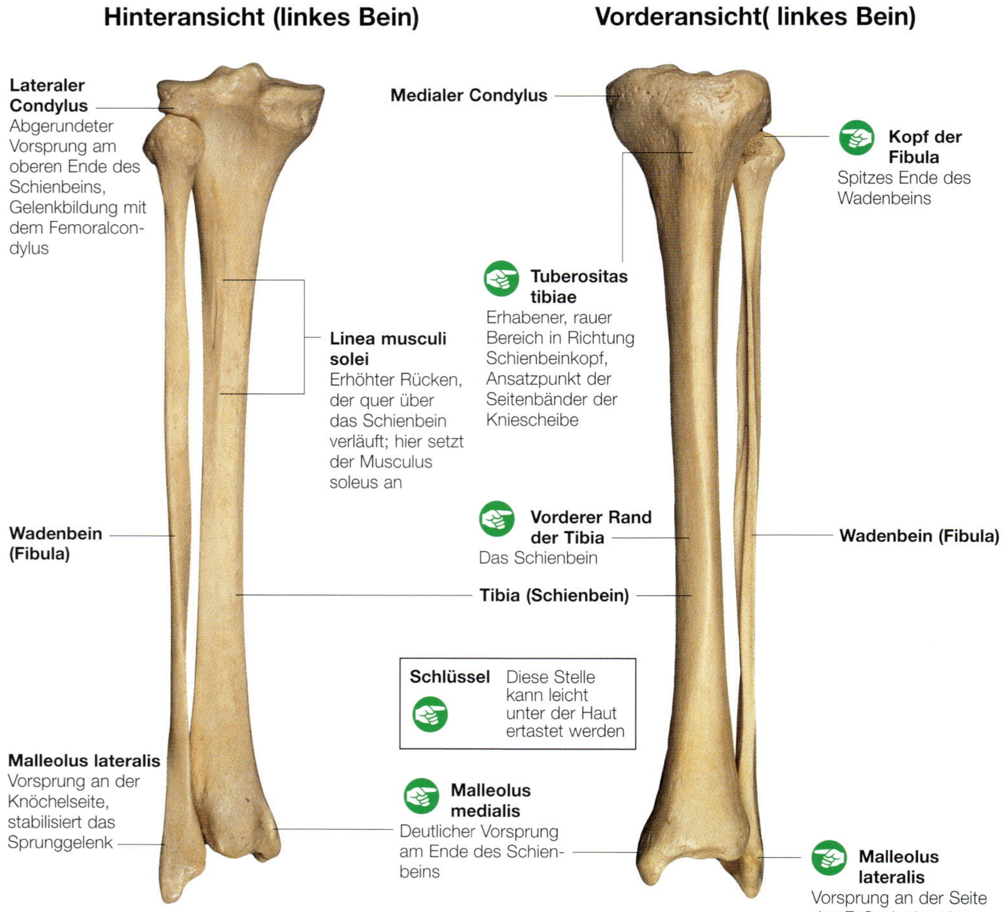

Das Schienbein (Tibia) bildet mit dem darüber liegenden Oberschenkelknochen, mit dem Fußgelenk darunter und dem Wadenbein (Fibula) daneben ein Gelenk. Das dünnere Wadenbein ist an der Bildung des Sprunggelenks beteiligt.

Querschnitt durch Schienbein und Wadenbein

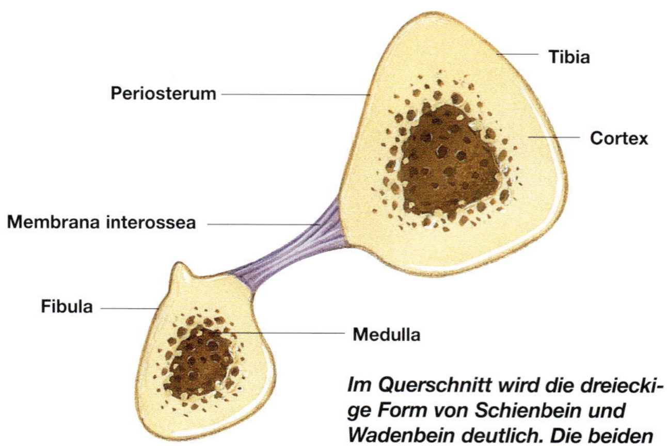

Im Querschnitt wird die dreieckige Form von Schienbein und Wadenbein deutlich. Die beiden Knochen sind durch die Zwischenknochenmembran fest miteinander verbunden.

Im Querschnitt zeigt sich, dass Schienbein und Wadenbein einen grob dreieckigen Umriss haben. Der Schaft des Schienbeins hat dabei einen viel größeren Durchmesser als der des Wadenbeins, da er den größten Teil des Gewichts im Unterschenkel zu tragen hat. Das Wadenbein fungiert hierbei als eine Stütze und vergrößert damit die Stabilität des Unterschenkels beim Tragen.

LANGE RÖHRENKNOCHEN

Schienbein und Wadenbein besitzen den typischen Aufbau eines langen Röhrenknochens, mit einem dicken, röhrendurchsetzten äußeren Rand (Cortex), der eine schwammartige zentrale Höhlung (Medulla) umgibt. Ihre hohlen Strukturen bringen maximale mechanische Kraft mit sich, unter Verwendung von minimalem Material. Es sind sogenannte schwammig-dichte Kortikalknochen.

Die Form des Knochens ist zwar genetisch vorbestimmt, wird aber durch den Zug beeinflusst, den entstehendes Muskelgewebe während der Kindheit bis ins Erwachsensein darauf ausübt. Auf diese Weise bilden sich die einzelnen Vorsprünge heraus, wie etwa die Linea musculi solei und verschiedene Tuberositas.

Schienbein und Wadenbein sind in Periost gehüllt, einer Lage aus festem Bindegewebe. Das Periost geht dabei mit dem äußeren (lateralen) Rand des Schienbeins und dem inneren (medialen) Rand des Wadenbeins in die Zwischenknochenmembran über.

Bänder an Schienbein und Wadenbein

Die Bänder, die Schienbein und Wadenbein umgeben, halten die beiden Knochen fest zusammen und binden sie an die anderen Beinknochen, mit denen sie Gelenke bilden.

Bänder (Ligamenti) sind die festen, fibrösen Stränge, die Knochen zusammenbinden. Es gibt eine Vielzahl von Bändern, die Schienbein und Wadenbein umgeben; sie halten die beiden Knochen fest zusammen und verbinden sie auch mit anderen Knochen im Bein.

OBERES (PROXIMALES) ENDE

Direkt unter dem Knie befindet sich das obere Gelenk zwischen dem Kopf des Wadenbeins und der Unterseite des lateralen Schienbein-Condylus. Das Gelenk ist von einer fibrösen Gelenkkapsel umgeben und geschützt, die noch zusätzlich durch das vordere und hintere Ligamentum tibiofibulare unterstützt wird.

Das vordere Band am Kopf des Wadenbeins verläuft von der Vorderseite des Wadenbeinkopfes quer über die Vorderseite des lateralen Schienbein-Condylus. Das hintere Band vom Kopf des Wadenbeins verläuft auf eine ganz ähnliche Weise hinter dem Kopf des Schienbeins.

Andere Bänder verlaufen zwischen den Unterschenkelknochen und zum Oberschenkelknochen. Die stärksten Bänder sind dabei das mediale und das laterale Seitenband des Kniegelenks, die vom Oberschenkelknochen vertikal abwärts verlaufen, und zwar zu den korrespondierenden Knochen, Schienbein oder Wadenbein.

Vorderansicht des linken Beines und der daran ansetzenden Bänder

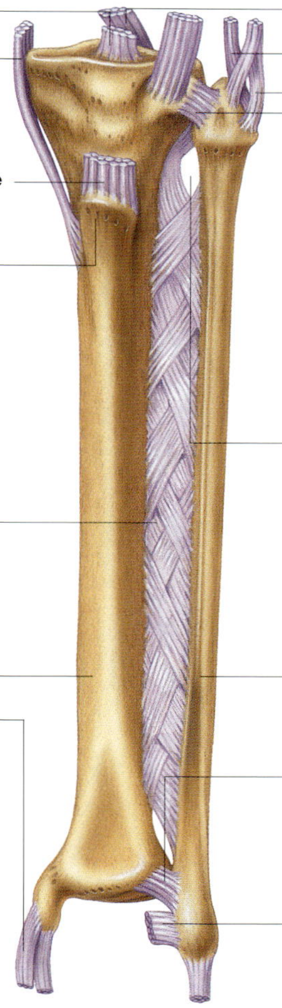

Schienbein und Wadenbein im Unterschenkel sind von einer ganzen Reihe von Bändern umgeben. Diese Ligamenti bestehen aus festen, fibrösen Strängen aus Bindegewebe, das Knochen bei der Gelenkbildung verbindet.

UNTERES (DISTALES) ENDE

Das Gelenk zwischen dem unteren Ende von Schienbein und Wadenbein erlaubt keine Bewegungen zwischen den Knochen. Stattdessen ist das Wadenbein mittels eines fibrösen Bandes fest mit dem Schienbein verbunden, um die größte Stabilität des Sprunggelenks zu gewährleisten. Die hauptsächlich daran beteiligten Bänder sind das vordere und hintere untere tibiofibulare Band. Andere Bänder um den Knöchel verbinden Schienbein und Wadenbein mit dem Fuß.

MEMBRANA INTEROSSEA

Die Fasern der dichten Zwischenknochenmembran verlaufen von der seitlichen Kante des Schienbeins zwischen den beiden Knochen zur Vorderseite des Wadenbeins, und halten beide Knochen zusammen.

Frakturen von Schienbein und Wadenbein

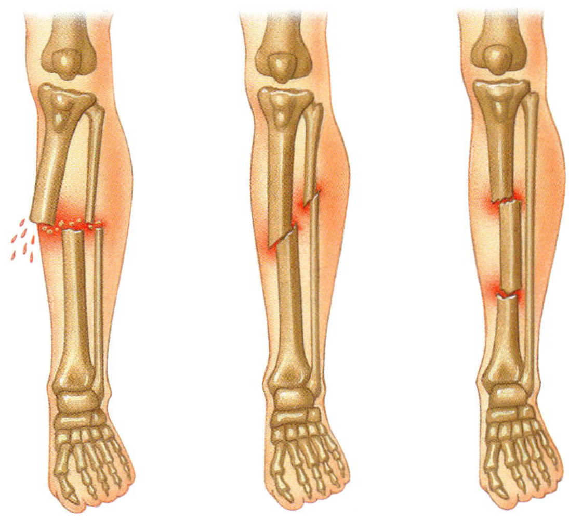

Das Schienbein liegt auf seiner gesamten Länge dicht unter der Haut und ist damit der Knochen, der für den komplizierten Knochenbruch am meisten anfällig ist. Das ist eine Fraktur, bei der die Haut sowie Blutgefäße verletzt und Knochen gebrochen werden.

SPORTVERLETZUNGEN

Der schwächste Teil des Schienbeins ist der Übergang zwischen seinem mittleren und seinem unteren Drittel. Frakturen können in diesem Bereich etwa bei Kontaktsportarten oder beim Skifahren auftreten, außerdem bei Unfällen im Straßenverkehr.

Am Cortex (äußerer Rand) des Schienbeins können auch die Marschfrakturen auftreten, zu denen es vor allem nach langen Wanderungen kommt, und das meist bei untrainierten Personen.

Schienbein und Wadenbein können an sehr verschiedenen Stellen brechen. Frakturen geschehen meist nach Sportunfällen oder im Straßenverkehr.

WADENBEINFRAKTUR

Frakturen am Wadenbein treten manchmal mit Schienbeinfrakturen auf, falls die dortige Verletzung schwerwiegend ist.

Am meisten geschehen hier Brüche zwischen 2 und 6 cm über dem Malleolus lateralis. Frakturen am Wadenbein stehen auch sehr häufig im Zusammenhang mit Verrenkungen des Sprunggelenks.

Kniegelenk und Kniescheibe

Das Knie ist das Gelenk zwischen dem Ende des Oberschenkelknochens und dem Beginn des Schienbeins. Vor dem Knie befindet sich die Kniescheibe (Patella), deren konvexe Oberfläche sehr leicht unter der Haut ertastet werden kann.

Das Knie ist das Gelenk zwischen dem unteren Ende des Oberschenkelknochens (Femur) und dem oberen Ende des Schienbeins (Tibia), dem längsten Knochen im Unterschenkel. Das Wadenbein (Fibula) hat in diesem Gelenk keine Funktion.

AUFBAU

Das Knie ist ein mit Flüssigkeit gefülltes Gelenk. Die Gelenkschmiere sorgt dafür, dass Bewegungen leichter ablaufen und wird von der Membran, die die Gelenkhöhle säumt, abgesondert.

Meist wird das Knie für ein einzelnes Gelenk gehalten, tatsächlich aber ist sein höchst komplexer Aufbau im Körper einzigartig, weil er aus drei verschiedenen Gelenken besteht, die sich eine Gelenkhöhle teilen. Diese drei Gelenke sind:

- Das Gelenk zwischen der Kniescheibe (Patella) und dem unteren Ende des Oberschenkelknochens. Dieses Gelenk wird als Anschlussfläche definiert, die erlaubt, dass ein Knochen über den anderen gleitet.
- Ein Gelenk auf jeder Seite zwischen den Condylen des Oberschenkelknochens und den dazu korrespondierenden Teilen des oberen Schienbeins. Diese werden als Scharniergelenke bezeichnet, da sie sich nur in einer Ebene bewegen können.

STABILITÄT DES KNIES

Auch wenn man davon ausgeht, dass die Condylen am Oberschenkelknochen und das obere Ende des Schienbeins nicht besonders gut aufeinander passen, handelt es sich beim Knie um ein vergleichsweise stabiles Gelenk. Zu dieser Stabilität tragen vor allem die umliegenden Muskelfasern und Sehnen bei.

Sagittalschnitt des Knies

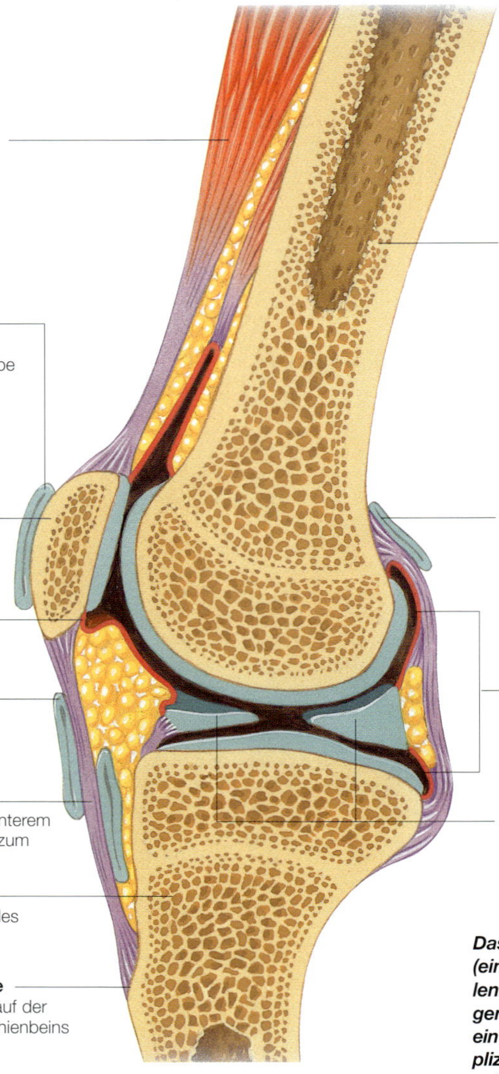

Das Knie ist ein Synovialgelenk (eines, das mit einer viskosen Gelenkschmiere besonders gleitfähig gemacht wird). Es handelt sich um ein stabiles und zugleich sehr kompliziertes Gelenk, das aber auch sehr anfällig ist für Verletzungen.

Oberflächenanatomie des Knies

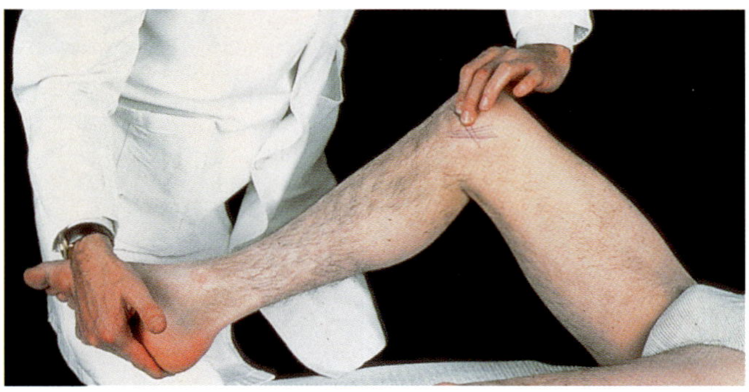

Eine physische Untersuchung des Knies kann sehr viele seiner Bestandteile enthüllen. Vor allem die knochigen Bereiche sind sehr gut zu ertasten, da sie sich direkt unter der Haut befinden.

Viele der Strukturen des Knies können schon durch einfache Berührungen der Haut an seiner Oberfläche eingeordnet werden, ganz besonders, wenn das Knie gebeugt ist.

DAS BAND IN DER KNIESCHEIBE

Der Umriss der Kniescheibe (Patella) ist deutlich zu erkennen und ihre Oberfläche kann leicht ertastet werden. Unter der Kniescheibe befindet sich ein festes Band aus fibrösen Material, das von der Kniescheibe abwärts zum Schienbein (Tibia) verläuft.

Auf jeder Seite der Kniescheibe, und direkt dahinter, befinden sich der laterale und der mediale Femoral-Condylus (Die abgerundeten, verdickten Enden am unteren Oberschenkelknochen). Unter der Patella befindet sich die Tuberositas tibiae, ein leicht erhabener Bereich am oberen Schienbein, das leicht ertastet werden kann.

ARTERIE

Auf der Rückseite des Knies befindet sich eine Vertiefung, die als Fossa poplitea (Kniekehle) bezeichnet wird. Ein leichter Druck, der auf diesen Bereich ausgeübt wird, wenn es sich im gebeugten Zustand befindet, macht das Pulsieren der großen Arteria poplitea spürbar.

Im Inneren des Knies – die Menisken

Die Menisken sind halbmondförmige Scheiben aus festem, fibrösem Knorpelgewebe, das sich auf der Gelenkoberfläche des Schienbeins befindet. Ihre Funktion besteht im Absorbieren von Stößen im Knie und die Menisken verhindern außerdem, dass sich der Oberschenkelknochen zur Seite bewegt.

Wenn man im geöffneten Knie von oben die Oberfläche des Schienbeins betrachtet, können die beiden c-förmigen Menisken sehr gut gesehen werden.

Sie haben ihren Namen vom griechischen Ausdruck für „Halbmond". Ein Meniskus ist eine Scheibe aus festem, fibrösem Knorpelgewebe, das sich auf der Gelenkoberfläche des Schienbeins befindet und die Vertiefung, in die sich die Condylen des Oberschenkelknochens schieben, noch vergrößern.

STOSSDÄMPFER

Die wichtigste Funktion der Menisken ist die als Stoßdämpfer im Knie. Sie helfen außerdem dabei, dass das Gelenk nicht seitwärts schaukelt.

AUFBAU DER MENISKEN

Im Querschnitt zeigt sich, dass ein Meniskus keilförmig aufgebaut ist und der äußere Rand dabei am größten ist. Im Inneren verdünnt er sich zu einer schmalen, nirgendwo angeschlossenen Kante. Auf der Vorderseite sind die Menisken durch das diagonal verlaufende Band des Knies miteinander verbunden, während die Außenseite der Menisken sehr fest mit der Gelenkkapsel verbunden ist.

BEFESTIGUNG

Die Befestigung zwischen dem medialen Meniskus und dem Seitenband des Schienbeins hat große Bedeutung bei einer klinischen Untersuchung, da der Meniskus beschädigt werden kann, wenn sich dieses Band etwa bei Kontaktsportarten verletzt.

Ansicht des Knies von oben (Tibiaplateau)

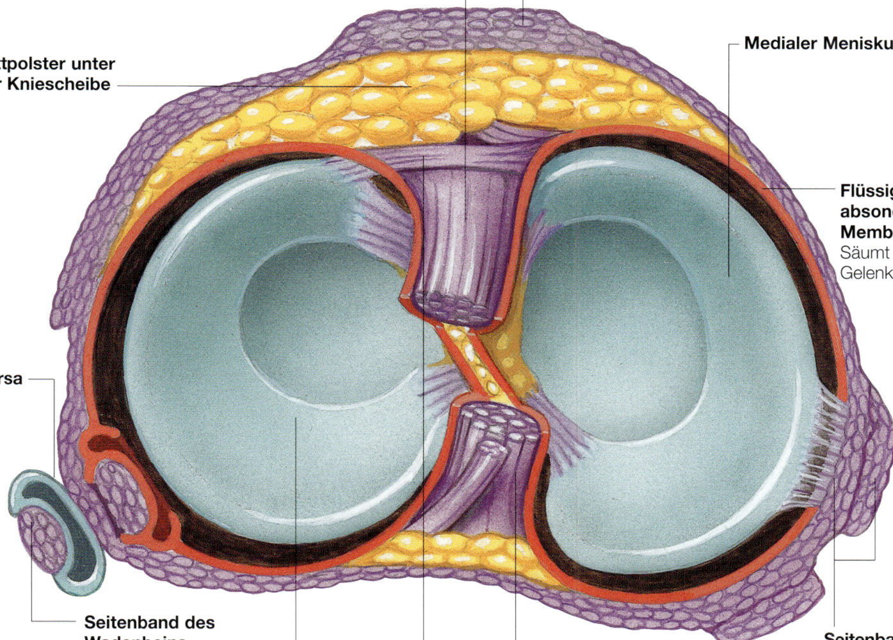

Im Inneren des Knies befinden sich zwei c-förmige Menisken. Dabei handelt es sich um Scheiben aus festem, fibrösem Knorpelgewebe, in das die verdickten Condylen am oberen Ende des Oberschenkelknochens passen.

Die Kniescheibe

Vorderansicht

Rückansicht

Die Patella liegt innerhalb der Sehne des kräftigen Musculus quadriceps femoris (Oberschenkelmuskel) und ist damit das größte Sesambein des Körpers. Ein Sesambein ist ein Knochen, der sich innerhalb der Sehne eines Muskels entwickelt, um diese Sehne vor Abnutzung und Abrieb zu bewahren, wenn sie sich über die Enden eines Röhrenknochens bewegt.

AUFBAU

Die Patella ist abgeflacht und hat eine konvexe Oberfläche auf der Vorderseite, die sehr leicht unter der Haut ertastet werden kann. Zwischen der Kniescheibe und der Haut liegt eine Bursa, ein mit Flüssigkeit gefüllter Schleimbeutel, der dabei hilft, Reibung zu reduzieren und das Knie beim Hinknien zu schützen.

Die Kniescheibe (Patella) befindet sich über der Frontseite des Knies. Sie hat eine abgeflachte Form und seine konvexe Oberfläche kann sehr leicht unter der Haut ertastet werden.

KNORPELGEWEBE

Die hintere (posteriore) Oberfläche der Kniescheibe ist mit einem glatten Knorpelgewebe bedeckt und bildet mit dem unteren Ende des Oberschenkelknochens ein mit Flüssigkeit gefülltes Gelenk.

Fasern aus dem festen Musculus quadriceps femoris (Oberschenkelmuskel) schieben sich in den oberen Rand der Kniescheibe, während das Band der Kniescheibe vom unteren Rand der Kniescheibe abwärts zur Tuberositas tibiae verläuft.

Bänder und Schleimbeutel (Bursae) des Knies

Das Kniegelenk ist nur teilweise von einer Kapsel umschlossen und ist bei der Stabilisierung auf Bänder angewiesen. Schleimbeutel (Bursae) befinden sich rund um das Knie und sorgen darin für glatte Bewegungsabläufe.

Anders als die Knochen im Hüftgelenk, fügen sich die Knochen im Knie nicht zu einer besonders stabilen Struktur zusammen. Aus diesem Grunde sind es vor allem die Bänder und die umliegenden Muskeln, die für die entsprechende Stabilität sorgen.

Die Gelenkhöhle des Knies befindet sich in einer fibrösen Kapsel. Die Bänder, die das Knie unterstützen, können in zwei Gruppen aufgeteilt werden, die sich je nach ihrem Bezug zu dieser Kapsel unterscheiden.

EXTRAKAPSULÄRE BÄNDER

Die exrakapsulären Bänder liegen außerhalb der Kapsel und verhindern, dass sich der Unterschenkel am Knie nach vorne beugt oder sich überdehnt. Sie umfassen:

- Quadrizeps-Sehne – Geht vom Musculus quadriceps femoris aus. Er unterstützt die Vorderseite des Knies (nicht abgebildet).
- Laterales Seitenband (des Wadenbeins) – Ein festes Band, das das untere Ende des äußeren Oberschenkelknochens mit dem Kopf des Wadenbeins verbindet.
- Mediales Seitenband (des Schienbeins) – Ein festes, abgeflachtes Band, das vom unteren Ende des inneren Oberschenkelknochens zum Schienbein hinab verläuft. Es ist schwächer als das Seitenband des Wadenbeins und kann leichter verletzt werden.
- Ligamentum popliteum obliquum – Ein Kniekehlenband, das die Kapsel auf der Rückseite verstärkt (nicht abgebildet).
- Ligamentum popliteum arcuatum – Ein Kniekehlenband, das ebenfalls die Knierückseite verstärkt (nicht abgebildet).

Vorderansicht des gebeugten linken Knies

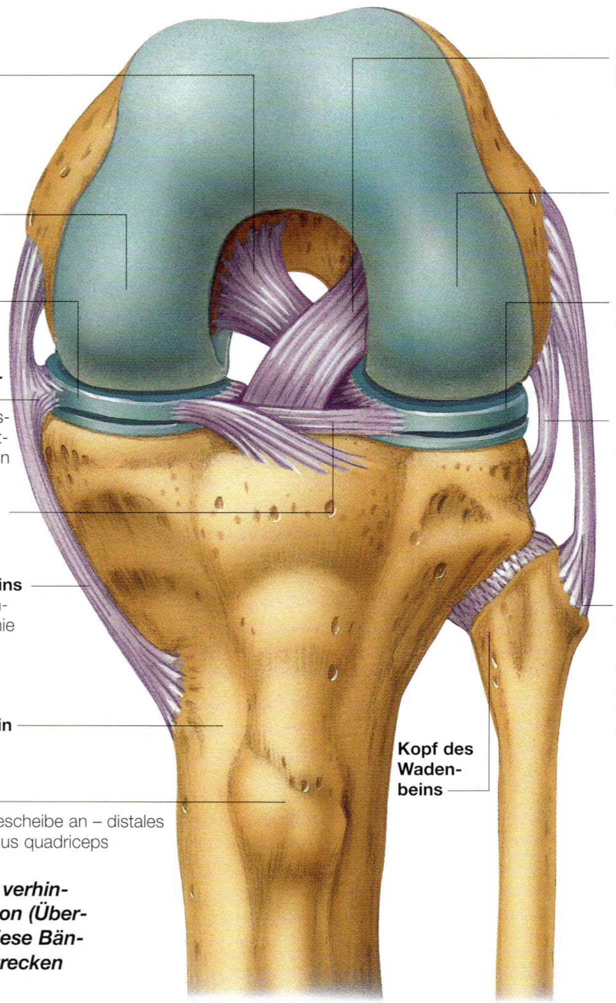

Extrakapsuläre Bänder verhindern eine Hyperextension (Überdehnung) des Knies. Diese Bänder werden beim Ausstrecken des Knies gedehnt.

Intrakapsuläre Bänder

Seitenansicht der intrakapsulären Bänder

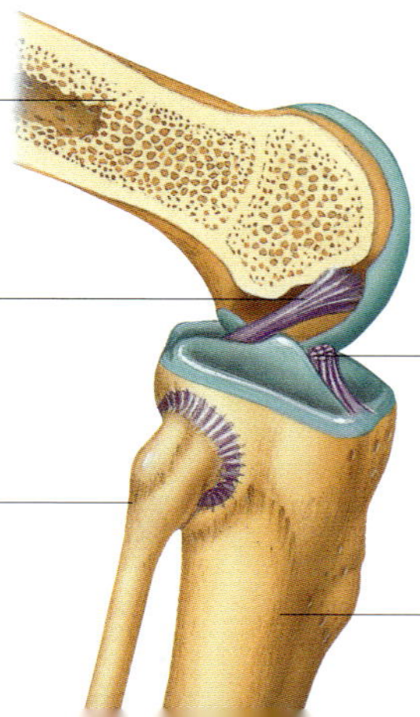

Intrakapsuläre Bänder verbinden das Schienbein mit dem Oberschenkelknochen im Mittelpunkt des Kniegelenks und verhindern, dass das Knie nach vorne oder nach hinten verrutscht.

KREUZBÄNDER

Die beiden wichtigsten Bänder im Inneren der Kapsel sind als Kreuzbänder bekannt, da sie im Knie kreuzförmig übereinander liegen.

- Das vordere (anteriore) Kreuzband ist das schwächere der beiden Kreuzbänder. Es liegt schlaff, wenn das Knie gebeugt ist (Flexion), und wird straff, wenn das Knie ausgestreckt wird (Extension)
- Das hintere (posteriore) Kreuzband – dieses Band dient dazu, sich während des Beugens (Flexion) zu straffen und hat zudem eine wichtige Funktion bei der Stabilisierung des Knies, wenn auf es ein großes Gewicht in gebeugter Haltung einwirkt, etwa beim Bergabgehen.

Die intrakapsulären Bänder (Kreuzbänder) sind kreuzförmig angeordnet. Sie dienen dazu, ein Ausrenken des Knies nach vorne oder hinten zu verhindern und Gelenkknochen zu stabilisieren.

Schleimbeutel im Knie

Die Bursae (Schleimbeutel) im Knie sind kleine, mit Gelenkflüssigkeit gefüllte Beutel. Ihre Aufgabe ist es, die Strukturen im Knie bei Bewegungen der Gelenke zu schützen und Abrieb zu verhindern.

Bursae sind kleine, mit Flüssigkeit gefüllte Beutel zwischen zwei Strukturen, normalerweise Knochen und Sehnen, die sich regelmäßig über- und gegeneinander bewegen. Die Bursae verhindern den Abrieb und die Abnutzung dieser Strukturen.

Es gibt eine Vielzahl solcher Bursae rund um das Kniegelenk, die Sehnen bei der Bewegung schützen und zudem die einfache Bewegung der Haut über die Kniescheibe begünstigen.

SUPRAPATELLARE BURSA

Einige Bursae rund um das Kniegelenk sind Fortsetzungen der Gelenkhöhlen, den mit Flüssigkeit gefüllten Räumen zwischen den Gelenkoberflächen. Die suprapatellare Bursa liegt über der Gelenkhöhle und zwischen dem unteren Ende des Oberschenkelknochens und dem kräftigen Musculus quadriceps femoris.

PRAEPATELLARE UND INFRAPATELLARE BURSAE

Diese Bursae umgeben die Kniescheibe und das Kniescheibenband. Die praepatellare Bursa gestattet der Haut, sich bei Bewegungen reibungslos über die Kniescheibe zu bewegen. Die oberflächliche und die tiefe infrapatellare Bursa liegen rund um das untere Ende des Kniescheibenbandes, wo es an die Tuberositas tibiae ansetzt.

Seitenansicht des linken Knies

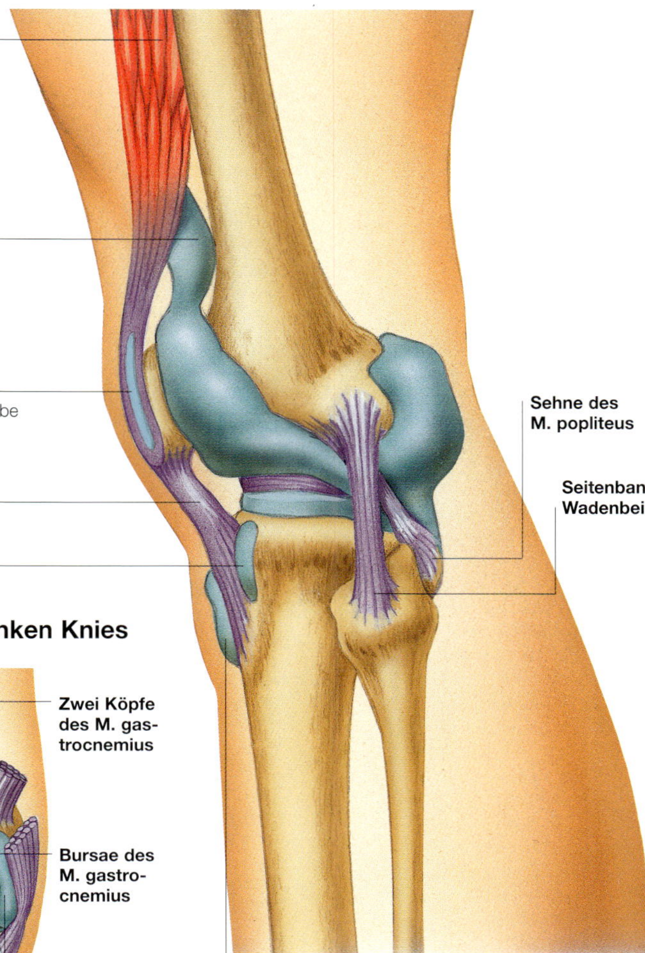

Rückansicht des linken Knies

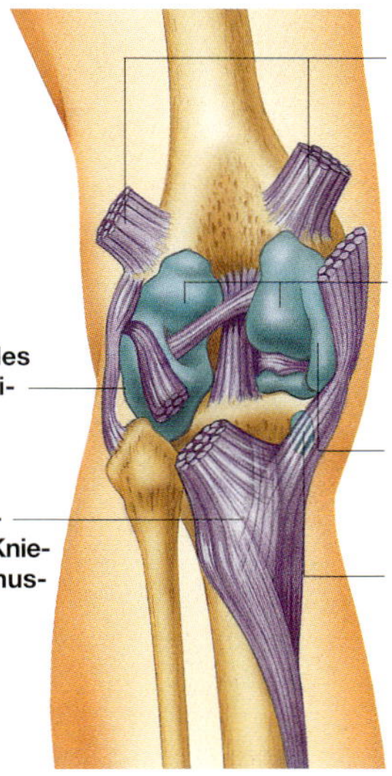

Insgesamt befinden sich mehr als ein Dutzend Bursae rund um das Kniegelenk. Sie sorgen dafür, dass sich die Strukturen im Knie frei über- und gegeneinander bewegen können und minimieren dabei den Abrieb.

Untersuchung des Kniegelenks

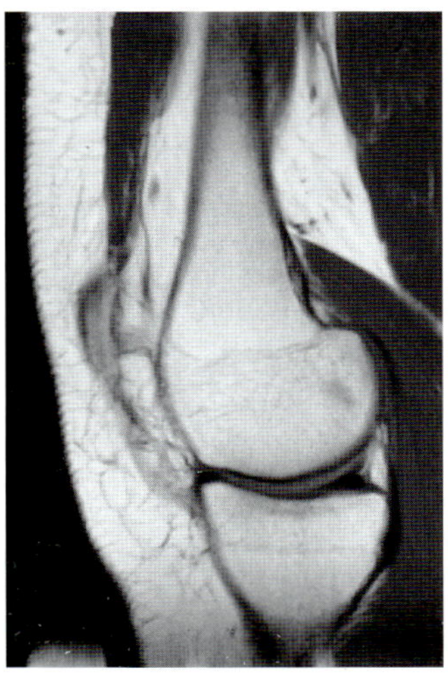

MRT ist eine effektive Methode, um die komplexe Anatomie des Kniegelenks sichtbar zu machen. Bei diesem Scanbild sind sowohl die Knochen des Kniegelenks als auch das umliegende Gewebe deutlich erkennbar.

Das Kniegelenk ist sehr anfällig für Verletzungen durch Traumata oder Osteoarthritis. Um das gesamte Ausmaß solcher Verletzungen bestimmen zu können, gibt es viele verschiedene Untersuchungsmethoden.

RÖNTGENBILDER

Röntgenbilder des Knies in verschiedenen Positionen aber auch nach der Injektion eines entsprechenden Kontrastmittels in den Gelenkraum (Arthrographie) können sehr nützlich sein, um Veränderungen der Knochen oder Menisken festzustellen.

MAGNETRESONANZTOMOGRAPHIE (MRT)

Die Magnetresonanztomographie ist eine sehr hilfreiche Untersuchungsmethode. Diese Art von nicht-invasiver Untersuchung zeigt sehr schnell Probleme, die im weicheren Gewebe rund um das Kniegelenk, aber auch in den Knochen selbst auftreten. Sie wird daher inzwischen häufiger angewandt als die Arthroskopie.

ARTHROSKOPIE

Bei der Arthroskopie wird mithilfe einer winzigen Kamera in einem Endoskop in das Knie geschaut. Bei dieser Untersuchung, die unter Vollnarkose durchgeführt wird, kann der Chirurg meist sofort beschädigtes Gewebe entfernen, womit sich weitere Eingriffe erübrigen können.

Oberschenkelmuskulatur

Der Oberschenkel besteht hauptsächlich aus Gruppen großer Muskeln, die zusammenarbeiten, damit sich Hüfte und Kniegelenk bewegen. Die Muskeln, die sich auf die Bewegungen des Oberschenkels auswirken, gehören zu den stärksten im menschlichen Körper.

Die Muskeln im Oberschenkel lassen sich grob in drei verschiedene Gruppen aufteilen: Die vorderen Muskeln (anteriore) liegen vor dem Oberschenkelknochen, die hinteren Muskeln (posteriore) dahinter und die medialen Muskeln (Adduktoren) verlaufen zwischen dem inneren Oberschenkelknochen und dem Becken.

VORDERE MUSKELN

Die Muskeln des vorderen Bereichs im Oberschenkel dienen dazu, die Hüfte zu beugen (Flexion) und das Knie auszustrecken (Extension). Diese Bewegungsabläufe dienen hauptsächlich dazu, das Bein während des Gehens anzuheben und nach vorne zu bringen.

Die Muskeln dieser Gruppe sind:

- **Musculus iliopsoas.** Dieser große Muskel erhebt sich teilweise von der Innenseite des Beckens und teilweise von den Lendenwirbeln. Seine Fasern schieben sich in jenen Vorsprung am oberen Oberschenkelknochen, der als kleiner Trochanter bezeichnet wird. Der Musculus iliopsoas ist der stärkste der Muskeln, die am Beugen des Oberschenkels beteiligt sind. Er hebt das Knie nach oben und vorne.
- **Musculus tensor fasciae latae.** Dieser Muskel schiebt sich in das feste Band aus Bindegewebe, das an der Außenseite des Beines abwärts verläuft, bis zum Schienbein unterhalb des Knies.
- **Musculus sartorius.** Der längste Muskel des Körpers ist der Sartoriusmuskel, der als flaches Band von der Spina iliaca anterior superior des Beckens aus über den Oberschenkel verläuft. Er kreuzt dabei sowohl die Hüfte als auch das Kniegelenk, bevor er sich in die Innenseite am oberen Bereich des Schienbeins schiebt.
- **Musculus quadriceps femoris.** Großer vierköpfiger Muskel am Oberschenkelknochen.

Schlüssel Diese Stelle kann leicht unter der Haut ertastet werden

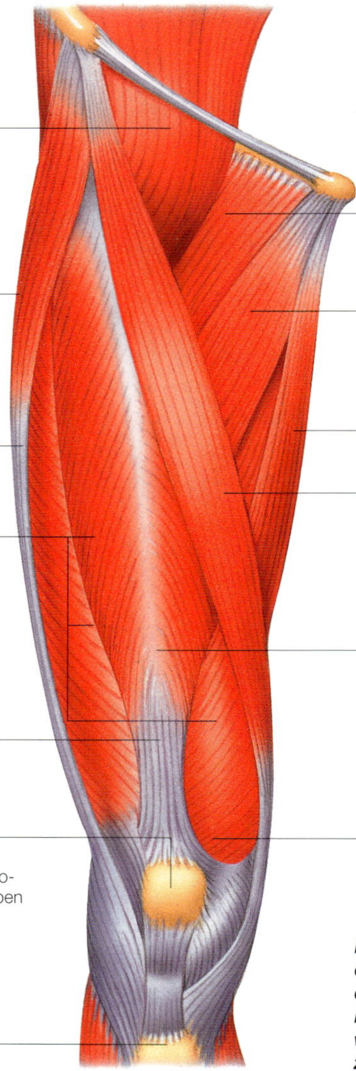

Die Musculi iliopsoas, tensor fasciae latae und rectus femoris sind die wichtigsten Flexormuskeln der Hüfte. Sie helfen dabei, das Bein während des Gehens nach vorne zu schwingen.

Musculus quadriceps femoris

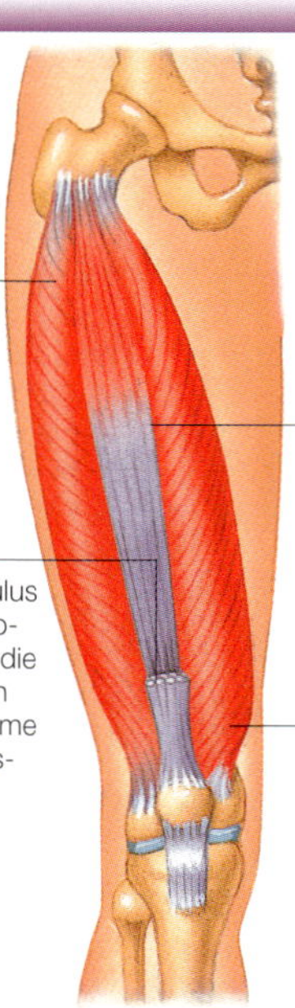

Dieser mächtige, vierköpfige Muskel bildet die Hauptmasse des gesamten Oberschenkels, er ist einer der stärksten Muskeln im menschlichen Körper. Er besteht aus vier Hauptbestandteilen, deren Sehnen die starke Quadrizeps-Sehne bilden. Diese Sehne schiebt sich oben in die Kniescheibe und verläuft dann als Kniescheibensehne zur Vorderseite des oberen Schienbeins. Der Musculus quadriceps femoris dient dazu, das Knie auszustrecken.

Der Musculus quadriceps femoris ist ein Extensormuskel, der beim Laufen, Springen oder Klettern beansprucht wird. Er hilft dabei, das Knie auszustrecken, wenn man aus einer sitzenden Position heraus aufsteht.

Die vier Teile des Quadriceps femoris sind:

- Rectus femoris – Ein gerader Muskel, der die anderen Muskelteile überlagert. Er hilft dabei, das Hüftgelenk zu beugen und das Knie zu strecken.
- Vastus lateralis – Der größte Teil des Quadrizeps-Muskel.
- Vastus medialis – Liegt auf der Innenseite des Oberschenkels.
- Vastus intermedius – Liegt mittig, unterhalb des Musculus rectus femoris.

Einige schmale Streifen des Musculus vastus intermedius verlaufen abwärts zur Gelenkkapsel des Knies. Sie sorgen dafür, dass Falten der Kniegelenkskapsel nicht eingeklemmt werden, wenn das Knie ausgestreckt wird.

Hintere Oberschenkelmuskulatur

Die drei hier besprochenen Muskeln werden als hintere Oberschenkelmuskeln bezeichnet. Es sind der Musculus biceps femoris, semitendinosus und semimembranosus.

Die hinteren Oberschenkelmuskeln können sowohl die Hüfte strecken als auch das Knie beugen. Allerdings können sie beide Tätigkeiten nicht zur gleichen Zeit mit voller Kraft ausführen, sondern nur eine von beiden.

MUSCULUS BICEPS FEMORIS

Der Musculus biceps femoris hat zwei Köpfe, der lange Kopf erhebt sich vom Sitzbeinhöcker am Becken, während der kurze Kopf von der Rückseite des Oberschenkelknochens ausgeht. Die runde Sehne des Bizeps femoris kann auf der Außenseite des Knies leicht gesehen und ertastet werden, insbesondere wenn das Knie gegen einen Widerstand gebeugt ist.

MUSCULUS SEMITENDINOSUS

Der Musculus semitendinosus erhebt sich wie auch der Biceps femoris vom Sitzbeinhöcker des Beckens.
Er ist nach seiner langen Sehne benannt, die etwa nach zwei Dritteln seines Weges nach unten beginnt. Diese Sehne setzt an der Innenseite des oberen Schienbeins an.

MUSCULUS SEMIMEMBRANOSUS

Dieser Muskel erhebt sich von einem abgeflachten, membranähnlichen Ansatzpunkt am Sitzbeinhöcker des Beckens. Der Muskel verläuft auf der Rückseite des Oberschenkels abwärts, unterhalb des Musculus semitendinosus. Er schiebt sich dann in die Innenseite des oberen Schienbeins.

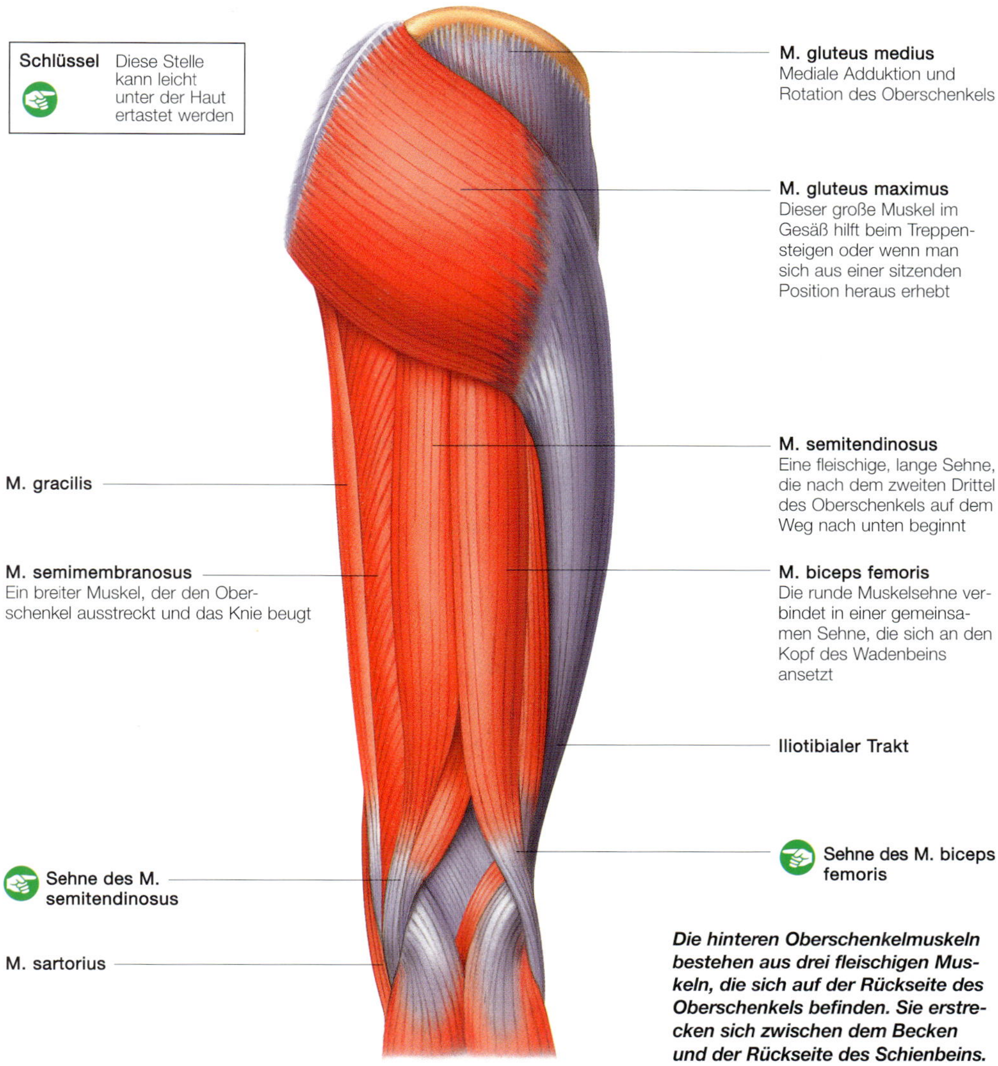

Die hinteren Oberschenkelmuskeln bestehen aus drei fleischigen Muskeln, die sich auf der Rückseite des Oberschenkels befinden. Sie erstrecken sich zwischen dem Becken und der Rückseite des Schienbeins.

Die Adduktoren (Oberschenkelanzieher)

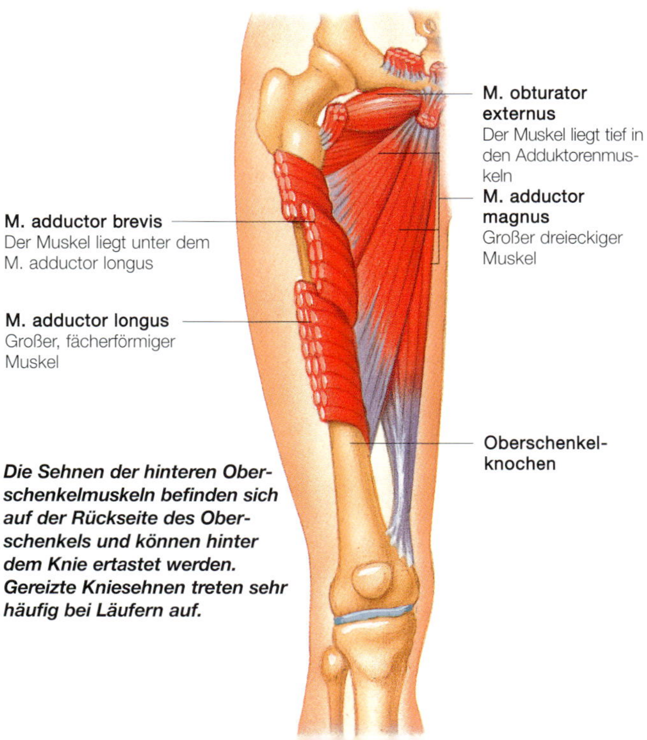

Die Sehnen der hinteren Oberschenkelmuskeln befinden sich auf der Rückseite des Oberschenkels und können hinter dem Knie ertastet werden. Gereizte Kniesehnen treten sehr häufig bei Läufern auf.

Die Adduktorenmuskeln auf der Innenseite des Oberschenkels werden als Oberschenkelanzieher bezeichnet, da sie zur Adduktion des Oberschenkels beitragen. Das heißt, dass sie die untere Extremität nach innen zur Mittellinie des Körpers ziehen, wie wenn man mit ihnen beim Reiten ein Pferd mit den Beinen fester fassen möchte. Diese Muskeln erheben sich am unteren Bereich des Beckens und schieben sich auf unterschiedlichen Höhen an den Oberschenkelknochen. Diese Muskeln sind:

- **Langer Oberschenkelanzieher** – Ein großer, fächerförmiger Muskel, der vor den anderen Schenkelanziehern liegt und von dem sich eine ertastbare Sehne in der Leiste befindet.
- **Kurzer Oberschenkelanzieher** – Ein kürzerer Muskel, der sich unter dem langen Schenkelanzieher befindet.
- **Großer Oberschenkelanzieher** – Ein großer, dreieckiger Muskel, der die Funktion sowohl eines Adduktormuskels als auch eines hinteren Oberschenkelmuskels erfüllen kann.
- **Schlanker Muskel (M. gracilis)** – Der gurtartige Muskel verläuft auf der Innenseite des Oberschenkels vertikal abwärts (nicht abgebildet).
- **Äußerer Hüftlochmuskel** – Liegt als kleiner Muskel tief zwischen den anderen eingebettet.

Diese Gruppe von Adduktorenmuskeln ist dann aktiv, wenn man sich etwa beim Reiten eines Pferdes mit den Schenkeln festhalten muss und die man sich bei sportlichen Aktivitäten leicht zerren kann, was zu einer Leistenverletzung führt.

Fußballspieler setzen sich dem Risiko aus, Leistenverletzungen (gerissene Adduktorenmuskeln) zu erleiden. Das kommt durch die Kickbewegung, bei der das Bein über die Mittellinie des Körpers bewegt wird.

Muskeln des Unterschenkels

Im Unterschenkel gibt es drei Sorten von Muskeln. Abhängig davon, wo sie liegen, stützen und beugen sie das Fußgelenk und den Fuß, strecken die Zehen und helfen dabei, das Körpergewicht an der Ferse zu heben.

Die Muskeln im Unterschenkel können in drei Gruppen aufgeteilt werden: Die vordere Gruppe (anteriore), die vor dem Schienbein liegt, die laterale Gruppe, die an der Außenseite des Unterschenkels liegt, und die hintere (posteriore) Gruppe.

VORDERE MUSKELN

Die vorderen Muskeln des Unterschenkels sind:

- **Musculus tibialis anterior** – Dieser Muskel kann durch die Haut entlang der Kante des Schienbeins ertastet werden.
- **Musculus extensor digitorum longus** – Dieser Muskel liegt unter dem Musculus tibialis anterior und geht zu den äußeren vier Zehen.
- **Musculus peroneus (fibularis) tertius** – Dieser Muskel ist nicht immer vorhanden, aber wenn er es ist, geht er mit dem Musculus extensor digitorum longus zusammen. Er setzt sich an den fünften Mittelfußknochen an, nahe dem kleinen Zeh.
- **Musculus extensor hallucis longus** – Dieser dünne Muskel verläuft abwärts und schiebt sich in das Ende des großen Zehs (Hallux).

WIRKUNG DER VORDEREN MUSKELN

Diese Muskeln wirken alle insofern auf dieselbe Weise, da es sich bei ihnen um Dorsalflexoren des Fußes handelt (solche, die den Fuß rückwärts beugen). Das heißt, dass sie bei der Kontraktion das Fußgelenk beugen, die Zehen also nach oben und die Ferse nach unten bewegen.

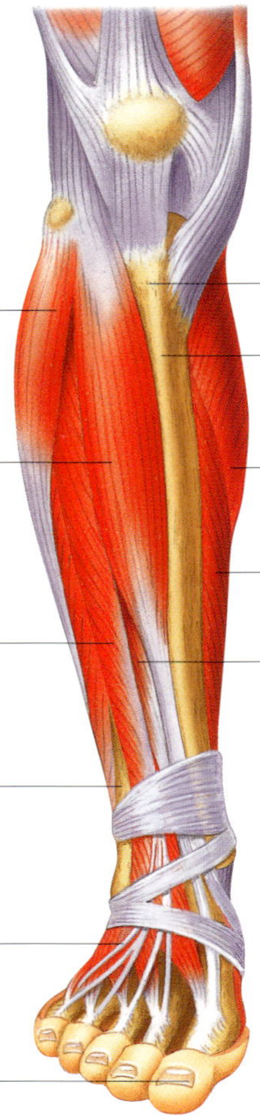

Während des Gehens heben die vorderen Muskeln im Unterschenkel die Zehen an. Das sorgt dafür, dass sie nicht über den Boden schleifen, wenn sich der Fuß vorwärts bewegt.

Laterale Muskeln des Unterschenkels

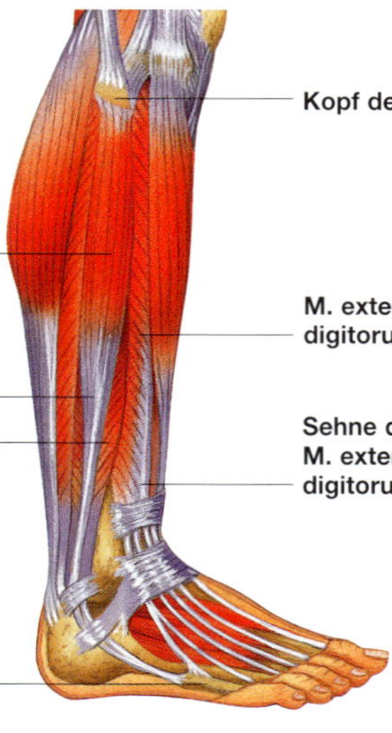

Die Muskeln im äußeren (lateralen) Bereich des Unterschenkels verlaufen entlang des kleineren der beiden Unterschenkelknochen, des Wadenbeins (Fibula). In dieser Gruppe gibt es zwei Muskeln:

- **Musculus peroneus (fibularis) longus** – Dieser Muskel ist der längere der beiden und liegt näher an der Oberfläche. Er hat seinen Ursprung am Kopf und dem oberen Ende des schmalen Wadenbeins und verläuft zur Sohle des Fußes hin abwärts.
- **Musculus peroneus (fibularis) brevis** – Wie sein Name andeutet handelt es sich um den kürzeren der beiden Muskeln, der sich unter dem Musculus peroneus longus befindet. Er hat seinen Ursprung am unteren Bereich des Wadenbeins und besitzt eine breite Sehne, die abwärts verläuft und sich in die Basis des fünften Mittelfußknochens schiebt.

Die lateralen Muskeln verhindern die Inversion des Fußgelenks. Denn wenn die Fußsohle bei der Inversion nach innen zeigt, befindet sich das Fußgelenk in der denkbar verletzlichsten Position.

WIRKUNG DER LATERALEN MUSKELN

Das Zusammenspiel dieser Muskeln sorgt für die plantare Flexion, das heißt, dass die Zehen nach unten zeigen, und zur Eversion, das heißt, dass die Sohle des Fußes nach außen gedreht wird. Tatsächlich stützen die Muskeln das Fußgelenk, damit es nicht umknickt (Inversion).

Hintere Muskeln des Unterschenkels

Die hintere (posteriore) Gruppe der Muskeln im Unterschenkel bilden den deutlichen Hügel der Wade. Zusammen sind diese Muskeln stark und schwer, und das befähigt sie zur Zusammenarbeit bei der Beugung des Fußes und dem Tragen des Körpergewichtes.

Die Muskeln, die innerhalb des hinteren Bereichs liegen, bilden zugleich die größte Muskelgruppe im Unterschenkel. Diese werden auch als Wadenmuskeln bezeichnet und allgemein in solche der oberflächlichen und der tiefen Schichten unterteilt.

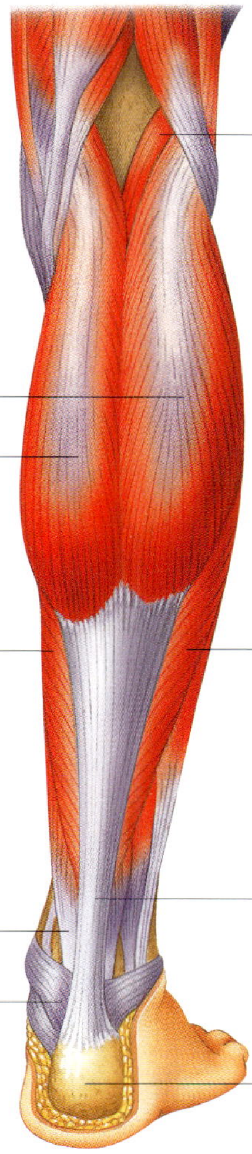

OBERFLÄCHLICHE WADENMUSKELN

Die Gruppe der oberflächennahen Muskeln des Unterschenkels bilden den größten Teil der rundlichen Wade, einer Besonderheit beim Menschen und die auf unsere aufrechte Haltung zurückzuführen ist.
Diese Muskeln sind:

- **Musculus gastrocnemius** – Dieser große, fleischige Muskel liegt der Oberfläche am nächsten. Er hat eine distinktive Form mit zwei Köpfen, die von dem lateralen und dem medialen Condylus des Oberschenkelknochens ausgehen. Seine Fasern verlaufen größtenteils vertikal, was die schnellen und kräftigen Kontraktionen begünstigt, die für Laufen und Springen benötigt werden.
- **Musculus soleus** – Dies ist ein großer und sehr kräftiger Muskel, der unter dem Musculus gastrocnemius liegt. Ihm gab seine Form den Namen, da er so flach ist wie der Solea (lateinisch für Seezunge), einem Plattfisch. Die Kontraktion des Musculus soleus ist wichtig, um im Stehen die Balance zu halten.
- **Musculus plantaris** – Dieser Muskel ist meist nicht vorhanden, ist er es doch, ist er flach und dünn. Gemäß seiner vergleichsweise geringen Wichtigkeit im Unterschenkel, wird er manchmal von Chirurgen dazu benutzt, Sehnen der Hand zu ersetzen.

WIRKUNG DER OBERFLÄCHLICHEN MUSKELN

Die Aufgabe dieser Muskeln ist die plantare Flexion des Fußes, das heißt, sie heben die Ferse und lassen die Zehen nach unten zeigen. Für diese Aufgabe sind starke Muskeln erforderlich, da beim Gehen, Laufen oder Springen die Ferse gegen den Widerstand des gesamten Körpergewichtes angehoben werden muss.

Die Musculi gastrocnemius und soleus haben eine einzelne, gemeinsame Sehne, die als große und kräftige Achillessehne bekannt ist und die vom unteren Ende der Wade bis zur Ferse abwärts verläuft.

Zusammen helfen die Musculi gastrocnemius, soleus und plantaris bei der Beugung des Fußes im Sprunggelenk. Der winzige Musculus plantaris ist dabei der schwächste der drei Muskeln.

Tiefe Wadenmuskulatur

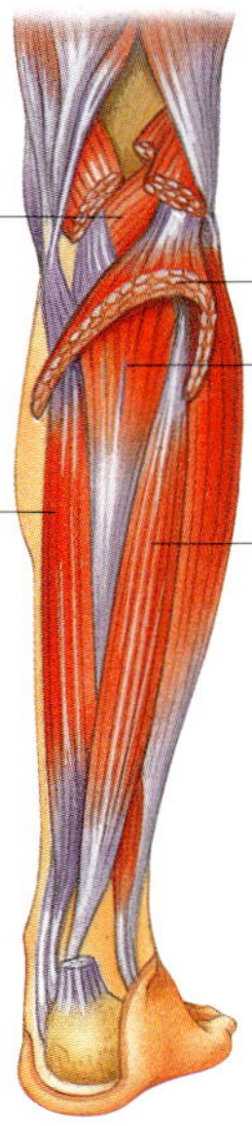

Es gibt vier Muskeln, die zusammen die Gruppe der tiefer gelegenen Wadenmuskeln bilden:

- **Musculus popliteus** – Das ist ein dünner, dreieckiger Muskel, der sich auf der Rückseite in der Vertiefung der Kniekehle befindet. Der Musculus popliteus spielt eine eigentümliche Rolle, indem er das Kniegelenk „entriegelt", es dabei leicht rotieren lässt, damit das ausgestreckte Bein gebeugt werden kann.
- **Musculus flexor digitorum longus** – Dieser Muskel hat lange Sehnen, die nach unten zu den vier äußeren Zehen verlaufen und ihnen das Einrollen oder Beugen ermöglichen.
- **Musculus flexor hallucis longus** – Auch wenn dieser Muskel nur zu einem einzigen Zeh hinläuft, dem großen Zeh oder Hallux, handelt es sich doch um einen sehr kräftigen Muskel. Seine langen Sehnen verlaufen zwischen den Sesambeinen, die sich an der Basis des großen Zehs befinden. Er bewirkt das Abstoßen bei jedem Schritt im Gehen oder Laufen.
- **Musculus tibialis posterior** – Dies ist der am tiefsten gelegene Muskel der Gruppe. Er ist dabei hauptsächlich für die Aktion der „Inversion" zuständig, bei der der Fuß sich so bewegt, dass die Sohle nach innen weist.

Die Wirkung der tiefen Muskeln variiert. Der Musculus popliteus bewirkt, dass das Kniegelenk „aufgeschlossen" wird, während die anderen Muskeln sich auf das Sprunggelenk und die Fußgelenke auswirken.

Arterien des Beines

Die untere Extremität wird von einer ganzen Reihe von Arterien mit Blut versorgt, die von der äußeren Hüftarterie des Beckens ausgehen. Diese Arterien verlaufen abwärts im Bein und erreichen dann die Muskeln, die Knochen, Gelenke und die Haut.

Ein Netzwerk aus Arterien versorgt das Gewebe der unteren Extremitäten mit den notwendigen Nährstoffen. Von den Hauptarterien zweigen daher kleinere, aber sehr wichtige Nebenarme ab, welche die verschiedenen Gelenke und Muskeln mit Nährstoffen versorgen.

DIE ARTERIEN

■ **Femoralarterie** – Die Hauptarterie des Beines. Ihr Hauptarm ist die Arteria femoris profunda (tiefe Beinarterie). Schmalere Seitenarme versorgen die nächstgelegenen Muskeln, bevor die Arterie durch eine Lücke im großen M. adductor magnus, den Adduktorenschlitz, läuft und dann die Kniekehle erreicht.

■ **Tiefe Beinarterie** – Die Hauptarterie des Oberschenkels. Auch sie hat verschiedene Seitenarme, etwa die mediale oder laterale circumflex Femoralarterie und die vier perforierenden Arterien (Arterie perforantes).

■ **Kniekehlenarterie** – Eine Fortsetzung der Femoralarterie. Sie verläuft abwärts auf der Rückseite des Knies, wo sie verschiedene Äste für die Versorgung des Gelenks abgibt, bevor sie sich in die anteriore (vordere) und posteriore (hintere) Schienbeinarterie aufteilt.

■ **Vordere Schienbeinarterie** – Die vordere Schienbeinarterie versorgt die Strukturen im vorderen Bereich des Unterschenkels. Sie läuft abwärts zum Fuß und wird dort zur Arteria dorsalis pedis.

■ **Hintere Schienbeinarterie** – Diese Arterie verbleibt auf der Rückseite des Unterschenkels und versorgt zusammen mit der Arteria peronea (Wadenbeinarterie) die Strukturen des hinteren und äußeren Bereichs des Beines.

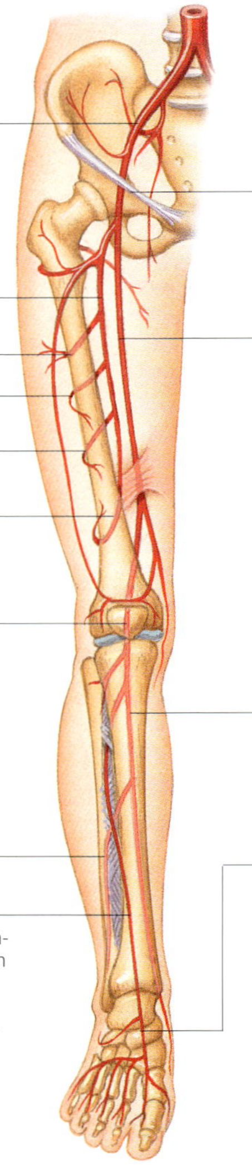

Die Arterien des Beines sind Seitenarme der großen Femoralarterie. Diese Arterie ist eine Fortsetzung der äußeren Hüftarterie, die unter dem Leistenband in den Oberschenkel tritt.

Arterien rund um das Knie

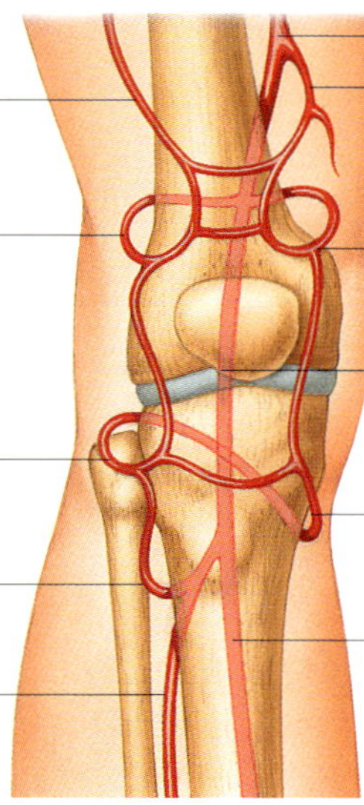

Hinter dem Knie gehen von der Kniekehlenarterie eine Vielzahl von Seitenarmen ab, die das Kniegelenk umgeben und dabei mit anderen kleinen Armen der Femoral- bzw. mit der vorderen oder hinteren Schienbeinarterie Verbindungen bilden, so genannte Anastomosen. Zusammen ergeben sie ein großes Netzwerk aus Arterien, durch das Blut auch die große Kniekehlenarterie umgehen kann. Das kann vor allem dann wichtig sein, wenn das Knie etwa über eine längere Zeit gebeugt ist oder falls die Hauptarterie verschlossen ist.

Die arterielle Versorgung rund um das Knie erfolgt durch ein Netzwerk aus Gefäßen, die die Femoralarterie mit den Endarmen der Kniekehlenarterie verbindet.

KNIEKEHLENPULS

Wie das Pulsieren der Femoralarterie auch, das an der Leiste leicht ertastet werden kann, ist es bei der Kniekehlenarterie möglich, den Puls hinter dem Knie zu fühlen. Allerdings liegt die Kniekehlenarterie derart tief im sie umgebenden Gewebe, dass sie schwierig zu erreichen ist. Am besten ist der Puls im gebeugten Knie bei entspannter Muskulatur tastbar. Falls der Puls nur schwach oder ganz abwesend ist, kann das darauf hinweisen, dass die Femoralarterie verengt oder ganz verschlossen ist.

Arterien im Fuß

Die kleineren Arterien im Fuß formen Bögen, und das in einem Muster, das dem der Hand gleicht. Diese Bögen verbinden sich untereinander und verzweigen sich zu jeder Seite eines Zehs hin. Seitenarme der Arterien sorgen für eine reichhaltige Blutversorgung der Fußsohle.

Die Blutversorgung im Fuß wird von den Endarmen der vorderen und hinteren Schienbeinarterie gewährleistet.

FUSSOBERSEITE

Wenn die vordere Schienbeinarterie das Sprunggelenk passiert, wird aus ihr die Arteria dorsalis pedis. Diese wiederum verläuft auf der Fußoberseite abwärts und hinüber zu dem Raum zwischen dem ersten und dem zweiten Zeh. Dort verzweigt sie sich zu einem tiefen Arm, der sich mit den Arterien der Fußsohle vereint. Arme der Arteria dorsalis pedis auf der Fußoberseite vereinen sich zu Bögen, von denen wiederum Seitenarme zu den Zehen gehen.

Der Arzt kann den Puls der Arteria dorsalis pedis bei einer Untersuchung oben auf dem Fuß direkt neben der Sehne des Musculus tibialis anterior ertasten. Da sich die Arterie dicht unter der Hautoberfläche befindet, dürfte der Puls höchstwahrscheinlich leicht zu ertasten sein, soweit die Blutgefäße gesund sind.

FUSSSOHLE

Die Sohle des Fußes wird aus Seitenarmen der Arteria tibialis posterior vergleichsweise reichlich mit Blut versorgt. Wenn diese Arterie den Fuß erreicht, teilt sie sich in zwei Arme auf, die Arteria plantaris medialis und die Arteria plantaris lateralis (Plantar bedeutet Fußsohle).

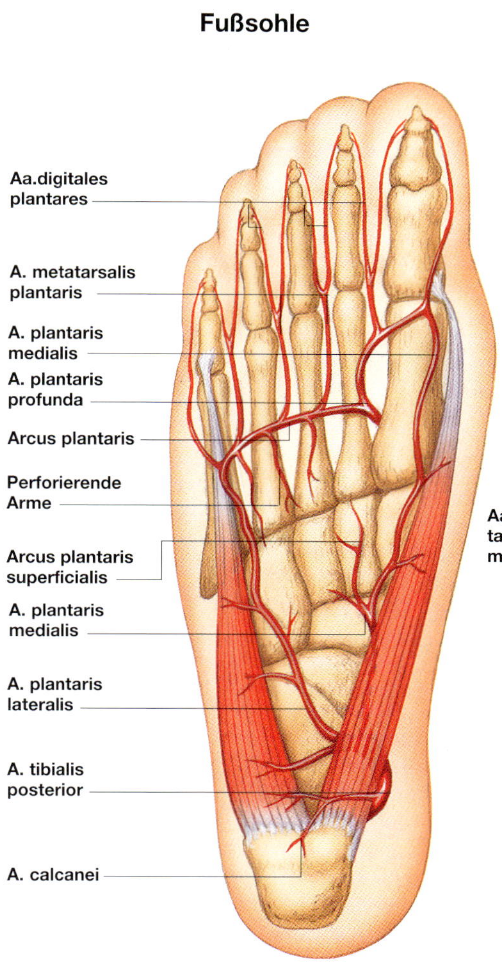

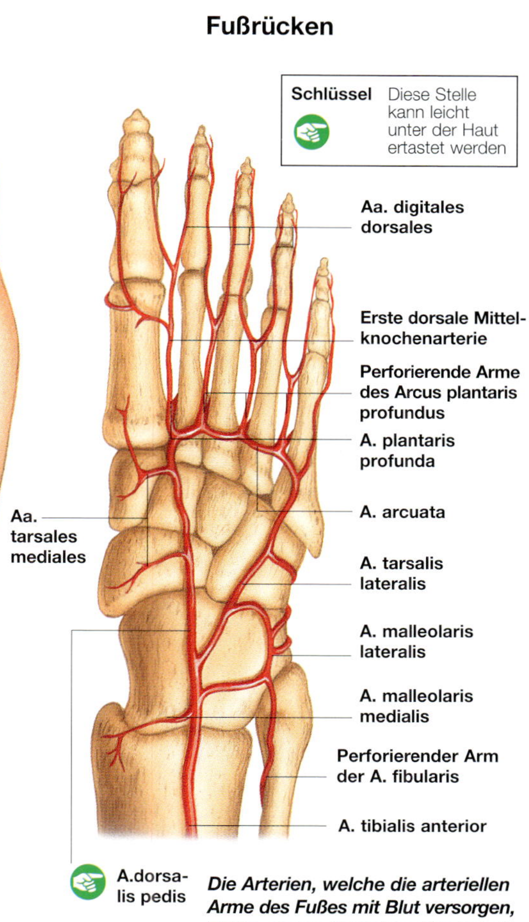

Die Arterien, welche die arteriellen Arme des Fußes mit Blut versorgen, folgen einem ähnlichen Muster wie die der Hand. Die Fußsohle ist vergleichsweise üppig mit Blut versorgt.

■ **Arteria plantaris medialis** – dies ist die kleinere der beiden Arme der hinteren Schienbeinarterie. Sie versorgt hauptsächlich den großen Zeh mit Blut, hat aber auch kleinere Arme für die anderen Zehen.

■ **Arteria plantaris lateralis** – diese Arterie ist viel größer als die Arteria plantaris medialis und verläuft rund um die Mittelfußknochen, um den Arcus plantaris profundus zu bilden, einen tiefen Arterienbogen.

Der tiefe Arm der Arteria dorsalis pedis vereinigt sich mit dem inneren Ende dieses Bogens und formt so eine Verbindung zwischen der arteriellen Versorgung des Fußrückens mit der der Sohle.

Arteriographie

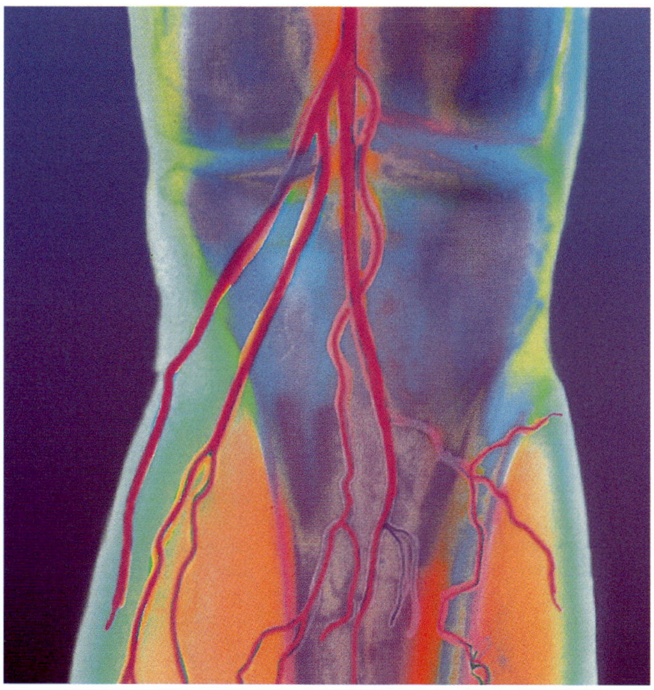

Mittels einer Arteriographie ist es möglich, eine Arterie in ihrem Verlauf zu untersuchen. Dazu wird ein Kontrastmittel in die Arterie injiziert und anschließend eine ganze Reihe von Röntgenbildern angefertigt, die den Verlauf des Kontrastmittels in dem gesamten arteriellen System dokumentieren. Wenn ein solches Kontrastmittel in die Femoralarterie im Oberschenkel injiziert wird, kann beispielsweise eine Studie des gesamten Arteriensystems des Beines angefertigt werden. Damit werden Verstopfungen oder Verengungen sichtbar gemacht, oder auch die deutliche Verdickung eines Kniekehlenaneurysmas.

Eine Arteriographie wird dazu verwendet, den exakten Standort einer Blockade der Arterie zu ermitteln. Kontrastmittel wird dabei in den Blutstrom injiziert, das auf einem Röntgenbild sichtbar wird, und macht damit die Blutgefäße anschaulich.

Die Arteriographie kommt etwa dann zum Einsatz, wenn ein chirurgischer Eingriff erwogen wird, allerdings gibt es weniger invasive Methoden, um den Blutdurchfluss in den Arterien zu untersuchen. Dazu gehören Doppler-Ultraschall-Scanner und MRT, die ebenso Informationen liefern, angenehmer und risikoärmer sind.

ARTERIOSKLEROSE

Ein weit verbreiteter Zustand, der den Blutdurchfluss in den Arterien des Beines beeinflusst, ist die Arteriosklerose, oder Verhärtung der Arterien, die häufig auf Zigarettenkonsum zurückzuführen ist. Sie kann schmerzhafte Krämpfe in der Wade etwa bei sportlicher Betätigung hervorrufen, die sich erst nach einer kurzen Pause legen. Dieser Schmerz geht auf einen Rückgang in der Blutversorgung der Muskulatur zurück, und zwar wegen verengter Arterien.

Venen im Bein

Der venöse Abfluss der unteren Extremität wird durch eine Reihe von Venen gewährleistet, die sich grob in zwei Gruppen unterteilen lassen, in eine oberflächliche und eine tiefe. Die perforierenden Venen verbinden beide Gruppen miteinander.

Im subkutanen (unter der Haut befindlichen) Gewebe liegen die zwei wichtigsten oberflächlichen Venen des Beines, die große und die kleine Vena saphena.

GROSSE VENA SAPHENA

Die große Vena saphena ist die größte Vene des Körpers und wird manchmal bei chirurgischen Eingriffen dazu hergenommen, beschädigte oder kranke Arterien in Bereichen wie etwa dem Herzen zu ersetzen.

Sie geht vom medialen (inneren) Arcus venosus dorsalis pedis aus und verläuft dann aufwärts Richtung Leiste, um sich dort in die große Femoralvene zu entleeren.

KLEINE VENA SAPHENA

Diese kleinere, oberflächliche Vene geht vom lateralen (äußeren) Ende des Arcus venosus dorsalis pedis aus und verläuft hinter dem lateralen Malleolus (dem äußeren Sprunggelenksknöchel) und hinauf zum Zentrum der Unterschenkelrückseite. Bei der Annäherung an das Knie entleert sich die kleine Vena saphena in die tiefe Kniekehlenvene.

ZULÄUFE

Die kleinere und die größere Vena saphena nehmen unterwegs Blut aus vielen kleineren Venen auf, und verbinden sich auch untereinander (Anastomose).

Oberflächliche Venen des Beines (Vorderansicht)

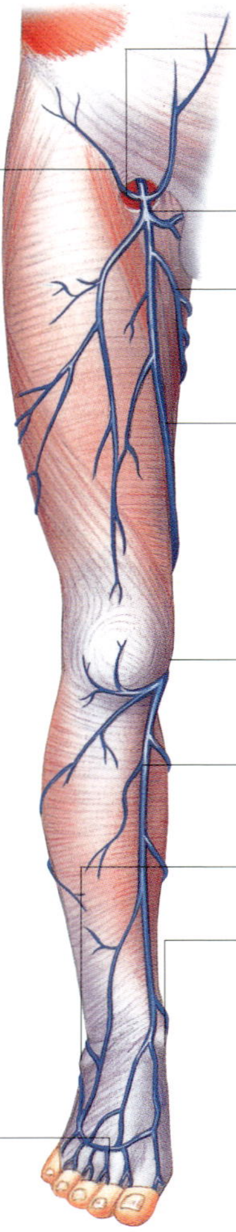

Rückansicht

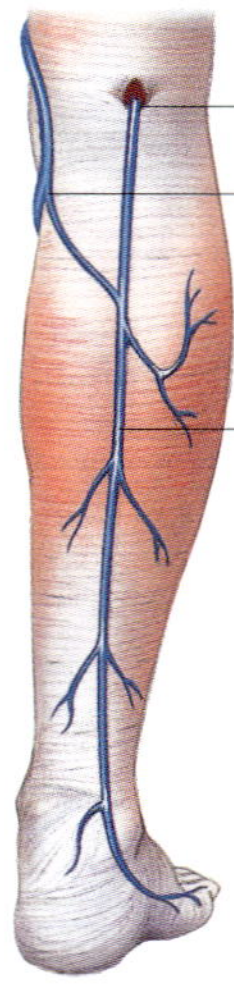

Die große Vena saphena ist die größte Vene im menschlichen Körper. Ihre Zuläufe sind über den gesamten Oberschenkel und die Innenseite des Unterschenkels verbreitet.

Klappen und venöse Pumpe

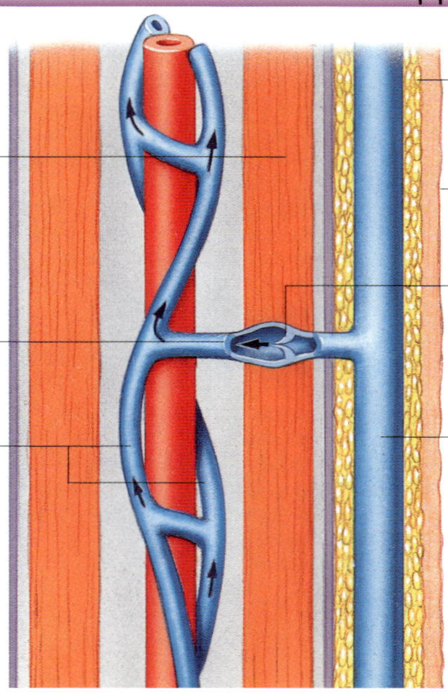

Die Anordnung der Blutgefäße im Bein bedeutet, dass das Blut aus den oberflächlichen Venen durch die perforierenden Venen in die tiefen Venen abläuft. Venöses Blut wird dann hauptsächlich durch die Wadenmuskeln nach oben in den Körper zurückgepumpt, die diese tiefen Venen umgeben (venöse Pumpe). Anders als die Arterien enthalten Venen Klappen, die den Rückfluss venösen Blutes verhindern. Diese Klappen sind von größter Wichtigkeit in den Venen des Beines, da sie dafür sorgen, dass das Blut nach oben zum Herzen hin transportiert wird, wenn sich die umliegenden Wadenmuskeln kontrahieren, anstatt wieder zurück in die oberflächlichen Venen zu fließen.

Die perforierenden Venen besitzen Klappen und spielen damit eine wichtige Rolle, indem sie die venöse Drainage und das Pumpsystem der Venen unterstützen. Die Klappen unterstützen dabei das Blut auf dem Weg zum Herzen.

KRAMPFADERN

Wenn die Klappen in den perforierenden Venen beschädigt sind, kann es zu einem Rückfluss des venösen Blutes in die oberflächlichen Venen kommen, die dann gedehnt und gewunden werden. Ursache dieser Krampfadern sind meist erbliche Faktoren, Schwangerschaft, Fettleibigkeit oder Thrombosen (abnormale Verstopfungen) der tiefen Beinvenen.

Tiefe Venen im Bein

Die tiefen Venen im Bein folgen dem Muster der Arterien, die sie auf ihrer gesamten Länge begleiten. Die tiefen Venen entleeren nicht nur venöses Blut aus dem Gewebe des Beines, sie nehmen auch das venöse Blut aus den oberflächlichen Venen und den perforierenden Venen (Venae perforantes) auf.

Auch wenn die tiefen Venen in Zeichnungen meist einzeln eingetragen sind und auch als einzelne bezeichnet werden, treten sie normalerweise doch paarweise auf. Diese Venenpaare liegen auf beiden Seiten der Arterien. Diese Venen werden als Venae comitantes bezeichnet und sind in dieser Anordnung im ganzen Körper verbreitet.

TIEFE VENEN

Hauptsächlich sind die tiefen Venen:

- **Vena tibialis posterior** – Diese Vene entsteht aus dem Zusammenschluss der kleinen medialen und lateralen Fußsohlenvene. Wenn sie sich dem Knie annähert, kommt auf ihrer lateralen Seite noch die Fibular- (peroneal-) Vene hinzu, bevor sie sich mit der vorderen Schienbeinvene zur großen Kniekehlenvene vereint.
- **Vena tibialis anterior** – Diese Vene bildet die Fortführung der Vena dorsalis pedis von der Fußoberseite. Sie verläuft auf der Vorderseite des Unterschenkels nach oben.
- **Vena poplitea** – Diese Vene liegt hinter dem Knie und erhält Blut aus den kleinen Venen, die das Kniegelenk umgeben.
- **Vena femoralis** – Diese Vene ist eine Fortführung der Kniekehlenvene, wenn diese sich nach oben Richtung Oberschenkel begibt. Die große Femoralvene erhält ihr Blut aus den oberflächlichen Venen und setzt sich zur Leiste hin fort, wo sie zur äußeren Hüftvene des Beckens wird.

Tiefe Venen des Beins, Vorderansicht

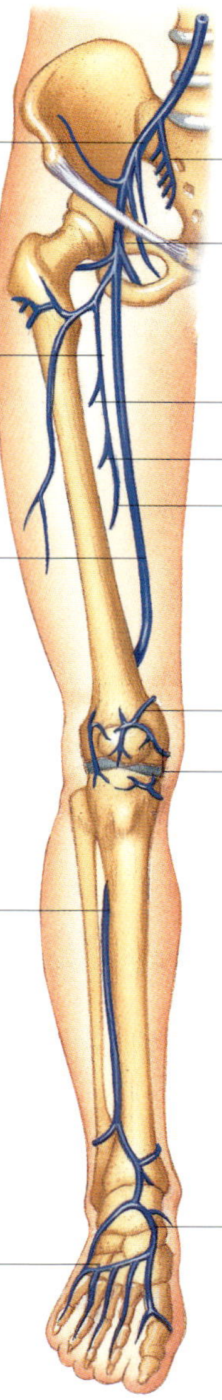

Im Bein haben die tiefen Venen mehr Klappen als die oberflächlichen Venen. Die tiefen Venen treten normalerweise paarweise auf und folgen zumeist dem Verlauf der Arterien.

Tiefe Venenthrombose

Thrombosen des Blutes in den tiefen Venen treten vergleichsweise häufig auf. Normalerweise gehen sie auf eher stockenden Blutfluss in den Venen zurück, der sich auf verschiedene Ursachen zurückführen lässt:

- Verlängerter Aufenthalt im Bett – Dieser erhöht das Risiko eines Auftretens der tiefen Venenthrombose. Sie ist der Grund dafür, warum Patienten nach einer Operation oder nach der Geburt eines Kindes dazu ermuntert werden, so rasch wie möglich wieder aufzustehen und sich zu bewegen.

Das beengte Sitzen auf Langstreckenflügen dürfte einer der Hauptauslöser der tiefen Venenthrombose sein. Daher werden Passagiere dazu ermutigt, sich häufiger zu bewegen und kleinere Übungen durchzuführen.

- Inaktivität über einen längeren Zeitraum hinweg (etwa bei Langstreckenflügen) – Auch hier ist das Risiko, dass eine tiefe Venenthrombose auftritt, vergleichsweise erhöht.
- Frakturen in den Knochen des Beines erhöhen ebenfalls das Risiko, eine tiefe Venenthrombose zu erleiden.
- Schwangerschaft – Kann den Blutstrom im Bein hemmen und in den tiefen Venen den Abfluss stocken lassen.

Im klinischen Sinne wichtig ist die tiefe Venenthrombose, vor allem deshalb, weil sie zu einer pulmonalen Embolie führen kann, bei der sich ein Blutgerinnsel ablöst und bis in die Lunge transportiert wird. Eine solche Lungenembolie kann tödlich verlaufen.

Nerven des Beines

Der Hauptnerv im Bein – der Ischiasnerv – ist der größte Nerv im menschlichen Körper. Seine Arme versorgen die Muskeln in der Hüfte, viele Muskeln im Oberschenkel und alle Muskeln im Unterschenkel und im Fuß.

Der Ischiasnerv besteht aus zwei Nervensträngen, dem Schienbeinnerv und dem gemeinsamen Wadenbeinnerv. Diese sind durch Bindegewebe miteinander verbunden und bilden damit ein breites Band, das auf der vollen Länge der Rückseite des Oberschenkels verläuft.

HERKUNFT UND WEG

Der Ischiasnerv geht von einem Netzwerk aus Nerven an der Basis des Rückgrates aus, das Lumbosacralgeflecht genannt wird. Von dort aus verläuft er durch das größere Ischias-Foramen und in einer Kurve abwärts durch die Gesäßregion unter dem größeren Gesäßmuskel (auf halber Strecke zwischen dem großen Trochanter des Oberschenkelknochens und dem Sitzbeinhöcker des Beckens).

Der Ischiasnerv verlässt die Gesäßregion, indem er unter dem langen Kopf des Musculus biceps femoris hindurch in den Oberschenkel geht und sich dann an die Sehnen der hinteren Oberschenkelmuskeln (einem Sammelnamen für die Musculi biceps femoris, semitendinosus und semimembranosus) anlehnt. Er teilt sich dann in zwei Arme auf, den Schienbeinnerv und den gemeinsamen Wadenbeinnerv direkt über dem Knie.

HÖHERE AUFTRENNUNG

In manchen Fällen trennt sich der Ischiasnerv auf einer höheren Ebene als gewöhnlich in zwei Arme auf. Bei einer solchen Situation kann der gemeinsame Wadenbeinnerv über oder sogar durch den Musculus piriformis verlaufen.

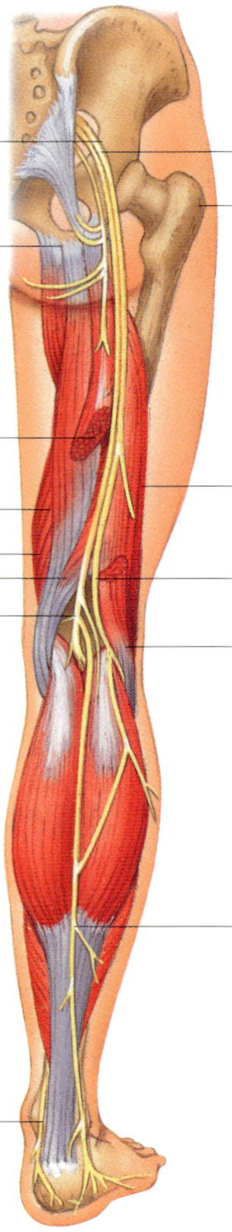

Der Ischiasnerv verläuft zwischen dem Oberschenkel und dem Fuß und versorgt damit den größten Teil der Beinmuskulatur. Er teilt sich am Knie in zwei Nervenstränge auf, den Schienbeinnerv und den gemeinsamen Wadenbeinnerv.

Der Ischiasnerv und intramuskuläre Injektionen

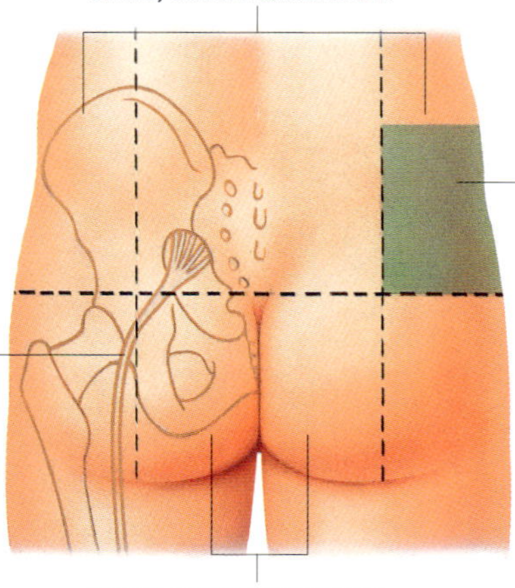

Ins Gesäß wird gerne intramuskulär injiziert, da es über eine sehr große Muskelmasse verfügt.

Es ist lebensnotwendig, dass dabei genaues Wissen über die Lage und den Verlauf des Ischiasnervs vorhanden ist, wenn eine solche intramuskuläre Injektion in diesem Bereich durchgeführt wird. Falls der Ansatzpunkt der Injektion über dem Ischiasnerv sitzt, besteht das erhöhte Risiko einer Beschädigung des Nervs, was gravierende Konsequenzen für das zukünftige Funktionieren des Beines haben kann. Wenn man jede der beiden Gesäßbacken in vier Quadranten unterteilt, ist zu sehen, dass der Ischiasnerv jeweils in den unteren Quadranten liegt. Der einzige sichere Bereich für das Ansetzen einer intramuskulären Injektion im Gesäß ist daher der obere äußere Quadrant.

Intramuskuläre Injektionen werden häufig in der Gesäßregion verabreicht. Dabei kann der Ischiasnerv dann erfolgreich gemieden werden, wenn Injektionen im oberen, äußeren Quadranten angesetzt werden.

ALTERNATIVER ANSATZPUNKT

Jedem, der intramuskuläre Injektionen durchführen darf, ist bekannt, dass dafür der obere äußere Quadrant am besten geeignet ist. In vielen Fällen entscheiden sich solche Personen aber auch für eine Injektion auf der Außenseite des Oberschenkels, statt für das Gesäß, um Schäden an wichtigen Bereichen des Körpers zu vermeiden.

Endarme des Ischiasnervs

Der Ischiasnerv teilt sich in zwei Endarme auf: den gemeinsamen Wadenbeinnerv und den Schienbeinnerv. Der gemeinsame Wadenbeinnerv versorgt die Vorderseite des Beines, während der Schienbeinnerv die Muskeln und die Haut der Rückseite versorgt.

Der gemeinsame Wadenbeinnerv verlässt den Ischiasnerv im unteren Drittel des Oberschenkels und verläuft entlang der Außenseite des Unterschenkels abwärts, bevor er sich knapp unter dem Knie noch einmal in zwei Arme aufteilt.

NERVENARME

Die zwei Arme des Wadenbeinnervs sind:

- Der oberflächliche Arm des Wadenbeinnervs – Er versorgt den lateralen (äußeren) Bereich des Unterschenkels, in dem er sich befindet. Er unterteilt sich dann in kleinere Arme, um die umliegenden Muskeln zu versorgen.
- Tiefer Wadenbeinnerv – Verläuft vor der Membrana interossea zwischen Schienbein und Wadenbein, und geht dann über das Fußgelenk in den Fuß.

Diese beiden Arme versorgen auch das Kniegelenk und die Haut auf der Außenseite der Wade sowie die Oberseite des Fußes.

VERLETZUNG

Wenn der gemeinsame Wadenbeinnerv um die Außenseite des Unterschenkels herum verläuft, liegt er direkt unter der Haut und sehr nah am Kopf des Wadenbeins. Er ist daher sehr anfällig für Verletzungen, insbesondere wenn das Wadenbein eine Fraktur erleidet, und damit ist er der am meisten verletzte Nerv im Bein.

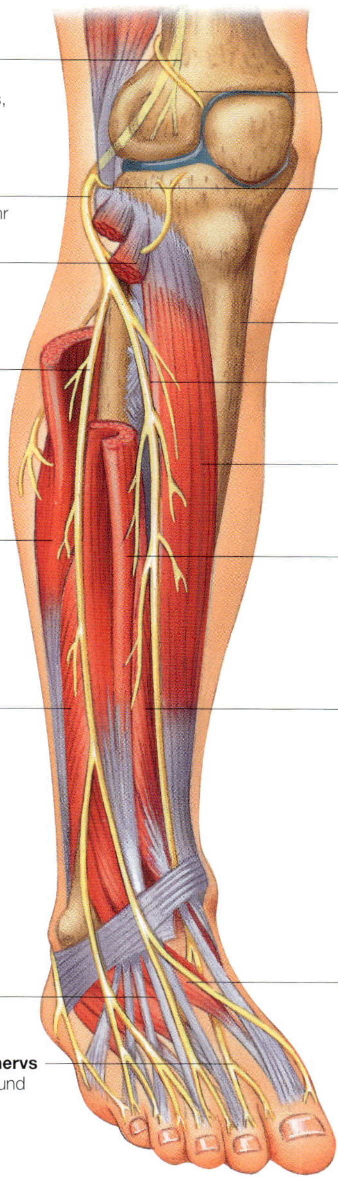

Der gemeinsame Wadenbeinnerv teilt sich in zwei Arme auf, um den inneren und den äußeren Bereich des Unterschenkels zu versorgen. An manchen Stellen befindet er sich dicht unter der Haut und ist daher leicht anfällig für Verletzungen.

Der Schienbeinnerv

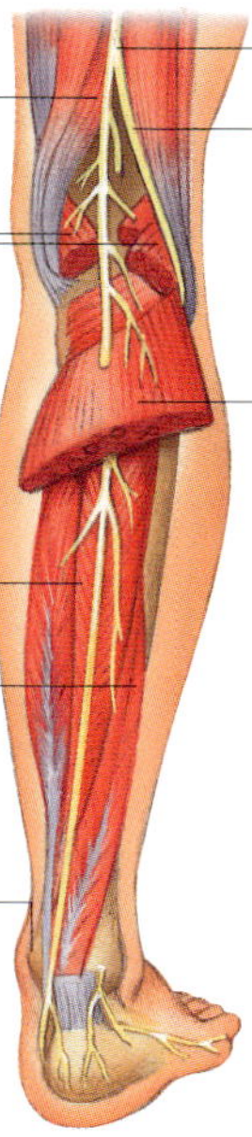

Der Schienbeinnerv ist der größere der beiden Endarme des Ischiasnervs. Er versorgt die Flexormuskeln im Bein: Das sind die Muskeln, die die Gelenke mehr beugen, als dass sie sie ausstrecken.

VERLAUF AM BEIN ABWÄRTS

Der Schienbeinnerv entsteht im unteren Drittel des Oberschenkels, wo er sich vom gemeinsamen Wadenbeinnerv trennt, bevor er einem Verlauf auf der Rückseite des Beines abwärts folgt:

Der Schienbeinnerv zweigt vom Ischiasnerv ab und verläuft auf der Rückseite des Unterschenkels abwärts. Seine Arme versorgen die dortigen Muskeln und die Haut mit Nervenimpulsen.

- Er verläuft durch die Kniekehle (fossa poplitea), entlang der Kniekehlenarterie.
- Er steigt dann unter dem Musculus gastrocnemius und dem Musculus soleus ab.
- Er erreicht den hinteren Bereich des Unterschenkels und verzweigt sich, um die hier befindlichen Flexormuskeln zu versorgen.
- Am Fußgelenk verläuft er hinter dem medialen Malleolus, bevor er sich in den medialen und den lateralen Nervus plantaris pedis aufteilt.

ARME

Der Schienbeinnerv hat zwei Arme, die subkutan (unter der Haut) verlaufen und die Bereiche der Haut versorgen: Der Suralnerv (in der Wade) und der mediale Nervus calcaneus (in der Ferse).

Sprunggelenk

Das Sprunggelenk ist dasjenige Gelenk zwischen dem unteren Ende von Schienbein und Wadenbein und der Oberseite des großen Fußknochens, dem Talus oder Sprungbein. Es handelt sich dabei um ein Scharniergelenk.

Im Sprunggelenk bilden die unteren Enden von Schienbein (Tibia) und Wadenbein (Fibula), den Knochen des Unterschenkels, eine Gelenkpfanne. In diese Gelenkpfanne passt die walzenförmige Oberfläche des Talus (Sprungbein). Die Form der Knochen und die Anwesenheit der starken, stützenden Bänder sorgen zusammen dafür, dass das Sprunggelenk ein eher stabiles Gelenk ist. Das ist gerade für ein Gelenk, auf dem derart viel Gewicht lastet, eine unumgängliche Eigenschaft.

DAS GELENK

Die artikulären Oberflächen des Sprunggelenks – die Teile des Gelenks, die sich über- und gegeneinander bewegen – sind mit einer dünnen, glatten Schicht aus Hyalinknorpel bedeckt. Dieser Knorpel ist wiederum von einer dünnen Membran umgeben, die eine visköse Flüssigkeit absondert, welche die Gleitfähigkeit des Gelenks erhöht.

Die artikulären Oberflächen des Sprunggelenks bestehen aus:

- Der Innenseite des lateralen Malleolus, dem ausgedehnten Ende des Wadenbeins. In diesem befindet sich eine leichte Vertiefung, die mit der äußeren Seite der oberen Oberfläche des Talus das Gelenk bildet.
- Der Unterseite des unteren Schienbeins. Diese bildet das Dach der Gelenkpfanne und artikuliert mit dem Talus.
- Dem Vorsprung des unteren Endes des Schienbeins im Inneren des medialen Malleolus. Dieser bewegt sich gegen die Innenseite der oberen Oberfläche des Talus.
- Trochlea des Talus. Dieser obere Teil des Talus ist nach seiner Walzenform benannt. Er passt in das Sprunggelenk und bildet mit den unteren Enden von Schienbein und Wadenbein das Gelenk.

Vorderansicht, linkes Fußgelenk

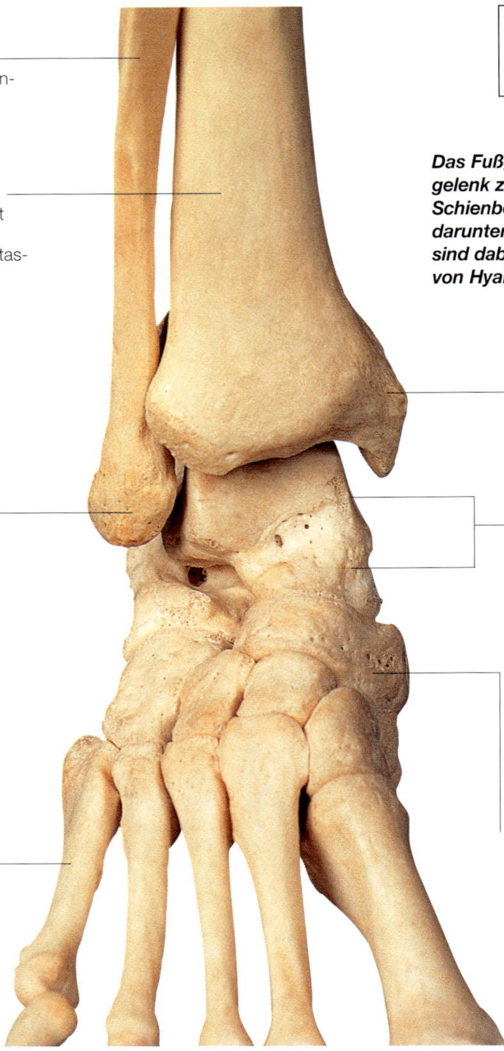

Das Fußgelenk ist ein Scharniergelenk zwischen Wadenbein und Schienbein oben, und dem Talus darunter. Die Gelenkoberflächen sind dabei im lebendigen Körper von Hyalinknorpel bedeckt.

Bewegungen des Sprunggelenks

Plantarflexion

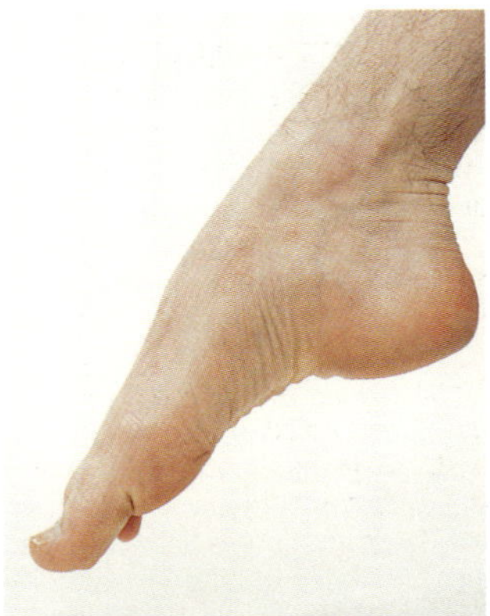

Dorsalflexion

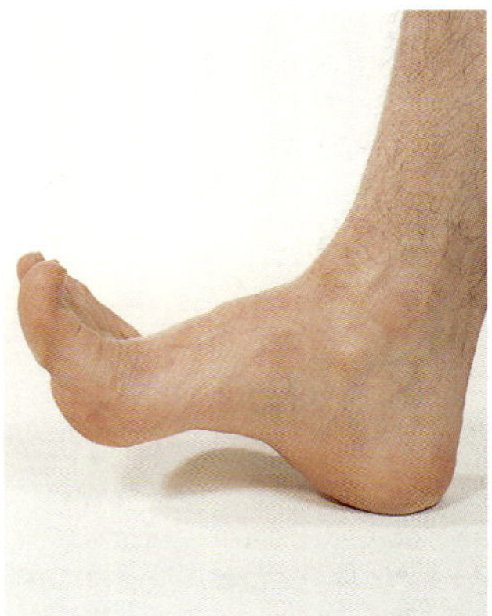

Als Scharniergelenk gestattet das Fußgelenk nur die Bewegung auf einer Ebene. Bei der Dorsalflexion werden die Zehen nach oben gezogen, bei der Plantarflexion dagegen werden sie nach unten gestreckt.

Der Fuß ist zwar zu einer ganzen Reihe von Bewegungen befähigt, diese gehen aber meist von anderen Gelenken im Fuß selbst und unter dem Sprunggelenk aus. Das Sprunggelenk selbst dient einzig und allein als Scharniergelenk, so dass der Talus nur auf einer Ebene rotieren kann. In dieser Hinsicht hat er eine sehr große Ähnlichkeit mit dem Ellenbogengelenk. Der Bewegungsspielraum des Fußes ist damit auf folgende Möglichkeiten beschränkt:

- Dorsalflexion. Mit diesem Fachbegriff wird eine Bewegung beschrieben, in der der Fuß nach oben geht, wobei die Ferse nach unten zeigt und die Zehen nach oben. Diese Dorsalflexion wird teilweise durch die Achillessehne (Calcanealsehne) auf der Rückseite des Sprunggelenks begrenzt.
- Plantarflexion. Dies ist die zur Dorsalflexion gegenteilige Bewegung des Fußes: Die Zehen zeigen dabei nach unten. Diese Aktion wird durch den Zug der Sehnen und Muskeln auf der Vorderseite des Sprunggelenks begrenzt.

Aufgrund der Form von Knochen und Sehnen ist das Sprunggelenk bei der Dorsalflexion wesentlich stabiler als bei der Plantarflexion.

Bänder des Sprunggelenks

Das Sprunggelenk wird von starken Bändern unterstützt, die dabei helfen, dieses starke, Gewicht tragende Gelenk zu stabilisieren.

Das Sprunggelenk muss stabilisiert werden, da es das volle Körpergewicht trägt. Die Anwesenheit sehr starker Bänder rund um das Gelenk hilft dabei, diese Stabilität aufrecht zu erhalten, wobei sie zugleich die notwendigen Bewegungsspielräume nicht einschränken.

Wie die meisten Gelenke, ist auch das Sprunggelenk in eine feste fibröse Kapsel eingebettet. Auch wenn diese Kapsel vorne und hinten eher dünn ist, wird sie auf jeder Seite durch ein starkes mediales (inneres) und laterales (äußeres) Sprunggelenksband unterstützt.

MEDIALES BAND

Dieses Band, das auch als Deltaband bezeichnet wird, ist eine sehr starke Struktur, die sich von der Spitze des medialen Malleolus des Schienbeins auffächert. Normalerweise wird sie als dreiteilig beschrieben, die einzelnen Teile werden dabei nach den Knochen benannt, mit denen sie verbunden sind.

- Ligamentum tibiotalare anterius und posterius. Diese medialen Bänder liegen eng an den Knochen an und verbinden das Schienbein (Tibia) mit den medialen Seiten des Talus darunter.
- Ligamentum tibionaviculare. Eher oberflächennah verläuft dieser Teil des Bandes zwischen dem Schienbein und dem Kahnbein (Navicula) des Fußes.
- Ligamentum tibiocalcaneale. Dieses starke Band verläuft dicht unter der Haut vom Schienbein zum Sustentaculum tali. Zusammen unterstützen die medialen Bänder das Sprunggelenk bei der Außenrotation.

Laterale Ansicht (rechter Fuß)

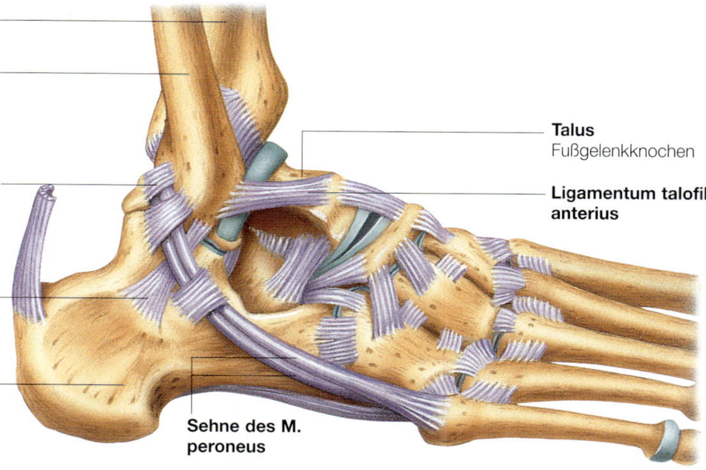

Mediale Ansicht (rechter Fuß)

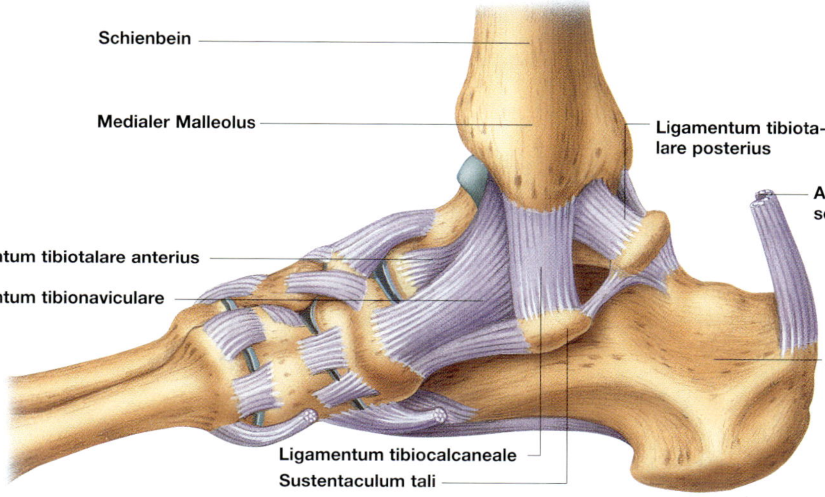

LATERALES BAND

Das laterale Band ist schwächer als das mediale Band und besteht aus drei bestimmten Bändern:

- Ligamentum talofibulare anterius. Dieses Band verläuft nach vorne, vom lateralen Malleolus des Wadenbeins zum Talus.
- Ligamentum calcaneofibulare. Dieses Band verläuft abwärts, von der Spitze des lateralen Malleolus zur Seite des Fersenbeins.
- Ligamentum talofibulare posterius. Dies ist ein dickes, stärkeres Band, das nach hinten verläuft, vom lateralen Malleolus zum Talus dahinter.

Verletzungen am Fußgelenk

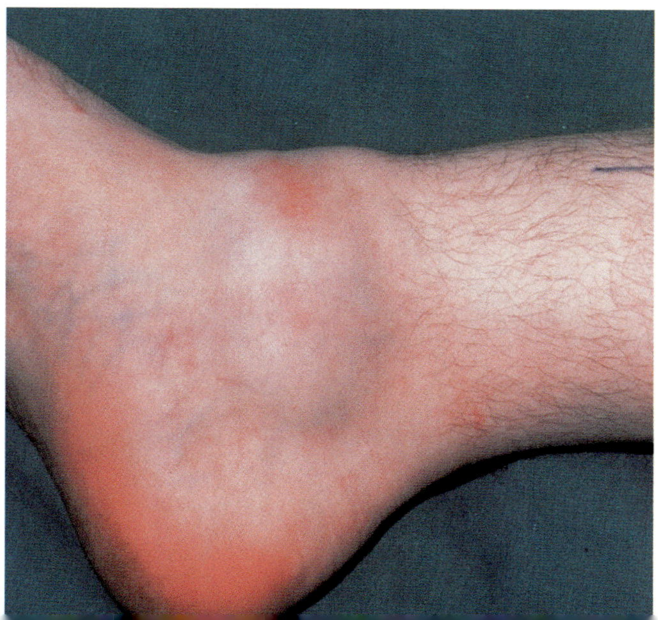

Verletzungen des Fußgelenks sind weit verbreitet. Von allen wichtigen Gelenken ist es dasjenige, das am häufigsten verletzt wird.

Die meisten Verletzungen am Fußgelenk sind Verstauchungen, bei der ein Band oder mehrere Bänder derart weit gedehnt werden, dass einige ihrer Fasern reißen. Ein verstauchtes Fußgelenk tritt sehr häufig bei sportlichen Aktivitäten auf. Meistens wird der Fuß umgeknickt (Inversion). Ein verstauchtes Fußgelenk betrifft meist das laterale Band auf der Außenseite des Gelenks, da es sich hierbei um das schwächste Band von allen handelt.

Wenn der Fuß nach außen gedreht wird, kann es zu Potts Fraktur kommen. Dies bedingt, dass der Talus überdreht wird, das Wadenbein bricht dabei und das mediale Band wird abgerissen.

POTT-FRAKTUR

Pott-Fraktur kann auftreten, wenn der Fuß plötzlich und kraftvoll nach außen gedreht wird. Bei dieser Verletzung wird der Talus verdreht und dadurch bricht das Wadenbein. Das feste mediale Band wird dabei zudem so lange gedehnt, bis es vom medialen Malleolus des Schienbeins abreißt. In extremen Fällen kann diese Verletzung so erheblich sein, dass das Ende des Schienbeins ausreißen kann.

Fußknochen

Der menschliche Fuß verfügt insgesamt über 26 Knochen: Sieben große, asymmetrisch geformte Fußwurzelknochen, fünf Mittelfußknochen, die über die gesamte Länge des Fußes verlaufen und 14 Phalangen (Zehenknochen), die das Skelett der Zehen bilden.

Die Fußwurzelknochen (Tarsalknochen) bilden das äquivalent zu den Handwurzelknochen (Karpalknochen), allerdings gibt es nur sieben Fußwurzelknochen und acht Handwurzelkochen. Zugleich unterscheiden sich die Fußwurzelknochen auch in ihrer Anordnung von denen der Handwurzelknochen, was in den unterschiedlichen Aufgaben von Hand und Fuß begründet liegt.

FUSSWURZELKNOCHEN

Die Fußwurzelknochen bestehen aus:

- Talus – Bildet mit Schienbein (Tibia) und Wadenbein (Fibula) das Sprunggelenk. Er trägt das volle Körpergewicht, das durch das Schienbein nach unten weitergegeben wird. Er ist derart geformt, dass er das Gewicht nach hinten und unten und nach vorne in den Fuß verteilen kann.
- Fersenbein – Der starke Knochen der Ferse.
- Kahnbein – Ein vergleichsweise kleiner Knochen, der nach seiner bootsähnlichen Form benannt ist. Er hat einen Fortsatz (Tuberositas naviculare), der, wenn er zu groß wird, im Fuß Schmerzen bereiten kann, weil er dann gegen den Schuh reibt.
- Würfelbein – Dieser Knochen hat grob die Form eines Würfels. Er liegt auf der Außenseite des Fußes und besitzt eine Vertiefung auf seiner Unterseite, durch die eine Muskelsehne verläuft.
- Drei Keilbeine – Diese Knochen werden nach ihrer Lage als medial, lateral oder intermedium bezeichnet. Das mediale Keilbein ist der größte der drei keilförmigen Knochen.

Fußwurzelknochen

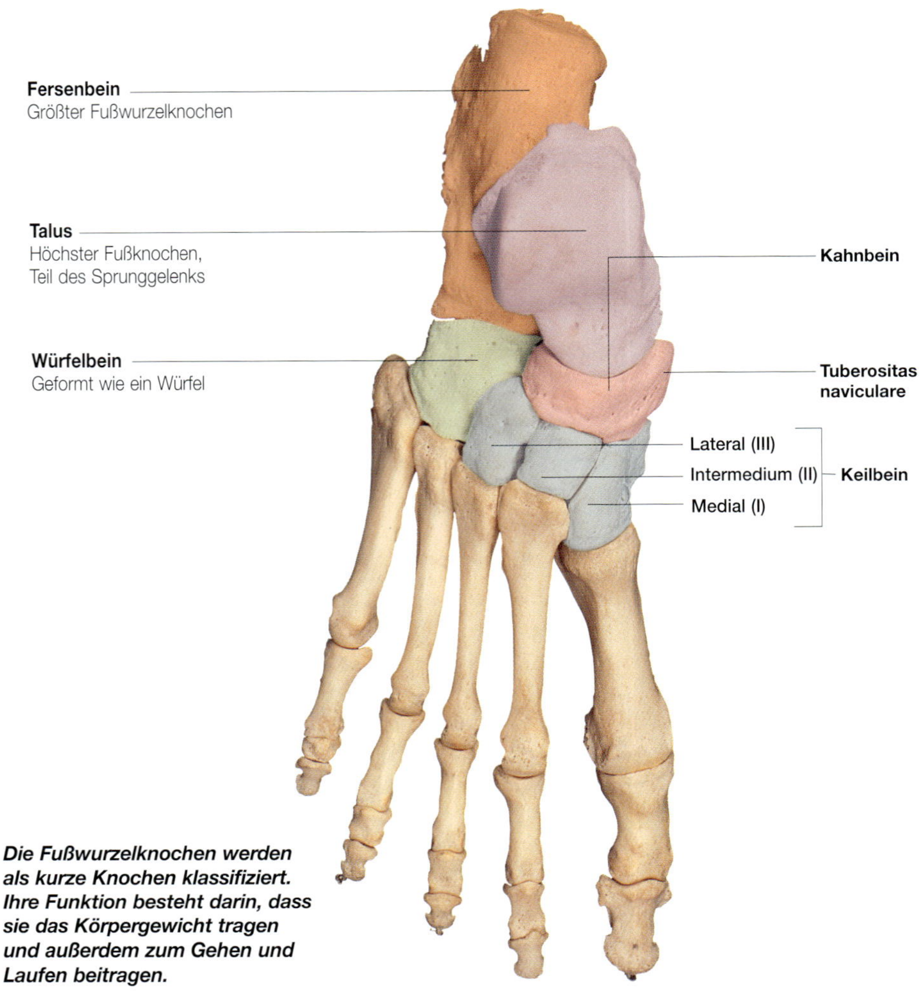

Die Fußwurzelknochen werden als kurze Knochen klassifiziert. Ihre Funktion besteht darin, dass sie das Körpergewicht tragen und außerdem zum Gehen und Laufen beitragen.

Fersenbein

Fersenbein von oben

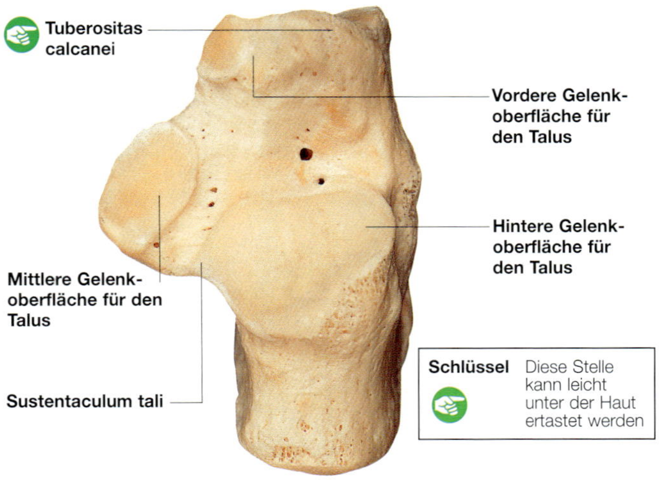

Das Fersenbein ist der größte Knochen im Fuß und kann sehr leicht unter der Haut ertastet werden, als Vorsprung an der Hacke. Dieser Knochen muss sehr groß und sehr stark sein, da er eine sehr wichtige Rolle spielt: Er übermittelt das Körpergewicht vom Talus zum Boden.

GELENKOBERFLÄCHEN

Dieser große, unregelmäßig geformte Knochen besitzt verschiedene Gelenkoberflächen, durch die er mit dem Talus oben und mit dem Würfelbein vorne Gelenke bilden kann.

Die innere Oberfläche des Fersenbeins trägt einen Vorsprung, das Sustentaculum tali, das den Kopf des Talus stützt. Auf der Unterseite des Vorsprungs befindet sich eine Einkerbung, durch die eine lange Muskelsehne verläuft.

Das Fersenbein hat viele Gelenkoberflächen. An diesen Oberflächen bewegen sich etwa der Talus und das Würfelbein gegen das Fersenbein.

HINTERE OBERFLÄCHE

Die Rückseite des Fersenbeins besitzt einen aufgerauten Vorsprung, die Tuberositas calcanei, dessen medialer Vorsprung in Berührung mit dem Boden kommt, wenn man steht.

Auf halber Strecke an der hinteren Oberfläche des Fersenbeins hinauf befindet sich eine Kante, der Bereich, an den sich die kräftige Achillessehne ansetzt.

Mittelfußknochen und Zehenknochen

Bei den Mittelfußknochen (Metatarsalknochen) und den Zehenknochen (Phalangen) des Fußes handelt es sich um verkleinerte Formen des langen Röhrenknochens, die aus einer Basis, einem Schaft und Kopf bestehen.

Wie auch die Mittelhandknochen in der Hand gibt es im Fuß fünf Mittelfußknochen. Während der einzelne Knochen dazu tendiert, in seiner Struktur einem Mittelhandknochen zu ähneln, ist die Anordnung der Knochen insgesamt eine leicht veränderte. Das liegt hauptsächlich daran, dass sich der große Zeh auf derselben Ebene befindet wie die anderen Zehen und sich ihnen nicht wie der Daumen gegenüberstellen kann.

MITTELFUSSKNOCHEN

Jeder Mittelfußknochen hat einen langen Schaft mit zwei verdickten Enden, der Basis und dem Kopf. Die Basen der Mittelfußknochen bilden in der Mitte des Fußes mit den Fußwurzelknochen Gelenke. Die Köpfe wiederum bilden mit den Zehenknochen des korrespondierenden Zehs Gelenke.

Die Mittelfußknochen werden von eins bis fünf durchnummeriert, beginnend bei demjenigen, der am meisten medial gelegen ist. Der erste Mittelfußknochen ist kürzer und dicker als die anderen. Er bildet mit dem ersten Zehenknochen (des großen Zehs) das Gelenk.

ZEHENKNOCHEN

Die Zehenknochen des Fußes ähneln den Fingerknochen der Hand (beides: Phalangen). Es gibt im Fuß 14 Phalangen, wobei der große Zeh (Hallux) jeweils nur zwei hat, während die anderen Zehen jeweils drei Knochen haben. Die Basis des ersten Zehenknochens jedes Zehs bildet mit dem Kopf des dazugehörigen Mittelfußknochens ein Gelenk. Die Zehenknochen des großen Zehs sind dicker als die der anderen Zehen.

Laterale Ansicht des Fußes

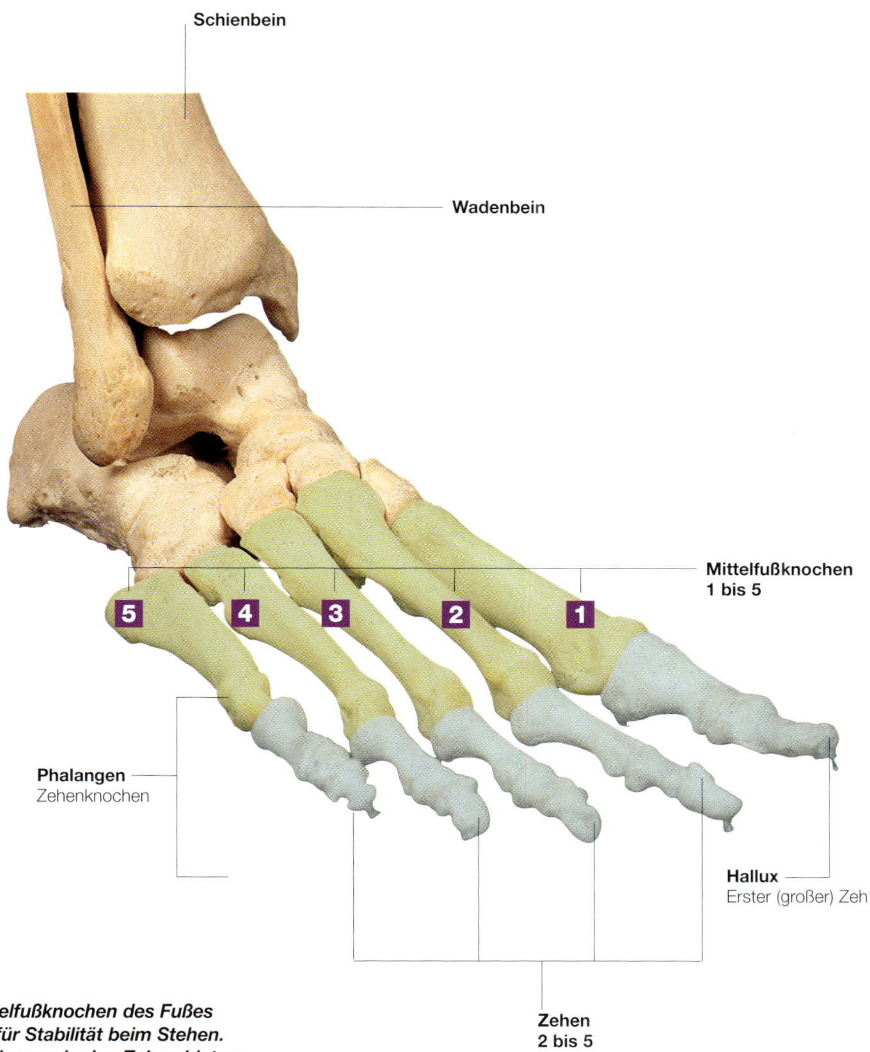

Die Mittelfußknochen des Fußes sorgen für Stabilität beim Stehen. Die Phalangen in den Zehen bieten zudem eine stabile Unterstützung während einer Bewegung.

Sesambeine im Fuß

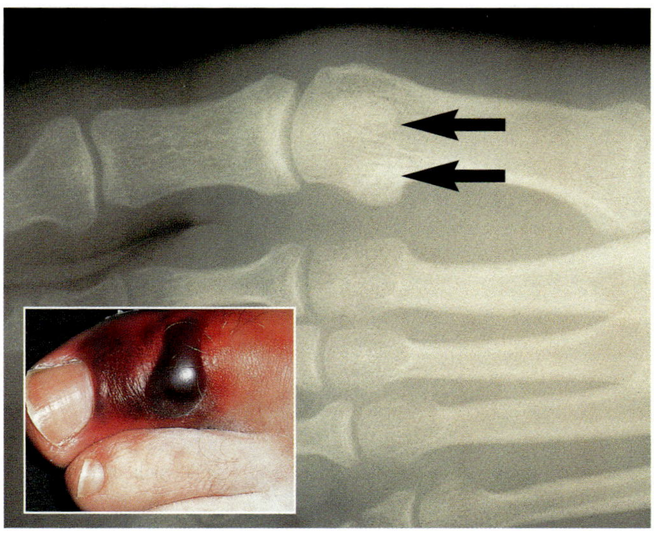

Der Fuß ist einer der Bereiche des Körpers, in dem sich Sesambeine entwickelt haben.

SCHÜTZENDE FUNKTION

Ein Sesambein ist ein Knochen, der sich innerhalb der Sehne eines Muskels entwickelt, um diese Sehne dort vor Abrieb und Abnutzung zu schützen, wo sie über das Ende eines langen Röhrenknochens verläuft.

LAGE DER KNOCHEN

Die beiden Sesambeine des Fußes liegen unter dem Kopf des ersten Mittelfußknochens zwischen den beiden Köpfen des Musculus flexor hallucis brevis und tragen das Gewicht des Körpers, insbesondere wenn der Zeh den Körper beim Gehen anschiebt.

Zusätzliche Sesambeine können auch anderswo im Fuß gefunden werden, etwa in den Sehnen der Flexoren der Zehen.

Die Sesambeine des Fußes können auf diesem Röntgenbild leicht gesehen werden (Pfeil). Diese kleinen Knochen werden häufig dann verletzt, wenn ein Objekt auf den großen Zeh fällt (kleines Bild).

KNOCHENENTWICKLUNG

Sesambeine entwickeln sich vor der Geburt und ossifizieren (verknöchern) währen der späten Kindheit. Wenn die Knochen einmal ossifiziert sind, können sie leicht auf Röntgenbildern des Fußes dargestellt werden. Man sieht, wie sie die Köpfe des ersten Mittelfußknochens überlappen.

Diese kleinen Knochen können bei einer zerschmetternden Verletzung des Fußes beschädigt werden, etwa falls ein schweres Gewicht auf den Fuß fällt.

Bänder und Bögen im Fuß

Die Knochen im Fuß sind teilweise derart angeordnet, dass sie brückenähnlich Bögen bilden. Diese Knochen werden durch viele starke Bänder unterstützt.

Die wichtigsten unterstützenden Bände des Fußes liegen auf der unteren (plantaren) Seite der Knochen. Die drei bedeutendsten Bänder sind dabei:

- Ligamentum plantare calcaneonaviculare – auch Sprungband genannt, erstreckt sich vom sustentaculum tali, einem Vorsprung des Fersenbeins (Calcaneus), zur Rückseite des Kahnbeins (Naviculare). Dieses Band ist notwendig, um dabei zu helfen, den längs verlaufenden Bogen des Fußes aufrechtzuerhalten.
- Ligamentum plantare longum – Das Band läuft von der Unterseite des Fersenbeins zum äußeren Würfelbein und zu den Basen der Mittelfußknochen. Es hilft dabei, die Bögen des Fußes aufrechtzuerhalten.
- Ligamentum plantare calcaneocuboideum (kurzes plantares Band) – liegt unter dem Ligamentum plantare longum und verläuft von der Vorderseite der unteren Fläche des Fersenbeins zum Würfelbein.

ANDERE BÄNDER

Viele andere Bänder unterstützen die Mittelfußknochen und Zehenknochen (Phalangen), und halten sie zugleich zusammen. Die Mittelfußknochen sind mittels Bändern an die Fußwurzelknochen und aneinander gebunden, die auf beiden Seiten über den Fuß verlaufen, plantar wie dorsal.

Bänder im Fuß (von unten)

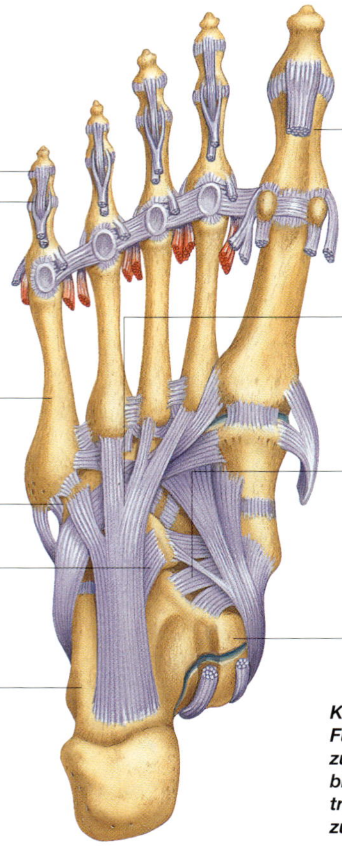

Kräftigende Bänder schützen den Fuß und stellen sicher, dass er eine zugleich feste und flexible Basis bietet, um das Körpergewicht zu tragen. Die Bänder erleichtern zudem das Gehen und Laufen.

Gelenke im Fuß

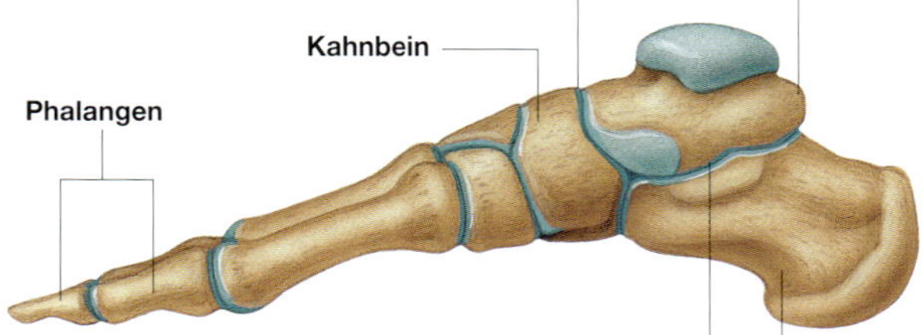

Das Sprunggelenk gestattet dem Fuß nur, sich abwärts oder aufwärts zu bewegen. Andere Bewegungen des Fußes, etwa die Eversion, bei der der Fuß nach außen gedreht wird, oder die Inversion, bei der der Fuß nach innen gedreht wird, werden weiter innen gesteuert, und zwar durch zwei Gelenke: Das transverse Fußwurzelgelenk und das subtalare Gelenk.

- Transverses Fußwurzelgelenk. Dieses komplex aufgebaute Gelenk wird durch die aneinander liegenden Gelenkoberflächen von Teilen des Fersenbeins, des Talus, des Kahnbeins und des Würfelbeins gebildet. Durch dieses Gelenk wird die Amputation des Fußes durchgeführt, falls notwendig.
- Subtalares Gelenk. Dies wird dort gebildet, wo sich Talus und Fersenbein übereinander bewegen.

Gelenke zwischen den Knochen im Fuß ermöglichen Bewegungen im vorderen und im hinteren Fuß. Diese Bewegungen werden dann notwendig, wenn man über unebenes Gelände geht.

ANDERE MITTELFUSSGELENKE

Es gibt viele andere, mit Flüssigkeit gefüllte Gelenke innerhalb des Fußes (Synovialgelenke), bei denen Knochen auf Knochen treffen. Diese Gelenke werden meist durch straffe Bänder festgehalten, so dass sie wenig Bewegungsspielraum haben.

Die Gelenke zwischen den Zehenknochen (Phalangen) ermöglichen die Bewegungen der Zehen, wobei der Spielraum hier deutlich geringer ist als der der Finger.

Bögen des Fußes

Eine deutliche Besonderheit des menschlichen Fußes ist die Anordnung mancher Knochen in brückenähnlichen Bögen. Sie ermöglichen dem Fuß ausreichende Flexibilität, um auch unebenes Gelände zu bewältigen und gleichzeitig das Körpergewicht zu tragen.

Die gebogene Form des Fußes kann sehr leicht gesehen werden, wenn man sich einen Fußabdruck betrachtet. Nur die Ferse, der äußere Rand des Fußes, die Fußballen unter den Köpfen der Mittelfußknochen und die Zehenspitzen hinterlassen einen Abdruck. Der restliche Fuß kommt mit dem Boden gar nicht in Berührung.

DREI BÖGEN

Der Fuß hat drei über seine gesamte Länge verlaufende Bögen (medial und lateral), sowie einen quer verlaufenden Bogen.

- Medialer längs verlaufender Bogen. Dies ist der höhere und wichtigere der beiden längs verlaufenden Bögen. Die beteiligten Knochen sind das Fersenbein, der Talus, das Kahnbein, die drei Keilbeine und die ersten drei Mittelfußknochen. Der Kopf des Talus stützt diesen Bogen.
- Lateraler längs verlaufender Bogen. Dieser Bogen ist niedriger und flacher, die Knochen ruhen beim Stehen auf dem Boden. Der laterale Bogen wird durch das Fersenbein, das Würfelbein und den vierten und fünften Mittelfußknochen gebildet.
- Quer verlaufender Bogen. Dieser Bogen läuft quer über den Fuß und wird auf beiden Seiten durch die längs verlaufenden Bögen gestützt. Er besteht aus der Basis der Mittelfußknochen, dem Würfelbein und den drei Keilbeinen.

Knochen, die den medialen längs verlaufenden Bogen bilden

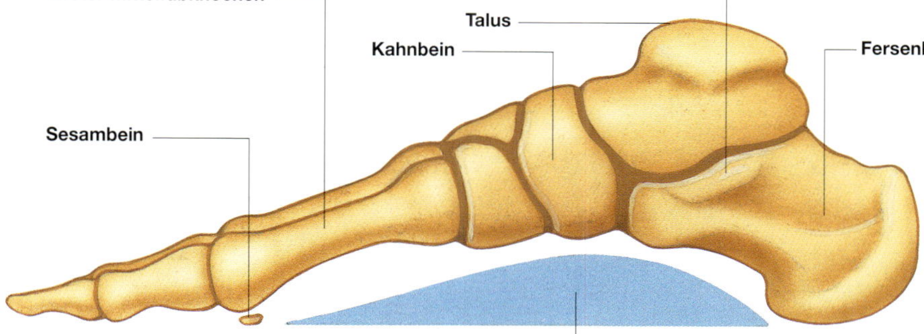

Knochen, die den lateralen längs verlaufenden Bogen bilden

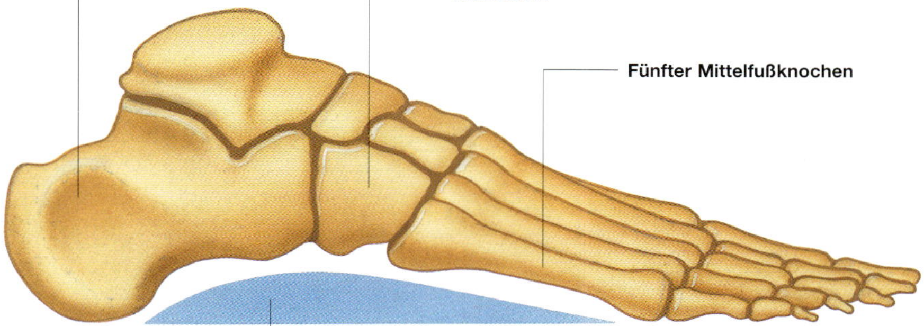

Die Knochen des Fußes bilden brückenartige Bögen. Diese werden durch die Form der Knochen aufrechterhalten, sowie durch die Stärke der sie stützenden Bänder und Muskelsehnen.

Gewichtverteilung auf dem Fuß

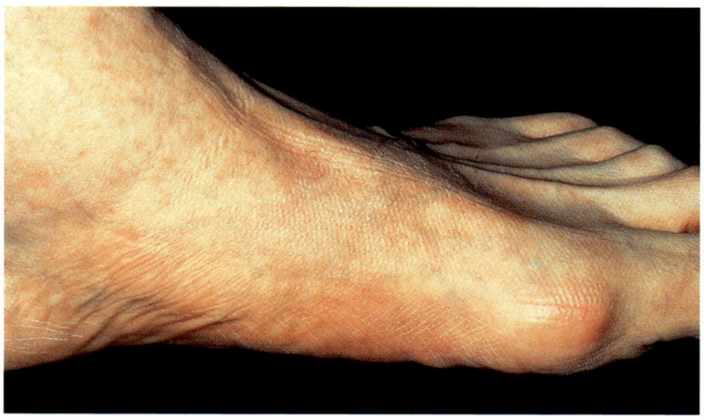

Bei einer Person mit Plattfüßen ist der mediale längs verlaufende Bogen kollabiert, so dass die Sohle flach auf dem Boden aufliegt. Eine Behandlung ist aber nur dann erforderlich, wenn dieser Zustand Schmerzen verursacht.

Das Körpergewicht wird über das Schienbein (Tibia) auf den Talus übertragen. Die davon ausgehende Kraft wird nach unten und hinten auf das Fersenbein weitergeleitet, nach vorne auf die Köpfe des zweiten bis fünften Mittelfußknochen und auf das kleine Sesambein unter dem ersten Mittelfußknochen. Zwischen diesen Punkten wird das Gewicht durch die Dehnung der elastischen Bögen, die längs und quer über den Fuß verlaufen, verteilt, die als Stoßdämpfer dienen.

KÖPFE DER MITTELFUSSKNOCHEN

Früher wurde davon ausgegangen, dass das Körpergewicht auf eine Art „Dreibein" ruhte, der durch die Ferse und die Köpfe des zweiten und fünften Mittelfußknochens gebildet wurde. Inzwischen weiß man aber, dass alle Mittelfußknochen beim Tragen der Last involviert sind, aber tatsächlich können lange Märsche „Stress"-Frakturen am zweiten Mittelfußknochen verursachen.

Beim Pes planus, also Plattfuß, kollabiert der mediale längs verlaufende Bogen so lange, bis der Kopf des Talus zwischen Kahnbein und Fersenbein liegt. Der Fußabdruck eines Menschen mit Plattfüßen zeigt dementsprechend auch, dass der gesamte Fuß mit dem Boden in Berührung kommt.

Muskeln im oberen Fuß

Viele der Muskeln, die den Fuß bewegen, liegen im Unterschenkel und nicht im Fuß selbst. Das ermöglicht ihnen weitaus kraftvollere Bewegungen, als wenn sie sich auf den deutlich geringeren Platz im Fuß selbst beschränken müssten.

Um auf die Knochen und Gelenke im Fuß einwirken zu können, benötigen die Muskeln lange Sehnen. Um die Knochen im Fuß zu erreichen, müssen diese Sehnen erst einmal das Fußgelenk passieren, wo sie durch eine Reihe von Haltebändern, Retinacula, am Platz gehalten werden. Wären diese Bänder nicht vorhanden, würden die Sehnen wie Bogensehnen gespannt sein und direkt zu ihren Ansatzpunkten verlaufen, statt dem Umriss des Fußes zu folgen.

RETINACULA DES FUSSES

Die vier wichtigsten Retinacula im Fuß sind:

- **Retinaculum extensorum superius.** Liegt direkt über dem Sprunggelenk und enthält die langen Sehnen der Extensormuskeln.
- **Retinaculum extensorum inferius.** Liegt tiefer am Sprunggelenk und enthält ebenfalls die langen Sehnen der Extensormuskeln.
- **Retinaculum peroneorum.** Liegt auf der Außenseite des Sprunggelenks. Es besteht aus zwei Teilen und enthält die langen Sehnen des Musculus peroneus longus.
- **Retinaculum flexorum.** Liegt auf der Innenseite des Sprunggelenks und enthält die langen Flexorsehnen, bevor sie unter dem medialen Malleolus hindurch die Sohle des Fußes erreichen.

Die Beinmuskulatur hat lange Sehnen, die mit den Fußknochen wie Marionettenschnüre verbunden sind. Retinacula sind fibröse Bänder, die die Sehnen an ihrem Platz halten.

Laterale Ansicht

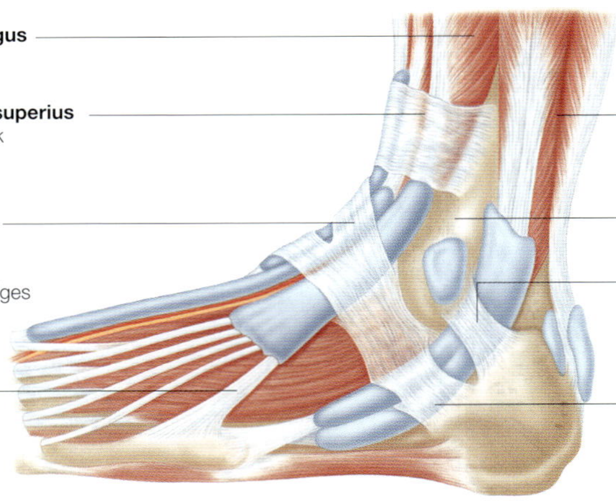

Mediale Ansicht

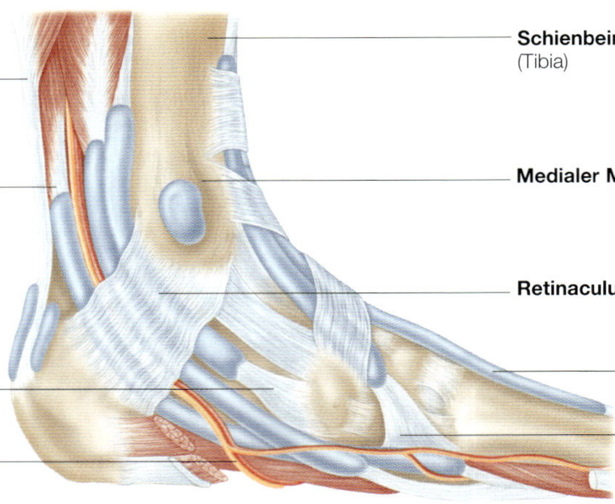

Lange Sehnen um das Fußgelenk

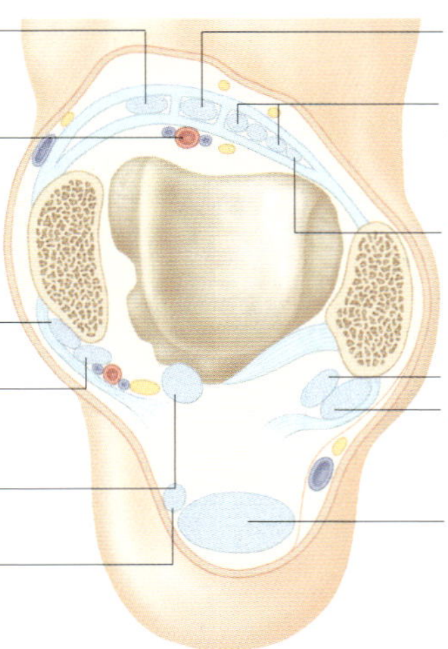

Wenn die Muskeln des Unterschenkels die Füße und Zehen bewegen, laufen sie über die Fußknochen vor und zurück. Deshalb liegen sie in mit Flüssigkeit gefüllten (Synovial-) Scheiden.

EXTENSORMUSKELN

Vor dem Fußgelenk verlaufen die langen Extensormuskeln. Die Musculi extensor digitorum longus und peroneus tertius teilen sich eine gemeinsame synoviale Scheide. Die langen Flexorsehnen, die den Fuß nach unten und die Zehen abwärts beugen, liegen hinter dem knochigen medialen Malleolus. Hinter dem lateralen Malleous liegen die langen Sehnen des Musculus peroneus, während die Sehne des Musculus tendocalcaneus an das Fersenbein ansetzt.

Blutgefäße und Nerven müssen ebenfalls das Sprunggelenk passieren. Es ist daher für einen Arzt sehr wichtig zu wissen, wo diese Strukturen im Verhältnis zum Knöchel liegen, da in diesem Bereich sehr häufig Frakturen, Verstauchungen oder Verrenkungen vorkommen, die das umliegende Gewebe beschädigen können.

Die Sehnen werden vor Abrieb und Abnutzung durch mit Flüssigkeit gefüllte Scheiden geschützt, die zudem glatte Bewegungen ermöglichen. Die Sehnen befinden sich unter den Retinacula.

Muskeln auf der Fußoberseite

Auch wenn sie nicht zu den kräftigsten Muskeln gehören, spielen die Muskeln, die auf der Oberseite des Fußes beheimatet sind, eine wichtige Rolle beim Strecken der Zehen. Der Musculus extensor digitorum brevis wird meist dann benutzt, wenn der Fuß insgesamt bereits nach oben zeigt.

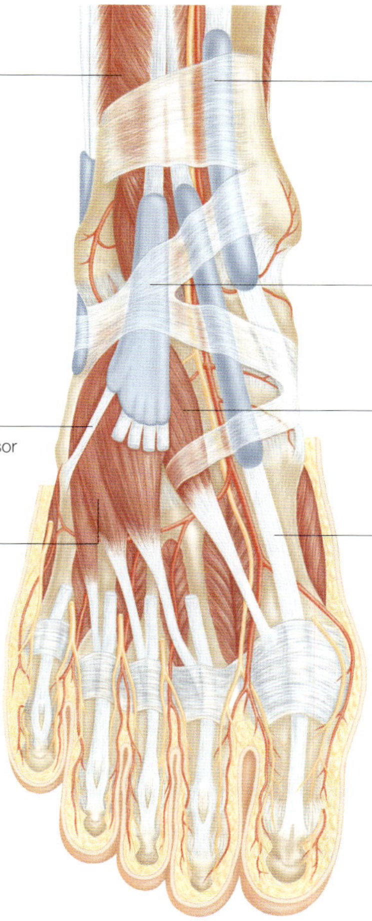

Die Muskeln, die auf der Oberseite des Fußes liegen, helfen dabei, die Zehen zu strecken. Sie unterstützen damit die langen Extensorsehnen bei der Dorsalflexion des Fußes.

Die meisten Muskeln, die sich innerhalb des Fußes befinden (die intrinsischen Muskeln) liegen in der Fußsohle. Die Oberseite (Dorsalseite) des Fußes hat nur zwei Muskeln: den Musculus extensor digitorum brevis und den Musculus extensor hallucis brevis.

MUSKELN DER DORSALSEITE

- **Musculus extensor digitorum brevis.** Wie sein Name vermuten lässt, ist dies ein kurzer Muskel, der dazu gebraucht wird, die Zehen nach oben zeigen zu lassen. Er geht von der oberen Fläche des Fersenbeins und dem Retinaculum extensorum inferius aus. Dieser Muskel unterteilt sich in drei Bereiche, jeder davon hat eine Sehne, die sich mit der korrespondierenden Sehne des Musculus extensor longus verbindet und sich in den zweiten, dritten und vierten Zeh schiebt.
- **Musculus extensor hallucis brevis.** Dieser kurze Muskel ist tatsächlich ein Teil des Musculus extensor digitorum brevis. Er läuft abwärts und schiebt sich in den großen Zeh, den Hallux, von dem er seinen Namen hat.

MUSKELBEWEGUNGEN

Zusammen unterstützen diese beiden Muskeln die Sehnen des langen Extensormuskels beim Strecken der ersten vier Zehen. Auch wenn sie nicht besonders kräftig in diese Bewegung eingreifen können, sind sie dennoch nützlich, wenn die Zehen gestreckt werden sollen und der Fuß schon nach oben zeigt (Dorsalflexion), da bei dieser Haltung die langen Extensorsehnen nicht mehr arbeiten können.

KLINISCHE RELEVANZ

Die Oberseite des Fußes ist einer von den Bereichen des Körpers, in dem sich überflüssige Gewebsflüssigkeit (Ödeme) ansammeln kann. Die Lage der Muskelbäuche dieser kurzen Extensormuskeln muss bekannt sein, um sie nicht mit solchen Flüssigkeitsansammlungen zu verwechseln.

Oberflächenanatomie des Fußes

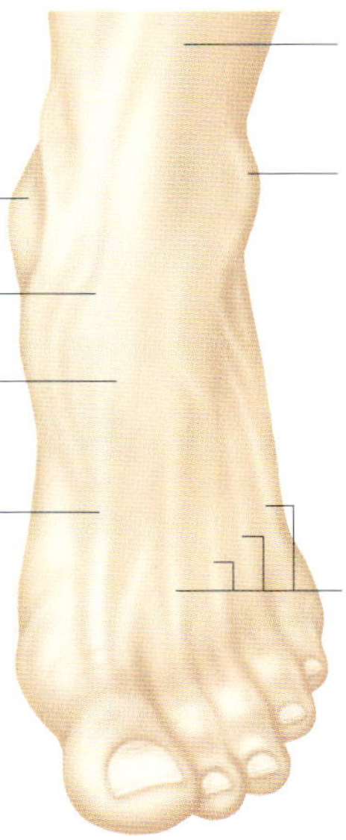

Oberflächenanatomie bzw. die Anatomie am lebenden Körper bedeutet, dass der gesamte Körper in Ruhe und in der Bewegung studiert wird. Der Fuß ist für eine solche Vorgehensweise ein gutes Beispiel, da er gerade aus Mangel an subkutanem Fett und seinen deutlichen Knochenvorsprüngen und den erkennbaren Sehnen ein gutes Anschauungsobjekt darstellt.

KNOCHEN ALS ORIENTIERUNGSHILFEN

Die besten Orientierungshilfen des Fußes bieten der innere (mediale) und der äußere (laterale) Malleolus, die beiden Vorsprünge auf beiden Seiten des Fußgelenks. Im Fuß selbst ist die Tuberositas des Kahnbeins eine deutliche Hilfe, die auf der Innenseite des Fußes sehr gut ertastet werden kann.

Die Haut ist auf der Oberseite des Fußes dünner als in der Fußsohle. Das bedeutet unter anderem, dass die Knochen und Sehnen auf der Oberseite besser lokalisiert und studiert werden können als anderswo.

SEHNEN

Viele der langen Sehnen können sowohl beobachtet als auch ertastet werden, während sie das Fußgelenk passieren und auf dem Fuß selbst. Die auffälligsten sind dabei die Sehnen des Extensormuskels auf der Oberseite des Fußes, die bei der Dorsalflexion deutlich hervortreten.

PULS

Eine wichtige Orientierungshilfe auf der Oberseite des Fußes bietet auch die Stelle, an der der Puls der Arteria dorsalis pedis gefühlt werden kann. Das ist gewöhnlich auf halber Strecke zwischen den beiden Malleoli auf der Vorderseite des Fußgelenks. Ein Arzt kann hier den Puls fühlen, um die Blutzirkulation im Fuß zu kontrollieren.

Muskeln in der Fußsohle

Viele Bewegungen der Knochen und Gelenke im Fuß werden durch die Muskeln im Unterschenkel hervorgebracht. Es gibt aber auch viele kleine, so genannte „intrinsische" Muskeln, die sich vollkommen innerhalb des Fußes befinden.

Die Sohle des Fußes besitzt vier Schichten so genannter intrinsischer Muskeln, die mit den extrinsischen Muskeln zusammenarbeiten, um die verschiedenen Anforderungen, denen der Fuß beim Gehen, Stehen, Laufen oder Springen ausgesetzt ist, zu erfüllen. Sie unterstützen aber auch die knochigen Bögen im Fuß und ermöglichen uns damit, auch auf abschüssigem oder unebenem Gelände zu stehen.

ERSTE MUSKELSCHICHT

Die erste Muskelschicht befindet sich an der Oberfläche, direkt unter der dicken plantaren Aponeurose.

Die Muskeln dieser Schicht umfassen:

- **Musculus abductor hallucis** – Dieser Muskel liegt entlang des medialen (inneren) Randes der Fußsohle. Er agiert, indem er den großen Zeh, den Hallux, abspreizt (Abduktion), das heißt, er bewegt ihn von der Mittellinie fort. Außerdem beugt er den großen Zeh und biegt ihn abwärts.
- **Musculus flexor digitorum brevis** – Dieser fleischige Muskel liegt unter dem Zentrum der Fußsohle und schiebt sich in jeden der lateralen vier Zehen. Die Kontraktion dieses Muskels erzeugt die Beugung dieser Zehen (Flexion).
- **Musculus abductor digiti minimi** – Er liegt entlang des äußeren (lateralen) Randes der Fußsohle in dieser ersten Schicht und dient dazu, den kleinen Zeh zu abduzieren und zu beugen.

Diese Muskeln haben große Ähnlichkeit mit den entsprechenden Muskeln in der Hand, jedoch ist ihre individuelle Funktion deutlich weniger wichtig, da die Zehen keinen so großen Bewegungsspielraum haben oder brauchen wie die Finger.

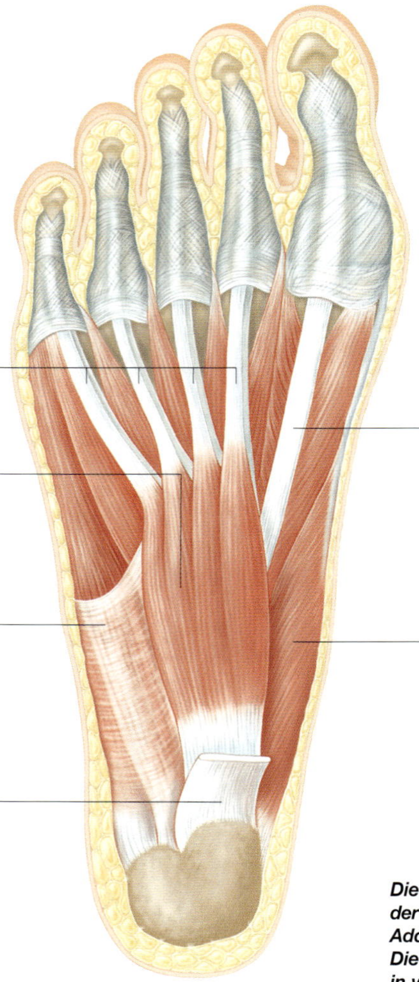

Die Muskeln der ersten Schicht in der Fußsohle dienen zur Abduktion, Adduktion und Flexion der Zehen. Die Muskeln der Fußsohle liegen in vier Schichten, von der oberflächennahen bis zur tiefen Lage.

Plantare Aponeurose

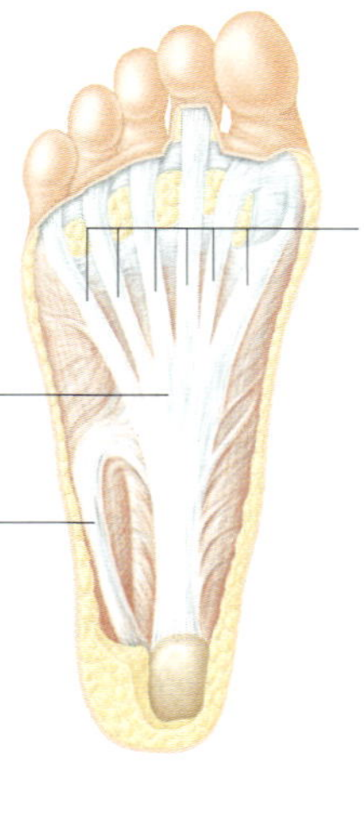

Die Haut auf der Fußsohle ist dick und liegt über einer Lage aus druckabsorbierenden Fettpolstern. Unter dieser Schicht befindet sich eine Lage aus festem Bindegewebe, das als plantare Aponeurose bezeichnet wird.

Die plantare Aponeurose ist der verdickte zentrale Bereich der plantaren Faszie, dem Bindegewebe, das die Muskeln der Sohle umgibt und einschließt. Die plantare Aponeurose besteht aus Bändern aus starkem fibrösem Gewebe, die über die gesamte Länge der Fußsohle verlaufen und sich in jeden Zeh schieben. Sie verbindet sich außerdem mit der Haut, die über ihr liegt, und den tieferen Gewebeschichten darunter.

Die plantare Aponeurose ist eine dünne Lage aus Bindegewebe. „Plantar" steht für Fußsohle, so wie „palmar" für Handfläche steht.

AUFGABEN

Die plantare Aponeurose hält die Bestandteile des Fußes zusammen und hilft beim Schutz der Fußsohle vor Verletzungen. Sie dient außerdem als Stütze der knochigen Bögen im Fuß.

Tiefere Muskellagen der Fußsohle

Die Muskeln der Fußsohle bestehen aus vier unterschiedlichen Muskelschichten; drei dieser Muskelschichten liegen unter der obersten Schicht der Fußsohle. Alle diese Muskeln arbeiten zusammen, um die knochigen Bögen im Fuß zu stabilisieren.

Unter der oberflächlichen Schicht der intrinsischen Muskeln liegen drei weitere Schichten. Diese drei leisten allesamt ihren Beitrag zur Stabilität und Flexibilität des Fußes, sowohl im Ruhezustand als auch in der Bewegung.

Auch wenn die tiefen Muskeln jeder für sich eine individuelle Aufgabe haben, bleibt ihre wichtigste Rolle doch die, zusammen die Stabilität der knochigen Bögen im Fuß aufrechtzuerhalten.

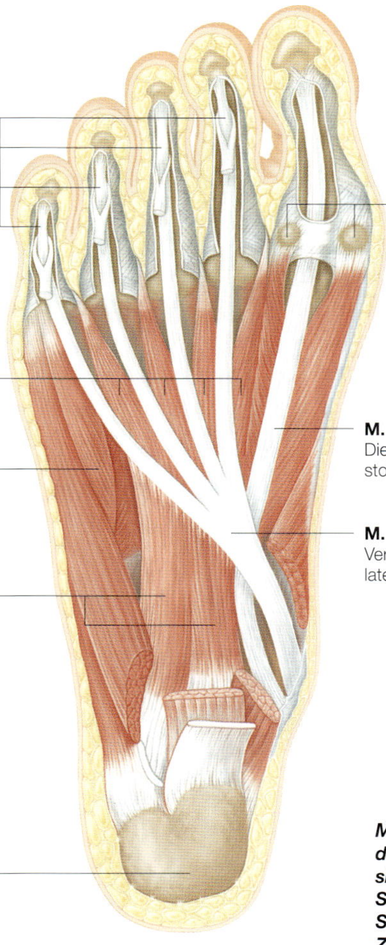

Muskeln aus der zweiten Schicht der Fußsohle helfen bei der Extension und der Flexion der Zehen. Sie helfen außerdem dabei, die Sehnen während der Flexion der Zehen zu stabilisieren.

ZWEITE MUSKELSCHICHT IN DER FUSSSOHLE

Die zweite Muskelschicht in der Fußsohle schließt einige Sehnen der extrinsischen Muskeln wie auch einige der kleineren intrinsischen Muskeln mit ein.

Die Muskeln und Sehnen, die in dieser zweiten Schlicht enthalten sind, umfassen:

- **Musculus quadratus plantae** – Dieser breite, rechteckige Muskel hat seinen Ursprung am Fersenbein. Er schiebt sich in die Kante der Sehne des Musculus flexor digitorum longus, und kann dabei ihre Zugrichtung ändern.
- **Sehnen der Musculi flexor hallucis longus und flexor digitorum longus** – Diese Sehnen dringen in die zweite Muskelschicht der Fußsohle ein, nachdem sie sich um den medialen Malleolus (inneren Fußknöchel) gewunden haben.
- **Vier Lumbricalmuskeln** – Sie haben ihren Namen von ihrer wurmartigen Erscheinung. Diese vier Muskeln erheben sich von den Sehnen des Musculus flexor digitorum longus und ähneln darin den vier Lumbricalmuskeln der Hand. Diese Muskeln strecken die Zehen (Extension), während die langen Sehnen sie beugen. Damit verhindern sie, dass die Zehen sich im Gehen oder Laufen krümmen.

Dritte und vierte Muskelschicht

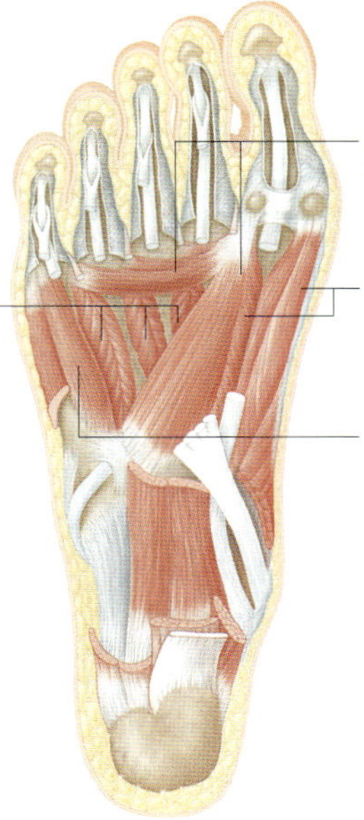

Im Verhältnis zu den Sehnen des Musculus flexor longus liegt die dritte Muskelschicht tief in der Fußsohle und besteht aus drei kleinen Muskeln:

- **Musculus flexor hallucis brevis.** Dies ist der kurze Muskel, der den großen Zeh beugt. Er erhebt sich vom Würfelbein und den lateralen Keilbeinen und teilt sich dann in zwei Hälfen auf. Jede dieser beiden Hälften verfügt über eine Sehne, die sich in die Basis des großen Zehs hineinschiebt. Die beiden Sesambeine des Fußes liegen in diesen Sehnen drin.
- **Musculus adductor hallucis.** Dieser Muskel erhebt sich von zwei Köpfen: Einem quer stehenden Kopf und einem schrägen Kopf. Sie schieben sich zusammen in die Basis des großen Zehs.
- **Musculus flexor digiti minimi brevis.** Dieser kleine Muskel verläuft entlang des äußeren Randes des Fußes zum kleinen Zeh hin, an dessen Flexion er beteiligt ist.

Die drei kleinen Muskeln in der tiefen Muskelschicht der Fußsohle helfen dabei, die Zehen zu beugen. Noch tiefer, zwischen den Knochen, liegen die sieben Musculi interossei.

VIERTE MUSKELSCHICHT DER FUSSSOHLE

Die Muskeln dieser vierten und tiefsten Muskelschicht der Fußsohle werden auch als Musculi interossei bezeichnet, was wörtlich „zwischen den Knochen" bedeutet. Anders als die Hand, die acht hat, gibt es nur sieben Musculi interossei oder Zwischenknochenmuskeln. Die vier dorsalen Zwischenknochenmuskeln (nicht abgebildet) abduzieren die Zehen, während die drei plantaren Zwischenknochenmuskeln sie adduzieren.

Skelett

Das Skelett besteht aus Knochen und Knorpel, und macht damit etwa ein Fünftel des gesamten Körpergewichts aus. Über 200 Knochen bilden zusammen eine lebendige Struktur, deren außerordentliches Design den Körper nicht nur stützt sondern auch schützt.

Das menschliche Skelett stellt einen stabilen und zugleich flexiblen Rahmen für die anderen Gewebearten des menschlichen Körpers dar. Knorpel ist dabei wesentlich flexibler als Knochen und kommt daher hauptsächlich dort vor, wo Bewegungen auftreten.

AUFGABEN DER KNOCHEN

Die Knochen im Körper erfüllen eine ganze Reihe notwendiger Aufgaben:

- Stütze – Knochen stützen den Körper im Stehen und halten die weicheren Organe an ihrem Platz.
- Schutz – Das Gehirn und das Knochenmark werden durch den Schädelknochen und das Rückgrat geschützt, während der Rippenkasten das Herz und die Lunge schützt.
- Bewegung – an jeder Stelle des Körpers sitzen Muskeln an Knochen an, um die notwendige Hebelwirkung zu erzielen, um Bewegung hervorzurufen.
- Mineralieneinlagerung – Calcium und Phosphate werden in den Knochen gelagert, um, falls notwendig, davon zehren zu können.
- Blutzellenproduktion – das Knochenmark in den Röhren von einigen Knochen, wie etwa dem Sternum, produziert rote Blutkörperchen.

Knochenbildung

Das knochige Skelett bildet sich in der frühen Fötalphase, aber es wächst während der gesamten Kindheit. Ein sechs Wochen alter Fötus hat ein Skelett, das aus fibrösen Membranen und Hyalinknorpel besteht, das sich während der Schwangerschaft zu Knochen wandelt. Nach der Geburt, und bis zum Ende des Heranwachsens wächst das Skelett und nimmt an Masse und Gewicht zu, ebenso wie es sich durchgängig verändert.

Dieses Bild eines Fötus zeigt eine frühe Phase der Knochenbildung. Die dunklen Enden der Knochen sind Zentren erster Ossifikation, die auch neue Knochenzellen hervorbringen.

Vorderansicht des menschlichen Skeletts

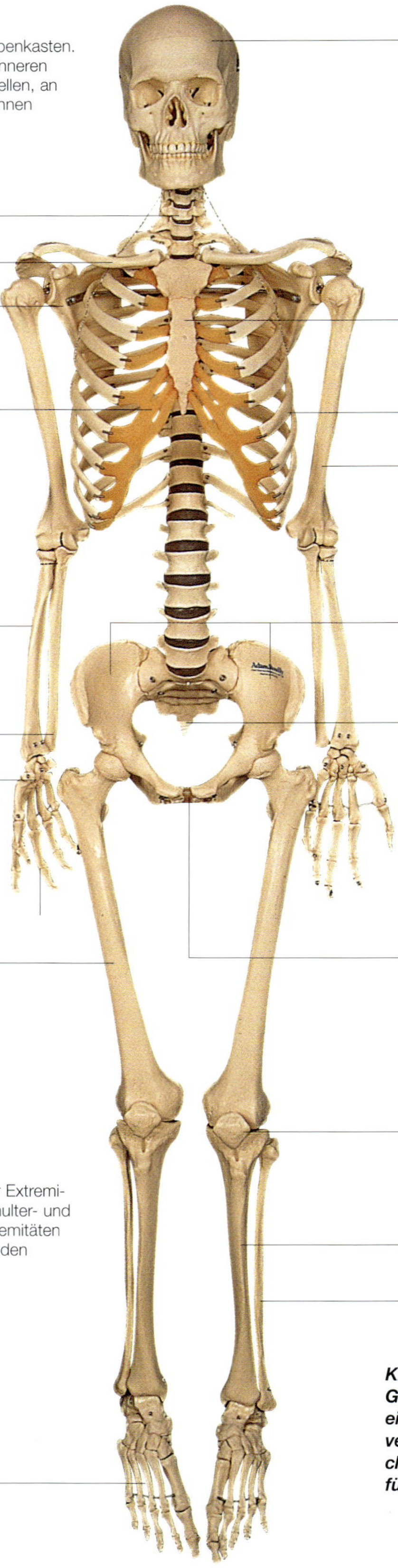

Knochen ist tatsächlich lebendiges Gewebe – das Skelett hat seine eigenen Blutgefäße und Nervenversorgung. Die Zellen eines Knochens recyceln jede Woche etwa fünf Prozent ihres Knochens.

Knochen und ihre Besonderheiten

Jeder Knochen des Skeletts hat eine besondere Form, um seine Aufgaben erfüllen zu können. Knochen haben Vorspünge, Vertiefungen und Kerben, um sich mit anderen Strukturen zu verbinden.

Über die Jahre hinweg haben Anatomen jeder Besonderheit, die sie auf einem Knochen festgestellt haben, einen Namen gegeben. Indem man diesen Namen benutzt, kann jeder Knochen meist eindeutig beschrieben werden, klar und akkurat. Das ist besonders unter klinischen Umständen sehr wichtig.

VORSPRÜNGE

Vorsprünge treten häufig dann am Knochen auf, wenn sich Muskeln, Sehnen oder Bänder daran ansetzen wollen, oder wo ein Gelenk gebildet wird. Solche Beispiele sind:

- Condylus – runder Vorsprung am Gelenk (wie etwa der Femoralcondylus am Knie)
- Epicondylus –der leicht erhabene Bereich über einem Condylus (wie am unteren Ende des Humerus, am Ellenbogen)
- Kamm – deutlicher Grat auf dem Knochen (wie der Beckenkamm auf dem Beckenknochen)
- Tuberculum – kleiner Höcker (so wie der größere Tuberkel am oberen Ende des Humerus)
- Linea – langer, schmaler, erhabener Grat (wie die Linea musculi solei auf der Rückseite des Schienbeins)

Vertiefungen und Kerben

Vertiefungen, Löcher und Kerben sind am ehesten dort anzutreffen, wo Nervenstränge und Blutgefäße durch oder am Knochen entlang verlaufen.

BESONDERHEITEN

Beispiele sind unter anderem:

- Fossa – eine flache, schalenförmige Vertiefung (wie die Fossa infraspinosa im Schulterblatt oder die Fossa iliaca, die Vertiefung, die man auf dem Darmbein findet)
- Foramen – ein Loch im Knochen, um die Passage eines bestimmten Gefäßes oder Nervs zu ermöglichen (wie das Foramen jugularis im Schädel, durch die die Vena jugularis interna den Schädel verlässt)
- Einkerbung – Befindet sich meist am Rand eines Knochens (wie etwa die Ischias-Einkerbung, die teilweise vom Darmbein gebildet wird)
- Furche – eine schmale oder verlängerte Vertiefung, die den Verlauf eines Gefäßes oder Nervs entlang des Knochens markiert (wie etwa die schrägverlaufende Radialfurche auf der Rückseite des Humerus)

Rückansicht des menschlichen Skeletts

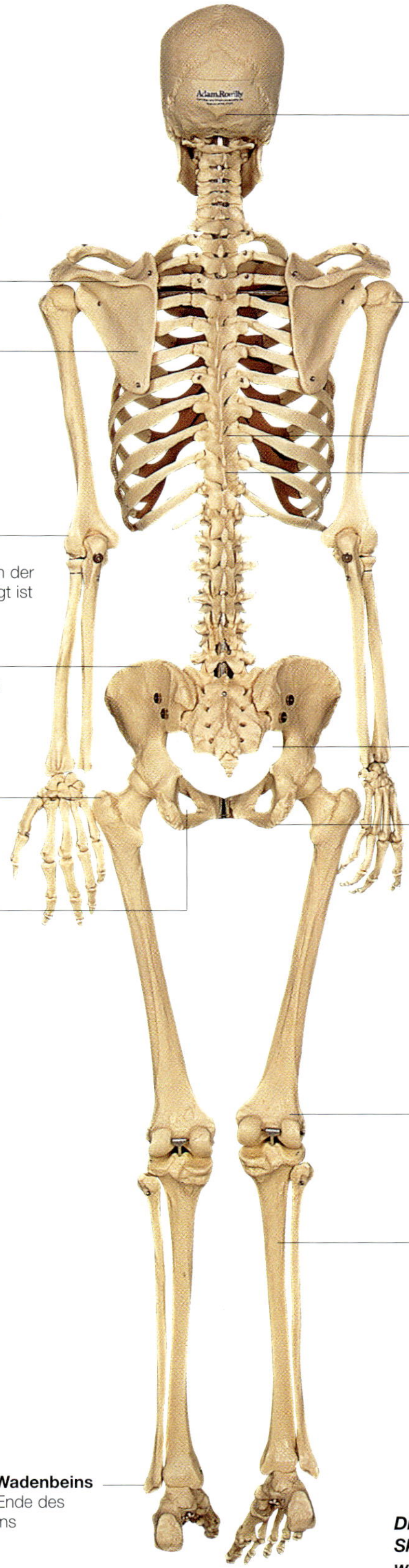

Die Knochen des menschlichen Skeletts sind selten glatt. Zumeist weisen sie Stellen auf, wo sich Sehnen, Bänder und Faszien ansetzen.

Verschiedene Gelenktypen

Ein Gelenk wird dort gebildet, wo zwei oder mehr Knochen aufeinandertreffen. Einige ermöglichen Bewegungen und geben dem Körper damit eine gewisse Mobilität, während andere den Körper schützen und unterstützen, indem sie die Knochen fest aneinander halten.

Die Gelenke im Körper lassen sich grob in drei Hauptgruppen unterteilen, und zwar nach dem Gewebe, das sich zwischen den Gelenken befindet. Diese Gruppen heißen demnach: Fibröse, Knorpel- oder Synovial- (mit Flüssigkeit gefüllte) Gelenke.

FIBRÖSE GELENKE

Dort, wo zwei Knochen durch ein fibröses Gelenk verbunden werden, werden sie durch Kollagen, einem Protein, zusammengehalten. Kollagenfasern ermöglichen, wenn überhaupt. nur minimale Beweglichkeit. Fibröse Gelenke befinden sich daher nur dort im Körper, wo die Bewegung eines Knochens über den anderen verhindert werden soll, wie etwa im Schädel.

KNORPELGELENK

Die Enden der Knochen in einem Knorpelgelenk sind mit einer dünnen Schicht aus Hyalingewebe (glasartigem Gewebe) bedeckt, wobei die Knochen direkt durch feste Faserknorpel verbunden sind. Das gesamte Gelenk ist dabei von einer fibrösen Kapsel umgeben.

Knorpelgelenke haben ebenfalls nur einen geringen Bewegungsspielraum, allerdings können sie sich unter Druck „entspannen“, so dass sie dann bestimmten Strukturen, wie dem Rückgrat, eine gewisse Flexibilität geben.

SYNOVIALGELENKE

Die meisten Gelenke des Körpers sind mit Flüssigkeit gefüllt. Sie ermöglichen leichte Bewegungen zwischen den Knochen. In einem Synovialgelenk sind die Knochen mit Hyalinknorpel bedeckt und durch Flüssigkeit getrennt. Die Gelenkhöhle ist deshalb mit einer Gelenkschmiere absondernden Membran gesäumt und mit einer fibrösen Kapsel umschlossen.

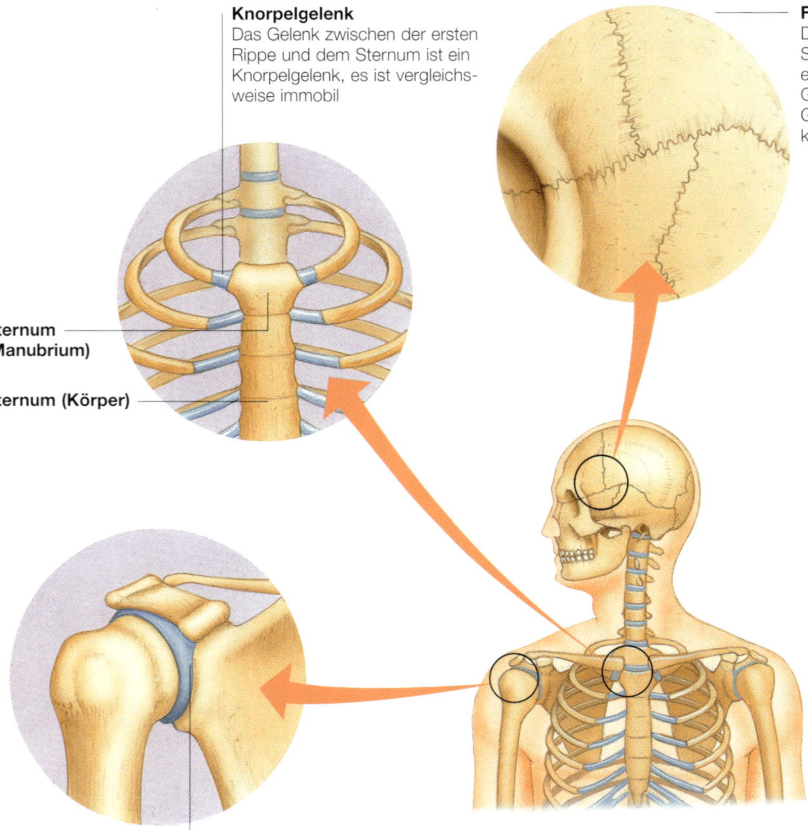

Es gibt drei Hauptgruppen von Gelenken im Körper, die verschiedene Grade an Bewegungsspielraum gewähren. Dies sind fibröse, Knorpel- oder Synovialgelenke.

Funktionale Gelenkgruppen

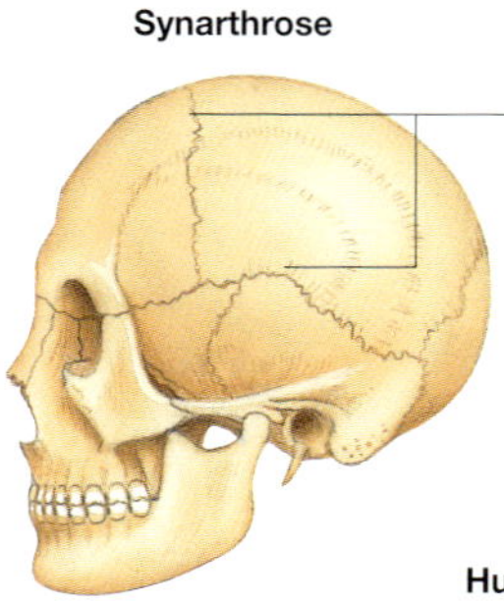

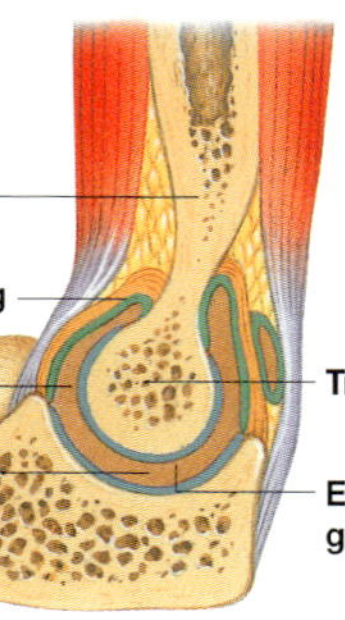

Die Klassifikation der Gelenke, wie sie oben vorgenommen wurde, basiert auf den verschiedenen Gewebestrukturen, die das Gelenk ausmachen.

Gelenke können auch gemäß ihrer Aufgaben in Gruppen eingeteilt werden. Dabei ist die wichtigste Funktion eines Gelenks, entweder Bewegungen zu ermöglichen oder sie zu verhindern. Auf dieser Grundlage lassen sich drei Gruppen zusammenstellen:

- Synarthrose Gelenke – Gelenke, die keine Bewegungen zulassen. Diese Gelenke befinden sich hauptsächlich im Bereich des axialen Skeletts (dem zentralen Knochenbau, ohne die Extremitäten), wo die wichtigste Aufgabe der Knochen darin besteht, eher zu unterstützen und zu beschützen, statt Bewegung zu ermöglichen. Ein Beispiel dafür sind die fibrösen Gelenke (Nähte) des Schädels.
- Amphiarthrose Gelenke – Gelenke, die etwas Bewegung ermöglichen. Sie werden an Orten gefunden, wo etwas Flexibilität benötigt wird, größere Beweglichkeit allerdings schädlich wäre. Beispiele hierfür sind die Gelenke im Rückgrat oder die fibröse Membrana interossea im Unterarm.
- Diarthrose Gelenke – Solche Gelenke ermöglichen eine freie Bewegung. Diese finden sich hauptsächlich in den Extremitäten, wo Mobilität und Bewegungsspiel zu den wichtigsten Funktionen gehören. Beispiele dafür sind die Hüft-, Schulter- und Ellenbogengelenke.

Der Ellenbogen ist ein diarthroses Gelenk, das Flexibilität ermöglicht. Die Gelenkkapsel räumt dafür größtmögliche Freiheit ein, um das Ellenbogengelenk zu strecken.

Fibröse und Knorpelgelenke

Fibröse und Knorpelgelenke nehmen eine wichtige Funktion im menschlichen Skelett wahr. Anders als die weit verbreiteten Synovialgelenke, die für eine größere Bewegungsbandbreite entwickelt sind, dienen die fibrösen und Knorpelgelenke der Stabilität des Körpers.

Die Knochen eines fibrösen Gelenks sind einzig und allein durch Kollagenfasern miteinander verbunden. Es gibt keinen Knorpel und keine mit Flüssigkeit gefüllte Gelenkkapsel. Aufgrund ihrer Struktur gestattet das fibröse Gelenk keine echten Bewegungen der Knochen gegeneinander. Der winzige Bewegungsspielraum, der vorhanden ist, wird allein durch die Länge der Kollagenfasern bestimmt.

GRUPPEN FIBRÖSER GELENKE

Fibröse Gelenke können insgesamt in drei Gruppen unterteilt werden:

- Nähte – Die so genannten Suturen sind die festen fibrösen Gelenke zwischen den untereinander verbundenen Platten des Schädelknochens. Kurze Kollagenfasern ermöglichen keinerlei Bewegung der Knochen, weder zur Seite noch übereinander, falls allerdings Druck ausgeübt wird, können die Knochen leichte „Sprung"-Bewegungen machen. Die fixierten fibrösen Gelenke im Schädelknochen gewähren dem darunterliegenden verwundbaren Gehirngewebe den größtmöglichen Schutz.
- Syndesmosen – In diesem Fall sind die Knochen durch eine dünne Lage aus fibrösem Bindegewebe verbunden, und die Länge der Fasern ist von Gelenk zu Gelenk unterschiedlich. Diese können auch als Zwischenknochenmembrane bezeichnet werden, und sind Besonderheiten des Unterarmes und des Unterschenkels, wo jeweils zwei Knochen Seite an Seite liegen und wie eine Einheit agieren müssen. Syndesmosen tendieren zu längeren Fasern als Suturen, und ermöglichen so zumindest etwas Bewegung.
- Gomphosen – Dies ist ein besonders spezialisierter Typ fibröser Gelenke, der im menschlichen Körper nur ein einziges Mal vorkommt: in der Zahnalveole. Bei einer Gomphose sitzt ein stiftartiger Vorsprung in einer Vertiefung oder Fassung, und wird dabei von fibrösem Gewebe, in diesem Fall vom periodontalen Band, an seinem Platz gehalten. Bewegung ist generell abnormal, allerdings müssen minimale Bewegungen beim Essen möglich sein, um den Druck beim Beißen zu regulieren.

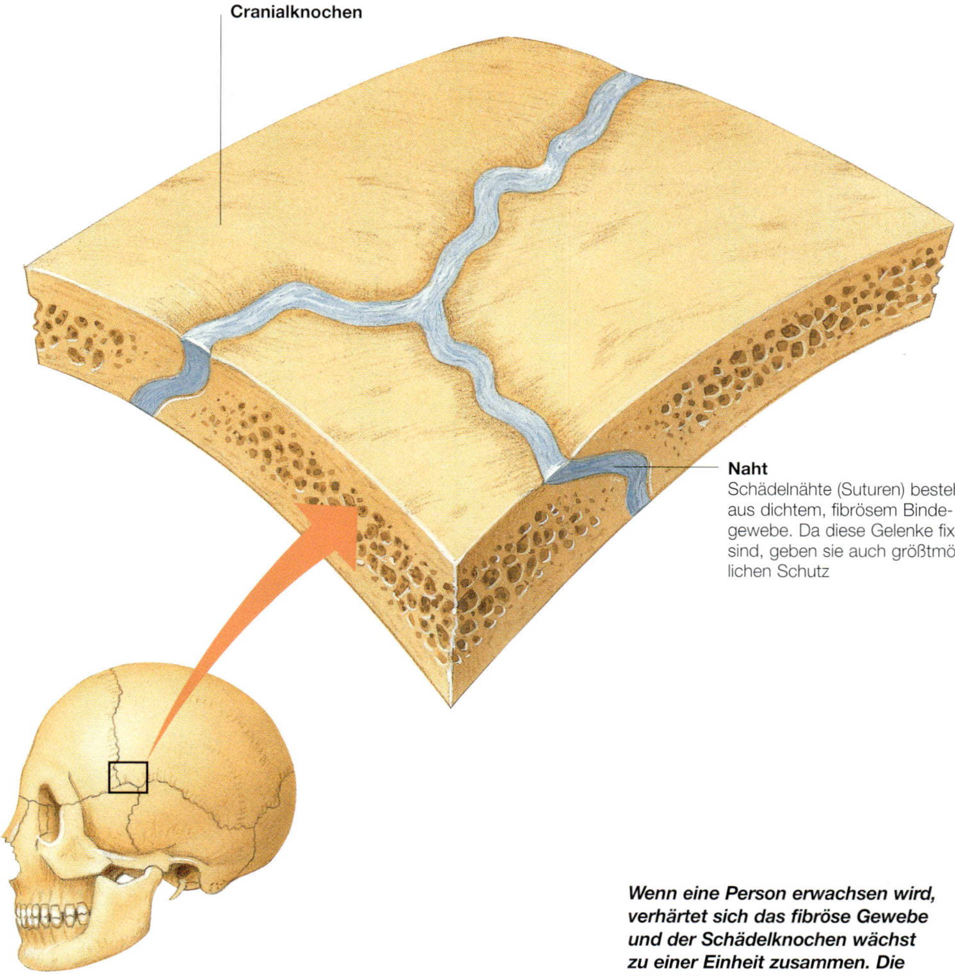

Wenn eine Person erwachsen wird, verhärtet sich das fibröse Gewebe und der Schädelknochen wächst zu einer Einheit zusammen. Die Nähte (Suturen) werden dann als Synostosen bezeichnet.

Knorpelgelenke

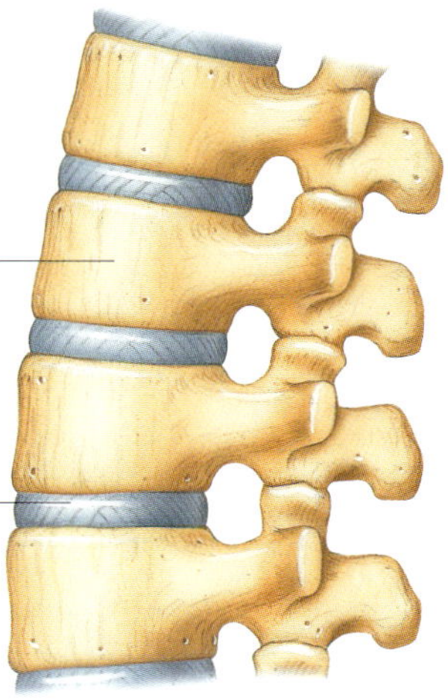

Die faserknorpeligen Scheiben befinden sich in den Gelenken der Wirbel und funktionieren als Stoßdämpfer. Diese festen Gelenke lassen sogar eine gewisse Beweglichkeit zu.

Bei Knorpelgelenken sind die Enden der Knochen mit hylainem Knorpel bedeckt. Nur in wenigen Fällen befindet sich eine Scheibe aus Faserknorpel zwischen den Knochen. Das Gelenk selbst ist meist von einer fibrösen Kapsel eingeschlossen.

Normalerweise werden zwei Arten von Knorpelgelenken unterschieden:

- Primäre Knorpelgelenke – bei diesem Gelenk sind die Enden der Knochen mit einer Platte aus hylainem Knorpel bedeckt. Sie treten in den wachsenden langen Röhrenknochen bei Kindern auf, und bei Erwachsenen zwischen der ersten Rippe und dem oberen Teil des Sternum (Brustbein).
- Sekundäre Knorpelgelenke (Symphysen) – das sind Gelenke, bei denen eine Scheibe aus festem Faserknorpel zwischen den Knochen liegt. Dies sind starke, leicht zu bewegende Gelenke, die häufig als eine Art Stoßdämpfer funktionieren. Ein Beispiel dieser Art des Knorpelgelenks befindet sich in der Wirbelsäule, in der die einzelnen Wirbel mit hyalinem Knorpel bedeckt und untereinander durch widerstandsfähige faserknorpelige intervertebrale Scheiben (Bandscheiben) verbunden sind.

Muskeltypen

Es gibt drei Haupttypen von Muskeln im Körper – Skelettmuskeln sind für bewusste Bewegungen zuständig, glatte Muskeln kontrollieren die inneren Organe und die Herzmuskeln lassen das Herz schlagen.

Die bekanntesten Muskeln im menschlichen Körper sind die Skelettmuskeln (die auch aufgrund ihres Aussehens als gestreifte Muskeln oder als bewusst gesteuerte Muskeln bezeichnet werden), die für die bewussten Bewegungen zuständig sind und meist leicht unter der Haut beobachtet werden können. Diese Skelettmuskeln stehen unter bewusster Kontrolle, allerdings können sie auch unbewusst auf einen Reflex reagieren, etwa wenn das Knie beim Kniescheibensehnenreflex ausgestreckt wird.

AUFBAU

Die Muskelfasern in jedem Skelettmuskel werden von Bindegewebe zusammengehalten (dem Epimysium), und von einer Scheide (dem Perimysium) in Gruppen oder Faszikel unterteilt. Innerhalb eines Faszikels ist jede Muskelfaser vom Endomysium umgeben. Der ganze Muskel ist durch ein festes, fibröses Band, der Muskelsehne, mit einem Knochen verbunden.

FUNKTION

Skelettmuskeln können sich sehr leicht anpassen. Diese Muskeln können sehr stark kontrahieren und dabei eine sehr große Kraft ausüben, etwa wenn man ein schweres Objekt anheben muss. Auf der andere Seite können sie aber auch sehr wenig Kraft ausüben, um eine eher diffizile Aufgabe zu erfüllen, etwa um eine Feder aufzuheben. Eine andere Besonderheit der Skelettmuskeln ist, dass sie leicht ermüden, nachdem sie eine Übung erledigt haben. Während das Herz den ganzen Tag ohne Unterlass schlagen kann, benötigen die Skelettmuskeln nach jeder Anstrengung eine gewisse Ruhepause.

Bindegewebescheiden des Skelettmuskels

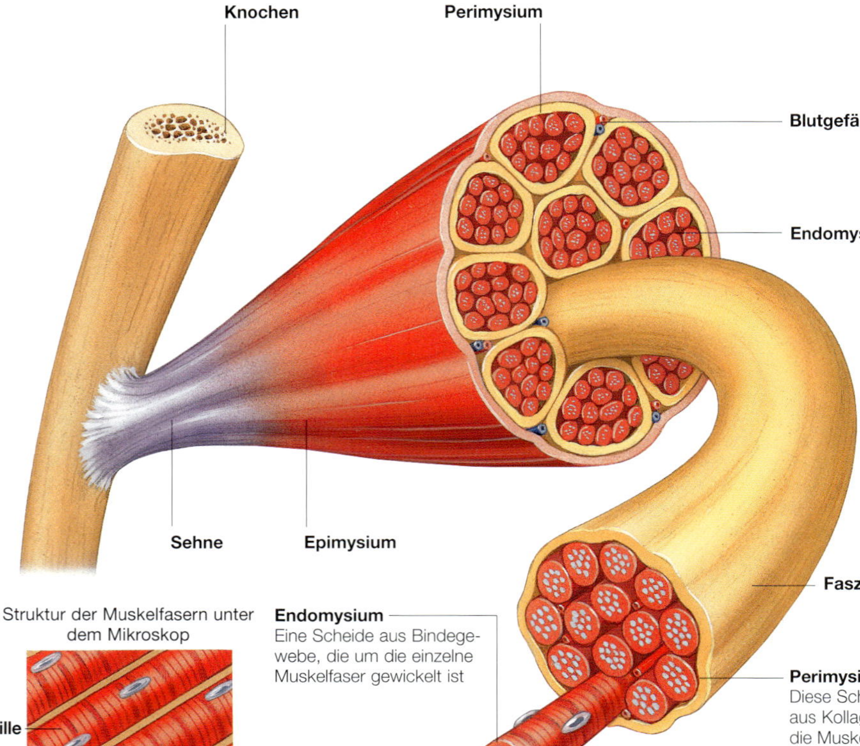

Struktur der Muskelfasern unter dem Mikroskop

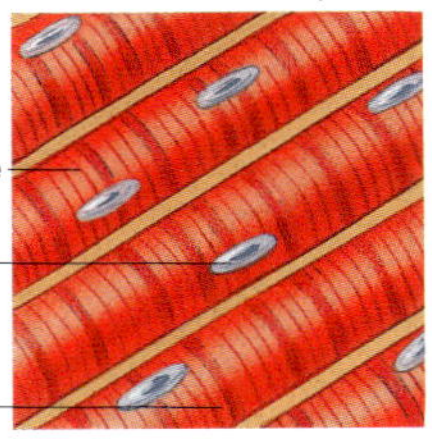

Jeder Skelettmuskel besteht aus Muskelfasern, die über seine gesamte Länge verlaufen, und aus Bindegewebe sowie Nerven und Blutgefäßen.

Unbewusst gesteuerte Muskeln

Entspannte glatte Muskelzelle

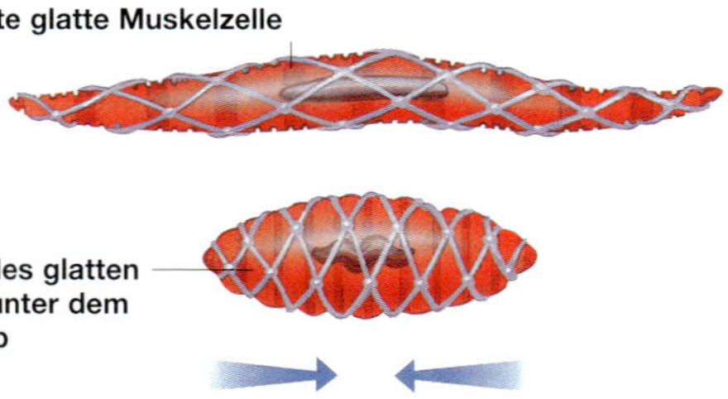

Mikroskopische Struktur der glatten Muskulatur

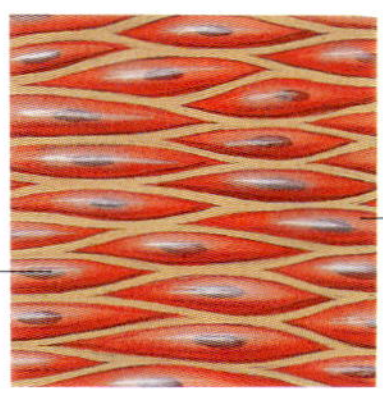

Unter dem Mikroskop zeigt sich, dass es neben den so genannten gestreiften Skelettmuskeln auch glatte (also streifenlose) Muskeln gibt. Sie sind außerdem als Muskeln bekannt, die sich der bewussten Kontrolle entziehen, ihre Bewegungen werden nicht willkürlich vom Menschen gesteuert.

AUFTRETEN DER GLATTEN MUSKELN

Glatte Muskeln befinden sich in den Wänden hohler Strukturen im menschlichen Körper, etwa im Bauch, in Blutgefäßen oder in der Blase. Dort dienen sie dazu, die Größe des Lumen, also des Hohlraumes, zu regulieren, in manchen Organen verursachen sie aber auch die wellenartigen Bewegungen der Peristaltik (etwa im Darm oder in den Harnleitern). Glatter Muskel findet sich aber auch in der Haut, wo er sich auf die Bewegung der Haare auswirkt, und in den Augäpfeln, wo er auf die Dicke der Linse und die Größe der Pupille einwirkt.

Glatte Muskelzellen kontrahieren auf eine graduelle, synchronisierte Art und Weise. Diese Kontraktionen verlaufen wesentlich langsamer als die der Skelettmuskeln.

NERVENSYSTEM

Glatte Muskeln werden durch das autonome Nervensystem gesteuert, dem Teil des menschlichen Nervensystems, der sich mit der Regulierung innerer Organe befasst, aber auch auf Stresssituationen reagiert. Anders als die Skelettmuskeln können die glatten Muskeln eine konstante Kontraktion beibehalten, und das über einen längeren Zeitraum hinweg.

Formen der Skelettmuskeln

Auch wenn alle Skelettmuskeln aus Faszikeln bestehen, also Gruppierungen aus Muskelfasern, kann die Anordnung dieser Faszikel deutlich variieren. Diese Variationen führen zu einer ganzen Reihe unterschiedlicher Muskelformen im gesamten menschlichen Körper.

Es gibt diverse Möglichkeiten, die verschiedenen Formen der Skelettmuskeln zu beschreiben, darunter sind:

- Flach – Muskeln, wie etwa der Musculus obliquus externus in der Bauchwand, können flach und zugleich vergleichsweise breit auftreten. Sie können einen großen Bereich bedecken und manchmal schieben sie sich auch in eine Aponeurose (einer breiten Lage aus Bindegewebe).
- Fusiform – Viele Muskeln können auch eine leichte Spindelform aufweisen, bei der sich der runde Bauch zu beiden Enden hin verjüngt. Beispiele hierfür sind etwa der Bizeps- und der Trizepsmuskel im Oberarm, die auch mehr als einen Kopf haben können.
- Pennatus – Diese Muskeln erhalten ihre Namen durch die Ähnlichkeit mit einer Feder (deren lateinische Übersetzung „penna“ ist). Diese variieren und werden dann als unipennatus (etwa der Musculus extensor digitorum longus), bipennatus (Musculus rectus femoris) oder multipennatus (Musculus deltoideus) benannt. Musculi multipennati sind Muskeln, die wie Federn aussehen und nebeneinander aufgereiht daliegen.
- Zirkulär – Diese Muskeln, die auch als Sphinktermuskeln (Schließmuskeln) bezeichnet werden, umgeben Körperöffnungen. Die Kontraktion dieser Muskeln, bei denen die Muskelfasern in konzentrischen Ringen angeordnet sind, schließt diese Öffnungen. Solche zirkulären Muskeln befinden sich im Gesicht: Der Musculus orbicularis oculi schließt die Augen.
- Konvergent – Diese Muskeln sind fächerförmig aufgebaut und die Muskelfasern gehen von einer breiter angelegten Basis aus und münden in einer einzelnen Sehne. In manchen Fällen nehmen diese Muskeln auch eine dreieckige Form an. Beispiel ist etwa der Musculus pectoralis major.

Anordnung der Faszikel in Relation zur Muskelstruktur

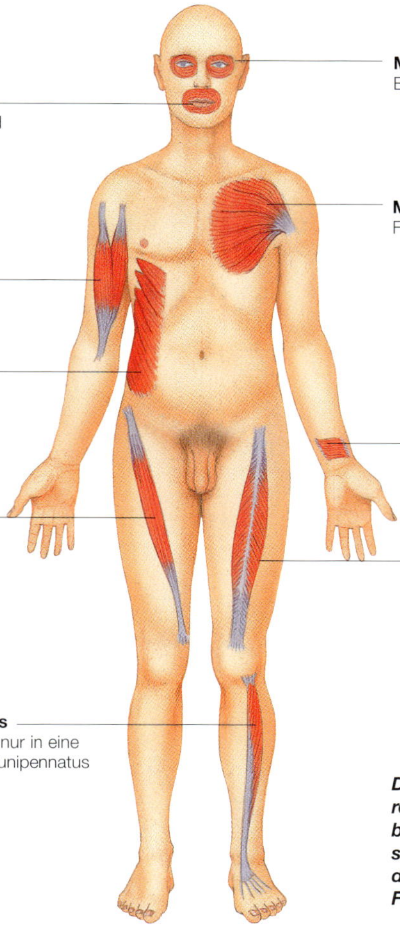

Die Anordnung der Faszikel variieren bei den Skelettmuskeln. Das bedeutet, dass die Muskeln verschiedene Formen haben und demnach auch verschiedene Funktionen ausüben.

FUNKTION

Die Anordnung der Faszikel im Muskel beeinflussen dessen Aufgaben und seine Kraft. Wenn Muskelfasern kontrahieren, verkürzen sie sich auf etwa 70 Prozent ihrer Länge im Ruhezustand. Ist der Muskel lang, mit vielen parallelen Fasern, wie etwa der Musculus sartorius im Bein, kann er sich zwar sehr stark verkürzen, er verfügt aber über wenig Kraft.

Falls der Grad der Verkürzung weniger wichtig ist als die Kraft, die der Muskel ausüben soll, können im Muskel auch zahllose Fasern dicht zusammengepackt liegen und an einem einzigen Punkt zusammenlaufen. Diese Anordnung findet sich in Musculi multipennati, wie etwa dem Musculus deltoideus in der Schulter.

Herzmuskel

Struktur des Herzmuskels unter dem Mikroskop

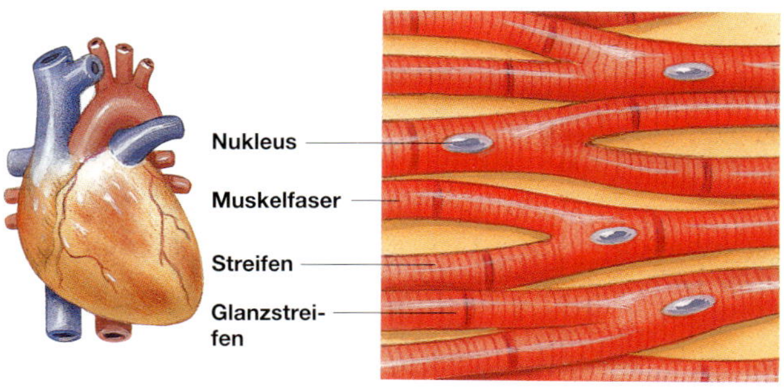

Der Herzmuskel ist ein spezialisierter gestreifter Muskel, der sich nur im Herzen und in den Wänden der großen benachbarten Gefäße befindet, wie etwa der Aorta und der Vena cava superior.

Dieser Muskeltyp macht beinahe die gesamte Masse der dicken Herzwände aus, des Myocardiums. Dort sind die Muskelfasern in einer distinktiven Spiralform arrangiert, die mittels einer Welle aus graduellen Kontraktionen Blut durch das Herz drückt.

Auch wenn der Herzmuskel ein gestreifter Muskel ist, steht er nicht unter der bewussten Kontrolle wie andere Skelettmuskeln, sondern wird vom autonomen Nervensystem gesteuert. Die Fasern im Herzmuskel sind auch deshalb ungewöhnlich, weil sie sich verzweigen und außerdem spezialisierte Verbindungsstellen haben, die Glanzstreifen heißen.

Die Aufgabe des Herzmuskels ist es, Blut durch das Herz zu pumpen. Dieser unbewusst gesteuerte Muskel kontrahiert rhythmisch und spontan.

KONTRAKTIONSRATE

Der Herzmuskel hat die Fähigkeit, spontan zu kontrahieren, ohne ein äußeres Signal aus dem Nervensystem zu benötigen. Jedoch wird die Kontraktionsrate in einem gesunden Herzen durch die Nervenversorgung des Herzens gesteuert. Auch wenn das Herz aus dem Leib entfernt wird, schlägt es noch für einige Momente weiter.

Überblick über die Blutzirkulation

Blutgefäße haben im menschlichen Körper zwei Kreisläufe. Der Lungenkreislauf transportiert Blut zwischen dem Herzen und der Lunge, der Körperkreislauf versorgt alle anderen Bereiche des Körpers mit Blut, außer der Lunge.

Der Blutkreislauf kann in zwei Bereiche unterteilt werden:

- Körperkreislauf – Die Gefäße, die Blut in den Körper (außer der Lunge) und wieder zurück bringen.
- Lungenkreislauf – Die Gefäße, die das Blut in die Lungen bringen, damit sie dort Sauerstoff aufnehmen und Kohlenstoffdioxyd abgeben.

KÖRPERKREISLAUF

Der Körperkreislauf trägt Blut vom Herzen fort, um das Körpergewebe zu versorgen. Sauerstoffreiches Blut wird zunächst aus der Lunge durch das Herz in die Aorta gepumpt. Arme der Aorta erreichen nacheinander zunächst die oberen Extremitäten, den Kopf, den Oberkörper und die unteren Extremitäten. Diese großen Arme verzweigen sich weiter, die sich dann wieder und wieder in kleinere Arme aufteilen. Die winzigsten Arterien (Arteriolen) geben Blut an die Kapillaren ab.

LUNGENKREISLAUF

Mit jedem Schlag des Herzens wird Blut aus dem rechten Ventrikel durch die Pulmonalarterie gepumpt (die sauerstoffarmes Blut transportiert). Nach vielen arteriellen Verzweigungen fließt das Blut durch die Kapillaren der Lungenbläschen (Alveolen), um wieder mit Sauerstoff angereichert zu werden. Das Blut fließt dann in eine der vier Pulmonalvenen. Diese laufen zum linken Vorhof, von dort aus wird das Blut dann durch den linken Herzmuskel wieder in den Körperkreislauf gepumpt.

Die wichtigsten Arterien des Körpers

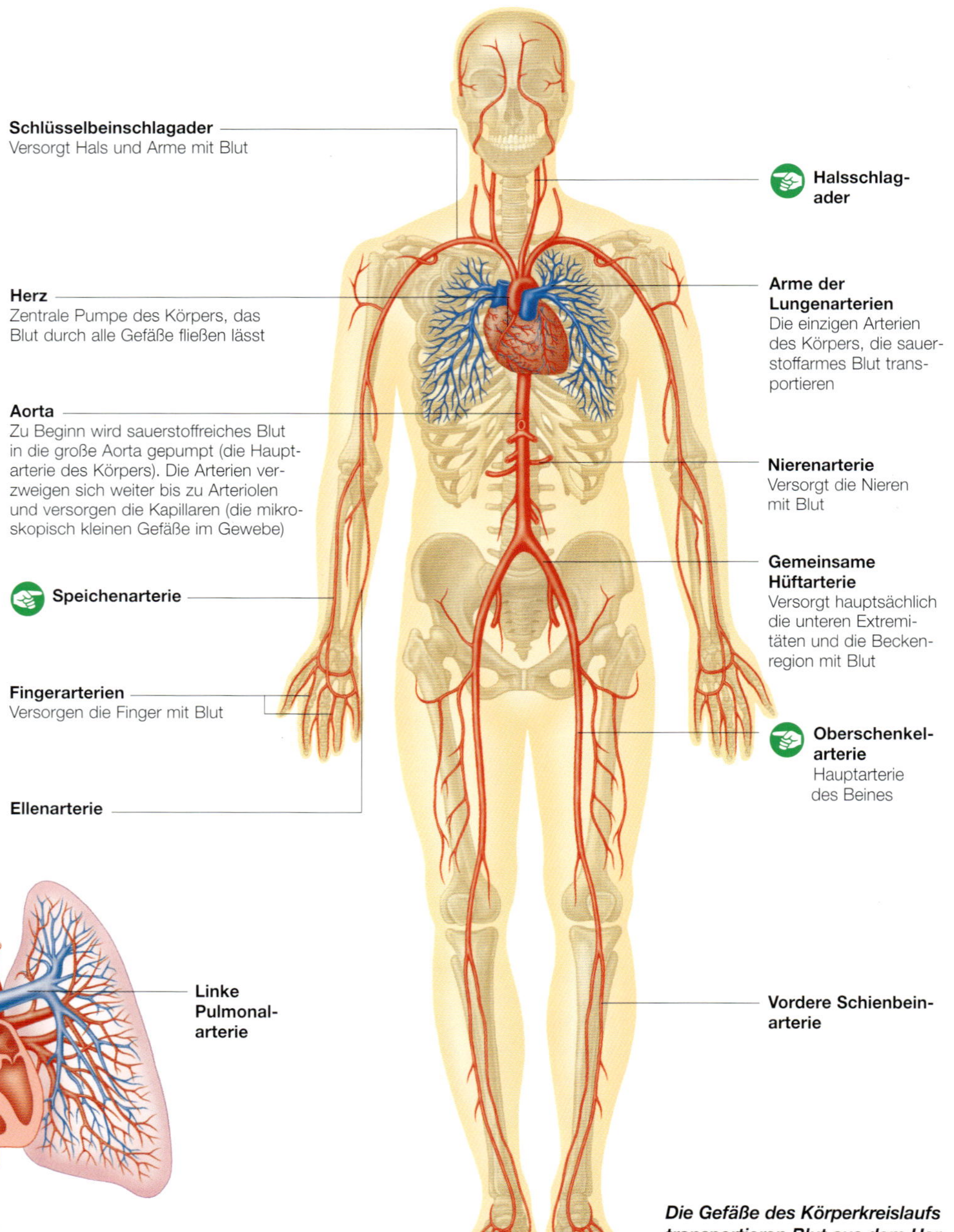

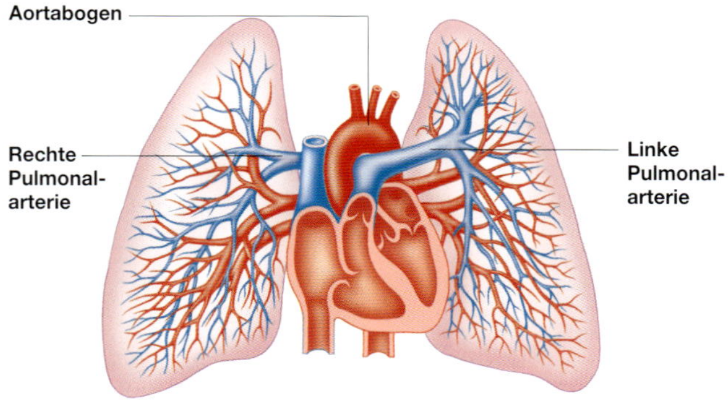

Im Lungenkreislauf fließt ausschließlich Blut zwischen Herz und Lunge. In den Lungen nimmt das Blut Sauerstoff auf, während zugleich das überflüssige Kohlendioxyd abgegeben wird.

Schlüssel Diese Stelle kann leicht unter der Haut ertastet werden

Die Gefäße des Körperkreislaufs transportieren Blut aus dem Herzen in das Körpergewebe. Das Blut transportiert Sauerstoff und wichtige Nährstoffe durch den gesamten Körper.

Venensystem

Das Venensystem des Körperkreislaufes trägt Blut aus dem Gewebe in das Herz zurück. Das Blut wird dann durch den Lungenkreislauf gepumpt, um wieder mit Sauerstoff angereichert zu werden, bevor es anschließend wieder in den Körperkreislauf fließt.

Venen gehen aus winzigen Venolen hervor, die das Blut aus den Kapillaren erhalten. Die Venen laufen zu immer größeren Gefäße zusammen. Aus diesen entstehen dann die beiden Hauptsammelvenen des Körpers, die Vena cava superior und inferior. Diese entleeren sich dann ins Herz. Zu jedem Zeitpunkt befinden sich etwa 65 Prozent des kompletten Blutvolumens im venösen System.

UNTERSCHIEDE

Das körpereigene venöse System kann viele Ähnlichkeiten mit dem arteriellen System vorweisen. Allerdings gibt es dabei auch einige sehr wichtige Unterschiede:

- Gefäßwände – Arterien tendieren dazu, dickere Wände zu haben als Venen, um mit dem größeren Druck des arteriellen Blutes zurechtzukommen.
- Tiefe – Viele Arterien liegen tief im Körper, um sie vor Verletzungen zu schützen, aber viele Venen liegen sehr oberflächennah unter der Haut.
- Pfortadervenensystem – Das Blut, das den Magen und die Därme verlässt, gerät nicht auf direktem Weg, sondern über das lebereigene Pfortadervenensystem und die Leber zurück zum Herzen.
- Variationen – Während das Muster, das das arterielle System beschreibt, bei jedem Menschen meist gleich ist, kann die Lage des Venensystem eine wesentlich größere Variabilität vorweisen.

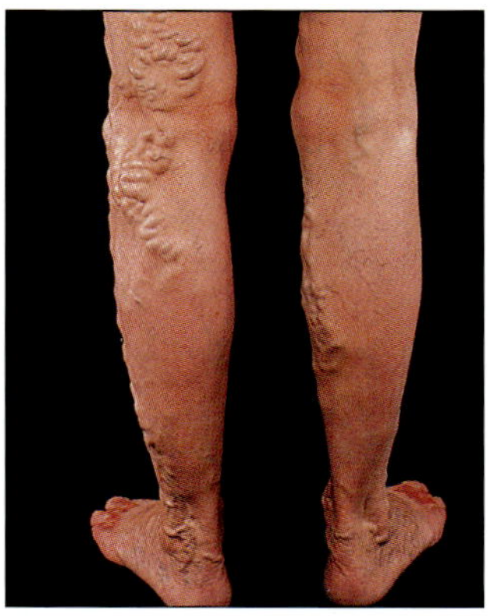

Krampfadern sind vergrößerte oder verdrehte oberflächennahe Venen, wobei die im Bein am häufigsten vorkommen. Sie entstehen durch defekte Klappen in den Venen.

Die wichtigsten Venen im Körper

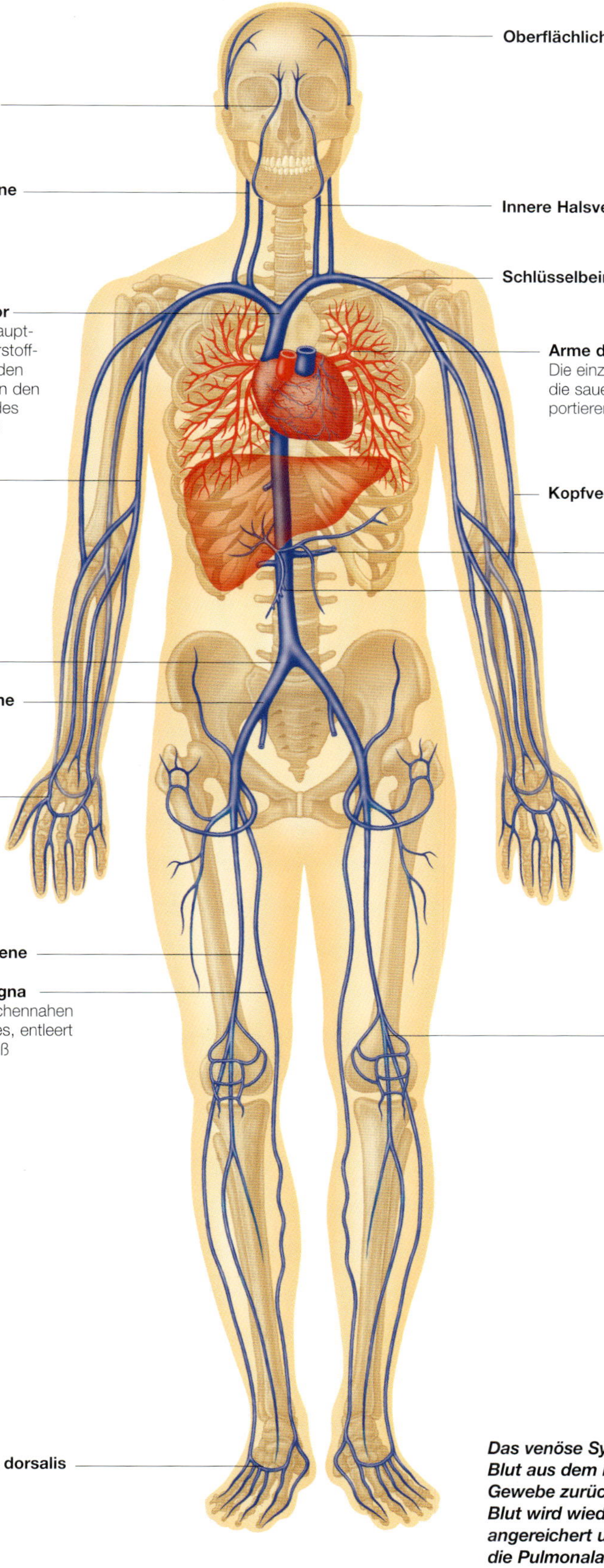

Das venöse System transportiert Blut aus dem körpereigenen Gewebe zurück in das Herz. Das Blut wird wieder mit Sauerstoff angereichert und kehrt dann durch die Pulmonalarteien in das Herz zurück.

Peripheres Nervensystem

Das periphere Nervensystem umfasst das gesamte Nervengewebe des menschlichen Körpers, außer dem Gehirn und dem Rückenmark. Seine wichtigsten anatomischen Komponenten sind unter anderem die Hirnnerven und Spinalnerven.

Das Nervensystem des menschlichen Körpers wird allgemein in zwei Teile unterschieden: das zentrale Nervensystem und das periphere Nervensystem.

Die wichtigsten Komponenten des peripheren Nervensystems sind:

- Sensorische Rezeptoren – Spezialisierte Nervenenden, die Informationen über Temperatur, Berührungen, Schmerz, Muskeldehnung und Geschmack aufnehmen.
- Periphere Nerven – Bündel aus Nervenfasern, die Informationen vom und zum Zentralen Nervensystem (ZNS) übermitteln.
- Motorische Nervenenden – Spezialisierte Nervenenden, welche die Muskeln, auf denen sie liegen, zur Kontraktion bringen, als Reaktion auf ein Signal des Zentralen Nervensystems.

ANORDNUNG

Es gibt zwei Sorten peripherer Nerven:

- **Hirnnerven**
Diese gehen vom Gehirn aus und vermitteln motorische und sensorische Informationen zum Schädel einschließlich Gesicht sowie zum Hals.
- **Spinalnerven**
Diese gehen vom Rückenmark aus und enthalten tausende von Nervenfasern, um damit den Rest des Körpers zu versorgen. Viele der 31 Paare der Rückenmarknerven verlaufen durch einen der komplexen Netzwerke, wie etwa den Brachialplexus, der die oberen Extremitäten versorgt, bevor sie zu einem Teil der großen peripheren Nerven werden.

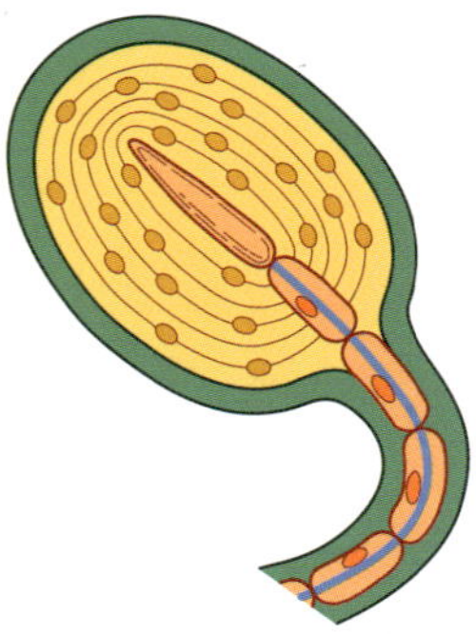

Sensorische Nervenenden stehen entweder frei im Raum oder befinden sich in einer Kapsel. Das Pacinische Körperchen ist ein Beispiel für ein in eine Kapsel eingeschlossenes Nervenende.

Die wichtigsten Nerven des peripheren Nervensystems

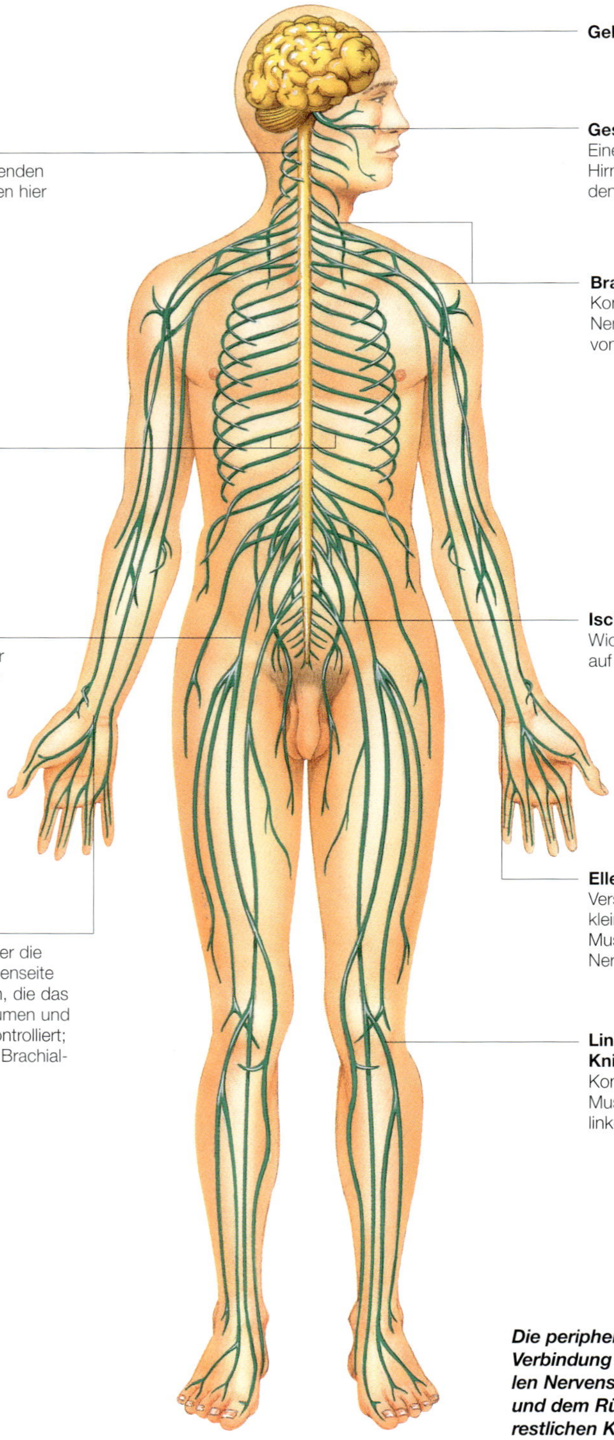

Die peripheren Nerven bilden die Verbindung zwischen dem zentralen Nervensystem – dem Gehirn und dem Rückenmark – und dem restlichen Körper.

Aufbau eines peripheren Nervs

Jeder periphere Nerv besteht aus einer Reihe von Nervenfasern, manche von ihnen sind mit einer isolierenden Schicht aus Myelin bedeckt und in Bindegewebe eingeschlossen.

Der Hauptteil der inneren Einheit eines peripheren Nervs besteht aus drei Schichten aus schützendem Bindegewebe, ohne die der leicht zu verletzende Nerv ungeschützt wäre.

Endoneurium
Das Endoneurium ist eine Schicht aus empfindlichem Bindegewebe, das die kleinste Einheit des peripheren Nerves umgibt, den Axon. Diese Schicht kann auch die Myelinscheide eines Axons mit einschließen.

Perineurium
Das Perineurium ist eine Schicht aus Bindegewebe, die eine Gruppe aus geschützten Nervenfasern umgibt, die so genannten Faszikel, die in Bündeln zusammengefasst sind.

Epineurium
Nervenfaszikel werden mittels eines Mantels aus festem Bindegewebe zusammengehalten. Das Epineurium umschließt außerdem noch Blutgefäße, die Nervenfasern und ihre Bindegewebsdecke versorgen.

NERVENFUNKTION

Die meisten peripheren Nerven tragen Informationen vom zentralen Nervensystem fort und zu ihm hin (respektive sensorische und motorische Funktionen), und werden deshalb meist als „gemischte" Nerven bezeichnet.

Nerven, die ausschließlich sensorische oder ausschließlich motorische Funktionen haben, kommen im menschlichen Körper ausgesprochen selten vor.

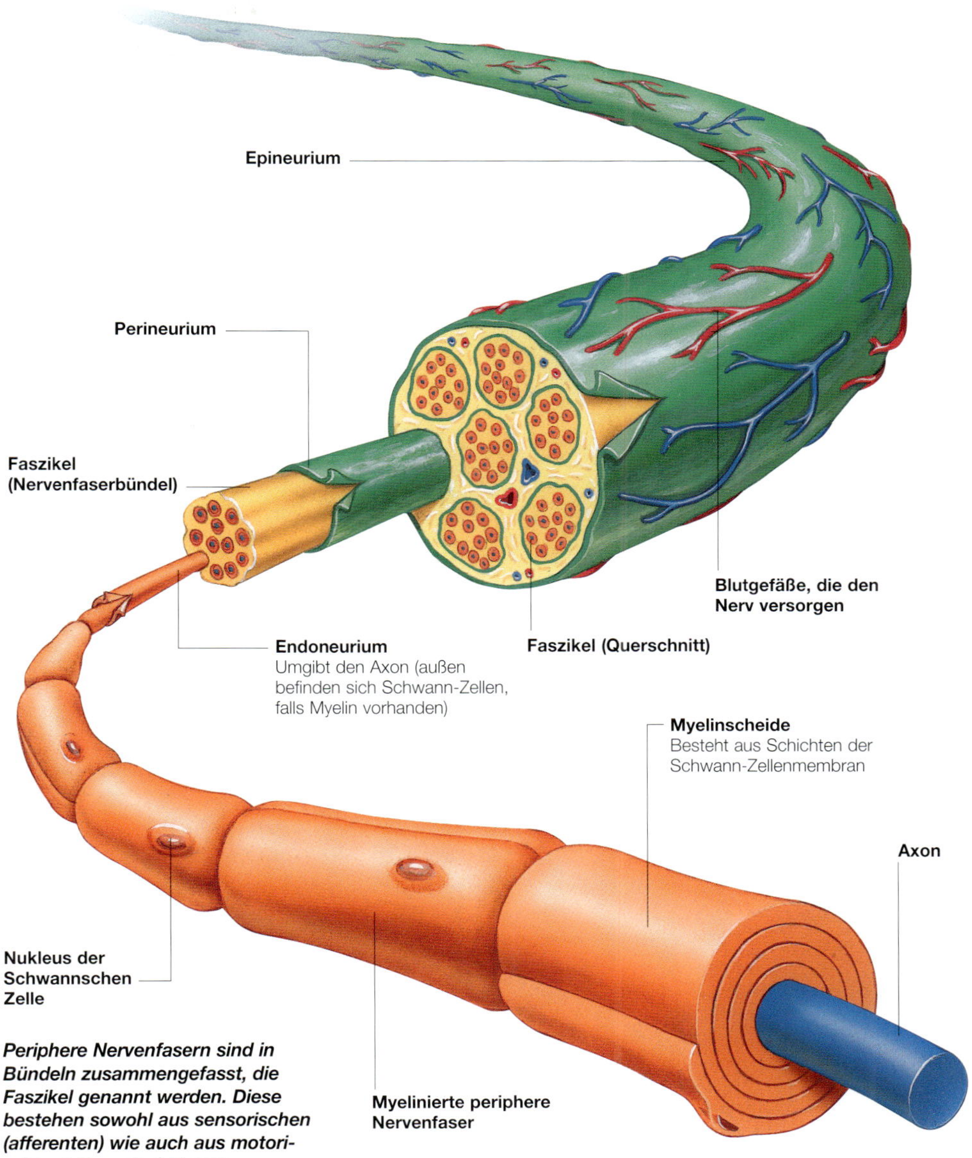

Periphere Nervenfasern sind in Bündeln zusammengefasst, die Faszikel genannt werden. Diese bestehen sowohl aus sensorischen (afferenten) wie auch aus motorischen (efferenten) Fasern.

Motorische Nervenenden

Motorische Nervenenden sind spezialisierte Nervenfasern, die sich auf Muskelfasern oder Sekret absondernden Zellen befinden. Sie erhalten über die peripheren Nerven Signale aus dem zentralen Nervensystem und leiten sie weiter, damit Muskeln zur Kontraktion oder Zellen zur Absonderung ihrer Produkte veranlasst werden. Auf diese Weise ist das zentrale Nervensystem dazu in der Lage, die Bereiche des gesamten Körpers zu steuern.

ANSCHLUSSSTELLE

Die neuromuskuläre Anschlussstelle ist der Bereich, bei dem sich das Ende des motorischen Nervs einer peripheren Nervenfaser mit einem bewusst zu steuernden Muskel verbindet (der auch als gestreifter oder Skelettmuskel bezeichnet wird). An dieser Anschlussstelle teilt sich der Axon einer motorischen Nervenfaser auf und verzweigt sich mehrmals, wie ein Baum, um viele kleine Nervenenden zu produzieren, die dann an einer kleinen Muskelfaser liegen.

SIGNALÜBERTRAGUNG

Wenn ein elektrisches Signal durch die Nervenfaser geschickt wird und die neuromuskuläre Anschlussstelle erreicht, wird es durch Chemikalien zur Muskelfaser weitergeleitet (den Neurotransmittern), die das Ende des motorischen Nervs aussendet. Der Muskel reagiert dann, indem er kontrahiert.

Eine neuromuskuläre Anschlussstelle ist in diesem Mikrogramm dargestellt. Die Verbindungsstellen zwischen der Nervenfaser und dem bewusst gesteuerten Muskel können im oberen Bereich des Bildes gesehen werden.

Autonomes Nervensystem

Das autonome (vegetative) Nervensystem versorgt diejenigen Bereiche des menschlichen Körpers mit Nerven, die nicht bewusst gesteuert werden. Es kann in zwei Systeme unterteilt werden, das sympathische Nervensystem und das parasymphatische Nervensystem.

Das autonome (vegetative) Nervensystem wird in zwei Teile unterteilt: Das symphatische Nervensystem und das parasymphatische Nervensystem. Beide Nervensysteme versorgen normalerweise dieselben Organe, allerdings mit gegenteiligen Effekten. In jedem System bilden zwei Neuronen (Nervenzellen) den Verbindungsweg vom zentralen Nervensystem zu dem Organ, das versorgt werden soll.

SYMPHATISCHES NERVENSYSTEM

Der Effekt, den das symphatische Nervensystem auf den menschlichen Körpern hat, wird generell gern mit dem „Fluchtinstinkt" beschrieben. In aufregenden oder gar gefährlichen Situationen ist das symphatische Nervensystem deutlich aktiver, der Herzschlag wird beschleunigt und die Haut etwas blasser und verschwitzter und es wird mehr Blut in die Muskeln geleitet.

AUFBAU

Die Zellkörper der Neuronen des symphatischen Nervensystems liegen in einem bestimmten Bereich des Rückenmarks. Fasern aus diesen Zellkörpern verlassen die Wirbelsäule an der bauchseitigen Wurzel und passieren die weißen Rami communicantes, um dann die paravertebrale sympathische Kette zu erreichen.

Einige der Fasern, die diese sympathische Kette erreichen, verbinden sich dort mit der zweiten Zelle des Verbindungsweges. Fasern verlassen den Ort durch die grauen Rami communicantes, um sich mit dem ventralen Spinalnerv zu verbinden.

Aufbau eines sympathischen Nervenstranges

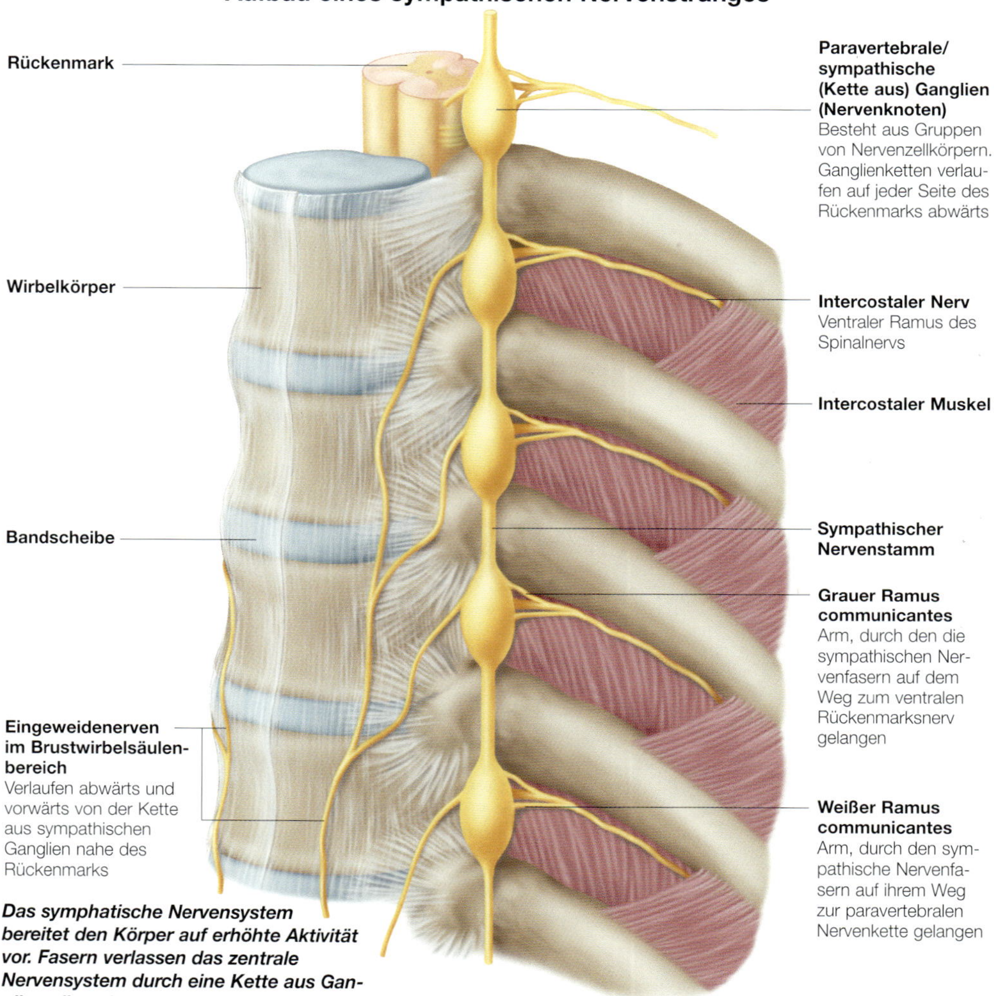

Das symphatische Nervensystem bereitet den Körper auf erhöhte Aktivität vor. Fasern verlassen das zentrale Nervensystem durch eine Kette aus Ganglien, die nahe am Rückenmark liegen.

Nebennierenmark

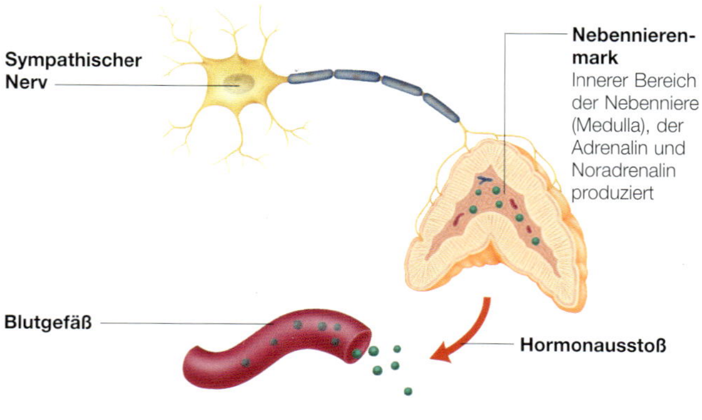

In seiner Rolle als Mediator des „Fluchtinstinkts" stimuliert das symphatische Nervensystem auch das Nebennierenmark, den inneren Bereich (Medulla) der Nebenniere.

Die Nebenniere entlässt dabei die Hormone Adrenalin und Noradrenalin in den Blutstrom. Diese Hormone wirken sich auf verschiedene Teile des Körpers aus und verstärken damit die Effekte des symphatischen Nervensystems.

Die Innervation der Nebenniere durch das symphathische Nervensystem ist ein für den menschlichen Körper einzigartiger Vorgang, da es auf der Verbindungsstrecke zwischen dem zentralen Nervensystem und der Drüse nur ein einziges Neuron, statt üblicherweise zweien, gibt. Die Nebenniere selbst scheint dabei wie eine Art sympathischer Nervenknoten zu funktionieren, und tatsächlich hat sich dieses Organ aus embryonaler Sicht aus dem selben Gewebe entwickelt.

Als Reaktion auf eine Stresssituation wird das Nebennierenmark dazu stimuliert, Hormone in den Blutstrom abzugeben. Diese Hormone bereiten den Körper auf vermehrte Aktivitäten vor.

Parasymphatisches Nervensystem

Das parasymphatische Nervensystem ist dasjenige System des autonomen Nervensystems, das insbesondere dann aktiv ist, wenn der Körper ruht.

Die Struktur des parasymphatischen Nervensystems ist deutlich schlichter als das des symphatischen Nervensystems.

LOKALISIERUNG DER ZELLKÖRPER

Die Zellkörper des ersten der beiden Neuronen auf dem Verbindungsweg können an zwei Orten lokalisiert werden:

- Hirnstamm – Fasern aus den parasymphatischen Zellkörpern befinden sich in der grauen Substanz des Hirnstamms und verlassen den Schädel als Teil einer ganzen Reihe von Hirnnerven. Zusammen bilden sie den größten Bestandteil dessen, was als cranialer parasymphatischer Anteil bezeichnet wird.
- Kreuzbeinregion des Rückenmarks – Der Anteil am Kreuzbein kommt von parasymphatischen Zellkörpern, die in einem Teil des Rückenmarks eingebettet liegen. Fasern verlassen den Bereich durch die ventrale Wurzel.

Wegen des Ursprungs der parasymphatischen Fasern, wird das parasymphatische Nervensystem häufig auch als craniosacraler Abschnitt des autonomen Nervensystems bezeichnet. Dagegen wird das symphatische Nervensystem als thoracolumbaler Abschnitt bezeichnet.

VERTEILUNG

Der craniale Anteil ist für die parasymphatische Innervation des Kopfes zuständig, während der sacrale Anteil das Becken versorgt. Der Bereich dazwischen (der Großteil der inneren Thorax- und Bauchorgane) wird von dem Teil des cranialen Anteils versorgt, der im Vagus verläuft (dem zehnten Hirnnerv).

Organe unter Kontrolle des parasymphatischen Nervensystems

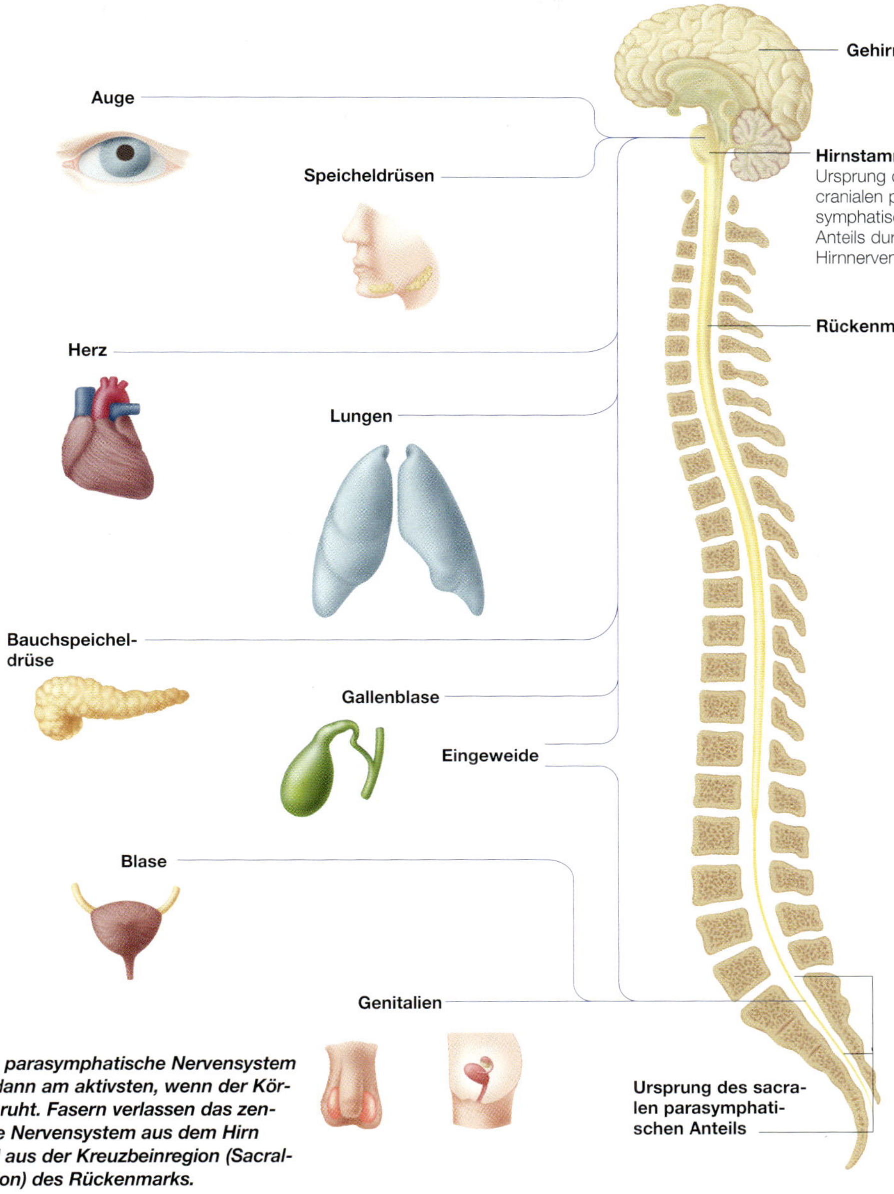

Das parasymphatische Nervensystem ist dann am aktivsten, wenn der Körper ruht. Fasern verlassen das zentrale Nervensystem aus dem Hirn und aus der Kreuzbeinregion (Sacralregion) des Rückenmarks.

Gegenteilige Effekte

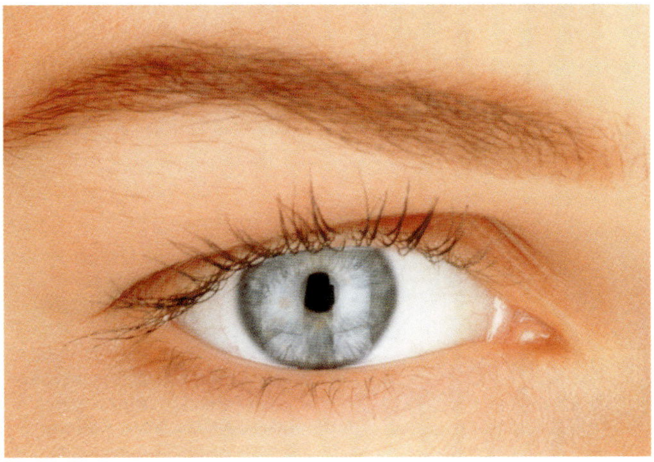

Das symphatische Nervensystem steht dem Körper zur Verfügung, wenn Stress oder Gefahr vorhanden sind, während das parasymphatische Nervensystem dem Körper in der Ruhelage hilft, indem es Nahrung verdaut und Energie einlagert. Die beiden Systeme wirken im Körper antagonisierend, wie etwa die folgenden:

- Herz – Das symphatische Nervensystem erhöht die Herzrate und die Kraft des Herzschlags. Das parasymphatische Nervensystem senkt beides ab.
- Verdauungstrakt – Das symphatische Nervensystem bremst die Verdauung und reduziert die Blutversorgung; das parasymphatische Nervensystem verstärkt beides.
- Leber – das symphatische Nervensystem beschleunigt den Abbau von Glykogen (einem Kohlenhydrat) in der Leber, um Energie bereit zu stellen; das parasymphatische Nervensystem regt seinen Aufbau an.
- Speicheldrüsen – das symphatische Nervensystem reduziert die Speichelproduktion, der dabei auch dickflüssiger wird. Das parasymphatische Nervensystem erzeugt den freien Fluss wässrigen Speichels.

Das symphatische Nervensystem und das parasymphatische Nervensystem haben häufig die gegenteiligen Effekte im Auge. Das erste erweitert die Pupille, das letztere verengt sie.

Lymphsystem

Das Lymphsystem besteht aus einem Netzwerk aus Lymphgefäßen und Organen sowie spezialisierten Zellen im gesamten Körper. Es handelt sich dabei um eine für die Verteidigung des Körpers gegen eindringende Mikroorganismen essenziell notwendige Einrichtung.

Das Lymphsystem ist einer der weniger bekannten Bestandteile des Kreislaufsystems, das mit dem cardiovasculären System zusammenarbeitet, um eine Flüssigkeit, die als Lymphe bezeichnet wird, im gesamten Körper zu transportieren. Das Lymphsystem spielt insgesamt eine wichtige Rolle bei der Verteidigung des Körpers gegen Krankheiten.

LYMPHFLÜSSIGKEIT

Lymphe ist eine klare, wässrige Flüssigkeit, die Elektrolyte und Proteine enthält, die aus dem Blut kommen und das Körpergewebe durchdringen. Lymphozyten – spezialisierte weiße Blutkörperchen, die am körpereigenen Immunsystem beteiligt sind – befinden sich ebenfalls in der Lymphe. Sie greifen fremde Mikroorganismen an und zerstören sie. Auf diese Weise tragen sie zur Erhaltung der Gesundheit des Körpers bei. Dies wird als immunologische Abwehrreaktion bezeichnet. Auch wenn die Lymphgefäße Lymphe enthalten, wird diese Flüssigkeit anders als Blut nicht durch den gesamten Körper gepumpt. Stattdessen bewirken die Kontraktionen von Muskeln, an denen die Lymphgefäße liegen, dass die Flüssigkeit durch den Körper transportiert wird.

BESTANDTEILE DES LYMPHSYSTEMS

Das Lymphsystem besteht aus einer ganzen Reihe untereinander verbundener Bestandteile:

- Lymphknoten – folgen dem Verlauf der Lymphgefäße und filtern Lymphe
- Lymphgefäße – kleine Kapillare, die zu größeren Gefäßen werden und die die Lymphe letzten Endes in die Venen entleeren
- Lymphzellen (Lymphozyten) – Zellen, durch die das Immunsystem des Körpers auf Eindringlinge reagiert
- Lymphgewebe und Organe – sind im gesamten Körper verteilt und dienen als Reservoir für Lymphzellen und spielen zudem eine entscheidende Rolle bei der Immunität des Körpers

Lymphsystem

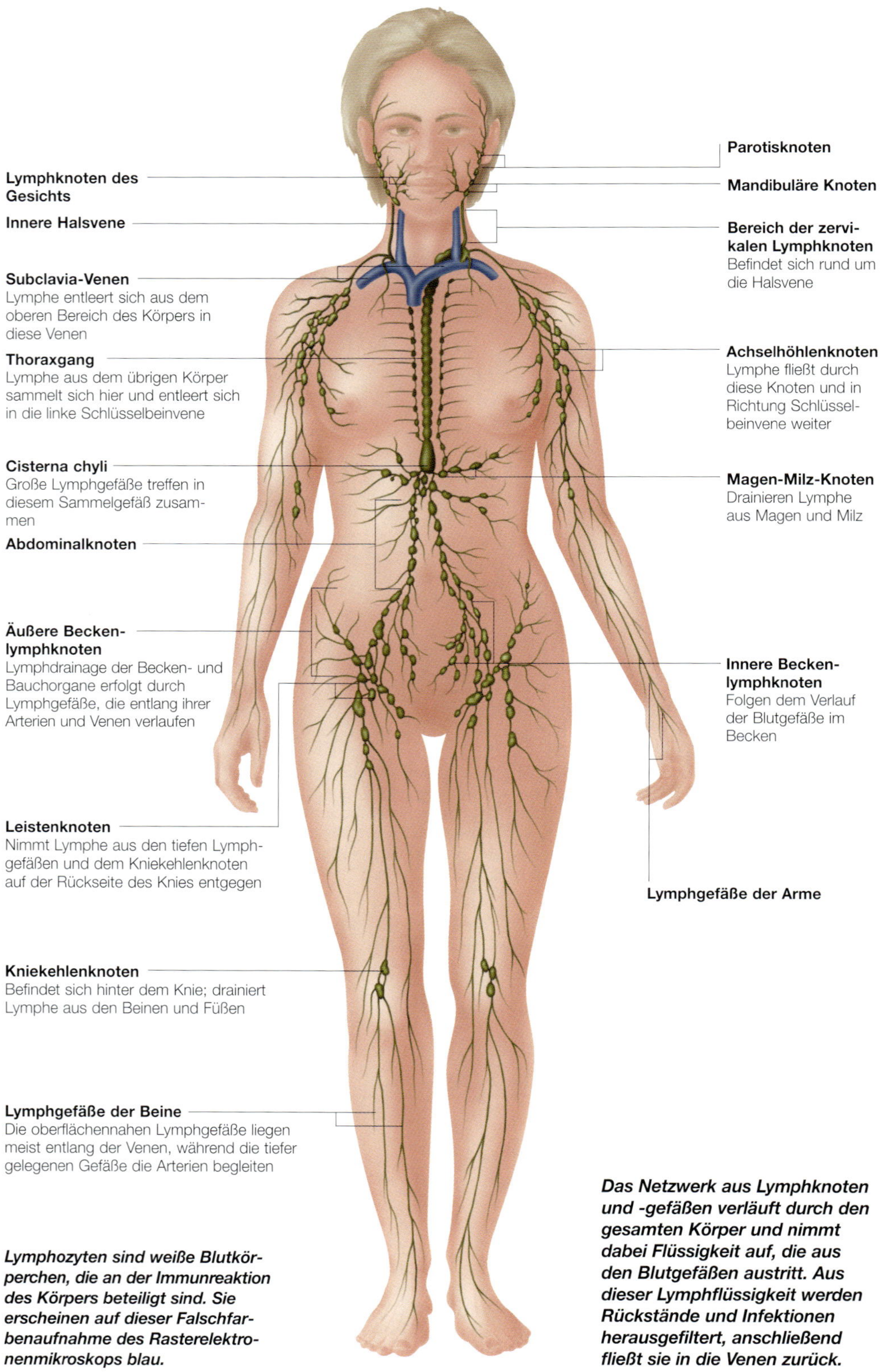

Das Netzwerk aus Lymphknoten und -gefäßen verläuft durch den gesamten Körper und nimmt dabei Flüssigkeit auf, die aus den Blutgefäßen austritt. Aus dieser Lymphflüssigkeit werden Rückstände und Infektionen herausgefiltert, anschließend fließt sie in die Venen zurück.

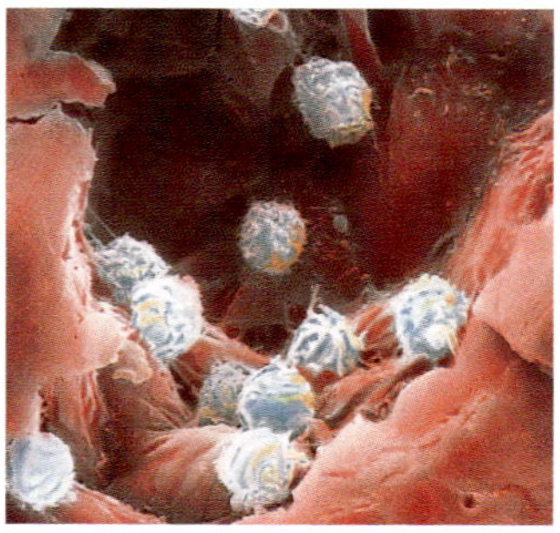

Lymphozyten sind weiße Blutkörperchen, die an der Immunreaktion des Körpers beteiligt sind. Sie erscheinen auf dieser Falschfarbenaufnahme des Rasterelektronenmikroskops blau.

Lymphknoten

Lymphknoten folgen dem Verlauf der Lymphgefäße. Sie filtern eindringende Mikroorganismen aus der Lymphe, außerdem infizierte Zellen und andere Fremdkörper.

Lymphknoten sind kleine, runde Organe, die entlang des Verlaufs der Lymphgefäße liegen und als Filter für die Lymphflüssigkeit dienen. Lymphknoten haben veränderliche Größen, meist jedoch sind sie bohnenförmig zwischen einem und 25 mm lang und werden von einer fibrösen Kapsel eingeschlossen. Außerdem liegen Lymphknoten meist in Bindegewebe eingebettet.

AUFGABE DER LYMPHKNOTEN

Nicht nur Lymphflüssigkeit wird von den Lymphnoten aus dem umliegenden Gewebe aufgenommen, sondern auch abgestorbene Zellbestandteile, Bakterien und Viren. In den Lymphknoten verlangsamt sich die Lymphe und kommt mit Lymphzellen in Kontakt, die alle festen Partikel in sich aufnehmen und fremde Mikroorganismen identifizieren. Um diese fremden Partikel davon abzuhalten, den Blutstrom zu erreichen und dem Körper eine Immunreaktion gegen fremde Eindringlinge zu ermöglichen, wird die Lymphe durch eine Reihe von Lymphknoten gefiltert, bevor sie in die Venen entleert wird.

Einige Lymphknoten sind in Gruppen an ganz bestimmten Punkten versammelt und nach den entsprechenden Positionen benannt, an denen sie zu finden sind (beispielsweise der Achselhöhlenknoten in der Achselhöhle), nach den Blutgefäßen, die sie umgeben (wie etwa die Aortaknoten rund um die große zentrale Arterie des Körpers, die Aorta) oder nach dem Organ, aus dem sie die Lymphe empfangen (wie die Pulmonalknoten in den Lungen).

Aufbau eines Lymphknotens

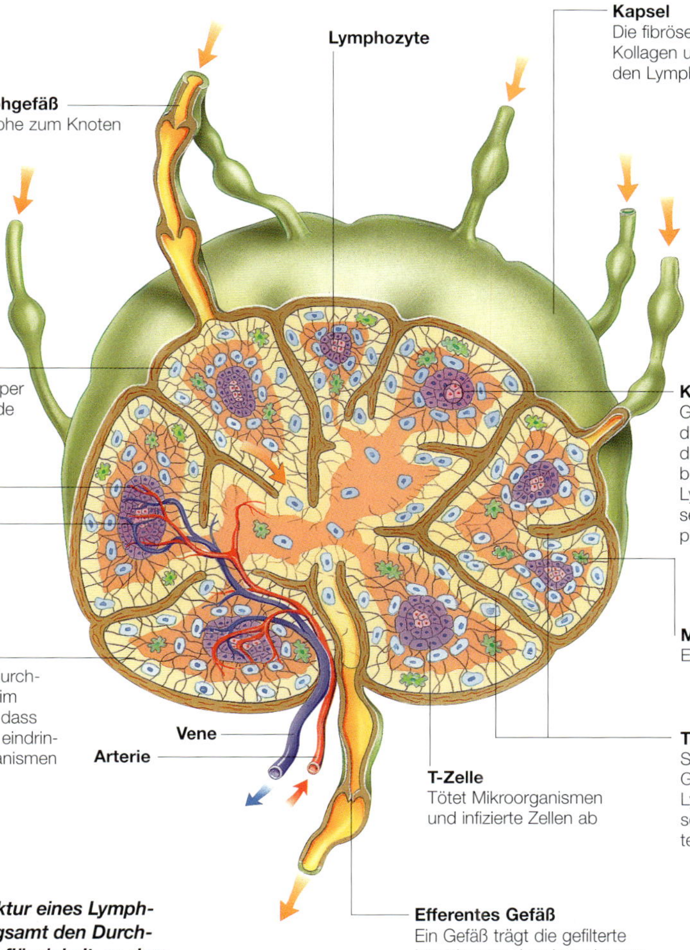

Die innere Struktur eines Lymphknotens verlangsamt den Durchfluss der Lymphflüssigkeit, so dass die spezialisierten Lymphzellen alle Arten von Mikroorganismen herausfiltern können.

Lymphgefäße

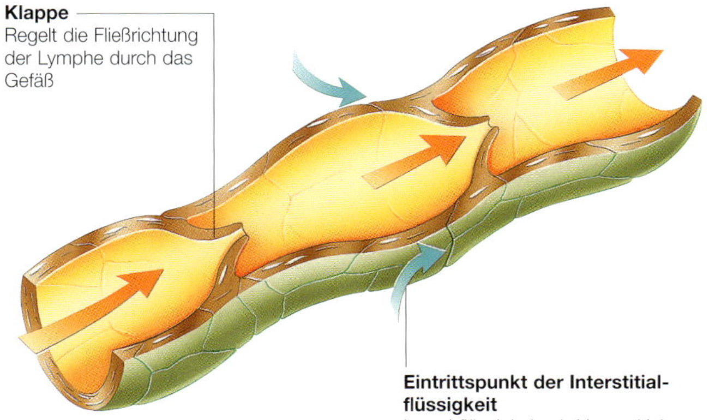

Die Flüssigkeit, die rund um die Zellen im Gewebe zirkuliert, entleert sich in die Lymphkapillaren. Von dort aus fließt sie durch die Klappen in diesen Gefäßen in die Lymphknoten.

Arterien versorgen das Körpergewebe druckvoll mit Blut. Das hat den Nebeneffekt, dass Flüssigkeiten und Proteine aus den winzigen Kapillaren in die umliegenden Zellzwischenräume dieser Gewebe austreten können.

Der größte Teil dieser ausgetretenen Flüssigkeiten wird in die Kapillaren zurückfließen, die graduell zusammenlaufen, Venen bilden und das Blut zurück zum Herzen transportieren. Allerdings bleibt ein Teil der Flüssigkeiten und der Proteine zurück und würde sich dann im umliegenden Gewebe sammeln, wenn nicht die winzigen Lymphgefäße die Zwischenräume entleeren würden.

In diesem Licht-Mikrogramm ist die Klappe eines Lymphgefäßes zu sehen. Die Klappe sorgt dafür, dass Lymphflüssigkeit nur in eine Richtung durch die Gefäße fließt.

Die Lymphflüssigkeit bewegt sich in den konvergierenden Gefäßen nach oben, die sich schließlich alle zu großen Lymphröhren vereinigen. Diese wiederum verbinden sich und bilden zwei große Lymphgänge, den Thoraxgang und den rechten Lymphgang. Diese entleeren sich in die großen Venen über dem Herzen und führen die abgeleiteten Flüssigkeiten und Proteine wieder in den Blutstrom zurück.

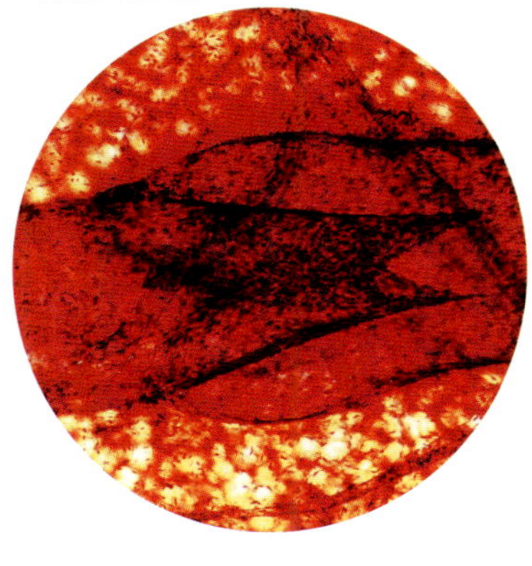

Haut und Nägel

Das Integumentalsystem besteht aus der Haut und den Nägeln. Die Haut hat unter anderem die Aufgabe, die Wärme im Körper zu regulieren und den Körper gegen mikrobielle Angriffe zu schützen.

Die Haut bedeckt den gesamten menschlichen Körper und hat damit eine Oberflächengröße von beinahe 1,5 bis 2 Quadratmetern. Sie macht etwa 7 Prozent des Körpergewichts aus und wiegt meist etwa 4 kg.

ZWEI SCHICHTEN

Die Haut besteht aus zwei Schichten, der Epidermis und der Dermis.

■ Epidermis – Das ist die dünnere der beiden Schichten der Haut und dient als feste, schützende Hülle der darunter liegenden Dermis. Sie besteht aus zahllosen Zellschichten, wobei die innerste Schicht aus lebendigen würfelförmigen Zellen besteht, die sich rasch teilen und damit viele frische Zellen für die äußeren Schichten bereitstellen können.

In der Zeit, die sie brauchen, um die äußerste Schicht zu erreichen, sind diese Zellen bereits abgestorben und haben sich abgeflacht. Danach schälen sie sich meist durch Abrieb ab. Die Epidermis besitzt keine eigene Blutversorgung und ist daher auf eine Versorgung mit Nährstoffen per Diffusion von der darunter liegenden, reichlich mit Blut versorgten Dermis angewiesen.

■ Dermis – Die dickere Schicht der Haut, die unter der Epidermis geschützt liegt. Sie besteht aus Bindegewebe, das über elastische Fasern verfügt, um die Dehnfähigkeit zu erhalten. Außerdem besteht sie aus Kollagenfasern, die die Haut stärken und straffen. Die Dermis verfügt über viele Blutgefäße, aber auch über zahllose sensorische Nervenenden. Andere sehr wichtige Bestandteile des Integumentalsystems liegen ebenfalls in dieser Schicht, beispielsweise die Haarfollikel und Drüsen für die Absonderung von Öl (Talgdrüsen) und Schweiß.

Querschnitt der Haut

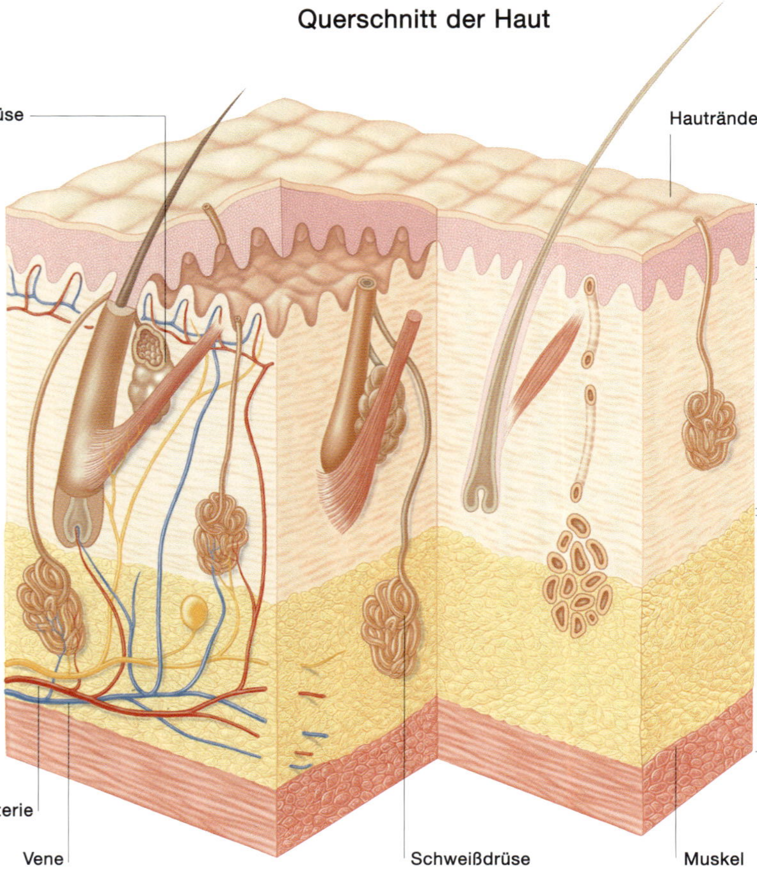

Die Haut wird generell als das größte Organ des menschlichen Körpers bezeichnet. Sie hilft dabei, die Körpertemperatur zu regulieren, indem sie die Blutgefäße in der Dermis verengt oder erweitert.

Hautfarbe

Die Farbe der Haut variiert sehr stark, nicht nur bei unterschiedlichen Rassen, sondern auch innerhalb Individuen derselben Rasse.

DREI PIGMENTE

Die Hautfarbe wird durch drei Pigmente bestimmt, Melanin, Karotin und Hämoglobin. Melanin, dessen Bandbreite zwischen Rot über Braun zu Schwarz liegt, wird in spezialisierten Zellen hergestellt, die Melanozyten genannt werden und innerhalb der tieferen Schichten der Epidermis eingebettet sind. Die Angehörigen aller menschlichen Rassen besitzen dieselbe Anzahl von Melanozyten, auch wenn die Hautfarbe selbst sehr unterschiedlich ausfallen kann. Die Melanoyten dunkelhäutiger Menschen produzieren mehr und dunkleres Melanin als die von hellhäutigen Menschen.

Hautfarben variieren sehr stark zwischen den einzelnen Menschen, insbesondere zwischen solchen, die unterschiedlichen Rassengruppen angehören. Das geht auf die unterschiedliche Menge und Konzentration der drei Pigmente zurück.

Karotin ist ein orangefarbenes Pigment und wird meist durch Gemüse, wie Karotten, aufgenommen. Es sammelt sich in der äußersten Schicht der Epidermis und macht sich am ehesten in den Handflächen und auf den Fußsohlen bemerkbar. Das Hämoglobin in den Blutgefäßen der Dermis gibt der Haut einen eher rosafarbenen Einschlag, insbesondere dann, wenn in der Epidermis wenig Melanin vorhanden ist.

Finger- und Zehennägel

Die Finger- und Zehennägel sind das menschliche Äquivalent zu Hufen und Klauen bei anderen Tieren. Sie bilden eine harte Schutzhülle über den empfindlichen Fingern und Zehen, zudem handelt es sich um nützliche Werkzeuge z.B. beim Kratzen oder Kitzeln.

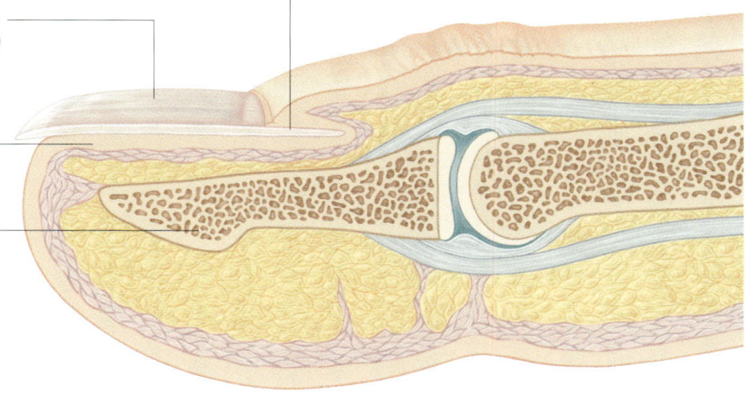

Finger- und Zehennägel liegen auf der Oberseite (dorsal) der Spitzen von Fingern und Zehen, und bedecken damit deren terminale Phalangen (die letzten Knochen).

BESTANDTEILE

Die Teile eines Fingernagels sind:

- Nagelplatte – Jeder Fingernagel besteht aus einer Platte aus hartem Keratin (derselben Substanz, die auch im Haar gefunden wird), das kontinuierlich an den Wurzeln des Nagels produziert wird.
- Nagelfalten – Abgesehen von seinem freien Ende, ist der Nagel rundum von einer überlappenden Hautfalte umgeben.
- Freies Ende – Zum Ende hin löst sich der Nagel von der darunter liegenden Haut und bildet somit eine freie Kante. Die Länge des Nagels wird von persönlichen Neigungen bestimmt, aber auch von Härte und Abnutzung des jeweiligen Fingernagels.
- Wurzel oder Matrix – Diese liegt an der Basis des Fingernagels unter dem Nagel und der Nagelfalte. Dieser Teil des Fingernagels steht der Haut am nächsten. An dieser Stelle produziert eine Zellabteilung das harte Keratin für den Nagel. Falls die Wurzel des Nagels zerstört wird, kann der Fingernagel nicht mehr nachwachsen.
- Lunula – Der blassere, halbmondförmige Bereich des Fingernagels direkt an dessen Basis. Hier ist die Matrix durch den Nagel hindurch sichtbar.

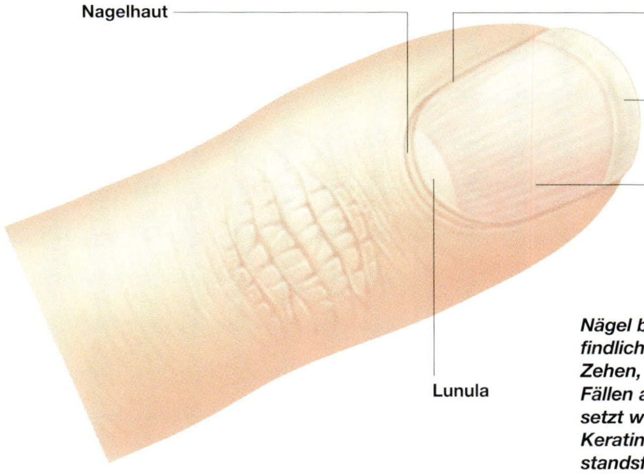

Nägel bieten Schutz für die empfindlichen Fingerspitzen und Zehen, und können in manchen Fällen auch als Werkzeuge eingesetzt werden. Sie werden durch Keratin gebildet, einer sehr widerstandsfähigen Substanz.

- Nagelhaut (Eponychium) – Diese bedeckt das proximale (nahe) Ende des Fingernagels und erstreckt sich über die Nagelplatte, um die Matrix vor Infektionen durch eindringende Mikroorganismen zu schützen.

WACHSTUM

Fingernägel wachsen wesentlich schneller als Zehennägel. Eine Markierung, die über der Lunula angebracht wird, benötigt etwa drei Monate, um das freie Ende des Fingernagels zu erreichen, während derselbe Vorgang beim Zehennagel sogar bis zu zwei Jahre in Anspruch nehmen kann. Für ein normales Wachstum und normale, rosafarbene, gesunde Nägel, ist eine ausreichende Blutversorgung an der Wurzel des Fingernagels notwendig. Fingernägel sehen nur rosafarben aus, weil die Dermis darunter mit einer großen Anzahl von Blutgefäßen durchdrungen ist. Nägel wachsen mit einer Rate von etwa 0,1 mm pro Tag, nur wenn der Nagel verletzt ist, kann sich das Wachstum deutlich beschleunigen.

Schuppenflechte

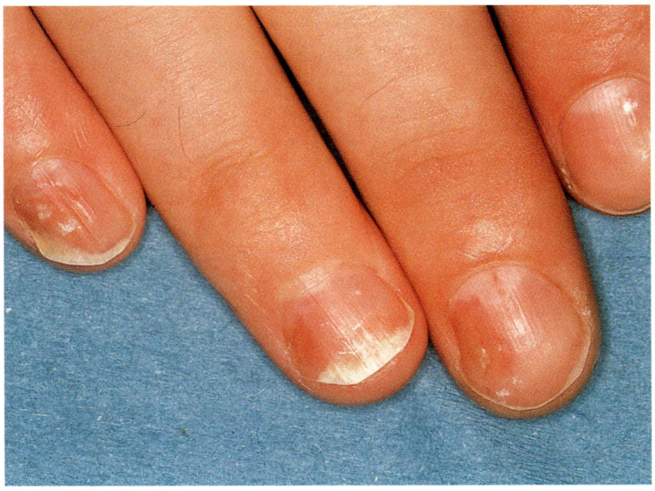

Psoriasis geht mit erhöhter Schuppenbildung der Haug einher. Sie tritt etwa bei 2 Prozent der Bevölkerung auf. Ihre Ursache ist unbekannt, allerdings scheint Erblichkeit zumindest teilweise ein Grund für ihre Entstehung zu sein. Die Schuppenflechte bricht zu Beginn der Adoleszenz aus, weitere Attacken können durch Stress oder Infektionen ausgelöst werden.

ZELLAUFBAU

Das wesentliche Merkmal der Psoriasis ist eine beschleunigte Proliferation der Zellen an der Basis der Epidermis, der äußersten Schicht der Haut. Diese verursacht einen Zellaufbau, bei dem die Haut rote schuppenartige Platten bildet.

Für die meisten Menschen ist Psoriasis nur eine gelegentlich auftretende Störung, die nicht weiter negativ empfunden wird. Für einige bedeutet sie allerdings eine ernsthafte, einschränkende Krankheit, die auch andere Teile des Körpers, sogar die Gelenke, befallen kann.

Psoriasis verursacht bestimmte Veränderungen der Fingernägel. Die Nägel können sich verdicken, Löcher entwickeln oder aufwerfen, auch können sie sich vom Nagelbett ablösen.

ABNORMALE NÄGEL

Psoriasis befällt häufig auch die Fingernägel. Dabei kann sowohl eine Abtrennung der Nagelplatte vom äußeren (distalen) Ende des Nagelbetts auftreten (Onycholyse), aber auch eine Verdickung oder Aufwerfung der Nägel (Dystrophie).

Register

A

Abdomen, s. Bauch
Absorptionszellen 10
Acetabulum 202
Achillessehne 215, 223, 28
Achselarterie (A. axillaris) 76, 105, 128, 140f
Achselhöhle (Axilla) 128f
Achselhöhle, Lymphknoten 105, 244
Achselnerv 105, 128, 142
Acromio-Claviculargelenk 96, 124f
Acromion 96f, 124ff
Adamkiewicz-Arterie 93
Adamsapfel, s. Schildknorpel
Adduktorenschlitz 216
Aderhaut, s. Choroidea
Adrenalarterie 177
Adrenaler Cortex 177
Adventitia 158, 181, 192
Afferentes Lymphgefäß 245
After, Anus 170ff, 187, 192, 198
Alveolarnerv (unterer Zahnnerv) 58ff
Alveolen, s. Lungenbläschen
Amboss (Incus) 62ff
Amphiarthrose Gelenke, allgemein 234
Ampulla recti 170
Ampulla 104
Ampullae (Ohr) 65
Amygdala 26, 29
Analklappe 170
Analsäulen 170
Anastomose 140f, 152
Anorektale Biegung 170
Anorektaler Hiatus 199
Anorektaler Übergang 170
Anthelix 63
Antitragus 63
Anulus fibrosus 68f
Aorta 93, 106, 116, 120, 158ff, 169ff, 172ff, 185, 238
Aortenbogen 83, 114, 120, 158, 238
Aortenklappe 116ff, 123
Aortensinus 119
Aortenwall 119
Apex 114
Apikale Achsel, Lymphknoten 105
Aponeurose, palmare 151
Aponeurosis musculi bicipitis brachii 136
Appendices epiploicae 168
Appendix vermiformis (Wurmfortsatz) 166ff
Aquaeductus cerebri 20f, 74f
Aquaeductus mesencephali 20
Arachnoidalzotten 21
Arachnoidea (Spinngewebshaut) 14, 21, 93
Arcus palmaris 140f, 152
Arcus plantaris 217
Arcus venosus dorsalis pedis 218, 239
Areola 104
Arm, Butgefäße 140f
Arm, Nerven 142f
Arteria aorta, s. Aorta
Arteria appendicularis 167
Arteria axillaris, s. Achselarterie
Arteria arcuata 217
Arteria bascilica 18, 141
Arteria brachialis 126, 140f
Arteria calcanei 217
Arteria carotis 13f, 18, 36, 43, 56, 58, 60, 64, 67, 82f, 238
Arteria circumflexa humeri 140
Arteria clavicularis 140f, 159, 238
Arteris coronaria 118, 121
Arteria digitalis plantaris 217
Arteria digitalis, Hand 140, 152
Arteria digitalis palmaris 152
Arteria digitalis, Fuß 216f, 228f
Arteria femoralis 175, 216f, 238
Arteria gastrica 161
Arteria gastroepiploica 161
Arteria ileocolica 166ff
Arteria iliaca 174f, 189, 238
Arteria inferior genus 216
Arteria infraorbitalis 60
Arteria interossea communis 140
Arteria malleolaris 217
Arteria mammaria 104
Arteria mesenterica inferior, s. untere Eingeweidearterie
Arteria mesenterica superior, s. obere Eingeweidearterie
Arteria metatarsalis plantaris 217
Arteria ophthalmica 43
Arteria perforans 216
Arteria peronea (Fibulararterie) 216
Arteria poplitea 208
Arteria posterior tibialis 228
Arteria profunda brachii 130, 140
Arteria profunda femoris 216
Arteria pulmonalis 238
Arteria radialis 140, 146, 238, 152
Arteria recurrens tibialis anterior 216
Arteria sigmoidea 13
Arteria subclavia 18, 71, 104, 140
Arteria subscapularis 128
Arteria superior genus 216
Arteria tarsalis 217
Arteria tibialis 216, 238
Arteria temporalis 60
Arteria thoracica 104, 128
Arteria thoracoacromialis 128f
Arteria tibialis 216f
Arteria ulnaris 140, 146, 152, 238
Arteria vertebralis 18
Articulatio metacarpophalangea pollicis 149
Articulatio sacroiliaca 196
Aryepiglottische Muskeln 80f
Aryepiglottisfalten 81
Atemwege 110
Atlas 68, 70f
Atmungsbronchiolen 111
Atmungstrakt (Luftweg) 46
Atrioventiculäre Öffnung 116
Atrioventriculäre Klappen 117ff
Atrioventriculärer Knoten 122
Atrioventriculäres Bündel 122f
Atrium, s. Vorhof (Herz)
Augapfel 35, 40ff, 60
Auge 35, 40ff, 60
Augenhöhle 8, 11, 37, 40, 46, 49
Augenhöhlendachspalte 9
Augenhöhlenrand, oberer 8
Augenlid (Palpebra) 35, 42, 44
Auricula, s. Ohrmuschel
Aurikel (Herzohr) 117
Außenohr 62
Äußerer Afterschließmuskel 170
Äußerer Gehörgang, am Schläfenknochen 10, 62
Autonomes (vegetatives) Nervensystem 25, 58, 171, 242, 236
Axilla, s. Achselhöhle
Axilla-Hülle 128
Axis 68ff
Axon 241
Azygos-Vene 159

B

Backenzahn (Molar/ Prämolar) 52
Balken, s. Corpus Callosum
Bänder, s. auch Ligamenti
Bandscheiben 68, 87, 89, 242
Basalganglien 23, 28f
Bauch (Abdomen) 154ff
Bauchdecke 154ff
Bauchhöhle 106, 154ff, 178, 191
Bauchnetz (Omentum) 154
Bauchspeicheldrüse, s. Pankreas
Bauchspeicheldrüsengang 165
Bauchwand 174
Becken 94f, 154ff, 191, 196, 200
Beckenboden 198f
Beckenbodenmuskulatur (Diaphragma pelvis)191, 198f
Beckengang 196
Beckengürtel 88, 196
Beckenhöhle 182, 190, 198
Beckenkamm 88, 157, 197, 200
Beckenkanal 197
Beckenknochen 196f, 200
Beckenlymphknoten 244
Beckenwand 198
Bein, Blutgefäße 216ff
Bein, Nerven 220
Bicipital-Graben 99
Bindehaut 40ff
Bindehautsack 45
Blase 25, 88, 154, 163, 176, 180ff, 191f, 199
Bizeps, s. M. biceps brachii
Blinddarm, s. Caecum
Blutzirkulation, Überblick 238
Bogengänge 62
Bowman-Kapsel 178
Brachialplexus 240
Brachiocephalischer Stamm 36
Broca-Areal (motorisches Sprachzentrum) 16, 23
Bronchialbaum 110f, 158
Bronchiolen 111ff
Bronchopulmonale Lymphknoten 113
Bronchopulmonale Segmente 108, 112f
Brücke (Pons) 17
Brunnerdrüsen 162
Brust (Mamma), weiblich 104f
Brustbein, s. Sternum
Brustbeinkörper 101
Brustdrüse, Lappen 105
Brusthöhle 114
Brustkorb (Thorax) 100ff, 154
Brustraum 100, 106
Brust, Spinalnerv 92
Brustwarze 104
Brustwirbel 69, 84, 85, 86, 100
Bulbourethraldrüse 183, 186
Bulbus olfactorius 18
Bursa iliopectinea 203
Bursa infrapatellaris profunda 208
Bursa ischialis 201
Bursa praepatellaris subcutanea 208
Bursa trochanteris 201
Bursa 201, 208

C

Caecum (Blinddarm) 154, 163, 166ff
Calcaneus, s. Fersenbein
Calcarinus-Furche 16f
Calvarium, s. Schädelhöhle
Calyx renalis major 178, 181
Canaliculi (Auge) 45
Cancellusknochen, s. Diploe
Capitulum humeri 130ff
Capsula interna 28f
Caput pancreatis 172
Caput radii 134
Caput ulnae 134
Cardia (Magen) 160
Carina 110
Carinaknoten 113
Carotis, s. Arteria carotis
Cauda equina 87, 90, 92
Cauda pancreatis 172
Cerebellum, s. Kleinhirn
Chiasma opticum 25, 43
Choanae 47, 78
Chondralknorpel 101
Chorda tendinea 116, 118
Chorda tympani 58
Choroidea (Aderhaut) 40
Cilia, s. Wimper
Circulus Willisi 18
Cisterna chyli 169, 244
Claustrum 28f
Clavicula, s. Schlüsselbein
Coccyx, s. Steißbein
Cochlea 62, 65
Colliculus seminalis 183
Collum anatomicum 130
Collum chirugicum 130
Collum radii 133
Colon ascendens 162ff
Colon sigmoideum 163
Colon transversum 163ff
Concha (Muschel) 63
Condylus, allgemein 233
Conus arteriosus (Infundibulum) 116
Conus medullaris 90, 91
Coraco-Humeralband 125
Coronarsinus 117, 121
Corpora cavernosa 186f
Corpora mammilaria 25
Corpus albicans 194
Corpus amygdaloideum 26
Corpus callosum (Balken) 16f, 25
Corpus cavernosum 183
Corpus luteum 194
Corpus spongiosum 183, 186
Corpus striatum 28f
Cortex (Röhrenknochens) 132
Cortex olfactorius 16
Cortex renalis 178f
Corticospinale Bahn, s. Pyramidenbahn
Corticosteroide 177
Costochondrales Gelenk 101
Costotransversalfacette 85
Cremastermuskelfasern 184
Cricoidea-Bogen 81
Cricothyroidband 82
Crista tuberculi 130
Crista galli 9
Crista musculi supinatoris 132
Crista terminalis 117
Crista tuberculi 136
Crus, Zwerchfell 106
Curvatur, Magen 160f
Cysterna cerebellomedullaris 21

D

Damm (Perineum) 187
Dammmuskeln 187
Darmbein (Ilium) 88, 197ff
Dartos-Faszie 184
Daumen 148ff
Daumenballen (Thenar) 151
Dendrite, Zellfortsätze 31
Dens 70f
Dentalbogen 50
Dentin 52
Dermatome 77
Dermis 34, 246
Detrusormuskel 180
Diaphragma, s. Zwerchfell
Diaphragma pelvis, s. Beckenbodenmuskulatur
Diaphyse, Röhrenknochen 131
Diarthrose Gelenke, allgemein 234
Dickdarm 154, 162, 166ff, 175
Diencephalon s. Zwischenhirn
Dilatatoren 34
Diploe (Cancellusknochen) 11ff
Dornfortsatz (Processus spinosus) 67ff
Dornfortsatz, Halswirbel 67
Dorsale Säulen 91
Dreieckige Fossa 63
Dreiecksbein 144ff
Drosselvene 19, 36f, 58, 64ff, 72, 82f
Ducti efferenti 184
Ductus accessorius 172
Ductus arteriosus 120
Ductus ejaculatorius 182, 183
Ductus thoracicus 113
Dünndarm 154, 160ff
Duodenum, s. Zwölffingerdarm
Dura Mater (Harte Hirnhaut) 14, 19, 21, 93

E

Eckzahn 52
Ectocervix 193
Eierstöcke 188ff, 190ff
Eileiter 188, 190, 194f
Eizelle 194f
Elle (Ulna) 132ff, 139ff
Ellenbogen 132ff, 140
Ellennerv, s. Nervus ulnaris
Enddarm 154, 170
Endocard 115
Endocervix 193
Endolymphe 65
Endometrium 190f
Endomysium 236
Endoneurium 241
Endothel 115, 119
Epicard 115, 121
Epicondylus 130, 135, 139, 233
Epidermis 246
Epididymis (Nebenhoden) 182ff
Epigastrium 155
Epiglottis 54, 158
Epineurium 241
Epiphyse, Röhrenknochen 131
Epithalamus 17
Epithelium 33, 180, 191, 193
Eponychium, s. Nagelhaut
Erbsenbein 144ff ,
Eustach'sche Röhre 62ff, 78f

F

Facies articularis carpalis 133
Facies auricularis 88
Facies lateralis 133
Facies patellaris 204
Facies poplitea 204
Falten, Rugae 160, 180
Fascia axillaris 129
Fascia brachialis 129, 137
Fascia clavipectoralis 129
Fascia cremaster 184
Fascia praevertebralis 67
Fascia renalis 178
Fascia spermatica 184
Fascia thoracolumbalis 99
Fascia transversalis 156, 174f
Fasciculi proprii 91
Faszikel, s. Nervenfasern
Femoralcondylus 204
Femur, s. Oberschenkelknochen
Fenestra cochleae 64, 65
Ferse 224
Fersenbein (Calcaneus) 223ff
Fibröse Gelenke, allgemein 234f
Fibula, s. Wadenbein
Filum terminale 90
Fimbrien 188, 190
Fingergelenke 149
Fingerknochen (Phalangen) 148f
Fingernägel 247
Fixierungsbänder, Eierstock 194
Flache Muskeln, allgemein 237
Flexura coli 163, 168
Flimmerhärchen 195
Folium 31
Follikel (Eierstock) 194
Foramen, allgemein 233
Foramen ingulare 13
Foramen interventriculare 20f
Foramen jugulare 13
Foramen lacerum 13
Foramen magnum 13, 18, 71, 90, 93
Foramen masteroideum 13
Foramen mentale 10, 53
Foramen ovale 13, 59
Foramen rotundum 61
Foramen sphenopalatinum 60
Foramen spinosum 13
Foramen stylomastoideum 13, 38
Foramen supraorbitale 35
Foramen transversarium 71, 85
Foramen vertebralis 71, 84, 86
Foramen von Luschka 20
Foramen von Magendi 20
Formatio reticularis 17, 75, 91
Fornices vaginales 192
Fornix 190ff
Fornix superior 45
Fossa, allgemein 233
Fossa coronoidea 134f
Fossa glenoidea 127, 136
Fossa infratemporalis 58, 59
Fossa intercondylaris 204
Fossae ischioanalis 199
Fossa olecrani 134
Fossa ovalis 117
Fossa piriformis 79, 81
Fossa poplitea (Kniekehle) 208, 216
Fossa pterygopalatina 60, 61
Fossa subscapularis 97, 124
Fossa supraspinosa 97
Fossa vallecularis 54
Fovea centralis 40f
Frontalhirn, vorderes 17
Fundus, Gebärmutter 190f
Fundus, Magen 160
Fuß, Blutgefäße 217
Fuß, Bänder 226
Fuß, Bögen 226f
Fuß, Muskeln 228ff
Fußknochen (Tarsalknochen) 224
Fußsohle 217

G

Galen-Vene, s. Große Gehirnvene
Galle 165
Gallenblase 154, 164f
Gallenfluss 165
Gallengang 162, 165
Gallengangsystem 164f
Ganglion (Nervenknoten) 242
Ganglion oticum 58
Ganglion pterygopalatinum 60f
Gastrosplenisches Band 173
Gaumen 46ff, 50, 55f
Gaumen, Gefäße 60
Gaumenfortsatz 13
Gaumenknochen 13, 60
Gaumenmandel (Tonsille) 50, 54, 66, 78f

Gaumennaht, mittlere 13
Gaumennerven 61
Gaumenplatte 11
Gaumen, Muskeln 54
Gebärmutter (Uterus) 88, 90, 161, 188, 190ff
Gebärmutter, Gefäße 189, 195
Gebärmutterhals 188, 189, 190ff, 198
Gebärmutterhöhle 195
Geburtskanal 192
Gefäßhaut (Uvea) 41
Gehirn 9, 16ff, 40, 48f, 74, 90, 240
Gehirn, Gefäße 18f
Gehirn, Nerven 32
Gehirnbasis 93
Gehirncrura 74
Gehirnkammern 17, 20
Gehirnstamm 27
Gehirnwasser 21
Gelenk, allgemein 234
Gelenk, Synovialgelenk 134
Gelenkfortsatz des Unterkiefers 10f
Gelenkknorpel, s. Hylaliner Knorpel
Gelenkscheibe 145
Genitalien 89
Geruchsepithelium 33
Geruchshaare 47
Geruchsknospe 61
Geruchsnerv 47
Geruchs-Rezeptorzellen 47
Geruchsstränge (Tracti olfactorii) 33
Gesäß (Glutealregion) 200f
Geschmacksknospen 58
Gesicht 60
Gesicht, Gefäße 36, 43, 239
Gesichtsmuskeln 34
Gesichtsnerven 38, 56ff, 240
Gesichtsschädel 8
Gestreifter Muskel, allgemein 236
Glabella 8
Glandula adrenalis, s. Nebenniere
Glandula thyreoidea, s. Schilddrüse
Glans Penis (Eichel) 182, 186
Glaskörper 40
Glatte Muskeln, allgemein 236
Gleno-Humeral-Gelenk, s. Schultergelenk
Globus pallidus 28
Glomerula 178f
Glottis 81
Glukagon 172
Gluteale Aponeurose 200
Glutealnerven 89
Glutealregion, s. Gesäß
Gluteofemorale Bursa 201
Gomphosen, allgemein 235
Graben (Sulcus) 16
Große Gehirnvene (Galen-Vene) 19
Großer Keilbeinflügel 9
Großer Trochanter 201, 204, 220
Größerer oberflächlicher Petrosalnerv 61
Großhirn 16ff, 74
Großhirnarterie 18
Großhirnhälfte 22f, 74
Großhirnrinde 16, 20, 26f
Gyrus cinguli 26
Gyrus, s. Wulst

H

Haarfollikel 14, 246
Haarwurzel 14
Haarzwiebel 14
Hakenbein 146
Halbmondklappen 119
Hallux, s. Zeh, großer
Hals 66ff, 78, 80
Hals, Muskeln 72f
Halsfaszie 66f, 82, 128
Halspleura 109
Halsschlagaderhülle 67
Halsschlagader-Kanal 13, 18
Hals-Spinalnerv 92
Halswirbel 69ff, 84ff
Halteband (Linse) 40
Hammer (Malleus) 62, 64
Hamulus pterygoideus 11
Hand, Blutgefäße 152
Hand, Muskeln 152
Handgelenk (Radiokarpalgelenk) 144ff
Handknochen 144ff
Harnblase 176ff
Harnleiter (Ureter) 176ff
Harnleiteröffnungen 180
Harnröhre (Urethra) 176ff
Harnröhrenöffnung 192
Harntrakt 176
Harte Hirnhaut, s. Dura mater
Hauptgallengang 165
Hauptlebergang 165
Haustra coli 168f
Haut 14, 156, 246
Helix 63
Hemiazygosvene 159
Henlesche Schleife 178
Hepar, s Leber
Hepatozyten 164
Herz 106, 114ff
Herz, Gefäße 120f
Herz, Reizleitungssystem 122
Herz, Zyklus 123
Herzkammern 114ff
Herzklappen 118
Herzkranzarterie, s. Arteria coronaria
Herzmuskel, allgemein 237
Herzplexus 122
Herzspitze (Apex) 116
Hilus, Lunge 108, 112
Hilus, Leber 165
Hilusknoten 113
Hintere Augenkammer 40
Hintere Großhirnarterie 18
Hintere Oberschenkelmuskeln 213
Hintere Ohrvene 37
Hintere Unterkiefervene 37
Hinterhauptkamm, äußerer 13
Hinterhauptknochen 10f, 12f
Hinterhauptlappen 16f, 20, 22
Hinterhauptloch 11
Hinterhauptmuskel 15
Hinterhauptvene 37
Hinterhauptvorsprung, äußerer 11, 13, 233
Hinterhirn 17
Hinterrachenraum 66f
Hippocampus 16, 26
Hirnanhangsdrüse, s. Hypophyse
Hirnarterie 18
Hirnflüssigkeit 20
Hirnhälfte, rechte 17
Hirnhaut 11, 92
Hirnhautarterie 11, 13, 36
Hirnkammer 21
Hirnlappen 22
Hirnnerven 13, 32, 43, 66, 74, 122, 240
Hirnnervenkern 17
Hirnpedunkel 75
Hirnstamm 13, 17f, 20, 62, 74f, 91, 243
Hirnstammkammer 20
Hirnwasser 92
Hoden, s. Testis
Hoden, Gefäße 185
Hodensack (Skrotum) 182ff
Hornhautrand 40
Hüftbein 196
Hüftbeinloch 197
Hüftgelenk 199, 202f
Hüftknochen 196ff
Hüftpfanne 197
Humerus (Oberarmknochen) 94ff, 124ff, 130, 134ff
Hyaliner Knorper (Gelenkknorpel) 134, 202
Hymen 192
Hyoglossusmuskel 51
Hyoidknochen 51
Hypochondrium 155
Hypoglossalkern 75
Hypoglossalnerv 75
Hypophyse (Hirnanhangsdrüse) 11, 21, 25, 49
Hypophysenstiel 17, 25
Hypothalamus 17, 20, 25f
Hypothalamusgraben 25
Hypothenar 151, 153

I

Ileozäkale Klappe 166ff
Ileozäkale Region 166f
Ileum (Krummdarm) 154, 162ff
Iliotibialer Trakt 200, 213
Ilium, s. Darmbein
Impressio colica 165
Impressio duodenalis 165
Impressio gastris 165
Impressio oesophagea 165
Impressio renalis 165
Incisura trochlearis 132, 134
Incisura ulnaris 133
Incus, s. Amboss
Infrahyoidale Muskeln 66
Infraorbitale Arterie 35
Infraorbitaler Nerv 35, 61
Infrapatellare Bursa 211
Infundibulum s. Conus arteriosus
Infundibulum 195
Innenohr 10, 62, 65
Innere Gehörgangsöffnung (im Felsenbein) 11
Innerer Gehörgang 62
Insulin 172
Integumentalsystem 246
Interchondralgelenke 101
Interclaviculäres Band 101
Intercostaler Muskel 102, 242
Intercostaler Nerv 242
Interglutealer Spalt 200e
Intersectio tendinea 157
Interstitielle Zellen (Leydigzellen) 185
Interstitialflüssigkeit 245
Intertraguskerbe 63
Interventriculäre Arterie 121
Intervertebrale Foramina 69, 92f
Intervertebrale Scheiben, allgemein 235
Iris 40f
Irisfalten 41
Ischiasnerv, s. Nervus ischiadicus 221

J

Jejunum (Leerdarm) 154, 162f, 172
Jochbein 8, 10, 13, 35, 39,
Jochbogen 9, 10, 13, 39, 60

K

Kahnbein 145ff, 222ff
Kamm, allgemein 233
Kammer-Scheidewand 116
Kammerwasser 40
Kapillarbett 112
Karotissinus 36
Karpaltunnel 138, 143, 146, 153
Kaumuskeln, M. masseter
Kehldeckel 78, 80f
Kehle 81
Kehlkopf (Larynx) 67, 72f, 79f, 110
Kehlkopf, Muskeln 81
Kehlkopfnerv 83
Kehlöffnung 81

Keilbein 10, 13, 19, 49, 60, 224
Keilbein-Gaumen-Arterie 60
Keilbeinhöhle (Sinus sphenoidalis) 8, 11, 47ff
Kiefergelenk 10
Kiefergraben 39
Kieferhöhle 9, 48f
Kieferknochen (Alveolus) 39, 52
Kinnloch 8
Klappen, Venen 218
Kleiner Finger 151
Kleiner Flügelknorpel 46
Kleiner Gesäßmuskel 205
Kleiner Keilbeinflügel 8
Kleiner Trochanter 204, 212
Kleinhirn (Cerebellum) 16f, 18, 20, 30f, 90,
Kleinhirnarterien 18
Kleinhirnstiele 30
Klitoris 188, 192
Knie 208f, 211
Knie, Bänder 210
Knie, Bursae 210f
Kniekehle, s. Fossa poplitea
Kniekehle, Gefäße 216, 218, 239
Kniekehlenmuskel, s. Musculus popliteus
Kniekehle, Nerven 240
Kniescheibe (Patella) 208, 212
Knochen, schwammartiger 131
Knochenbogen 60
Knorpelgelenk, allgemein 234f
Knorpelseptum 46
Kolon 154, 168ff, 181
Körperkreislauf 238
Konvergente Muskeln, allgemein 237
Kopfhaut 14f
Kopfvene 137, 141, 152, 239
Kortikalknochen 131
Kranzbänder 135
Kranznaht 9ff
Kreuzbänder 207ff
Kreuzbein (Sacrum) 68, 87f, 91, 94f, 170, 196ff,
Kreuzbein-Spinalnerv 92
Kreuzbeinwirbel 69
Kreuz-Darmbein-Gelenk 88f
Krummdarm, s.Ileum
Kupffer-Zellen 164

L
Labia 192
Labium pudendi 188
Labrum acetabuli 202
Labyrinth 65
Lacrimalnerv 43
Lacrimalpunctum 45
Lacunares Band, Leiste 174
Lambdanaht 10f
Lamina cribrosa 33, 47
Lamina medullaris interna 24
Lamina propria 191
Laminae 70f
Langer Röhrenknochen 130
Lappenarterie, Niere 179
Lappenvene, Niere 179
Larynx, siehe Kehlkopf
Lateraler Condylus 204
Lateraler Epicondylus 204
Lateralfurche (Sylvianfurche) 22
Leber (Hepar) 154, 160, 164f
Leberarterie 161, 165
Leberlappen, s. Lobus caudatus
Leberpfortadersystem 162
Lederhaut 40f
Leerdarm, s. Jejunum
Leiste 155, 216
Leistenband 157, 174f, 198
Leistenkanal 174f, 185
Leistenring 174, 185
Lendenbänder 87
Lendenwirbel 69, 84, 86
Lendenwirbelsäule 87
Leydigzellen, s. interstitielle Zellen
Lidbindehaut 44
Lien, s. Milz
Ligamenta flava 87
Ligamenta interspinalia 87
Ligamentum anulare radii 133, 135
Ligamentum arteriosum 120
Ligamentum calcaneometatarsale 230
Ligamentum calcaneofibulare 223
Ligamentum coracoacromiale 124f
Ligamentum coracoclaviculare 125
Ligamentum coronarium 164
Ligamentum deltoidea 207
Ligamentum falciforme 164
Ligamentum iliofemorale 203
Ligamentum ischiofemorale 203
Ligamentum latum ovari 188
Ligamentum latum uteri 194
Ligamentum latum 195
Ligamentum obliquum 135
Ligamentum ovarii proprium 194
Ligamentum plantare calcaneocuboideum 226
Ligamentum plantare calcaneonaviculare 226
Ligamentum plantare longum 226
Ligamentum popliteum 210
Ligamentum pubofemorale 203
Ligamentum radiocarpale 147
Ligamentum supraspinale 87
Ligamentum suspensorium ovarii 194
Ligamentum talofibulare 207, 223
Ligamentum teres (Kopfband) 202
Ligamentum teres 164
Ligamentum tibialis collaterale 207
Ligamentum tibiocalcaneale 223
Ligamentum tibiofibulare 207
Ligamentum tibionaviculare 223
Ligamentum tibiotalare anterius 223
Ligamentum tibiotalaris posterius 223
Ligamentum transversum 209f
Limbisches System 16, 26f
Linea alba 156f, 174
Linea, allgemein 233
Linea aspera 204
Linea epiphysalis 131
Linea musculi solei 206
Linea semilunaris 156f
Lingula 51
Linse 40
Linse, Halteband 40
Linsenkapsel 40
Lippen 50, 56
Lobuli 184
Lobulus, Brust 104
Lobulus, Ohrläppchen 63
Lobus caudatus, Leberlappen 164f
Lobus pyramidalis 82
Lobus quadratus, Leberlappen 164f
Luftröhre (Trachea) 55, 66f, 80ff, 108ff, 158
Luftröhrenknorpel 81, 110
Lumbal-Lordose 86
Lumbal-Subarachnoidalraum 20
Lumbricalmuskeln 231
Lumen vaginalis 192
Lunge 108ff, 165
Lunge, Gefäße 112, 116
Lungenbläschen (Alveolen) 110f
Lungenfell 108
Lungenflügel 108, 110
Lungenkreislauf 238
Lunula 247
Luschka-Kanäle 21
Lymphe 105
Lymphe, allgemein 244
Lymphgefäße 104f, 128, 173, 244
Lymphgewebe 163, 244
Lymphkapillare 245
Lymphknoten 66, 105, 113, 128, 163, 175, 244
Lymphozyten 66, 244
Lymphplexus 113
Lymphsystem 244

M
Magen 154, 158, 160ff, 177, 191
Magendie-Kanal 21
Magen-Epithel 160
Magen-Milz-Knoten 244
Magenschleimhaut 160
Makrophagen 111
Malleolus 206, 218, 221ff 228f, 231
Malleus, s. Hammer
Mamma, s. Brust, weibliche
Männliche Fortpflanzungsorgane 182
Manubriosternale Gelenk 101
Manubrium 96, 98, 100f
Margo interosseus 132f
Massa intermedia 24
Mastdarm, s. Rektum
Matrix, s. Nagelwurzel
Maxilla, s. Wangenknochen
Medialer Condylus 204
Mediankutaner Nerv 153
Mediannerv, s. Nervus medianus
Mediastinum 108, 114
Medulla, Humerus 131
Medulla oblongata 30, 70, 74, 90
Medulla renalis 178
Medulla 75
Meibom'sche Drüsen 44
Membrana cricothyroidea 80, 82
Membrana interossea (Zwischenknochenmembran) 107, 132ff, 146f, 206f, 216
Membrana thyrohyoidea 80f
Membrana tympani, s. Trommelfell
Meningen 92
Meniskus 20, 209
Mentalnerv 59
Mesenterium 163, 168
Mesoappendix 167
Mesocolon transversum 163
Mesovarium 189, 194
Metaphyse, Röhrenknochen 131
Metacarpalknochen, s. Mittelhandknochen
Metatarsalknochen, s. Mittelfußknochen
Milchgang 104
Milchzähne 53
Milz (Lien) 154, 160, 172f, 177
Milzhilum 173
Milz, Gefäße 161, 169, 172f
Mitralklappe 116, 118, 123
Mitralzellen 33
Mittelfußknochen (Metatarsalknochen) 222ff
Mittelhandknochen (Metacarpalknochen) 145ff
Mittelhirn 16f, 74
Mittelohr 10, 62ff
Modiolus 65
Molar, s. Backenzahn
Mondbein 144f
Mons pubis 192
Motorische Nervenenden 240f

Motorisches Sprachzentrum, s. Broca-Areal
Mukosa 50, 158
Mund 50ff, 60
Mundboden 51, 59
Munddach 50
Mundhöhle 46, 50
Mund-Rachenraum 78
Muscularis 192
Musculus abductor digiti minimi 150f, 230
Musculus abductor hallucis 230
Musculus abductor magnus 205
Musculus abductor pollicis brevis 150f, 153
Musculus adductor brevis 205
Musculus adductor digiti minimi 230
Musculus adductor hallucis 231
Musculus adductor longus 205, 212
Musculus adductor magnus 205
Musculus adductor pollicis 151, 153
Musculus anconeus 137
Musculus articularius genus 205
Musculus aryepiglotticus 81
Musculus arytaenoideus 81
Musculus biceps brachii 125f, 130, 134ff
Musculus biceps femoris 205, 213, 220
Musculus brachialis 134, 136
Musculus brachioradialis 126, 139
Musculus buccinator 34f, 50
Musculus bulbospongiosus 187
Musculus circoarytenoideus 81
Musculus coccygeus (M. ischiococcygeus) 198
Musculus coracobrachialis 126f, 136
Musculus cremaster 184
Musculus deltoideus 94, 98, 124ff
Musculus depressor anguli oris 34
Musculus digastricus 55, 72f, 79
Musculus erector spinae 94
Musculus extensor carpi radialis 138f
Musculus extensor carpi ulnaris 138f
Musculus extensor digitorum 139, 214, 221, 228f
Musculus extensor hallucis 214, 221, 228f
Musculus extensor indicis 139
Musculus extensor pollicis 139
Musculus flexor carpi radialis 139
Musculus flexor carpi ulnaris 139
Musculus flexor digiti minimi 151, 231
Musculus flexor digitorum 138f, 215, 228, 230f
Musculus flexor hallucis 215, 225, 228, 231
Musculus flexor opponens pollicis 153
Musculus flexor pollicis 138f, 151ff
Musculus flexor retinaculum 151, 215
Musculus frontalis 15
Musculus fusiformis, allgemein 237
Musculus gastrocnemius 205, 211, 214f, 221
Musculus genioglossus 51f
Musculus geniohyoideus 55, 72f
Musculus gluteus 200f
Musculus gracilis, s. Schlanker Muskel
Musculus hyoglossus 55
Musculus iliococcygeus 199
Musculus iliopsoas 205, 212
Musculus infraspinatus 94, 99, 127
Musculus intercostalis 95, 102
Musculus intermedius vastus 205
Musculus interosseus 150f, 153, 231
Musculus ischiocavernosus 187
Musculus laryngopharyngeus 55
Musculus lateralis vastus 205
Musculus latissimus dorsi 94, 98f, 126f
Musculus levator ani 191, 198
Musculus levator costae 95
Musculus levator labii superioris 34
Musculus levator palpebrae superioris 35
Musculus levator scapulae 94
Musculus lumbricalis 150, 153
Musculus masseter (Kaumuskel) 34, 39, 56
Musculus medialis vastus 205
Musculus mentalis 34
Musculus multifidus 95
Musculus mylohyoideus 39, 55, 57, 72f
Musculus nasalis 34
Musculus obliquus externus 156f, 174f
Musculus obturatorius 198f, 201, 205, 213
Musculus occipitalis 14f
Musculus occipitofrontalis 15, 34
Musculus omohyoideus 72f
Musculus opponens pollicis 151
Musculus opponens digiti minimi 151
Musculus orbicularis oculi 15, 34f, 43f
Musculus orbicularis oris 15, 34, 56
Musculus palatoglossus 50, 55
Musculus palatopharyngeus 50, 79
Musculus palmaris brevis 138, 151
Musculus palmaris longus 139
Musculus pectinatus 117
Musculus pectineus 205, 212
Musculus pectoralis maior 98, 103f, 126ff, 156f
Musculus pennatus 237
Musculus peroneus (fibularis) 214, 221, 228
Musculus piriformis 89, 198, 291, 205, 220,
Musculus plantaris interossei 231
Musculus plantaris 205, 215
Musculus popliteus (Kniekehlenmuskel) 205, 211, 215
Musculus pronator quadratus 138
Musculus pronator teres 126, 138f
Musculus pterygoideus 39, 58
Musculus pubococcygeus 198f
Musculus puborectalis 170, 198f
Musculus quadratus femoris 201, 205
Musculus quadratus lumborum 95
Musculus quadratus plantae 231
Musculus quadriceps femoris (Quadrizeps) 208ff
Musculus rectus abdominis 103, 156f
Musculus rectus femoris 200, 212
Musculus rhomboideus 94, 99,
Musculus risorius 34
Musculus rotatoris 95
Musculus salpingopharyngeus 79
Musculus sartorius 200, 212f
Musculus scalenus 72
Musculus semimembranosus 213, 220
Musculus semispinalis capitis 95
Musculus semispinalis thoracis 95
Musculus semitendinosus 213, 220
Musculus serratus 94, 97, 128, 156f
Musculus soleus 214f, 221
Musculus splenius 94f
Musculus stapedius 64
Musculus sternocleidomasoideus 36, 56, 67, 95, 98, 103
Musculus sternohyoidens 39, 72f
Musculus styloglossus 55
Musculus stylohyoideus 55, 73, 79
Musculus stylopharyngeus 55, 79
Musculus subclavius 98, 129
Musculus subscapularis 98, 124, 126f
Musculus supinator 138
Musculus supraspinatus 99, 127
Musculus temporalis 39
Musculus tendocalcaneus 228
Musculus tensor fasciae latae 200, 212
Musculus tensor tympani 64
Musculus teres 99, 126f
Musculus thyrohyoideus 72f
Musculus tibialis 214, 217, 221, 228f
Musculus transversus abdominis 95, 102, 156f, 174f
Musculus transversus perinealis superficialis 187
Musculus transversus thoracis 102
Musculus trapezius (Trapezmuskel) 67, 72f, 94, 99, 126
Musculus triceps brachii 98, 134, 137
Musculus vastus 201, 212
Musculus vocalis 81
Musculus zygomaticus major 34
Muskelfaser, allgemein 236
Muskeltypen 236
Muskulokutaner Nerv 153
Myelin 91, 241
Myelinscheide 241
Myenterialer (Auerbach-) Plexus 159
Mylohyoid-Muskel 51, 57, 73
Myocard 115
Myometrium 190f

N

Nabel 157, 191
Nägel 246f
Nagelbett 148, 247
Nagelfalten 247
Nagelhaut (Eponychium) 247
Nagelplatte 247

Nagelwurzel (Matrix) 247
Nähte (Suturen) 9, 235
Nase 46ff, 60
Nasenarterie, hintere 35
Nasenbein 8, 10f, 35, 46
Nasengang 47f
Nasenhöhle 11, 45ff
Nasenhöhlendach 47
Nasenknorpel, seitlicher 46
Nasenmuschel 9, 47ff
Nasennebenhöhle 8, 48f
Nasen-Rachen-Raum 54
Nasenrücken 46
Nasenscheidewand, Septum 8, 11, 13, 47f, 60, 78
Nasenschleimhaut 33
Nasenwurzel 8
Nasolacrimaler Kanal 45
Nebenhoden, s. Epididymis
Nebenniere (Glandula adrenalis) 162, 177, 242
Nebenschilddrüse 82f
Nephrone, Niere 178f
Nerven, s. Nervus
Nervenfasern (Faszikel) 236, 241
Nervenknoten, s. Ganglion
Nervus abducens 32, 43
Nervus accessorius 32
Nervus cutaneus dorsalis 153
Nervus cutaneus palmaris 153
Nervus digitalis palmaris proprii 153
Nervus facialis 32, 38, 43
Nervus femoralis 175, 216, 240
Nervus fibularis, s. Wadenbeinnerv
Nervus glossopharyngeus 32, 79
Nervus hypoglossus 32, 58
Nervus ischiadicus 90, 220f, 240
Nervus lingualis, s. Zungennerv
Nervus medianus (Mediannerv) 126, 128, 142f, 146, 153, 240
Nervus musculocutaneus 142f
Nervus oculomotorius 32, 43
Nervus olfactorius, s. Riechnerv
Nervus opticus 32
Nervus radialis (Speichennerv) 130, 142, 153
Nervus recurrens 81, 83
Nervus tibialis 220f
Nervus thoracicus 242
Nervus trigeminus 13, 32, 58, 60f
Nervus trochlearis 32, 43
Nervus ulnaris (Ellennerv) 142ff, 153, 240
Nervus vagus (Vagusnerv) 32, 36, 67, 75, 83, 122
Nervus vestibulocochlearis 32
Netzhaut, s. Retina
Netzhautarterie 43
Neuroglia 91
Neuromuskuläre Anschlussstelle 241
Neurovasculäres Bündel 137
Niere (Ren) 154, 162, 176ff
Niere, Gefäße 177, 179, 185, 189, 194, 238f
Nierenkörperchen 178
Nierenröhrchen 178
Nucleus caudatus 28f
Nucleus cuneatus 75
Nucleus dentatus (Zahnkern) 31
Nucleus emboliformis (Pfropfenkern) 31
Nucleus fastigii (Dachkern) 31
Nucleus globosus (Kugelkern) 31
Nucleus lentiformis 28f
Nucleus pulposus 68, 87
Nucleus ruber 75

O

Oberarm 136f
Oberarmknochen, s. Humerus
Obere Eingeweidearterie (Arteria mesenterica superior) 162f, 165, 169
Obere Eingeweidevene (Vena mesenterica superior) 162
Obere Zwischenwirbelrinne 85
Oberer Konstriktormuskel 50
Oberer Lidhebermuskel 43
Obere Orbitalarterie 35
Oberer Orbitalenerv 35
Oberflächlicher Afterschließmuskel 170
Oberkiefer 8, 10, 13, 35, 69
Oberkiefer, Gefäße 36f, 58, 60
Oberkieferknochen 8, 50, 55
Oberkiefernerv 60f
Oberlippe 50
Oberschenkel, Muskeln 205, 212f
Oberschenkelhals 202
Oberschenkelknochen (Femur) 197, 201ff, 220
Oberschenkelscheide 175
Oberschenkelvene 175, 219
Occipitalvorwölbung 99
Occipitomastoid-Naht 10
Oculomotoriuskern 75
Oesophageale Öffnung 158
Oesophagus, s. Speiseröhre
Ohr 38f, 62ff
Ohrhöhlen 8
Ohrläppchen 63
Ohrmuschel (Auricula) 62
Ohrspeicheldrüse 38, 56, 59, 78
Olecranon-Fortsatz, Elle 127
Oliven 74
Omentum, s. Bauchnetz
Orbitales Septum 44
Os ischii (Sitzbein) 88, 197f
Ossikel 62, 64, 78
Ostium, Nase 48
Ostium uteri 193
Ostium vaginalis 193
Ovales Fenster 62

P

Palatinum 48
Palatoglossale Falte 78
Palatopharyngeale Falte 78
Palpebra, s. Augenlid
Pankreas (Bauchspeicheldrüse) 154, 162, 165, 172, 177
Papilla duodeni major (Vatersche Papille) 165, 172
Papilla duodeni minor 172
Papillarmuskeln 119
Parahippocampaler Wulst 16, 17
Parasympathetische Nerven 89
Parasympathische Fasern 122
Parasymphatisches Nervensystem 17, 242f
Paraventriculärer Kern 25
Paravertebrale sympathische Kette 242
Parietales Peritoneum 156
Parietalschicht, seröses Pericard 115
Parietomastoid-Naht 10
Parotisknoten 244
Pars flaccida 62
Pars pyloricum 160
Pars tensa 62
Patella, s. Kniescheibe
Pedikel 70f, 85
Pektoralgürtel, s. Schultergürtel
Pelvis renalis 178, 181
Pelvis ureter 181
Penis 182, 186f, 192
Pericardiale Höhlung 115
Pericard 106f, 114f
Pericranium 14f
Perilymphe 65
Perimetrium 190
Perimysium 236
Perinealkörper 198
Perineum, s. Damm
Perineurium 241
Periost 43, 131, 206
Periphere Nerven, allgemein 240f
Peripheres Nervensystem 240
Peritoneale Hülle 164
Peritonealhöhle 195
Peritoneum 156, 163ff, 173, 175, 181, 188
Petrosalnerv 61
Pfortader (Leber) 161ff
Pfortadersystem 159, 161
Pfortadervenensystem 159, 161, 169, 172, 239
Phalangen, s. Zehenknochen
Phalangen, s. Fingerknochen
Pharyngeal-Raphé 79
Pharynx, s. Rachen
Phrenicooesophageale Bänder 160
Phrenischer Nerv 106
Pia mater 14, 21, 90, 93
Pinna 63
Piriforme Gräben 78
Pituitargrube (Sella turcica) 11
Plantare Aponeurose 230
Platysma 34, 72
Platysma-Muskel 66
Pleura 109
Pleurahöhle 109
Plexus brachialis 76f, 128, 143
Plexus chorioideus 20f, 93
Plexus, Prostatavene 183
Plexus pampiniformis 185, 194
Plexus sacralis 89
Plica aryepiglottica 80
Plica semilunaris 45
Plica transversa 170
Plicae (Gewebefalten) 162f, 170
Pons 74
Pore 14
Porta hepatis 165
Portio vaginalis cervicis 192
Praepatellare Bursa, 211
Prämolar, s. Backenzahn
Prätracheale Faszien 67
Primäre Hörrinde 16
Primäre Knorpelgelenke, allgemein 235
Primäre Sehrinde 17
Primäres Bewegungszentrum 23
Primäres Gehörzentrum 17, 23
Primäres Riechzentrum 17
Primäres Sehzentrum 23
Primäres somatosensorisches Zentrum 23
Processus coracoideus, s. Rabenschnabelfortsatz
Processus coronoideus 132, 136
Processus styloideus radii 133
Processus styloideus ulnae 133
Processus uncinatus 172
Processus xiphoideus (Schwertfortsatz) 101
Promontorium 196f
Proprioception 23
Prostata (Vorsteherdrüse) 182ff
Pterion 10f
Pterygoid-Plexus 37
Pterygomaxillärer Spalt 60
Pulmonalklappe 118f, 123
Pulpa splenica 173
Pulvinar 24
Pupille 40, 43
Pupillenerweiterer 41
Purkinjefasern 122f
Purkinje-Zellen, s. Stratum ganglionare
Putamen 28f

Pylorisches Antrum 160
Pylorus 160, 162
Pyramide, Ohr 64
Pyramiden 74
Pyramidenbahn, Corticospinale Bahn 91

Q

Quadrizeps, s. Musculus quadriceps
Quadrizeps-Sehne 212
Querforamen 70
Querfortsatz 68

R

Rabenschnabelfortsatz (Processus coracoideus) 97, 124ff, 129, 136
Rachen (Pharynx) 47, 49, 50, 62, 64, 66, 80, 158
Rachen, Muskeln 79
Rachenhöhle 78
Rachentuberkel 13
Radialnerv, s. Nervus radialis
Radikulararterien 93
Radiokarpalgelenk, s. Handgelenk
Radius s. Speiche
Ramus communicantes 92, 242
Ramus 76, 92
Rechtes Aurikel 117
Rectus-Scheide 156
Rektaler venöser Plexus 171
Rektalmuskel, längs verlaufend 170
Rektum (Mastdarm) 154, 170f, 181f, 198
Ren, s. Niere
Renale Faszie 177
Retikulo-spinale Bahn 91
Retina (Netzhaut) 40ff
Retinaculum extensorum inferius 228f
Retinaculum extensorum superius 228f
Retinaculum flexorum 146, 151ff, 228
Retinaculum peroneorum 228
Retina-Gefäß, zentrales 40
Retrobulbäre Fettmasse 43
Rezeptives Sprachzentrum (Wernicke-Areal) 17
Riechknollen 33
Riechnerven (Nervus olfactorius) 33
Ringknorpel 67, 80ff, 158
Rippe 76, 84, 97, 100
Rippenkasten 157
Rippenknorpel 100f
Rolandofurche 22
Rotatoren-Manschette 94, 127
Rubrospinale Bahn 91
Rücken, Muskeln 94f
Rückenmark 13, 16ff, 66ff, 74, 84, 90ff, 171, 240, 242
Rückenwirbel 154
Rückgrat (Wirbelsäule) 67ff, 84ff, 100, 196
Rugae, s. Falten

S

Sacculum 65
Sacroiliacal-Gelenk 88
Sacrum, s. Kreuzbein
Sagittalnaht 12
Sagittalvene 19
Sakrales Promontorium 88
Sakralkamm 89
Sakralnervwurzeln 89
Samenbläschen 182
Samenflüssigkeit 182
Samenleiter 182, 184f
Samenstrang 174, 184f
Scaphoide Fossa 63
Scapula, s. Schulterblatt
Scapula-Kamm 97
Schädel 8ff, 48, 68
Schädelbasis 8,12, 1, 58, 79
Schädeldecke 11f
Schädelhöhle (Calvarium) 8, 11f
Schädelkalotte 8
Schädelknochen 9, 60, 78
Schädelnerv 13
Schädelsinus 37
Schädelvene 37
Schamarterie 171, 187
Schambein 88, 156, 197f
Schambeinfuge 196ff
Schambein-Symphyse 88
Schambogen 196
Scheide, s. Vagina
Scheitelbein 9ff
Scheitelbein-Tuber 12
Scheitel-Hinterhaupt-Furche 16f, 22
Scheitellappen 16, 22
Schienbein (Tibia) 205ff, 214, 222, 225
Schilddrüse (Glandula thyreoidea) 66, 67, 82, 83
Schilddrüse, Gefäße 36, 82
Schildknorpel (Adamsapfel) 72, 79ff, 158
Schläfe, Gefäße 36f, 58, 239
Schläfenbein 8, 39, 63
Schläfen-Kiefer-Gelenke 39
Schläfenknochen 10
Schläfenlappen 16, 17, 20, 22
Schläfenmuskel 14f
Schlanker Muskel (Musculus gracilis) 213
Schlemmscher Kanal 41
Schließmuskel, anal 170
Schließmuskel, Harnröhrenöffnung 180
Schließmuskel, Magen 160
Schließmuskel, Pupille 41
Schließmuskel, Rachenraum 78
Schließmuskel, Speiseröhre 158
Schließmuskel, Vatersche Papille 172
Schlüsselbein (Clavicula) 66, 72, 96ff, 101, 125ff
Schneidezahn 52
Schulterblatt (Scapula) 94ff, 124f, 129, 137, 232
Schultergelenk (Gleno-Humeral-Gelenk) 94, 124ff
Schultergürtel (Pektoralgürtel) 96, 99
Schultergürtel, Muskeln 98
Schwannsche Zelle 241
Schweißdrüse 246
Schwellkörpergewebe 182, 186
Schwertfortsatz 100f, 156
Sehne, Musculus biceps femoris 207
Sehne, Musculus extensor digitorum 150, 229
Sehne, Musculus extensor hallucis longus 229
Sehne, Musculus subscapularis 125
Sehne, Musculus triceps brachii 127, 135
Sehne, Musculus flexor carpi radialis 146
Sehne, Musculus flexor carpi ulnaris 146
Sehne, Musculus flexor digitorum 230f
Sehne, Musculus flexor digitorum 146, 150
Sehne, Musculus flexor hallucis longus 230f
Sehne, Musculus flexor pollicis longus 146
Sehne, Musculus peroneus 214, 229
Sehne, Musculus plantaris 228
Sehne, Musculus quadriceps 212
Sehne, Musculus semitendinosus 213
Sehne, Musculus tibialis 228f
Sehne, Musculus triceps brachii 135
Sehnerv 17, 40, 42f
Sehnervareal 40
Sehnervstiel 43
Seitenband, Elle 135, 147
Seitenband, Speiche 147
Seitenbänder, Handgelenk 147
Sekretomotorische Fasern 61
Sekundäre Knorpelgelenke, Symphysen, allgemein 235
Sella turcica, s. Pituitargrube
Semilunare Falte 166, 168
Sensorische Rezeptoren, allgemein 240
Septae 137
Septula testis 184, 185
Septum intermusculare 136
Sesambein 151, 231, 225
Siebbein 10ff
Siebbeinareal 8
Siebbeinhöhle 9, 11, 33, 48, 49
Siebbeinzellen 49
Sigmoide Vene 169
Sinus, Lymphknoten 245
Sinus anales 170
Sinus cavernosus 19
Sinus petrosus inferior 13, 19
Sinus prostaticus 183
Sinus rectus 19
Sinus sigmoideus 19
Sinus sphenoidalis, s. Keilbeinhöhle
Sinus transversus 19
Sinusknoten 122f
Sinusoide 164
Sitzbein, s. Os ischii
Sitzbeinhöcker 197, 200f, 220
Skelett 232ff
Skrotum, s. Hodensack
Sohle, Fuß 228
Speiche (Radius) 132f, 134f, 139, 141ff
Speichel 56
Speicheldrüsen 51, 56ff
Speichennerv, s. Nervus radialis
Speiseröhre (Oesophagus) 66ff, 106, 158ff
Sperma 182, 186, 194f
Sphenofrontal-Naht 10
Sphenosquamosal-Naht 10
Sphinktermuskeln, s. Zirkulärer Muskel
Spina iliaca anterior superior 88, 174, 197, 200, 212
Spina ischiadica 88, 197
Spinalarterie 93
Spinal-Lemniscus 75
Spinalnerv 76f, 87, 89, 91f
Spinngewebshaut, s. Arachnoidea
Spinocerebellare Bahn 91
Spinothalamische Bahn 91
Splenius 95
Sprungbein, s. Talus
Sprunggelenk 222ff
Squamosal-Naht 10
Stäbchen, Auge 41
Stachelfortsatz des Schläfenknochens 10
Stapes, s. Steigbügel
Steigbügel (Stapes) 62, 64
Steißbein 68, 87ff, 170, 187, 196ff
Steißbeinhorn 89
Steißbeinnerv 89
Steißbein-Spinalnerv 92
Steißbeinwirbel 69
Stellknorpel 80f
Sternoclaviculäres Gelenk 96
Sternum (Brustbein) 72, 96, 98, 100ff, 156

Stimmbänder 80f
Stimmritze 80
Stirn 46
Stirnareal 8
Stirnbein 8ff, 35, 42, 45f
Stirnfortsatz des Oberkiefers 46
Stirnhöhle 9, 11, 48
Stirn-Jochbein-Naht 10
Stirnkamm 12
Stirnlappen 16f, 20, 22
Stratum ganglionare (Purkinje-Zellen) 31
Stratum granulare, Körnerschicht 31
Stratum moleculare 31
Stratum zonale 24
Stützbänder, Augapfel 40
Stylohyoidband 73
Subacromialer Schleimbeutel 124f
Subarachnoider Raum 20f, 92f
Subareolarer Lymph-Plexus 105
Subclavialer Lymphstrang 105
Subkutanes Gewebe 246
Sublinguale Kanäle 57
Submukosa 158, 181
Submuköser (Meissner-) Plexus 159
Subpleuraler Plexus 113
Subscapulärer Schleimbeutel 124
Substantia nigra 28f, 75
Subtalares Gelenk 226
Subthalamus 17
Sulcus, s. Graben
Sulcus nervi radialis 130
Supratrochleare Vene 37
Supratrochleare Arterie 35
Supratrochlearer Nerv 35
Suprachiasmatischer Kern 25
Supraorbitale Vene 37
Suprapatellare Bursa 211
Suprasternale Kerbe 101
Suralnerv 220
Sustentaculum tali 223ff
Suturen, s. Nähte
Sylvianfurche, s. Lateralfurche
Sympathische Nerven 122
Sympathischer Nervenstamm 242
Synarthrose Gelenke, allgemein 234
Syndesmosen, allgemein 235
Synoviale Membran 136
Synovialgelenk 136, 234

T

Taenia coli 166f
Taenia libera 167
Talgdrüse 14, 246
Talus (Sprungbein) 206, 222f, 226
Tarsaldrüsen 44
Tarsalknochen, s. Fußknochen
Tarsalmuskel, oberer 44
Tarsalplatte 44
Tarsi 35
Tectospinale Bahn 91
Tectum 75
Terminalbronchiolen 111
Testis (Hoden) 182, 184f
Thalamus 17, 20, 24ff, 74
Thalamuskerne 24, 26
Thenar, s. Daumenballen
Thoracolumbaler Abschnitt, symphatisches Nervensystem 243
Thorax, s. Brustkorb
Thoraxhöhle 191
Thorax-Rückenmarknerv 240
Throraxgang 244
Tibia, s. Schienbein
Tibia-Condylus 206
Tiefe Dorsalvene der Klitoris 198
Tiefe Dorsalvene des Penis 186, 199
Tiefer Afterschließmuskel 170
Tiefer Leistenring 174
Tonsille, s. Gaumenmandel
Trabeculae carnae 116
Trabeculae 173, 245
Trachea, s. Luftröhre
Tracti olfactorii, s. Geruchsstränge
Tragus 63
Tränenapparat 45
Tränendrüse 43, 45
Tränenflüssigkeit 35, 47
Tränenkanäle 45
Tränen-Nasen-Gang 45
Tränenpapille 45
Tränensack 35, 45, 47
Tränensackknochen 10
Tränensee 45
Transverse Anastomose 141
Trapezmuskel, s. M. trapezius
Tricuspidalklappe 116, 118, 123
Trigeminusganglion 43
Trigonum 180, 183
Trizeps, s. Musculus triceps brachii
Trochlea humeri 130, 134
Trochlea 42
Trommelfell (Membrana tympani) 62ff
Truncus coeliacus 161
Truncus thyreocervicalis 83
Tuber cinereum 25
Tuberculum, allgemein 233
Tuberculum adductorium 204
Tuberculum dorsale 133
Tuberculum pubicum 174
Tuberositas, Deltamuskel 130
Tuberositas, Elle 132, 136
Tuberositas, Ferse 215, 224, 231
Tuberositas, Kahnbein 215, 224, 229
Tuberositas, Schienbein 206ff
Tunica albiguinea 184f, 194
Tunica vaginalis 184

U

Ulna, s. Elle
Unbewusst gesteuerte Muskeln, allgemein 236
Unterarm 138f
Unteraugenhöhlenloch 8
Untere Eingeweidearterie (Arteria mesenterica inferior) 169
Untere Eingeweidevene (Vena mesenterica inferior) 169, 171
Untere Nasenmuschel 8
Untere Schilddrüsenvenen 82
Untere Zwischenwirbelrinne 85
Unterer Augenhöhlenrand 8
Unterer Olivenkern 75
Unteres Horn 20
Unterkiefer 10f, 39, 48, 66, 72, 79,
Unterkiefer, Drüsen 51, 56f
Unterkieferkanal 11, 51
Unterkieferknochen 8, 57ff, 66
Unterkiefernerv 51, 59
Unterkieferwinkel 11
Unterschenkel, Muskeln 214f
Urethra, s. Harnröhre
Ureter, s. Harnleiter
Urogenitaler Hiatus 199
Urothelium 181
Uterus, s. Gebärmutter
Utriculum 65
Uvea, s. Gefäßhaut
Uvula (Zäpfchen) 50, 78

V

Vagina (Scheide) 186, 188, 190ff
Vagusnerv, s. Nervus vagus
Vasoconstriktorische Faser 61
Vatersche Papille, s. Papilla duodeni major
Vegetatives Nervensystem, s. autonomes Nervensystem
Vena basilica 141, 152
Vena brachialis 239
Vena brachiocephalica 83, 113, 141, 159
Vena cava inferior 106, 114ff, 120, 159, 165, 171f, 177, 185, 189, 194, 239
Vena cephalica 141
Vena digitalis dorsalis 152
Vena digitalis palmaris 141
Vena femoralis 216ff, 239
Vena fibularis 219
Vena gastrica 159
Vena ileocolica 169
Vena iliaca circumflexa 218
Vena iliaca externa 174f, 219
Vena jugularis 239
Vena medialis 219
Vena mesenterica inferior, s. untere Eingeweidevene
Vena mesenterica superior, s. obere Eingeweidevene
Vena plantaris pedis 219
Vena portae hepatis 172
Vena pulmonalis 239
Vena radialis 141
Vena rectalis 171
Vena saphena 218, 239
Vena subclavia 104, 113, 239
Vena tibialis 219
Vena thoracica 104
Vena ulnaris 141
Venae comitantes 141
Venae vertebrales 37
Venensystem 239
Venole 112, 239, 245
Venöser Pterygoidplexus 58
Venöses Lederhaut-Blutgefäß 40
Ventromedialer Hypothalamus 25
Verdauungstrakt 160
Verlängertes Mark 17
Vermis 30
Verschmolzene Wirbel 68
Vertex 12
Vestibularbänder 80
Vestibulärer Kernkomplex 75
Vestibularfalte 80f
Vestibularnukleus 91
Vestibularsystem 62
Vestibulospinale Bahn 91
Vestibulum, Nasenvorhof 46f
Vestibulum, Ohr 65
Vielecksbein großes und kleines 144ff
Vomer 11
Vordere Augenkammer 40
Vorderlappen 16
Vorhof, Herz, Atrium 114ff
Vorhofmuskel 123
Vorsteherdrüse, s. Prostata
Vulva 188, 192

W

Wadenbein (Fibula) 205ff, 214, 222ff
Wadenbein, Bänder 207
Wadenbeinnerv (Nervus fibularis) 220f
Wangen 56
Wangenknochen (Maxilla) 49
Wangennerv 59
Warzenfortsatz 10, 13
Weibliche Fortpflanzungsorgane 188ff
Wernicke-Areal, s. Rezeptives Sprachzentrum
Wimper (Cilia) 44
Wirbelbogen 69
Wirbelforamen 70
Wirbelkanal 85
Wirbelknochen 32

Wirbelkörper 68f, 84f, 242
Wirbelsäule, s. Rückgrat
Wulst (Gyrus) 16
Würfelbein 224
Wurmfortsatz, s. Appendix veriformis
Wurzelganglion 92

Z

Zahn 52f
Zahnfollikel 53
Zahnknospen 53
Zahnschmelz 52
Zäpfchen, s.Uvula 78
Zapfen, Auge 41
Zeh, großer (Hallux) 214f, 225
Zeh, kleiner 214
Zehenknochen (Phalangen) 224f
Zentrales Nervensystem (ZNS) 16, 32
Zentralfurche 16
Zentralwulst 16f
Zervikalbänder 189
Ziliarfortsatz 41
Ziliarkörper 40f
Ziliarmuskel 40
Zirbeldrüse 17, 74
Zirkulärer Muskel (Sphinktermuskel) 237
Zölia-Lymphknoten 161
Zonularfasern 40f
Zunge 48, 50ff
Zunge, Drüsen 57
Zunge, Epithel 54
Zunge, Gefäße 36f
Zunge Muskeln 55
Zunge, Papillen 54
Zungenbein 39, 57, 72f, 80ff
Zungenbeinknochen 51
Zungennerv (Nervus lingualis) 51, 58f
Zwerchfell (Diaphragma) 103, 106f, 114, 120, 154ff, 164, 177
Zwerchfellpleura 109
Zwerchfell-Rippen-Sack 109
Zwischenhirn (Diencephalon) 17, 24
Zwischenknochenmembran s. Membrana interossea
Zwischenlappenarterie (Niere) 179
Zwischenlappenvene (Niere) 179
Zwischenwirbelmuskel 94
Zwölffingerdarm (Duodenum) 162, 164f, 172

Bildnachweis

Aberdeen Royal Infirmary/Prof. J. Weir: 19, 36, 71, 79, 105

Prof. Peter Abrahams: 232

Ardea/Ian Beams: 27

Biophoto Associates (BA): 91 (alle), 113, 158, 173

Prof. John Cannit: 52

Corbis Images/V. De Berardinis: 34

Guys and St Thomas' Hospital: 59

Ralph T. Hutchings: 8 (alle), 9 (alle), 10 (alle), 11 (alle), 12(t), 13 (alle), 16, 17, 19, 20, 35 (alle), 37, 38 (alle), 47, 52, 53, 68, 69, 70 (t), 71, 73, 84 (t), 85 (t), 86 (alle), 88 (alle), 93, 97 (t), 100, 101 (alle), 121, 123, 130 (t), 132, 133, 134 (alle), 144 (alle), 148 (alle), 149, 209, 222, 224, 225

Imperial College London: 39

JWPL: 68

Midsummer Books: 72, 114, 141

MIG Medipics: 77

Adrian Newman: 204, 206, 222, 232, 233

Oxford Scientific Films: 27

Ouellette and Theroux: 69

Pictor: 51, 98, 126

E. Reschke: 245

Science Photographic Library (SPL): 7, 15, 18, 26, 27, 31, 33, 36, 40, 41 (beide), 42, 46, 48, 49, 51, 53, 56, 58, 61, 62, 63, 64, 65 (beide), 66, 68, 69, 78, 81, 82, 83, 84 (b), 85, 89, 90, 97 (b), 111, 118, 130, 131 (alle), 133, 140, 149, 168, 179, 181, 185, 189, 191, 193, 203, 217, 219, 225, 241, 243, 244, 245, 246, 247

Shout: 15, 47, 75

Sporting Pictures (UK): 213

Tony Stone: 99, 127

TSI: 40

Wellcome Trust Medical Photo Library/National Medical Slide Bank: 12 (b), 21, 29, 45, 46, 48, 50, 55, 56, 57, 62, 63, 67, 70 (b), 71, 80, 87 (all), 89, 92, 93, 130, 139, 142, 143 (all), 145, 195, 208, 223, 227

Illustratoren: Sandie Hill, Diane Kinton, Joanne Cameron, Jane Fallows, Michael Courtney, Halli Verrinder, Paul Williams, Peter Cox Associates, Roger Courthold, Diane Mercer, Marion Tasker, Amanda Williams